DIE ORTSFESTEN

KOLBENDAMPFMASCHINEN

EIN LEHR- UND HANDBUCH FÜR ANGEHENDE UND AUSÜBENDE KONSTRUKTEURE

VON

PROFESSOR FR. FREYTAG
KÖNIGL. BAURAT
LEHRER AN DEN TECHNISCHEN STAATSLEHRANSTALTEN IN CHEMNITZ

MIT 319 IN DEN TEXT GEDRUCKTEN FIGUREN UND 18 TAFELN

BERLIN
VERLAG VON JULIUS SPRINGER
1911

ISBN 978-3-642-98665-9 ISBN 978-3-642-99480-7 (eBook)
DOI 10.1007/978-3-642-99480-7

Softcover reprint of the hardcover 1st edition

Vorwort.

Die in der technischen Literatur bereits vorhandenen Werke über ortsfeste Kolbendampfmaschinen und deren Einzelteile (Steuerungen, Regulatoren, Kondensationseinrichtungen usw.) bringen in erschöpfender Weise die für das Verständnis der Wirkungsweise und für die Berechnung solcher Maschinen und ihrer Teile nötigen Unterlagen — es ist u. a. auf die umfangreichen Arbeiten: „Die Steuerung der Dampfmaschinen" von C. Leist und „Die Regelung der Kraftmaschinen" von M. Tolle hinzuweisen[1]) — doch fehlt es in diesen Werken an unmittelbar brauchbaren Abbildungen aus dem Gebiete des modernen Dampfmaschinenbaues, wie sie der Konstrukteur beim Entwerfen von Dampfmaschinenteilen nötig hat. Diesem Übelstande suchte Verfasser durch die Herausgabe des vorliegenden Buches zu begegnen. Es sind dem ersten Abschnitte desselben, der in gedrängter Fassung die Entstehung und Entwicklung der Dampfmaschinen behandelt, solche über die wichtigsten Arten der ortsfesten Kolbendampfmaschinen, über ausgeführte derartige Maschinen (hierzu 15 Tafeln), über die allgemeinen Grundlehren der technischen Wärmemechanik (Wärmediagramme, *TS*- und *JS*-Kurven usw.), soweit sie zum Verständnis der thermischen Vorgänge in den Kolbendampfmaschinen dienen, über das Verhalten des Dampfes in diesen Maschinen (thermischer und indizierter Wirkungsgrad, Boulvinsches Wärmediagramm usw.) angefügt worden, während in weiteren Abschnitten des Buches die zur Berechnung, den Dampfverbrauch, den Kurbeltrieb (Bewegungsverhältnisse, Kraft- und Arbeitsverhältnisse, zum Kurbeltrieb gehörigen Teile — Kurbeln, Wellen, Lager, Rahmen, Schubstangen, Kreuzköpfe usw.), die Regelung (Schwungräder, Regulatoren) und die Steuerungen (Schieber-, Ventil-, Drehschiebersteuerungen) der Kolbendampfmaschinen, sodann die für die Zylinder und zugehörigen Teile (Zylinderdeckel, Kolben, Kolbenstangen, Stopfbüchsen) und die Kondensation (Misch- und Oberflächenkondensation, Luftpumpen) nötigen Angaben folgen.

Neben der rechnerischen ist auch die zeichnerische Ermittlung der Abmessungen einzelner Maschinenteile bzw. der von ihrer Wahl und Anordnung abhängigen Arbeitsvorgänge (Regelung, Steuerung usw.) durchgeführt worden. Die zeichnerische — zum Teil auch rechnerische — Ermittlung der Abmessungen von Kurbelwellen (Welle mit Außenkurbel, einfach gekröpfte Welle, doppelt gekröpfte Welle in 5 Lagern) dürfte manchem Fachgenossen von Wert sein. Die den einzelnen Abschnitten beigefügten, gleichartig und sehr sorgfältig hergestellten, zur Beurteilung

[1]) Im Verlag von Julius Springer, Berlin, erschienen.

der Größenverhältnisse je mit einigen Hauptmaßen versehenen Abbildungen — Wiedergaben mustergültiger Werkstattzeichnungen erster Firmen der Dampfmaschinenbranche — werden dem angehenden wie auch dem ausübenden Dampfmaschinenkonstrukteur gute Dienste leisten; sie sind, um einen genügenden Einblick in die verschiedenen Teile und Typen der ortsfesten Kolbendampfmaschinen zu erhalten, sehr reichhaltig in das Buch aufgenommen worden.

Mehr als je sind in der gegenwärtigen Zeit Bestrebungen bemerkbar, die darauf hinzielen, die bislang unter den Wärmekraftmaschinen als die betriebssicherste bekannte Dampfmaschine auch in wirtschaftlicher Beziehung an die erste Stelle unter allen Wärmekraftmaschinen zu bringen. Wesentliche Fortschritte nach dieser Richtung hin sind durch die Verwertung der im Abdampf oder in dem aus dem Zylinder (Zwischenbehälter) der Kolbendampfmaschinen entnommenen Arbeitsdampf enthaltenen Wärme, durch Verwendung von hoch überhitztem Dampf, durch Verringerung der schädlichen Räume und der Abkühlflächen der Arbeitszylinder erreicht worden.

Große Erfolge in bezug auf Wärmeausnutzung hat die von Stumpf zu neuem lebensfähigen Dasein gebrachte Gleichstromdampfmaschine mit nur einem einzigen Zylinder aufzuweisen.

Diejenigen, die — insbesondere seitdem die Gaskraftmaschinen wegen ihrer besseren Wärmeausnutzung in scharfen Wettbewerb mit den Kolbendampfmaschinen traten — ein ruhmloses Ende der letzteren schon voraussahen, werden durch die neuzeitlichen wirtschaftlichen Erfolge derselben anderer Meinung geworden sein.

Trotz aller Anfeindungen dürfte die altbewährte Dampfmaschine ihren Ruf als vornehmste Kraftspenderin der Industrie noch lange behalten!

Möchte das Buch eine freundliche Aufnahme finden!

Denjenigen Firmen, die durch Überlassung wertvoller Zeichnungen und Mitteilungen das Unternehmen förderten, sowie ferner der Verlagsbuchhandlung, die keine Kosten scheute, um die Ausstattung des Buches in der vortrefflichsten Weise zu gestalten, sei auch an dieser Stelle besonderer Dank zum Ausdruck gebracht.

Chemnitz, im April 1911.

Fr. Freytag.

Inhaltsverzeichnis.

Fünfter Abschnitt. Seite

Verhalten des Dampfes in der Dampfmaschine. Vergleichskreisprozesse.

Sechster Abschnitt.

Berechnung der Dampfmaschinen.

Siebenter Abschnitt.

Der Dampfverbrauch.

Achter Abschnitt.

Kurbeltrieb.

Neunter Abschnitt.

Regelung der Dampfmaschinen.

Zehnter Abschnitt.

Die Steuerungen.

Elfter Abschnitt.

Dampfzylinder und zugehörige Teile.

Zwölfter Abschnitt.

Kondensation.

Berichtigungen.

S. 53 Z. 6 v. u. lies: $U = q + x\varrho$ statt: $A U = q + x\varrho$.

,, Z. 4 v. u. lies: $dU = dq + d(xr)$ statt: $A\,dU = dq + d(xr)$.

,, Z. 1 v. u. lies: $dQ = dU + A\,p\,dv$ statt: $dQ = A(dU + p\,dv)$.

S. 57 Z. 10 v. u. lies: BG statt: CT.

,, Z. 6 v. u. lies: CD statt: EF.

,, Z. 2 v. u. lies: BF statt: CG.

S. 169 Z. 16 v. u. lies: $F = 0{,}22\,\frac{G}{R_0}$ statt: $F = 0{,}22\,\frac{G}{F}$.

S. 252 Z. 3 v. o. lies: $\frac{1}{2}(d' - d)$ statt: $\frac{1}{2}(d + d')$.

S. 365 Z. 10 v. o. lies: $\sigma_b'' = 1{,}63\,\frac{p}{h^2}\Big(\ldots$ statt: $\sigma_b'' = 0{,}52\,\frac{p}{h^2}\Big(\ldots$

Einleitung.

Die Fortschritte der Physik hatten schon gegen Ende des 17. Jahrhunderts in mehreren Ländern den Gedanken nach Erfindung einer auf der Elastizität des Dampfes beruhenden Kraftmaschine nahegelegt.

Der Engländer Savery war es, der um diese Zeit zuerst eine solche Maschine ausführte. Sie fand jedoch fast nur in Gärten zum Betriebe von Springbrunnen Anwendung; eine einzige Grube versuchte sie zur Wasserhebung zu verwenden. Weit bedeutender waren die Leistungen der im Jahre 1705 von Newkomen erbauten Maschine, die fast ausschließlich zum Wasserheben in Bergwerken Verwendung fand. Etwa 70 Jahre mußten verfließen, ehe Watt diesen Maschinen eine vollkommenere Gestalt und Wirkungsweise gab und sie von der einseitigen Verwendung in Bergwerken hinaus, zum Betreiben der mannigfaltigsten technischen Verrichtungen brauchbar machte. Allein so unverkennbar sich von nun an die Dampfmaschine für alle Zweige der Industrie als kräftige Gehilfin darbot, so fand sie doch nur allmählich ausgebreitete Anwendung. Die Einteilung der Arbeit bezw. der Fabrikbetrieb mußte erst manche Umgestaltung erfahren, damit die neue Hilfskraft in ihrer hohen Nützlichkeit erscheinen konnte. Bald setzten indes die Dienste, welche die Dampfmaschine zu leisten vermochte, in Erstaunen.

In Colebrookdale sah man eine Maschine, die so viel Wasser beständig 30 m hoch hob, daß dieser künstliche, in steter Bewegung befindliche Wasserstrom drei große Räder treiben konnte. Eine Mühle, die Albionmill, die an Größe alle früheren weit übertraf, wurde durch eine einzige Dampfmaschine in Bewegung gesetzt. Eine andere trieb acht Münzwerke, die in einer einzigen Stunde 30 000 Metallstücke ausprägten und zugleich die Zaine streckten, ausstückelten usw. Viele ersäufte Bergwerke wurden durch diese Maschinen in kurzer Zeit wieder hergestellt. Mehrere Dutzende solcher, für die damalige Zeit riesenmäßiger Maschinen fanden in Kohlenwerken der englischen Grafschaft Cornwallis Aufstellung. Eine einzige Grube hatte vier derartige Maschinen, die zusammen 810 Pferdestärken entwickelten.

Da, wo diese Maschinen anfangs nur Wasserpumpen zogen, leisteten sie später in einer Menge von Gewerben die nützlichsten Dienste — so in Eisen- und Holzwerkstätten, in Papier- und Getreidemühlen, in Spinnereien und Webereien, in Brauereien und Zuckersiedereien, in Zement- und Tonfabriken usw.

Je größere und mannigfaltigere Vorteile die Industrie den Dampfmaschinen verdankte, desto lebhafter wünschte man, mit Hilfe derselben auch den Verkehr der Menschen untereinander, sowie den Transport der Güter und zwar zu Wasser und zu Lande zu heben.

Auch diese Anwendungen der Dampfkraft wurden ermöglicht. Es war am 14. November 1788, als William Symington, ein junger schottischer Ingenieur, die Probefahrt mit dem ersten Dampfboot auf Dalswinton Loch (See) anstellte. Es war ein Doppelschiff, mit dem Räderwerk in der Mitte. Der Versuch gelang so gut, daß ein Jahr später ein zweiter auf dem Forth- und Clyde-Kanal gemacht wurde. Das Boot legte 9,5 km in einer Stunde zurück und der Erfolg schien gesichert; leider konnte Symington seine Versuche wegen pekuniärer Schwierigkeiten nicht fortführen. Er starb

1831 in Armut und Vergessenheit. Das erste größere Dampfboot, der „Claremont", brachte der Amerikaner Robert Fulton zustande; es legte seine erste größere Fahrt — 22 km — zwischen New York und Albany im Jahre 1807 ohne Unfall zurück.

In England entstand das erste größere Dampfboot im Jahre 1811, in Frankreich 1816, auf dem Bodensee 1822, auf dem Rhein 1825, zwischen Bombay und Suez 1830; die überseeische Dampfschiffahrt wurde 1838 eröffnet, in welchem Jahre der Great-Western, von Brunel gebaut, die erste Fahrt von England nach Amerika machte.

Noch jünger ist die Einführung der Dampfmaschine in den Landverkehr. Schon am Ende des 18. Jahrhunderts hatte man in Frankreich Versuche mit Dampffuhrwerken gemacht. Dem Engländer Trevethick gelang es zuerst eine Lokomotive für Eisenbahnen zu konstruieren. Dieselbe wurde 1804 auf der Merthyr-Tydfilbahn (Südwales) in Betrieb gesetzt und diente zum Transport von Roheisen. Allein fast unübersteigliche Schwierigkeiten ließen es lange zweifelhaft erscheinen, ob eine vorteilhafte Anwendung der Dampfkraft zum Transport von Reisenden und Gütern möglich sei. Im Jahre 1829 wurde die Aufgabe durch Georg Stephenson auf Veranlassung der Liverpool-Manchester Eisenbahngesellschaft mit überraschendem Erfolg gelöst.

Außer in England[1]) war die Verwendung der Dampfmaschine noch im Anfange des letzten Jahrhunderts sehr unbedeutend, und die wenigen, die man hier und da sah, waren atmosphärische. In Frankreich wurde die erste Wattsche Maschine von Perier (1790) gebaut. Bis zum Frieden 1814 verbreiteten sich diese Maschinen nur sehr langsam; seitdem haben sie auf dem Kontinente wie auch in den Vereinigten Staaten Nordamerikas eine von Jahr zu Jahr wachsende Verbreitung gefunden. Die ersten Maschinen bezog man in der Regel aus England, bald wurden aber auch in Amerika, den Niederlanden, in Frankreich, Österreich, Deutschland[2]), Rußland u. a. Fabriken zur Erbauung von Dampfmaschinen angelegt.

Zur Erzeugung des in den Zylindern der Dampfmaschinen wirkenden Treibmittels (gespannter Wasserdampf) dient der Brennstoff — vorzugsweise Braun- und Steinkohlen. Deren Vorrat ist aber nicht unerschöpflich. Täglich werden Tausende von Tonnen davon für die Dampfschiffahrt, die Eisenbahnen, die ortsfesten Dampfmaschinen, Heizungsanlagen, Gasanstalten usw. verbraucht; es werden einzelne Gruben, ganze Kohlenbezirke nach Jahrzehnten, andere nach Jahrhunderten erschöpft sein. Es zeigt dies, wie wichtig in wirtschaftlicher Hinsicht alle Verbesserungen sind, durch die Ersparnisse im Brennstoffverbrauche erzielt werden können und es liegt darin eine Mahnung an alle, die Dampfanlagen bauen oder solche besitzen, sich mit den Eigenschaften des Dampfes und den Einrichtungen zur möglichst vorteilhaften Verwertung desselben bekannt zu machen.

[1]) Glasgow erhielt die erste Dampfmaschine im Jahre 1792. 1825 zählte man daselbst schon 310 Maschinen von durchschnittlich 21 Pferdestärken.

[2]) In Deutschland wurde die erste Dampfmaschine — eine einfachwirkende Wattsche Niederdruckmaschine — am 23. August 1785 bei Hettstedt im Mansfeldschen Bergbaugebiet in Betrieb genommen.

Erster Abschnitt.

Die Entstehung und Entwicklung der Dampfmaschinen.

Die von namhaften Gelehrten aller Kulturstaaten betreffs Erfindung der Dampfmaschine angestellten Forschungen haben ergeben, daß vor dem Ende des 17. Jahrhunderts oder vor Savery keine nur einigermaßen brauchbare Vorrichtung zur Hervorbringung von Bewegungen mittels gespannten Wasserdampfes oder eine Art Dampfmaschine zustande gebracht wurde.

Ohne Zweifel wußte man schon in den ältesten Zeiten, daß gespannter Dampf eine außerordentliche Energie besitzt. Es konnte nicht unbekannt bleiben, daß, wenn Wasser in einem verschlossenen Gefäße einem starken Feuer ausgesetzt und zum Kochen gebracht wird, auch der festeste Deckel schließlich weggeschleudert oder das Gefäß selbst zersprengt wird, sowie aus einer kleinen Öffnung tretender Dampf mit Gewalt ausströmt. Es ist daher begreiflich, daß im Altertum Philosophen, wie Aristoteles und Seneca, die Entstehung der Erdbeben sogar der Wirkung unterirdischer Dämpfe zuschrieben.

Gelehrte, die Spuren von Dampfmaschinen schon im Altertum entdecken wollen, berufen sich hauptsächlich auf einen Apparat, den Hero von Alexandrien (120 Jahre vor Chr.) angab, und Arago will darin sogar eine erste Dampfmaschine erblicken[1]). Allein die Vorrichtung, die Hero in seinem Buche Spiritualia (eine Sammlung meist unbedeutender Experimente) nebst dem noch jetzt nach ihm benannten Heronsball unter Nr. 45 beschreibt, ist nichts als eine Abänderung der von Vitruv (um Chr. Geb.) zuerst beschriebenen Aeolipile und bestand aus einem Gefäße *a* (Fig. 1), das mit einem am äußeren Ende geschlossenen Rohr *b* versehen und in den Lagern *c* drehbar aufgestellt war. Wurde in diesem Gefäße Wasser in Dampf verwandelt, und konnte dieser aus einer an jenem Rohr seitwärts angebrachten kleinen Öffnung entweichen, so bewirkte der ausströmende Dampf durch Rückstoß ein Umdrehen des Gefäßes in entgegengesetzter Richtung, ähnlich demjenigen einer Flinte oder Kanone, wenn der Schuß erfolgt.

Fig. 1.

Im Mittelalter ruhte der Gedanke nicht, die Kraft des Wasserdampfes zu verwerten. Der Mönch Gerbert, der Erfinder der Schlaguhren, soll zu Reims um 980 eine Orgel konstruiert haben, die ihre Luft aus einem Gefäße erhielt, in welchem sie durch Dampf zusammengedrückt wurde. Gegen Ende des 15. Jahrhunderts beschäftigte sich der berühmte

[1]) Niemand hat eifriger als Montgéry Embryonen von Dampfmaschinen schon bei den Alten auffinden wollen. Seine Zitate beweisen aber nur, daß die Ägypter in mystischen Ausdrücken von den wunderbaren Eigenschaften des Feuers und des Dampfes sprachen, und daß sie mittels desselben Explosionen oder Töne hervorzubringen wußten. Von einer mechanischen Anwendung der Dampfkraft enthalten sie keine Spur.

Maler Leonardo da Vinci mit der Konstruktion einer Kanone, in der der Wasserdampf die Rolle des Pulvergases übernehmen sollte.

Der spanische Archivar Gonzales will in einem Manuskript gefunden haben, daß ein Seekapitän Blasco de Garay Karl V. eine Maschine vorgeschlagen, um Schiffe ohne Segel und Ruder zu treiben, und daß im Jahre 1543 in Barcelona der Versuch mit Erfolg gemacht worden sei; man habe zwar von der Einrichtung nichts erfahren, doch gesehen, daß auf dem Schiffe ein Kessel mit kochendem Wasser gewesen und auf beiden Seiten desselben ein Schaufelrad angebracht war. Die Erfindung dieser Maschine wurde schon von Arago 1826 als völlig unsicher angesehen. Neuere Forschungen, welche der spanische Geschichtsforscher Lafuente anstellte, haben ergeben, daß Blasco allerdings Versuche mit Schiffen behufs einer neuen Fortbewegungsweise derselben gemacht hat; es handelte sich aber nur um Schaufelräder, welche durch Menschenkraft mittels Kurbeln umgetrieben wurden.

Der Italiener Cardanus, dem man die Auflösung der Gleichungen vom dritten Grade verdankt, lehrte um 1550, daß durch Abkühlung des Dampfes im geschlossenen Behälter ein leerer Raum hervorgebracht wird. Zu einer Verwertung des Gedankens kam es nicht.

Der Prediger Johann Mathesius zu Schneeberg (Deutschland) berichtet in seiner 1562 erschienenen Bergpostille von einem Manne, der „anfienge Stein, Erz und Wasser mit Feuer zu heben“. Von einer hierauf bezüglichen Einrichtung ist jedoch nichts bekannt geworden.

Im Jahr 1601 beschreibt der Neapolitaner Bapista Porta, der Erfinder der Camera obscura, eine Einrichtung, um mittels Dampf Wasser zu heben. Ein geschlossener Behälter, zum Teil mit Wasser gefüllt, liegt über dem Dampfkessel. Von diesem führt eine Leitung in den Luftraum des Behälters und vom Wasser aus eine Röhre durch die Decke des Behälters nach oben. Gelangt nun Dampf in den Luftraum des Behälters, so drückt er auf die Oberfläche des Wassers und treibt solches durch die Steigröhre aufwärts. Porta gibt noch eine andere Anordnung zum Heben des Wassers an. Füllt man einen Behälter mit Dampf und kühlt denselben ab, so kondensiert sich der Dampf; es entsteht ein leerer Raum. Führt nun eine Röhre von einem Wasserbehälter aus aufwärts zum leeren Raum, so treibt der Luftdruck Wasser nach dem letzteren und erreicht diesen, wenn der senkrechte Abstand beider Behälter nur gering ist. Beide Anregungen blieben ohne praktische Anwendung.

Fig. 2.

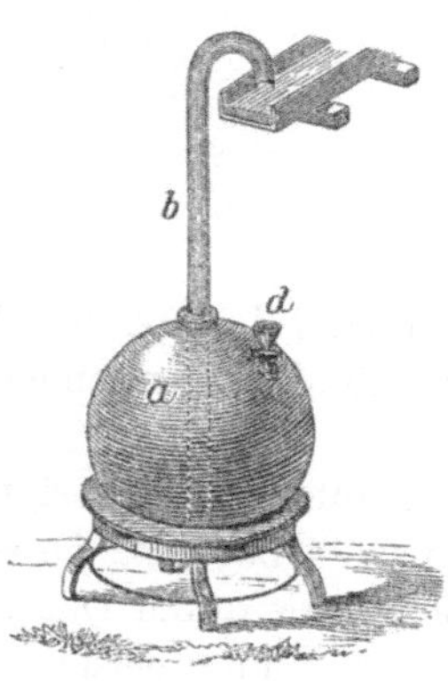

Der von Salomon de Caus im Jahr 1615 beschriebene Apparat ist eine Art von Heronsball, in welchem Dampf statt Luft wirkt. Er brachte Wasser in einer Kugel *a* (Fig. 2), bis auf deren Boden eine Röhre *b* reichte, zum Kochen, und da der sich bildende Dampf mit großer Gewalt das siedende Wasser aus der Röhre, auch wenn diese ziemlich hoch war, hinaustreiben mußte, so brachte er noch eine Öffnung *d* an, um das Gefäß wieder füllen zu können [1]).

Joh. Branca, der Erbauer der Kirche von Loretto behandelt in einem Buche, das im Jahr 1629 in Rom erschien, eine Dampfmaschine. Er läßt nämlich den Dampfstrahl einer

[1]) Auf diesen, mit seinem Buche „Les raisons de forces mouvantes“ längst vergessenen S. de Caus wurde auf einmal mit großem Ruhm von Bailles 1813 und dann von Arago im Annuaire du bureau des longitudes für 1828 und 1837 aufmerksam genacht, und zwar ausdrücklich, um einem Franzosen die Erfindung der Dampfmaschinen zuzuschreiben. Ein noch allgemeineres Interesse für den verkannten Mann erweckte ein angeblich vorgefundener Brief

Aeolipile gegen die Schaufeln eines kleinen Rades strömen, so daß sich dieses durch den Anstoß umdrehte.

In England gilt (s. auch Maccaulay K. 3) ein Marquis von Worcester, der ein Liebling Karl II. war und 1667 starb, für den Erfinder der ersten Dampfmaschine. Derselbe beschreibt in einer 1613 unter dem Titel „a century of inventions“ abgefaßten Schrift, worin er alle seine angeblichen Erfindungen und deren ausgezeichnete Wirkungen anpreist, einen Apparat, der mit Hilfe des Dampfes Wasser in einem anhaltenden Strahle auf eine bedeutende Höhe erheben soll [1]). Die Zeichnungen, die man von dieser angeblichen ersten Dampfmaschine in neueren Zeiten entworfen hat, — er selbst hat keine beigefügt — beruhen jedoch zum Teil auf ganz willkürlichen Deutungen, und die Beschreibung, die sich in obiger Schrift findet, ist ebenso kurz als unklar. Ohne Zweifel kannte Worcester den obigen Versuch von de Caus und kam dadurch auf die Idee, durch die Verbindung von mehreren solcher Gefäße, in denen abwechselnd Wasser zum Sieden gebracht und wieder nachgefüllt wird, ein beständiges Heben von Wasser zu erhalten. Dann unterscheidet sich sein Apparat auch dadurch wesentlich von dem des Savery, daß er den Dampf nicht in einem besonderen Gefäß und aus anderem Wasser erzeugte. Es ist endlich wohl außer Zweifel, daß weder Worcester, noch irgend jemand nach ihm, eine ähnliche Maschine je ausgeführt hat.

Zwanzig Jahre später schlug der Mechaniker James Moreland, nachdem er in England kein Gehör gefunden, Ludwig XIV. die Erbauung einer Maschine vor, wodurch Wasser mit Hilfe des Dampfes gehoben werden sollte. Daß Moreland Versuche über die Wirkungen des Dampfes gemacht hat, erhellt aus seiner beachtenswerten Angabe, daß das Wasser, wenn es zu Dampf wird, sich in einen etwa 2000mal größeren Raum ausdehne. Es ist aber nichts Näheres über jenen Vorschlag bekannt geworden.

Einen erheblichen Beitrag zur Konstruktion der Dampfmaschine lieferte der Holländer Christian Huygens, Rivale des großen Mathematikers und Physikers Newton. Er brachte im Jahre 1680 eine Gaskraftmaschine in Anregung, ähnlich derjenigen von Otto und Langen vom Jahr 1867, mit dem Unterschied jedoch, daß Schießpulver statt Gas in Anwendung kommen sollte. Nach Huygens besitzt die Maschine einen Zylinder mit Kolben. Der Zylinder ist unten geschlossen, oben offen. Die Explosion findet zwischen dem Zylinderboden und dem Kolben statt; die entstandenen Gase treiben den Kolben in die Höhe und dieser kehrt, nachdem sich die Gase abgekühlt haben, durch den Druck der Atmosphäre wieder in die erste Lage zurück. Obschon es hier nur bei der Anregung blieb, so waren damit doch die Hauptorgane der Dampfmaschine — der Zylinder und der Kolben — gefunden.

Besondere Beachtung in der Geschichte der Dampfmaschine verdient der Franzose Dyonisius Papin. Geboren zu Blois am 22. April 1647 als Sohn eines angesehenen

---

der berühmten Marion Delorme von 1641, nach welchem sie bei einem Besuche des Irrenhauses Bicêtre in Begleitung des Marquis von Worcester den unglücklichen de Caus gesehen haben will. Allein die historische Kritik hat nachgewiesen, daß sich die Erfindung auf die oben bemerkte Anwendung des Heronsballs zurückführt und die rührende Anektode eine Mystifikation ist, da de Caus (geboren 1576 und gestorben 1626) 1641 längst tot, Bicêtre aber damals noch keine Irrenanstalt war. Übrigens war der Mann Architekt und längere Zeit auch im Schlosse zu Heidelberg angestellt.

[1]) Die Beschreibung, die Worcester unter Nr. 68 seiner Schrift von jener Maschine macht, ist wörtlich übersetzt in Désaguliers Physique II. p. 585, in Bibl. brit. T. X. p. 129, in Tredgold u. a. m. Worcester schrieb jenes Buch als Staatsgefangener und starb 1667. Es wurde erst 20 Jahre später zuerst gedruckt. Worcester war übrigens offenbar ein exzentrischer Kopf und Projektenmacher, der eine Idee, die ihm einleuchtete, sofort als ausgeführt ausgab und Wunderwirkungen davon verhieß.

protestantischen Arztes, widmete er sich zunächst der Arzneikunde, bald aber, nachdem er in Paris mit Huygens in Verbindung gekommen war, ausschließlich physikalischen Studien, insbesonder Versuchen mit der kurz vordem erfundenen Luftpumpe. Diese Beschäftigung setzte er in England, wohin er 1681 übergesiedelt, gemeinschaftlich mit Robert Boyle fort. Mehrere Abhandlungen, sowie die 1665 beschriebene Erfindung des nach ihm benannten Topfes (digestor) und der Sicherheitsklappe bezeugen, daß kaum einer seiner Zeitgenossen so gründliche Kenntnisse von der Natur des Dampfes und der Luft gehabt haben mag. Der immer nachhaltender zum Ausdruck gebrachte Wunsch, für die Industrie eine neue bewegende Kraft und Kraftmaschin zu erfinden, wurde bald Gegenstand seiner Bemühungen; es war ihm klar, daß die Aufgabe dadurch zu lösen sei, daß auf der Rückseite eines in einer zylindrischen Röhre verschiebbaren Kolbens abwechselnd ein Vakuum erzeugt wird, weil dann der Druck der äußeren Atmosphäre auf der anderen Kolbenseite wirksam wird. Sein erster Vorschlag ging dahin, die Luftverdünnung mittels einer kräftigen Luftpumpe zu bewirken und ein späterer, durch wiederholte Verpuffung von Schießpulver im Boden eines unten geschlossenen Zylinders das Kolbenspiel zustande zu bringen. Allein alle Vorrichtungen, die nach diesen Ideen versucht wurden, zeigten sich unbrauchbar. Papin wurde durch diese schlechten Erfolge so verstimmt und entmutigt, daß er England (1681) verließ, um in Venedig eine wissenschaftliche Akademie zu begründen. Enttäuscht und verarmt kehrte er 1683 nach London zurück. Nach weiteren Mißerfolgen daselbst nahm er 1687 die ihm angetragene Stelle eines Professors der Mathematik in Marburg an. Hier versuchte er durch ein drittes Prinzip, das später in den atmosphärischen Maschinen erfolgreich angewandt wurde, eine dünne Schicht Wasser in dem obigen Zylinder abwechselnd durch Kochen in Dampf zu verwandeln und diesen durch Abkühlung wieder zu verdichten; da diese Umwandlung aber nur durch Feuer und kaltes Wasser von außen zu bewerkstelligen war, mußte auch dieser Vorschlag als unpraktisch verworfen werden. Von da an scheint Papin das ihm vorschwebende Ziel nach Entdeckung einer für die Industrie brauchbaren Kraftmaschine aufgegeben zu haben. Wir hören nur, daß, als Leibniz 1705 ihn von Saverys Maschine und deren beifälliger Aufnahme in Kenntnis gesetzt, er sich durch Nachahmung und Abänderung derselben die Priorität der Erfindung anzueignen gesucht, und ferner, daß er ein kleines Schiff mit Ruderrädern, die durch Dampf umgetrieben wurden, gebaut und mit diesem 1707 auf der Fulda Probefahrten angestellt haben soll. Die letzte Lebenszeit brachte der geniale Mann wieder in England zu, wo er gegen 1714 in dürftiger Lage sein an Hoffnungen so reiches, an Freuden von deren Verwirklichung so armes Leben beschloß. Die Nachwelt ehrte die Verdienste Papins durch die Errichtung eines Denkmals (1859) in seiner Vaterstadt Blois.

Jene offenbar nach Saverys Prinzip von Papin angegebene Maschine soll ungefähr folgende Einrichtung gehabt haben: Ein Zylinder b (Fig. 3), in dem sich eine bewegliche runde Scheibe c befindet, steht einerseits mit einem Kessel a durch die Röhre d, anderseits durch die Röhre h mit einem Wasserbehälter e und einer Art Windkessel f in Verbindung. In a wird gespannter Dampf erzeugt. Ist der Hahn d geschlossen, so daß kein Dampf nach b und über die Scheibe c gelangen kann, so wird durch die Klappe o kaltes Wasser aus e in h und in den Zylinder b fließen und die Scheibe c zum Steigen bringen. Wird darauf der Hahn d geöffnet, so wird der eindringende gespannte Dampf die

Fig. 3.

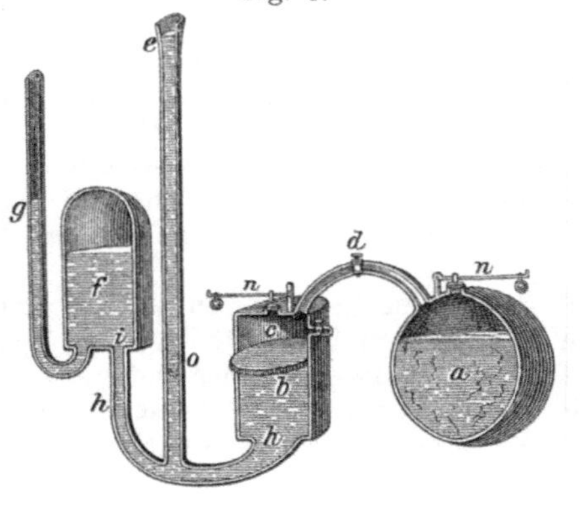

Scheibe c herabdrücken, das Wasser, weil o sich schließt, durch i in den Windkessel f getrieben werden und aus diesem durch das Druckrohr g zu einer gewissen Höhe aufsteigen. Die von Papin bereits in Vorschlag gebrachten Sicherheitsventile sind mit n bezeichnet.

Daß Papin als Erfinder der atmosphärischen Kolbenmaschine eine rühmliche Stelle in der Geschichte der Physik und der der Dampfmaschinen insbesondere einzunehmen verdient, wird niemand bezweifeln; auch darf man glauben, daß ihm unter glücklicheren Umständen wohl eine Lösung der so richtig gefaßten Aufgabe gelungen wäre. Mit weitschauendem Blick hatte er die Verwendungsfähigkeit seiner Maschine vorausgeahnt: „Ich bin überzeugt", schreibt er 1705 an Leibniz, „daß man mittels dieser Kraft (der Dampfkraft) Schiffe herstellen könnte, welche immer genau ihren Kurs einhielten, trotz Stürmen und widrigen Winden. Ich glaube ebenso sicher, daß man mit der Zeit dahin gelangen wird, dieselbe Kraft für Fahrzeuge zu Lande anzuwenden; aber man könnte nicht alles auf einmal machen, und ich wünschte nur Gelegenheit zu haben, jetzt das eine auszuführen, welches unwiderleglich die Nützlichkeit dieser Erfindung dartun würde."

Fig. 4.

Wir sehen, Dampfschiff und Dampfwagen schwebten ihm ganz deutlich vor Augen.

Der englische Kapitän Savery war der erste, der eine Vorrichtung nicht nur angab, sondern auch ausführte, durch die eine nützliche mechanische Leistung mittels des Dampfes erlangt wurde, die sich trotz bedeutender Mängel als brauchbar bewährte und deshalb auf den Namen einer Dampfmaschine im weiteren Sinne wenigstens Anspruch machen kann.

Savery nahm, nachdem er zuvor viele Versuche angestellt, auf seine Erfindung im Jahr 1698 ein Patent und machte sie in einer kleinen Schrift „the Miners friend" bekannt, die zuerst 1699 und mit Zusätzen 1702 erschien.

Durch diese Maschine konnte fortdauernd Wasser auf eine nicht unbeträchtliche Höhe gehoben werden, und der Dampf bewirkte dies auf eine doppelte Weise: zunächst indem durch Abkühlung und Kondensierung von Dampf ein leerer Raum erzeugt und damit ein Ansaugen von Wasser bewirkt wurde, sodann frischer Dampf vermöge seiner Elastizität jenes Wasser noch weiter förderte. Seine Maschine war eine Art Saug- und Druckpumpe, bei der nicht ein Kolben, sondern, ähnlich wie bei den heutigen Pulsometern, abwechselnd frischer Dampf das Drücken und die Kondensierung desselben das Ansaugen des Wassers bewirkt.

Saverys Maschine hatte die in Fig. 4 dargestellte Einrichtung. Im Kessel A wird fortdauernd gespannter Dampf erzeugt, der durch die Röhre a abwechselnd in einen der mit Wasser gefüllten Behälter *B* oder *C* tritt. Dieses Wasser wird dadurch in die Behälter *B* und *C* gebracht, daß man zuerst *B* nach Öffnen des Hahnes *b* durch die Leitung *a* mit Dampf füllt, und diesen durch die allmähliche Abkühlung niederschlagen läßt, wodurch der äußere Luftdruck durch das Saugrohr *h* und das Ventil *d* Wasser an die Stelle des Dampfes treibt. Sodann wird *b* wieder geöffnet und es treibt nun der eintretende Dampf das Wasser durch das Ventil *f* in das Steigrohr *i* noch weiter nach oben, wobei sich *d* von selbst schließt. Im Behälter *C*, der durch Öffnen des Hahnes *c* mit Kesseldampf gefüllt wird, findet der umgekehrte Vorgang statt, so daß immer gleichzeitig die Ventile *e* und *d* geöffnet, diejenigen *f* und *g* geschlossen sind und umgekehrt.

Da aber der Kessel *A* stets mit kochendem Wasser gespeist werden muß, wenn die Dampfbildung andauern soll, so ist ein zweiter Kessel *D* vorhanden. Dieser erhält durch die mit einem Hahn *l* versehene Röhre *k* neues Wasser, welches siedend durch die Heberröhre *m* in den Kessel *A* strömt. Durch die Trichter *n* werden die Kessel gefüllt, wenn die Maschine in Gang kommen soll [1]).

Es ist nicht zu bezweifeln, daß diese Maschine auf unbestimmte Zeit fortarbeiten und die Verrichtungen einer Wasserhebungsmaschine mittels Dampf erfüllen kann. Immerhin sieht man, daß 1. der Dampf einen sehr bedeutenden und den der Luft beträchtlich übersteigenden Druck erlangen muß, wenn das Wasser auch nur zu einer mäßigen Höhe über das Niveau der Maschine gehoben werden soll, und 2. daß viel Wärme nutzlos verloren geht, da der auf das Wasser drückende Dampf bei der Berührung desselben mehr oder weniger kondensiert wird. Man sieht ferner, daß diese Maschine für Unvorsichtige leicht gefährlich werden konnte, und das gehobene Wasser ziemlich warm werden mußte. [2]) Die Vorrichtung ist auch ziemlich bald außer Gebrauch gekommen und durch die Kolbenmaschine verdrängt worden. Da sie nur einem besonderen Zwecke, dem Heben von Wasser, dient und keinen Motor bildet, der wie ein Wasserrad die zu den mannigfaltigsten Verrichtungen erforderliche Arbeit liefert, kann sie mit Recht nicht einmal als eine Dampfmaschine angesehen werden.

Während Papin sich mit der Vervollkommnung der Saveryschen Maschine beschäftigte, indem er namentlich die Kondensation des Dampfes nutzbar zu machen suchte und, um eine kreisförmige Bewegung zu erlangen, das gehobene Wasser auf ein Rad leitete, brachte der Engländer Thomas Newkomen (in Verbindung mit J. Cawley [3]) die erste brauchbare mit Kolben wirkende Dampfmaschine zustande. Diese Maschine, die man in der Folge auch die atmosphärische nannte, wurde im Jahre 1705 patentiert. Offenbar liegen Papins Versuche der Einrichtung derselben zugrunde; sie ist im wesentlichen die folgende:

In dem Kessel *a* (Fig. 5) wird Dampf erzeugt, der beim Öffnen des Hahnes *b* in den Zylinder *c* unter einen Kolben *d* strömt. Dieser ist durch eine Kette mit einem großen

[1]) Savery gab die Kraft seiner Maschinen bereits nach der Anzahl Pferde, die sie ersetzen können, an.

[2]) Obschon Savery meinte, daß seine Maschinen bei gehöriger Stärke der Kessel das Wasser viele 100′ hoch heben würden, und solches ohne Gefahr wenigstens 60′ hoch zu heben versprach, so scheinen sie es doch nie über 40′ hoch getrieben zu haben und blieben daher zur Förderung des Grubenwassers ungenügend. Saverys Maschinen waren offenbar Hochdruckmaschinen, und um so gefährlicher, da er lange kein Sicherheitsventil anwandte. Ferner ging ein Teil des gehobenen Wassers verloren, weil er zur schnelleren Abkühlung der Behälter diese abwechselnd von außen mit Wasser begoß.

[3]) Th. Newkomen war ein Eisenschmied und John Cawley ein Glaser aus Darmouth; beide Wiedertäufer und Freunde. Einige behaupten, Newkomen habe einige Zeit in Saverys Diensten gestanden.

Hebel oder Wagbalken *e f* verbunden, an dessen Arm *f* ein Gegengewicht *g* und die Pumpenstange *h* angehängt sind. Wenn der gespannte Dampf unter den Kolben tritt, steigt dieser, da das Gewicht *g* die Reibung und wohl auch einen Teil des Luftdruckes überwindet und die Pumpenstange *h* sinkt. Sowie aber der Kolben den oberen Rand des Zylinders erreicht hat, wird der Dampfhahn *b* geschlossen und gleichzeitig der Wasserhahn *i* geöffnet. Dies hat zur Folge, daß kaltes Wasser aus dem Behälter *k* bei *l* in den Zylinder gelangt, wodurch die Abkühlung und Verdichtung des in diesem eingeschlossenen Dampfes bewirkt wird. Der Luftdruck ist dann imstande, den Niedergang des Kolbens, sowie das Steigen der Pumpenstange *h* und des Gegengewichtes zu bewirken. Nachdem das eingespritzte, sowie das kondensierte Dampfwasser durch die Röhre *m* abgelaufen, wird der Dampfhahn von neuem geöffnet. An dem Wagbalken *f* ist noch eine zweite, in der Zeichnung nicht angegebene Pumpenstange befestigt, die kaltes Wasser in den Behälter *k* hebt; aus diesem läßt man von Zeit zu Zeit etwas Wasser auf die obere Fläche des Kolbens fließen, um denselben dichter zu machen und das Durchdringen des Dampfes zu verhindern.

Fig. 5.

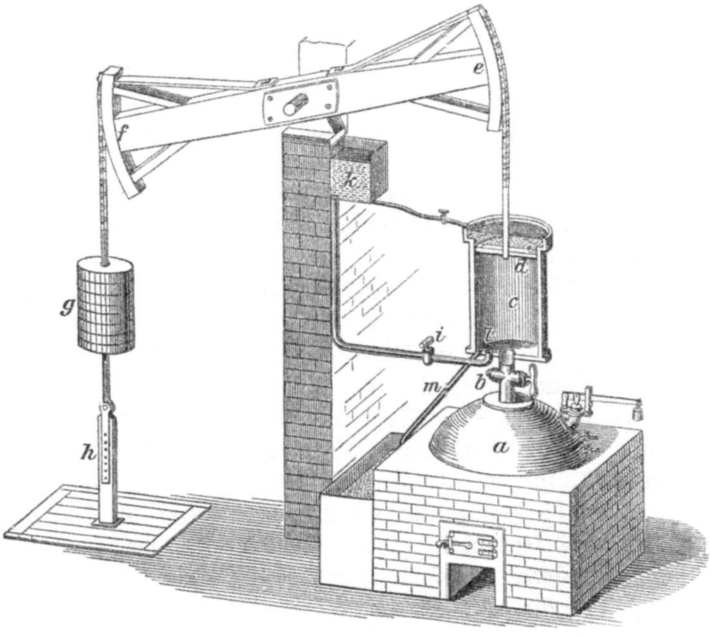

Natürlich erlitt auch diese Maschine im Laufe der Zeit mancherlei Veränderungen. Bei der ersten Maschine wurde z. B. das Wasser nicht eingespritzt, sondern der Zylinder von außen gekühlt (Oberflächenkondensation). Später wurde der Zylinder nicht über, sondern neben dem Kessel aufgestellt.

Das Öffnen und Schließen der Hähne mußte von Hand bewirkt werden. Da soll ein junger Maschinenwärter, Humphrey Potter, um Zeit zum Spielen mit seinen Alterskameraden zu finden, die Hebel seiner Hähne durch Stricke mit dem auf- und niedergehenden Balanzier derart verbunden haben, daß die Maschine seine Arbeit mit verrichtete, er selbst somit entbehrlich wurde. Die Idee wurde aufgegriffen, das nötige Stangenwerk eingebaut und so entstand 1713 die erste selbsttätige Steuerung. Damit konnte die Umlaufzahl der Maschine von 10 auf 16 in der Minute gesteigert werden.

Die Pottersche Steuerung wurde von Henry Brighton 1718 vervollkommnet. Dieser Konstrukteur kam auch auf den Gedanken, das warme Kondensationswasser zum Speisen zu verwenden.

John Smeaton, einer der bedeutendsten Ingenieure jener Zeit, veränderte diese Speisung, indem er das Kondensationswasser zum Vorwärmen des Speisewassers benutzte. Er leitete das frische, zum Speisen des Kessels geeignete Wasser durch das Kondensationswasser hindurch. Er kam auch dazu, die untere Fläche des Dampfkolbens mit einer Holzschicht von etwa 2 Zoll Dicke zu belegen, um dadurch die Abkühlung des Dampfes am Kolben zu verringern.

Newkomen war, aus Mangel an theoretischen Kenntnissen, unsicher in der Wahl der Abmessungen der Einzelteile seiner Maschine. Hierin ergänzte ihn Smeaton auf das vorteilhafteste. Dieser wußte Durchmesser und Hub des Zylinders, sowie die übrigen Abmessungen der Maschine so zu bestimmen, daß sie das leistete, was von ihr verlangt wurde.

Freilich bildete der Kessel noch immer eine schwache Seite der Anlage. Bei den ersten Newkomenschen Maschinen waren die Wände der zugehörigen Kessel, die mit dem Feuer in Berührung kommen, aus Kupfer, die anderen aus Blei hergestellt. Erst später wurde Eisenblech verwendet. Anfangs wurden die Zylinder aus Messing gefertigt, seit 1743 jedoch aus Eisenguß.

Die Newkomensche Maschine fand baldige Verbreitung. Man verwendete sie zum Heben von Wasser aus Bergwerken, zum Trockenlegen sumpfiger Gegenden, zum Beschaffen von Wasser für Städte. Manche dieser Maschinen kamen nach dem Kontinent [1]).

Belidor schreibt in seiner Wasserbaukunde von 1734: „Die Fabrikation von Dampfmaschinen ist eine bedeutende, indessen ausschließlich englische Industrie", und Price in seiner Mineralogie 1778: „Die Erfindung von Newkomen hat es möglich gemacht, mit unserem Bergwerksbetrieb doppelt so tief in die Erde zu gehen; allein der Aufwand an Steinkohlen ist so bedeutend, daß er einen großen Teil des Ertrages, den die Minen liefern sollten, verschlingt."

Hierin lag die schwache Seite dieser Dampfmaschine. Die kleineren Maschinen der ersten Zeit verbrauchten nicht weniger als 25 kg, die späteren größeren, durch Beighton und Smeaton vervollkommneten, immer noch 14—15 kg Steinkohlen für 1 PS/std.

Der deutsche Mechaniker Leupold gab in seinem Theatrum mach. hydr. im Jahr 1724 schon eine Hochdruckmaschine an. Diese, wie einige behaupten, nach Papins Ideen ausgeführte Maschine hatte folgende Einrichtung. Der in einem Kessel erzeugte Dampf strömte abwechselnd in zwei Zylinder und nachdem er die Kolben derselben zum Steigen gebracht hatte, in die freie Atmosphäre. Nach abwärts wurden die Kolben durch Gewichte gezogen, die auf ihnen lasteten. Zur Umsteuerung diente der von Papin erfundene, zweifach durchbohrte Hahn, der nachher der Vierweghahn genannt wurde. Von diesen Leupoldschen Maschinen scheint man indessen nie Gebrauch gemacht zu haben, vielleicht weil die Erzeugung gespannten Dampfes damals noch zu schwierig war und zu gefährlich erschien.

Nicht minder bemerkenswert ist das Bestreben des Jon. Hulls, eine Dampfmaschine auf einem Schiffe dergestalt anzubringen, daß damit ein Ruderrad umgetrieben wurde und jenes Schiff (als Bugsierboot) zum Ziehen anderer diente. Hulls erhielt 1737 ein Patent, und es scheint ihm wirklich gelungen zu sein, die Möglichkeit einer solchen Anwendung klarzulegen. Die Verwandlung der geradlinigen Bewegung der Kolbenstange in eine rotierende, wie Hulls sie vorgesehen, war jedoch so umständlich und die Ausführung mochte so manche Schwierigkeiten gefunden haben, daß seine Unternehmung bald in gänzliche Vergessenheit geriet. Und in der Tat erhielt man erst später

---

[1]) In England hatten sich Newkomensche Dampfmaschinen an einzelnen Stellen bis in die Neuzeit erhalten. So berichtet die englische Fachzeitschrift „Engineering" vom 25. Oktober 1895 über eine solche Maschine, welche 1745 erbaut, noch damals zum Wasserheben eines in Nähe der bekannten Handelsstadt Bristol liegenden Kohlenschachtes diente.

Nach Conrad Matschoß: „Die Entwicklung der Dampfmaschine" ist heute die atmosphärische Maschine als Pumpmaschine auch in ihren letzten Exemplaren ganz verschwunden.

durch Entdeckung einer kleinen Druckschrift, worin Hulls Versuche beschrieben waren, Kenntnis von derselben.

Beinahe siebzig Jahre lang blieb die Einrichtung der Dampfmaschine wesentlich dieselbe. Aller Bemühungen ungeachtet hatte niemand vermocht, ihre Grundfehler zu heben, ein neues System der Konstruktion zu erfinden und ihr eine vielartige Brauchbarkeit zu geben. Da erschien James Watt, und sein Genie allein reichte hin, diese Maschine gänzlich umzugestalten und sie auf einen Grad der Vollkommenheit zu bringen, der auch die kühnsten Erwartungen übertraf. Mit Recht wird James Watt als der zweite Erfinder, ja als der eigentliche Schöpfer der heutigen Dampfmaschine betrachtet [1]).

Die Ausbesserungen des Modells einer Newkomenschen atmosphärischen Feuermaschine, die ihm, dem mathematischen Instrumentenmacher der Universität Glasgow 1763 aufgetragen wurde, die Entdeckung von der freien und latenten Wärme, die eben der Gelehrte Black im Gebiete der Wärmelehre gemacht, und der Umgang mit seinem Freunde D. Robinson veranlaßten Watt, alle seine Aufmerksamkeit auf die Vervollkommnung dieser Maschine zu verwenden, und nachdem er auch das Buch von Désaguliers gelesen, erkannte er bald, daß auf einem neuen Boden aufzubauen sei, dem nämlich, daß man die Eigenschaften des Dampfes kennen müsse, um ihn in richtiger Weise dienstbar zu machen.

Watt machte zuerst Versuche mit Apparaten, die er selbst ausgesonnen hatte; dann benutzte er hierzu eine kleine Newkomensche Maschine. Der Hauptzweck war, eine Dampfanlage aufzufinden, die bei gegebener Kraftentwicklung möglichst wenig Dampf verbraucht. Die Ersparnisse an Brennstoff konnten sich beziehen: erstens auf die Dampferzeugung und zweitens auf die Dampfverwendung.

Die Dampferzeugung betreffend stellte er fest:

a) Die Flamme muß sich am Dampfkessel möglichst abkühlen, also möglichst kalt in den Kamin übergehen. Denn was die Kesselwandung aufnimmt, wird in das Wasser übergeführt und zur Dampfbildung verwendet. Man erreicht den Zweck, wenn man die Heizfläche des Kessels groß macht, die Gase also möglichst lange Zeit mit den Kesselwandungen in Berührung läßt.

b) Der Kessel muß so angelegt sein, daß möglichst wenig Wärme durch Strahlung und Leitung an die Umgebung verloren geht. Die Verluste können durch Anbringung schlecht leitender Massen verringert werden.

c) Ebenso sind die Dampfleitung und der Dampfzylinder warm einzukleiden.

Er ermittelte durch Versuche den Einfluß der eben bezeichneten Mittel, kam aber zum Schluß, daß dadurch nur eine mäßige Ersparnis erzielt werden könne und daß somit die Ursache des so großen Dampfverbrauches in der Dampfverwendung, bezw. in der Dampfmaschine selbst liege.

Er untersuchte die Widerstände der Newkomenschen Maschine und fand, daß diese nur unbedeutend sind. Demnach mußte die Art und Weise, wie nach der Arbeit des

---

[1]) J. Watt wurde am 19. Januar 1736 zu Greenock geboren und starb im 84sten Jahr auf seinem Landsitze bei Soho 1819. 1824 bewilligte das englische Parlament mehrere Tausend Pfund zur Errichtung eines Nationaldenkmals. Weiteres über sein Leben und Wirken s. im Morgenblatt, April 1824, im Mech. Magaz. 1823, Nr. 1, in Aragos Unterhaltungen (deutsch von Grieb) Bd. 4, in Thurstons Geschichte der Dampfmaschine (deutsch von Uhland) 1881, in der Zeitschrift des Vereines deutscher Ingenieure 1896, S. 973 ff., in Conr. Matschoß Entwicklung der Dampfmaschine usw.

Wie unvollkommen die Dampfmaschine zu Watts Zeiten war, erhellt schon daraus, daß der berühmte Mechaniker Smeaton 1781 noch meinte, diese Maschine lasse sich zum Treiben einer Mahlmühle nicht anders benutzen, als indem man durch sie Wasser auf ein Wasserrad hebe!

Dampfes der leere Raum bewerkstelligt wurde, eine verkehrte sein. Allein worin lag das Unrichtige?

Watt brachte neben den Kessel ein Gefäß mit einer bestimmten Menge kaltem Wasser und leitete Dampf aus dem Kessel in dieses Wasser, bis sich dasselbe auf einen gewissen Grad erwärmt hatte. Dann schloß er den Dampfhahn, ermittelte Gewicht und Temperatur des Wassers wieder und erhielt durch den Unterschied beider Gewichte das dem Wasser zugeführte Gewicht Dampf. Hieraus und aus der Temperaturzunahme schloß er, daß mit 1 Pfund Dampf von 100° je 6 Pfund Wasser von 11° auf 100° erwärmt werden können. Nun bestimmte Watt das Gewicht Dampf, das einen gegebenen Raum ausfüllt. Nach vielen Versuchen fand er, daß sich Wasser, welches bei 100° verdampft, auf das 1728 fache seines Raumes ausdehnt. Hierauf stellte Watt Versuche über die Spannung des Dampfes bei verschiedenen Temperaturen an. Er konnte einige bezügliche Resultate erreichen mit Dampf, der weniger, und mit solchem, der mehr als 100° Temperatur hatte. Den Zusammenhang dieser Resultate brachte er graphisch zur Anschauung, indem er die Temperaturen als Abszissen, die entsprechenden Spannungen als Ordinaten auftrug und die Endpunkte der Ordinaten durch eine stetige Kurve verband. Damit konnte er, freilich nur innerhalb enger Grenzen, den Druck des Dampfes abschätzen, wenn er dessen Temperatur kannte. Sofort war ihm klar, daß bei der Newkomenschen Maschine der Druck im Zylinder beim Niedergang des Kolbens zu groß ist. Der Dampf kühlte sich nämlich auf 65° ab, so daß er nur noch eine Spannung von 0,25 at hatte. Dazu kam, daß mit dem kalten Wasser Luft in den Zylinder gelangte, die den Druck unter dem Kolben auf 0,5 at steigerte. Dadurch wurde der auf den Kolben von oben ausgeübte Luftdruck auf die Hälfte verringert. Es galt nun, den schädlichen Gegendruck von 0,5 auf 0,2 at zu bringen, also den sog. Überdruck von 0,5 auf 0,8 at, d. h. bei gleichem Dampfverbrauch die Leistung der Maschine von 5 auf 8 zu steigern.

Watt setzte die Maschine in Gang und beobachtete dabei, um wie viel der Wasservorrat im Kessel abnimmt, während der Kolben eine bestimmte Anzahl Hübe ausführt. Da er den Rauminhalt kannte, den der Kolben im Zylinder bei jedem Hub beschreibt, konnte ermittelt werden, welche Dampfmenge der Zylinder verbrauchen sollte und welche er wirklich verbraucht hatte. Zu seiner freudigen Überraschung fand Watt, daß der wirkliche Dampfverbrauch 3 bis 4mal größer war, als er hätte sein sollen. Die Erklärung ist folgende: Beim Einspritzen von kaltem Wasser in den Zylinder werden dieser wie auch der Kolben abgekühlt. Es bleibt außerdem nach vollzogener Kondensation noch ein kleiner Teil kaltes Wasser zurück. Auch der obere Teil des Zylinders wird auf der inneren Seite beim Niedergang des Kolbens durch die Atmosphäre abgekühlt. Gelangt nun frischer Dampf in den Zylinder, so muß er die kalt gewordenen Teile erwärmen, was die Kondensation einer großen Dampfmenge zur Folge hat. Wenn außerdem der Zylinder nach unten länger ist, als er wegen des Kolbenweges zu sein braucht, und wenn er zudem noch eine Seitenerweiterung, nämlich die Dampfleitung, vom Zylinder bis zum Abschlußorgan hat, so müssen diese zwei Räume auch, und zwar ganz überflüssigerweise, mit Dampf gefüllt werden.

Dem letzteren Umstande konnte durch Verkleinerung des schädlichen Raumes abgeholfen werden, der Abkühlung der oberen Seite des Zylinders durch Ersetzung des Luftdruckes durch Dampfdruck. Watt schloß also das obere Ende des Zylinders durch einen Deckel und leitete in den Raum zwischen Deckel und Kolben Dampf. Dadurch wurde eine Stopfbüchse, durch welche die Kolbenstange geht, nötig. Auch war eine vollkommenere Liderung des Kolbens erforderlich, da er nicht mehr durch eine Wasserschicht wie bisher dicht gemacht werden konnte.

Und die Verhütung der Abkühlung auf der unteren Zylinderseite? Es konnte nur eine Lösung geben: Verlegung der Kondensation des Dampfes außerhalb des Zylinders,

d. h. Vornahme der Kondensation in einem vom Zylinder gesonderten Gefäße, dem Kondensator.

Anfangs (1768) war sein Kondensator mangelhaft, indem er ihn nur in kaltes Wasser stellte und von außen abkühlte [1]). Später erst wendete er Einspritzung in Verbindung mit einer Luftpumpe an, um das Kühlwasser beständig aus dem Kondensator fortzuschaffen.

Diese jahrelangen Studien über die beste Wirkungsweise des Dampfes zehrten die Ersparnisse Watts auf. Eine Verbindung mit Dr. Roebuk, der das nötige Geld zum Bau von Dampfmaschinen liefern sollte, hatte zur Folge, daß Watt eine Reihe von Jahren untätig blieb, weil Roebuk seinen Verpflichtungen nicht nachkommen konnte.

Da ließ sich 1769 Mathias Boulton aus Soho bei Birmingham herbei, Vorschüsse auf Erlangung eines Patentes und zur Ausführung einer Anzahl Dampfmaschinen zu leisten. Da letztere höchst befriedigend ausfielen, ging Boulton 1774 mit Watt einen förmlichen Geschäftsvertrag ein. Das erste Patent Watts bezog sich auf die einfachwirkende Dampfmaschine mit geschlossenem Zylinder, mit Dampfmantel und mit Kondensator. Nunmehr nahm die neue Firma ein Patent auf eine doppeltwirkende Dampfmaschine, d. h. eine solche, bei der der Dampf beim Auf- und Niedergang des Kolbens Arbeit verrichtet. Diese Maschine ist als ein neuer großer Schritt in der Entwicklung des Dampfmaschinenbaues zu betrachten. Denn dadurch wurde die Leistungsfähigkeit verdoppelt, die Bewegung gleichförmiger gemacht und es fielen Gegengewichte, die sonst angewendet wurden, fort.

Watt verwendete auch auf die Formgebung und die Abmessungen der Einzelteile die größte Sorgfalt. Diese Aufgabe war in einer Zeit, da es noch keine Festigkeitslehre, keine Konstruktionslehre gab, nicht leicht — auch deshalb nicht, weil es an zureichenden Werkzeugen und Maschinen zur Bearbeitung der Materialien fehlte, und die Arbeiter selbst zur genauen Herstellung aller Teile erst erzogen werden mußten.

Das neue Unternehmen gedieh in ausnehmendem Maße. Denn seine Maschinen verringerten gegenüber den Newkomenschen Maschinen den Brennstoffaufwand auf $^1/_3$. Die Ersparnis betrug daher $^2/_3$ und es ging der Kohlenverbrauch für 1 PS/std auf 4,5 kg herunter. Begreiflich, daß viele alte Maschinen durch neue ersetzt wurden und daß Wattsche Maschinen auch dahin verlangt wurden, wo vorher noch keine Dampfmaschinen aufgestellt waren. Die Werkstätte in Soho war daher mit Aufträgen überhäuft. Sie ließ sich in der Regel auf Jahre (gewöhnlich zehn) hinaus $^1/_3$ der genannten Kohlenersparnis vergüten, was große Summen ausmachte. Um die Berechnung kontrollieren zu können, erfand Watt einen Tourenzähler, ähnlich demjenigen an unseren Gasuhren, um damit die Zahl der Kolbenspiele abzulesen.

Von 1775—1785 nahmen Boulton und Watt noch verschiedene Patente auf Einrichtungen, die sich auf Dampfmaschinen beziehen. Die wesentlicheren sind folgende:

1. Die Umwandlung der hin und her gehenden Bewegung der Schubstange in die rotierende Bewegung der Hauptwelle. Es wird berichtet, Watt habe schon 1771 ein Modell angefertigt, wo eine Kurbel verwendet worden sei, um diese Umwandlung zu bewirken; ein Arbeiter habe davon Washbourough Kenntnis gegeben, der sich den Mechanismus patentieren ließ. Watt ersann nun fünf andere Mechanismen zu demselben Zweck, die er sich patentieren ließ. Darunter befindet sich das Planetenrad, das er gewöhnlich zur Anwendung brachte. Er kehrte indessen zur Kurbel zurück, nachdem das Patent Washbourough erloschen war.

---

[1]) Schon 1768 baute Watt eine Maschine nach seiner Erfindung in den Kohlenminen zu Kinneil.

2. Die Anwendung einer Zahnstange am Ende der Kolbenstange. Diese Zahnstange griff in einen gezahnten Sektor ein, der am Ende des Balanziers angebracht war, und bewirkte dadurch eine vollständige Geradführung der Kolbenstange.

3. Die Erfindung des Parallelogramms oder einer sinnreichen Stangenverbindung, um die Kolbenstange möglichst geradlinig zu führen.

4. Die Einführung des konischen Pendels, um mittels einer Klappe den Zufluß des Dampfes und damit die Geschwindigkeit der Maschine zu regeln.

5. Die Anwendung des Barometers als Manometer, um die Spannung des Dampfes im Kessel und Kondensator zu messen.

6. Die Erfindung des Indikators, um den Dampfdruck im Zylinder und damit die Arbeitsleistung der Dampfmaschine zu bestimmen.

7. Die Anwendung der Expansion. Watt ließ sich sechs verschiedene Steuerungen patentieren, die den Zweck hatten, den Dampf abzusperren, bevor der Kolben den ganzen Hub durchlaufen hat. Bei den ersten Maschinen, die er in Soho baute, gab er den Zylindern halbe Füllung. Diese Steuerung scheint indessen nicht mit genügender Sicherheit gearbeitet zu haben, denn es liefen von allen Seiten Klagen darüber ein, so daß er von der Expansion Abstand nahm. Dadurch konnte er wieder kleinere Zylinder und auch ein kleineres Schwungrad anwenden. Gleichwohl gebührt Watt das Verdienst, zuerst an die Expansion des Dampfes im Zylinder einer Dampfmaschine gedacht, das Boylesche Gesetz zur Bestimmung der Druckabnahme angewendet und den damit gemachten Arbeitsgewinn berechnet zu haben. Bei den bezüglichen Betrachtungen kam er auch auf den Gedanken eine Hochdruckmaschine ohne Kondensation zu bauen.

8. Projekt zu einer Dampfmaschine mit kreisendem Kolben.

9. Vorschlag zu einer Dampfmaschine mit zwei parallelen Zylindern. Der Dampf sollte aus dem Kessel in den einen Zylinder gelangen, hier mit Volldruck arbeiten, dann in den anderen Zylinder übergehen, um noch durch Expansion Arbeit zu verrichten.

10. Bau eines Dampfhammers. Den ersten kleinen setzte er 1782, den zweiten großen 1783 in seiner Werkstätte in Betrieb.

11. Herstellung eines Dampfwagens zum Transport von Personen und Gütern (Kessel mit innerer Feuerung).

12. Bedeutende Verbesserungen in der Konstruktion des Kessels und des Feuerraums zur Ersparung von Brennstoff und Anwendung der Rauchverbrennung.

Watt brachte nur selten seine Gedanken auf das Papier. Seine Arbeiten waren praktisch, seine Erfindungen wurden in der Regel sofort verkörpert. Indessen ließ er in seinen Patenten wohl auch Ideen aufnehmen, die er noch nicht ausgeführt, ja die er niemals ausführte, wie dies der Fall war mit den Hochdruck-, Rotations- und Zweizylindermaschinen und der Lokomotive. Mögen daher diese und ähnliche Ideen auch manche spätere Erfindung angebahnt haben, so ist doch nicht in Abrede zu stellen, daß seine vielumfassenden Patente bis zu ihrem Erlöschen manchem erfinderischen Kopf die Hände banden. Wirklich gehört denn auch Watt zu den Glücklichen, die nicht nur die volle Anerkennung ihrer Verdienste fanden, sondern die überdies in reichem Maße die Früchte ihrer Erfindungen einernteten. Diesen Erfolg verdankte er nicht allein seinem erfinderischen Genie, sondern zum großen Teil auch dem tatkräftigen und gewandten Geschäftsmanne Boulton.

Watt baute nur Maschinen mit Niederdruck, daher wurden die Dampfzylinder weit und hoch, daher auch der Balanzier lang und andere Konstruktionsteile groß und schwer. Es war daher die nächste Aufgabe, eine höhere Dampfspannung zu erzielen, und sodann diesen Dampf durch Expansion arbeiten zu lassen. Versuche mit Hochdruckdampf machten Olivier Evans in Amerika (1795), Trevithick und Vivian in England (1798). Während sonst die Achse der Dampfzylinder eine senkrechte Lage erhielt, brachte 1801 der

Engländer Syminton liegende Zylinder in Anwendung. Diese Aufstellung fand indessen wegen der Meinung, das Gewicht des Dampfkolbens habe großen Einfluß auf die Kolbenreibung und führe große Undichtheit herbei, keinen Anklang. Sie war indessen bei den Lokomotiven nicht zu vermeiden. Erst die Erfahrungen, welche hier gemacht wurden, führten seit Mitte des vorigen Jahrhunderts einen Umschwung zu Gunsten der wagerechten Lage der Dampfzylinder herbei. Hochdruck mit Expansion brachte 1804 Arthur Woolf mit zwei nebeneinander stehenden Dampfzylindern, eine Idee von Watt aufgreifend, zur Anwendung, in der Weise, daß der Dampf mit vollem Druck zuerst in einem kleinen Zylinder arbeitet, nachher in einen größeren Zylinder strömt und hier durch Expansion weitere Arbeit verrichtet. Sein System, das Woolfsche genannt, hat sich bis heute erhalten. In Frankreich führte 1815 Edwards zweizylindrige Maschinen ein, weshalb dieses System lange nach ihm benannt wurde.

Die Anwendung von Hochdruck hatte zur Folge, daß man die Wattschen Kofferkessel, sowie die Kessel mit flachen Wänden durch zylindrische Kessel ersetzen mußte, die eine höhere Festigkeit besitzen als jene.

Cartwright, der Erfinder des mechanischen Webstuhles, führte 1797 an den Dampfkolben statt der bisherigen Hanfliderung die Metalldichtung ein und machte 1798 den Vorschlag, den Oberflächen-Kondensator, um die Abkühlung des Dampfes zu fördern, in fließendes statt (wie Watt) in ruhendes Wasser zu stellen. Murray brachte 1799 die Steuerung mit dem Muschelschieber. Amontons soll 1799 die erste rotierende Maschine gebaut haben, die aber, wie alle späteren, keinen durchgreifenden Erfolg hatte. Maudslay gelang es 1807, den Balanzier zu vermeiden und eine unmittelbare Bewegung des Dampfkolbens auf die Hauptwelle zu erzielen. Seine Maschinen fanden wegen der größeren Einfachheit und Leichtigkeit, sowie wegen ihres gefälligeren Aussehens große Verbreitung. Die schwingenden Dampfzylinder wurden 1785 von Murdoch, einem Angestellten und Freunde Watts, erfunden, der sie jedoch nur als Modell in Gang brachte; 1808 soll sie der Amerikaner French auf einem Dampfboot angewandt haben. In Frankreich machte sich seit 1812 Sauliner und in England seit 1816 Dawes um die Verbreitung dieser Maschine verdient. Dauernd wurde sie jedoch erst 1820 von Cavé in Paris und 1821 von Manby in England eingeführt.

Fortschritte mit Rücksicht auf die Dampferzeugung bildeten: die Erfindung des Metallmanometers durch Eugen Bourdon (1824); die Einführung der Röhrenkessel durch Markus Séguin (1828), welches System besonders bei Lokomotiv-, Schiffs- und Heizkesseln Eingang fand; die Einführung eines Vorwärmers durch Cavé (1842) und mehrerer Vorwärmer durch Farcot (1845) zur besseren Ausnützung der Wärme der nach dem Schornstein ziehenden Heizgase; die Anlage von Kesseln und Vorwärmern auf Vorschlag von Redtenbacher nach dem Prinzip der Gegenströmung (1850); die Einführung der Zirkulation des Wassers im Kessel, um den Durchgang der Wärme durch die Kesselwände zu erhöhen; die Verwendung von Mitteln zur Verhütung der Kesselsteinbildung und die Reinigung von hartem Wasser vor der Speisung; die Erfindung des Injektors durch Giffard (1850); die Anwendung des gewellten Bleches zu Feuerröhren durch Fox (1875); zahlreiche Versuche, um die Heizkraft der Brennmaterialien und die besten Methoden der Verbrennung zu finden; die periodische Untersuchung der Dampfkessel durch staatliche Organe oder solche von Privatgesellschaften; die Einführung höherer Dampfspannungen; die Verwendung trockenen und überhitzten Dampfes usw.

Mit Rücksicht auf die Dampfmaschine sind als wesentliche Fortschritte zu nennen: die allgemeiner gewordene Verwendung von hochgespanntem und überhitztem Dampf; die Steigerung der mittleren Kolbengeschwindigkeit, um die Abmessungen der Maschine verringern zu können; die Kulissensteuerung von Stephenson und anderer zum Umsteuern und Abändern des Füllungsgrades; die Steuerungsmechanismen von Farcot (1838), J. J. Meyer (1843), Corliß (1855), Gebrüder Sulzer (1867 bezw. 1878 bezw. 1899), J. Brown (1876), Collmann (1876 bezw. 1895), Frikart (1885), Widnmann (1889), Proell (1890), Elsner (1893), Dörfel (1900), Lentz (1900), van den Kerchove (1900) u. a. Bei diesen letzten Steuerungen wirkt der Regler unmittelbar auf die Schieber oder Ventile, die den Dampf in den Zylinder treten lassen und zwar selbsttätig in der Weise, daß sie längere Zeit geöffnet bleiben, wenn die Maschine eine große Arbeit zu verrichten hat, und bald abschließen, wenn diese Arbeit klein ist, ohne daß dabei die Spannung des Arbeitsdampfes während des Einströmens in den Zylinder wesentlich verändert wird.

Einen großen Fortschritt bildete die Umwandlung der Woolf schen Maschine in sog. Verbund- oder Kompoundmaschinen, seit 1864 besonders für Schiffsmaschinen durchgeführt von Randolph und John Elder in Glasgow und den Franzosen Dupuy de Lome und Benjamin Normand. Sie ersetzten die schwere stehende Balanziermaschine von Woolf durch einfachere Konstruktionen.

Das System war zuerst (1828) von dem einer deutschen Familie entstammenden Gerhard Moritz Röntgen bei 2 Schiffsmaschinen in Anwendung gebracht worden. Da die Kurbeln hier nicht, wie bei den Woolf schen Maschinen, gleiche Richtung haben oder aber sich genau entgegengesetzt stehen (Kurbelwinkel daher 0^0 oder 180^0), sondern nach dem englischen Patent von R. Wright (1816) unter 90^0 verstellt sind, mußte zwischen beide Zylinder ein Behälter (Receiver) angeordnet werden, weshalb diese Maschinen auch als Receiver-Verbundmaschinen bezeichnet werden. Ihr Prinzip ist im übrigen dasselbe wie bei den Woolfschen Maschinen: Übertritt des Dampfes aus einem kleineren Zylinder in einen größeren, um eine möglichst große — zweistufige — Expansion des Arbeitsdampfes zu erzielen.

Die ersten Verbundmaschinen arbeiteten fast ausnahmslos mit einem Kesselüberdrucke von 4 at, den man später allgemein auf 5 at erhöhte. Um aber die Vorteile des Dampfes von höherer Spannung soviel als möglich auszunutzen, steigerte man die Kesselspannung immer mehr und ging schließlich dazu über, Maschinen mit dreistufiger Expansion des Arbeitsdampfes in 3, auch 4 aufeinander folgenden Zylindern zu bauen.

Die erste Dreifach-Expansionsmaschine für einen Kesseldruck von 10 at wurde 1874 von John Elder in Glasgow für den Dampfer „Propontis" erbaut. Besondere Verdienste um die Einführung derartiger Maschinen hat sich der englische Ingenieur Kirk erworben. Die allgemeine Idee der Dreifach-Expansionsmaschine ist schon 1823 bekannt gewesen [1]).

In neuester Zeit sind, namentlich als Motoren für Torpedoboote oder ähnliche schnelle Kriegsfahrzeuge, in einzelnen Fällen Vierfach-Expansionsmaschinen zur Verwendung gekommen, die mit Dampfspannungen von 15 at Überdruck und darüber arbeiten.

Von welcher Tragweite die seit Watt gemachten Verbesserungen sind, beweist die Tatsache, daß der Steinkohlenverbrauch unserer neuesten Verbundmaschinen für 1 PS/std auf 0,5 kg gesunken ist, während die besten Watt schen Maschinen noch 4,5 kg erforderten.

Selbstverständlich ist dieser große Erfolg nicht allein auf Rechnung der Praktiker zu setzen; ihren Anteil daran hat auch die Theorie. Hier sind in erster Linie folgende Arbeiten zu nennen: Betrachtungen über die Kraft der Wärme von Sadi Carnot (1824); Theorie der Dampfmaschinen (1839) von Graf de Pambour; Vorlesungen über Dampfmaschinen (II. Teil, 1846) von Arthur Morin; Resultate über den Maschinenbau (1846) von Ferdinand Redtenbacher; Lehrbuch der Ingenieur-

[1]) Traité de Mécanique industrielle von Christian, Paris 1823.

und Maschinen-Mechanik (1847) von Julius Weißbach; Versuche über die Spannung und den Wärmegehalt des Dampfes (1847) von Regnault; Angaben über den Einfluß der Zylinderwände auf den Dampfverbrauch (1851) durch Léon Thomas; Versuche über den Einfluß des Dampfmantels einer Woolfschen Maschine auf den Dampfverbrauch (1855) von G. A. Hirn; die Forschungen auf dem Gebiete der mechanischen Wärmelehre durch Dr. Robert Mayer, Clausius, Joule, Rankine, Thomson, Zeuner, Grashof, Stodola, Schröter, Mollier u. a.; Versuche über den Einfluß der Zylinderwandung auf das Verhalten des Dampfes im Zylinder von Hirn, Leloutre und Hallauer, veröffentlicht in der „Mechanischen Wärmelehre" (2. Auflage, 1876), von Hirn. Über Dampfmaschinen mit hoher Kolbengeschwindigkeit von Radinger (3. Aufl., 1892); Hilfsbuch für Dampfmaschinentechniker von Hrabàk (3. Aufl. 1897); die Steuerungen der Dampfmaschinen von C. Leist (2. Aufl. 1905); Kondensation von J. F. Weiß (2. Aufl. 1910), die Schiebersteuerungen von G. Zeuner (6. Aufl. 1904) u. a.

Zweiter Abschnitt.

Die wichtigsten Arten der Dampfmaschinen.

Dieselben lassen sich nach der Wirkungsweise des gesättigten bezw. überhitzten Dampfes, nach der Anordnung der Dampfzylinder sowie nach dem für diese gewählten Steuerungssystem unterscheiden.

I. Wirkungsweise des Dampfes.

Der Dampf wirkt entweder durch seine Spannkraft auf einen in einem geschlossenen Gefäß befindlichen Kolben, demselben eine geradlinige oder drehende Bewegung erteilend — Dampfmaschinen mit hin und her gehendem und solche mit kreisendem Kolben — oder durch seine Strömungsgeschwindigkeit, indem er, auf die Schaufeln eines Rades treffend, dieses in Umdrehungen bringt — Dampfturbinen.

In dem Folgenden sollen nur die Dampfmaschinen mit hin und her gehendem Kolben und zwar solche, die, auf einem Fundament aus Ziegelmauerwerk oder Stampfbeton ruhend, ihre ursprüngliche Lage unverändert beibehalten — ortsfeste Dampfmaschinen — behandelt werden.

Je nachdem der in den Zylindern dieser Maschinen wirksam gewesene Dampf beim darauffolgenden Ausströmen aus den ersteren seine Bewegungsrichtung ändert oder beibehält, unterscheidet man Wechselstrom- und Gleichstromdampfmaschinen. Letztere werden erst seit einigen Jahren gebaut. In weitaus größerer Zahl sind Wechselstrommaschinen in den verschiedenen Betrieben der Industrie anzutreffen.

Wirkt der Dampf nur auf einer oder aber auf beiden Kolbenseiten einer Dampfmaschine, so wird diese als einfach- oder als doppeltwirkende Maschine bezeichnet; erstere Bauweise findet sich bei kleineren, meist stehend ausgeführten Maschinen; letztere ist die allgemein übliche Bauweise der heutigen Dampfmaschinen. Hierbei kann der Dampf während des größten Teiles des Kolbenhubes mit voller Einströmspannung arbeiten — die Expansionswirkung wird wenig oder gar nicht ausgenutzt — oder es wird der Zutritt des Dampfes in den Zylinder während des Kolbenhubes früher oder später abgesperrt, so daß er während des noch übrigen Kolbenweges durch Expansion Arbeit verrichtet — Volldruck- und Expansionsdampfmaschinen.

Je früher das Abschneiden der Dampfzufuhr in den Zylinder stattfindet d. h. je kleiner die Füllung in diesem ist, um so größer wird die Expansion ausfallen. Man unterscheidet inbezug hierauf Maschinen mit unveränderlicher und veränderlicher Füllung bezw. Expansion.

Bei größeren Maschinen, die mit hochgespanntem Dampf arbeiten, findet die Expansion nicht in einem einzigen, sondern meist in zwei oder mehreren aufeinander folgenden stets größer werdenden Zylindern statt — Zwei-, Drei- und Vierfach-

Expansionsmaschinen. Die Zweifach-Expansionsmaschinen werden auch als Verbundmaschinen bezeichnet.

Strömt der Kesseldampf jedem Zylinder einer mehrzylindrischen Dampfmaschine unmittelbar zu, so wird diese — je nach der Zahl der Zylinder — Zwillings- oder Drillingsmaschine genannt. Dieselben ermöglichen das Anlassen der Maschine in jeder Kurbellage und finden deshalb als Antriebmotoren von Hebemaschinen, Walzenstraßen usw. vorzugsweise Anwendung.

Je nachdem der Dampf, sobald er im Zylinder Arbeit verrichtet hat, in die Atmosphäre, oder behufs Verdichtung und hierdurch erreichte Verminderung des Gegendruckes auf den Kolben in einen Kondensator strömt, unterscheidet man Auspuff- und Kondensationsmaschinen.

Die Kondensation ermöglicht eine weitergehende Expansion des Dampfes im Zylinder und damit eine Verminderung des Dampfverbrauches für 1 PS/std, erfordert aber zum Niederschlagen des Abdampfes verhältnismäßig große Kühlwassermengen, die nicht immer zur Verfügung stehen. Zum Fortschaffen der Kondensationsprodukte — Wasser, Luft und verdichteter Dampf — sind besondere Pumpen erforderlich, die meist von der zugehörigen Dampfmaschine aus durch Hebelgestänge u. dergl. oder von einem besonderen Motor aus (Zentralkondensation) angetrieben werden.

In Werken, die, wie es z. B. bei Fördermaschinen- und Walzenstraßen-Anlagen der Fall ist, mit Unterbrechung arbeiten, wird der Auspuffdampf der Betriebsmaschinen zuweilen einem sog. Wärmespeicher und aus diesem behufs weiterer Arbeitsverrichtung einer Abdampfturbine zugeführt bezw. kann letztere einer größeren Dampfmaschine auch unmittelbar angehängt werden.

Die mit überhitztem Dampf betriebenen sog. Heißdampfmaschinen — mit gesättigtem Dampf betriebene Maschinen werden demgegenüber als Sattdampfmaschinen bezeichnet — haben seit einer Reihe von Jahren eine große Verbreitung gefunden; sie arbeiten, da überhitzter Dampf Wärmeverluste erleiden kann, ohne zu kondensieren, wirtschaftlicher als letztere. Weitere Verbesserungen in wirtschaftlicher Beziehung sind bei den Dampfmaschinen durch die Verwertung des Abdampfes und des Zwischendampfes zu Heizzwecken erreicht worden. Durch beide Verfahren sind die Bestrebungen der modernen Heizungstechnik, die die Dampf- und Warmwasserheizung als die geeignetste Art der Wärmeübertragung für häusliche und gewerbliche Zwecke aller Art ansieht, wesentlich gefördert worden.

In neuester Zeit sucht man durch Verringerung der schädlichen Räume und der Abkühlflächen der Arbeitszylinder den thermischen Wirkungsgrad der Dampfmaschinen noch mehr zu heben.

Große Erfolge nach dieser Richtung hin hat die von Stumpf zu neuem lebensfähigem Dasein gebrachte Gleichstromdampfmaschine mit nur einem einzigen Zylinder aufzuweisen. Sie unterscheidet sich von einer gewöhnlichen Einzylindermaschine (Wechselstromdampfmaschine) dadurch, daß anstelle von 4 Steuerorganen (Ventile) — je zwei für den Ein- und Auslaß des Dampfes — nur zwei meist zwangläufig gesteuerte und in die Zylinderdeckel eingebaute Einlaßventile vorhanden sind, der Dampfauslaß dagegen, der durch Schlitze in der Zylindermitte erfolgt, durch den Dampfkolben selbst gesteuert wird. Infolgedessen strömt der Dampf in stets gleichbleibender Richtung durch den Zylinder (s. vordem) und entweicht mitsamt dem während der Expansionsperiode desselben niedergeschlagenen Wasser durch die nur verhältnismäßig kurze Zeit geöffneten Auslaßschlitze, so daß die Deckelflächen des Zylinders durch den Auspuffdampf viel weniger gekühlt werden, als bei gewöhnlichen Dampfmaschinen. Hierdurch und ferner noch wegen der kleinen schädlichen Räume und schädlichen Flächen, die sich durch Wegfall der Auslaßventile und den Einbau der Einlaßventile in die Zylinderdeckel ergeben, sowie wegen der hierdurch ermöglichten ausgiebigeren Heizung der letzteren sind mit den Gleichstrommaschinen höchst beachtenswerte wirtschaftliche Erfolge erzielt worden. [1])

Zu den wärmetechnischen Vorteilen kommen — gegenüber den gewöhnlichen Einzylindermaschinen — diejenigen der billigeren Herstellung und der leichteren Bedienung — gegenüber den mehrzylindrigen Verbundmaschinen, deren günstige Dampfverbrauchszahlen sich bei den mit einfacher Expansion des Dampfes arbeitenden Gleichstrommaschinen ebenfalls erreichen lassen, noch die Vorteile des geringen Platzbedarfes hinzu.

Eine weitere durch Versuche an Gleichstrommaschinen festgestellte Erscheinung, daß der Dampfverbrauch derselben — im Gegensatz zur Verbund- und noch mehr zur Dreifach-Expansionsmaschine — von der Belastung sehr wenig abhängig ist, spricht ebenfalls zugunsten dieser Maschinen. Wie die einfache Überlegung zeigt, verschiebt sich bei Belastungsänderungen der mehrstufigen Maschinen die Verteilung des Temperaturgefälles sehr zum Nachteil des Gesamtdampfverbrauches solcher Maschinen; dies fällt bei Gleichstrommaschinen, wo stets mit demselben Temperaturgefälle gearbeitet wird, fort. [2])

II. Anordnung der Dampfzylinder und Steuerungssysteme.

Je nach der Lage der Zylinderachse — wagerecht oder nur wenig gegen die Wagerechte geneigt bezw. senkrecht — unterscheidet man liegende und stehende Dampfmaschinen; erstere werden bei Anwendung einer gekröpften Welle und der hierdurch bedingten Führung derselben in zwei Lagern eines zu dem Zwecke gabelförmig gestalteten Rahmens auch als Gabelmaschinen bezeichnet.

Stehende Maschinen erhalten zur Erhöhung der Stabilität stets einen kleineren Hub als gleich starke liegende Maschinen; sie erfordern weniger Aufstellungsfläche als jene und sind zufolge Wegfalles der Eigengewichtswirkungen wichtiger Triebwerksteile (Kolben, Kolbenstange, Schieber, Schieberstangen usw.) nur geringen Abnutzungen unterworfen.

Die Dampfzylinder werden in der Regel oben angeordnet, die Kurbelwelle liegt unten. Nach der Zahl der mit oder ohne Dampfhemd versehenen Zylinder unterscheidet man Einzylinder- und Mehrzylindermaschinen; letztere werden, wie schon hervorgehoben — je nach der Wirkungsweise des Dampfes — als mehrzylindrige Einfach- oder als Mehrfach-Expansionsmaschinen ausgeführt.

Sehr häufig vereinigt man die Wirkung mehrmaliger Expansion mit dem Zwillingssystem durch Verdoppelung insbesondere der Niederdruckzylinder größerer Maschinen, sofern diese Zylinder unzulässig große Abmessungen bei ungeteilter Ausführung erhalten würden.

---

[1]) Wenn auch die Schlitzauslaßsteuerung durch ein englisches Patent und durch die sog. Gräbner-Maschinen schon bekannt war, so darf doch Stumpf das Verdienst für sich beanspruchen, diese Arbeitskolbensteuerung in überaus glücklicher Weise in den modernen Heißdampfmaschinenbau eingeführt zu haben.

[2]) Um den auffallend niedrigen Dampfverbrauch der Gleichstrommaschine in quantitativ scharfer Weise auf seine Ursachen zurückzuführen, werden z. Zt. im Maschinenlaboratorium der technischen Hochschule zu Dresden im Auftrage des Vereines deutscher Ingenieure von den Professoren Mollier und Nägel umfassende Untersuchungen an einem Gleichstrom-Dampfzylinder angestellt.

Es entstehen dann z. B. liegende Dreifach-Expansionsmaschinen mit 4 Zylindern — Hochdruck — und erster Niederdruckzylinder auf der einen, Mitteldruck — und zweiter Niederdruckzylinder auf der anderen Maschinenseite u. dergl.

Nach der Art der Steuerung kann man Schieber-, Ventil- und Corlißmaschinen — letztere mit Hahnsteuerung — unterscheiden.

Die Schiebermaschinen kommen für kleinere Leistungen in liegender und stehender Anordnung zur Ausführung; größere Maschinen liegender Anordnung erhalten meist Ventilsteuerungen — nur die Niederdruckzylinder zuweilen Hahnsteuerungen — während größere Maschinen stehender Anordnung noch in den meisten Fällen als Schiebermaschinen gebaut werden. Corlißmaschinen werden als solche, d. h. sämtliche Zylinder mit Hahnsteuerungen ausgerüstet, in Deutschland, Österreich und der Schweiz nur selten ausgeführt, während sie in Amerika, England und Frankreich eine große Verbreitung gefunden haben.

Als Präzisionsmaschinen bezeichnete man früher die mit Ausklink- oder zwangläufiger Steuerung der Einlaßventile arbeitenden Ventilmaschinen, sowie die Corliß-Dampfmaschinen.

Veranlaßt durch den unmittelbaren Antrieb von Dynamomaschinen, Schleuderpumpen und dergl. ist eine neue Type von Dampfmaschinen entstanden, die wegen der hohen Umlaufzahlen, mit denen sie arbeiten, als Schnelläufer bezeichnet werden.

Langsam laufende Maschinen, wie sie früher mit etwa 30 bis 40 Uml/min gebaut wurden, werden jetzt nicht mehr ausgeführt, vielmehr solche, die mit 60 bis 75 Uml/min arbeiten, noch als langsam gehende Maschinen bezeichnet.

Dritter Abschnitt.

Ausgeführte Dampfmaschinen.

Allgemeines.

Jede Dampfmaschine ist mit einem Zylinder mit Zu- bezw. Abführungskanälen für das Treibmittel und mit einer Vorrichtung zu versehen, durch die der Dampf in dem Zylinder richtig verteilt wird. Derselbe soll nicht nur in die Maschine einströmen und wieder entweichen, sondern es muß auch die einströmende Dampfmenge, um einen gleichförmigen Gang und wirtschaftlichen Betrieb zu erhalten, genau geregelt werden können. Die hierzu erforderlichen Bewegungen der Schieber, Ventile oder Hähne sind durch besondere Mechanismen — die Steuerung — von der Maschine selbst zu bewirken.

Der Dampfzylinder muß bei doppeltwirkenden Maschinen, wie sie meist gebaut werden, an beiden Enden geschlossen, die Liderung des Kolbens dauerhaft und dampfdicht sein und dabei wenig Reibung verursachen. Die Kolbenstange ist durch eine Stopfbüchse nach außen hin abzudichten.

Zur Umwandlung der geradlinigen Hin- und Herbewegung der Kolbenstange in eine kreisförmige ist eine Schubstange nebst Kurbel und Welle erforderlich. Ein Schwungrad an der Welle ist nötig, um die Ungleichförmigkeiten der Kurbelbewegung auszugleichen.

Soll der Abdampf kondensiert (verdichtet) werden, so ist er in einen besonderen Behälter — den Kondensator — zu bringen, dem beständig kaltes Wasser zufließen muß. Eine Pumpe hat das Kondensationswasser und die in diesem enthaltene Luft wieder fortzuschaffen. Deshalb heißt diese Pumpe auch nasse Luftpumpe bezw. erfolgt das Fortschaffen der Kondensationsprodukte — Wasser und Luft — getrennt voneinander, in welchem Falle die für die letztere erforderliche Pumpe als trockene Luftpumpe bezeichnet wird. Sofern das kalte Wasser nicht unmittelbar in den Kondensator eingesaugt wird, muß es durch eine Kaltwasserpumpe in diesen gedrückt werden. Außer den genannten Pumpen sind noch Speisepumpen (Injektoren) anzubringen, die dem Kessel fortdauernd Wasser zuführen und in der Regel unabhängig von der Dampfmaschine betrieben werden.

Dies sind im allgemeinen die wesentlichsten, zu jeder Dampfmaschine gehörigen Einzelteile. Bevor auf dieselben näher eingegangen wird und ausführlicher die Eigenschaften des Dampfes besprochen werden, soll erst der Zusammenhang, in welchem die einzelnen Teile der Dampfmaschinen zueinander stehen, an Ausführungen älterer und neuerer Bauarten derselben erläutert werden.

A. Dampfmaschinen älterer Bauart.

Die Vorführung einer mit Kondensation arbeitenden stehenden Balanziermaschine und einer liegenden Einzylinder-Auspuffmaschine (Tafel I und II) mag als Beitrag zur Geschichte der Dampfmaschine aus der Mitte des vorigen Jahrhunderts dienen.

Tafel I.

Stehende Balanziermaschine mit Kondensation.

Der in dem Dampfrohr A aus dem Kessel zuströmende Dampf gelangt durch den Schieberkasten B in den Dampfzylinder C und nach vollbrachter Arbeit in diesem durch ein Rohr D in den Kondensator E.

Die Bewegung, die der einströmende Dampf dem im Zylinder befindlichen und dampfdicht in demselben schließenden Kolben erteilt, wird mittels einer am Kolben befestigten Stange F — der Kolbenstange — auf den zweiarmigen Hebel oder Balanzier G, der in den Lagern H über den Gestellböcken J in senkrechter Ebene schwingen kann, übertragen. Zur Erzeugung einer geradlinigen Stangenbewegung wird die Verbindung zwischen der Kolbenstange und dem Balanzier durch das Parallelogramm KK und die Führung LL zwischen den Säulen MM vermittelt. Das zweite Ende des Balanziers überträgt die erhaltene Bewegung mittels der Kurbel- oder Lenkstange N und der Kurbel oder des Krummzapfens O auf die Hauptwelle P, auf der zur Erlangung eines gleichförmigen Ganges das Schwungrad Q befestigt ist. Durch die Verbindung von Kurbel und Kurbelstange wird die schwingende Bewegung des Balanziers in die ununterbrochen drehende der Hauptwelle umgesetzt.

Damit der frische Dampf abwechselnd über und unter den Kolben treten und zugleich derjenige Dampf, der bei dem vorhergehenden Kolbenhube wirksam war, aus dem Zylinder entweichen kann, bewegt sich über den Dampfkanälen des letzteren ein Schieber, der seinen Antrieb durch die Stangenverbindung $a_1 a_2 a_3$ von einer mit der Schwungradwelle drehbaren exzentrischen Scheibe erhält. Ein zweites auf der Schwungradwelle sitzendes Exzenter treibt mittels der Stangenverbindung $b_1 b_2 b_3$ einen zweiten Schieber an, der sich unmittelbar über dem Rücken des ersten Schiebers auf und nieder bewegt und dazu dient, die Eintrittsöffnungen im ersten Schieber schon zu schließen, ehe der Kolben das Ende seines Hubes erreicht hat. Dieser Schieber bewirkt also die Expansion des Dampfes und heißt deshalb der Expansionsschieber, zum Unterschiede von dem ersten oder dem Verteilungsschieber, durch den die regelmäßige Verteilung des Dampfes in dem Zylinder bewirkt wird. Eine durch eine Stopfbüchse aus dem Schieberkasten herausragende Spindel mit Handgriff gestattet die Verstellung des Expansionsschiebers und damit die Veränderung des Expansionsgrades.

Bei veränderlichem Widerstand der Maschine würde auch die Geschwindigkeit derselben sich ändern, wenn nicht eine Vorrichtung angebracht wäre, durch die die Menge des einströmenden Dampfes von der Geschwindigkeit der Maschine abhängig gemacht und so geregelt wird, daß immer nur so viel Dampf einströmt, als zur Erlangung der normalen Geschwindigkeit notwendig ist. Hierzu dient der Wattsche Zentrifugal- oder Schwungkugelregler Z, dessen zwei durch Gewichte beschwerte Stangen mit einer durch konische Räder von der Schwungradwelle aus getriebenen, senkrechten Welle verbunden sind. An diese Reglerstangen schließt sich eine Hülse R an, die an der senkrechten Reglerspindel frei auf und nieder spielen kann und durch die Zugstangen und Winkelhebel $c_1 c_2 c_3 c_4 c_5$ auf eine Klappe im Dampfrohr, die sog. Drosselklappe, wirkt. Wenn die Geschwindigkeit der Maschine wächst, so entfernen sich infolge anwachsender Zentrifugalkraft die Kugeln von einander, die Hülse wird gehoben, die Drosselklappe dreht sich und der Querschnitt der Durchgangsöffnung für den Dampf wird kleiner, so daß, da letzterer hierdurch eine Spannungsminderung erfährt, die Maschine in ihre Normalgeschwindigkeit zurückkehrt. Sinkt dagegen die Geschwindigkeit unter die normale herab, so nähern sich die Kugeln einander, senken die Hülse und drehen die Drosselklappe so, daß der Dampf mit einer Spannung in den Zylinder gelangt, die unter Umständen nur wenig niedriger ist als die Kesselspannung. Da dieser Regler die Stellung des Expansionsschiebers nicht beeinflußt, so ändert er auch den Füllungsgrad des Zylinders nicht, d. h. es tritt bei jedem Kolbenhub ein gleiches Volumen Dampf in die Maschine, dessen Spannung jedoch mit dem Widerstand, den die Maschine zu überwinden hat, wechselt.

Zum völligen Abschließen der Dampfleitung dient ein Absperrventil, das durch den Handgriff S in Tätigkeit gesetzt werden kann.

Das zur Kondensation des Dampfes dienende Wasser wird, nachdem es seine Wirkung ausgeübt hat, samt der in ihm enthaltenen Luft und dem durch die Kondensation des Dampfes gebildeten Wasser durch die Luftpumpe T aus dem Kondensator E entfernt. Die Luftpumpe ist eine einfach wirkende Pumpe und dient im vorliegenden Falle, wo das kalte Wasser nur wenige Fuß hoch anzusaugen ist, gleichzeitig zum Heben desselben in den Kondensator. Wenn dagegen das kalte Wasser auf eine größere Höhe zu heben ist, muß noch eine besondere Kaltwasserpumpe aufgestellt werden, die dann ebenso, wie die Luftpumpe, mit dem Balanzier verbunden wird.

An den Flansch U wird das Ausgußrohr für das Kondensationswasser angeschraubt. Der Flansch V am Kondensatorrohr ist für gewöhnlich durch einen Deckel geschlossen; soll aber die Maschine zeitweise ohne Kondensation arbeiten, so wird das in die freie Luft ausmündende Ausblaserohr an denselben angeschraubt.

W ist die Speisepumpe, eine gewöhnliche Druckpumpe mit dem Saugventil W_1 und dem Druckventil W_2; sie entnimmt ihr Wasser dem Kondensator E und hebt es durch das Steigrohr X in den Dampfkessel. Dadurch, daß man das Saugrohr der Speisepumpe in den Kondensator münden läßt, gewinnt man zugleich den Vorteil, daß das Speisewasser in schon angewärmtem Zustande dem Kessel zugeführt wird. Damit ist aber der Nachteil verbunden, daß auch Öl, womit der Zylinder geschmiert wird, mit in den Kessel gelangt. Die Speisepumpe wird ebenfalls vom Balanzier aus bewegt.

Die ganze Maschine ruht auf einer durchgehenden gußeisernen Platte, die an einzelnen Stellen durchbrochen ist.

Tafel II.

Liegende Einzylinder-Auspuffmaschine.

Die früher gehegte Befürchtung, daß bei liegenden Dampfmaschinen die Zylinder und Stopfbüchsen wegen des einseitig wirkenden Gewichtes des Kolbens und der Kolbenstange ungleiche Abnutzungen erfahren und infolge hiervon undicht werden könnten, ist durch die Erfahrung längst beseitigt; man hat dagegen die Vorteile der bequemeren Überwachung, der leichteren Fundamentierung, des gegenüber den Balanziermaschinen billigeren Preises usw. mehr und mehr schätzen gelernt.

Der Dampf tritt aus dem Kessel durch das Dampfrohr A und den Schieberkasten B in den Zylinder C und aus diesem, nachdem er seine Wirkung vollbracht hat, durch das Ausblaserohr D in die freie Atmosphäre.

Die Bewegung des Kolbens wird mittels der Kolbenstange E auf das Querhaupt oder den Kreuzkopf F, der zwischen den Geleisen GG seine Geradführung erhält, übertragen und von da durch die Schubstange H und die Kurbel J auf die Schwungradwelle K fortgepflanzt. Das Schwungrad L dient zugleich zur weiteren Bewegungsübertragung und ist zu diesem Zwecke außen verzahnt.

Die Steuerung ist dieselbe wie bei der ersten Maschine; nur werden die senkrechten Schieberbewegungen jener Maschine hier durch wagerechte Bewegungen ersetzt. Der Handgriff M, der zur Verstellung des Expansionsschiebers dient, bewegt sich über einer Skala, die den Expansionsgrad angibt.

N ist der Regler, der durch die Stangen- und Hebelverbindungen $c_1 c_2 c_3 c_4 c_5$ wieder auf eine Drosselklappe in der Dampfleitung wirkt.

Die Speisepumpe O mit dem Saugventil O_1 und dem Druckventil O_2 liegt neben dem Dampfzylinder, dem Schieberkasten entgegengesetzt. Sie erhält ihren Antrieb von der Schwungradwelle mittels der Schleppkurbel P, der Kurbelscheibe Q und der Schubstange R, an die durch den Rahmen S die Pumpenkolbenstange T angeschlossen ist. Mit diesem Rahmen ist noch ein anderer Rahmen S_1 verbunden, der durch die Stange U eine zweite Pumpe antreibt. Diese hebt das Speisewasser aus einem Brunnen in einen Behälter, in den das Saugrohr V der Speisepumpe einmündet, die es dann durch das Druckrohr W in den Dampfkessel fördert. Durch die leicht lösbaren Keile XX können beide Pumpen während des Ganges sowohl einzeln, als zusammen in und außer Betrieb gesetzt werden.

B. Dampfmaschinen neuerer Bauart.

Tafel III bis XV.

a. Wechselstromdampfmaschinen.

Tafel IIIa und IIIb.

Auf Tafel III a ist eine schnellaufende, stehende Einzylindermaschine 170/120 ($n =$ 500 Uml/min) von normal 6,5 PS der Kieler Maschinenbau-A.-G., vorm. C. Dävel, Kiel, mit angekuppelter Dynamo — sog. Dampfdynamo — dargestellt.

Zur Dampfverteilung dient ein unter Wirkung eines Achsenreglers stehender dreiteiliger Kolbenschieber mit Trick-Kanal. Den hohen Umlaufzahlen entsprechend sind die beiden Lager der Kurbelwelle, insbesondere dasjenige auf der Dynamoseite, reichlich lang gehalten und ihre Rotgußschalen mit Weißmetall ausgegossen; dasselbe gilt für das Lager des Kurbelzapfens.

Die auf Tafel III b ersichtliche Dampfdynamo derselben Firma setzt sich aus einer stehenden Verbundmaschine 280 bezw. 470/250 ($n = 250$ Uml/min) mit Kondensation von 90 bis 110 PS und der mit ihr unmittelbar verbundenen Dynamo — beide Teile auf gemeinsamer Grundplatte — zusammen.

Der wieder dreiteilig ausgeführte Kolbenschieber mit Trick-Kanal des Hochdruckzylinders wird auch hier von einem unter Wirkung eines Achsenreglers stehenden losen Exzenter bewegt; zur Steuerung des Niederdruckzylinders dient ein entlasteter Trick-Flachschieber, der seine Bewegungen von einem festen Exzenter der Kurbelwelle ableitet. Die in drei Lagern geführte Kurbelwelle trägt einerseits eine Scheibe, die ebenso wie diejenige der Dynamowelle mit dem einen inneren Schaltkranz tragenden Schwungrad zentrisch verbunden ist. Betreffs der Lagerlängen gilt das bei der Einzylindermaschine Gesagte.

Die auf einer besonderen Grundplatte mittels Flansch befestigte einfach wirkende Luftpumpe wird mittels Schwinghebels vom Kreuzkopfzapfen des Hochdruckzylinders aus betrieben. Die Kondensation des Abdampfes erfolgt in einer Erweiterung des die Luftpumpe mit dem Absperrventil verbindenden Rohres, in das die Kühlwasserleitung einmündet.

Die mitsamt den zugehörigen Schieberkasten ein einziges Gußstück bildenden Dampfzylinder ruhen auf einseitigen Ständern mit flacher Kreuzkopfführung und auf zwei kräftigen, aus Hohlguß hergestellten Stützen.

Die Dampfwege der beiden Zylinder sind auf der Abbildung erkennbar.

Tafel IV.

Stehende Einzylindermaschine 225/250 ($n = 275$ Uml/min) mit unmittelbar gekuppelter Dynamo der Firma Främbs & Freudenberg, Schweidnitz.

Der Zylinder ist zentrisch auf dem geschlossenen, mit gebohrter Kreuzkopfführung versehenen Ständer befestigt, der sich unten zu einer Fundamentplatte mit Ölmulde verbreitert und mitsamt der Dynamomaschine auf einem gemeinsamen Sockel befestigt ist. Die Kurbellager sind mit dem Ständer aus einem Stück gegossen und erhalten gußeiserne, mit Weißmetall ausgefütterte Schalen. Der Dampfkolben ist ein ungeteilter Hohlgußkörper mit selbstspannenden Ringen; die Abdichtung der mit ihm verbundenen Stange erfolgt durch eine Metallstopfbüchsen-Packung, die aus Liderungsringen von Bronze und Weißmetall in abwechselnder Schichtung besteht.

Fig. 6.

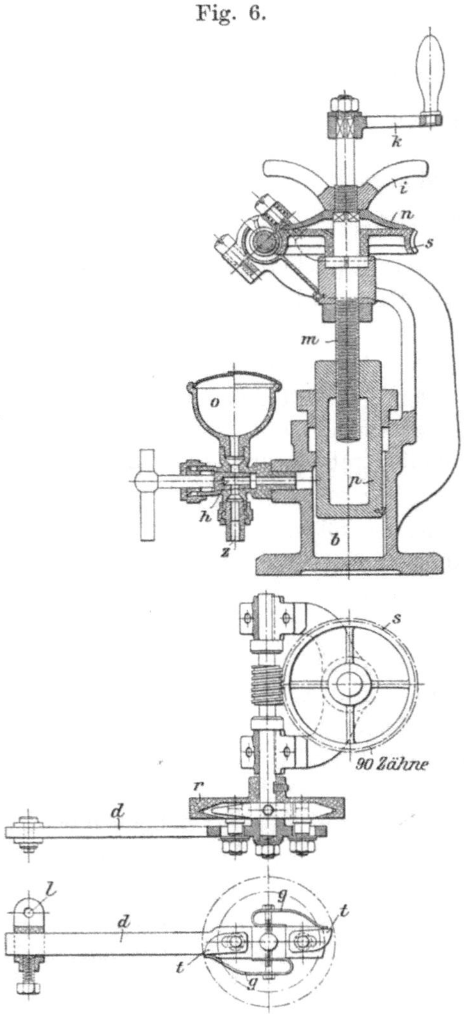

Zur Dampfverteilung dient ein unter Wirkung eines Achsenreglers stehender entlasteter Kolbenschieber mit doppelter Einströmung, der in einer auswechselbaren Büchse gleitet. Behufs Einstellung der Steuerung sind zwei, durch Gewindestopfen verschlossene Öffnungen am Schieberkasten angebracht.

Auf genügende und während des Ganges einstellbare Schmierung aller arbeitenden Teile ist besondere Sorgfalt verwendet.

Die im Dampf gehenden Organe werden durch das dem ersteren mittels mechanisch bewegter Schmierpressen zugeführte Zylinderöl selbsttätig geschmiert, alle anderen Schmierstellen von regelbaren Vasenölern mit sichtbarer Tropfenbildung versorgt, die während des Ganges nachgefüllt und beim Stillstand abgestellt werden können.

Die Beschreibung einer von Dreyer, Rosenkranz & Droop, Hannover, gebauten, von Mollerup eingeführten Schmierpresse mag an dieser Stelle eingeschaltet werden. Der Tauchkolben p (Fig. 6) wird durch Drehung einer Schraubenspindel m allmählich in den Zylinder b und das in diesem befindliche Öl, bei entsprechender Stellung des Hahnes h, durch ein bei z anschließendes Kupferrohr in das Dampfeinströmrohr der Maschine gedrückt. Für die Einmündung des Schmierröhrchens in das letztere ist ein Rückschlagventil vorgesehen. Das Öl wird dann von dem einströmenden Dampfe zerstäubt und dieser gelangt angefettet durch die Schieber- oder Ventilkasten der Maschine in den Zylinder.

Das Schneckenrad *s* wird durch den Druck einer flachen Stahlfeder *n*, indem die Flügelmutter *i* entsprechend angezogen wird, mitgenommen und wirkt als Mutter auf die Spindel *m*. Die Kurbel *k* dient nach Lösung der Flügelmutter *i* zur Rückdrehung des Kolbens *p*, wenn der Zylinder mit Öl gefüllt werden soll. Dies erfolgt bei entsprechender Stellung des Hahnes *h* durch den Trichter *o*. Die Reibkupplung zwischen Schneckenrad *s* und Spindel *m* verhindert einen etwaigen Bruch des Zylinders, wenn der Kolben *p*, nachdem er alles Öl verdrängt hat, den Boden desselben nahezu erreicht hat.

Die Presse wird von der Maschine aus mittels einer Zugstange bewegt, die an einen verstellbaren Kloben *l* des Hebels *d* angreift. An dem letzteren sind zwei durch Flachfedern *g* in entsprechender Lage gehaltene Klinken *t* verschiebbar befestigt, die, indem sie sich in die keilförmige Nut des auf der Schneckenwelle befestigten Reibrades *r* legen, den geräuschlosen Vorschub desselben bewirken.

Die auf Tafel IV abgebildete Maschine leistet bei 20 vH Füllung und Dampfspannungen von 6, 8 oder 10 at im Schieberkasten bezw. 19, 24 oder 28 PS.

Tafel V.

Die von der Maschinenfabrik Augsburg-Nürnberg A.-G., Nürnberg, gebaute stehende Auspuff-Verbundmaschine leistet bei einer Einströmspannung des Dampfes von 10 at und 200 Uml/min normal 150 PS [1]).

Die nebeneinander angeordneten Zylinder haben 330 bezw. 525 mm Bohrung und 350 mm Hub; sie arbeiten auf eine doppelt gekröpfte Kurbelwelle, die von drei, mit der Grundplatte zusammengegossenen Lagern getragen wird. Die Zylinder sind mit ihren Mänteln aus einem Stück gegossen. Der Mantel des Hochdruckzylinders kann mit frischem Dampf geheizt werden, während der Mantel des Niederdruckzylinders vom Aufnehmerdampf durchströmt wird.

Die Steuerung des Hochdruckzylinders erfolgt durch zwei ineinander geführte Kolbenschieber aus Tiegelguß, von denen der innere — ein Rider-Kolbenschieber mit Spalten — von einem Federregler verstellt wird. Letzterer besitzt eine Vorrichtung zur Änderung der Umlaufzahl während des Ganges.

Der Niederdruckzylinder hat Kolbenschiebersteuerung mit gelidertem Schieber und Trick-Kanal für doppelte Einströmung.

Die Eigengewichtswirkungen des Grundschiebers am Hochdruck- und des Schiebers am Niederdruckzylinder sind durch Entlastungsvorrichtungen aufgehoben.

Die beweglichen Teile der Maschine werden mit Ausnahme der durch zwei Mollerup-Apparate geschmierten Schieber bezw. Zylinder von einem Zentralschmierbehälter aus, die Lager durch besondere Gefäße mit Öl versorgt. Das verbrauchte Schmieröl wird in Trögen an der Grundplatte der Maschine aufgefangen und von hier in ein Sammelgefäß geleitet.

Das Schwungrad ist behufs Anlassens der Maschine mit einem mittleren Schaltkranz versehen.

Tafel VI.

Stehende Kondensations-Verbundmaschine (500 bezw. 800/300) der Maschinenbau-A.-G. vorm. Ph. Swiderski, Leipzig-Plagwitz, mit zwangläufiger Lentz-Ventilsteuerung am Hochdruckzylinder.

---

[1]) Die Maschine war in Leipzig 1897 ausgestellt (vergl. Bericht des Verfassers in der „Z. d. V. d. I.“ 1898, S. 177—178).

Die Ständer der Maschine sind mit der Grundplatte in einem Stück gegossen; zur Versteifung derselben dienen noch zwei vor den Zylindern angeordnete Säulen.

Eine Eigentümlichkeit der Maschine besteht darin, daß sich an derselben keine einzige nachstellbare Stopfbüchse befindet. Jede mit einer Anzahl von Querrillen versehene Ventilspindel des Hochdruckzylinders wird, wie auch die Stange des zum Niederdruckzylinder gehörigen Kolbenschiebers mit Trick-Kanal, in einer Büchse geführt und abgedichtet, während die Kolbenstangen von Dichtungsringen der in Fig. 307a (S. 378) dargestellten Art umgeben sind.

Zur Füllungsänderung im Hochdruckzylinder dient der in Fig. 150 (S. 223) im größeren Maßstabe ersichtliche Achsenregler — ein sog. Beharrungsregler — Patent Lentz. Über die Lentz-Steuerung selbst ist auf S. 320 zu verweisen.

Die unter Flur stehende einfach wirkende Luftpumpe wird von einem Exzenter der Kurbelwelle aus angetrieben; letztere ist mit einer Dynamomaschine unmittelbar gekuppelt.

Fig. 7.

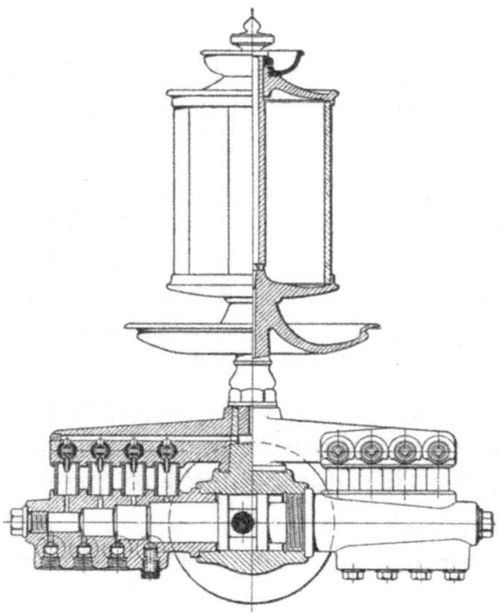

Zylinder, Stopfbüchsen, Geradführung und Kreuzkopfzapfen werden unter Druck von einer 8 stufigen Pumpe aus geschmiert, die, wie Fig. 7 erkennen läßt, einen doppelten, je 4 stufigen Tauchkolben hat, der vom Auslaßexzenter des Hochdruckzylinders aus hin und her bewegt wird.

Auf der Pumpe, deren Ausführungsrecht die Firma Schäffer & Budenberg in Magdeburg-Buckau erworben hat, sitzt ein Ölgefäß, aus dem die Schmierflüssigkeit durch einen mit 8 Abflußstellen und Hähnen versehenen Verteiler in sichtbaren und regelbaren Tropfen den Zylinderkammern zufließt. Aus diesen gelangt das Öl unter Druck durch Rohrleitungen nach den einzelnen Schmierstellen. Damit es aus den Leitungen nicht wieder zur Pumpe zurückströmen kann, sind an den Austrittstellen der letzteren durch Federn belastete Rückschlagventile angeordnet.

Die Kreuzkopfschuhe werden durch je zwei im Innern des Ständers aufsteigende, in die Gleitbahn einmündende Rohre geschmiert, durch die das unter Druck stehende Öl zwischen Kreuzkopf und Gleitbahn gelangt, so daß der Schuh entlastet wird und nur auf dem Öl gleitet. Er hat solche Abmessungen, daß die Rohrmündungen stets bedeckt bleiben; das Öl kann infolgedessen nicht entweichen und ist gezwungen, in die Schmiernuten des Schuhes zu treten. Zur Schmierung der Kreuzkopfzapfen ist je ein in die Geradführung einmündendes drittes Schmierrohr angeordnet, aus dem das Öl einer besonderen Nut des Kreuzkopfschuhes zufließt, um von hier durch ein Rohr unter Druck an den Zapfen zu treten. Ölfänger mit Spritzkanten am gegabelten Schubstangenende verhindern ein Umherspritzen des Öles; sie sind wieder von einem am Kreuzkopf befestigten Ölfänger umschlossen, in dem sich das abgeschleuderte Öl sammelt, um von hier durch Bohrungen zur Geradführung zurück, schließlich in eine unterhalb derselben angebrachte Schale zu fließen.

Die Kurbelwellenlager, Kurbelzapfen und Exzenter — mit Ausnahme des Einlaßexzenters für den Hochdruckzylinder — werden von den an den Lagerdeckeln befestigten, mit Verteilern versehenen Schmiervasen aus mit Öl versorgt, derart, daß zwei Schmierstellen eines jeden Verteilers die Schmierung des Lagers, die übrigen diejenige der mit

Schmierringen versehenen Exzenter und die Zentralschmierung des Kurbelzapfens übernehmen. Damit das an dem letzteren haftende Öl nicht abspritzt, sind die Kurbeslcheiben mit schmalen, halbkreisförmigen Spritzblenden umgeben, die nur soweit übergreifen, daß sie das vom Kurbelzapfen abfließende Öl auffangen können, das ganze Gestänge aber frei und zugänglich bleibt.

Der Regler mitsamt dem Einlaßexzenter für den Hochdruckzylinder ist durchweg mit Zentralschmierungen versehen, denen das Öl von einer an der Reglerverschalung befestigten, mit einem Verteilring versehenen Schmiervase aus durch Rohre und Bohrungen zugeführt wird. Zur Ableitung des verbrauchten Öles sind besondere auf der Abbildung erkennbare Rohrleitungen angeordnet. [1])

Tafel VII.

Die mit der auf S. 326 beschriebenen Einlaßventilsteuerung (D. R. P. Nr. 138759) arbeitende Einzylindermaschine 550/1150 ($n = 100$ Uml/min) der Cottbuser Maschinenbau-Anstalt und Eisengießerei, A.-G., Cottbus, hat viersitzige Einlaß- und zweisitzige Auslaßventile. Der Zylinder mit eingesetzter Laufbüchse besitzt beiderseits Deckel mit Stopfbüchsen für die durchtretende Kolbenstange, deren hinterer Tragschuh auf einer einseitigen Schlittenführung gleitet.

Der Dampf strömt seitlich durch einen den Zylinder umgebenden Kanal den Einlaßventilen zu und entweicht durch ein am unteren Ende desselben befestigtes Rohr ins Freie.

Die Nachstellung der seitlichen Kurbellagerschalen erfolgt durch Keile und Schraubenspindeln, deren Muttergewinde sich in Rotgußbüchsen im unteren Teile des Lagerkörpers befindet.

Tafel VIII.

Liegende Zwillingsmaschine 440 bezw. 440/650 ($n = 125$ Uml/min) der Maschinenbau-A.-G. vorm. Ph. Swiderski, Leipzig-Plagwitz.

Zur Dampfverteilung der Zylinder dient je eine Rider-Steuerung, deren zugehörige Expansionsschieber als Kolbenschieber mit Spalten ausgebildet sind und behufs Füllungsänderungen von einem Federregler entsprechend verdreht werden, der seinen Antrieb von der Kurbelwelle aus durch eine Welle und zwei Paar Schraubenräder erhält.

Die Abbildung läßt den gesamten Aufbau der mit einem Seil-Schwungrad ausgerüsteten Maschine erkennen.

Tafel IX.

Liegende Tandem-Verbundmaschine 390 bezw. 630/650 ($n = 150$ Uml/min) der Maschinenbau-A.-G. vorm. Ph. Swiderski, Leipzig-Plagwitz.

Die mit Kondensation arbeitende Maschine hat Ventilsteuerung, System Lentz (vergl. S. 320). Die Abdichtung der Ventilspindeln wird durch Labyrinthdichtungen, diejenige der Kolbenstange durch packungslose Stopfbüchsen nach System Lentz (vergl. S. 378) bewirkt. Ein im Mittelstück befestigter Ständer dient zur Führung des zylindrischen Unterteils einer mit Weißmetall ausgekleideten, die Kolbenstange stützenden Lagerschale.

Die Geschwindigkeitsregelung erfolgt durch einen auf der Steuerwelle angeordneten Achsenregler, System Lentz, wie er S. 224 beschrieben ist.

---

[1]) Eine ähnliche Maschine 450 bezw. 725/450 ($n = 200$ Uml/min) war von Gebr. Meer, M.-Gladbach, in Düsseldorf 1902 ausgestellt (vergl. Bericht des Verfassers in der „Z. d. V. d. I." 1902, S. 1921).

Der Antrieb der stehenden Luftpumpe mittels Gegenkurbel ist, wie auch die Anordnung der übrigen zur Kondensationseinrichtung gehörigen Teile, auf der Abbildung erkennbar.

Tafel X.

Die Abbildung stellt den Längsschnitt durch Führung, Zylinder und Laterne, sowie den Querschnitt durch den Hochdruckzylinder einer liegenden Tandem-Verbundmaschine 300 bezw. 525/600 ($n = 160$ Uml/min) mit Kondensation der Firma Främbs & Freudenberg, Schweidnitz, dar.

Bei dem für überhitzten Dampf konstruierten Hochdruckzylinder sind die 4 Ventilkammern mit Rücksicht auf Wärmedehnungen außerhalb der Lauffläche des Zylinders angeordnet und mit getrennten Stutzen zum Anschluß der Einström- und Ausströmrohre versehen. Für die Einlaßventile des Hoch- und Niederdruckzylinders verwendet die Firma die Proell-Schwabe-Steuerung (vergl. S. 318) — an dem ersteren in Verbindung mit dem Proellschen Achsenregler (Fig. 140, S. 218) — während zur Steuerung der Auslaßventile Wälzhebel dienen.

Die Abdichtung der Kolbenstange geschieht beim Hochdruckzylinder durch eine Stopfbüchse mit beweglicher Metallpackung, beim Niederdruckzylinder durch Stopfbüchsen mit einer aus Liderungsringen von Bronze und Weißmetall bestehenden Metallpackung (vergl. Tafel IV). Beide Zylinder sind durch ein kräftiges Zwischenstück mit großer oberer Öffnung, durch die der Ein- und Ausbau des Niederdruckkolbens, sowie der Deckel und Stopfbüchsen ohne Schwierigkeit erfolgen kann, miteinander verbunden.

Die Tragfüße stehen auf gehobelten Fundamentschlittenplatten und die Befestigungsschrauben erhalten Distanzrohre, so daß die Wärmedehnung der Zylinder in der Längsachse ungehindert erfolgen kann.

Der mit dem Kurbellager und der Kreuzkopfführung aus einem Stück gegossene Rahmen liegt in seiner ganzen Länge auf dem Fundament auf; sein Flansch ist durch Eindrehung und Vorsprung mit dem Zylinderflansch genau zentriert.

Unter dem Kurbellauf befindet sich ein gußeiserner Öltrog. Ein Spritzschirm dient zum Auffangen des von der Kurbel und der Schubstange abgeschleuderten Öls.

Der Kondensator mit doppelt wirkender Luftpumpe ist unter Flur aufgestellt; letztere wird vom Kurbelzapfen aus angetrieben.

Wasser- und Ölabscheider, sowie Ölwasserpumpe und deren Antrieb sind, wie auch andere Einzelteile der Maschine, auf der Abbildung angegeben.

Tafel XI.

Die liegende, kurzgebaute Heißdampf-Tandemmaschine stellt eine in der Neuzeit aufgekommene Maschinentype dar, bei deren Entwurf als leitender Konstruktionsgedanke vorherrschend war, auf kleinstem Raum die größte Leistung zu erzeugen, ohne die Wirtschaftlichkeit, Übersichtlichkeit und leichte Bedienung der Maschine in irgendeiner Weise zu beeinträchtigen.

Die gedrungene kurze Bauart der in der Abbildung ersichtlichen Heißdampf-Tandemmaschine 350 bezw. 640/700 ($n = 150$ Uml/min) mit zwangläufiger Ventilsteuerung, Patent Proell-Schwabe, der Firma Främbs & Freudenberg, Schweidnitz, wird in erster Linie durch die angeordnete Zylinderverbindung ermöglicht.

Um bequem zu dem der Kreuzkopfführung zunächst liegenden Kolben gelangen zu können, ist der Hochdruckzylinder an dieser befestigt und der Niederdruckzylinder hinter dem ersteren angeordnet.

Behufs Besichtigung des Hochdruckkolbens werden zunächst Deckel und Kolben des Niederdruckzylinders, hierauf die Schrauben des Zwischenstückes entfernt und dieses wird dann über die Kolbenstange hinweg nach hinten gezogen.

Um Wärmedehnungen Rechnung zu tragen, hängt der Hochdruckzylinder frei zwischen Rahmen und Niederdruckzylinder; letzterer ist verschiebbar auf den Zylinderfußplatten befestigt.

Den dampfdichten Abschluß zwischen beiden Zylindern bewirkt eine selbstdichtende Stopfbüchsenpackung mit nachgiebigen Dichtungsringen aus Weißmetall.

Die Schmierung der Exzenter und sämtlicher Bolzen erfolgt durch einen Zentralschmierapparat und abstellbare Tropföler während des Ganges, diejenige des Hauptlagers und der Steuerwellenlager durch eine Zirkulationspumpe, die das in Schalen aufgefangene Öl, nachdem es filtriert ist, den Lagern von neuem zuführt. Zur Schmierung des Dampfes und der Stopfbüchsenpackungen dienen mechanisch angetriebene Schmierpressen.

Bei 11,5 at Spannung des Einströmdampfes leistet die Maschine normal 275 PS; ihre Höchstleistung beträgt 420 PS.

Tafel XII.

Stehende Dreifach-Expansionsmaschine mit Kondensation von Gebr. Sulzer, Winterthur. [1])

Die Maschine, von denen drei in der Zentrale „Louisenstraße" der Berliner Elektrizitätswerke aufgestellt sind, hat einen Hochdruckzylinder von 865 mm, einen Mitteldruckzylinder von 1250 mm, zwei Niederdruckzylinder von je 1550 mm Durchmesser und 1300 mm Hub; sie leistet mit 85 Uml/min bei 12 at Anfangsspannung des Arbeitsdampfes und bei

11	18	25	35	50	vH Füllung im Hochdruckzylinder
1740	2270	2800	3330	3860	PS.

Hoch- und Mitteldruckzylinder sind über den Niederdruckzylindern angeordnet. Da die Maschine für Verwendung von überhitztem Dampf konstruiert ist, hat der Hochdruckzylinder keinen Dampfmantel erhalten, während alle übrigen Zylinder zufolge eingesetzter Laufbüchsen mit Dampfmänteln versehen sind, durch die der jeweils im vorhergehenden Zylinder wirksam gewesene Dampf hindurchströmt. Die Grundplatte besteht aus zwei zusammengeschraubten, durch Nut und Feder gegen einander ausgerichteten Gußstücken, von denen jedes zwei Hauptlager trägt. Die doppelt gekröpfte, aus zwei Teilen zusammengesetzte Welle ist in der Mitte mittels Flansche verbunden; ihre beiderseitigen Verlängerungen tragen Schwungräder und unmittelbar hinter diesen die von der Allgemeinen Elektrizitäts-Gesellschaft gebauten Gleichstromdynamos. Um diese vor Spritzöl zu schützen, sind die inneren Flächen der Schwungräder mit Blech verschalt. Das eine Schwungrad ist mit einem Schaltkranz versehen, auf den eine kleine Zwillingsmaschine mittels Schneckenantrieb und ausschaltbarem Zahnkolben einwirken kann.

Auf der Grundplatte sind die kräftig bemessenen Ständer mit den Geradführungen verschraubt, während diesen gegenüber zwei massive, unter sich und gegen das Gestell durch Streben abgesteifte Stahlsäulen die Zylinder abstützen und unmittelbar mit der Grundplatte verbinden.

---

[1]) Z. d. V. d. I. 1899, S. 1349.

Zur Steuerung dienen viersitzige Ventile mit konischen Sitzflächen, die, um geringe schädliche Räume zu erhalten, in den Zylinderböden und -deckeln angeordnet sind. Um den Dampf auf dem kürzesten Wege nach dem Zylinderinnern zu führen, hat man die Ventile — mit Ausnahme derjenigen für den Einlaß des Hochdruckzylinders — hängend angeordnet, sodaß ihr Gewicht durch doppelte Blattfedern getragen wird.

Zur Bewegung sämtlicher Ventile dient eine wagerechte Steuerwelle, die im Steuertrog gelagert ist und auf der die Exzenter aufgekeilt sind. Für die Einlaßventile des Hochdruckzylinders ist die bekannte Sulzersche Auslösesteuerung angeordnet, wobei die der veränderlichen Füllung entsprechende Verschiebung der auslösenden Sektoren durch den Regler beeinflußt wird. Alle andern Ventile werden durch Wälzhebel und diese durch einen Exzentertrieb bewegt, und zwar die Einlaßventile durch Kniehebel, um den toten Gang des Gestänges nach Schluß des betreffenden Ventils möglichst zu beschränken.

Der Steuertrog ist unten geschlossen und so weit mit Öl angefüllt, daß sämtliche Exzenter in der tiefsten Stellung darin eintauchen.

Die Steuerwelle wird durch die senkrechte Reglerwelle von der Kurbelwelle aus mittels Schraubenräder angetrieben, und zwar sitzt das Antriebrad der Kurbelwelle auf der Flanschkuppelung, welche beide Wellenhälften miteinander verbindet. Der Regler selbst ist auf dem unteren Teile der senkrechten Verbindungswelle angebracht und vollständig eingeschlossen, sodaß er ununterbrochen geschmiert werden kann. Es ist ein schnellgehender Porter-Regler üblicher Bauart. Die Verstellung des nach oben verlängerten Birnengewichtes wird durch Hebel und eine senkrechte Stellstange übertragen, auf deren oberes Ende ein Wassergefäß geschraubt ist; durch Vermehrung oder Verminderung des Wasserinhalts in diesem Gefäß kann die Umlaufzahl der Maschine innerhalb gewisser Grenzen während des Ganges geregelt werden. Zu diesem Zweck ist ein wagerecht angeordneter Verbindungsschlauch vorgesehen, durch den das Gefäß vom Maschinistenstande aus mittels zweier Regulierventile nach Belieben schneller oder langsamer gefüllt oder entleert werden kann. Diese Anordnung ist dem gewöhnlichen, durch Schraube und Handrad verstellbaren Laufgewicht insofern vorzuziehen, als der Druck der Hand beim Ändern der Belastung den Gang des Reglers hier nicht beeinflussen und aus diesem Grunde ein pendelndes Schwanken desselben nicht eintreten kann.

Das Gestänge beruht auf dem Grundsatz unmittelbarer Kraftübertragung. Der untere Teil der Kolbenstange, d. h. die Kolbenstange der Niederdruckzylinder, ist mit den Kreuzkopfgabeln aus einem Stück hergestellt. Mit der oberen Kolbenstange, also der des Hoch- bezw. Mitteldruckkolbens, ist sie unmittelbar über dem Niederdruckkolben durch die Kolbenmutter verbunden und die Verbindung durch einen Splint gesichert.

Der Kreuzkopfzapfen ist abweichend von der gewöhnlichen Anordnung nicht fest im Kreuzkopf, sondern in der Schubstange. Die beiden Zapfenenden schwingen in den beiderseitigen Kreuzkopflagerschalen; infolgedessen sind diese Lagerschalen bei Ausbesserungen nach den Seiten sehr bequem zu entfernen. Erleichtert wird dies noch dadurch, daß die Schubstangen zu den Luftpumpenantrieben an Verlängerungen der Kreuzkopfgabeln angekuppelt sind. Die gegabelte Form des Kreuzkopfes erleichtert aber auch die Konstruktion der Kreuzkopfführungen, weil dadurch die Kräfte mit Vermeidung aller Biegungskräfte unmittelbar auf die Gleitfläche übertragen werden. Der untere Schubstangenkopf hat die gewöhnliche Form.

Um die Gewichte der Kolben, Kolbenstangen und Schubstangen ohne große Gegengewichte in den Schwungrädern vollständig auszugleichen, sind die Kurbeln unter 180° gegeneinander versetzt.

Aus den beiden Niederdruckzylindern geht der Abdampf in die beiden Kondensatoren, die als viereckige Kasten auf den beiderseitigen Luftpumpen verschraubt sind. Diese letzteren sind doppeltwirkend, aber so, daß der untere kleinere Tauchkolben hauptsächlich dazu dient, den größten Teil des Einspritzwassers aus dem Kondensator wegzuschaffen, während der größere obere Kolben außer dem Rest des Einspritzwassers noch die sich im Kondensator aus dem Einspritzwasser entwickelnde Luft zu fördern hat, um dadurch die Luftverdünnung zu erhalten. Diese Konstruktion hat den Zweck, auch bei bester Luftleere vollkommen geräuschlosen Gang zu erzielen. Die mit möglichst geringem Hub arbeitenden Luftpumpenkolben werden durch Balanziers und Zugstangen angetrieben, und zwar besteht der Balanzier aus einem gußeisernen Mittelstück und 2 darin eingesetzten Stahlgabeln.

Zur Schmierung der Dampfzylinder dienen Ölpumpen, die von der verlängerten Reglerwelle angetrieben werden und unmittelbar beim Maschinistenstande angeordnet sind. Sämtliche sich bewegende Teile — die Kurbellager usw. — werden von einer Zentralschmierung aus bedient, die mit Umlauf arbeitet.

Zur Sicherheit ist für die Geradführungen noch eine besondere Kühlung durch inneren Wasserumlauf vorgesehen; die Ständer sind so konstruiert, daß man von hinten in sie eintreten kann, um die Geradführung während des Ganges zu befühlen.

Tafel XIII.

Liegende Dreifach-Expansionsmaschine mit Kondensation der Maschinenfabrik Gebr. Bromley & Co., Moskau.

Die Hauptabmessungen der Maschine sind folgende:

Durchmesser des Hochdruckzylinders	340 mm;
„ „ Mitteldruckzylinders	550 mm;
„ „ Niederdruckzylinders	820 mm;
Gemeinsamer Kolbenhub	810 mm.

Hochdruck- und Mitteldruckzylinder bilden die eine, der Niederdruckzylinder mit angehängtem Kondensator die andere Maschinenseite. Sämtliche Zylinder, wie auch die zugehörigen Deckel, sind ummäntelt.

Die zur Dampfverteilung dienenden Doppelsitzventile werden zwangläufig bewegt; dies geschieht bei den Einlaßventilen des Hochdruckzylinders durch die in Fig. 245 (S. 315) dargestellte Steuerung. Die Bewegung der Einlaß- und Auslaßventile des Mitteldruck- und Niederdruckzylinders erfolgt von unrunden Scheiben der Steuerwelle aus.

Die Kolbenstangen werden in Stopfbüchsen mit Metallpackungen geführt; diejenige des Niederdruckzylinders ist nach hinten verlängert und mit einem Tragschuh versehen, der auf einer am hinteren Zylinderdeckel bezw. auf einer Säule befestigten einseitigen Schlittenführung gleitet und ferner mittels angreifender Lenkstangen einen zweiarmigen, zum Betreiben der unter Flur aufgestellten, doppeltwirkenden Kondensationsluftpumpe dienenden Schwinghebel bewegt. Die Kolben sind zweiteilig und je von 3 federnden Liderungsringen umgeben.

Der mit gebohrter Kreuzkopfführung versehene Rahmen jeder Maschinenseite liegt mit seinem bajonettförmig gehaltenen Teil auf dem Fundament auf. [1])

---

[1]) Die Maschine war in Paris 1900 ausgestellt (vergl. Bericht des Verfassers in „Dinglers Polytechnisches Journal“ 1901, S. 150).

Tafel XIV.

Stehende Vierfach-Expansionsmaschine der Firma Franco Tosi in Legnano (Italien).

Die mit einer Gleichstromdynamo unmittelbar gekuppelte Maschine von 700 PS setzt sich aus zwei durch Kurbeln unter 90° miteinander verbundenen Zylinderpaaren zusammen. Der erste und zweite Zylinder von 375 bezw. 525 mm Durchmesser sind in Tandemanordnung aus einem Stück gegossen und zwar der große Zylinder über dem kleinen. Die Abdichtung der Kolbenstange im Zwischendeckel dieser beiden Zylinder wird mittels Metallpackung bewirkt. Der dritte und vierte Zylinder von 675 bezw. 1000 mm Durchmesser sind in gleicher Weise zusammengegossen. Der gemeinsame Kolbenhub beträgt 650 mm, die minutliche Umlaufzahl 160.

Mit Ausnahme des Hochdruckzylinders, der überhitzten Dampf erhält, sind die Zylinder und zugehörigen Deckel ummäntelt.

Die Dampfverteilung der Zylinder erfolgt durch Kolbenschieber, System Tosi (D. R. P. Nr. 66070). Das Charakteristische dieser Steuerung liegt darin, daß die Schieber in einer gemeinsamen, auf die ganze Länge beider Zylinder sich erstreckenden Kammer untergebracht und auch auf derselben Stange befestigt sind. Die bei plötzlichen Belastungsänderungen stattfindende schnelle Regelung wird hauptsächlich durch die besondere Bauart der Maschine erreicht, die einen nur bei Tandemanordnung möglichen kleinsten Aufnehmerraum zwischen den Zylindern jeder Maschinenseite gestattet.

Die Schieber des dritten und vierten Zylinders sind demzufolge auf gemeinsamer Stange befestigt und werden von demselben Exzenter bewegt; dasselbe gilt für den Schieber des zweiten Zylinders und den Verteilungsschieber des Hochdruckzylinders, während der zu dem letzteren gehörige Expansionsschieber von einem besonderen Exzenter gesteuert wird, das mit einem Achsenregler in Verbindung steht. Letzterer verstellt die Füllungen in den Grenzen von 0 bis 60 vH des Kolbenhubes.

Die Dampfkolben sind, den Schiffskolben ähnlich, als geschmiedete Stahlscheiben geformt; sie tragen je einen zweiteiligen Dichtungsring aus Gußeisen mit hinterliegenden Flachfedern.

Die in einem Stück geschmiedete, doppelt gekröpfte Kurbelwelle trägt an dem einen Ende einen Flansch zur Verbindung mit der Dynamowelle; auf dem anderen Ende sitzt der Achsenregler.

Der Rahmen ist aus zwei symmetrischen Stücken zusammengesetzt, deren jedes einen Ständer mit ebener Gleitbahn für den Kreuzkopf, ein äußeres Wellenlager und die Hälfte des mittleren Wellenlagers, ferner die zwischen den Kurbellagern muldenförmig ausgebildete Grundplatte in einem Gußstück vereinigt. Drei kräftige Stahlsäulen verbinden Grundplatte und Ständer in der üblichen Weise.

Die einfach wirkende Luftpumpe, Bauart Brown-Kuhn (s. S. 395) wird mittels Schwinghebels vom Kreuzkopf des Niederdruckzylinders aus betrieben. Behufs Änderung der Umlaufzahl der Maschine läßt sich mittels Handpumpe eine schwere Flüssigkeit (Glyzerin) in die hohlen Fliehgewichte des Reglers treiben oder aus denselben entfernen.

Die Schmierung der Zylinder und Kolbenschieber geschieht mittels einer vom Ende der Kurbelwelle aus mittels Schraubenräder und Exzenter angetriebenen mehrfachen Ölpumpe, die mit dem Apparat zur Änderung der Umlaufzahl vereinigt ist. Lager und Gleitbahnen werden ununterbrochen von einem hochgelegenen Behälter aus geschmiert. [1])

[1]) Die Maschine war in Paris 1900 ausgestellt (vergl. Bericht des Verfassers in „Dinglers polytechnisches Journal" 1901, S. 123).

b. Gleichstromdampfmaschinen.

Eine notwendige Folge der Arbeitskolbensteuerung dieser Maschinen ist die hohe Kompression des Gegendampfes, die beginnt, nachdem der Kolben die Auslaßschlitze abgeschlossen hat (vergl. S. 19). Um dieselbe auch dann, wenn die Maschine mit Auspuff arbeitet, innerhalb zulässiger Grenzen halten zu können, war man gezwungen, durch Öffnen besonderer Ventile einen zusätzlichen schädlichen Raum einzuschalten, wie dies z. B. der Zylinder einer mit zwangläufiger Eingelenk-Ventilsteuerung, System Elsner, arbeitenden Gleichstrommaschine (Fig. 243a auf S. 312) erkennen läßt.

Die Zuschaltventile sind hier am unteren Teil des Zylinders angebracht; sie werden im geeigneten Augenblick vom Maschinisten mittels Handrad geöffnet.

Tafel XV.

Bei den von der Maschinenfabrik Augsburg-Nürnberg A.-G. gebauten Gleichstrommaschinen werden, wie es die auf Tafel XV ersichtliche Abbildung einer solchen Maschine erkennen läßt, die an den äußeren Stirnseiten der Zylinderdeckel angebrachten zusätzlichen schädlichen Räume *s* durch an den Enden des Zylinders sitzende Ventile *c* selbsttätig zugeschaltet.

Auf den Spindeln dieser Ventile ist je ein Kolben *a* befestigt, dessen eine Seite — zufolge der von hier nach dem Auspuffkanal *b* des Zylinders führenden Rohrleitung — bei Kondensationsbetrieb unter Kondensatorspannung, die andere unter dem Druck der Atmosphäre steht; es wird jedes Ventil auf seinen Sitz gedrückt und dadurch der Zylinderraum gegen den Zusatzraum abgesperrt.

Beim Versagen der Kondensation herrscht auf der Innenseite des Kolbens *a* Auspuffspannung, die gleich oder höher als die Spannung der Außenluft ist. Das Ventil ist dann nicht mehr gegen seinen Sitz gehalten; es wird von dem höheren Kompressionsdruck aufgedrückt und bleibt so lange geöffnet, bis wieder Vakuum im Zylinder vorhanden ist, um sich dann selbsttätig zu schließen. Die horizontal liegenden Einlaßventile *e* sind in den vom durchströmenden Frischdampf geheizten Zylinderdeckeln untergebracht. Behufs Heizung des Zylinders während der Füllungsperiode läuft der Kolben soweit in die Deckel ein, als der Normalfüllung der Maschine etwa entspricht.

Beim Kondensationsbetrieb bilden die zuschaltbaren schädlichen Räume eine wirksame Luftisolierung. Am unteren Teil des Zylinders sind federbelastete, mit den Ablaßhähnen vereinigte Sicherheitsventile angeordnet.

Bei der Verbindung des Zylinders mit der Geradführung ist auf möglichst geringe Wärmeübertragung nach der letzteren durch Anbringung von Aussparungen Sorge getragen.

Der hohle Scheibenkolben hat selbstspannende Dichtungsringe aus Spezialgußeisen; er ist auf einer nach hinten verlängerten, durch eine Kreuzkopfführung getragenen Stange befestigt und so geformt, daß der schädliche Raum möglichst klein ausfällt.

Die Stopfbüchse hat nachgiebige Metallpackung.

Die gußeisernen, mit Weißmetall ausgegossenen Lagerschalen des Hauptlagers sind vierteilig und durch Schrauben und Keile stellbar. Das Außenlager besitzt ebenfalls gußeiserne, metallgefütterte Schalen.

Die von der Kurbelwelle durch Kegelräder angetriebene Steuerwelle *m* ist seitlich nur an der Geradführung, also vollständig kühl gelagert.

Die Steuerung der Maschine erfolgt mittels Rollenhebel. Ein einziges, auf der Steuerwelle befestigtes Exzenter p überträgt seine Bewegung mittels kurzer Stange auf eine Schwingwelle derart, daß nahezu gleiche Füllungen bei gleichem Voreintritt auf beiden Zylinderseiten für alle Leistungen der Maschine erreicht werden. Von der genannten Schwingwelle vermittelt ein zweiter Hebel durch einen Lenker die Bewegungsübertragung auf eine zweite Schwingwelle n, die in der Fortsetzung des Steuerwellenmittels in den beiden Ventilböcken gelagert ist und innerhalb eines jeden derselben einen Rollenhebel trägt, der durch Rolle und mit der Ventilspindel verbundener Hubkurve die Schwingbewegung in die hin und her gehende des Ventils verwandelt. Die Rollenhebel laufen in Öl, die unter Druck geschmierten Spindeln der Einlaßventile in genau geschliffenen langen Büchsen der Ventilböcke.

Behufs Geschwindigkeitsregelung werden Hub und Voreilwinkel des Steuerexzenters von einem nebensitzenden Achsenregler mit Tourenverstellung während des Ganges entsprechend eingestellt.

Die Schmierung des Zylinders, der Stopfbüchse und der Ventilspindeln erfolgt durch eine von der Steuerwelle aus angetriebene Kolbenpumpe, diejenige des Kurbelwellen- und des Kurbelzapfenlagers, der Kreuzkopfbahn und des Kreuzkopfzapfens durch regelbare Tropföler von einem gemeinsamen Behälter aus, in den eine von der Steuerwelle aus angetriebene Kreiselpumpe das Öl aus dem tieferliegenden Sammelbehälter fördert.

Steuerwellenlager und Steuerapparate werden durch besondere, regelbare Tropföler geschmiert. Zum Auffangen des abspritzenden Öls ist die Kurbel durch eine Schutzhaube aus Stahlglanzblech völlig verkleidet, deren leicht verschließbare Öffnungen Zugang zu dem Kurbelzapfen gestatten. Die Öffnung der Geradführung ist ebenfalls durch Glanzblech gegen herausspritzendes Öl verschlossen.

Durch die behufs Ermöglichung des Auspuffbetriebes der Gleichstrommaschinen vorgesehene Zuschaltung großer schädlicher Räume wird die Wirtschaftlichkeit des Betriebes ungünstig beeinflußt. Zufolge des bis nahezu auf die Einströmspannung verdichteten Gegendampfes und der infolgedessen aufzuwendenden erheblichen Kompressionsarbeit erhöht sich der Dampfverbrauch solcher Maschinen derart, daß sie nicht vorteilhafter als wie gewöhnliche Auspuffmaschinen arbeiten. Diesem Übelstande wird bei den von der Maschinenbau-Aktiengesellschaft vorm. Ph. Swiderski, Leipzig-Plagwitz, gebauten Gleichstrommaschinen durch Anordnung zwangläufig gesteuerter zusätzlicher Auslaßventile begegnet, die ein Entweichen des Abdampfes auch dann noch gestatten, wenn der im Rückgang befindliche Kolben die Auslaßschlitze bereits überschritten hat.

Die Eröffnung dieser als Tellerventile ausgebildeten Organe kann beim Abschluß der Auslaßschlitze oder bereits früher, das für die Größe des Kompressionsenddruckes in Betracht kommende Schließen derselben dann erfolgen, wenn der Kolben einen größeren oder kleineren Teil seines Rückhubes bereits vollführt hat. Damit durch den Einbau der Auslaßventile keine unnötige Vergrößerung des schädlichen Raumes entsteht, stehen sie und die behufs hinreichender Schmierung ihrer Spindeln usw. nach dem tiefsten Punkte des Zylinders verlegten Einlaßventile durch je einen gemeinsamen Kanal mit dem Zylinderinnern in Verbindung.[1])

An die Gehäuse der Auslaßventile anschließende Leitungen entlassen den Abdampf in einen Behälter, dessen Inhalt auch hier als zusätzlicher schädlicher Raum angesehen

[1]) Über „Gleichstrommaschinen mit Hilfsauslaß“ s. auch Z. d. V. d. I. 1910, S. 2144.

werden kann. Derselbe steht jedoch nur während der Ausströmperiode, nicht aber — wie sonst bei Gleichstrommaschinen — auch während der übrigen Arbeitsperioden, also insbesondere bei der Einströmung, Expansion und Kompression des Dampfes, mit dem Zylinderinnern in Verbindung.

Die Querschnitte der Auslaßventile sind so bemessen, daß der durchströmende Dampf Drosselungsverluste erleidet und infolgedessen eine allmähliche Drucksteigerung des Ausströmdampfes im Zylinder stattfindet; durch die hierdurch bewirkte Temperaturerhöhung der Zylinderwandungen werden Niederschlagsverluste wirksam verhütet.

Die Bewegung der Auslaß-, wie auch der Einlaßventile erfolgt mittels L e n t z-Daumen (vergl. S. 320) von festen bezw. beweglichen Exzentern der Steuerwelle aus; letztere stehen unter Einfluß eines Achsenreglers, Bauart L e n t z (s. Fig. 150, S. 223).

Die Steuerung der Auslaßventile ist nachstellbar und zum Ausschalten eingerichtet, so daß der Austritt des Dampfes — auch beim Gange der Maschine — beliebig geregelt bezw. beim Kondensationsbetrieb die Steuerung schnell außer Tätigkeit gesetzt werden kann.

Zufolge einer zwischen Teller und Steuergestänge jedes Auslaßventils geschaltete Schraubenfeder übernimmt dasselbe gleichzeitig die Rolle eines Sicherheitsventils, indem es sich öffnet, wenn der Druck der im Zylinder eingeschlossenen Flüssigkeit die Federbelastung übersteigt.

Den Zylinder einer Gleichstrommaschine 350/550 ($n = 165$ Uml/min) der vorgenannten Firma zeigt Fig. 289 (S. 360); der zugehörige Kolben ist in Fig. 301 (S. 372) abgebildet.

Vierter Abschnitt.

Allgemeine Grundlehren der technischen Wärmemechanik.

I. Die Mechanik der Gase.

A. Wärme und Arbeit.

Als W ä r m e e i n h e i t (1-Kilogramm-Kalorie) = 1 WE bezeichnet man diejenige Wärmemenge, die erforderlich ist, um 1 kg Wasser von 0^0 auf 1^0 zu erwärmen. Die Wärmemenge dQ zur Erwärmung des Wassers um dt — ebenfalls von 0^0 an gerechnet — ist daher

$$dQ = dt.$$

R o b e r t M a y e r zeigte zuerst (1842), daß die Größe der durch eine bestimmte Arbeit erzeugten Wärmemenge, oder die durch eine bestimmte Wärmemenge erzeugte Arbeit stets dieselbe bleibt, unabhängig von dem Wege, auf dem das eine durch das andere entstanden ist.

W ä r m e u n d A r b e i t s i n d g l e i c h w e r t i g.

Durch die Versuche des Physikers J o u l e wurde festgestellt, daß $1\,WE = 424$ mkg.

Nach neueren Versuchen gilt als wahrscheinlicher

$$1\,WE = 427 \text{ mkg}.$$

Die Zahl $\frac{1}{427} = A$ wird das m e c h a n i s c h e W ä r m e ä q u i v a l e n t genannt.

Wird einem Körper von 1 kg Gewicht eine Wärmemenge dQ zugeführt, so bewirkt diese eine T e m p e r a t u r e r h ö h u n g und eine V o l u m e n v e r g r ö ß e r u n g des Körpers. Durch erstere wird, da die meß- und fühlbare Wärme als eine Molekularbewegung aufzufassen ist, die Bewegung der Moleküle oder ihre Schwingung um bestimmte Gleichgewichtslagen verstärkt (k i n e t i s c h e Energie) — die Zunahme dieser Schwingungsenergie sei mit dW bezeichnet — durch letztere der Abstand der Gleichgewichtslagen, um welche die Moleküle schwingen, vergrößert (p o t e n t i e l l e Energie), ferner der auf der Oberfläche des Körpers wirkende Druck überwunden, d. h. eine ä u ß e r e A r b e i t $A\,dL$ (im Wärmemaßstab) geleistet. Bezeichnet dJ die Zunahme der potentiellen Energie des Körpers, so gilt als e r s t e H a u p t g l e i c h u n g d e r m e c h a n i s c h e n W ä r m e l e h r e

$$dQ = dW + dJ + A\,dL \quad \ldots\ldots\ldots\ldots \quad 1)$$

worin $A = \frac{1}{427}$ das mechanische Wärmeäquivalent (s. vorstehend) bedeutet. Die Größen dW und dJ sind als i n n e r e Energiemengen im Körper enthalten; wird ihre Summe — nach C l a u s i u s — mit dU bezeichnet und die ä u ß e r e A r b e i t — unter Annahme eines während der unendlich kleinen Volumenzunahme dv auf die Körperoberfläche wirkenden unveränderlichen Druckes p (in kg/qm)

$$dL = p\,dv$$

gesetzt, so folgt auch

$$dQ = dU + A\,dL = dU + A\,p\,dv \quad \ldots\ldots\ldots \quad 2)$$

als erste Hauptgleichung der mechanischen Wärmelehre.

B. Zustandsgleichung (Daltonsches Gesetz).

Die jeweilige Beziehung zwischen der Temperatur t (in ^{0} C), dem Drucke p (in kg/qm) und dem Volumen V bezw. dem spezifischen Volumen v (in cbm) eines Gases wird als Zustandsgleichung desselben bezeichnet. Bedeutet

V_1 ein beliebiges Gasvolumen von der Spannung p_1 und der Temperatur t_1,

V_2 ein anderes Gasvolumen von der Spannung p_2 und der Temperatur t_2,

$\alpha = \frac{1}{273} = 0{,}003665$ die Ausdehnungszahl der Gase von 0^0 auf 1^0, so ist nach dem Gesetze von Gay-Lussac

$$\frac{V_1}{V_2} \text{ bezw. } \frac{v_1}{v_2} = \frac{1 + \alpha\,t_1}{1 + \alpha\,t_2} = \frac{T_1}{T_2} \text{ (bei } p_1 = p_2\text{)}, \quad \ldots\ldots \quad 3)$$

worin $T_1 = \frac{1}{\alpha} + t_1$ und $T_2 = \frac{1}{\alpha} + t_2$ als absolute Temperaturen bezeichnet werden.

Bei gleichbleibender Spannung verhalten sich die Volumen gleicher Gewichtsmengen desselben Gases wie die absoluten Temperaturen.

Durch die Vereinigung des Boyleschen (Mariotteschen) Gesetzes

$$\frac{v_1}{v_2} = \frac{p_2}{p_1} \text{ (bei } t_1 = t_2\text{)}$$

mit dem Gay-Lussacschen Gesetz ergibt sich das vereinigte Boyle-Gay-Lussacsche Gesetz

$$\frac{v_1}{v_2} = \frac{p_2\,T_1}{p_1\,T_2} \quad \ldots\ldots\ldots\ldots \quad 4)$$

oder

$$\frac{p_1\,v_1}{T_1} = \frac{p_2\,v_2}{T_2} = \text{unveränderlich} = R \text{ (Gaskonstante)}, \quad \ldots \quad 4\,a)$$

welche Gleichung in der allgemeinen Form

$$p\,v = R\,T \quad \ldots\ldots\ldots\ldots \quad 5)$$

als Zustandsgleichung der Gase bezeichnet wird.

Ist z. B. $\gamma = \frac{1}{v}$ das spezifische Gewicht der atmosphärischen Luft bei 0^0 und 760 mm QS ($\gamma = 1{,}293$ kg/cbm), so ergibt sich

$$R = \frac{p\,v}{T} = \frac{p}{\gamma\,T} = \frac{10\,333}{1{,}293 \cdot 273} = 29{,}27.$$

Für irgend eine andere Temperatur t der Luft läßt sich das spezifische Gewicht derselben (in kg/cbm) für einen absoluten Druck p (in kg/qm) ermitteln aus

$$\gamma = \frac{1}{29,27} \frac{p}{273 + t_x}.$$

Ist der Druck p' in mm QS gegeben, so ist

$$\gamma = 13,596 \frac{p'}{29,27\,(273 + t_x)}.$$

Bedeutet G das Gewicht eines beliebigen Gasvolumens V, so ist

$$v = \frac{V}{G}$$

und es wird

$$p\,V = G\,R\,T \quad \text{. . . . . 5 a)}$$

Nachstehende Tabelle enthält die spezifischen Gewichte γ (bei 0^0 und 760 mm QS) und die Gaskonstanten R der wichtigsten Gase. [1])

Gas	Spezif. Gewicht γ in kg/cbm	Gaskonstante R
Kraftgas	1—1,2	32—36
Kohlenoxyd	1,251	30,30
Kohlensäure	1,965	19,28
Leuchtgas	0,515	73,5
Luft	1,293	29,27
Methan	0,716	52,81
Sauerstoff	1,429	26,52
Stickstoff	1,254	30,13
Wasserdampf	—	47,1
Wasserstoff	0,090	420,90

[1]) Für gewöhnlich kommen nicht reine Gase, sondern Gasmischungen — atmosphärische Luft und Brenngas, Luft und Wasserdampf (feuchte Luft) u. dergl. — zur Verwendung und es handelt sich dann darum, die „Mischungskonstante“ zu bestimmen. Dies kann, sofern die Konstanten der Einzelbestandteile des Gasgemisches bekannt sind, mittels der von Dalton aufgestellten Erfahrungssätze geschehen.

Ist das Gasgemisch bei gleichbleibender Temperatur t in einem Raume vom Volumen V eingeschlossen und sind $G_1, G_2, G_3 \ldots.$ die Gewichte, $p_1, p_2, p_3 \ldots.$ die Drücke und $R_1, R_2, R_3 \ldots..$ die Konstanten der Einzelbestandteile des Gemisches, so folgt aus dem Zusammenhang $G_1 = V\gamma_1 = V\frac{1}{v_1}$ durch Einsetzung von $v_1 = \frac{R_1 T}{p_1}$ (Gl. 4a)

$$p_1\,V = G_1\,R_1\,T\,,$$

ebenso

$$p_2 V = G_2\,R_2\,T\,,\ p_3 V = G_3\,R_3\,T \ldots\ldots$$

und durch Summation aller Gleichungen

$$(p_1 + p_2 + p_3 \ldots.)\ V = (G_1\,R_1 + G_2\,R_2 + G_3\,R_3 \ldots\ )\ T.$$

Nun ist die Summe $(p_1 + p_2 + p_3 \ldots)$ der Teildrücke als der Druck p der Mischung anzusehen (Daltonsches Gesetz) und daher

$$p V = (G_1\,R_1 + G_2\,R_2 + G_3\,R_3 \ldots.)\ T.$$

Da auch

$$p V = G\,R_m\,T \text{ (Gl. 5a)},$$

worin

$$G = G_1 + G_2 + G_3 \ldots.,$$

folgt für die Mischungskonstante

$$R_m = \frac{G_1\,R_1 + G_2\,R_2 + G_3\,R_3 \ldots}{G}.$$

C. Spezifische Wärme.

Um 1 kg Wasser von 0° um $d\,t$ zu erwärmen, ist nach vorstehendem eine Wärmemenge

$$dQ = dt$$

notwendig.

Um nun aber die Gewichtseinheit irgend eines anderen Körpers, von der Anfangstemperatur t bezw. T ab gerechnet, um dt bezw. dT zu erwärmen, wird die erforderliche Wärmemenge eine andere sein und gesetzt werden können

$$dQ = c\,dt \quad \text{bezw.} \quad c\,dT \qquad 6)$$

Der Wert $c = \frac{dQ}{d\,t}$ bezw. $\frac{dQ}{dT}$ wird die spezifische Wärme des betreffenden Körpers genannt.

Bei Gasen ist dieselbe von der Temperatur, die das Gas besitzt, nahezu unabhängig; sie nimmt aber, je nachdem die Wärmezufuhr bei unveränderlichem Volumen oder bei unveränderlichem Druck erfolgt, verschiedene Werte an.

Wird sie im ersteren Falle mit c_v, im letzteren mit c_p bezeichnet und bedeutet noch $A = \frac{1}{427}$ das mechanische Wärmeäquivalent (s. oben), so kann

$$c_p - c_v = A\,R \; (R = \text{Gaskonstante}) \qquad 7)$$

oder

$$\frac{c_p - c_v}{c_v} = \frac{A\,R}{c_v} \qquad 7a)$$

gesetzt werden.[1])

Durchschnittswerte für c_p, c_v und $k = \frac{c_p}{c_v}$ für verschiedene Gase — bei $t = 15^0$ C — sind in der nachstehenden Tabelle enthalten.

	c_p	c_v	$k = \frac{c_p}{c_v}$
Wasserstoff	3,430	2,430	1,41
Sauerstoff	0,217	0,153	1,41
Stickstoff	0,245	0,174	1,41
Luft, rein und trocken . . .	0,238	0,169	1,41
Kohlenoxyd	0,245	0,174	1,41

---

[1]) Nach Gl. 9 beträgt die während einer beliebigen Zustandsänderung zu- oder abzuführende Wärmemenge

$$dQ = c_v\,dT + A\,dL = c_v\,dT + A\,p\,dv \qquad \mathrm{I)}$$

Für eine Zustandsänderung bei unveränderlichem Druck ist — analog Gl. 8 —

$$d\,Q_p = c_p\,dT\,,$$

ferner, da $p\,v = R\,T$ (Gl. 5),

$$p\,dv = R\,dT\,.$$

Wird dieser Wert in die vorstehende Gl. I eingesetzt, so erhält man

$$d\,Q = dQ_p = (c_v + A\,R)\,dT$$

und durch Gleichsetzung der beiden Werte für dQ_p

$$c_p = c_v + A\,R$$

oder

$$c_p - c_v = A\,R\,.$$

D. Zustandsänderungen (pV-Kurven).

Die Zustandsänderungen eines Gases werden durch Zu- oder Abfuhr von Wärme hervorgerufen. Behufs zeichnerischer Darstellung derselben werden im rechtwinkligen Koordinatensystem die Volumen V als Abszissen, die zugehörigen Drücke p als Ordinaten aufgetragen. Die von dem entstehenden Linienzug eingeschlossene Fläche — das sog. pV-Diagramm — entspricht der bei der betreffenden Zustandsänderung erzeugten oder aufgewendeten Arbeit.

Erfolgt eine Zustandsänderung bei unveränderlichem Volumen ($dv = 0$), so geht Gl. 2 über in

$$dQ_v = dU = dW + dJ.$$

Da Gase hoch überhitzte Dämpfe sind, bei denen die Moleküle keine Anziehungskräfte aufeinander ausüben, so kann für sie $dJ = 0$ gesetzt werden.

Da ferner

$$dQ = c\,dT \quad \text{(Gl. 6)},$$

folgt

$$dQ_v = dU = c_v\,dT \quad \ldots \ldots \quad 8)$$

— Index v soll nur andeuten, daß das Volumen unveränderlich bleiben muß — und Gl. 2 geht über in

$$dQ = c_v\,dT + A\,dL = c_v\,dT + A\,p\,dv \quad \ldots \ldots \quad 9)$$

Aus den Gleichungen 4 und 9 lassen sich die den wichtigsten Zustandsänderungen der Gase entsprechenden Formeln ableiten.

In diesen soll bedeuten:

v_1 das spezifische Volumen, p_1 den Druck, T_1 die Temperatur (absolute), U_1 die innere Energie im Zustande 1 (Anfangszustand),

v_2, p_2, T_2, U_2 dieselben Größen im Zustande 2 (Endzustand) des Gases,

Q die bei der Expansion (Kompression) des Gases zugeführte (abgeführte) Wärmemenge, L die geleistete äußere Arbeit, $A = \frac{1}{427}$ das mechanische Wärmeäquivalent.

a. Zustandsänderung bei unveränderlichem Volumen.

Für $dv = 0$ folgt aus Gl. 9

$$Q = c_v\,(T_2 - T_1) \quad \ldots \ldots \quad 10)$$

Fig. 8.

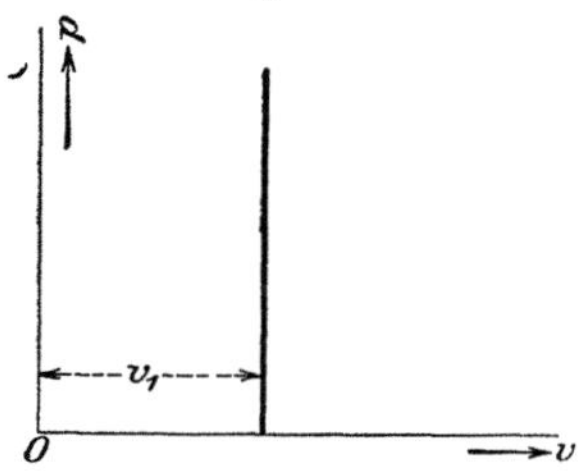

Die zeichnerische Darstellung der Zustandskurve ist eine Gerade (Fig. 8), die im Abstande v_1 der Ordinatenachse parallel läuft.

Da eine Volumenvergrößerung ausgeschlossen ist, muß die Temperatur steigen. Die zugeführte Wärme dient zur Vermehrung der inneren Energie (U) des Gases. Äußere Arbeit wird nicht geleistet.

b. Zustandsänderung bei unveränderlichem Druck.

Ist $p_1 = p_2 =$ unveränderlich, so entspricht die bei der Volumenvergrößerung von v_1 auf v_2 geleistete äußere Arbeit

$$L = \int_{v_1}^{v_2} p_1\,dv = p_1\,(v_2 - v_1)$$

der Rechteckfläche 1 2 2′ 1′ (Fig. 9).

Die zugeführte Wärme ist

$$Q = U_2 - U_1 + A\,p_1\,(v_2 - v_1),$$

oder — mit Berücksichtigung der Gl. 8 —

$$Q = c_v\,(T_2 - T_1) + A\,p_1\,(v_2 - v_1).$$

Die Zustandskurve wird durch eine zur Abszissenachse parallele Linie dargestellt.

Fig. 9.

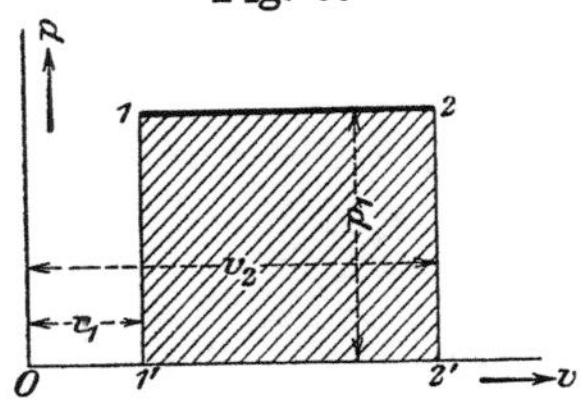

c. Zustandsänderung bei unveränderlicher Temperatur.

(Isothermische Zustandsänderung).

Es ist für $T_1 = T_2$ nach Gl. 4

$$p_1 v_1 = R\,T_1 \text{ und } p_2 v_2 = R\,T_1$$

oder

$$p_1 v_1 = p_2 v_2 = \text{unveränderlich}.$$

Dies ist die Zustandsgleichung des Boyleschen Gesetzes.

Die pV-Kurve (Isotherme) ist eine gleichseitige Hyperbel (Fig. 10).

Fig. 10.

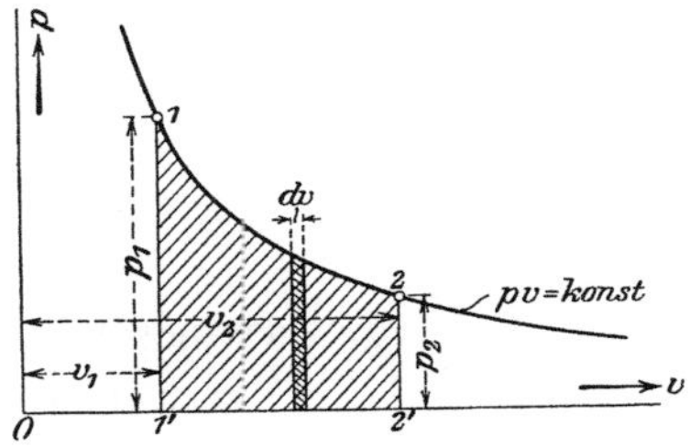

Die äußere Arbeit L, die bei der isothermischen Zustandsänderung geleistet wird, entspricht der Fläche 1 2 2′ 1′; sie beträgt

$$L = \int_{v_1}^{v_2} p\,dv = p_1 v_1 \int_{v_1}^{v_2} \frac{dv}{v} \quad \left(p\,v = p_1 v_1 \text{ oder } p = p_1 \frac{v_1}{v}\right),$$

oder integriert

$$L = p_1 v_1 (ln\,v_2 - ln\,v_1) = p_1 v_1\,ln \frac{v_2}{v_1} = p_1 v_1\,ln \frac{1}{\varepsilon} = p_1 v_1\,ln \frac{p_1}{p_2}, \quad \ldots \quad 11)$$

wenn ε das Füllungsverhältnis $\frac{v_1}{v_2}$ bezeichnet.

Die zugeführte Wärme ist nach Gl. 9 — mit $dT = 0$ —

$$d\,Q = A\,dL = A\,p\,dv,$$

oder integriert

$$Q = A\,p_1 v_1\,ln \frac{v_2}{v_1} = A\,p_1 v_1\,ln \frac{p_1}{p_2} \quad \ldots\ldots\ldots\ldots \quad 12)$$

d. h. bei der isothermischen Expansion wird die gesamte zugeführte Wärme in äußere Arbeit umgesetzt.

Bei isothermischer Kompression ($v_2 < v_1$) ist

$$-Q = -A\,L,$$

d. h. die geleistete Arbeit ist als Wärme abzuführen.

Die Konstruktion der Isotherme ergibt sich aus Fig. 11.

Beweis. Die Dreiecke $O\,a\,b$ und $O\,1'\,c$ sind einander ähnlich; daher $O\,1' : O\,a = 1'\,c : a\,b$, d. h. allgemein $p\,v =$ unveränderlich.

Nach einem anderen Verfahren wird, wenn ein Punkt a (Fig. 12) der isothermischen Spannungskurve gegeben ist, ein beliebiger zweiter Punkt derselben in folgender Weise gefunden:

Fig. 11.

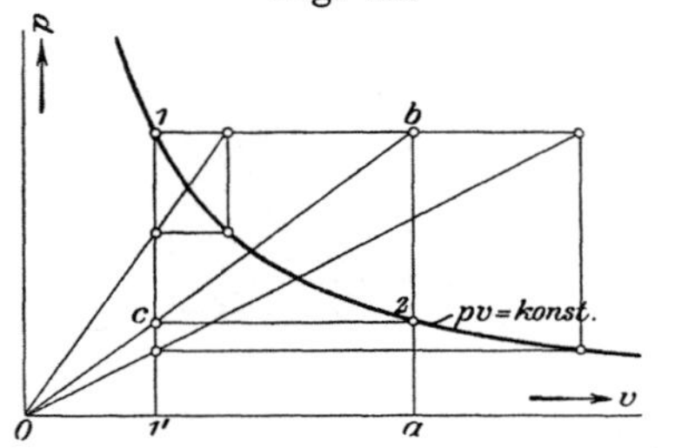

Fig. 12.

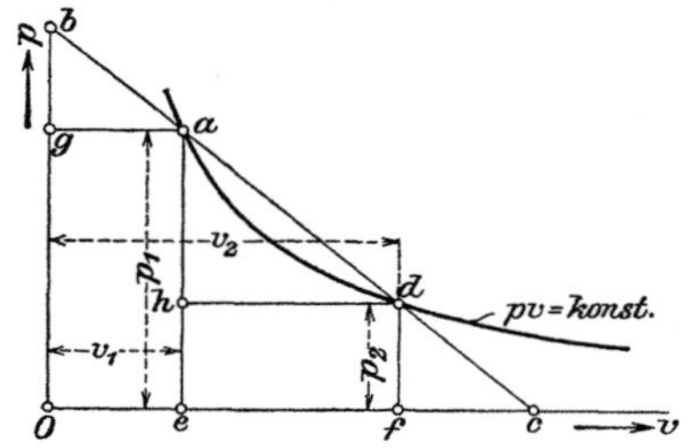

Man greift von der durch a zwischen den beiden Koordinatenachsen gezogenen Geraden $b\,c$ die Länge $a\,b$ ab und trägt sie von c aus nach d rückwärts auf; dann ist d ein zweiter Punkt der Isotherme.

Beweis. Es ist nach Fig. 12

$$e\,c : f\,c = p_1 : p_2 .$$

Da $b\,a = d\,c$, demnach $f\,c = g\,a = v_1$ und ferner $e\,c = e\,f + f\,c = h\,d + g\,a = v_2$, folgt

$$v_2 : v_1 = p_1 : p_2$$

oder $p_1\,v_1 = p_2\,v_2 =$ unveränderlich.

Indem man durch den Punkt a eine Anzahl beliebiger Geraden legt, lassen sich weitere Punkte der Isotherme finden.

Führt man die angegebene Konstruktion rückwärts aus, so erhält man als Charakteristik der Expansionskurve eine gerade Linie, die z. B. bei Dampfzylindern eine Schätzung des sog. schädlichen Raumes derselben gestattet (vergl. S. 101).

d. Zustandsänderung ohne Zu- und Abfuhr von Wärme.

(Adiabatische Zustandsänderung.)

Erfolgt die Zustandsänderung eines Gases derart, daß weder Wärme zu- noch abgeführt wird — adiabatisch — dann ist in Gl. 9 die Größe $d\,Q = 0$ zu setzen und es folgt

$$A\,L = -c_v\,(T_2 - T_1) = c_v\,(T_1 - T_2)$$

oder

$$L = \frac{c_v}{A}\,(T_1 - T_2) \quad \ldots\ldots\ldots\ldots\ldots \quad \textbf{13)}$$

und mit Benutzung der Gl. 7a

$$L = \frac{R}{k-1}\,(T_1 - T_2) \quad \ldots\ldots\ldots\ldots\ldots \quad \textbf{13a)}$$

Da ferner — nach Gl. 4 —

$$R = \frac{p_1\,v_1}{T_1},$$

erhält man

$$L = \frac{p_1\,v_1}{k-1}\left[1 - \frac{T_2}{T_1}\right].$$

Für die adiabatische Zustandsänderung gilt das Poissonsche Gesetz [1])

$$p_1\,v_1^k = p_2\,v_2^k = \text{unveränderlich, oder auch } \frac{p_1}{p_2} = \left(\frac{v_2}{v_1}\right)^k .$$

---

[1]) Aus Gl. 9 folgt mit $d\,Q = 0$

$$-c_v\,d\,T = A\,p\,dv \quad \ldots\ldots\ldots\ldots\ldots\ldots \quad \textbf{II)}$$

Wird Gl. 5 differenziert, so erhält man

$$d\,T = \frac{p\,dv + v\,dp}{R}$$

und nach Einsetzung dieses Wertes in die obige Gl. II

$$(c_v + A\,R)\,p\,dv = -c_v\,v\,dp ,$$

Da hierfür auch

$$\frac{T_2}{T_1} = \left(\frac{v_1}{v_2}\right)^{k-1} = \left(\frac{p_2}{p_1}\right)^{\frac{k-1}{k}} \text{ (Gl. III in Fußnote auf dieser Seite),}$$

folgt

$$L = \frac{p_1 v_1}{k-1}\left[1 - \left(\frac{v_1}{v_2}\right)^{k-1}\right] = \frac{p_1 v_1}{k-1}\left[1 - \left(\frac{p_2}{p_1}\right)^{\frac{k-1}{k}}\right] \quad \ldots\ldots \quad 14)$$

Die äußere Arbeit läßt sich auch hier durch die Fläche 1 2 2′ 1′ (Fig. 13) eines Diagramms darstellen, dessen Ordinaten und Abszissen den jeweiligen Spannungen p und zugehörigen Volumen v entsprechen.

Fig. 13.

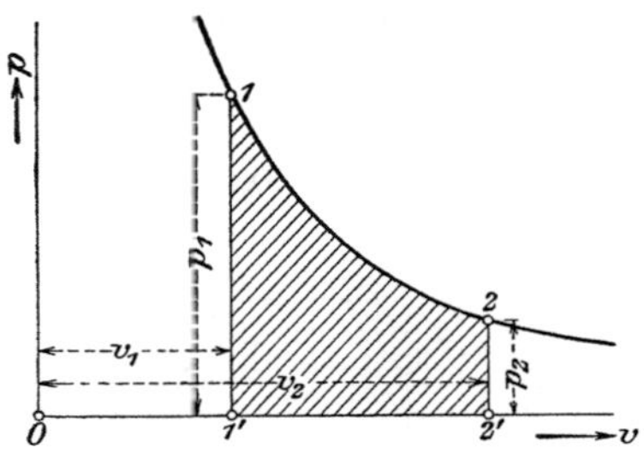

Es ist, wie oben,

$$L = \int_{v_1}^{v_2} p\, dv$$

und mit der Zustandsgleichung $p\,v^k = p_1 v_1^k$

$$L = p_1 v_1^k \int_{v_1}^{v_2} \frac{dv}{v_k},$$

---

wofür auch — nach Gl. 7 —

$$c_p\, p\, dv = -c_v\, v\, dp$$

oder, da $\frac{c_p}{c_v} = k$,

$$k \frac{dv}{v} = -\frac{dp}{p}$$

gesetzt werden kann.

Durch Integration zwischen $p_1 v_1$ und $p_2 v_2$ folgt

$$k \int_{v_1}^{v_2} \frac{dv}{v} = -\int_{p_1}^{p_2} \frac{dp}{p}, \quad k \ln \frac{v_2}{v_1} = \ln \frac{p_1}{p_2},$$

schließlich

$$\frac{p_1}{p_2} = \left(\frac{v_2}{v_1}\right)^k \text{ bezw. } p_1 v_1^k = p_2 v_2^k = \text{unveränderlich}$$

als Gleichung der A d i a b a t e im Druck-Volumendiagramm, wie sie von P o i s s o n zuerst angegeben wurde.

Wird ferner Gl. II mit Gl. 5 multipliziert, so erhält man

$$A\,R\,T\,p\,dv = -c\;dT\,p\,v,$$

oder

$$A\,R \frac{dv}{v} = -c_v \frac{dT}{T}$$

und mit Benutzung der Gl. 7

$$\frac{c_p - c_v}{c_v}\,\frac{dv}{v} = -\frac{dT}{T} = (k-1)\frac{dv}{v}.$$

Integriert man diesen Ausdruck zwischen $v_1\,T_1$ und $v_2\,T_2$, so ergibt sich

$$-\int_{T_1}^{T_2} \frac{dT}{T} = (k-1)\int_{v_1}^{v_2} \frac{dv}{v}$$

und damit eine weitere Gleichung der Adiabate

$$\frac{T_1}{T_2} = \left(\frac{v_2}{v_1}\right)^{k-1} = \left(\frac{p_1}{p_2}\right)^{\frac{k-1}{k}} \quad \ldots\ldots\ldots\ldots \quad \text{III)}$$

aus der die Änderung der Temperatur mit derjenigen des Volumens bezw. des Druckes entnommen werden kann.

oder integriert — wie oben —

$$L = \frac{p_1 v_1^k}{1-k}\left[v_2^{1-k} - v_1^{1-k}\right] = \frac{p_1 v_1}{k-1}\left[1 - \left(\frac{v_1}{v_2}\right)^{k-1}\right] = \frac{p_1 v_1}{k-1}\left[1 - \left(\frac{p_2}{p_1}\right)^{\frac{k-1}{k}}\right].$$

Zur Konstruktion der Adiabate kann man sich nach Brauer des folgenden Verfahrens bedienen. [1])

Man zieht in Fig. 14 unter einem beliebigen Winkel α gegen die X-Achse geneigt den Strahl $O\,a$ und bestimmt den Winkel $Y\,O\,b = \beta$ aus der Gleichung

$$(1 + tg\,\beta) = (1 + tg\,\alpha)^k \quad . \; . \; . \; . \; . \; . \; . \; . \; . \; . \; . \; . \quad 15)$$

Fig. 14.

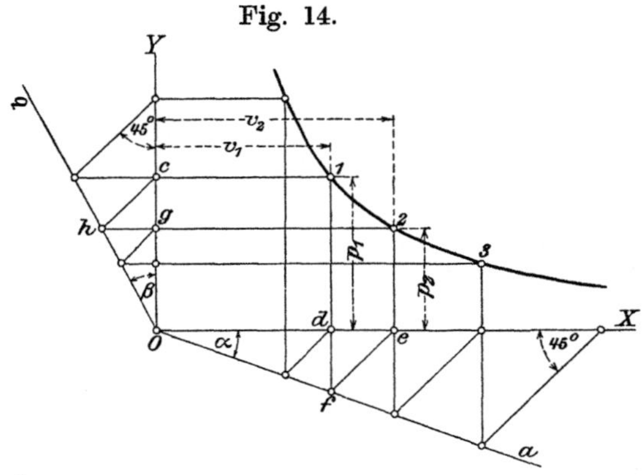

Alsdann zieht man von den dem gegebenen Anfangszustande $p_1 v_1$ entsprechenden Punkten c und d abwechselnd senkrechte und unter 45° geneigte Linien zu den Koordinatenachsen in der aus Fig. 14 ersichtlichen Weise, so geben die Schnittpunkte 1, 2, 3 . . . . . der zusammengehörigen Winkelrechten Punkte der verlangten Kurve.

Beweis. Es ist nach der Konstruktion

$$d\,f = d\,e = v_2 - v_1$$

und $g\,h = g\,c = p_1 - p_2$,

also

$$\operatorname{tg}\alpha = \frac{v_2 - v_1}{v_1} \quad \text{und} \quad \operatorname{tg}\beta = \frac{p_1 - p_2}{p_2},$$

oder

$$v_2 = v_1\,(1 + \operatorname{tg}\alpha) \quad \text{und} \quad p_1 = p_2\,(1 + \operatorname{tg}\beta)\,.$$

Nun soll sein

$$p_1\,v_1^k = p_2\,v_2^k$$

oder, nach Einsetzung der für v_2 und p_1 gefundenen Werte

$$p_2\,(1 + \operatorname{tg}\beta)\,v_1^k = p_2\,v_1^k\,(1 + \operatorname{tg}\alpha)^k\,,$$

woraus folgt

$$(1 + \operatorname{tg}\beta) = (1 + \operatorname{tg}\alpha)^k\,.$$

Bei Wärmekraftmaschinen findet — wegen des Einflusses der Zylinderwandungen — zumeist eine zwischen der isothermischen und adiabatischen liegende Zustandsänderung statt, die — nach Zeuner — als polytropische bezeichnet wird und sich ausdrücken läßt durch

$$p\,v^n = \text{unveränderlich},$$

worin $n > 1$ und $< k$.

Diese Gleichung hat — je nach der Wahl des Exponenten n — für alle bisher betrachteten Zustandsänderungen Gültigkeit.

Man erhält als Zustandskurve für den Exponenten:

$n = 1$ ($p\,v$ = unveränderlich) die Isotherme,

$n = k$ ($p\,v^k$ = unveränderlich) die Adiabate,

$n = 0$ (p = unveränderlich) die Kurve unveränderlichen Druckes,

$n = +\infty$ (v = unveränderlich) die Kurve unveränderlichen Volumens.

---

[1]) Z. d. V. d. J. 1885, S. 433.

Die Konstruktion der Polytrope entspricht derjenigen der Adiabate.

Ist eine polytropische Kurve gegeben, so ergibt sich der Exponent n derselben durch Logarithmieren der Gleichung

$$p_1 v_1^n = p_2 v_2^n$$

zu

$$n = \frac{\log p_1 - \log p_2}{\log v_2 - \log v_1} \quad \ldots\ldots\ldots\ldots \quad 16)$$

Die Werte p_1, v_1 und p_2, v_2 sind zwei beliebigen Punkten der Polytrope zu entnehmen.

e. Carnotscher Kreisprozefs.

Unter Kreisprozeß im allgemeinen versteht man eine Reihenfolge von Zustandsänderungen eines Gases, bei der die Zufuhr und die Abfuhr von Wärme derart geregelt ist, daß der Endzustand des Gases gleich dem Anfangszustande wird. Die Spannungskurven eines Kreisprozesses bilden also einen in sich zurückkehrenden Linienzug, dessen Teilstrecken jedoch verschieden verlaufen können. Der Carnotsche Kreisprozeß ist dadurch gekennzeichnet, daß von vier aufeinander folgenden Zustandsänderungen abwechselnd eine isothermisch, die folgende adiabatisch verläuft; er wird, da er für eine gegebene Temperaturgrenze die theoretisch günstigste Wärmeausnutzung, also den höchsten theoretischen Wirkungsgrad ermöglicht, als „vollkommen" bezeichnet.

Fig. 15.

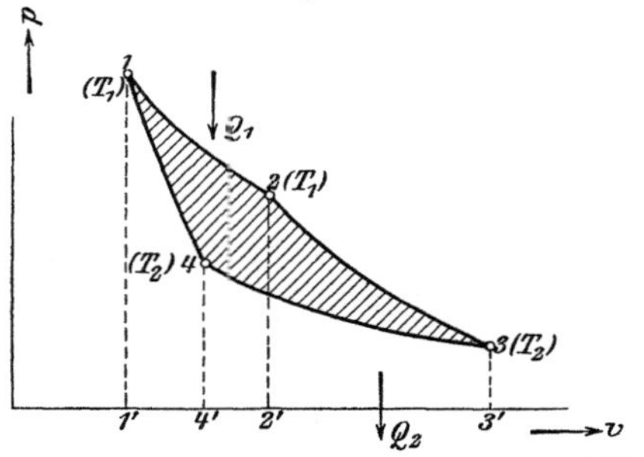

Dehnt sich ein in einem Zylinder eingeschlossenes Gasvolumen zunächst auf dem Wege 1 2 (Fig. 15) isothermisch aus, so muß, damit die Temperatur T_1 konstant bleibt, eine Wärmemenge Q_1 zugeführt werden, die — nach Gl. 11 — der Fläche 1 2 2′ 1′ entspricht und sich ausdrücken läßt durch

$$Q_1 = A\,L_1 \quad \ldots\ldots\ldots\ldots \quad 17)$$

wenn A das mechanische Wärmeäquivalent bedeutet. Die nun folgende Expansion 2 3 sei eine adiabatische; da hierbei weder Wärme zu- noch abgeführt wird, muß die Temperatur von T_1 auf T_2 sinken, wobei — nach Gl. 13 — eine der Fläche 2 3 3′ 2′ entsprechende äußere Arbeit

$$A\,L_1' = c_v\,(T_1 - T_2)$$

geleistet wird.

Insgesamt hat die zwischen 1 und 2 zugeführte Wärmemenge Q_1 während des Ausdehnungshubes eine Arbeit $L_1 + L_1'$ geleistet, die in der Fläche 1 2 3 3′ 1′ dargestellt ist.

Als dritte Zustandsänderung folgt eine isothermische Kompression; damit die Temperatur hierbei konstant bleibt, muß die Wärmemenge

$$-Q_2 = -A\,L_2$$

abgeführt werden, worin L_2 der Fläche 3 4 4′ 3′ entspricht.

Punkt 4 ist dann so zu wählen, daß durch die nunmehr folgende adiabatische Kompression der Anfangszustand des Gases wieder hergestellt wird. Die hierbei zu leistende äußere Arbeit dient zur Erwärmung des Gases auf T_1 und es muß

$$-A\,L_2' = c_v\,(T_2 - T_1)$$

sein, worin L_2' der Fläche 4 1 1′ 4′ entspricht.

Für die Summe aller Einzelprozesse folgt, da die Glieder L_1' und L_2' der inneren Arbeiten gleich groß sind

$$Q_1 - Q_2 = A\,(L_1 - L_2) = A\,L \quad \ldots \ldots \ldots \ldots \quad 18)$$

worin L der schraffierten Fläche 1 2' 3 4 entspricht. Nun ist — nach Gl. 11 —

$$L_1 = p_1 v_1 \ln \frac{v_2}{v_1} = R T_1 \ln \frac{v_2}{v_1}$$

und

$$L_2 = p_3 v_3 \ln \frac{v_3}{v_4} = R T_2 \ln \frac{v_3}{v_4},$$

woraus

$$\frac{L_1}{L_2} = \frac{T_1 \ln \frac{v_2}{v_1}}{T_2 \ln \frac{v_3}{v_4}}.$$

Da für die Adiabaten 2 3 und 4 1 — nach Gl. III in Fußnote auf S. 45 —

$$\frac{T_1}{T_2} = \left(\frac{v_3}{v_2}\right)^{k-1} \text{ bezw. } \frac{T_1}{T_2} = \left(\frac{v_4}{v_1}\right)^{k-1},$$

demnach

$$\frac{v_3}{v_2} = \frac{v_4}{v_1} \text{ oder } \frac{v_2}{v_1} = \frac{v_3}{v_4}$$

folgt auch

$$\frac{L_1}{L_2} = \frac{T_1}{T_2} = \frac{Q_1}{Q_2} \quad \ldots \ldots \ldots \ldots \quad 19)$$

Der thermische Wirkungsgrad d. h. das Verhältnis der in äußere bezw. nutzbare Arbeit umgesetzten Wärme zur zugeführten Wärme beträgt — nach Gl. 17 und 18 —

$$\eta_t = \frac{Q_1 - Q_2}{Q_1} = \frac{A\,L}{Q_1} = \frac{L_1 - L_2}{L_1} = \frac{T_1 - T_2}{T_1} = 1 - \frac{T_2}{T_1}; \quad \ldots \quad 20)$$

er ist von dem Verhältnis der Grenztemperaturen T_1 und T_2 und von dem Absolutwert der oberen Temperatur T_1 abhängig. Je kleiner T_2 im Verhältnis zu T_1, um so mehr wird von der zugeführten Wärme nutzbar gemacht.

Man nennt den beschriebenen Arbeitsvorgang auch „umkehrbar", weil die einzelnen Zustandsänderungen in umgekehrter Reihenfolge — also nach 1 4 3 2 1 (Fig. 15), so daß z. B. da, wo vordem Kompression, nunmehr Expansion stattfindet — zu dem gleichen Endergebnis führen würden.

f. Wärmediagramm (TS-Kurven).

Gl. 19 läßt sich auch in folgender Form schreiben

$$\frac{Q_1}{T_1} = \frac{Q_2}{T_2} \text{ oder,}$$

da Q_1 die zugeführte, Q_2 die abgeführte Wärme bedeutet — beide Größen somit entgegengesetzte Vorzeichen haben —

$$\frac{Q_1}{T_1} + \frac{Q_2}{T_2} = 0.$$

Man nennt — nach Zeuner — den Ausdruck $\frac{Q}{T}$ das Wärmegewicht und kann die vorstehende Gleichung so ausdrücken: Bei einem vollkommenen Kreisprozeß sind die zugeführten und abgeleiteten Wärmegewichte einander gleich oder die algebraische Summe der Wärmegewichte ist gleich Null. Gibt man der Gl. 20 die Form

$$A\,L = \frac{Q_1}{T_1}\left(T_1 - T_2\right),$$

worin $(T_1 - T_2)$ als Temperaturgefälle bezeichnet wird, so kann auch gesagt werden:

Die in äußere Arbeit umgesetzte Wärmemenge (in *WE*) ist bei einem vollkommenen Kreisprozeß — analog der Arbeit GH (in mkg) eines Wassergewichtes G mit der Gefällhöhe H — gleich dem Produkt aus Wärmegewicht und Temperaturgefälle.

Denkt man sich den Carnotschen Kreisprozeß in eine unendliche Anzahl kleiner Prozesse zerlegt, so gilt auch für die Gesamtheit der Elementarprozesse

$$\Sigma \frac{Q}{T} = 0, \text{ oder } \int \frac{dQ}{T} = 0.$$

Der von dem jeweiligen Wärmezustand eines Körpers abhängige Ausdruck

$$\int \frac{dQ}{T} = S \quad \ldots\ldots\ldots\ldots \quad 21)$$

wird — nach Clausius — als Entropie bezeichnet; dieselbe bleibt in einem geschlossenen Kreisprozeß unverändert, d. h. sie kehrt genau so wie Druck, Temperatur und Volumen des betreffenden Gases zu jenem Werte zurück, den sie beim Beginne des Kreisprozesses hatte.

Trägt man die absoluten Temperaturen T eines Gases als Ordinaten und seine Entropiewerte S als Abszissen auf, so erhält man das sog. Wärmediagramm (*TS*-Diagramm). In diesem stellt, da Gl. 21 in Differentialform geschrieben

$$dQ = T\,dS, \quad \ldots\ldots\ldots\ldots \quad 21a)$$

ein schmaler Streifen zwischen zwei Ordinaten die zu einer entsprechend kleinen Zustandsänderung erforderliche Wärmemenge dQ, die ganze Fläche demnach die gesamte während des Prozesses zugeführte Wärmemenge Q dar.

Gl. 21a wird als zweite Hauptgleichung der mechanischen Wärmelehre (für umkehrbare Zustandsänderungen) bezeichnet. Entropieänderungen eines Körpers sind hiernach von Q abhängig d. h. stets mit einer Zu- oder Abführung von Wärme verbunden. Ohne wirksames Temperaturgefälle kann mechanische Arbeit nicht erzeugt werden.

Bei der isothermischen Zustandsänderung ($T =$ unveränderlich) wird die Entropie durch eine zur Abszissenachse parallele Gerade 1 2 (Fig. 16) dargestellt; ihre Zustandsänderung ist durch

$$S_2 - S_1 = \int \frac{dQ}{T} = \frac{Q}{T}$$

gegeben.

Fig. 16.

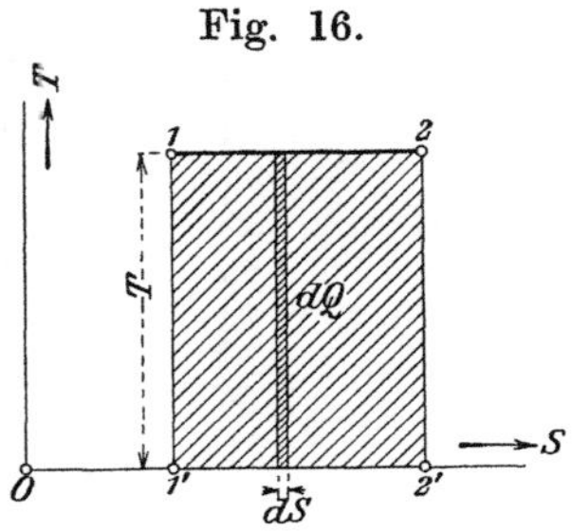

Die Rechteckfläche 1 2 2' 1' entspricht der hierbei in Arbeit umgesetzten Wärmemenge Q.

Da — nach Gl. 11 und 5 —

$$Q = A\,L = A\,p_1 v_1 \ln\frac{p_1}{p_2} = A\,R\,T \ln\frac{p_1}{p_2},$$

erhält man

$$\frac{Q}{T} = S_2 - S_1 = A\,R\,ln\,\frac{p_1}{p_2}.$$

Bei der adiabatischen Zustandsänderung ist $d\,Q = 0$, demnach, da

$$d\,Q = T\,dS \quad \text{(Gl. 21a)}$$

auch $d\,S = 0$, d. h. die Entropie ändert sich während des Verlaufes dieser Zustandsänderung nicht; sie wird als isentropisch — von gleichbleibender Entropie — bezeichnet. Im Wärmediagramm (Fig. 17) erscheint die dieser Zustandsänderung entsprechende Linie als eine Senkrechte 1 2 zur Abszissenachse.

Fig. 17.

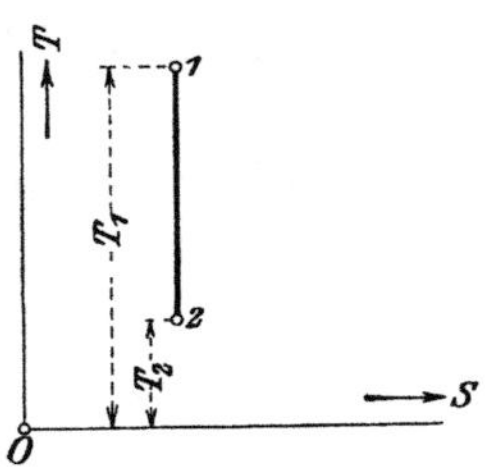

Erfolgt die Zustandsänderung bei unveränderlichem Volumen ($v_1 = v_2$), so ist — nach Gl. 10 —

$$Q = c_v\,(T_2 - T_1),$$

demnach

$$S_2 - S_1 = \int_{T_1}^{T_2} \frac{d\,Q}{T} = c_v\,ln\,\frac{T_2}{T_1}.$$

Dieser Ausdruck dient zur Aufzeichnung der Kurve 1 2 (Fig. 18) im Wärmediagramm, deren den verschiedenen Temperaturen entsprechende Punkte — z. B. T' für den Punkt p' der Spannungskurve — mit Anwendung der Zustandsgleichung

Fig. 18.

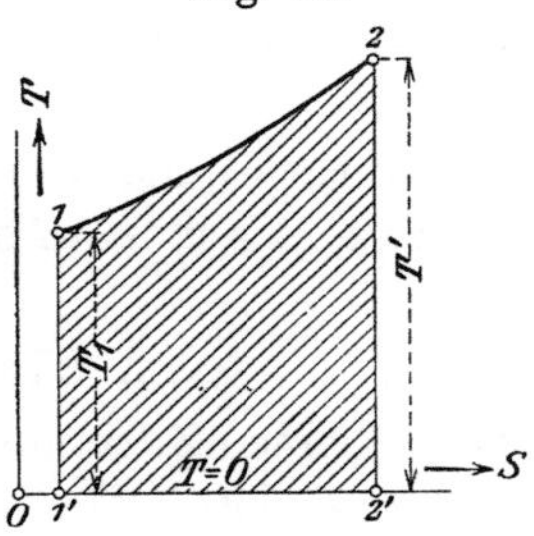

$$\frac{p'\,v}{p_1\,v} = \frac{R\,T'}{R\,T_1}$$

zu

$$T' = \frac{p'}{p_1}\,T_1$$

gefunden werden.

Die zugeführte Wärme Q wird durch die unter 1 2 liegende Fläche 1 2 2′ 1′ dargestellt.

Für die Zustandsänderung bei unveränderlichem Druck ($p_1 = p_2$) bestimmt sich die Entropieänderung wie vordem, nur ist anstatt c_v der unveränderliche Gaswert c_p einzusetzen, womit folgt

$$S_2 - S_1 = c_p\,ln\,\frac{T_2}{T_1}.$$

Fig. 19.

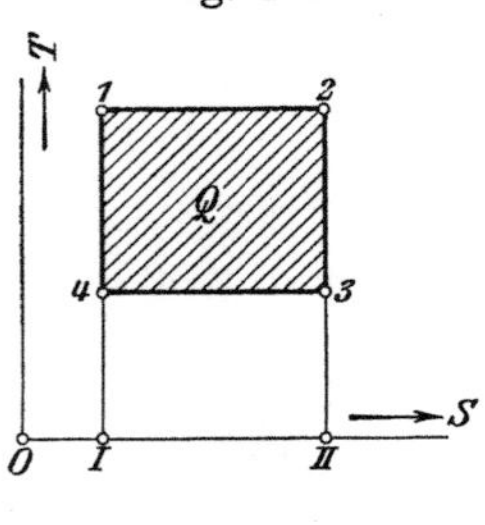

Das Wärmediagramm für einen Carnotschen Kreisprozeß ist ein Rechteck (Fig. 19), dessen Seiten — zwei Isothermen und zwei Adiabaten — den Koordinatenachsen parallel sind.

Die Fläche 1 2 II I stellt die aufgenommene Wärme Q_1, die Fläche 4 3 II I die abgegebene Wärme Q_2 dar, so daß die in Arbeit umgesetzte Wärme $Q = Q_1 - Q_2$ durch die schraffierte Fläche 1 2 3 4 gegeben ist.

g. *JS*-Diagramm.

Zur Bestimmung der bei Zustandsänderungen zu- oder abgeführten Wärmemengen bezw. der diesen entsprechenden Arbeitsgrößen sind die *TS*-Diagramme zu planimetrieren. Dies kann vermieden, und es können die genannten Größen als einfache Strecken abgegriffen und daher leicht zahlenmäßig bestimmt werden, wenn man — nach Mollier[1]) — die Entropiewerte S wieder als Abszissen, als Ordinaten aber die Wärmeinhalte $i = U + A p v$ der arbeitenden Körper bei unveränderlichem Druck aufträgt.

Nach Gl. 2 ist nämlich

$$d Q = d U + A p d v$$

oder, da

$$d (p v) = p d v + v dp \quad \text{bezw.} \quad p d v = dp v - v dp,$$

auch

$$d Q = d U + A d p v - A v dp = d i - A v dp \quad \ldots\ldots\ldots \quad 22)$$

wenn

$$d i = d U + A dp v$$

gesetzt wird.

Für eine Zustandsänderung bei unveränderlichem Druck ist aber $v dp = 0$, so daß folgt

$$d Q = d i \quad \text{bezw.} \quad Q = i_2 - i_1 .$$

Der Unterschied der Werte i in zwei verschiedenen Zuständen, mit p = unveränderlich, ist gleich der hierbei aufgenommenen oder abgegebenen Wärmemenge Q. Man bezeichnet i als den Wärmeinhalt eines Körpers für gleichen Druck.

Mit Benutzung der Gl. 21a ist auch

$$T dS = d i - A v dp \quad \ldots\ldots\ldots \quad 23)$$

woraus, bei adiabatischer Zustandsänderung (S = unveränderlich), folgt

$$d i = A v dp$$

und für einen gegebenen Anfangszustand und Gegendruck

$$i_2 - i_1 = A \int_{p_1}^{p_2} v \, dp = A L_i ,$$

oder

$$L_i = \frac{i_2 - i_1}{A} \,{}^{2)} \quad \ldots\ldots\ldots \quad 24)$$

Für Gase ist — nach Gl. 6 —

$$d i = c_p \, dT .$$

II. Die Mechanik des Wasserdampfes.

Hierzu: **Tabelle I bis IV** (S. 69 bis 72).

A. Wärmemengen. Allgemeine Zustandsgleichungen.

a. Gesättigter Wasserdampf (Sattdampf).

Die Gesamtwärme λ, die zur Erzeugung von 1 kg trocken gesättigtem Dampf von t^0 aus Wasser von 0^0 aufzuwenden ist, setzt sich zusammen aus der Flüssigkeitswärme q, die zur Erwärmung des kalten Wassers von 0^0 auf t^0 dient und aus der Verdampfungswärme r, die das heiße Wasser von t^0 in Dampf von t^0 verwandelt. Es ist hiernach

$$\lambda = q + r$$

[1]) Z. d. V. d. I. 1904, S. 272.

[2]) Der Ausdruck $A \int v \, dp = i_2 - i_1$ spielt eine wichtige Rolle bei den verlustlosen Dampfmaschinen. Die Arbeit (in WE), die 1 kg Dampf leistet, läßt sich hiernach durch einfaches Abgreifen von Strecken im JS-Diagramm ermitteln.

und nach den Versuchen von Regnault angenähert

$$\lambda = 606{,}5 + 0{,}305\, t.$$

Da ferner

$$q = \int_0^t c\, dt = t + 0{,}000\,11\, t^2,$$

worin

$$c = \frac{dq}{dt} = 0{,}000\,04\, t + 0{,}000\,000\,9\, t^2$$

die spezifische Wärme des Wassers bedeutet, folgt auch angenähert

$$r = \lambda - q = 606{,}5 - 0{,}695\, t - 0{,}00011\, t^2.$$

Die Verdampfungswärme dient einmal zur Änderung des Aggregatzustandes der Flüssigkeit, sodann zur Überwindung des von außen auf dieselbe lastenden Druckes p (in kg/qm); sie besteht aus der inneren Verdampfungswärme ϱ und aus der äußeren Verdampfungswärme $A p (v_g - \sigma)$, d. h. der während der Verdampfung infolge der Raumvergrößerung geleisteten Arbeit.

In dem obigen Ausdruck bedeuten

σ und v_g das Volumen von 1 kg Flüssigkeit bezw. Dampf in cbm/kg.

Hiernach ist die gesamte Verdampfungswärme

$$r = \varrho + A\, p\, (v_g - \sigma) = \varrho + A\, p\, u\,.$$

Für die Größe ϱ kann — nach Zeuner — angenähert gesetzt werden

$$\varrho = 575{,}4 - 0{,}791\, t\,,$$

womit

$$A\, p\, u = r - \varrho = 31{,}1 + 0{,}096\, t - 0{,}00011\, t^2\,.$$

Das spezifische Volumen v_g des Sattdampfes kann — nach Zeuner — aus der Gleichung

$$p\, v_g{}^{\mu} = R \;(p \text{ in kg/qcm},\; v_g \text{ in cbm/kg}) \quad \ldots \ldots \ldots \quad 25)$$

mit

$$\mu = 1{,}0646 \text{ und } R = 1{,}762$$

berechnet werden.

Damit folgt das spezifische Gewicht des Sattdampfes

$$\gamma_g = \frac{1}{v_g} = 0{,}5836\, p^{0{,}9393} \text{ (in kg/cbm)}.$$

Nach Mollier stehen p und v_g in der Beziehung

$$p^{\frac{15}{16}} v_g = 1{,}7235 \;(p \text{ in kg/qm},\; v_g \text{ in cbm/kg}), \quad \ldots \ldots \ldots \quad 25a)$$

demnach

$$\gamma_g = \frac{1}{v_g} = 0{,}5802\, p^{\frac{15}{16}}.$$

Trägt man die zusammengehörigen Werte von p und v_g des trocken gesättigten Dampfes als Ordinaten bezw. Abszissen eines rechtwinkligen Koordinatensystems auf, so erhält man als Ort der Ordinatenendpunkte eine Linie, die als „obere Grenzkurve“ und wenn in gleicher Weise die zusammengehörigen Werte von p und σ der Flüssigkeit aufgetragen werden, eine zweite Linie, die als „untere Grenzkurve“ im pV-Diagramm bezeichnet wird.

Zwischen der unteren Grenzkurve und der Ordinatenachse liegt das Gebiet des flüssigen Wassers, zwischen beiden Grenzkurven dasjenige des gesättigten Dampfes.

Diejenige Wärmemenge U, die von der Gesamtwärme nach Umsetzung eines Teiles derselben in äußere Arbeit noch übrig bleibt, wird als innere Energie des Dampfes bezeichnet (s. auch S. 38).

Es ist hiernach

$$U = \lambda - A\,p\,(v_g - \sigma) = q + \varrho \quad \ldots \ldots \ldots \quad 26)$$

Über die spezifische Wärme c_p des gesättigten Dampfes siehe S. 55.

b. Nasser Wasserdampf (Naſsdampf).

Der aus dem Kessel kommende gesättigte Dampf ist gewöhnlich mit Wasser gemischt.

Sind in 1 kg eines solchen Gemisches x kg trockener Dampf und $(1 - x)$ kg Wasser — x wird der spezifische Dampfgehalt des Gemisches genannt — so läßt sich das spezifische Volumen v des Naßdampfes ermitteln aus

$$v = x\,v_g + (1 - x)\,\sigma = x\,(v_g - \sigma) + \sigma = x\,u + \sigma \quad \ldots \ldots \quad 27)$$

Dies ist die allgemeine Zustandsgleichung des gesättigten Wasserdampfes.

Für $x = 1$ — trocken gesättigter Dampf — ist

$$v = v_g = u + \sigma \quad \ldots \ldots \ldots \quad 27\text{a})$$

Es genügt, da der kleine Wert $\sigma \sim 0{,}001$ vernachlässigt werden kann, für das spezifische Volumen des Naßdampfes

$$v = x\,u, \quad \ldots \ldots \ldots \quad 28)$$

zu setzen, womit das spezifische Gewicht desselben zu

$$\gamma = \frac{1}{v} = \frac{1}{x\,u} = \frac{\gamma_g}{x}$$

folgt.

Gleichwie die beiden Grenzkurven (s. vorstehend) — für $x = 1$ und $x = 0$ — lassen sich mittels Gl. 27 auch für zwischenliegende Werte von x — z. B. für $x = 0{,}5$ — entsprechende Kurven — Linien unveränderlicher spezifischer Dampfmenge — aufzeichnen.

Die Gesamtwärme des Naßdampfes beträgt

$$\lambda = (q + r)\,x + q\,(1 - x) = q + x\,r \quad \ldots \ldots \ldots \quad 29)$$

Gegenüber Wasser von 0^0 besitzt 1 kg Naßdampf von t^0 einen Mehrbetrag an Wärme bezw. an innerer Arbeit

$$A\,U = q + x\,\varrho\,,$$

und wenn man zum Differential übergeht

$$A\,d\,U = d\,q + d\,(x\,\varrho)\,.$$

Wird bei dieser Zustandsänderung eine äußere Arbeit $p\,dv$ geleistet, so findet sich die dem Gemisch hierbei zuzuführende Wärmemenge — nach Gl. 2 —

$$d\,Q = A\,(d\,U + p\,dv) = d\,q + d\,(x\,\varrho) + A\,p\,dv \quad \ldots \ldots \quad 30)$$

Durch Differentiation der Gl. 27 erhält man, da σ als unveränderlich angesehen werden kann,

$$dv = d(x\,u)\,,$$

daher auch

$$A\,p\,dv = A\,p\,d(x\,u)$$

und hieraus

$$A\,p\,dv = A\,d(p\,u\,x) - A\,x\,u\,dp\,.$$

Setzt man diesen Wert in Gl. 30 ein, so folgt

$$d\,Q = d\,q + d(x\,\varrho) + A\,d(p\,u\,x) - A\,x\,u\,dp\,.$$

Für das zweite und dritte Glied der rechten Seite dieser Gleichung kann, da

$$\varrho + A\,p\,u = r$$

auch $d\,(x\,r)$ gesetzt werden, so daß

$$d\,Q = d\,q + d(x\,r) - A\,x\,u\,dp \quad \ldots\ldots\ldots\ldots \quad 31)$$

Um für das letzte Glied $A\,x\,u\,dp$ der vorstehenden Gleichung einen anderen Ausdruck zu erhalten, soll zunächst der Zusammenhang zwischen der Verdampfungswärme r und der Volumenvergrößerung bei der Verdampfung unter unveränderlichem Druck ermittelt werden.

Fig. 20.

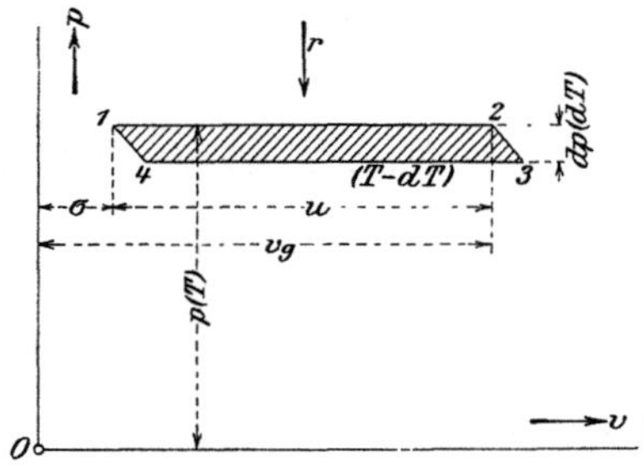

In dem Elementarkreisprozeß 1 2 3 4 (Fig. 20) im Sättigungsgebiete entspreche dem Punkte 1 das Volumen σ mit zugehörigem Drucke p und der Temperatur T. Bei der nun folgenden isothermischen Zustandsänderung 1 2 unter gleichem Drucke und derselben Temperatur ist die latente Wärme r zuzuführen, um 1 kg der ursprünglichen Flüssigkeit in trocken gesättigten Dampf vom Volumen v_g zu verwandeln. Die Zustandsänderungen 2 3 und 4 1 seien adiabatisch und so gewählt, daß der Druck der Isotherme 3 4 um den Betrag dp, die zugehörige Temperatur um dT gesunken ist; dann entspricht die Fläche 1 2 3 4 angenähert der hierbei geleisteten Arbeit

$$A\,L = A\,(v_g - \sigma)\,dp = A\,u\,dp\,.$$

Der Wirkungsgrad dieses Carnotprozesses ist — nach Gl. 20 —

$$\frac{A\,L}{Q_1} = \frac{T_1 - T_2}{T_1}$$

und mit Einsetzung der bezüglichen Werte des vorliegenden Falles

$$\frac{A\,u\,dp}{r} = \frac{dT}{T}\,,$$

oder

$$\frac{r}{u} = A\,T\,\frac{dp}{d\,T} \quad \ldots\ldots\ldots\ldots\ldots \quad 32)$$

Dies ist die zuerst von C l a p e y r o n (1834) aufgestellte Gleichung aus der r (bei bekanntem u) oder u (bei bekanntem r) b e r e c h n e t werden kann.

Aus Gl. 32 folgt auch

$$r\,\frac{d\,T}{T} = A\,u\,dp$$

und nach Multiplikation beider Seiten mit x

$$x\,r\,\frac{dT}{T} = A\,x\,u\,dp\,.$$

Setzt man diesen Ausdruck in Gl. 31 ein, so erhält man, wenn noch $dq = c\,dT$, ferner $d\,(x\,r) = r\,dx + x\,dr$ gesetzt wird,

$$d\,Q = c\,dT + r\,dx + x\,dr - x\,r\,\frac{dT}{T}$$

und wenn rechts $x\,c\,dT$ addiert und subtrahiert wird,

$$d\,Q = (1-x)\,c\,dT + r\,dx + x\left(c + \frac{dr}{dT} - \frac{r}{T}\right) dT.$$

Bezeichnet man die Klammer im dritten Gliede mit h, so folgt auch

$$dQ = (1-x)\,c\,dT + r\,dx + x\,h\,dT \quad \text{. . . . .} \quad \mathbf{33)}$$

Diese Gleichung zeigt deutlich, daß die Wärmemenge $d\,Q$ sich aus drei Teilen zusammensetzt.

Der erste Teil $(1-x)\,c\,dT$ dient zur Temperaturerhöhung dT der noch vorhandenen Flüssigkeitsmenge $(1-x)$, der zweite Teil $r\,dx$ bewirkt die Verdampfung der Flüssigkeitsmenge dx und der dritte Teil $x\,h\,dT$ entfällt auf die Temperaturerhöhung dT der Dampfmenge x.

Für trocken gesättigten Dampf $(x = 1)$ folgt aus Gl. 33

$$d\,Q = h\,dT \quad \text{bezw.} \quad h = \frac{dQ}{dT},$$

so daß h — nach Clausius — als die spezifische Wärme des trocken gesättigten Dampfes aufgefaßt werden kann[1]).

c. Überhitzter Wasserdampf (Heißdampf).

Wird gesättigtem Wasserdampf, der von seiner Flüssigkeit getrennt ist, noch weitere Wärme zugeführt, so nehmen bei gleichbleibendem Druck die Temperatur und das spezifische Volumen desselben zu — er geht in den überhitzten Zustand über. Überhitzter Dampf besitzt demnach eine höhere Temperatur und eine kleinere Dichte als der unter demselben Druck stehende Sattdampf.

Bezeichnet T die absolute Temperatur des gesättigten, T' diejenige des überhitzten Dampfes, so ist die Gesamtwärme λ', die zur Erzeugung des letzteren aus Wasser von 0^0 aufzuwenden ist,

$$\lambda' = \lambda + c_p\,(T' - T) = 606{,}5 + 0{,}305\,t + c_p\,(T' - T) \quad \text{. . . . . .} \quad \mathbf{34)}$$

Die beiden ersten Glieder dieser Gleichung stellen die Flüssigkeits- und Verdampfungswärme (vergl. S. 52), das letzte Glied mit dem Werte c_p für die spezifische Wärme des überhitzten Dampfes bei unveränderlichem Druck die Überhitzungswärme dar.

Der Wert c_p, der früher — nach Regnault — allgemein $= 0{,}48$ gesetzt wurde, nimmt nach den von Knoblauch und Jakob (Münchener Laboratorium für technische Physik) angestellten Versuchen bei gleichbleibender Temperatur mit zunehmendem Drucke zu; bei gleichem Druck wird c_p vom Sättigungspunkt aus mit steigender

---

[1]) Werte für die spezifische Wärme des trocken gesättigten Dampfes s. Tabelle I (S. 69).

Temperatur zunächst kleiner, um dann von 250 bis 300° an wieder langsam zuzunehmen. Aus nachstehender Tabelle sind die Werte c_p für Drücke von 1 bis 20 at und für Temperaturen t' des überhitzten Dampfes bis 400° C zu entnehmen.[1]

Mittlere spezifische Wärme c_p für die Überhitzung von t auf t

$p=$ $t=$	1 99	2 120	4 143	6 158	8 169	10 179	12 187	14 194	16 200	18 206	20 at 211° C
$t'=100$	0,463	—	—	—	—	—	—	—	—	—	—
150	0,462	0,478	0,515	—	—	—	—	—	—	—	—
200	0,462	0,475	0,502	0,530	0,560	0,597	0,635	0,677	(0,751)	—	—
250	0,463	0,474	0,495	0,514	0,532	0,552	0,570	0,588	0,609	0,635	0,664
300	0,464	0,475	0,492	0,505	0,517	0,530	0,541	0,550	0,561	0,572	0,585
350	0,468	0,477	0,492	0,503	0,512	0,522	0,529	0,536	0,543	0,550	0,557
400	0,473	0,481	0,494	0,504	0,512	0,520	0,526	0,531	0,537	0,542	0,547

Die Zustandsgleichung des überhitzten Wasserdampfes von Callendar lautet

$$v_ü = \frac{R\,T}{p} - C\left(\frac{273}{T}\right)^n, \quad \ldots\ldots \quad 35)$$

worin

$$R = 0{,}0047,\quad C = 0{,}075 \quad \text{und} \quad n = {}^{10}/_3 .$$

Für praktische Rechnungen wird in den meisten Fällen die einfache Formel von Tumlirz

$$v_ü = \frac{R\,T}{p} - C \quad \ldots\ldots \quad 36)$$

ausreichen, wenn man

$$R = 0{,}00471\,, \quad C = 0{,}016$$

und — in beiden Gleichungen — p in kg/qcm einsetzt.[2] Aus Gl. 36 folgt das spezifische Gewicht des überhitzten Dampfes

$$\gamma_ü = \frac{1}{v_ü} = \frac{10\,000}{\dfrac{47{,}1\,T}{p} - 160} .$$

B. Zustandsänderungen (pV-Kurven).

a. Isotherme.

Da die Temperatur während der Zustandsänderung unveränderlich ist, bleibt bei gesättigtem Dampf auch der Druck unverändert. Die isothermische Druckkurve ist daher eine zur Abszissenachse parallele Gerade.

Die bei der Ausdehnung von v_1 auf v_2 geleistete Arbeit ist

$$L = p\,(v_2 - v_1)$$

oder, da nach Gl. 27

$$v_2 = x_2\,u + \sigma \text{ und } v_1 = x_1\,u + \sigma,$$

$$L = p\,u\,(x_2 - x_1)\,.$$

[1]) „Mitteilungen über Forschungsarbeiten", Heft 35 und 36.

[2]) „Mitteilungen über Forschungsarbeiten", Heft 21, S. 68.

Die zuzuführende Wärmemenge beträgt

$$Q = A\,L + A\,(U_2 - U_1) = A\,p\,u\,(x_2 - x_1) + \varrho\,(x_2 - x_1)$$

und da $A\,p\,u + \varrho = r$

$$Q = r\,(x_2 - x_1)\,.$$

Das Volumen $v_ü$ des überhitzten Dampfes kann für beliebige Drücke p und unveränderliche Temperatur T aus Gl. 35 bezw. 36 berechnet und damit die Isotherme für diese Temperatur zeichnerisch ermittelt werden.

b. Adiabate.

Für gesättigten Dampf kann — nach Zeuner — mit genügender Annäherung die der polytropischen Zustandsänderung entsprechende Gleichung

$$p\,v^n = \text{unveränderlich} \qquad \textbf{37)}$$

mit

$$n = 1{,}035 + 0{,}1\,x$$

benutzt werden, wenn x wieder den spezifischen Dampfgehalt im Anfangszustande bedeutet.

Diese Beziehungen sind bis etwa $x = 0{,}70$ anwendbar.

Für anfänglich trockenen Dampf ist $x = 1$; demnach

$$p\,v^{1{,}135} = \text{unveränderlich} \qquad \textbf{38)}$$

Für überhitzten Dampf gilt dieselbe Gleichung, nur ist an Stelle des Exponenten n in Gl. 37

$$k = {}^4/_3 = 1{,}333$$

zu setzen, so daß hierfür

$$p\,v^k = p\,v^{1{,}333} = \text{unveränderlich} \qquad \textbf{39)}$$

so lange sich der Dampf im überhitzten Zustand befindet. Die Adiabaten können nach dem auf S. 46 angegebenen Verfahren von Brauer aufgezeichnet werden.

Fig. 21.

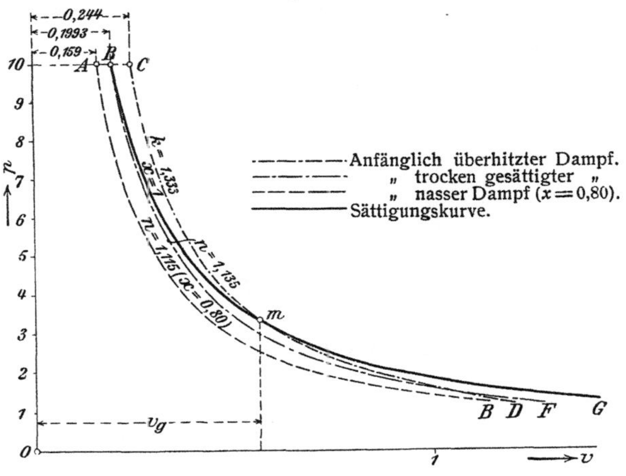

In Fig. 21 stellt AB die Adiabate des Naßdampfes ($x = 0{,}80$) für $p_1 = 10$ und $p_2 = 1{,}2$ kg/qcm Anfangs- bezw. Endspannung — Anfangsvolumen (Gl. 27): $v_1 = x\,(v_g - \sigma) + \sigma = 0{,}80\,(0{,}1993 - 0{,}001) + 0{,}001 = \underline{0{,}1596}$ — CT diejenige des zwischen denselben Druckgrenzen arbeitenden Sattdampfes ($x = 1$) — Anfangsvolumen (Gl. 25a): $v_1 = v_g = \dfrac{1{,}7235}{p^{15/16}} = \dfrac{1{,}7235}{10^{15/16}} = \underline{0{,}1993}$ — EF diejenige des Heißdampfes ($\sim 100^0$ C Überhitzung) — Anfangsvolumen (Gl. 36): $v_1 = v_ü = \dfrac{R\,T}{p} - C = \dfrac{0{,}00471 \cdot 552}{10} - 0{,}016 = \underline{0{,}244}$ cbm/kg, schließlich CG die der Gl. 25 entsprechende Sättigungskurve — Kurve bei der der Dampf während des ganzen

Verlaufes der Expansion trocken gesättigt bleibt — dar. Die hierbei geleistete äußere Arbeit (in mkg/kg) beträgt — nach Gl. 14 —

$$L = \frac{p_1 v_1}{n-1}\left[1-\left(\frac{v_1}{v_2}\right)^{n-1}\right] = \frac{p_1 v_1}{n-1}\left[1-\left(\frac{p_2}{p_1}\right)^{\frac{n-1}{n}}\right] \quad \ldots\ldots \quad 40)$$

worin — nach vorstehendem —

$n = 1{,}035 + 0{,}1 . 0{,}80 = 1{,}115$ für Naßdampf ($x = 0{,}80$),

$n = 1{,}135$ für Sattdampf ($x = 1$) und

$n = k = 1{,}333$ für Heißdampf

einzusetzen ist.

Die dieser Arbeit äquivalente Wärmemenge (in *WE*/cbm) folgt für gesättigten Dampf — nach Gl. 26 — zu

$$A\,L = U_1 - U_2 = (q_1 + x_1 \varrho_1) - (q_2 + x_2 \varrho_2).$$

Die Werte q_1 und ϱ_1, q_2 und ϱ_2 sind — für p_1 und p_2 — den Dampftabellen (S. 70) zu entnehmen; der spezifische Dampfgehalt x_2 folgt aus dem Wärmediagramm für gesättigten und überhitzten Wasserdampf (vergl. S. 64 u. 65).

Aus dieser Tafel läßt sich auch die der adiabatischen Expansion des überhitzten Dampfes entsprechende Temperatur T_2 ablesen und damit das spezifische Volumen v_2 desselben mittels Gl. 36

$$\frac{v_2}{v_1} = \frac{p_1}{p_2}\,\frac{47{,}1\,T_2 - 160\,p_2}{47{,}1\,T_1 - 160\,p_1} \quad (p_1 \text{ und } p_2 \text{ iu kg/qcm})$$

berechnen.

Angenähert ist wie bei Gasen

$$\frac{v_2}{v_1} = \frac{p_1}{p_2}\,\frac{T_2}{T_1}.^{1)}$$

Das spezifische Volumen v_2 des gesättigten Dampfes folgt aus

$$p_1 v_1^n = p_2 v_2^n.$$

Wie Fig. 21 erkennen läßt, tritt der Heißdampf im Schnittpunkte m der Heißdampfadiabate CF mit der Sättigungskurve BG in den Sättigungszustand über. Für diesen beiden Kurven gemeinsamen Punkt bezw. das demselben entsprechende Volumen v_g gilt sowohl die Gleichung der Sättigungskurve (Gl. 25)

$$p\,v_g^{\mu} = R \quad \text{oder} \quad p = \frac{R}{v_g^{\mu}},$$

wie auch diejenige der Heißdampfadiabate (Gl. 39)

$$p\,v_g^k = p_1 v_1^k \quad \text{oder} \quad p = p_1\left(\frac{v_1}{v_g}\right)^k.$$

Aus beiden Werten für p folgt

$$v_g = \frac{p_1^{\frac{1}{k-\mu}} \cdot v_1^{\frac{k}{k-\mu}}}{R^{\frac{1}{k-\mu}}} = \left(\frac{p_1 v_1^k}{R}\right)^{\frac{1}{k-\mu}}$$

---

1) Nach Zeuner gilt mit hinreichender Genauigkeit innerhalb der Druckgrenzen von 0,1 bis 14 at

$$\frac{T_2}{T_1} = \left(\frac{p_2}{p_1}\right)^{0{,}25}.$$

und mit Einsetzung der Werte $\mu = 1{,}0646$, $R = 1{,}762$, $k = 1{,}333$

$$v_g = \frac{p_1^{3,72} \cdot v_1^{4,97}}{8{,}23}$$

als dasjenige Volumen, bei dem der Dampf trocken gesättigt ist.

Aus dem spezifischen Volumen v_1 des Frischdampfes und dem nach obiger Gleichung berechneten Volumen v_g findet sich der Expansionsgrad des überhitzten Dampfes

$$\varepsilon_1 = \frac{v_g}{v_1}$$

und hieraus, sowie aus

$$\varepsilon = \frac{v_2}{v_1},$$

derjenige für die darauffolgende Expansion des gesättigten Dampfes

$$\varepsilon_2 = \frac{\varepsilon}{\varepsilon_1} = \frac{v_2}{v_g}.$$

Die Gesamtarbeit des Dampfes kann dann aus den Einzelarbeiten des überhitzten und des gesättigten Dampfes zusammengesetzt werden (Gl. 50, S. 77).

c. Kurven gleichen Rauminhaltes.

Für gesättigten Wasserdampf folgt aus Gl. 28

$$v_1 = x_1 u_1 \text{ und } v_2 = x_2 u_2 .$$

Da Gewichte und Volumen unverändert bleiben, ist

$$v_1 = v_2 \text{ oder } x_1 u_1 = x_2 u_2 = \text{unveränderlich.}$$

Wird in Gl. 30 die äußere Arbeit $p\,dv = 0$ gesetzt, so ergibt sich

$$dQ = dq + d(x\varrho)$$

und durch Integration zwischen den Grenzen 1 und 2

$$Q = q_2 + x_2 \varrho_2 - (q_1 + x_1 \varrho_1)$$

als die bei Veränderungen der Temperatur und des Druckes in Betracht kommende Wärmemenge. Die Kurve gleichen Rauminhaltes ist eine zur Ordinatenachse parallele Gerade.

Für überhitzten Dampf folgt aus Gl. 36 mit $v =$ unveränderlich

$$\frac{R\,T_1}{p_1} - C = \frac{R\,T_2}{p_2} - C,$$

demnach

$$\frac{p_1}{T_1} = \frac{p_2}{T_2} = \text{unveränderlich.}$$

d. Kurven unveränderlicher spezifischer Dampfmenge.

Diese Kurven können nach dem vorstehend (S. 52 und 53) angegebenen Verfahren mittels Gl. 27 berechnet und aufgezeichnet werden.

C. Wärmediagramm.

Die Entropie des Wasserdampfes von der Gesamtwärme $\lambda = q + x\,r$ (vergl. S. 53) setzt sich aus zwei verschiedenen Teilen zusammen. Der erste Teil ist die Summe aller elementaren Wärmegewichte $\frac{dq}{T}$, die während der Erwärmung der Flüssigkeit bei veränderlicher (zunehmender) Temperatur mitgeteilt werden, und ist also

$$s_1 = \int_0^t \frac{dq}{T} = \int_0^t c\,\frac{dT}{T},$$

der zweite Teil ist die Summe aller elementaren Wärmegewichte $\frac{d(x\,r)}{T}$, die während der Verdampfung bei gleichbleibender Temperatur mitgeteilt werden, und ist also

$$s_2 = \frac{1}{T}\int d(x\,r)$$

oder, da r bei unveränderlichem Druck ebenfalls unverändert bleibt,

$$s_2 = \frac{x\,r}{T}.$$

Die Entropie von 1 kg Naßdampf in beliebigem Zustande ist daher

$$S = s_1 + s_2 = \int_0^t c\,\frac{dT}{T} + \frac{x\,r}{T} \quad \ldots\ldots\ldots\ldots \quad 41)$$

Für Sattdampf wird mit $x = 1$

$$S = \int \frac{c\,dT}{T} + \frac{r}{T} \quad \ldots\ldots\ldots\ldots \quad 41a)$$

Hiermit lassen sich entropische Kurven des Sattdampfes mit Benutzung der in den Wärmetabellen (S. 69) enthaltenen Werte für $s_1 = \int \frac{c\,dT}{T}$, $s_2 = \frac{r}{T}$ und T aufzeichnen.

Die Entropie des bis zu einer Temperatur T' überhitzten Dampfes beträgt, da bei unveränderlichem Druck

$$dQ = c_p\,dT = T\,dS \quad \text{oder} \quad dS = c_p\,\frac{dT}{T},$$

$$S' = S + \int_T^{T'} c_p\,\frac{dT}{T} = \int_0^t c\,\frac{dT}{T} + \frac{r}{T} + c_p\,ln\,\frac{T'}{T} \quad \ldots\ldots \quad 42)$$

worin für c_p die von Knoblauch und Jakob für alle inbetracht konmmende Drücke und Temperaturen ermittelten Werte zu nehmen sind (s. Tabelle auf S. 56).

In dem Wärmediagramm (Fig. 22) sind die der Entropie der Flüssigkeit ($x = 0$), des Sattdampfes ($x = 1$) und des überhitzten Dampfes entsprechenden Werte s_1 bezw. $s_1 + \frac{r}{T}$ bezw. $s_1 + \frac{r}{T} + c_p\,ln\,\frac{T'}{T}$ als Abszissen, die den jeweiligen Drücken entsprechenden absoluten Temperaturen T bezw. T' — von der im Abstande — 273° unter der X-Achse liegenden Nullinie aus gemessen — als Ordinaten aufgetragen, womit sich zwei Kurven — die untere und obere Grenzkurve OA bezw. CB im

TS-Diagramm ergeben, die — analog den Grenzkurven im pV-Diagramm (vergl. S. 52) — die Diagrammfläche in Gebiete reiner Flüssigkeit, nassen und überhitzten Dampfes trennen.

a. Wärmemengen (Spezifische Wärme).

Die zwischen der jeweiligen Zustandslinie, der Entropieachse (Abszissenachse) und den Endordinaten der ersteren liegende Fläche stellt — wie bei den Gasen (s. dort) — die der Flüssigkeit zugeführte Wärmemenge dar.

Fig. 22.

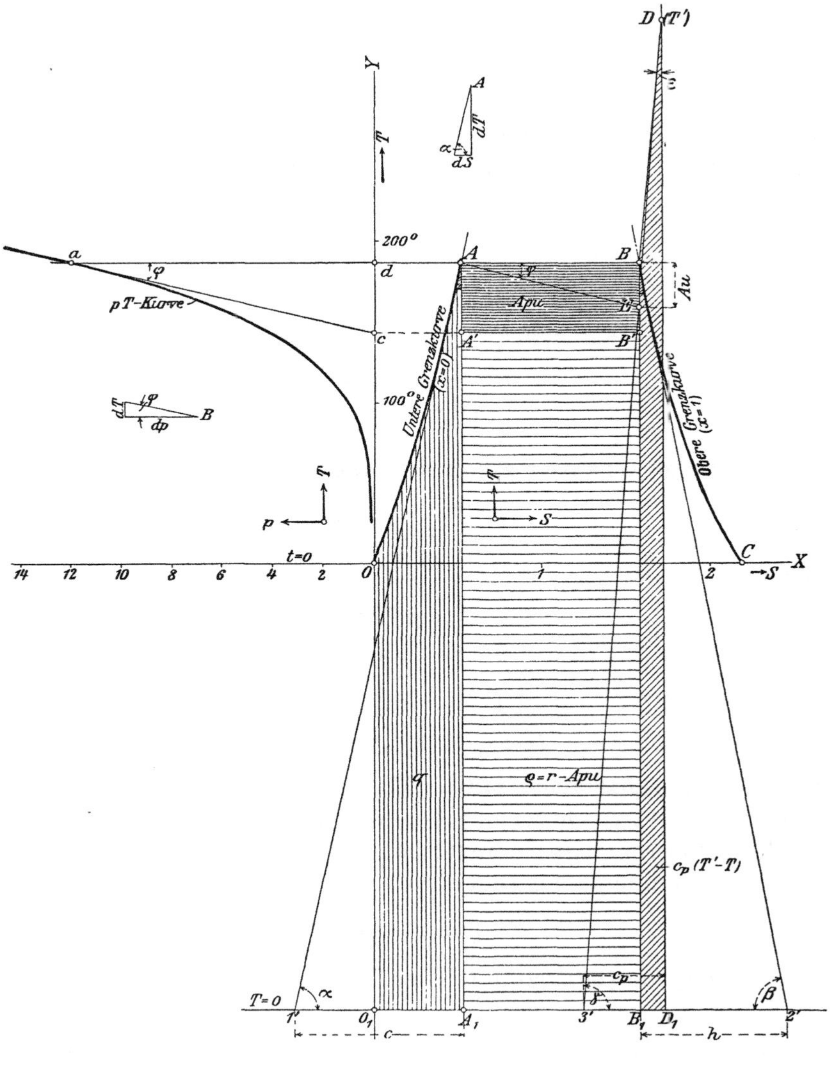

Es entspricht die senkrecht schraffierte Fläche $O_1 O A A_1$ (Fig. 22) der **F l ü s s i g k e i t s w ä r m e** q, denn die Änderung der Abszisse s_1 ist durch $d s_1 = \frac{dq}{T}$, damit der Inhalt dieser Fläche durch $\int_c^t \frac{dq}{T} T = q$ ausgedrückt.

Die wagerecht schraffierte Fläche $A_1 A B B_1$ mit dem Inhalte $\frac{r}{T} T$ ist gleich der Verdampfungswärme r und die schräg schraffierte Fläche $B_1 B D D_1$ mit dem Inhalte $\int\limits_T^{T'} c_p \frac{dT}{T}$ gleich der zum Überhitzen des Dampfes nötigen Wärmemenge $c_p (T' - T)$. Die ganze Fläche $O_1 O A B D D_1$ mit dem Wärmeinhalte

$$i' = q + r + c_p (T' - T)$$

stellt die Gesamtwärme λ' des überhitzten, diejenige $O_1 O A B B_1$ mit dem Wärmeinhalte

$$i = q + r$$

die Gesamtwärme λ des trocken gesättigten Dampfes dar.

Trägt man ferner in den linken oberen Quadranten der Fig. 22 die zu den Ordinaten T gehörigen Drücke p als Abszissen auf, so erhält man die pT-Kurve des gesättigten Wasserdampfes. Zieht man im Punkte a derselben eine Tangente und durch den Schnittpunkt c ihrer Verlängerung mit der Ordinatenachse eine Parallele zur Abszissenachse bis zum Punkte B', so ist

$$c d = a d \, tg \, \varphi$$

oder mit

$$tg \, \varphi = \frac{dT}{dp} \quad \text{und} \quad a d = p$$

$$c d = p \frac{dT}{dp}.$$

Nun ist nach der Clapeyronschen Gleichung (Gl. 32)

$$\frac{dT}{dp} = A T \frac{u}{r},$$

demnach auch

$$c d = p A T \frac{u}{r}$$

und

Rechteck $A B B' A' = c d \cdot A B = p A T \frac{u}{r} \frac{r}{T} = \boldsymbol{A p u}$, d. h. gleich der äußeren Verdampfungswärme (vergl. S. 52).

Mittels des Wärmediagramms lassen sich sonach nicht nur die beliebigen Zuständen des Wasserdampfes entsprechenden Gesamtwärmemengen, sondern auch die einzelnen Wärmemengen ermitteln, aus denen jene zusammengesetzt sind. Die innere Verdampfungswärme

$$\varrho = r - A p u$$

wird im Wärmediagramm (Fig. 22) durch den Inhalt der Rechteckfläche $A' B' B_1 A_1$ dargestellt.

Eine durch den Punkt A der unteren Grenzkurve gezogene Parallele zur Tangente $a c$ schneidet auf der Linie $B B_1$ die Strecke $B E = A u$ ab; es ist nämlich nach der Clapeyronschen Gleichung auch

$$\frac{r}{u} = A T \frac{dp}{dT} \quad \text{oder} \quad A u = \frac{r}{T} \frac{1}{\frac{dp}{dT}} = \frac{r}{T} \, tg \, \varphi.$$

Zieht man im Punkte A der unteren Grenzkurve eine Tangente, die die Abszissenachse in $1'$ unter dem Winkel α schneidet, so ist

$$tg\,\alpha = \frac{A\,A_1}{1'A_1} = \frac{dT}{ds_1}$$

und da — nach Gl. 21a —

$$ds_1 = \frac{dQ}{T} = \frac{c\,dT}{T}$$

gesetzt werden kann, auch

$$tg\,\alpha = \frac{T}{c},$$

somit die Subtangente

$$1A_1 = A\,A_1 \frac{1}{tg\,\alpha} = T\frac{c}{T} = c;$$

sie stellt die spezifische Wärme der Flüssigkeit dar.

Schneidet die im Punkte B der oberen Grenzkurve gezogene Tangente die Abszissenachse in $2'$ unter dem Winkel β, so ist

$$tg\,\beta = \frac{B\,B_1}{2'B_1} = \frac{dT}{d\left(s_1 + \frac{r}{T}\right)} = \frac{dT}{\frac{dq}{T} + d\frac{r}{T}}$$

und es folgt für die Subtangente

$$2'B_1 = B\,B_1 \frac{1}{tg\,\beta} = \frac{\frac{dq}{T} + d\frac{r}{T}}{dT}\,T = \frac{dq}{dT} + \frac{T}{dT}\cdot d\left(\frac{r}{T}\right).$$

Entwickelt man das Differential $d\left(\frac{r}{T}\right)$, so wird

$$2'B_1 = \frac{dq}{dT} + \frac{T}{dT}\,\frac{T\,dr - r\,dT}{T^2}$$

und nach Division mit T^2 im letzten Gliede

$$2'B_1 = \frac{dq}{dT} + \frac{dr}{dT} - \frac{r}{T} = c + \frac{dr}{dT} - \frac{r}{T}.$$

Dieser Ausdruck — mit h bezeichnet — stellt die spezifische Wärme des trocken gesättigten Dampfes dar (vergl. S. 55).

Die im Punkte B (Fig. 22) der Kurve gleichen Druckes BD im Überhitzungsgebiete gezogene Tangente schneidet die Abszissenachse in $3'$ unter dem Winkel γ.

Die Subtangente

$$3'D_1 = c_p$$

liefert die spezifische Wärme des überhitzten Dampfes.

Hiernach gilt allgemein:

Die jedem Punkte einer beliebigen Kurve des Wärmediagramms entsprechende augenblickliche spezifische Wärme (d. h. die spezifische Wärme der unendlich kleinen Veränderung, die das Kurvenelement in diesem Punkte darstellt), ist gleich der Subtangente des betreffenden Kurvenpunktes.

Der Verlauf der Kurve gegenüber den Koordinatenachsen bezw. die Richtung der an ihre Punkte gezogenen Tangenten zeigt, ob die spezifische Wärme positiv oder negativ ist, d. h. ob der Zustandsänderung einer Zufuhr oder Entziehung von Wärme entspricht. In Fig. 22 ist z. B. h negativ; die betreffende Tangentenrichtung zeigt nach rechts.

Hieraus folgt, daß wenn trocken gesättigter Dampf expandiert, also Spannung und Temperatur sinken, Wärme zugeführt werden muß, um seinen anfänglichen Zustand zu erhalten.

Fig. 22 zeigt auch, daß h — seinem absoluten Werte nach — mit zunehmender Temperatur abnimmt.

Die Werte für c und c_p sind dagegen positiv; ihre Tangenten zeigen nach links.

Die Adiabate $B\,B_0$ in dem in Fig. 22a nochmals herausgezeichneten Wärmediagramm zeigt deutlich, daß ein Teil des anfänglich trocken gesättigten Dampfes während der Expansion kondensiert; die Menge des niedergeschlagenen Wassers läßt sich aus dem Wärmediagramm zahlenmäßig feststellen. Bei einer adiabatischen Expansion des überhitzten Dampfes — z. B. nach $E\,E_o$ — gibt der Schnittpunkt m dieser Linie mit der oberen Grenzkurve $B\,C$ jenes Stadium der Expansion an, in dem der Dampf aufhört, überhitzt zu sein. In diesem Punkte ist der Dampf trocken gesättigt ($x = 1$), mit fortschreitender Expansion wird er feucht und am Ende derselben ist der spezifische Dampfgehalt nur noch $x = \frac{F E_0}{F H}$.

Fig. 22a.

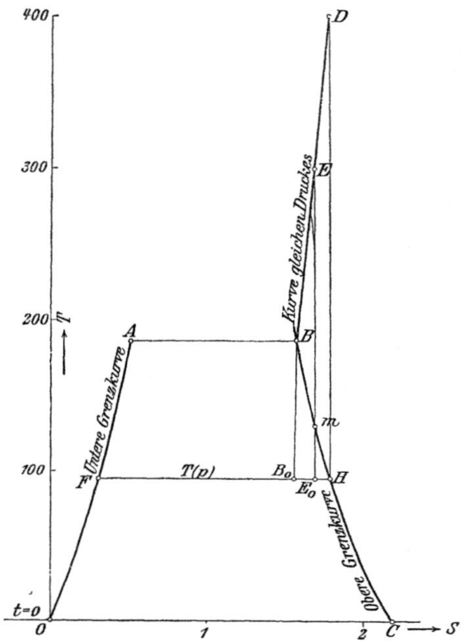

Diejenige Temperatur T', auf die der Dampf überhitzt werden muß, damit er nach adiabatischer Expansion bis zum Drucke p — entsprechend der Temperatur T — wieder in den gesättigten Zustand übergeht, erhält man in der Ordinate des Schnittpunktes D der Senkrechten zur Abszissenachse im Punkte H der oberen Grenzkurve $B\,C$ mit der Verlängerung der Kurve gleichen Druckes $B\,D$ im Überhitzungsgebiete.

Das Wärmediagramm kann hiernach auch zur Bestimmung der Trockenheit des Dampfes in irgend einem Stadium der adiabatischen Expansion dienen.

b. Wärmekurven im TS-Diagramm (Fig. 23).

Durch Zerlegung der zwischen der oberen und unteren Grenzkurve liegenden Abszissen $\frac{r}{T}$ in eine Anzahl gleicher Teile und Verbindung der betreffenden Teilpunkte miteinander erhält man die Kurven gleichen Dampfgehaltes (x = unveränderlich), von denen diejenigen für $x = 0{,}2$, $0{,}4$, $0{,}6$ und $0{,}8$ in Fig. 23 eingetragen sind.

Die Kurven gleichen Druckes (p = unveränderlich), die im Sättigungsgebiete gleichzeitig Isothermen, sind für $p = 1$, 2, 4, 8, 12 und 20 at im Abstande der diesen Drücken entsprechenden Temperaturen in Fig. 23 eingetragen. Im Überhitzungsgebiete können die Kurven gleichen Druckes, deren Koordinaten um

$$T' - T \text{ bezw. } c_p \ln \frac{T'}{T}$$

höher liegen, als diejenigen des zugehörigen Punktes auf der oberen Grenzkurve mit Benutzung der von Knoblauch und Jakob gefundenen Werte für c_p (s. Tabelle auf S. 56) ermittelt werden. (Für c_p = unveränderlich sind die Kurven auch im Überhitzungsgebiete einander parallel.)

Für die Kurven gleichen Volumens (v = unveränderlich) sind im Sättigungsgebiete die spezifischen Dampfmengen mittels der Gleichungen

$$x = \frac{v - \sigma}{u} \quad \text{(Gl. 27)}$$

$$\text{oder rd. } x = \frac{v}{u} \quad \text{(Gl. 28)}$$

zu berechnen und auf der betreffenden Temperatur-Horizontalen (Isotherme) abzutragen.

Es ist z. B. Punkt m in Fig. 23 für $v = 1$ und $p = 1$, Punkt l für $x = 1$ — womit auch $v = u = 1$ (entsprechend $t \sim 114^0$) — gefunden worden.

Im Überhitzungsgebiete gelten für die Koordinaten der Kurvenpunkte die Gleichungen

$$s_1 + s_2 + c_p \ln \frac{T'}{T} \quad \text{(Gl. 42)}$$

$$\text{und } T' = \frac{p\,(v_ü + C)}{R} \quad \text{(Gl. 36)}.$$

Die Kurven gleichen Wärmeinhaltes (i = unveränderlich) lassen sich in derselben Weise wie diejenigen gleichen Volumens aufzeichnen, nur mit dem Unterschiede, daß im Sättigungsgebiete die spezifische Dampfmenge aus

$$x = \frac{i - q}{r} \quad \text{(Gl. 29)},$$

im Überhitzungsgebiete die Temperatur aus

$$T' = T + \frac{i' - \lambda}{c_p} \quad \text{(Gl. 34)}$$

zu ermitteln ist, wobei q und r bezw. T und λ für das unveränderliche i bezw. i' — entsprechend den einzelnen Drücken — den Wärmetabellen (S. 69 bis 72) zu entnehmen sind.

Fig. 23.

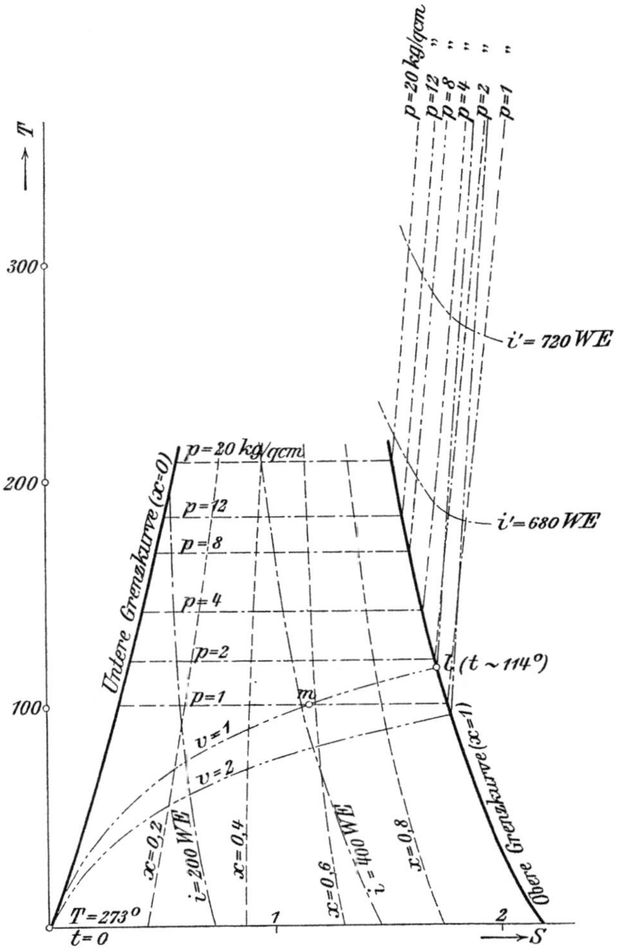

------ Kurven gleichen Dampfgehaltes.
-·-·-·- Kurven gleichen Druckes.
-··-··- Kurven gleichen Volumens.
-·—·— Kurven gleichen Wärmeinhaltes.

D. Übertragung der pV-Kurven in das Wärmediagramm.

Der Zusammenhang des Spannungsdiagramms (pV-Diagramm) mit dem Wärmediagramm (TS-Diagramm) läßt sich zeichnerisch mittels des von Boulvin[1]) an-

[1]) „Mitteilungen über Forschungsarbeiten", Heft 19, S. 24 bezw. „Revue de mécanique" 1897/98 und 1901.

gegebenen Verfahrens feststellen. Zu dem Zwecke wird, wie Fig. 24 zeigt, im oberen rechten Quadranten eines Koordinatensystems die untere und obere Grenzkurve des Wärmediagramms des Wasserdampfes, im oberen linken Quadranten in beliebigem Druckmaßstabe die zugehörige pT-Kurve mit dem Temperaturmaßstabe des Wärmediagramms eingetragen. Wenn dann noch das in Fig. 22 ersichtliche Dreieck ABE, welches die Seite $BE = Au$ enthält, als Dreieck $A_0 B_0 E_0$ an die 0X-Achse angelegt

Fig. 24.

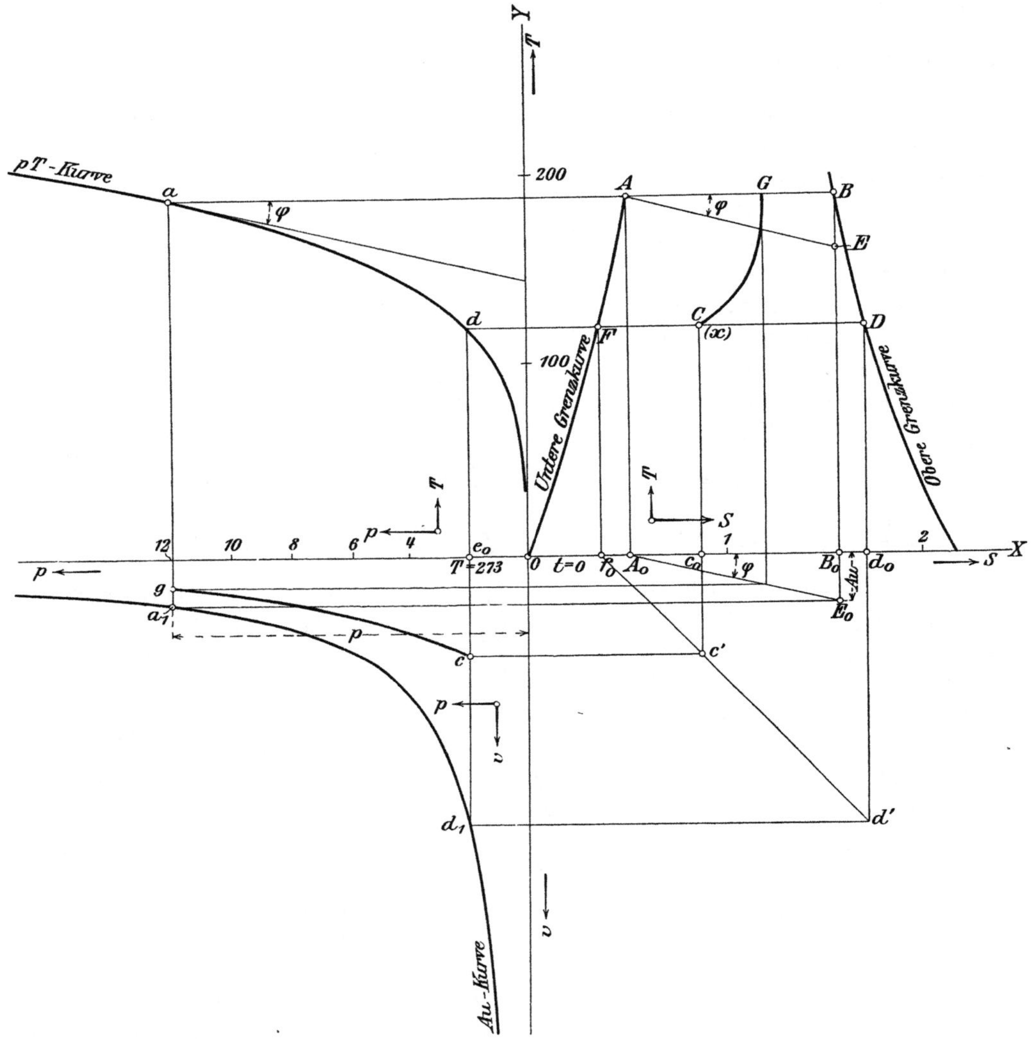

und die Strecke $B_0 E_0 = Au$ desselben auf die im Abstande p von 0 gezogene Senkrechte zur Abszissenachse übertragen wird, so erhält man einen Punkt a_1 der Au-Kurve im unteren linken Quadranten. Wiederholt man dieses Verfahren für mehrere Punkte der pT-Kurve (z. B. für Punkt d), so ergibt sich die in Fig. 24 angegebene Au-Kurve, die bei entsprechend gewählten Maßstabe auch als u-Kurve, oder da $v_g = u + \sigma$ (Gl. 27a) — mit Vernachlässigung des kleinen Wertes $\sigma = 0{,}001$ — als v_g — oder S ä t t i g u n g s k u r v e gelten kann. Dieselbe entspricht der oberen, die 0X-Achse dagegen der unteren Grenzkurve des Wärmediagramms.

Zu einem beliebigen Punkte C des letzteren mit der spezifischen Dampfmenge x gehört der Punkt c im pV-Diagramm, der mittels der Hilfslinien $D\,d'$, $d'\,d_1$, $D\,d$, $d\,d_1$, $F\,f_0$, $f_0\,d'$, $C\,c'$ und $c'\,c$ leicht gefunden werden kann.

Es ist

$$\frac{f_0\,c_0}{f_0\,d_0} = \frac{FC}{FD} = x,$$

ferner

$$\frac{c_0\,c'}{d_0\,d'} = \frac{f_0\,c_0}{f_0\,d_0} = \frac{e_0\,c}{e_0\,d_1},$$

demnach

$$\frac{e_0\,c}{e_0\,d_1} = x \quad \text{und da } e_0\,d_1 = v_g \quad \text{auch} \quad e_0\,c = x\,v_g.$$

Die Strecke $e_0\,c$ stellt das spezifische Volumen des nassen Dampfes vom Dampfgehalt x dar. Damit ist auch umgekehrt jede beliebige pV-Kurve des Sättigungsgebietes sofort in das Wärmediagramm übertragbar.

Fig. 24 zeigt dies z. B. für die Expansionslinie $g\,c$ eines Indikatordiagramms, die im Wärmediagramm als Strecke $G\,C$ erscheint.

Unter gewissen Bedingungen läßt sich auch das ganze Indikatordiagramm einer Dampfmaschine in das Wärmediagramm als eine geschlossene Kurve übertragen und damit der thermische Wirkungsgrad dieser Maschine zeichnerisch feststellen.

Für überhitzten Dampf eignet sich das vorbesprochene Verfahren nicht. Hier ist aus Druck und Volumen mittels der Zustandsgleichung 35 oder 36 (S. 56) zunächst die Temperatur T' des überhitzten Dampfes zu berechnen, die einem Punkte des pV-Diagramms entspricht, und dieser dann, da seine Entropie nunmehr bekannt ist, in das TS-Diagramm zu übertragen.

Dieses umständliche Verfahren ersetzt Boulvin durch ein eigenartiges zeichnerisches Verfahren, worüber S. 82 weitere Angaben folgen.

E. *JS*-Diagramm.

Beim Entwurf des Diagramms zeichnet man nach den Angaben auf S. 51 zunächst die Grenzkurven ein, indem man die Wärmeinhalte q und λ als Ordinaten, die zugehörigen Entropiewerte $s_1 = \int \frac{dq}{T}$ und $S = s_1 + s_2 = \int \frac{dq}{T} + \frac{r}{T}$ als Abszissen aufträgt (Fig. 25).

Die Kurven gleichen Druckes werden im Sättigungsgebiet, da nach Gl. 21a —

$$\frac{di}{dS} = T$$

ist, durch gerade, schräg ansteigende Linien, die auch gleichzeitig Isothermen sind, dargestellt.

In das Heißdampfgebiet gehen diese Linien, auf Grund derselben Beziehung, ohne plötzliche Richtungsänderung über und können, nachdem die Werte $c_p\,ln\,\frac{T'}{T}$ und $c_p\,(T' - T)$ bestimmt sind, von den betreffenden Punkten der oberen Grenzkurve aus eingetragen werden.

Die Linien gleichen Dampfgehaltes findet man wie im pV- oder TS-Diagramm durch Teilung der zwischen den Grenzkurven liegenden geraden Isothermenstrecken in dieselbe Anzahl gleicher Teile und Verbindung der entsprechenden Teilpunkte miteinander.

Auch die Kurven gleicher Temperatur im Überhitzungsgebiete lassen sich nach früheren Angaben ermitteln, indem man von Punkten der oberen Grenzkurve aus $c_p \ln \frac{T'}{T}$ und $c_p (T' - T)$ als Abszisse bezw. Ordinate aufträgt — wobei $T' =$ unveränderlich — und die erhaltenen Punkte miteinander verbindet.

Fig. 25.

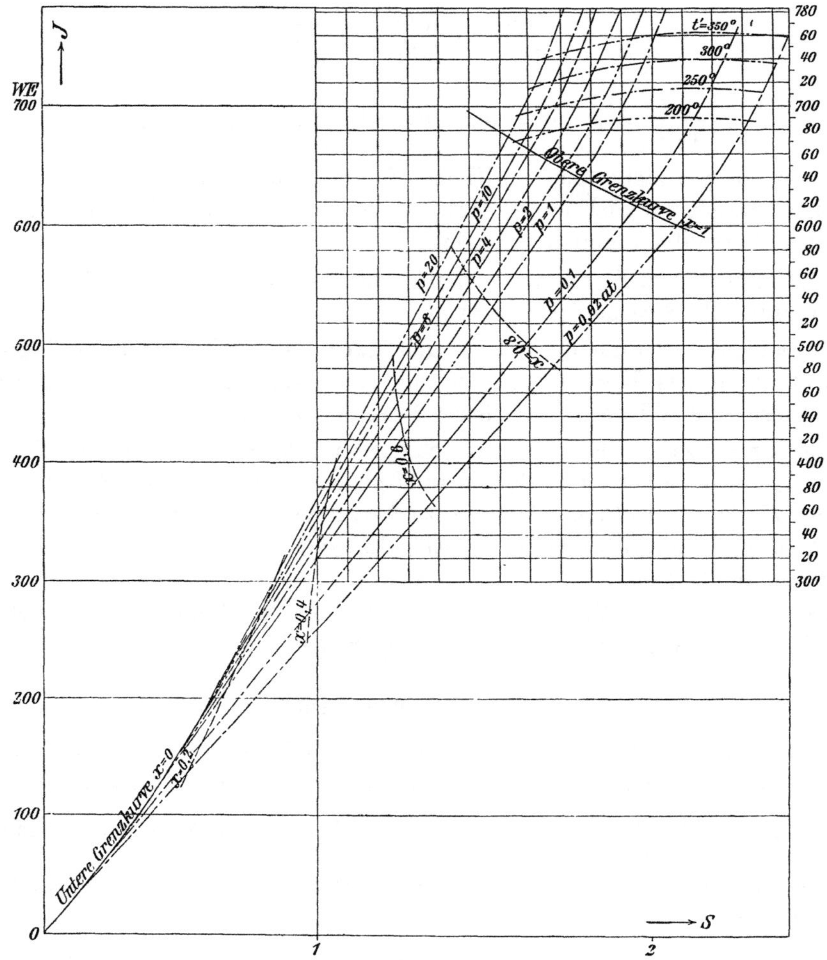

Kurven gleichen Dampfgehaltes. — Kurven gleichen Druckes. — Kurven gleicher Temperatur.

Mittels des JS-Diagramms kann die Arbeit

$$A \int_{p_1}^{p_2} v\, dp = i_2 - i_1 \quad \text{(Gl. 24)}$$

einer verlustlosen Dampfmaschine für 1 kg Dampf ohne weiteres festgestellt werden (vergl. Fußnote auf S. 51). Man hat zu dem Zwecke den senkrechten Abstand desjenigen Punktes, der dem gegebenen Anfangszustande des Dampfes entspricht, von der dem gegebenen Gegendruck dessselben entprechenden Linie einfach abzuziehen. Die bei einer Drosselung des Dampfes eintretenden Zustandsänderungen können, da hierbei i unverändert bleibt, aus dem Diagramm ebenfalls leicht ermittelt werden.

F. Tabellen für gesättigten Wasserdampf.[1])

Tabelle I.

Druck at (kg/qcm)	Absolute Temperatur T	Volumen von 1 kg Dampf cbm v_g	Gewicht von 1 cbm Dampf kg γ_g	Entropie der Flüssigkeit s_1	Entropie des Dampfes $S = s_1 + s_2$	$s_2 = \frac{r}{T}$	Spez. Wärme an der Grenzkurve c_p
0,02	290,3	68,126	0,01468	0,0616	2,0783	2,0167	0,478
0,04	301,8	35,387	0,02826	0,1004	2,0202	1,9198	0,479
0,06	309,0	24,140	0,04142	0,1240	1,9868	1,8628	0,480
0,08	314,3	18,408	0,05432	0,1411	1,9631	1,8220	0,481
0,10	318,6	14,920	0,06703	0,1546	1,9449	1,7903	0,481
0,12	322,2	12,568	0,07956	0,1659	1,9300	1,7641	0,482
0,15	326,7	10,190	0,09814	0,1799	1,9121	1,7322	0,483
0,20	332,8	7,777	0,12858	0,1984	1,8890	1,6906	0,484
0,25	337,6	6,307	0,1586	0,2129	1,8711	1,6582	0,486
0,30	341,7	5,316	0,1881	0,2252	1,8566	1,6314	0,487
0,35	345,3	4,600	0,2174	0,2356	1,8444	1,6088	0,488
0,40	348,5	4,060	0,2463	0,2448	1,8336	1,5888	0,490
0,50	353,9	3,2940	0,3036	0,2604	1,8159	1,5555	0,492
0,60	358,5	2,7770	0,3601	0,2734	1,8015	1,5281	0,494
0,70	362,5	2,4040	0,4160	0,2846	1,7895	1,5049	0,496
0,80	366,0	2,1216	0,4713	0,2944	1,7789	1,4845	0,498
0,90	369,2	1,9003	0,5262	0,3032	1,7698	1,4666	0,499
1,0	372,1	1,7220	0,5807	0,3111	1,7615	1,4504	0,501
1,1	374,8	1,5751	0,6349	0,3183	1,7541	1,4358	0,503
1,2	377,2	1,4521	0,6887	0,3250	1,7473	1,4223	0,504
1,4	381,7	1,2571	0,7955	0,3370	1,7352	1,3982	0,507
1,6	385,7	1,1096	0,9013	0,3475	1,7248	1,3773	0,510
1,8	389,3	0,9939	1,0062	0,3569	1,7156	1,3587	0,513
2,0	392,6	0,9006	1,1104	0,3655	1,7077	1,3420	0,516
2,5	399,7	0,7310	1,3680	0,3839	1,6903	1,3064	0,521
3,0	405,8	0,6163	1,6224	0,3993	1,6760	1,2767	0,526
3,5	411,1	0,5335	1,8743	0,4125	1,6640	1,2515	0,531
4,0	415,8	0,4708	2,1239	0,4242	1,6537	1,2295	0,536
4,5	420,1	0,4217	2,3716	0,4347	1,6445	1,2098	0,541
5,0	424,0	0,3820	2,6177	0,4442	1,6363	1,1921	0,546
5,5	427,6	0,3494	2,8624	0,4529	1,6290	1,1761	0,550
6,0	430,9	0,3220	3,1058	0,4609	1,6221	1,1612	0,554
6,5	434,1	0,2987	3,3481	0,4683	1,6158	1,1475	0,558
7,0	437,0	0,2786	3,5891	0,4753	1,6101	1,1348	0,561
7,5	439,8	0,2611	3,8294	0,4819	1,6048	1,1229	0,565
8,0	442,5	0,2458	4,0683	0,4881	1,5997	1,1116	0,568
8,5	445,0	0,2322	4,3072	0,4939	1,5949	1,1010	0,572
9,0	447,4	0,2200	4,5448	0,4995	1,5905	1,0910	0,575
9,5	449,7	0,2091	4,7819	0,5048	1,5863	1,0815	0,578
10,0	451,9	0,1993	5,018	0,5099	1,5822	1,0723	0,581
11,0	456,1	0,1822	5,489	0,5194	1,5748	1,0554	0,588
12,0	459,9	0,1678	5,960	0,5282	1,5678	1,0396	0,593
13,0	463,6	0,15565	6,425	0,5364	1,5616	1,0252	0,598
14,0	467,0	0,14515	6,889	0,5440	1,5557	1,0117	0,603
15,0	470,2	0,13601	7,352	0,5513	1,5504	0,9991	0,608
16,0	473,3	0,12797	7,814	0,5581	1,5452	0,9871	0,614
18,0	479,1	0,11450	8,734	0,5707	1,5359	0,9652	0,623
20,0	484,3	0,10365	9,648	0,5821	1,5274	0,9453	0,632

[1]) Nach R. Mollier: „Neue Tabellen und Diagramme für Wasserdampf", Berlin 1906, Julius Springer.

Tabelle II.

Druck at (kg/qcm)	Temperatur t	Wärmeinhalt der Flüssigkeit i_1	Wärmeinhalt des Dampfes i_2	Energie des Dampfes $U = q + \varrho$	Verdampfungswärme gesamte $i_2 - i_1 = r$	Verdampfungswärme innere ϱ	Verdampfungswärme äußere Apu
0,02	17,3	17,3	602,9	571,0	585,5	553,6	31,91
0,04	28,8	28,8	608,3	575,1	579,4	546,3	33,15
0,06	36,0	36,0	611,6	577,7	575,6	541,7	33,92
0,08	41,3	41,4	614,1	579,6	572,7	538,2	34,49
0,10	45,6	45,7	616,0	581,1	570,4	535,4	34,94
0,12	49,2	49,3	617,7	582,3	568,4	533,1	35,32
0,15	53,7	53,8	619,7	583,9	565,9	530,1	35,79
0,20	59,8	59,9	622,4	586,0	562,6	526,1	36,42
0,25	64,6	64,8	624,6	587,7	559,8	522,9	36,92
0,30	68,7	68,9	626,4	589,1	557,5	520,2	37,34
0,35	72,3	72,5	628,0	590,3	555,5	517,8	37,70
0,40	75,5	75,7	629,4	591,3	553,7	515,6	38,02
0,50	80,9	81,2	631,7	593,1	550,5	512,0	38,56
0,60	85,5	85,8	633,7	594,6	547,8	508,8	39,01
0,70	89,5	89,9	635,3	595,9	545,5	506,1	39,39
0,80	93,0	93,5	636,8	597,0	543,3	503,6	39,73
0,90	96,2	96,7	638,1	598,1	541,4	501,4	40,03
1,0	99,1	99,6	639,3	599,0	539,7	499,4	40,30
1,1	101,8	102,3	640,7	599,8	538,1	497,5	40,55
1,2	104,2	104,8	641,3	600,5	536,5	495,7	40,78
1,4	108,7	109,4	643,1	601,9	533,7	492,6	41,18
1,6	112,7	113,4	644,7	603,0	531,2	489,7	41,54
1,8	116,3	117,1	646,0	604,1	528,9	487,1	41,85
2,0	119,6	120,4	647,2	605,1	526,8	484,7	42,14
2,5	126,7	127,7	649,9	607,1	522,2	479,4	42,74
3,0	132,8	133,9	652,0	608,7	518,1	474,9	43,23
3,5	138,1	139,4	653,8	610,1	514,5	470,8	43,65
4,0	142,8	144,2	655,4	611,3	511,2	467,2	44,01
4,5	147,1	148,6	656,8	612,4	508,2	463,9	44,33
5,0	151,0	152,6	658,1	613,3	505,5	460,8	44,61
5,5	154,6	156,3	659,2	614,2	502,9	458,0	44,87
6,0	157,9	159,8	660,2	615,0	500,4	455,3	45,10
6,5	161,1	163,0	661,1	615,7	498,1	452,8	45,32
7,0	164,0	166,1	662,0	616,3	495,9	450,4	45,51
7,5	166,8	168,9	662,8	616,9	493,9	448,2	45,67
8,0	169,5	171,7	663,5	617,5	491,8	446,0	45,86
8,5	172,0	174,3	664,2	618,0	489,9	443,9	46,02
9,0	174,4	176,8	664,9	618,5	488,1	441,9	46,17
9,5	176,7	179,2	665,5	619,0	486,3	440,0	46,30
10,0	178,9	181,5	666,1	619,4	484,6	438,2	46,43
11,0	183,1	185,8	667,1	620,2	481,3	434,6	46,67
12,0	186,9	189,9	668,1	620,9	478,2	431,3	46,88
13,0	190,6	193,7	668,9	621,6	475,3	428,2	47,08
14,0	194,0	197,3	669,7	622,2	472,5	425,2	47,26
15,0	197,2	200,7	670,5	622,7	469,8	422,4	47,43
16,0	200,3	203,9	671,2	623,2	467,3	419,7	47,58
18,0	206,1	210,0	672,4	624,1	462,4	414,6	47,85
20,0	211,3	215,5	673,4	624,9	457,9	409,8	48,08

Tabelle III.

Temperatur t	Druck at (kg/qcm)	Druck mm Q-S	Volumen von 1 kg Dampf cbm v_g	Gewicht von 1 cbm Dampf kg γ_g	Entropie der Flüssigkeit s_1	Entropie des Dampfes $S = s_1 + s_2$	$s_2 = \frac{r}{T}$
0	0,0063	4,60	204,97	0,00488	0,0000	2,1783	2,1783
5	0,0089	6,53	146,93	0,00681	0,0182	2,1479	2,1297
10	0,0125	9,17	106,62	0,00938	0,0360	2,1188	2,0828
15	0,0173	12,70	78,23	0,01278	0,0535	2,0909	2,0374
20	0,0236	17,40	58,15	0,01720	0,0707	2,0643	1,9936
25	0,0320	23,6	43,667	0,02290	0,0877	2,0389	1,9512
30	0,0429	31,5	33,132	0,03018	0,1044	2,0146	1,9102
35	0,0569	41,8	25,393	0,03938	0,1208	1,9912	1,8704
40	0,0747	54,9	19,650	0,05089	0,1369	1,9688	1,8319
45	0,0971	71,4	15,346	0,06516	0,1528	1,9474	1,7946
50	0,125	92,0	12,091	0,08271	0,1685	1,9268	1,7583.
55	0,160	117,5	9,607	0,10409	0,1839	1,9070	1,7231
60	0,202	148,8	7,695	0,12995	0,1991	1,8880	1,6889
65	0,254	186,9	6,211	0,16100	0,2141	1,8697	1,6556
70	0,317	233,1	5,050	0,19800	0,2289	1,8522	1,6233
75	0,392	288,5	4,1353	0,2418	0,2435	1,8352	1,5917
80	0,482	354,6	3,4085	0,2934	0,2579	1,8189	1,5610
85	0,589	433,0	2,8272	0,3537	0,2721	1,8031	1,5310
90	0,714	525,4	2,3592	0,4239	0,2861	1,7879	1,5018
95	0,862	633,7	1,9797	0,5051	0,2999	1,7731	1,4732
100	1,033	760	1,6702	0,5987	0,3136	1,7589	1,4453
105	1,232	906	1,4166	0,7059	0,3271	1,7452	1,4181
110	1,462	1075	1,2073	0,8283	0,3404	1,7319	1,3915
115	1,726	1269	1,0338	0,9673	0,3536	1,7190	1,3654
120	2,027	1491	0,8894	1,1243	0,3666	1,7064	1,3398
125	2,371	1744	0,7681	1,3018	0,3795	1,6943	1,3148
130	2,760	2030	0,6664	1,5005	0,3922	1,6824	1,2902
135	3,200	2354	0,5800	1,7241	0,4048	1,6710	1,2662
140	3,695	2718	0,5071	1,9719	0,4173	1,6599	1,2426
145	4,248	3125	0,4450	2,2471	0,4296	1,6490	1,2194
150	4,868	3581	0,3917	2,553	0,4418	1,6384	1,1966
155	5,557	4088	0,3460	2,890	0,4538	1,6280	1,1742
160	6,323	4651	0,3065	3,262	0,4658	1,6181	1,1523
165	7,170	5274	0,2724	3,671	0,4776	1,6082	1,1306
170	8,104	5961	0,2429	4,117	0,4893	1,5986	1,1093
175	9,131	6717	0,2171	4,607	0,5009	1,5893	1,0884
180	10,258	7546	0,1945	5,140	0,5124	1,5802	1,0678
185	11,491	8453	0,1748	5,720	0,5238	1,5713	1,0475
190	12,835	9442	0,1575	6,348	0,5351	1,5626	1,0275
195	14,300	10519	0,1423	7,028	0,5463	1,5541	1,0078
200	15,890	11688	0,1288	7,763	0,5574	1,5458	0,9884

Tabelle IV.

Temperatur	Wärmeinhalt der Flüssigkeit	Wärmeinhalt des Dampes	Energie des Dampfes	Verdampfungswärme gesamte	Verdampfungswärme innere	Verdampfungswärme äußere
			$U = q + \varrho$	$i_2 - i_1 = r$		
t	i_1	i_2			ϱ	Apu
0	0	594,7	564,7	594,7	564,7	30,02
5	5,0	597,1	566,5	592,1	561,5	30,56
10	10,0	599,4	568,3	589,4	558,3	31,11
15	15,0	601,8	570,1	586,8	555,1	31,65
20	20,0	604,1	571,9	584,1	551,9	32,19
25	25,0	606,5	573,7	581,5	548,7	32,74
30	30,0	608,8	575,5	578,8	545,5	33,28
35	35,0	611,1	577,3	576,1	542,3	33,81
40	40,1	613,5	579,1	573,4	539,1	34,34
45	45,1	615,8	580,9	570,7	535,8	34,88
50	50,1	618,0	582,6	567,9	532,5	35,41
55	55,1	620,3	584,4	565,2	529,3	35,93
60	60,1	622,6	586,1	562,4	526,0	36,45
65	65,2	624,8	587,8	559,6	522,7	36,96
70	70,2	627,0	589,5	556,8	519,3	37,47
75	75,3	629,2	591,2	553,9	516,0	37,97
80	80,3	631,3	592,8	551,0	512,6	38,47
85	85,3	633,5	594,5	548,1	509,3	38,96
90	90,4	635,6	596,1	545,2	505,7	39,45
95	95,5	637,6	597,7	542,2	502,2	39,92
100	100,5	639,7	599,2	539,1	498,7	40,39
105	105,6	641,7	600,8	536,1	495,2	40,85
110	110,7	643,6	602,3	532,9	491,6	41,30
115	115,8	645,5	603,8	529,8	488,0	41,74
120	120,9	647,4	605,2	526,6	484,4	42,17
125	126,0	649,2	606,6	523,3	480,7	42,59
130	131,1	651,0	608,0	520,0	477,0	43,00
135	136,2	652,8	609,3	516,6	473,2	43,41
140	141,3	654,5	610,6	513,2	469,4	43,80
145	146,4	656,1	611,9	509,7	465,5	44,18
150	151,6	657,8	613,1	506,2	461,6	44,55
155	156,7	659,3	614,3	502,6	457,7	44,90
160	161,9	660,8	615,4	498,9	453,7	45,25
165	167,1	662,3	616,5	495,2	449,6	45,58
170	172,2	663,7	617,6	491,4	445,5	45,90
175	177,4	665,0	618,6	487,6	441,4	46,20
180	182,6	666,3	619,6	483,7	437,2	46,49
185	187,9	667,6	620,6	479,8	433,0	46,78
190	193,1	668,8	621,5	475,7	428,7	47,05
195	198,3	670,0	622,3	471,7	424,4	47,31
200	203,6	671,1	623,2	467,5	420,0	47,56

Fünfter Abschnitt.

Verhalten des Dampfes in der Dampfmaschine. Vergleichskreisprozesse.

I. Thermischer und indizierter Wirkungsgrad.

Um eine Dampfmaschinenanlage in bezug auf ihre Wirtschaftlichkeit beurteilen zu können, ist der vom Heizwerte des Brennstoffes in nutzbare Arbeit umgesetzte Betrag zu ermitteln. Diese Verhältniszahl (η_w) wird als „wirtschaftlicher Wirkungsgrad" der Anlage bezeichnet; er setzt sich zusammen aus dem Wirkungsgrade η_k des Kessels (einschl. Leitungen), sowie aus dem thermischen und mechanischen Wirkungsgrade η_t bezw. η_m der Dampfmaschine, derart, daß

$$\eta_w = \eta_k \, \eta_t \, \eta_m \, .$$

Der thermische Wirkungsgrad (η_t) gibt das Verhältnis zwischen der in der Maschine in indizierte Arbeit verwandelten und der ihr zugeführten Wärmemenge, der mechanische Wirkungsgrad (η_m) dasjenige zwischen der nutzbaren und der indizierten Arbeit der Maschine an.

Ist $A\,L_i$ die für 1 kg Dampf geleistete indizierte Arbeit (in WE), λ die Gesamtwärme (bezw. der Wärmeinhalt i_2) des Dampfes und t_0 die Temperatur des in den Kessel gespeisten Wassers, so gilt für Sattdampf

$$\eta_t = \frac{A\,L_i}{\lambda - t_0} \quad \ldots\ldots\ldots \quad 43)$$

Führt man für die praktisch vorkommenden Kesseldrücke von 4 bis 12 at mit den Gesamtwärmen 655,4 bezw. 668,1 WE einen konstanten Mittelwert $\lambda = 662\,WE$ ein, so ist auch

$$\eta_t = \frac{A\,L_i}{662 - t_0} \quad \ldots\ldots\ldots \quad 44)$$

und wenn D_i den Dampfverbrauch für 1 PS_i/std, ferner $\frac{60 \cdot 60 \cdot 75}{427} \backsim 632$ das Wärmeäquivalent der Arbeitseinheit bedeutet,

$$A\,L_i = \frac{632}{D_i} \quad \ldots\ldots\ldots \quad 45)$$

Mit Einsetzung dieses Werts in Gl. 44, und mit $t_0 = 30^0$ C, folgt dann angenähert

$$\eta_t = \frac{632}{D_i\,(662 - 30)} = \frac{1}{D_i} \, ,$$

d. h. der thermische Wirkungsgrad ist gleich dem reziproken Werte des Dampfverbrauches.[1])

Um einen Vergleich verschiedener Maschinen auf Grund des thermischen Wirkungsgrades zu ermöglichen, ist der vorstehend gewählte Wert von $t_0 = 30^0$ in allen Fällen beizubehalten bezw. ein anderer Wert als Normalwert für t_0 einzuführen.

Maschinen, die mit Heißdampf betrieben werden, dürfen nicht nach dem Dampfverbrauch allein beurteilt und mit gewöhnlichen Dampfmaschinen verglichen werden.

Es kann hier ebenfalls angenähert

$$\eta_t = \frac{1}{D_i'}$$

gesetzt werden, wenn

$$D_i' = D_i \frac{\lambda - t_0 + c_p (T_1' - T_1)}{\lambda - t_0} = D_i \left[1 + \frac{c_p (T_1' - T_1)}{632}\right] \quad \ldots\ldots \quad 46)$$

der auf Sattdampf reduzierte Verbrauch an Heißdampf für 1 PS_i/std ist.

In der obigen Gleichung bedeutet noch c_p die spezifische Wärme, T_1' die absolute Temperatur des überhitzten, T_1 diejenige des gesättigten Dampfes.

Der thermische Wirkungsgrad einer Dampfmaschine wird nun durch die Druckgrenzen, d. h. durch den Kesseldruck und den Gegendruck (Auspuff- oder Kondensationsmaschine), ferner durch die Arbeitsverluste in der Maschine — unvollständige Expansion und Kompression, Verengung der Dampfwege, Wärmeverluste nach außen, Wärmeaustausch zwischen Dampf und Zylinderwand — ungünstig beeinflußt.

Dementsprechend kann η_t in zwei Faktoren zerlegt werden, von denen jeder einen der beiden Arten von Einflüssen berücksichtigt. Es ist

$$\eta_t = \eta_t^0 \, \eta_i$$

und

$$\eta_t^0 = \frac{A L_i^0}{\lambda - t_0}, \quad \eta_i = \frac{A L_i}{A L_i^0} = \frac{D_i}{D_i^0},$$

worin $A L_i^0$ die Arbeit der verlustlosen Maschine mit dem Dampfverbrauche D_i^0, η_t^0 deren Wirkungsgrad darstellt; $\eta_i = \frac{\eta_t}{\eta_t^0}$ gibt das Verhältnis der thermischen Wirkungsgrade der wirklichen und der verlustlosen Maschine an und wird als indizierter Wirkungsgrad bezeichnet.

Um die Arbeit $A L_i^0$ berechnen zu können, ist zunächst festzusetzen, welchen Prozeß der Dampf in der verlustlosen Maschine durchlaufen soll. Wollte man hierfür den Carnotschen Kreisprozeß zugrunde legen, der bekanntlich die größte Wärmeausnutzung liefert, so müßte die als Vergleichsmaßstab dienende Dampfmaschine bei gesättigtem Dampf noch mit einem thermodynamischen Speisewassererhitzer versehen sein, der das aus dem Kondensator kommende Gemisch in Wasser von der höchsten im Prozeß vorkommenden Temperatur verwandelt, damit die weitere Wärmezufuhr bei konstanter höchster Temperatur stattfinden kann, wie es der Carnotprozeß verlangt. Eine solche Anordnung wird aber vermutlich für alle Zukunft außerhalb der Entwicklung der Dampfmaschine liegen und da bei Maschinen mit überhitztem Dampf der Carnotsche Kreisprozeß, selbst mit einem thermodynamischen Speisewassererhitzer, undurchführbar ist, da durch denselben eine Überhitzung bei steigender Temperatur erfolgt, gilt derselbe heute nicht

---

[1]) R. Mollier: „Über die Beurteilung der Dampfmaschine". Z. d. V. d. J. 1898, S. 685.

mehr als Idealprozeß für Dampfmaschinen. Bei den wirklichen Dampfmaschinen erfolgt die Arbeitsleistung im wesentlichen derart, daß der Dampf unter unveränderlichem Druck p_1 in den Zylinder tritt, dann expandiert und unter unveränderlichem Druck p_2 ausströmt. Demzufolge haben zuerst Rankine und Clausius, dann der „Verein deutscher Ingenieure“ vorgeschlagen, den zur Vergleichung dienenden Kreisprozeß so anzunehmen, wie er nach Vorstehendem in der Dampfmaschine wirklich ausgeführt wird.

A. Vergleichsprozeß nach Clausius-Rankine.

Für einen gegebenen Dampfdruck und Gegendruck ergibt sich nach diesem Prozeß die Arbeit $A L_i^0$ der verlustlosen Maschine unter der Annahme, daß deren Zylinder vollständig unempfänglich für Wärme ist, die Expansion bis auf den Gegendruck, die Kompression — unter Vernachlässigung der Wirkungen des schädlichen Raumes — bis auf den Druck und die Temperatur des Einströmdampfes erfolgt, ferner alle Drosselungsverluste infolge zu enger Dampfkanäle u. dergl. fortfallen.

Fig. 26.

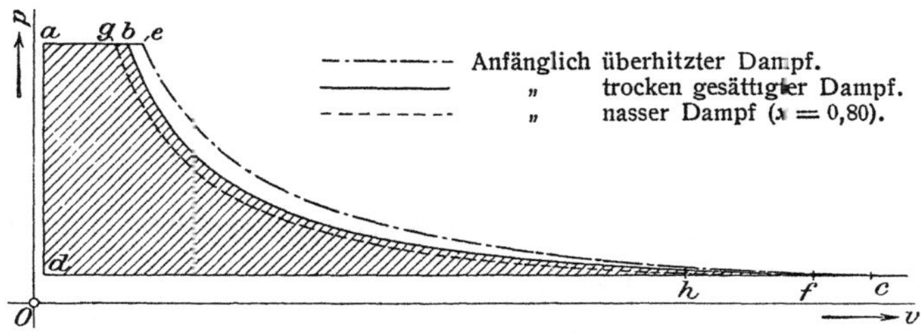

Fig. 26 veranschaulicht das diesem Prozeß entsprechende pV-Diagramm, Fig. 26a das zugehörige Wärmediagramm.

Die Fläche $ABCDA$ des letzteren gibt die Arbeit (in WE), die 1 kg trocken gesättigter Dampf leistet; sie läßt sich ausdrücken durch

$$A L_i^0 = q_2 - q_1 - T_1 (s_1 - s_2) + \frac{r_2}{T_2} (T_2 - T_1) \quad 47)$$

wenn q_1 und q_2 die Flüssigkeitswärmen, s_1 und s_2 die Entropien der Flüssigkeit bei der Spannung p_1 bezw. p_2, T_1 und T_2 die zugehörigen Temperaturen, r_2 die betreffende Verdampfungswärme bedeuten.

Fig. 26a.

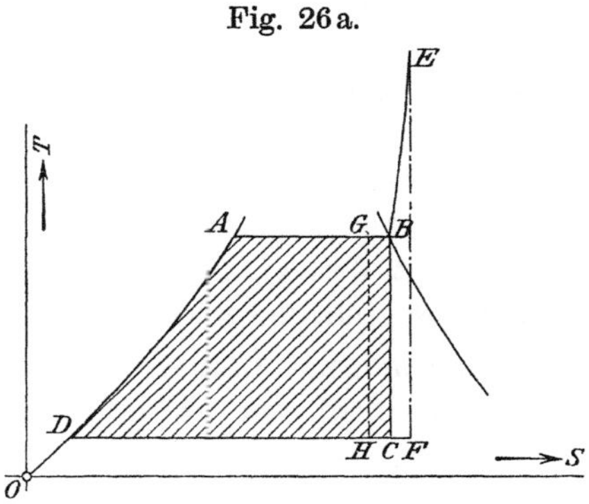

Nach „Mollier“ kann angenähert gesetzt werden

$$A L_i^0 = \frac{\log p_1 - \log p_2}{6{,}87 - 0{,}9 \log p_2} 632$$

und der dieser Arbeit entsprechende theoretische Dampfverbrauch für 1 PS$_i$/std — Gl. 45 —

$$D_{i\,(\text{ges})}^0 = \frac{6{,}87 - 0{,}9 \log p_2}{\log p_1 - \log p_2} \quad \ldots\ldots\ldots\ldots \quad 48)$$

Nach „Rateau“ gilt für gesättigten Dampf

$$D_{i\,(\text{ges})}^0 = 0{,}85 + \frac{6{,}95 - 0{,}92 \log p_1}{\log \frac{p_1}{p_2}}.$$

Behufs Ermittelung der Arbeit

$$A\,L_i^0 = A\int_{p_1}^{p_2} v\,dp = i_2 - i_1$$

auf graphischem Wege mittels des *JS*-Diagramms s. S. 67.

Für überhitzten Dampf gibt, wenn derselbe unter gleichen Bedingungen wie der gesättigte Dampf in der verlustlosen Maschine arbeitet, die Fläche $ABEFDA$ (Fig. 26a) des Wärmediagramms die betreffende Arbeit (in *WE*) an; sie ist um

$$c_p\,(T_1' - T_1) - c_p\,T_2\,ln\,\frac{T_1'}{T_1} \quad \ldots\ldots\ldots\ldots \quad 47\,a)$$

größer als bei trocken gesättigtem Dampf (Gl. 47), wenn T_1' die Temperatur des überhitzten Dampfes bezeichnet.

Der dieser Arbeit entsprechende Dampfverbrauch beträgt angenähert — nach Gl. 46 —

$$D_{i(ü)}^0 = \frac{D_{i\,(\mathrm{ges})}^0}{1 + \frac{c_p}{632}\left[(T_1' - T_1) - T_2\,ln\,\frac{T_1'}{T_1}\right] D_{i\,(\mathrm{ges})}^0},$$

worin $D_{i(\mathrm{ges})}^0$ mittels Einsetzung der gegebenen Drücke aus Gl. 48 zu berechnen ist.

B. Vergleichsprozeß des Vereins deutscher Ingenieure.

Der von der englischen „Institution of Civil Engineers“ angenommene Vergleichsprozeß nach Clausius-Rankine setzt vollständige Expansion des Einströmdampfes im Zylinder voraus. Obwohl diese nahezu in jeder Maschine erreicht werden könnte, unterläßt man dies doch aus wirtschaftlichen Gründen und es erscheint daher unzweckmäßig, den Arbeitswert dieses Prozesses in die technische Praxis einzuführen. Es gestattet der von Clausius-Rankine vorgeschlagene Vergleichsprozeß aber auch nicht, die Leistungsergebnisse verschiedener Maschinen, die mit verschiedenem Expansionsgrade, sonst aber unter denselben Verhältnissen arbeiten, miteinander zu vergleichen. Denn Einzylinder- und Dreifach-Expansionsmaschinen, die zwischen denselben Druck- bezw. Temperaturgrenzen arbeiten, haben nach dem englischen Vorschlag den gleichen idealen Kreisprozeß und damit den gleichen theoretischen Dampfverbrauch, so verschieden auch die Bedingungen sind, unter denen der Dampf in beiden Maschinenarten zur Wirkung kommt.

Deshalb hat E. Meyer vorgeschlagen, den zur Vergleichung dienenden Kreisprozeß so anzunehmen, wie er in der Maschine wirklich ausgeführt wird, d. h. die Expansion nur bis auf ein dem Expansionsgrade $\varepsilon = \frac{v_2}{v_1}$ der wirklichen Maschine entsprechende Spannung p_2 zu treiben, im übrigen aber dieselben Bedingungen beizubehalten, wie sie von Clausius-Rankine für das Arbeiten des Dampfes in der verlustlosen Maschine zugrunde gelegt wurden.[1])

Fig. 27 zeigt das Arbeitsdiagramm der verlustlosen Maschine nach diesem vom Verein deutscher Ingenieure angenommenen Vergleichsprozeß für 1 kg anfänglich trocken gesättigten Dampf; das zugehörige Wärmediagramm ist in Fig. 28 dargestellt.

Dem Spannungsabfall $c\,d$ im Arbeitsdiagramm entspricht die Kurve konstanten Volumens $C\,D$ im Wärmediagramm.

---

[1]) „Die Beurteilung der Dampfmaschine hinsichtlich ihres Dampfverbrauches“, Z. d. V. d. J. 1900, S. 597.

Fig. 27.

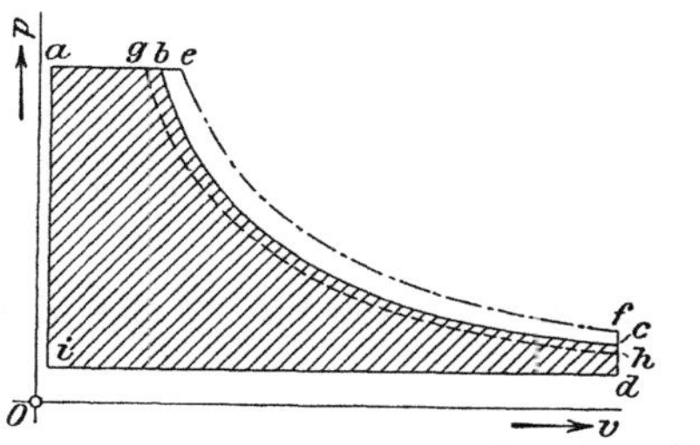

—·—·—— Anfänglich überhitzter Dampf.
———— „ trocken gesättigter Dampf.
- - - - - - „ nasser Dampf ($x = 0{,}80$).

Fig. 28.

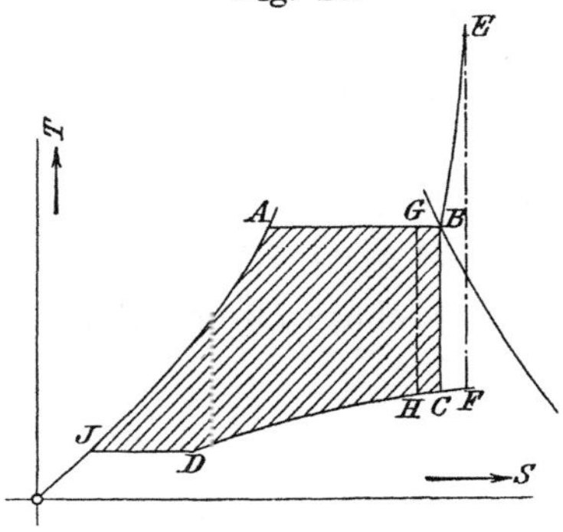

Fig. 26 bis 28 zeigen auch die der adiabatischen Expansion von anfänglich nassem ($x = 0{,}80$) und überhitztem Dampf entsprechenden Druckkurven — gh bezw. ef im Arbeitsdiagramm und GH bezw. EF im Wärmediagramm.

C. Leistung der verlustlosen Dampfmaschine.

Die von 1 kg gesättigtem Dampf in der verlustlosen Maschine geleistete Arbeit in PSi/std setzt sich zusammen aus der Volldruckarbeit N_1, der Expansionsarbeit N_2 und der Gegendruckarbeit N_3; es ist hiernach

$$N_i^0 = N_1 + N_2 - N_3$$

und mit Benutzung der Gl. 40 (S. 58)

$$N_i^0 = \frac{1}{27}\left\{p_1 v_1 + \frac{p_1 v_1}{n-1}\left[1 - \frac{1}{\left(\frac{v_2}{v_1}\right)^{n-1}}\right] - p_2 v_2\right\}$$

$$= \frac{p_1 v_1}{27}\left[\frac{n}{n-1} - \frac{1}{n-1} \cdot \frac{1}{\left(\frac{v_2}{v_1}\right)^{n-1}} - \frac{p_2 v_2}{p_1 v_1}\right].$$

Setzt man in diese Gleichung $n = 1{,}035 + 0{,}1\,x$, worin x den spezifischen Dampfgehalt im Anfangszustande bedeutet (vergl. S. 53), so wird, da für trocken gesättigten Dampf $x = 1$,

$$N_i^0 = \frac{p_1 v_1}{27}\left(8{,}41 - \frac{7{,}41}{\varepsilon^{0{,}135}} - \varepsilon\,\frac{p_2}{p_1}\right) \quad \ldots\ldots\ldots\ldots \quad 49)$$

Die von 1 kg anfänglich überhitzem Dampf in der verlustlosen Maschine geleistete Arbeit in PSi/std setzt sich aus den Einzelarbeiten des überhitzten und des gesättigten Dampfes zusammen; sie beträgt

$$N_i^0 = \frac{p_1 v_1}{27}\left[\frac{k}{k-1} + \frac{k-n}{(k-1)(n-1)}\,\frac{1}{\varepsilon_1^{k-1}} - \frac{1}{n-1}\,\frac{1}{\varepsilon_1^{k-1}\,\varepsilon_2^{n-1}} - \varepsilon\,\frac{p_2}{p_1}\right].$$

und mit Einsetzung der Werte $k = 1{,}333$ und $n = 1{,}135$

$$N_i^0 = \frac{p_1 v_1}{27}\left(4 + 4{,}4\,\frac{1}{\varepsilon_1^{0{,}333}} - 7{,}41\,\frac{1}{\varepsilon_1^{0{,}333} \cdot \varepsilon_2^{0{,}135}} - \varepsilon\,\frac{p_2}{p_1}\right), \quad \ldots \quad 50)$$

worin noch $\varepsilon_1 = \frac{v_g}{v_1}$ und $\varepsilon_2 = \frac{\varepsilon}{\varepsilon_1} = \frac{v_2}{v_g}$ den Expansionsgrad des überhitzten bezw. gesättigten Dampfes bedeuten (vergl. S. 59).

Gl. 49 und 50 sind in die vom Verein deutscher Ingenieure usw. aufgestellten „Normen für Leistungsversuche an Dampfkesseln und Dampfmaschinen" aufgenommen worden.

Bezeichnet D_i^0 den Dampfverbrauch der verlustlosen Maschine für 1 PSi/std, so ist

$$D_i^0 = \frac{1}{N_i^0}.$$

Ist D_i der durch die Versuche bestimmte wirkliche Dampfverbrauch für 1 PSi/std und damit $N_i = \frac{1}{D_i}$ die von 1 kg Dampf wirklich geleistete Arbeit in der Stunde, so stellt

$$N_i^0 - N_i$$

die auf 1 kg Dampf bezogenen Arbeitsverluste dar; sie können nicht vermieden, bei sorgfältiger Ausführung der Maschine aber auf einen entsprechend niedrigen Betrag herabgemindert werden.

II. Boulvinsches Wärmediagramm.

A. Maschinen mit Sattdampf.

Das von Boulvin angegebene Verfahren ermöglicht, das Indikatordiagramm der wirklichen Dampfmaschine mit dem Wärmediagramm so in Zusammenhang zu bringen, wie dies bereits vorstehend (S. 65 bis 67) angegeben wurde. Hierbei ist aber zu berücksichtigen, daß der Dampfmaschinenprozeß kein geschlossener ist. Während der Kompressionsperiode befindet sich ein Gemisch von G_r kg Restdampf, in der Expansionsperiode ein solches von $(G_r + G_f)$ kg, das dem Restdampfe und dem bei jedem Hube in den Zylinder tretenden Frischdampf entspricht, in dem letzteren, während in der Einström- und Ausströmperiode die Dampfmenge fortwährend wechselt.

Die hierdurch geschaffenen Schwierigkeiten umgeht Boulvin dadurch, daß er sich den ganzen Prozeß mit einem Dampfgewicht $(G_r + G_f)$ kg ausgeführt denkt. Derjenige Teil dieses Gewichtes, der sich nicht im Zylinder befindet, soll im Dampfkessel oder Kondensator als Flüssigkeit dieselben Zustandsänderungen durchmachen, wie der als Dampf im Zylinder befindliche Teil desselben.

Dieser erdachte Vorgang gleicht dem wirklichen in den Punkten 1, 2, 4 und 5 (Fig. 29) des Indikatordiagramms — dem Beginne und Ende der Kompressions- bezw. Expansionsperiode — und liefert unter Vernachlässigung der sehr geringen Flüssigkeitsvolumen dasselbe Indikatordiagramm, also auch dieselbe Arbeit wie jener. Damit ist aber auch die Wärmezufuhr in jeder der vier Perioden nach der ersten Hauptgleichung der mechanischen Wärmelehre dieselbe wie beim wirklichen Prozesse, und es steht nun der Übertragung des Indikatordiagramms in das Wärmediagramm nichts mehr im Wege.

Im Punkte m (Fig. 29) der Kompressionslinie ist z. B. die sichtbare Dampfmenge $v_m \gamma_m$; es arbeitet demnach hier nur eine spezifische Dampfmenge

$$x_m = \frac{v_m \gamma_m}{G_r + G_f},$$

während der Rest $(G_r + G_f) - (G_r + G_f)\, x_m$ sich als Flüssigkeit im Kessel befindet. Damit kann aber Punkt m sofort ins Wärmediagramm übertragen werden.

Für den Punkt n der Einströmlinie ergibt sich in gleicher Weise

$$x_n = \frac{v_n\, \gamma_n}{G_r + G_f}.$$

In der nun folgenden Expansionsperiode decken sich der ausgeführte und der erdachte Vorgang vollkommen, da in beiden $(G_r + G_f)$ kg Dampf arbeiten.

Fig. 29.

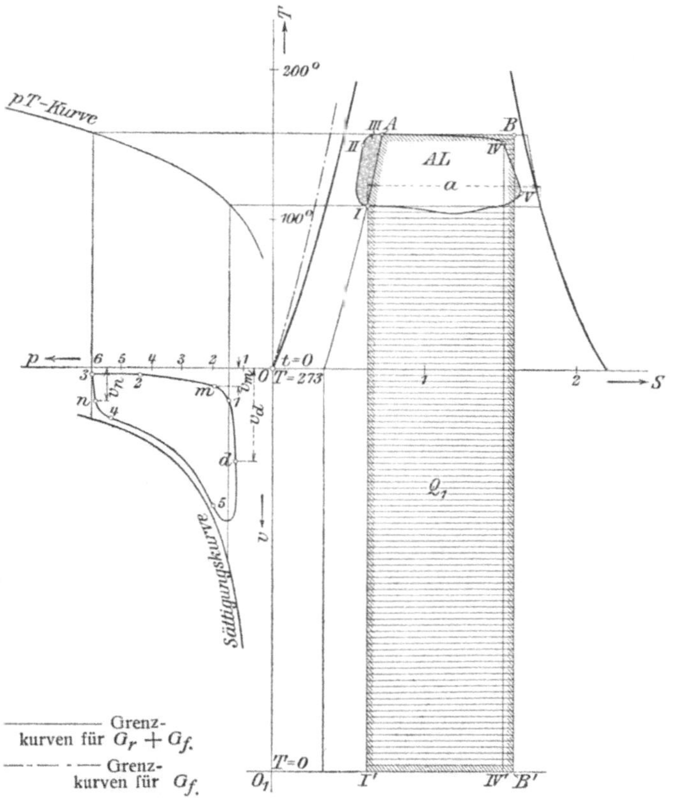

Fig. 30.

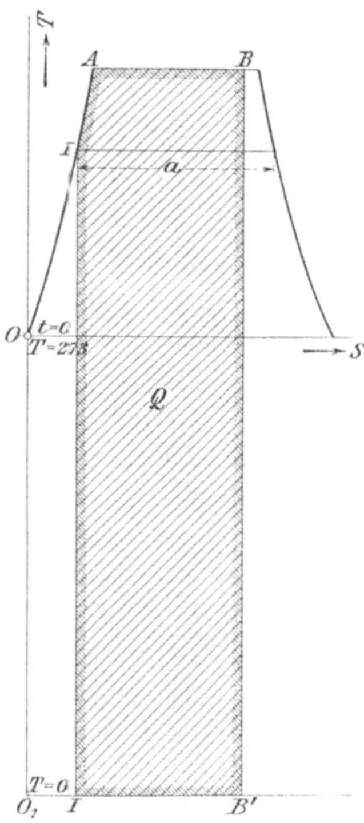

Für die Ausströmlinie 5 1 kann ebenfalls vorausgesetzt werden, daß der im Diagramm sichtbare Teil von $(G_r + G_f)$ dampfförmig, der Rest sich im Kondensator als Flüssigkeit befindet. Dann gilt auch für einen beliebigen Punkt d dieser Linie

$$x_d = \frac{v_d\, \gamma_d}{G_r + G_f}.$$

In Fig. 29 ist das Indikatordiagramm 1 2 3 4 5 1 als Wärmediagramm *I II III IV V I* für $(G_r + G_f)$ kg Dampf in den rechten oberen Quadranten eines rechtwinkligen Koordinatensystems übertragen worden und zwar entspricht Kurve *I II* der Kompression, *II III IV* der Einströmung, *IV V* der Expansion und *V I* der Ausströmung des Dampfes im Zylinder.

Gelangt der Dampf mit $x = 0{,}90$ Dampfgehalt in die Maschine und werden die dem Ende der Ausströmperiode entsprechenden Druck- und Temperaturwerte als Ausgangswerte für die Wärmezufuhr angesehen, so stellt die geränderte Fläche in Fig. 30 die zur Durchführung des wirklich ausgeführten Vorganges aufgewendete Wärme Q dar; sie ist natürlich für die Wärmemenge G_f gezeichnet, d. h. die Abszissen sind hier im Verhältnis $\frac{G_f}{G_r + G_f}$ gegenüber denen in Fig. 29 verkleinert worden.

Legt man beide Figuren aufeinander, so müssen die Punkte I zusammenfallen; denn in beiden Diagrammen stellt Punkt I den Augenblick dar, wo die Dampfmenge G_f sich als Wasser im Kessel befindet. Dann decken sich aber auch die Strecken a, denn in Fig. 29 ist $a = (G_r + G_f)\frac{r_2}{T_2}(1 - x_2)$, in Fig. 30 dagegen $a = G_f \frac{r_2}{T_2}$; da aber $x_2 = \frac{G_r}{G_r + G_f}$, folgt auch für Fig. 29: $a = G_f \frac{r_2}{T_2}$.

Legt man nun die Strecken a vom Punkt I aus übereinander, so gibt die geränderte Fläche in Fig. 29 die aufgewendete Wärme Q_1, die von den Kurven $I\,II\,III\,IV\,V\,I$ eingeschlossene Fläche die in Arbeit umgesetzte Wärme $A\,L$ an. Durch Planimetrieren beider Flächen läßt sich der thermische Wirkungsgrad

$$\eta_t = \frac{A\,L}{Q_1}$$

ermitteln, während die wagerecht schraffierte Fläche den Wärmeverlust gegenüber der nach dem Clausius-Rankine-Prozesse arbeitenden verlustlosen Maschine darstellt. Die gestrichelt schraffierte Fläche ist hierbei negativ zu nehmen.

Um den Wärmeverlust der wirklichen Maschine gegenüber der nach dem Vergleichsprozeß des Vereins deutscher Ingenieure arbeitenden verlustlosen Maschine festzustellen, müßte die Kurve unveränderlichen Volumens in das Diagramm eingetragen werden (s. vorstehend).

In Fig. 29 stellt ferner die Fläche $I\,A\,B\,B'\,I'\,I$, vermindert um diejenige $I\,II\,III\,IV\,IV'\,I'\,I$, die während der Kompressions- und Einströmperiode von den Zylinderwandungen aufgenommene Wärme dar.

Auch bei Mehrfach-Expansionsmaschinen kann das Verfahren Anwendung finden, nur erfordert z. B. bei einer Zweifach-Expansionsmaschine der Übertritt des Dampfes aus dem Hochdruck- nach dem Niederdruckzylinder eine besondere Überlegung. Man nimmt hierfür an, daß der aus dem ersteren strömende Dampf in einen Kondensator gelangt, hier verflüssigt und danach, vor Eintritt in den letzteren, in einem Kessel wieder verdampft wird.

Die Einzeichnung der beiden entsprechenden Linien kann dann wie bei der Einzylindermaschine vorgenommen werden.

Natürlich ist zu beachten, daß im Niederdruckzylinder sowohl G_r als G_f andere Werte haben als im Hochdruckzylinder und daher die Grenzkurven für jeden Zylinder besonders zu entwerfen sind.

Bezeichnet für eine Zweifach-Expansionsmaschine (in kg/std)

D den Gesamtdampfverbrauch,
D_1 die in den Hochdruckzylinder tretende Dampfmenge,
$D - D_1$ das Mantelkondensat dieses Zylinders,
d_1 die im schädlichen Raum dieses Zylinders verbleibende Dampfmenge,
$D_1 + d_1$ die in diesem Zylinder arbeitende Dampfmenge,
D_2 die in den Niederdruckzylinder tretende Dampfmenge,

d_2 die im schädlichen Raum dieses Zylinders verbleibende Dampfmenge,
$D_2 + d_2$ die in diesem Zylinder arbeitende Dampfmenge,

so beziehen sich in Fig. 31 die Grenzkurven L_1 und S_1 auf die im Hochdruckzylinder arbeitende Dampfmenge $D_1 + d_1$. B_1 stellt den Beginn der Kompression, $B_1 C_1$ die Entropie für die Dampfmenge D_1 dar. Zeichnet man die Flüssigkeitsgrenzkurve l_1 bezogen auf D_1 allein — indem man einfach die Abszissen von L_1 im Verhältnis $\frac{D_1}{D_1 + d_1}$ verkleinert — hierauf durch B_1 eine Äquidistante L_1' zu l_1 und dann die andere Grenzkurve $S_1' C_1$ — ebenfalls der Dampfmenge D_1 entsprechend — so ergibt sich ein neues Wärmediagramm, dessen Entropie $\frac{r_1}{T_1} = L_1' S_1'$ ist und dessen Fläche $L_1' O_1' 2' 3' S_1' L_1'$ die der Dampfmenge D_1 zugeführte Wärme darstellt. Die dem Mantelkondensat $D - D_1$ zugeführte Wärme ist als Rechteck $S_1' 3' 4' S_1''$ angefügt, so daß $L_1' O_1' 2' 4' S_1'' L_1'$ die gesamte zugeführte Wärme darstellt.

Fig. 31.

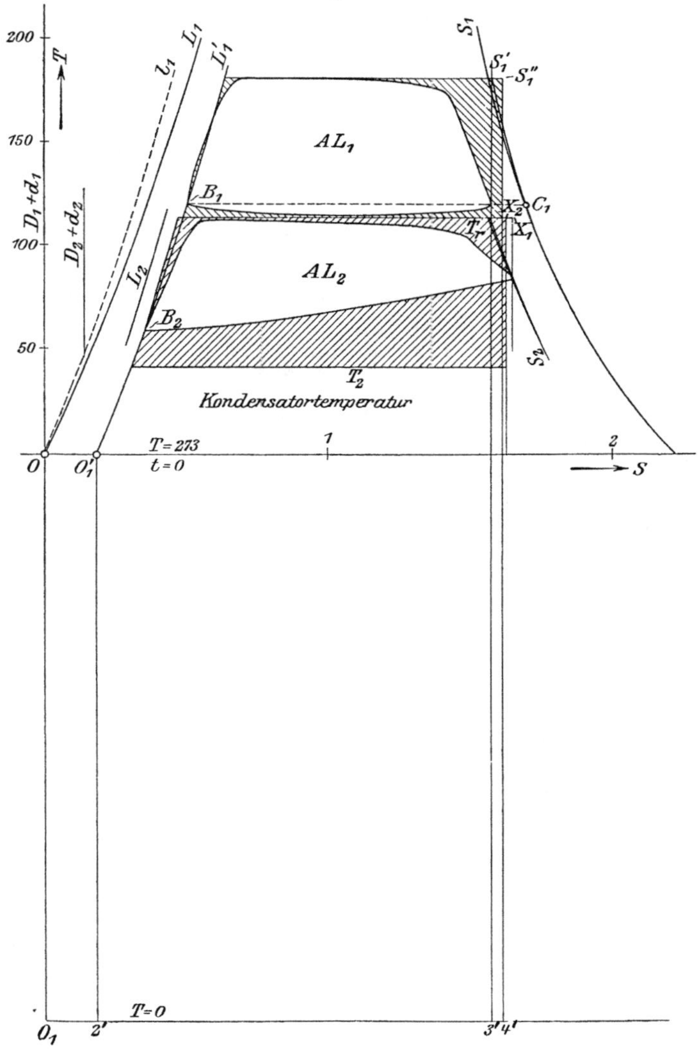

Im Niederdruckdiagramm arbeitet die Dampfmenge $D_2 + d_2$; es ergeben sich daher die neuen Grenzkurven L_2 und S_2, deren Entropieachse so gelegt wird, daß der Beginn B_2 der Kompression im Niederdruckzylinder auf die Linie $O_1' L_1'$ fällt.

Fig. 31 zeigt das auf solche Weise übertragene Diagramm einer von Schröter und Koob untersuchten, mit Sattdampf betriebenen Tandemmaschine von 250 PS.[1])

Die in der Mitte zwischen der Austrittstemperatur des Hochdruck — und der Eintrittstemperatur des Niederdruckzylinders liegende Linie T_r gibt die Temperatur des Aufnehmerdampfes an und die bis zu ihr reichende schraffierte Fläche stellt die im Hochdruckzylinder nicht ausgenutzte, daher im Aufnehmerdampf enthaltene Wärme dar, wodurch

[1]) „Mitteilungen über Forschungsarbeiten", Heft 19, S 1.

ein Zustandspunkt X_1 desselben festgelegt ist. Der diesem entsprechende spezifische Dampfgehalt x_1 folgt aus

$$(D_1 + d_1)(Q_1 - A L_1) = D_1 (q_r - x_1 \varrho_r),$$

worin Q_1 die für 1 kg Arbeitsdampf eingeführte Wärmemenge, $A L_1$ den Wärmewert der auf die gleiche Dampfmenge bezogenen indizierten Arbeit, q_r und ϱ_r die der Temperatur T_r entsprechende Flüssigkeits- bezw. Verdampfungswärme bedeutet.

Bezeichnet x_2 den spezifischen Dampfgehalt der in den Niederdruckzylinder tretenden Dampfmenge D_2, so hat man

$$D_1 (q_r + x_1 \varrho_1) = D_2 (q_r + x_2 \varrho_r) + (D_1 - D_2) q_r,$$

woraus

$$x_2 = x_1 \frac{D_1}{D_2}.$$

Die Kenntnis von x_2 ermöglicht die Eintragung des Zustandspunktes X_2; die durch denselben gelegte Adiabate begrenzt dann die Fläche der zugeführten Wärme.

Die bis zur Kondensatortemperatur reichenden schraffierten Flächen stellen den gleichartigen Clausius-Rankine-Prozeß dar.

B. Maschinen mit Heißdampf.

Wenn mit überhitztem Dampf von der Temperatur T' beim Drucke p gearbeitet wird, so ist die Entropie, gegenüber dem Sättigungszustand, für 1 kg um $c_p \ln \frac{T'}{T}$ größer; man muß also aus Druck und Volumen nach Gl. 35 oder 36 (S. 56) die Temperatur T' berechnen, die einem Punkte des Indikatordiagramms entspricht und kann dann erst diesen Punkt ins Wärmediagramm übertragen. Dieses recht umständliche Verfahren ersetzt Boulvin durch folgendes eigenartiges graphisches Verfahren.

Fig. 32.

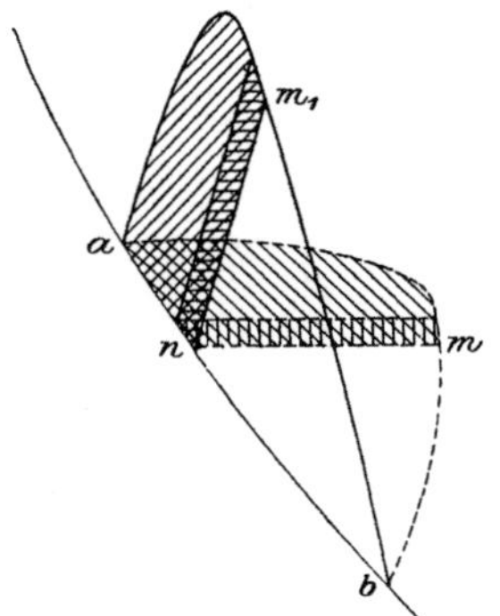

Angenommen der Dampf sei im Punkte a (Fig. 32) in den überhitzten Zustand gelangt und kehre bei b wieder in den Sättigungszustand zurück, so wird die Zustandsänderung im Überhitzungsgebiete nach dem bisherigen zeichnerischen Verfahren, da jetzt $x > 1$, durch die Kurve $a m b$ dargestellt, während sich für diese Änderung nach dem vorgenannten rechnerischen Verfahren die Kurve $a m_1 b$ ergeben würde. Nun sind aber die Wärmeflächen des wirklichen und des angenommenen Vorganges, da sie gleichen Anfangs- und Endzustand haben und dasselbe Indikatordiagramm, d. h. dieselbe äußere Arbeit liefern, einander gleich und dementsprechend müssen auch Teile dieser Wärmeflächen, wie die beiden schraffierten, wo $n m_1$ eine Kurve unveränderlichen Druckes ist, gleichen Inhalt haben. Darauf stützt sich die Konstruktion der Kurve $a m_1 b$ aus derjenigen $a m b$ (Fig. 32).

Im Entropiediagramm (Fig. 33) des überhitzten Dampfes sind bei unveränderlichem c_p die wagerechten Abstände der Kurven unveränderlichen Druckes einander gleich; mithin ist der Inhalt der von zwei solchen Kurven begrenzten Fläche $n m_1 m_1' n'$

$$dF = (T - T)\, n' n'',$$

wenn T' die Temperatur in m_1 und T diejenige in n ist und der Inhalt der gleich großen Fläche $n m m' n'$ angenähert

$$dF = n m\, d T,$$

demnach

$$\frac{T' - T}{n\,m} = \frac{d\,T}{n'\,n''}.$$

Zieht man durch m eine Parallele zur Tangente an die Grenzkurve in n und bringt sie mit der Tangente an die Kurve unveränderlichen Druckes in n zum Schnitt (Punkt x), so folgt obiges Verhältnis aus der Ähnlichkeit der Dreiecke $n\,m\,x$ und $n\,n'\,n''$; es findet sich sonach m_1 als Schnittpunkt der durch x in der Höhe $T' - T$ gezogenen Wagerechten mit der durch n gehenden Kurve unveränderlichen Druckes.

Fig. 33.

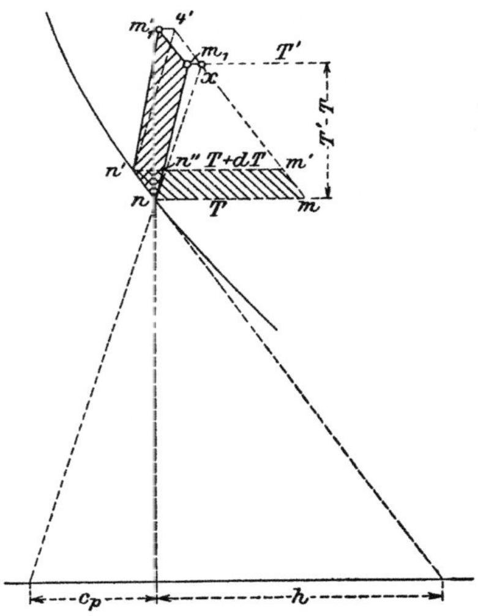

Die genaue Zeichnung der Tangenten an die Grenzkurve kann man aus der Eigenschaft des Wärmediagramms ableiten, wonach die Subtangente in einem Punkte einer beliebigen Zustandsänderungskurve gleich der spezifischen Wärme des betreffenden Punktes ist (vergl. S. 63); man braucht also nur, wie Fig. 33 ersichtlich, die Werte c_p

Fig. 34.

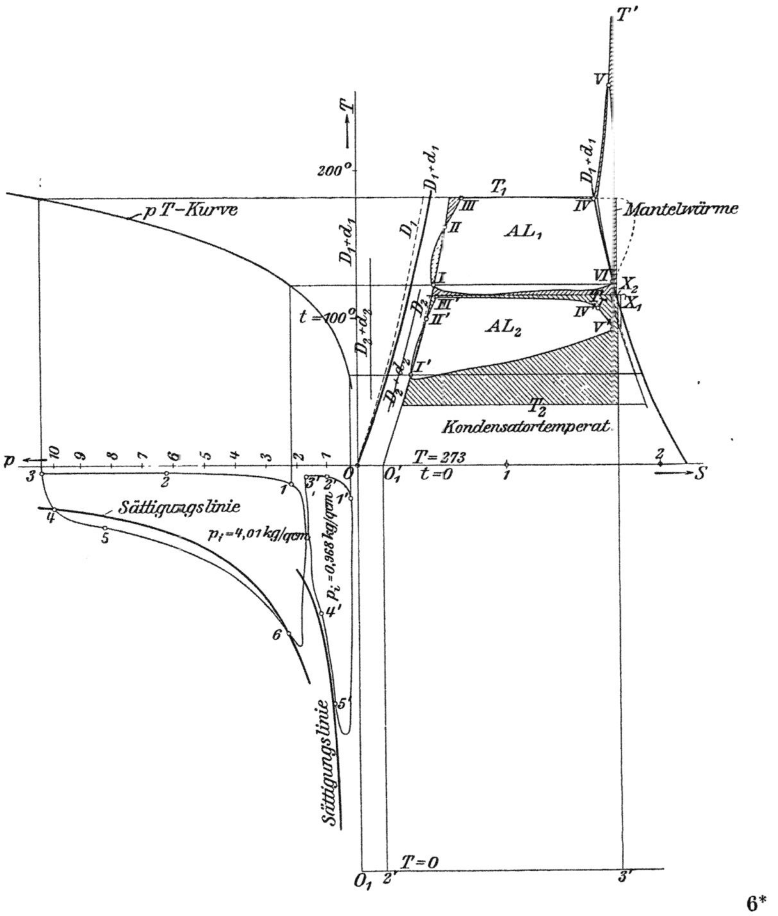

und h im Entropiemaßstab auf der Abszissenachse nach links und rechts aufzutragen, um die beiden Tangenten genau zu erhalten.

Für die spezifische Wärme des gesättigten Wasserdampfes gibt Boulvin folgende Werte an:

Temperatur °C	50	60	70	80	90	100	110	120
h =	1,474	1,397	1,325	1,258	1,193	1,133	1,075	1,019
Temperatur °C	130	140	150	160	170	180	190	200
h =	0,965	0,914	0,866	0,819	0,773	0,731	0,689	0,648

Fig. 34 (S. 83) zeigt die Übertragung des pV-Diagramms einer mit überhitztem Dampf ($p_1 = 10{,}5$ at, $t' = 300^0$) arbeitenden Verbundmaschine 325 bezw. 560/850 ($n = 127$ Uml/min) in das TS-Diagramm.

Sechster Abschnitt.

Berechnung der Dampfmaschinen.

I. Analytische Berechnung.[1]

Bezeichnet:

N_i die indizierte und N_e die effektive (Nutzleistung) in Pferdestärken (PS_i bezw. PS_e),

$\eta = \frac{N_e}{N_i}$ den mechanischen Wirkungsgrad,

p_0 die absolute Kesselspannung in at,

p die mittlere absolute Einströmspannung in at,

p' die mittlere absolute Ausströmspannung in at,

p_i die indizierte Spannung in at,

D den Zylinderdurchmesser in m,

F die wirksame Kolbenfläche in qm,

s den Kolbenhub in m, $r = 0{,}5\,s$ den Kurbelhalbmesser in m,

s_1 den Kolbenweg bis zur Absperrung in m,

$\varepsilon = \frac{s_1}{s}$ das Füllungsverhältnis (die Füllung), bei den Mehrzylindermaschinen bezogen auf den Niederdruckzylinder (sog. reduzierte Füllung ε_r),

m den Koeffizienten für den schädlichen Raum, so daß dessen Größe $F s_0 = m F s$ (in cbm) ist,

n die minutliche Umlaufzahl,

c die mittlere Kolbengeschwindigkeit in m/sek, so ist

$$N_e = \eta N_i = \frac{10000}{75} \eta\, p_i F c \quad \ldots \ldots \ldots \quad 51)$$

A. Einzylindermaschinen.

Mit Benutzung des Gesetzes $p v =$ unveränderlich für die Expansionslinie des gesättigten Dampfes ergibt sich bei Vernachlässigung der Vor-Ausströmung, der Kompression und der Vor-Einströmung des Dampfes die mittlere indizierte Spannung zu

$$p\left[\frac{s_1}{s} + \left(\frac{s_1}{s} + m\right) ln \frac{s+m}{\frac{s_1}{s} + m}\right] - p'.$$

Unter Berücksichtigung der genannten Vorgänge bei der Dampfverteilung im Zylinder läßt sich die indizierte Spannung ausdrücken durch

$$p_i = f p - f' p\,,$$

[1]) Vergl. Jos. Hrabák: „Hilfsbuch für Dampfmaschinen-Techniker“, 4. Aufl., Berlin 1906, Julius Springer.

worin

$$f = \left[\frac{s_1}{s} + \left(\frac{s_1}{s} + m\right) ln \frac{s+m}{\frac{s_1}{s}+m}\right] k \text{ und } f'$$

die **Spannungszahlen** für p und p' bedeuten[1]).

Es ist k eine Zahl, die mit Rücksicht auf die Vor-Ausströmung und Vor-Einströmung des Dampfes, sowie anderer etwaiger Abweichungen von der für die Berechnung zugrunde gelegten Dampfverteilung zu wählen ist, während f' von der Größe der Kompression abhängig ist.

Bezeichnen $s_2 : s$, $s_3 : s$ und $s_4 : s$ die relativen Kolbenwege bei Beginn der Vor-Ausströmung, der Kompression und der Vor-Einströmung, und berücksichtigt man ferner die Größe der Droßlung ϑ in dem Sinne, daß für die Einströmung bei der mittleren Spannung p

die Anfangspannung des Dampfes $= (1 + \vartheta) p$,
die Endspannung desselben $= (1 - \vartheta) p$

beträgt, so ist allgemein

$$f = \frac{s_1}{s} + (1 - \vartheta)\left(\frac{s_1}{s} + m\right) ln \frac{\frac{s_2}{s}+m}{\frac{s_1}{s}+m} + 0{,}5\,(1-\vartheta)\,\frac{\frac{s_1}{s}+m}{\frac{s_2}{s}+m}\left(1 - \frac{s_2}{s}\right) - 0{,}5\,(1+\vartheta)\left(1 - \frac{s_4}{s}\right) \quad \ldots \quad 52)$$

$$f' = \frac{s_3}{s} + 1{,}1\left(1 - \frac{s_3}{s} + m\right) ln \frac{1 - \frac{s_3}{s} + m}{1 - \frac{s_4}{s} + m} + 0{,}55\,\frac{1 - \frac{s_3}{s} + m}{1 - \frac{s_4}{s} + m}\left(1 - \frac{s_4}{s}\right) - 0{,}5\left(1 - \frac{s_2}{s}\right) \quad \ldots \quad 53)$$

Im Mittel kann bei Maschinen mit Expansionssteuerung $s_2 : s = 0{,}96$, $s_3 : s = 0{,}94$ und $s_4 : s = 0{,}998$ gesetzt werden.

Damit ergeben sich zunächst die Werte von f' in Gl. 53 als von der Größe m (des schädlichen Raumes) allein abhängig; es wird z. B. für

$m = 0{,}05$, $0{,}025$
$f' = 1{,}013$, $1{,}031$.

---

[1]) Für **Heißdampfmaschinen** gilt mit Benutzung des Gesetzes $p v^n =$ unveränderlich im analogen Falle

$$f = \left\{\frac{s_1}{s} + \frac{\frac{s_1}{s}+m}{n-1}\left[1 - \left(\frac{\frac{s_1}{s}+m}{1+m}\right)^{n-1}\right]\right\} k.$$

Hierin kann gesetzt werden:

Für **mittelhohe** Überhitzungen — 80° bei großen, 120° bei kleinen Füllungen —
$n = 1{,}1$ bezw. $1{,}20$;

für **sehr hohe** Überhitzungen — 120° bei großen, 160° bei kleinen Füllungen —
$n = 1{,}15$ bezw. $1{,}25$.

Aus Gl. 52 folgt für alle Einzylindermaschinen — ausgenommen die mit Kulissensteuerung —

$$f = \frac{s_1}{s} + (1 - \vartheta)\left(\frac{s_1}{s} + m\right)\left\{ln\,\frac{0{,}96 + m}{\frac{s_1}{s} + m} + \frac{0{,}02}{0{,}96 + m}\right\} - 0{,}001\,(1 + \vartheta).$$

Hiernach sind für mäßige und starke Droßlung — $\vartheta = 0{,}05$ bezw. $0{,}20$ — und für die Koeffizienten $m = 0{,}025$, $0{,}035$ und $0{,}05$ des schädlichen Raumes die den Füllungen $\frac{s_1}{s} = 0{,}80$ bis $0{,}05$ entsprechenden Werte von f und f' der mit Auspuff oder Kondensation arbeitenden Einzylindermaschinen berechnet und in der untenstehenden Tabelle I zusammengestellt worden.

Für Auspuffmaschinen kann $p' \sim 1{,}15$ bis $1{,}2$, für Kondensationsmaschinen $p \sim 0{,}15$ bis $0{,}2$ at (abs.) gesetzt werden.

Die in der Tabelle I enthaltenen Werte von f gelten für Maschinen mit Mantelheizung, bei denen die Expansionslinie — dem Gesetze $p\,v =$ unveränderlich folgend — als gleichseitige Hyperbel angenommen werden kann.

Bei Maschinen mit ungeheiztem Mantel wird zur Berechnung ihrer (kleineren) Dampfwirkung zwar von demselben Gesetz Gebrauch gemacht, jedoch eine entsprechend kleinere (als die wirkliche) Dampfmenge als expandierend angenommen, indem ein entsprechend kleinerer Wert von m für den schädlichen Raum in Rechnung gebracht wird, während gleichzeitig bei den Maschinen mit Mantelheizung auch eine geringere Droßlung (ϑ) anzunehmen ist, als bei den Maschinen ohne Heizmantel.

Der einer mäßigen Droßlung entsprechende Wert $\vartheta = 0{,}05$ kommt bei den verschiedenen Maschinengattungen vor, ohne daß von einer eigentlichen Droßlung die Rede sein kann.

Bei ansehnlicher Kompression des Vorderdampfes ist die Spannungszahl f' mit Einsetzung des gewählten Verhältnisses $\frac{s_2}{s}$ aus Gl. 53 zu berechnen.

Tabelle I.

Werte der Spannungszahlen f und f' zur Ermittelung der indizierten Spannung $p_i = f p - f' p'$ für Einzylindermaschinen.

Füllung $\varepsilon = \frac{s_1}{s}$	Werte der Spannungszahlen f für					
	$m = 0{,}05$		$m = 0{,}035$		$m = 0{,}025$	
	$\vartheta = 0{,}05$	$\vartheta = 0{,}20$	$\vartheta = 0{,}05$	$\vartheta = 0{,}20$	$\vartheta = 0{,}05$	$\vartheta = 0{,}20$
0,8	0,954	0,929	0,954	0,929	0,954	0,929
0,7	0,925	0,889	0,924	0,889	0,924	0,888
0,6	0,883	0,838	0,882	0,837	0,881	0,836
0,5	0,827	0,775	0,825	0,773	0,823	0,772
0,4	0,753	0,697	0,749	0,694	0,747	0,692
0,333	0,692	0,635	0,687	0,631	0,683	0,628
0,3	0,658	0,601	0,652	0,596	0,648	0,592
0,25	0,600	0,545	0,593	0,539	0,588	0,534
0,20	0,535	0,482	0,526	0,474	0,519	0,468
0,15	0,460	0,411	0,448	0,401	0,430	0,394
0,125	0,418	0,372	0,405	0,360	0,394	0,352
0,10	0,373	0,330	0,358	0,317	0,346	0,307
0,07	0,314	0,275	0,295	0,259	0,282	0,248
0,05	0,270	0,235	0,249	0,217	0,234	0,205
	$f' = 1{,}013$		$f' = 1{,}024$		$f' = 1{,}031$	

Einfacher und insbesondere zur Prüfung der Rechnung können die fertigen Mittelwerte der indizierten Spannung $p_i = f p - f' p'$ der folgenden Tabelle II entnommen werden.

Diese Werte gelten für verschiedene Einströmspannungen und Füllungen ε von Einzylindermaschinen mit geringer Kompression und kleinem schädlichen Raum ($m \sim 0{,}035$) bezw. auch für die auf den Niederdruckzylinder bezogene, sog. reduzierte Füllung (ε_r) von Mehrzylindermaschinen[1]).

Tabelle II.

Werte der indizierten Spannung $p_i = f p - f p$.

Einzylinder-Auspuffmaschinen ohne Heizung.

	ε (bzw. ε_r) =	0,20	0,25	0,30	0,33	0,40	0,50	0,60	0,70
$p' = 1{,}13$ at	$p =$ 3,0	—	0,601	0,777	0,883	1,070	1,298	1,474	1,606
	3,5	0,659	0,893	1,099	1,222	1,440	1,706	1,911	2,066
	4,0	0,918	1,185	1,420	1,561	1,810	2,114	2,349	2,525
	4,5	1,176	1,477	1,741	1,899	2,180	2,522	2,786	2,984
	5,0	1,435	1,769	2,063	2,239	2,550	2,930	3,223	3,444
	6,0	1,952	2,353	2,705	2,916	3,290	3,746	4,078	4,362
	7,0	2,469	2,937	3,348	3,594	4,030	4,562	4,972	5,281
	8,0	2,986	3,520	3,990	4,272	4,770	5,378	5,847	6,200
	9,0	3,503	4,104	4,633	4,950	5,510	6,194	6,721	7,119
	10,0	4,019	4,688	5,275	5,627	6,250	7,010	7,596	8,037

Einzylinder-Kondensationsmaschinen ohne Heizung.

	ε (bzw. ε_r) =	0,10	0,15	0,20	0,25	0,30	0,33	0,40	0,50
$p' = 0{,}21$ at	$p =$ 3,0	0,812	1,077	1,305	1,504	1,679	1,785	1,972	2,202
	3,5	0,984	1,293	1,559	1,791	1,996	2,119	2,338	2,606
	4,0	1,156	1,509	1,813	2,079	2,313	2,453	2,703	3,010
	5,0	1,499	1,941	2,321	2,653	2,946	3,122	3,434	3,817
	6,0	1,843	2,373	2,829	3,228	3,579	3,790	4,164	4,624
	7,0	2,187	2,805	3,338	3,802	4,412	4,458	4,895	5,432
	8,0	2,531	3,238	3,846	4,377	4,845	5,127	5,626	6,239
	9,0	2,874	3,670	4,354	4,952	5,478	5,795	6,536	7,047

Die Nutzleistungen normaler Einzylindermaschinen mit Heizung für je 1 m Kolbengeschwindigkeit $\left(\frac{N_e}{c}\right)$ ergeben sich aus Tabelle III.

---

[1]) Bei Mehrzylindermaschinen ist der betreffende Wert p_i der Tabelle noch mit der sog. Völligkeit zu multiplizieren, die bei Zweizylindermaschinen (Verbundmaschinen) 0,8 bis 0,9, bei Dreizylinder-Verbundmaschinen 0,75 bis 0,85 beträgt; die größeren Werte können für stark überhitzten, die kleineren für gesättigten oder schwach überhitzten Dampf genommen werden (vergl. hierüber auch S. 86).

Tabelle III.

Nutzleistungen $\frac{N_n}{c}$ normaler Einzylindermaschinen.

Zylinder-Durchmesser mm	$\varepsilon =$	Auspuff 0,15	0,25	0,33	0,5	0,7	Kondensation 0,05	0,10	0,20	0,30	0,40
200	$p=3$	—	—	2,4	3,7	4,7	—	—	3,4	4,6	5,5
	5	—	5,3	6,8	9,0	10,6	—	4,0	6,8	8,8	—
	7	6,0	9,2	11,3	—	16,7	3,7	6,3	10,3	—	—
	9	9,0	13,1	15,8	—	22,7	5,3	8,6	13,7	—	—
300	$p=3$	—	—	5,9	9,0	11,3	—	—	8,5	11,4	13,5
	5	—	12,8	16,3	21,5	25,2	—	9,7	16,3	21,1	—
	7	14,4	21,9	26,8	—	39,3	8,8	14,0	24,2	—	—
	9	21,3	30,9	37,3	—	53,3	12,3	20,2	32,1	—	—
400	$p=3$	—	—	10,9	16,5	20,5	—	—	15,9	21,1	24,8
	5	—	23,4	29,7	39,0	45,8	—	18,0	30,0	38,6	—
	7	26,2	39,7	48,6	—	71,1	16,5	27,5	44,2	—	—
	9	38,7	56,1	67,5	—	96,4	22,8	36,9	58,4	—	—
500	$p=3$	—	—	17,8	26,9	33,4	—	—	26,1	34,4	40,6
	5	—	38,0	48,1	63,1	74,0	—	29,6	48,8	62,7	—
	7	42,5	64,2	78,5	—	114,8	27,0	44,7	71,6	—	—
	9	62,6	90,6	109,0	—	155,6	37,1	59,9	94,6	—	—
600	$p=3$	—	—	26,4	39,6	49,2	—	—	38,7	50,9	60,0
	5	—	56,0	70,9	92,8	108,9	—	43,9	72,1	92,5	—
	7	62,5	94,5	115,5	—	168,7	40,2	66,1	105,6	—	—
	9	92,1	133,2	160,2	—	228,6	55,1	88,5	139,3	—	—
700	$p=3$	—	—	36,2	54,1	67,2	—	—	53,1	69,8	82,1
	5	—	76,3	96,7	126,5	148,3	—	60,2	98,5	126,2	—
	7	85,3	128,8	157,3	—	229,6	55,2	90,4	144,1	—	—
	9	129	186	224	—	320	75,4	120,8	180,8	—	—
800	$p=3$	—	—	48,7	72,6	90,1	—	—	71,6	93,8	110,2
	5	—	102,3	129,5	169,4	198,5	—	80,9	132,1	169,2	—
	7	114,3	172,5	210,6	—	307,2	74,3	121,4	193,1	—	—
	9	168	243	292	—	416	101	162	253	—	—
900	$p=3$	—	—	62,1	92,5	114,8	—	—	91,4	119,6	140,5
	5	—	130	165	215	252	—	103,3	168,4	194,2	—
	7	145	219	268	—	391	94,7	154,6	245,7	—	—
	9	214	309	371	—	529	129	206	323	—	—
1000	$p=3$	—	—	76,6	114	141,4	—	—	112,8	147,5	173,2
	5	—	160	203	265	311	—	127,4	207,4	265,4	—
	7	179	270	329	—	480	117	190	303	—	—
	9	263	380	436	—	650	159	254	398	—	—

B. Mehrzylindermaschinen.

Zur Ermittelung der Abmessungen (Zylinderdurchmesser usw.) einer Mehrzylindermaschine von gegebener Leistung N_e berechnet man zunächst die Abmessungen des Niederdruckzylinders wie bei einer Einzylindermaschine von derselben Leistung unter Zugrundelegung einer sog. reduzierten Füllung ε_r, d. h. es gilt auch hier — analog Gl. 51 —

$$N_e = \eta N_i = \frac{10\,000}{75} \eta p_i F c,$$

worin F die wirksame Kolbenfläche des Niederdruckzylinders (in qm) bedeutet.

Die auf diesen Zylinder bezogene indizierte Spannung p_i folgt — sobald das Raumverhältnis des Hochdruck- zum Niederdruckzylinder $v_1 : V$ festgelegt ist — wie bei der Einzylindermaschine zu

$$p_i = f p - f' p',$$

wenn p die mittlere Einströmspannung im Hochdruckzylinder, p' die mittlere Ausströmspannung im Niederdruckzylinder bezeichnet.

Für die verschiedenen Werte $v_1 : V$ gestaltet sich die Größe der ideellen Spannungszahl f verschieden; es ist außerdem die Größe von f noch davon abhängig, ob die Maschine ohne oder mit (geheiztem) Aufnehmer (Receiver) arbeitet.

In den nachstehenden Tabellen IV und V sind die Werte der Spannungszahlen f unter Annahme eines schädlichen Raumes des Expansionszylinders von (höchstens) $m = 0{,}03$ für die unter verschiedenen Verhältnissen arbeitenden Zwei- und Dreizylindermaschinen mit zwei- bzw. dreifacher Expansion des Arbeitsdampfes zusammengestellt.

Tabelle IV.

Zweizylindermaschinen mit Doppelsteuerung und mit Heizung mindestens am Hochdruckzylinder.

Füllung (reduz.) $\varepsilon_r = \frac{s_1}{s}$	Maschinen ohne (geheizten) Aufnehmer				Aufnehmermaschinen (mit Heizung auch des Niederdruckzylinders)				
	Ungefähres Verhältnis $v_1 : V$ der Zylinderinhalte								
	0,40	**0,333**	**0,29**	**0,25**	**0,55**	**0,50**	**0,45**	**0,40**	**0,333**
	Werte von f								
0,25	0,548	0,543	0,534	0,524	0,576	0,572	0,568	0,563	0,560
0,20	0,484	0,479	0,472	0,464	0,512	0,507	0,503	0,499	0,495
0,15	0,408	0,404	0,398	0,391	0,437	0,432	0,428	0,424	0,420
0,125	0,365	0,361	0,356	0,350	0,395	0,390	0,386	0,382	0,377
0,10	0,318	0,314	0,309	0,304	0,349	0,344	0,340	0,335	0,330
0,07	0,254	0,250	0,245	0,241	0,288	0,283	0,278	0,273	0,267
0,05	0,205	0,201	0,197	0,193	0,242	0,237	0,232	0,227	0,220
0,04	0,179	0,175	0,171	0,167	0,218	0,213	0,207	0,202	0,195

Bei den Zweizylinder-Auspuffmaschinen ist $p' = 1{,}11$ und ohne namhafte Kompression $f' = 1{,}04$, demnach

$$f' p' = 1{,}15,$$

bei den Zweizylinder-Kondensationsmaschinen $p' = 0{,}21$ und ohne (namhafte) Kompression $f' = 1{,}04$, demnach

$$f' p' = 0{,}22.$$

Bei erheblicher Kompression des Vorderdampfes — bis **nahe** zur Gegendampfspannung — kann im Mittel genommen werden

für $p =$	3	4	5	6	7	8	9
$f' =$	1,34	1,47	1,60	1,72	1,82	1,91	1,96

Tabelle V.

Dreizylindermaschinen mit dreifacher Expansion und mit Heizung mindestens am Hochdruckzylinder.

Füllung (reduz.) $\varepsilon_r = \frac{s_1}{s}$	Maschinen ohne Heizung der beiden Aufnehmer			Maschinen mit Heizung beider Aufnehmer und aller Dampfzylinder		
	Ungefähres Verhältnis $v_1 : V$ der Inhalte des Hochdruckzylinders und des Niederdruckzylinders					
	0,17	0,135	0,11	0,17	0,135	0,11
0,15	0,369	0,361	0,352	0,401	0,395	0,389
0,125	0,330	0,323	0,316	0,361	0,354	0,348
0,10	0,287	0,281	0,275	0,316	0,310	0,303
0,08	0,250	0,244	0,237	0,278	0,271	0,264
0,07	0,230	0,224	0,218	0,257	0,250	0,243
0,06	0,208	0,203	0,197	0,235	0,228	0,221
0,05	0,185	0,179	0,173	0,212	0,204	0,197
0,04	0,161	0,155	0,149	0,188	0,180	0,172
0,035	0,148	0,142	0,135	0,175	0,166	0,159
0,03	0,135	0,128	0,122	0,161	0,153	0,144
0,025	0,121	0,114	0,107	0,148	0,139	0,130
0,02	0,106	0,099	0,092	0,134	0,125	0,115

Mit Kondensation und ohne (namhafte) Kompression ist hier gleichfalls

$$f'p' = 0{,}22$$

und bei Kompression in allen drei Zylindern bis **nahe** zur Gegendampfspannung, je nach deren Größe,

$$f'p' = 0{,}28 \text{ bis } 0{,}35.$$

Mittelwerte der indizierten Spannung $p_i = fp - f'p'$ der Zwei- und Dreizylindermaschinen mit zwei- bezw. dreifacher Expansion und geringer Kompression können den folgenden Tabellen VI und VII entnommen werden.

Tabelle VI.

Zweizylinder-Kondensationsmaschinen mit zweifacher Expansion.

$\varepsilon_r = \frac{s_1}{s} =$	0,25	0,20	0,15	0,125	0,10	0,08	0,06	0,05	Kompression Δ
$p =$ 4	2,00	1,74	1,44	1,27	1,09	0,92	0,74	0,65	0,08
5	2,53	2,21	1,84	1,63	1,40	1,19	0,97	0,84	0,10
6	3,06	2,68	2,23	1,98	1,70	1.46	1,19	1,04	0,11
7	3,57	3,14	2,62	2,33	2,00	1,72	1,41	1,23	0,13
8	4,09	3,59	3,01	2,67	2,30	1,98	1,62	1,43	0,15
9	4,61	4,05	3,39	3,02	2,60	2,24	1,84	1,62	0,16
10	5,12	4,51	3,78	3,36	2,90	2,50	2,05	1,81	0,17
11	.	.	.	.	.	2,76	2,28	2,01	0,18
12	.	.	.	.	.	3,03	2,50	2.21	0,19

Tabelle VII.

Dreizylinder-Kondensationsmaschinen mit dreifacher Expansion.

$\varepsilon_r = \frac{s_1}{s} =$	0,10	0,08	0,06	0,05	0,04	0,035	0,03	0,025	Kompression Δ
$p =$ 9	2,46	2,12	1,74	1,52	1,31	1,19	1,07	0,94	0,11
10	2,73	2,35	1,93	1,69	1,45	1,32	1,18	1,04	0,12
11	3,01	2,59	2,13	1,87	1,60	1,45	1,30	1,15	0,13
12	3,29	2,83	2,33	2,04	1,75	1,59	1,42	1,25	0,14
13	3,56	3,06	2,52	2,20	1,89	1,71	1,53	1,34	0,16
14	3,83	3,29	2,71	2,37	2,03	1,84	1,64	1,44	0,18

Die Größen Δ der letzten Spalten sind bei der Kompression des Vorderdampfes bis zur Einströmspannung (bei Tabelle VI in beiden, bei Tabelle VII in allen drei Zylindern) von den Tabellenwerten abzuziehen, wenn $m = 0{,}03$; Δ und m stehen nahezu in unveränderlichem Verhältnis.

Unter der Annahme gleicher Arbeitsverteilung auf beide Zylinder der Zweizylindermaschinen ergibt sich das Raumverhältnis $v_1 : V$ derselben, wenn der Aufnehmerinhalt $r = v_1$ gewählt wird, angenähert aus den nachstehenden Tabellen VIII und IX.

Raumverhältnis $v_1 : V$ der Zweizylindermaschinen mit zweifacher Expansion.

Tabelle VIII.

Zweizylinder-Auspuffmaschinen.

Für eine Gesamtexpansion bis zur Endspannung $p_e = 1{,}8$ at				$p_e = 1{,}2$ at			
Einströmspannung p at	Füllung (reduz.) $\varepsilon_r = \frac{s_1}{s}$	Verbundmaschinen (Kurbeln unter 90°) $v_1 : V$	Woolf-Maschinen (Kurbeln unter 0° oder 180°) $v_1 : V$	Einströmspannung p at	Füllung (reduz.) $\varepsilon_r = \frac{s_1}{s}$	Verbundmaschinen (Kurbeln unter 90°) $v_1 : V$	Woolf-Maschinen (Kurbeln unter 0° oder 180°) $v_1 : V$
8	**0,225**	0,65	0,49	8	**0,150**	0,51	0,33
9	**0,200**	0,62	0,46	9	**0,133**	0,48	0,305
10	**0,180**	0,60	0,43	10	**0,120**	0,46	0,29
11	**0,164**	0,58	0,41	11	**0,109**	0,43	0,27
12	**0,150**	0,56	0,39	12	**0,100**	0,41	0,26
13	**0,139**	0,55	0,375	13	**0,092**	0,39	0,25
14	**0,129**	0,54	0,36	14	**0,086**	0,37	0,24

Tabelle IX.

Zweizylinder-Kondensationsmaschinen.

Für eine Gesamtexpansion bis zur Endspannung $p_e = 0{,}6$ at				$p_e = 0{,}4$ at			
Einströmspannung p at	Füllung (reduz.) $\varepsilon_r = \frac{s_1}{s}$	Verbundmaschinen (Kurbeln unter 90°) $v_1 : V$	Woolf-Maschinen (Kurbeln unter 0° oder 180°) $v_1 : V$	Einströmspannung p at	Füllung (reduz.) $\varepsilon_r = \frac{s_1}{s}$	Verbundmaschinen (Kurbeln unter 90°) $v_1 : V$	Woolf-Maschinen (Kurbeln unter 0° oder 180°) $v_1 : V$
4	**0,15**	0,67	0,47	4	**0,10**	0,50	0,35
5	**0,12**	0,62	0,41	5	**0,08**	0,46	0,31
6	**0,10**	0,56	0,37	6	**0,067**	0,42	0,28
7	**0,086**	0,53	0,34	7	**0,057**	0,40	0,26
8	**0,075**	0,50	0,32	8	**0,05**	0,37	0,24
9	**0,067**	0,47	0,30	9	**0,044**	0,35	0,22
10	**0,06**	0,45	0,28	10	**0,04**	0,34	0,21

Die Füllung des Hochdruckzylinders beträgt $\frac{s_1}{s} : \frac{v_1}{V}$, diejenige des Niederdruckzylinders $v_1 : V$, solange dieser Wert $< 0{,}5$ ist.

Bei den Dreizylindermaschinen mit drei unter 120° verstellten Kurbeln werden die Spannungsvorgänge in den einzelnen Zylindern und die Füllungsverhältnisse durch die Lage der Kurbel des Mitteldruckzylinders hinsichtlich der Hochdruckkurbel wesentlich beeinflußt.

Bezeichnet

v_1 den Inhalt und $s_1' : s'$ die Füllung des Hochdruckzylinders,

v_2 „ „ „ $s_1'' : s''$ „ „ „ Mitteldruckzylinders,

v „ „ „ $s_1 : S$ „ „ „ Niederdruckzylinders,

$s_1 : s$ die reduzierte Füllung der Gesamtexpansion (wie oben),

r_1 den Inhalt des ersten Aufnehmers — zwischen v_1 und v_2,

r_2 „ „ „ zweiten „ — „ v_2 „ V,

so können bei diesen Maschinen unter der Annahme gleicher Arbeitsverteilung auf alle drei Zylinder und, wenn $r_1 \sim v_1$, $r_2 \sim v_2$, ferner die Expansionsspannung (insgesamt) $p_e = 0{,}5$ at gewählt wird, die Raum- und Füllungsverhältnisse der einzelnen Zylinder der folgenden Tabelle entnommen werden.

Tabelle X.

Raum- und Füllungsverhältnisse der Dreizylindermaschinen mit dreifacher Expansion und mit drei unter 120° verstellten Kurbeln.

	Die Kurbel des Mitteldruckzylinders eilt der Hochdruckkurbel vor				der Hochdruckkurbel nach			
$p =$	9	10	12	14 at	9	10	12	14 at
$s_1 : s =$	0,056	0,050	0,042	0,036	0,056	0,050	0,042	0,036
$v_1 : V =$	0,18	0,17	0,15	0,14	0,21	0,19	0,18	0,16
$v_2 : V =$	0,67	0,65	0,60	0,57	0,57	0,55	0,53	0,51
$v_1 : v_2 =$	0,27	0,26	0,25	0,245	0,36	0,35	0,33	0,32
$s_1' : s' =$	0,31	0,30	0,28	0,26	0,27	0,26	0,24	0,22
$s_1'' : s'' =$	0,32	0,31	0,30	0,29	0,42	0,40	0,38	0,35
$S_1 : S =$	0,67	0,66	0,61	0,59	0,71	0,68	0,65	0,63

Dreizylindermaschinen mit zwei unter 90° verstellten Kurbeln, wie sie meist in liegender Anordnung — Hochdruck- und Mitteldruckzylinder mit gemeinsamer Kurbel (normale Tandemmaschine) — ausgeführt werden, erhalten für die gleiche Arbeitsverteilung auf beide Kurbeln und bei gleich großer Arbeit des Hochdruck- und Mitteldruckzylinders, wenn im übrigen wieder $r_1 \sim v_1$, $r_2 \sim v_2$ und $p_e = 0{,}5$ at, die in der nachstehenden Tabelle XI ersichtlichen Raum- und Füllungsverhältnisse.

Tabelle XI.

Raum- und Füllungsverhältnisse der Dreizylindermaschinen mit dreifacher Expansion und mit zwei unter 90° verstellten Kurbeln.

$p =$	8	9	10	12	14 at
$s_1 : s =$	0,063	0,056	0,050	0,042	0,036
$v_1 : V =$	0,12	0,11	0,10	0,086	0,076
$v_2 : V =$	0,43	0,40	0,38	0,34	0,31
$v_1 : v_2 =$	0,28	0,27	0,26	0,25	0,25
$s_1' : s' =$	0,53	0,52	0,50	0,49	0,47
$s_1'' : s'' =$	0,43	0,42	0,41	0,40	0,40
$S_1 : S =$	0,43	0,41	0,39	0,35	0,32

Bei großen Leistungen teilt man den Niederdruckzylinder und erhält dann eine Vierzylindermaschine mit dreifacher Expansion.

C. Hilfstabellen.

Tabelle XII.

Mittelwerte wirtschaftlich vorteilhaftester Füllungen.

Absolute Einströmspannung p at	Einzylinder-Auspuffmaschinen mit Expansionssteuerung	Kondensationsmaschinen			
		Einzylindermaschinen		Zweizylindermaschinen	
		ohne Heizung	mit Heizung	ohne geheizten Receiver	mit geheiztem Receiver
4	0,38—0,32	0,20—0,16	0,15—0,12	0,125—0,115	0,11 —0,10
5	0,32—0,28	0,17—0,15	0,13—0,11	0,11 —0,10	0,10 —0,09
6	0,27—0,23	0,15—0,13	0,11—0,09	0,095—0,085	0,085—0,075
8	0,22—0,19	0,14—0,12	0,09—0,08	0,085—0,075	0,07 —0,06
10	0,19—0,17	.	.	0,075—0,07	0,06 —0,05

Anmerkung. Als „normale" Füllungen herzustellender Maschinen sind Zwischenwerte, und zwar größere Werte für kleine und kleinere Werte für große Maschinen zu wählen. Die normalen Füllungen können etwas kleiner genommen werden bei hohen Brennstoffpreisen und ununterbrochenem Betriebe; dagegen können etwas größere Füllungen als normal angenommen werden bei billigem Brennstoffe oder häufig unterbrochenem Betriebe.

Bei den Zweizylinder-Auspuffmaschinen darf die absolute Endspannung der Expansion $p_e = 1{,}7$ bis $1{,}25$, bei den Dreizylinder-Kondensationsmaschinen $p_e = 0{,}6$ bis $0{,}4$ at betragen.

Tabelle XIII.

Mäßige Kolbengeschwindigkeiten c (in m/sek).

N PS	Absolute Einströmspannung p in at: 3	4	6	8	10
3	0,89	0,99	1,13	1,24	1,35
6	0,97	1,07	1,23	1,35	1,47
10	1,02	1,14	1,31	1,43	1,56
20	1,13	1,24	1,42	1,55	1,67
40	1,25	1,37	1,55	1,69	1,82
70	1,42	1,52	1,68	1,82	1,95
100	1,51	1,62	1,78	1,92	2,05
200	1,70	1,84	2,05	2,18	2,31
300	1,81	1,98	2,20	2,35	2,50
400	—	2,12	2,31	2,47	2,63
600	—	—	2,47	2,66	2,83
1000	—	—	—	2,90	3,11

Verbesserungszahl für c bei ungewöhnlichem Hubverhältnis $s : D$

$s : D$	Zahl
0,5	0,57
0,75	0,67
1,00	0,75
1,5	0,90
2,0	1,0
2,5	1,1
3	1,2
4	1,3
5	1,4

A n m e r k u n g. Die Ansätze sind empirisch; man kann sie abrunden und aus verschiedenen Gründen auch davon abweichen.

Als m i t t e l g r o ß e mittlere Kolbengeschwindigkeit kann nach H r a b á k unter gewöhnlichen Verhältnissen genommen werden

$$c = 0{,}9\sqrt{p\,s}\,.$$

Dieser Wert liefert, um 20 vH vermindert, ungefähr die in der vorstehenden Tabelle enthaltenen m ä ß i g e n Kolbengeschwindigkeiten, um etwa 25 vH vermehrt aber die g r o ß e n Kolbengeschwindigkeiten schnellgehender Dampfmaschinen.

Tabelle XIV.

Vorläufige Wirkungsgrade η und $\frac{1}{\eta}$ bei normalen Füllungen.

$\frac{N_e}{c}$	Einzylinder-Auspuffmaschinen			Kondensationsmaschinen					
				Einzylindermaschinen			Zweizylindermaschinen		
	$\frac{N_i}{c}$	η	$\frac{1}{\eta}$	$\frac{N_i}{c}$	η	$\frac{1}{\eta}$	$\frac{N_i}{c}$	η	$\frac{1}{\eta}$
3	3,9	0,759	1,318	.	.	.	.	.	.
4	5,2	0,762	1,313	.	.	.	.	.	.
6	7,8	0,767	1,304	8,5	0,716	1,397	.	.	.
8	10,4	0,771	1,297	11,1	0,723	1,383	.	.	.
10	12,9	0,775	1,291	13,7	0,729	1,372	14,6	0,685	1,460
15	19,2	0,783	1,278	20,3	0,741	1,350	21,3	0,705	1,418
20	25,3	0,789	1,267	26,6	0,751	1,332	27,7	0,723	1,383
30	37,5	0,800	1,250	39,1	0,768	1,302	40,4	0,742	1,348
40	49,1	0,814	1,229	51,1	0,783	1,277	53,0	0,755	1,325
50	60,9	0,821	1,218	63,2	0,791	1,264	65,2	0,767	1,304
60	72,5	0,827	1,210	75,2	0,797	1,255	77,3	0,777	1,291
70	84,0	0,832	1,202	87,1	0,803	1,245	89,4	0,784	1,279
80	95,5	0,837	1,195	98,9	0,809	1,237	101,6	0,787	1,270
90	106,9	0,841	1,189	110,5	0,814	1,229	113,8	0,790	1,265
100	118	0,845	1,183	122	0,819	1,221	126	0,793	1,261
120	141	0,848	1,180	146	0,823	1,215	150	0,799	1,252
140	165	0,851	1,176	169	0,827	1,209	174	0,804	1,243
160	187	0,854	1,172	193	0,830	1,204	198	0,808	1,238
180	210	0,857	1,167	216	0,833	1,200	222	0,810	1,235
200	233	0,860	1,163	239	0,836	1,196	246	0,812	1,232
300	346	0,868	1,152	354	0,848	1,179	367	0,818	1,223
400	459	0,872	1,147	469	0,853	1,172	486	0,823	1,215
500	574	0,877	1,140	583	0,858	1,166	604	0,828	1,208
600	683	0,881	1,136	696	0,862	1,161	721	0,831	1,203
700	792	0,884	1,131	808	0,865	1,156	838	0,834	1,199
800	902	0,887	1,128	922	0,868	1,153	956	0,837	1,195
1000	1125	0,889	1,125	1149	0,870	1,149	1191	0,840	1,191
1500	1674	0,896	1,116	1711	0,877	1,140	1769	0,848	1,179
2000	2220	0,901	1,110	2268	0,882	1,134	2342	0,854	1,171

Bei den Z w e i z y l i n d e r - A u s p u f f m a s c h i n e n kann η um 0,03 kleiner angenommen werden als bei den Einzylinder-Auspuffmaschinen. Bei den D r e i z y l i n d e r - K o n d e n s a t i o n s m a s c h i n e n ist η um etwa 0,02 kleiner zu nehmen als bei den Zweizylinder-Kondensationsmaschinen.

D. Leergangs-Widerstandsspannung σ (in at) und Werte μ der zusätzlichen Reibung.

Der Unterschied der indizierten Leistung und der Nutzleistung einer Dampfmaschine

$$N_i - N_e$$

entspricht derjenigen Arbeit, die zur Überwindung ihrer Nebenhindernisse erforderlich ist. Dieselben setzen sich zusammen aus dem Leergangswiderstande N_o und einer zusätzlichen Reibungsarbeit μN_e, um die der erstere infolge der mit der Belastung der Maschine wachsenden Drücke in den aufeinander gleitenden Teilen derselben vergrößert wird.

Es ist hiernach

$$N_i - N_e = N_o + \mu N_e$$

oder, wenn an Stelle der Arbeiten N_i, N_e und N_o die diesen proportionalen mittleren Spannungen p_i, p_e und σ gesetzt werden

$$p_i - p_e = \sigma + \mu p_e ,$$

woraus für die Nutzspannung p_e (in at) folgt

$$p_e = \frac{1}{1+\mu}(p_i - \sigma) .$$

Nach Hrabák kann gesetzt werden

für Einzylinder-Auspuffmaschinen: $\sigma = \sigma' + \sigma''$, worin

$$\sigma' = 0{,}042 \sqrt{p} \text{ und } \sigma'' = \frac{0{,}025}{D} \quad (D = \text{Zylinderdurchmesser in m}),$$

für Einzylinder-Kondensationsmaschinen: $\sigma = \sigma_k' + \sigma_k''$, worin

$$\sigma_k' = 0{,}025 + 0{,}05 \sqrt{p} \text{ und } \sigma_k'' = \frac{0{,}045}{D} .$$

Für Zweizylinder-Auspuffmaschinen ist σ'' um 50 vH, für Zweizylinder-Kondensationsmaschinen σ_k'' um 25 vH und für Dreizylinder-Kondensationsmaschinen um 40 vH größer zu nehmen als die obigen Formeln angeben.

Der Wert μ der zusätzlichen Reibung kann nach Hrabák für alle Maschinengattungen gesetzt werden

$$\text{für } D \leq 1 \text{ m} : \mu = \frac{0{,}10}{D + 0{,}60} ,$$

$$\text{für } D > 1 \text{ m} : \mu = \frac{0{,}40}{D + 5{,}4} .$$

Mit Benutzung der vorstehenden Formeln ergibt sich die Nutzleistung N_e einer Dampfmaschine zu

$$N_e = \frac{10\,000}{75} p_e F c = \frac{10\,000}{75} \frac{1}{1+\mu}(p_i - \sigma) F c ,$$

bezw. die wirksame Kolbenfläche derselben zu

$$F = \frac{75}{10\,000} \frac{N_e}{c} \frac{1}{p_e} = \frac{3}{400} \frac{N_e}{c} \frac{1+\mu}{p_i - \sigma} .$$

Die Größen p_i und σ lassen sich mittels des Indikators bestimmen, die versuchsmäßige Feststellung von μ ist dagegen schwer ausführbar. Man begnügt sich deshalb behufs Ermittelung der Nutzleistung einer ausgeführten Dampfmaschine mit der Berechnung ihrer indizierten und ihrer Leergangsarbeit. Der Unterschied beider Arbeiten

$$N_i - N_o = \frac{400}{3} F c (p_i - \sigma)$$

kann selbstverständlich nicht als Nutzleistung der Maschine angesehen werden; diese ergibt sich zu

$$N_e = \frac{1}{1+\mu}(N_i - N_o),$$

worin dem Faktor $\frac{1}{1+\mu}$ der empirisch-rechnungsmäßige Wert bezw. ein passender Schätzungswert beizulegen ist.

II. Berechnung mittels des Dampfdiagramms.

A. Einzylindermaschinen.

Die Zustandsänderungen, die der im Zylinder eingeschlossene Dampf erfährt, werden durch das Arbeits- oder Indikatordiagramm (pV-Diagramm) dargestellt, dessen Inhalt der vom Dampfe auf der einen Kolbenseite während einer Umdrehung der Maschine geleisteten Arbeit in mkg für 1 qcm Kolbenfläche — der sog. indizierten Arbeit — entspricht. Fig. 35 zeigt ein solches, der Deckelseite einer Einzylinder-Auspuffmaschine entnommenes Diagramm, in das noch die Linie des schädlichen Raumes OY eingezeichnet ist.

Fig 35.

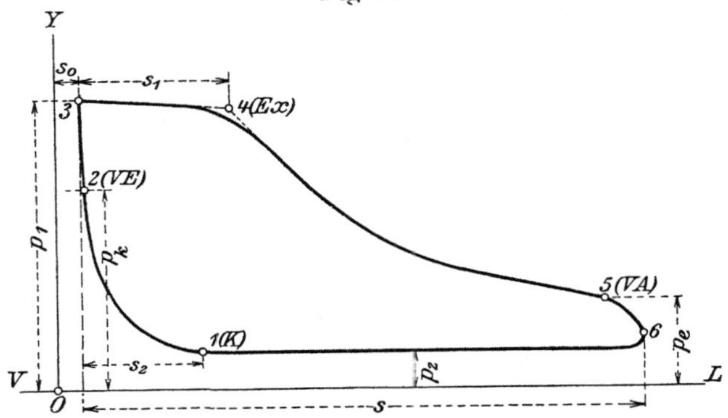

Über die einzelnen Linien eines solchen bezw. eines für eine herzustellende Dampfmaschine zu entwerfenden Diagramms ist folgendes zu bemerken.

Die Einströmspannung p_1 kann nach Maßgabe der Druckverluste in der Dampfleitung etwa gesetzt werden:

$p_1 = 0{,}87\, p_o - z$ für Maschinen mit Drosselregelung,

$p_1 = 0{,}92\, p_o - z$ bis $0{,}95\, p_o - z$ für Maschinen mit vom Regler beherrschter Steuerung,

wenn p_o die Kesselspannung, z den Druckverlust (in kg/qcm) in der Dampfleitung bezeichnet. Letzterer beträgt nach Eberle[1])

$$z = \frac{10{,}5}{10^8}\, \gamma \frac{l}{d} \cdot w^2,$$

[1]) Z. d. V. d. J. 1908, S. 663.

worin

γ das Gewicht des Dampfes in kg/cbm bei der in der Leitung herrschenden mittleren absoluten Spannung p in kg/qcm,

l die Länge und d den lichten Durchmesser der Leitung in m,

w die mittlere Dampfgeschwindigkeit in m/sek.

Die Einströmlinie 34 verläuft je nach der Dampfgeschwindigkeit in den Steuerkanälen und der Dampfleitung mehr oder weniger abfallend und geht bei schleichender Absperrung und großer Kolbengeschwindigkeit während des Schließens der Steuerkanäle allmählich in die Expansionslinie über.

Diesem Drosselungsverluste ist durch genügend weite Kanäle, hinreichende Eröffnung und schnellen Abschluß derselben wirksam zu begegnen.

Fig. 36.

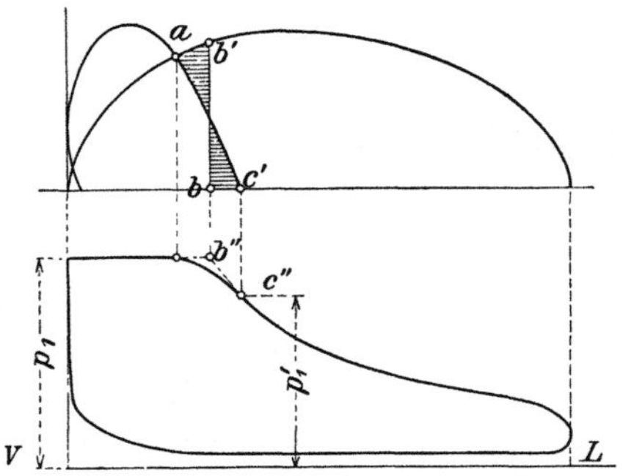

Eine angenäherte Bestimmung des Drosselungsabfalles am Ende der Füllung zeigt Fig. 36.

Es ist hier die Linie der Kolbengeschwindigkeit (S. 115) mit der Schieberellipse (S. 232) vereinigt. Die Ordinaten der ersteren sind den jeweiligen Kolbengeschwindigkeiten proportional, diejenigen der letzteren entsprechen den wirklich vorhandenen Kanalöffnungen. Der Schnittpunkt a beider Kurven kennzeichnet diejenige Kolbenstellung, bei der das Drosseln beginnt, der Punkt c' das Ende der Füllungsperiode. Zeichnet man noch die Ordinate bb' in Fig. 36 so ein, daß die schraffierten Flächen gleichen Inhalt haben, dann stellt Punkt b diejenige Füllung dar, die ohne Drosselung eintreten würde. Man braucht also nur von b'' bis zum tatsächlichen Füllungsende eine Expansionslinie zu konstruieren, um den Punkt c'' und damit den Drosselungsabfall $p_1 - p'_1$ zu erhalten.

Es kann der Abfall der Einströmlinie bei schnellaufenden Maschinen mit hoher Kompression aber auch von einer Expansion des Dampfes während der Einströmung infolge einer gewissen Beschleunigung herrühren, deren er bedarf, um dem voraneilenden Kolben folgen zu können [1]).

Bezeichnet in Fig. 35

s_1 den Kolbenweg bis zur Absperrung des Dampfes,

s den Kolbenhub, so wird (vergl. S. 85)

$\varepsilon = \frac{s_1}{s}$ das Füllungsverhältnis (die Füllung) genannt; ihre Größe ist von der Leistung der Maschine, ferner von den wirtschaftlichen Verhältnissen, unter denen dieselbe arbeiten soll, abhängig.

Als Koeffizient des schädlichen Raumes $m = \frac{s_0}{s}$ findet sich bei Maschinen mit normalem Hub

0,06	bis	0,10	für	Flachschieber und lange Dampfkanäle,
0,03	,,	0,05	,,	,, ,, kurze ,, (geteilte Grundschieber),
0,07	,,	0,15	,,	Kolbenschieber,
0,02	,,	0,04	,,	Rundschieber (Corlißhähne),
0,03	,,	0,06	,,	Ventile.

[1]) Z. d. V. d. J. 1892, S. 1478.

Die kleineren Werte gelten für niedere, die größeren Werte für höhere Kolbengeschwindigkeiten.

Die Expansionslinie 4 5 (bei *Ex* beginnend) wird mit Berücksichtigung des schädlichen Raumes aufgezeichnet und zwar bei gesättigtem Dampf — nach den Angaben auf S. 43 — als gleichseitige Hyperbel ($pv =$ unveränderlich), bei überhitztem Dampf — nach den Angaben auf S. 46 — als Adiabate ($pv^n =$ unveränderlich), wobei der Exponent n je nach der Größe der Füllung und der Überhitzungstemperatur 1,1 bis 1,25 zu setzen ist (vergl. Fußnote auf S. 86).

Die Übereinstimmung der Expansionslinie des gesättigten Dampfes mit der Isotherme der Gase ist aber nur zufällig; erstere kann als Darstellung einer polytropischen Zustandsänderung des gesättigten Dampfes mit dem Exponenten $n = 1$ angesehen werden.

In Wirklichkeit weicht die Expansionslinie oft nicht unerheblich von der Linie $pv =$ unveränderlich ab und zwar sinkt der Druck mit der Volumenvergrößerung bei Heißdampf schneller, bei Naßdampf langsamer als der genannten Zustandsgleichung entspricht.

Der Endpunkt p_e der Expansion findet sich bei Auspuffmaschinen zu etwa 1,8 bis 1,5, bei Kondensationsmaschinen zu etwa 0,9 bis 0,7 at.

Die Vor-Ausströmung (bei *VA* beginnend) ist so groß zu wählen, daß der Dampfdruck bis zum Hubwechsel nahezu bis auf die Ausströmspannung p_2 sinken kann; sie muß um so früher beginnen, je größer der Druckunterschied $p_e - p_2$, je größer die Umlaufzahl ist und je schleichender der betreffende Auslaßkanal geöffnet wird, doch ist auf die von ihrer Größe ebenfalls abhängige Kompression Rücksicht zu nehmen.

Man gibt bei Auspuffmaschinen etwa 5 bis 10 vH, bei Kondensationsmaschinen etwa 7 bis 20 vH — unter Umständen noch mehr — Voröffnen. (Hochdruckbezw. Mitteldruckzylinder mehrfacher Expansionsmaschinen, bei denen der expandierte Dampf zunächst in Zwischenbehälter strömt, erhalten wegen der geringen in Betracht kommenden Druckunterschiede entsprechend kleineres Voröffnen.)

Der Gegendruck p_2 während der Ausströmung beträgt bei ungehindertem Austritt — weite und kurze Auspuffrohre — für Auspuffmaschinen etwa 1,15 bis 1,2, für Kondensationsmaschinen etwa 0,15 bis 0,2 at (vergl. S. 87).

Die Ausströmlinie verläuft dann nahezu wagerecht und steigt nur gegen den Schluß der Periode, je nachdem der Ausströmkanal langsam oder plötzlich geschlossen wird, mehr oder weniger an.

Die Kompressionslinie 1 2 (bei *K* beginnend) wird, gleichwie die Expansionslinie des gesättigten Dampfes, als gleichseitige Hyperbel ($pv =$ unveränderlich) aufgezeichnet, obwohl sie diesem Gesetz nur angenähert folgt. Der Kompressionsenddruck beträgt dann nach Fig. 35

$$p_k = p_2 \frac{s_0 + s_2}{s_0};$$

er muß, um Druckwechsel im Triebwerke kurz vor dem Hubwechsel und damit einen ruhigen Gang der Maschine zu erzielen, den Verzögerungsenddruck der Triebwerkmassen überwiegen (vergl. S. 166), jedoch stets unter der Spannung des Einströmdampfes bleiben.

Für normale Auspuffmaschinen kann p_k bis zu etwa $^3/_4$ der Einströmspannung p_1 genommen werden; bei Kondensationsmaschinen beträgt p_k selten mehr als 2 at (abs). (Kondensationsmaschinen, die auch mit Auspuff arbeiten müssen, erhalten entweder nur so viel Kompression, als für Auspuffbetrieb noch zulässig ist, oder Einrichtungen für rasches Ändern des Kompressionsgrades — stellbare Exzenter, Daumenscheiben, Lenker oder dergl.)

Die Vor-Einströmung 23 (bei VE beginnend) hängt von der Größe des schädlichen Raumes, der Kompression und dem Eröffnungsgesetze der Steuerung ab; im Mittel kann sie 0,5 bis 1,5 vH betragen.

Nachdem mit Hilfe der vorstehenden Angaben das Arbeitsdiagramm für eine herzustellende Dampfmaschine entworfen ist, ergibt sich dessen mittlere Höhe — die sog. indizierte Spannung p_i — durch Umfahren des Diagramms mit einem Planimeter und Division des damit erhaltenen Flächeninhaltes durch die Länge des Diagramms oder aber, wenn ein Planimeter nicht zur Verfügung steht, auf rechnerischem Wege, indem man die Länge des Diagramms nach Fig. 37 in 10 gleiche Teile zerlegt. Mit den durch die Teilpunkte gezogenen Ordinaten $y_1, y_2, \ldots y_9$ und denen y_0 und y_{10} im ersten Viertel des ersten bezw. des letzten Teiles ergibt sich dann

Fig. 37.

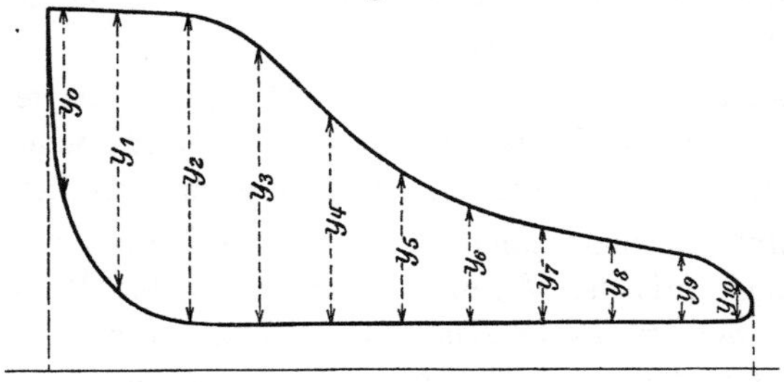

$$p_i = \frac{1}{10}\left(\frac{y_0}{2} + y_1 + y_2 + \ldots y_9 + \frac{y_{10}}{2}\right)^{1)}.$$

Zuweilen wird der vorstehende Wert noch mit einer Zahl (0,90 bis 0,95) — der sog. Völligkeit — multipliziert, um etwaigen Verlusten an Diagrammfläche gegenüber dem wirklichen Diagramm Rechnung zu tragen; es kann dies bei Einzylindermaschinen aber auch unterbleiben, wenn solche Verluste, wie z. B. Spannungsabfall während der Füllung, schon beim Entwurfsdiagramm berücksichtigt werden — wegen des Nachdampfens und aus anderen Gründen fällt ohnehin der Inhalt des wirklichen Diagramms zumeist etwas größer aus, als derjenige des Entwurfsdiagramms.

Mit der Spannung p_i (in kg/qcm) ergibt sich, wenn noch η den mechanischen Wirkungsgrad der Maschine bezeichnet — gemäß Gl. 51 (S. 85) —

$$N_e = \eta N_i = \frac{10\,000}{75} \eta \, p_i F c.$$

Über den Wirkungsgrad η siehe S. 95.

Um die Expansions- und Kompressionslinie des Diagramms einer mit Sattdampf arbeitenden Maschine in bezug auf die gleichseitige Hyberbel ($p v$ = unveränderlich) beurteilen zu können, kann diese nach dem S. 43 beschriebenen Verfahren an den betreffenden Stellen in das Diagramm eingezeichnet werden. Dadurch werden aber die Expansions- und Kompressionslinien selbst sehr undeutlich und es empfiehlt sich deshalb diese Untersuchung mittels der von Doerfel angegebenen Charakteristik vorzunehmen.

Man zieht zu dem Zwecke durch den Endpunkt 4 (Fig. 38) der Einströmlinie eine Senkrechte $4\,4'$ und teilt diese in eine Anzahl Teile, zieht durch die erhaltenen Teilpunkte von O aus Strahlen und ferner horizontale Linien, welche letztere die Expansionslinie in

[1]) Mittels der Simpsonschen Regel ergibt sich der Inhalt der Diagrammfläche indem man diese, deren Begrenzungslinien y_0 und y_{2n}, in eine gerade Anzahl ($2n$) gleiche Teile von der Breite h zerlegt und in den Teilpunkten Ordinaten $y_1, y_2 \ldots y_{2n-1}$ errichtet angenähert zu

$$F = {}^1\!/_3 h\,(y_0 + 4\,y_1 + 2\,y_2 + 4\,y_3 + \ldots + 2\,y_{2n-2} + 4\,y_{2n-1} + y_{2n}).$$

den Punkten a, b, c . . . schneiden, dann sind die Schnittpunkte a', b', c . . . der genannten Strahlen mit den Vertikallinien in a, b, c . . . Punkte der gesuchten Charakteristik; sie ist eine gerade Linie, wenn die Expansionslinie eine gleichseitige Hyperbel, wohingegen sie sich hebt oder senkt, wenn die Expansionslinie infolge Nachdampfens oder Schieberundichtheiten über bezw. unter der gleichseitigen Hyperbel liegt.

Die hierzu erforderliche Linie des schädlichen Raumes kann nach dem S. 44 beschriebenen Verfahren ermittelt werden.

Fig. 38.

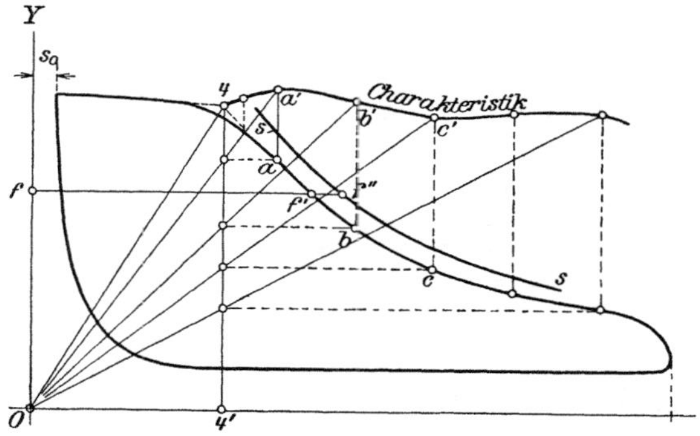

Das Verhalten des **überhitzten** Dampfes während der Expansion wird durch Einzeichnung der Sättigungskurve (vergl. S. 57) in das Diagramm klargelegt.

Die Ordinaten dieser Kurve entsprechen bekanntlich den Spannungen, die Abszissen dem jeweiligen spezifischen Volumen des trocken gesättigten Dampfes ($x = 1$).

Ist in Fig. 38 ss diese Sättigungskurve und schneidet die durch irgend einen Punkt f' der Expansionslinie gezogene Wagerechte dieselbe im Punkte f'' und die Linie OY des schädlichen Raumes im Punkte f, so gibt

$$x = \frac{ff'}{ff''}$$

den spezifischen Dampfgehalt des Gemisches im Punkte f' an. Durch das in Fig. 38 angedeutete graphische Verfahren lassen sich die den verschiedenen Punkten der Expansionslinie entsprechenden Werte von x leicht ermitteln[1]).

Im vorliegenden Falle liegt die Expansionslinie unterhalb der Sättigungskurve; der Dampf ist demnach naß. Schneiden sich beide Kurven, so gibt der Schnittpunkt diejenige Stelle an, bei der der überhitzte Dampf in den Sättigungszustand übertritt (vergl. Fig. 21).

B. Mehrzylindermaschinen.

Die theoretische Arbeit des Dampfes ist bei diesen Maschinen — allerdings ohne Rücksicht auf die schädlichen Räume — ebenso groß wie bei einer Einzylindermaschine mit dem großen Zylinder (Niederdruckzylinder), in der dieselbe Gesamtexpansion wie in der Mehrzylindermaschine stattfindet.

Die Abmessungen des Niederdruckzylinders einer herzustellenden Zwei- oder Dreizylindermaschine mit zwei- bezw. dreifacher Expansion erhält man am einfachsten aus dem mit Vernachlässigung der Vor-Ein- und Vor-Ausströmung und etwaiger Spannungsverluste des Dampfes in der Einström- und Expansionsperiode für eine gewählte, reduzierte Füllung $\frac{s_1}{S}$ gezeichneten Gesamtdiagramm (Fig. 39 bezw. 40), dessen Fläche, unter Annahme **unendlich großer Aufnehmerinhalte**, durch eine bezw. zwei **wagerechte** Linien (ef bezw. ef und gh) in zwei bezw. drei Flächen

[1]) Z. d. V. d. J. 1897, S. 1408.

Fig. 39 u. 40.

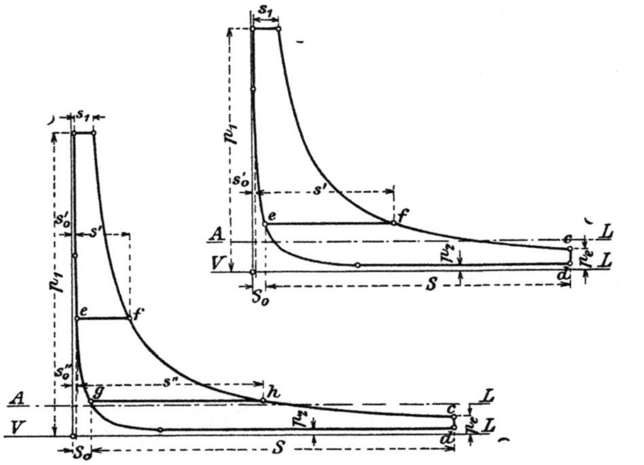

gleichen Inhaltes zerlegt ist — entsprechend nahezu gleichen Arbeitsgrößen der betreffenden Zylinder.

Das Verhältnis der Teillinien $\frac{s'}{S}$ bezw. $\frac{s'}{s''}$ und $\frac{s''}{S}$ stellt dann angenähert das Raumverhältnis $\frac{v_1}{v}$ bezw. $\frac{v_1}{v_2}$ und $\frac{v_2}{V}$ des Hochdruck- zum Niederdruckzylinder bezw. des Hochdruck- zum Mitteldruckzylinder und dasjenige des letzteren zum Niederdruckzylinder für die betreffende Maschine dar.

Dividiert man die Fläche des Gesamtdiagramms durch die Länge S des Niederdruckdiagramms, so erhält man die reduzierte Spannung und durch Multiplikation mit der Völligkeit — bei mäßigen schädlichen Räumen und Kompressionen zumeist 60 bis 75 vH — die indizierte Spannung, womit der der Gesamtleistung einer herzustellenden Maschine entsprechende Durchmesser des Niederdruckzylinders berechnet werden kann.

Im allgemeinen fallen die senkrechten Begrenzungslinien der Diagramme so aus, daß die hierdurch bestimmten Längen S_o und s'_o bezw. S_o, s''_o und s'_o in ihren Verhältnissen zu S und s' bezw. S, s'' und s' den tatsächlich auszuführenden schädlichen Räumen der betreffenden Zylinder nahezu gleichkommen; andernfalls müßten die Expansions- und Kompressionslinien für die einzelnen Zylinder von verschiedenen Polen auf der Vakuumlinie aus konstruiert werden.

Das Raumverhältnis der Zylinder wird bei zweimaliger Expansion 1 : 2,25 bis 3, bei dreimaliger Expansion 1 : 2,25 bis 2,8 : 5 bis 7 gewählt, derart, daß sich runde Maße für die Zylinderbohrungen ergeben (siehe auch S. 92 u. ff.).

Zu kleine Hochdruckzylinder beeinträchtigen die Regelung und Leistungsfähigkeit der Maschine; daher ist bei Dreizylindermaschinen mit hohen Anforderungen $\sim$ 1 : 5 zweckmäßiger als 1 : 7, ebenso bei Überhitzung.

Aus dem Raumverhältnis ergeben sich die Längen der Diagramme des Hochdruck- und Mitteldruckzylinders; dieselben können dann mit den entsprechenden schädlichen Räumen in das Gesamtdiagramm eingetragen werden.

In Fig. 39 und 40 sind die Trennungslinien ef bezw. ef und gh der Einzeldiagramme, da die Aufnehmerinhalte unendlich groß angenommen wurden, wagerechte Gerade und es findet der Übertritt des Dampfes aus dem Hochdruck- oder Mitteldruckzylinder in den Aufnehmer und aus diesem in den nächsten Zylinder ohne Spannungsabfall statt. Ein solcher, z. B. cd in Fig. 41, verursacht allerdings einen Ausfall an Diagrammfläche, doch bedeutet dieser noch keine Erhöhung des Dampfverbrauches. Denn der Spannungsunterschied erleichtert das Überströmen des Dampfes nach und aus dem Aufnehmer und es werden die Drosselungsverluste vermieden, die in einem in Spitzen auslaufenden Diagramm auftreten.

Auch ist zu beachten, daß hierdurch das Volumen des Hochdruckzylinders verkleinert, die Maschine sonach billiger und eine vergrößerte Füllung, demzufolge eine entsprechende

Verkleinerung der Kanäle und der schädlichen Oberflächen derselben eintreten wird — Vorteile, die den Ausfall an Diagrammfläche mehr als aufheben können [1]).

Da von einem Spannungssprung auch die Einzelleistungen der Zylinder einer Mehrfach-Expansionsmaschine abhängig sind, bietet derselbe ferner ein bequemes Mittel, unzweckmäßige Verhältnisse nach dieser Richtung hin zu verbessern.

Unter Berücksichtigung der endlichen Größe der Aufnehmer finden sich die Überströmlinien des Dampfes, die die Diagramme der einzelnen Zylinder gegeneinander begrenzen, aus dem durch Aufzeichnen der Kolbenweglinien entstandenen Raumdiagramm.

Fig. 41.

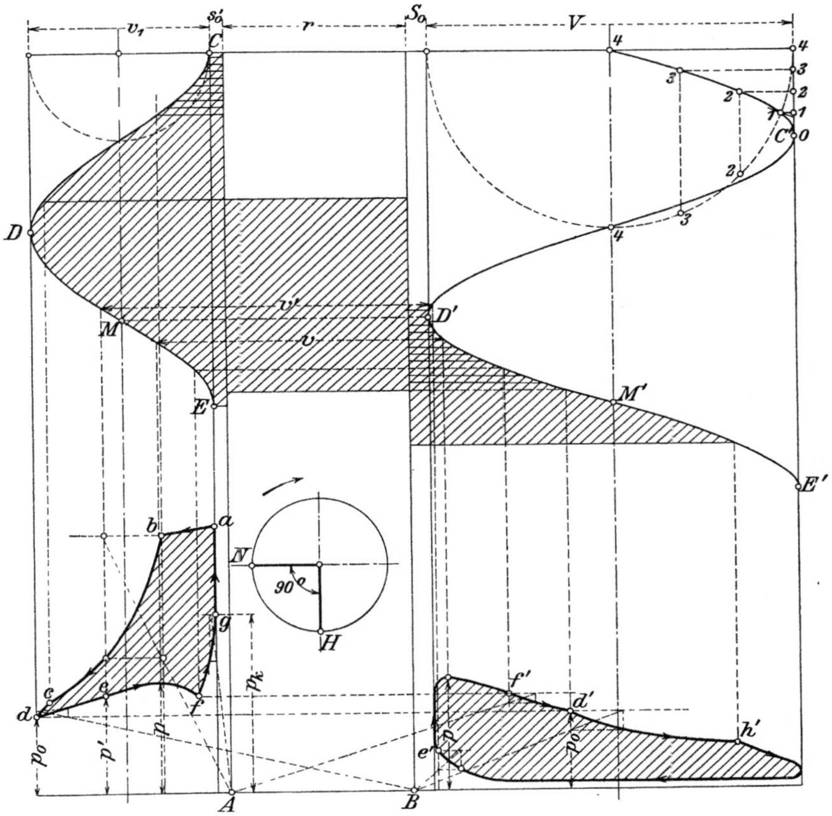

Ein solches Diagramm, das die einer Reihe aufeinander folgender Kurbellagen entsprechenden Kolbenstellungen enthält, gestattet die jeweilig zwischen den Kolben eingeschlossenen Räume samt Aufnehmerinhalt und schädlichen Räume zu entnehmen. Hierbei werden die Zylinderinhalte v_1 und V bezw. v_1, v_2 und V als Hublängen, die schädlichen Räume s'_o und S_o bezw. s'_o, s''_o und S_o, ferner die Aufnehmerinhalte r bezw. r_1 und r_2 in der Fig. 41 bis 43 ersichtlichen Weise aufgetragen.

Bei der Aufzeichnung der Kolbenweglinien muß der von den Kurbeln eingeschlossene Winkel und die gegenseitige Lage der Kurbeln — der Drehrichtung nach — berücksichtigt werden.

[1]) Z. d. V. d. J. 1899, S. 488.

a. Raumdiagramme[1].

1. Raumdiagramm für Verbundmaschinen mit Kurbeln unter 90°.

Fig. 41 (S. 103).

Niederdruckkurbel eilt vor.

Es sind hier die Raumverhältnisse $v_1 : V = 0{,}5 = 1 : 2$ und $v_1 : r = 1$ einer mit Kondensation arbeitenden Verbundmaschine zugrunde gelegt, deren schädliche Räume s'_o und S_o 0,06 der zugehörigen Zylinderinhalte betragen. — Die Kolbenweglinien CDE und $C'D'E'$, deren Abszissen den Kolbenwegen und deren Ordinaten den Zeiten proportional sind, in denen gleiche Strecken des Kurbelkreises von dem mit gleichförmiger Geschwindigkeit sich drehenden Kurbelzapfenmittel durchlaufen werden (vergl. S. 233), sind für unendliche Schubstangenlänge und so gezeichnet, daß — entsprechend 90° Kurbelwinkel — der der Totlage des Niederdruckkolbens entsprechende Punkt D' mit dem der Mittellage des Hochdruckkolbens entsprechenden Punkte M in gleicher Höhe liegt.

Im Hochdruckdiagramm ist ab Einströmung, bc Expansion (gleichseitige Hyperbel von A aus), cd Vor-Ausströmung in den Aufnehmer, und wenn der Niederdruckeinlaß noch nicht abgesperrt war, sog. zweite Einströmung in diesen, die zumeist ganz zweckmäßig und erwünscht ist. Von d (oder dem einer späteren Absperrung des Niederdruckzylinders entsprechenden Punkte) Kompression im Hochdruckzylinder (nebst schädlichem Raume) und im Aufnehmer; daher de Kompressionslinie (gleichseitige Hyperbel von B aus). In e Eröffnung des Niederdruckzylinders — mitunter im Hochdruckdiagramm durch eine kleine Zacke infolge plötzlicher Senkung der Ausströmlinie gekennzeichnet, wenn der schädliche Raum des Niederdruckzylinders viel Dampf brauchte, oder umgekehrt bei übermäßiger Kompression. Von e bis f gemeinsamer Vorgang in beiden Zylindern und im Aufnehmer. Bestimmung der Kurve durch rechnerische Ermittelung des betreffenden p für zugehöriges v mittels der Gleichung $pv = p'v' =$ unveränderlich; die v sind aus dem Diagramm zu entnehmen.

Damit ist die Überströmlinie ermittelt; sie findet sich mit einigem Druckverlust wegen Dampfgeschwindigkeit und Länge des Dampfweges im Niederdruckdiagramm von e' bis f' mit Hilfe der Kolbenweglinien. Von f' Expansion im Aufnehmer und Niederdruckzylinder allein, daher $f'd'$ Expansionslinie (gleichseitige Hyperbel von A aus). Der Abschluß des Niederdruckzylinders muß so erfolgen, daß im Aufnehmer die Spannung p_o zurückbleibt; daher Punkt d' in gleicher Höhe mit Punkt d des Hochdruckdiagramms. (Wegen der Droßlung vor dem Schluß der Steuerung liegt d' jedenfalls etwas unter dem gleichzeitigen Druck im Aufnehmer.) Durch Vergrößerung der Füllung im Niederdruckzylinder kann man p_o und den zugehörigen Aufnehmerdruck nach Bedarf niedriger halten und durch den dann größeren Spannungsabfall die Leistung des Hochdruckzylinders erhöhen, diejenige des Niederdruckzylinders vermindern. Von d' Expansion im Niederdruckzylinder; daher $d'h'$ Expansionslinie (gleichseitige Hyperbel von B aus). Im Punkte h' beginnt die Vor-Ausströmung.

Im Hochdruckdiagramm ist noch fg Kompression (gleichseitige Hyperbel von A aus) für den angenommenen Enddruck p_k der Kompression, womit sich durch Rückwärtskonstruktion f als Schnittpunkt mit ef bestimmt.

---

[1]) M. Schröter: „Methode der graphischen Behandlung mehrzylindriger Dampfmaschinen," Z. d. V. d. I. 1884, S. 191.

2. Raumdiagramm für Woolf-Maschinen mit Kurbeln unter 0° (Tandem-Verbundmaschinen). Fig. 42.

Raumverhältnisse der mit gleichläufigen Kolben arbeitenden Kondensationsmaschine: $v_1 : V = 0{,}33 \sim 1:3$ und $r = v_1 = 1$, ferner Volumen der schädlichen Räume s'_o und $S_o = 0{,}05\ v_1$ bezw. $0{,}05\ V$.

Die der Totlage der Kurbel entsprechenden Punkte D und D' liegen in gleicher Höhe.

Im Hochdruckdiagramm ist ab Einströmung, bc Expansion und cd Vor-Ausströmung in den Aufnehmer wie vordem (Fig. 41); dann folgt de als Kurve der Über-

Fig. 42.

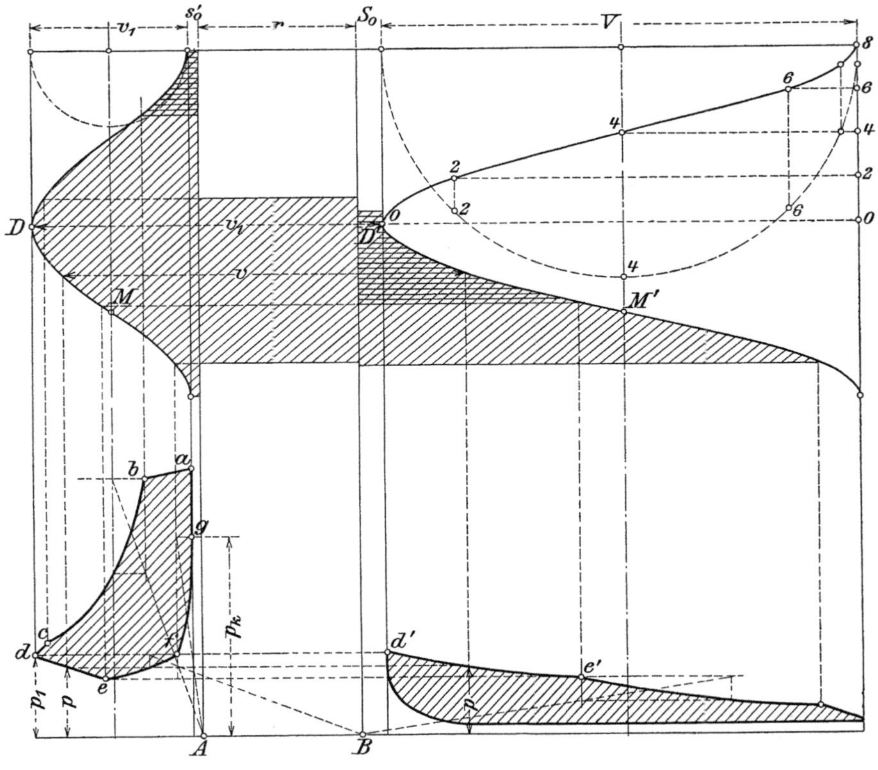

strömung mit Expansion in beiden Zylindern. Nach erfolgter Absperrung bei e findet Expansion im Niederdruckzylinder allein statt, während der Hochdruckkolben den Aufnehmerdampf von e nach f komprimiert. fg Kompressionslinie im Hochdruckzylinder. Angestrebt wird, die Spannung p_1 — bei f ungefähr — auf diejenige bei c oder d zu bringen, um damit einen möglichst kleinen Spannungsabfall zu erhalten. Steigt p_1 höher, so tritt bei d Aufnehmerdampf in den Hochdruckzylinder zurück und es läuft das Diagramm hier in eine Spitze oder Schleife aus.

Bei größeren Füllungen des Hochdruckzylinders wächst der Spannungsabfall.

Die Überströmlinien können durch Rechnung mittels der Beziehung $p\,v = p_1 v_1 =$ unveränderlich ermittelt werden, doch ist zu beachten, daß sowohl für die Überström-Expansion, als auch für die Aufnehmer-Kompression veränderliche Exponenten < 1 gelten.

3. Woolf-Maschinen mit Kurbeln unter 180°.

Die Konstruktion des Raumdiagramms dieser mit gegenläufigen Kolben arbeitenden Maschinen ist, wie unter 2 angegeben, doch bleibt zu beachten, daß, weil hier die gleichen Kolbenseiten beider Zylinder zusammen arbeiten, die Wege der hinteren Hubhälfte des einen Zylinders mit den kleineren Wegen der vorderen Hubhälfte des anderen Zylinders zusammenfallen, die Form der Diagramme demnach durch die endliche Schubstangenlänge wesentlich beeinflußt wird.

Man zeichnet deshalb die Kolbenweglinien unter Berücksichtigung dieser Länge.

Fig. 43.

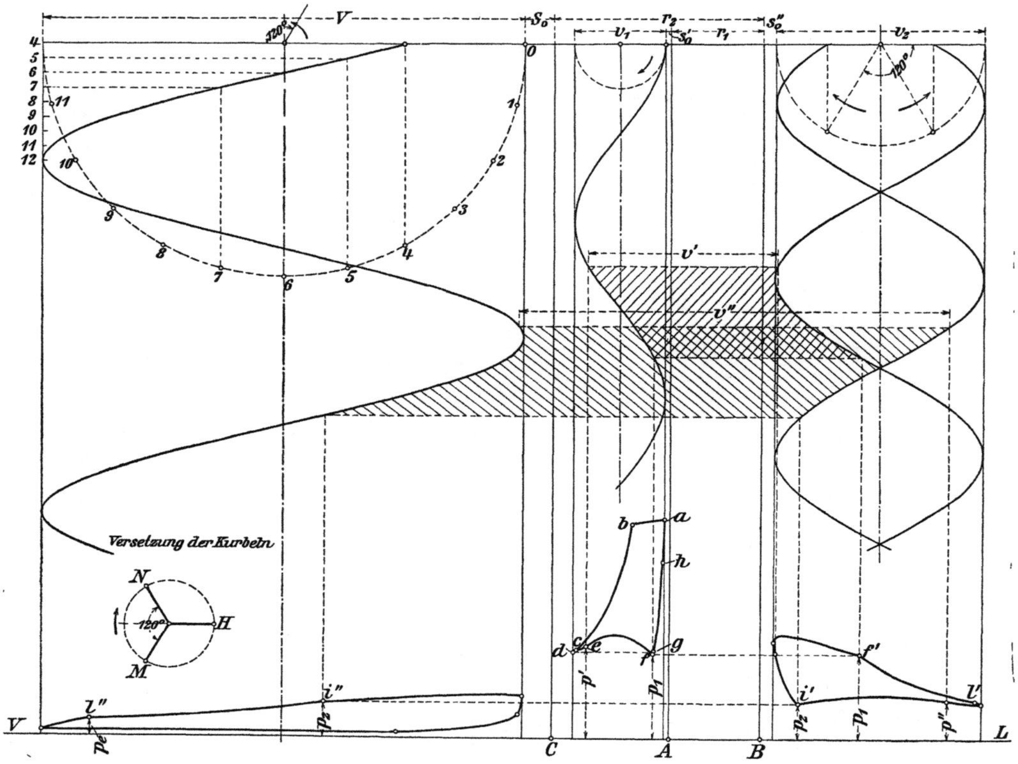

4. Raumdiagramm für Mehrzylindermaschinen mit dreifacher Expansion.

Fig. 43.

Liegende Maschinen werden meist mit zwei Kurbeln — Hochdruck- und Mitteldruckzylinder in Tandemanordnung an einer, der Niederdruckzylinder allein an der anderen um 90° vorausgehenden Kurbel —, stehende Maschinen meist mit drei unter 120° gegenseitig versetzten Kurbeln — Niederdruckkurbel voraus, hierauf Mitteldruck-, dann Hochdruckkurbel — ausgeführt.

Fig. 43 zeigt das Diagramm für Kurbeln unter 120° — Niederdruckzylinder vorausgehend — mit den Raumverhältnisse $v_1 : v_2 : V = 1 : 2{,}3 : 5{,}3$, $r_1 = v_1$, $r_2 = v_2$, ferner den schädlichen Räumen s'_o, s''_o und S_o zu je 0,06 des zugehörigen Zylinderinhaltes.

Die Kolbenweglinien sind, den Kurbelstellungen entsprechend, versetzt.

Im Hochdruckdiagramm ist wieder ab die Einströmung, bc die Expansion und cd die Vor-Ausströmung; es ist ferner de Kompression im Hochdruckzylinder (nebst schädlichem Raum) und erstem Aufnehmer (gleichseitige Hyperbel von B aus). Von e bis f gemeinsamer Vorgang im Hochdruckzylinder, erstem Aufnehmer und Mitteldruckzylinder — Bestimmung der Kurve nach $p\,v =$ unveränderlich durch Berechnen von p für die gegebenen v.

$f\,g$ Kompression im Hochdruckzylinder und ersten Aufnehmer (gleichseitige Hyperbel von B aus), $g\,h$ Kompression im Hochdruckzylinder allein (gleichseitige Hyperbel von A aus), $h\,a$ Vor-Einströmung. Rückwärtskonstruktion von $g\,h$ (g in gleicher Höhe mit d) und $f\,g$ gibt den Schnittpunkt f.

Dieser Vorgang wiederholt sich für den Mitteldruck- und Niederdruckzylinder. In dem ersteren Expansion $f'\,l'$ (f' in gleicher Höhe mit f), in dem letzteren Expansion $i''\,l''$ (i'' in gleicher Höhe mit i').

Fig. 43 a.

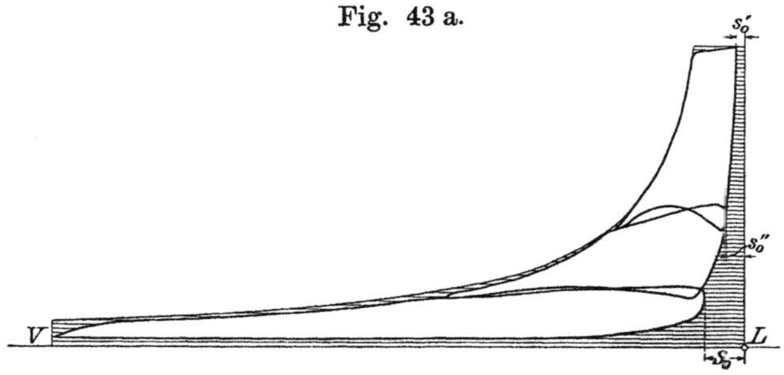

Trägt man die mit Berücksichtigung der endlichen Größe der Aufnehmer erhaltenen einzelnen Diagramme — z. B. derjenigen des in Fig. 43 ersichtlichen Raumdiagramms — zu einem (theoretischen) Gesamtdiagramm (Fig. 43 a) zusammen, legt durch den äußersten Punkt der Expansionslinie — bei gesättigtem Dampf meist zu Ende der Expansion im Hochdruckzylinder, bei überhitztem Dampf zu deren Beginn — eine umschließende Hyperbel und begrenzt dieselbe durch den höchsten Einströmdruck, die Endordinate des Niederdruckdiagramms und die Nullinie bei Kondensation bezw. die atmosphärische Linie bei Auspuff, so geben die durch wagerechte Linien schraffierten Flächen dieses Diagramms die Verluste gegenüber dem ideellen Diagramm der entsprechenden Einzylindermaschine an.

An diesen Verlusten haben die schädlichen Räume, die Kompressionsarbeit, Vor-Ausströmung und der Gegendruck einen leicht nachweisbaren Anteil; schwieriger sind andere Druckverluste, wie z. B. diejenigen zwischen den einzelnen Diagrammen oder solche, die infolge Abstandes der Expansionslinie von der umschließenden Hyperbel auftreten, zu beurteilen.

b. Rankinisieren der Diagramme.

Das wirkliche Gesamtdiagramm einer ausgeführten Mehrfach-Expansionsmaschine und damit ein übersichtliches Bild der Gesamtexpansion des Dampfes in

Fig. 44.

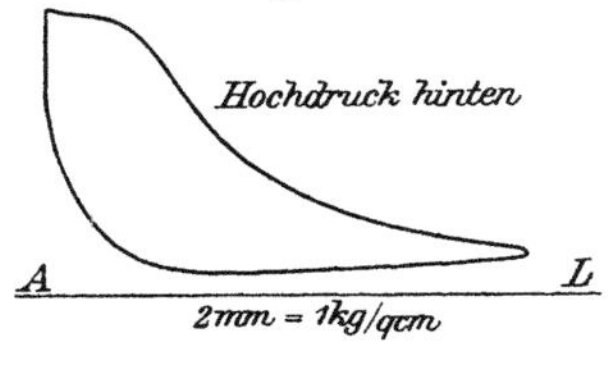

Fig. 45.

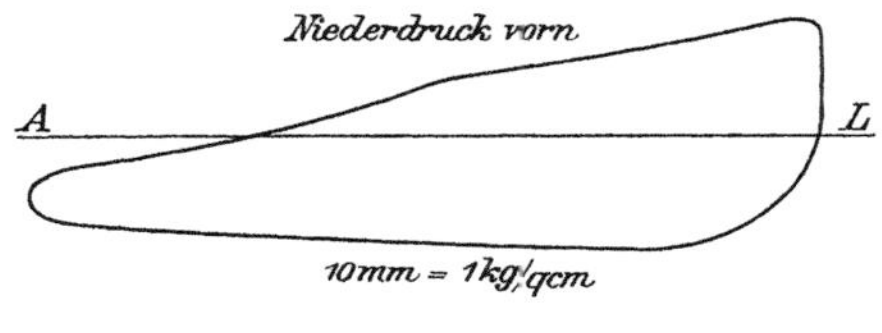

dieser erhält man nach dem Verfahren von Rankine, wenn man die mittels Indikators abgenommenen Diagramme der einzelnen Zylinder, z. B. diejenigen einer liegenden Verbundmaschine 430 bzw. 710/450 ($n = 150$ Uml/min), die in Fig. 44 u. 45 (S. 107) dargestellt sind, auf gleichen Maßstab — zumeist auf denjenigen des Niederdruckzylinders — und auf gleiche Länge bringt, sodann die reduzierte Länge des letzteren im Verhältnis der Zylindervolumen $\frac{V}{v_1}$ vergrößert und nun beide Diagramme so untereinander legt, daß, wie Fig. 46 ersichtlich, der Abstand s'_0 von der Y-Achse dem schädlichen Raume des Hochdruckzylinders, derjenige S_0 dem schädlichen Raume des Niederdruckzylinders entspricht.

Fig. 46.

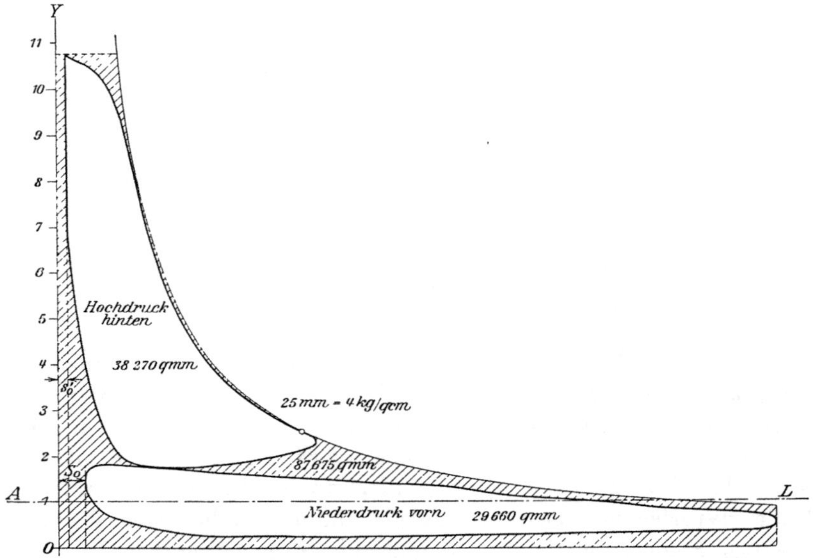

Die Summe der Arbeitsflächen des rankinisierten Diagramms gibt, durch die von der umschließenden Hyperbel und den Koordinatenachsen gebildete Fläche geteilt, die „Völligkeit“.

Die schraffierten Flächen entsprechen den Verlusten gegenüber dem ideellen Diagramm der entsprechenden Einzylindermaschine.

Im vorliegenden Falle ist die Völligkeit: $\frac{38\,270 + 29\,660}{87\,675} = \frac{67\,930}{87\,675} = \mathbf{0{,}775}$.

Siebenter Abschnitt.

Der Dampfverbrauch.[1]

Der Dampfverbrauch einer Maschine setzt sich zusammen aus dem nutzbaren Dampfverbrauch und aus den Dampfverlusten.

Der nutzbare Dampfverbrauch läßt sich aus dem Indikatordiagramm ermitteln; er beträgt — mit Beibehaltung der früheren Bezeichnungen (S. 85 und 86) — für den Kolbenhub einer mit gesättigtem oder mit überhitztem Dampf betriebenen Einzylindermaschine angenähert

$$F s\left[\left(\frac{s_1}{s}+m\right)\gamma_1-1{,}1\left(1-\frac{s_3}{s}+m\right)\gamma_2\right] \text{kg},$$

wenn γ_1 das spezifische Gewicht des Einströmdampfes — aus den Tabellen (S. 69 bezw. S. 71) zu entnehmen — γ_2 dasjenige des Ausströmdampfes — 0,660 für Auspuff und 0,137 für Kondensation — bezeichnet, demnach — da $c=\frac{n s}{30}$ und $N_i=\frac{10\,000}{75} F p_i c$ — nutzbarer Dampfverbrauch für 1 PS_i/std

$$D_i'=\frac{27}{p_i}\left[\left(\frac{s_1}{s}+m\right)\gamma_1-1{,}1\left(1-\frac{s_3}{s}+m\right)\gamma_2\right] \text{kg} \quad \ldots\ldots \quad \mathbf{54)}$$

Bei Mehrzylindermaschinen kommt zur angenäherten Berechnung des nutzbaren Dampfverbrauches nur der Hochdruckzylinder in Betracht; es kann hier ebenfalls die vorstehende Gleichung benutzt werden, nur ist in diese für

$\frac{s_1}{s}$ die reduzierte Füllung,

m der Koeffizient des schädlichen Raumes beim Hochdruckzylinder, bezogen auf den Niederdruckzylinder $=m\frac{v_1}{V}$,

γ_2 das spezifische Gewicht des Vorderdampfes im Hochdruckzylinder bei Beginn der Kompression

einzuführen.

Bei der Kompression des Vorderdampfes bis zur Einströmspannung soll mindestens

$$D_i'=\frac{27}{p_i}\frac{s_1}{s}\gamma_1 \quad \ldots\ldots \quad \mathbf{54a)}$$

betragen.

In den vorstehenden Gleichungen ist unberücksichtigt geblieben, ob die Dampfzylinder und Aufnehmer mit einem Heizmantel versehen sind oder nicht; bei der Division mit p_i ergibt sich somit der nutzbare Dampfverbrauch auch für 1 PS_i/std bei Heizung der

---

[1] Vergl. Jos. Hrabák: „Hilfsbuch für Dampfmaschinen-Techniker," 4. Aufl., Berlin 1906, Julius Springer.

Zylinder und Aufnehmer in demselben Verhältnis kleiner, in welchem hierdurch p_i bezw. die Leistung der Maschine erhöht wird.

Die nachstehende Tabelle XV enthält hierauf bezügliche Werte für den nutzbaren Dampfverbrauch gewöhnlicher Einzylinder- und Zweizylindermaschinen in kg für 1 PS_i/std.

Tabelle XV.

Nutzbarer Dampfverbrauch D_i' gewöhnlicher Dampfmaschinen in kg für 1 PS_i/std.[1])

Einzylinder-Auspuffmaschinen mit Heizung.

Füllung $\varepsilon =$	0,7	0,6	0,5	0,4	0,3	0,25	0,20	0,15	0,125	0,10
$p =$ 5	4,46	13,26	12,17	11,21	10,44	10,16	10,05	10,28	10,70	—
6	13,66	12,49	11,42	10,45	9,62	9,27	9,02	8,96	9,09	9,44
7	13,10	11,96	10,91	9,95	9,09	8,72	8,40	8,22	8,22	8,36
8	12,71	11,59	10,56	9,60	8,73	8,34	8,00	7,74	7,68	7,71
9	12,40	11,29	10,38	9,33	8,46	8,06	7,70	7,40	7,30	7,27
10	12,15	11,07	10,06	9,12	8,25	7,85	7,47	7,14	7,02	6,95

Bei Maschinen ohne Heizung ist D_i' um etwa 1 bis 10 vH größer und zwar 1 vH bei 0,70 und 10 vH bei 0,10 Füllung.

Einzylinder-Kondensationsmaschinen mit Heizung.

Füllung $\varepsilon =$	0,6	0,5	0,4	0,3	0,25	0,20	0,15	0,10	0,07	0,05
$p =$ 5	10,73	9,72	8,75	7,83	7,38	6,94	6,50	6,10	5,89	5,78
6	10,53	9,54	8,59	7,68	7,23	6,79	6,36	5,94	5,72	5,60
7	10,38	9,39	8,45	7,55	7,11	6,67	6,24	5,82	5,59	5,47
8	10,26	9,29	8,36	7,46	7,02	6,59	6,15	5,74	5,50	5,37
9	10,16	9,19	8,27	7,38	6,94	6,51	6,08	5,66	5,42	5,29

Bei Maschinen ohne Heizung ist D_i' um etwa 2 bis 15 vH größer und zwar 2 vH bei 0,60 und 15 vH bei 0,05 Füllung.

Zweizylinder-Kondensationsmaschinen mit geheiztem Aufnehmer.

Füllung (reduz.) $\varepsilon =$	0,25	0,20	0,15	0,125	0,10	0,08	0,07	0,06	0,05	0,04
$p =$ 5	6,93	6,33	5,69	5,35	5,12	4,95	4,88	4,81	4,73	—
6	6,85	6,24	5,60	5,25	4,93	4,75	4,67	4,58	4,50	4,44
7	6,76	6,15	5,50	5,15	4,77	4,55	4,45	4,36	4,27	4,18
8	6,71	6,10	5,45	5,10	4,72	4,44	4,34	4,24	4,15	4,05
9	6,67	6,05	5,40	5,05	4,67	4,33	4,23	4,13	4,02	3,92
10	6,62	6,00	5,36	5,00	4,62	4,23	4,12	4,01	3,90	3,79

Bei Maschinen ohne geheizten Aufnehmer ist D_i' um etwa 2 bis 15 vH größer und zwar 2 vH bei 0,25 und 15 vH bei 0,04 Füllung.

[1]) Sorgfältig ausgeführte Maschinen erfordern im Mittel etwa 0,5 kg weniger Dampf als aus den Tabellen hervorgeht.

Die Dampfverluste werden zum größeren Teil durch die Abkühlung des in den Zylinder strömenden Kesseldampfes, zum kleineren Teil durch Undichtigkeiten des Dampfkolbens, der Steuerorgane, Stopfbüchsen usw. hervorgerufen, wonach man Abkühlungsverluste D_i'' und Dampflässigkeitsverluste D_i''' — je in kg für 1 PSi/std — unterscheidet.

Erstere lassen sich durch eine ausgiebige Überhitzung des Einströmdampfes erheblich vermindern, letztere bei vorzüglichen Maschinen nahezu in Wegfall bringen.

Bei dem Verhältnis $s \sim 2D$ und gebräuchlichen Füllungen kann der Abkühlungsverlust D_i'' aus den folgenden Durchschnittswerten des Produktes $D_i''\sqrt{c}$ durch Division mit $\sqrt{c}$ entnommen werden.

Es ist der Wert $D_i''\sqrt{c}$ bei den mit gesättigtem Dampf arbeitenden

Auspuffmaschinen mit Expansionssteuerung . . . . = 6,0 bis 5,0,
Einzylinder-Kondensationsmaschinen ohne Heizung . = 5,5 „ 5,0,
„ „ mit „ . = 4,5 „ 4,2,
Zweizylinder-Auspuffmaschinen . . . . = 4,2 „ 4,0,
„ -Kondensationsmaschinen . . . . = 4,0 „ 3,5,
Dreizylinder- „ . . . . = 3,2 „ 3,0.

Für vollkommene Maschinen gelten die kleineren, für weniger vollkommene Maschinen die größeren Zahlen.

Bei den Zwei- und Dreizylindermaschinen wird in allen Fällen eine Heizung des Hochdruckzylinders vorausgesetzt.

Wenn $s : D$ von 2 erheblich abweicht, ist D_i'' durch Multiplikation mit den nachstehenden Zahlen zu verbessern.

	0,82	0,87	0,91	1	1,08	1,15	1,29	1,41
für $s : D$	1	1,25	1,5	2	2,5	3	4	5

Werte für $D_i''\sqrt{c}$ zur Bestimmung des Abkühlungsverlustes D_i'' — für $s = 2D$ (bei Zweizylindermaschinen D = Durchmesser des Hochdruckzylinders) und unter Berücksichtigung der jeweiligen Füllung und Spannung des Einströmdampfes — können der folgenden Tabelle XVI entnommen werden.

Tabelle XVI.

Werte von $D_i''\sqrt{c}$ zur Bestimmung des Abkühlungsverlustes D_i'' in kg für 1 PSi/std ($s = 2D$).

Einzylinder-Auspuffmaschinen mit Heizung.

Füllung $\varepsilon =$	0,7	0,6	0,5	0,4	0,3	0,25	0,20	0,15	0,125	0,10
$p =$ 5	4,79	4,54	4,42	4,46	4,77	5,11	5,76	7,13	8,50	—
6	4,57	4,31	4,15	4,12	4,28	4,49	4,88	5,62	6,26	7,29
7	4,47	4,20	4,03	3,97	4,10	4,26	4,59	5,20	5,71	6,52
8	4,36	4,09	3,92	3,83	3,91	4,04	4,30	4,78	5,17	5,76
9	4,30	4,03	3,85	3,75	3,81	3,92	4,15	4,57	4,91	5,42
10	4,24	3,97	3,77	3,67	3,71	3,80	4,00	4,36	4,65	5,09

Für $s = D$ sind obige Werte mit 0,68 bezw. 0,83, für $s = 3D$ mit 1,32 bezw. 1,17 ($\varepsilon = 0,70$ bezw. 0,10) zu multiplizieren.

Einzylinder-Kondensationsmaschinen mit Heizung.

Füllung $\varepsilon =$	0,6	0,5	0,4	0,3	0,25	0,20	0,15	0,10	0,07	0,05
$p = 5$	4,54	4,28	4,11	4,05	4,09	4,20	4,43	4,87	5,33	5,79
6	4,45	4,19	4,02	3,95	3,98	4,07	4,27	4,66	5,07	5,47
7	4,40	4,14	3,96	3,90	3,91	4,00	4,19	4,56	4,95	5,32
8	4,35	4,09	3,90	3,84	3,85	3,93	4,11	4,46	4,82	5,17
9	4,29	4,03	3,85	3,78	3,78	3,86	4,03	4,36	4,70	5,02

Für $s = D$ sind obige Werte mit 0,7 bezw. 0,85, für $s = 3D$ mit 1,3 bezw. 1,15 ($\varepsilon = 0,6$ bezw. 0,05) zu multiplizieren.

Zweizylinder-Kondensationsmaschinen mit oder ohne geheizten Aufnehmer.

Füllung (reduz.) $\varepsilon_r =$	0,25	0,20	0,15	0,125	0,10	0,08	0,07	0,06	0,05	0,04
$p = 5$	3,02	3,12	3,37	3,59	3,92	4,31	4,63	5,01	5,49	—
6	2,86	2,91	3,10	3,28	3,56	3 91	4,15	4,47	4,87	5,47
7	2,74	2,79	2,94	3,09	3,34	3,65	3,86	4,15	4,49	5,04
8	2,68	2,67	2,78	2,91	3,12	3,39	3,57	3.82	4,12	4,61
9	2,65	2,60	2,68	2,78	2,97	3,21	3,37	3,60	3,89	4,33
10	2,63	2,52	2,57	2,65	2,81	3,03	3,17	3,38	3,66	4,04

Für $s = D$ (Durchmesser des Hochdruckzylinders) sind obige Werte mit 0,68 bezw. 0,82, für $s = 3D$ mit 1,32 bezw. 1,18 (Füllung des Hochdruckzylinders $\varepsilon = 0,7$ bezw. 0,125) zu multiplizieren.

Für Heißdampfmaschinen beträgt der Abkühlungsverlust (D_i''), je nachdem es sich um mittelhohe (80 bis 120°) oder um sehr hohe (120 bis 160°) Überhitzungen des Dampfes handelt, etwa

bei Einzylindermaschinen $(D_i'') = 0,10\ D_i''$ bezw. $0,05\ D_i''$,
„ Zweizylindermaschinen „ $= 0,20$ „ „ $0,10$ „
„ Dreizylindermaschinen „ $= 0,30$ „ „ $0,15$ „

Der Dampflässigkeitsverlust D_i''' kann bei allen Einzylindermaschinen

$$D_i''' = \frac{8,8}{\sqrt{N_i c}} + \frac{1}{2c},$$

bei Zweizylindermaschinen das 0,8- und bei Dreizylindermaschinen das 0,64-fache dieses Wertes gesetzt werden.

Vorzügliche Maschinen erfordern für den Dampflässigkeitsverlust nur etwa die Hälfte (und noch weniger), sichtlich dampflässige Maschinen dagegen das Doppelte (und noch mehr) des vorstehenden Betrages.

Der stündliche Dampfverbrauch einer Maschine beträgt insgesamt

$$D_i = D_i' + D_i'' + D_i''' \text{ kg/PS}_i\,;$$

hierin ist jedoch bei Sattdampfmaschinen der Verlust in der Dampfleitung samt dem aus dem Kessel etwa mitgerissenen Wasser, der zu 4 bis 10 vH des Gesamtverbrauches D_i veranschlagt werden kann, noch nicht inbegriffen.

Bei Heißdampfmaschinen gibt der Ausdruck

$$(D_i) = (D_i') + (D_i'') + (D_i''')$$

für den stündlichen Dampfverbrauch, da hier keine Verluste in der Dampfleitung usw. auftreten, auch gleichzeitig die Speisewassermenge in kg für 1 PS_i/std an.

Achter Abschnitt.

Kurbeltrieb.

I. Bewegungsverhältnisse.[1])

A. Kolbenweg.

Dreht sich eine Kurbel vom Halbmesser $Oa = R$ (Fig. 47) um den Winkel α_1, so hat der Kolben (Kreuzkopf) von der betreffenden Totlage aus einen Weg x_1 zurückgelegt, der sich im vorliegenden Falle — für den Hingang des Kolbens, d. h. für dessen Bewegung nach der Kurbelwelle hin — rechnerisch aus

$$R \cos \alpha_1 + l \cos \beta_1 + x_1 = R + l \quad \ldots \ldots \ldots \ldots \quad 55)$$

zu

$$x_1 = R(1 - \cos \alpha_1) + l(1 - \cos \beta_1)$$

ergibt, wenn noch l die Länge der Schubstange (bei Dampfmaschinen meist $l = 5R$), β_1 den zugehörigen Ausschlagwinkel derselben bezeichnet.

Fig. 47.

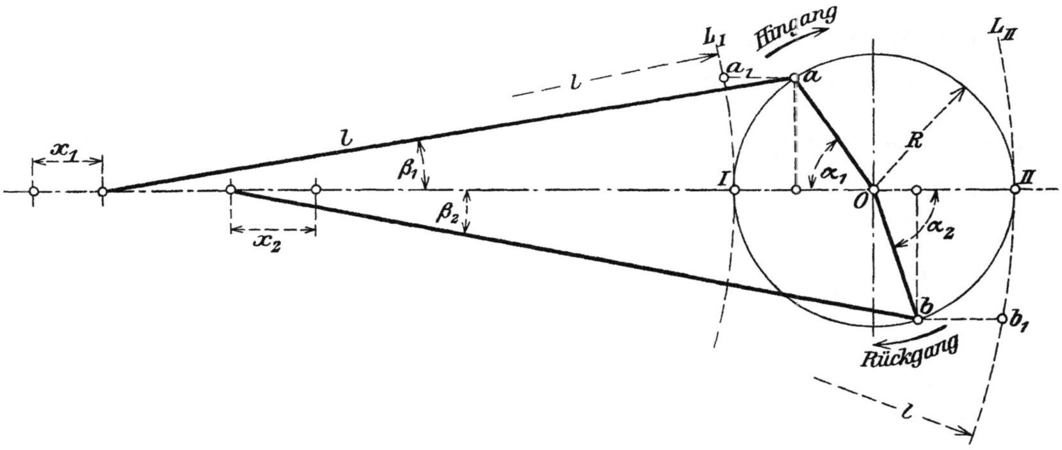

Für den Rückgang des Kolbens ist (Fig. 47)

$$R \cos \alpha_2 + l - R + x_2 = l \cos \beta_2,$$

demnach

$$x_2 = R(1 - \cos \alpha_2) - l(1 - \cos \beta_2).$$

Hiernach unterscheiden sich die Gleichungen für den Hin- und Rückgang des Kolbens nur durch das Vorzeichen des zweiten Gliedes.

---

[1]) C. Bach: „Die Maschinenelemente", 10. Aufl., Leipzig 1908, Alfred Kröner Verlag.

Allgemein ist

$$x = R(1 - \cos\alpha) \pm l(1 - \cos\beta) = R(1 - \cos\alpha) \pm l\left[1 - \sqrt{1 - \left(\frac{R}{l}\sin\alpha\right)^2}\right] \quad \text{55 a)}$$

Da nach dem binomischen Satze

$$\sqrt{1 - \left(\frac{R}{l}\sin\alpha\right)^2} = 1 - \frac{1}{2}\left(\frac{R}{l}\sin\alpha\right)^2 - \frac{1}{8}\left(\frac{R}{l}\sin\alpha\right)^4 \quad \ldots\ldots \quad 56)$$

und mit Einsetzung von $\frac{R}{l} = \frac{1}{5}$ und dem Höchstwerte $\sin\alpha = 1$ in diese Gleichung das dritte Glied derselben so klein wird, daß es gegenüber 1 vernachlässigt werden kann, geht Gl. 55a über in

$$x = R(1 - \cos\alpha) \pm \frac{R^2}{2l}\sin^2\alpha \quad \ldots\ldots\ldots\ldots \quad 57)$$

und es folgt für $\alpha = 90^0$

$$x = R \pm \frac{R^2}{2l} = R\left(1 \pm \frac{R}{2l}\right)$$

bezw. für $\alpha = 180^0$

$$x = 2R.$$

Gl. 57 läßt erkennen, daß der für den gleichen Drehwinkel der Kurbel zurückgelegte Weg beim Hingange des Kolbens größer ist als beim Rückgange desselben; der Unterschied ist durch das sog. Fehlerglied $\frac{R^2}{2l}\sin^2\alpha$ gegeben.

Bei $\frac{R}{l} = \frac{1}{5}$ und $\alpha = 90^0$ ist $x = 1{,}1$ bezw. 0,9.

Für $l = \infty$ wird

$$x = R(1 - \cos\alpha) \quad \ldots\ldots\ldots\ldots\ldots \quad 58)$$

d. h. beide Wege stimmen in diesem Falle überein.

Für die mittlere Stellung des Kolbens ist $x = R$, demnach

$$R\cos\alpha \mp l = \mp l\cos\beta = l\sqrt{1 - \sin^2\beta} = l\sqrt{1 - \left(\frac{R}{l}\sin\alpha\right)^2} = \sqrt{l^2\left(1 - \frac{R^2}{l^2}\sin^2\alpha\right)},$$

woraus folgt

$$\cos\alpha = \pm\frac{R^2}{2Rl} = \pm\frac{R}{2l}$$

und mit $\frac{R}{l} = \frac{1}{5}$

$$\alpha_1 = 84^0\ 10' \text{ bezw. } \alpha_2 = 95^0\ 50'.$$

Behufs zeichnerischer Darstellung des Kolbenweges zieht man durch die Totpunkte I und II (Fig. 47) des Kurbelkreises zwei Kreisbogen L_I und L_{II} vom Halbmesser l; dann ist für den Hingang die wagerechte Strecke $a a_1$ und für den Rückgang diejenige $b b_1$ der zum Kurbelwinkel α_1 bezw. α_2 gehörige Kolbenweg x_1 bezw. x_2.

B. Kolbengeschwindigkeit.

Die Geschwindigkeit c des Kolbens (Kreuzkopfes) zur Zeit t, die dem Kurbelwinkel α entspricht, ergibt sich durch Differentiation des Ausdruckes für x (Gl. 57) nach der Zeit; es ist

$$c = \frac{dx}{dt} = R\sin\alpha\frac{d\alpha}{dt} \pm \frac{R^2}{2l}2\sin\alpha\cos\alpha\frac{d\alpha}{dt}$$

und wenn $\frac{d\alpha}{dt}$, d. i. die Winkelgeschwindigkeit mit der der Kurbelzapfen zur Zeit t umläuft, durch ω bezeichnet, die (unveränderliche) Geschwindigkeit dieses Zapfens $v = R\omega$ gesetzt wird, auch

$$c = R\omega\left(\sin\alpha \pm \frac{R}{2l}\sin 2\alpha\right) = v\left(\sin\alpha \pm \frac{R}{2l}\sin 2\alpha\right) = v\sin\alpha\left(1 + \frac{R}{l}\cos\alpha\right) \qquad 59)$$

Für $\alpha = 0$ und für $\alpha = 180^0$ wird $c = 0$; für $\alpha = 90^0$ wird $c_{max} = v$.

Da die mittlere Kolbengeschwindigkeit

$$c_m = \frac{2Rn}{30} \quad \text{und ferner} \quad v = \frac{2R\pi\cdot n}{60},$$

folgt

$$v = \frac{\pi}{2}c_m = 1{,}57\,c_m \quad \text{und} \quad c_m = \frac{2}{\pi}v = 0{,}637\,v.$$

Für den Höchstwert von c folgt aus Gl. 59 beim Hingange

$$\frac{dc}{d\alpha} = \cos\alpha + \frac{R}{l}\cos 2\alpha = 0,$$

$$\cos^2\alpha + \frac{l}{2R}\cos\alpha = 0{,}5,$$

$$\cos\alpha = \frac{l}{4R}\left[-1 + \sqrt{1 + 8\left(\frac{R}{l}\right)^2}\right] \sim \frac{R}{l}$$

und für $\frac{R}{l} = \frac{1}{5}$

$$\alpha = 79^0\ 16'.$$

Beim Rückgange ergibt sich dieser Winkel zu $100^0\ 44'$.

Mit Einsetzung des Wertes $\cos\alpha \sim \frac{R}{l}$ in Gl. 59 wird

$$c_{max} \sim v\left[1 + \frac{1}{2}\left(\frac{R}{l}\right)^2\right]$$

und für $\frac{R}{l} = \frac{1}{5}$

$$c_{max} = 1{,}02\,v = 1{,}6\,c_m.$$

Zur zeichnerischen Darstellung der Kolbengeschwindigkeit führt die Erwägung, daß die Bewegung der Schubstange AE (Fig. 48), deren Endpunkte die Geschwindigkeiten v und c besitzen, für den in Betracht kommenden Augenblick als eine Drehung um den Punkt C (Schnittpunkt der beiden Senkrechten im Punkte A und E zur Richtung von v und c) aufgefaßt werden kann. Dann ist nach Fig. 48

$$c : v = EC : AC = OD : OA = y : R$$

und

$$c = v\frac{y}{R} = \frac{v}{R}y = \omega y.$$

Ist die Winkelgeschwindigkeit $\omega = \frac{v}{R}$ unveränderlich, so bestimmt die Veränderlichkeit von y das Gesetz nach dem sich c ändert.

Die Linie MPN, dadurch entstanden, daß zu jeder beliebigen Kolbenstellung E die Ordinate $EP = OD$ gemacht wird, gibt dann die Linie der Kolbengeschwindigkeit für $\omega = 1$ an.

Für $l = \infty$ wird $DO = AS = y$ und damit die jeweilige Ordinate des Kurbelkreispunktes zur Darstellerin der Kolbengeschwindigkeit. Die Größe derselben ergibt sich aber erst durch Multiplikation von y mit ω.

In Fig. 48 ist die Kolbengeschwindigkeit für $\frac{R}{l} = \frac{1}{5}$ ausgezogen und für $l = \infty$ gestrichelt eingetragen. Im letzteren Falle ist sie eine Ellipse.

Die Ordinaten beider Linien ergeben sich für den in 10 gleiche Teile geteilten Kolbenhub — gemäß Gl. 59 — durch Multiplikation der in der nachstehenden Tabelle enthaltenen Werte mit der Umfangsgeschwindigkeit $v = \frac{R \pi n}{30}$.

Fig. 48.

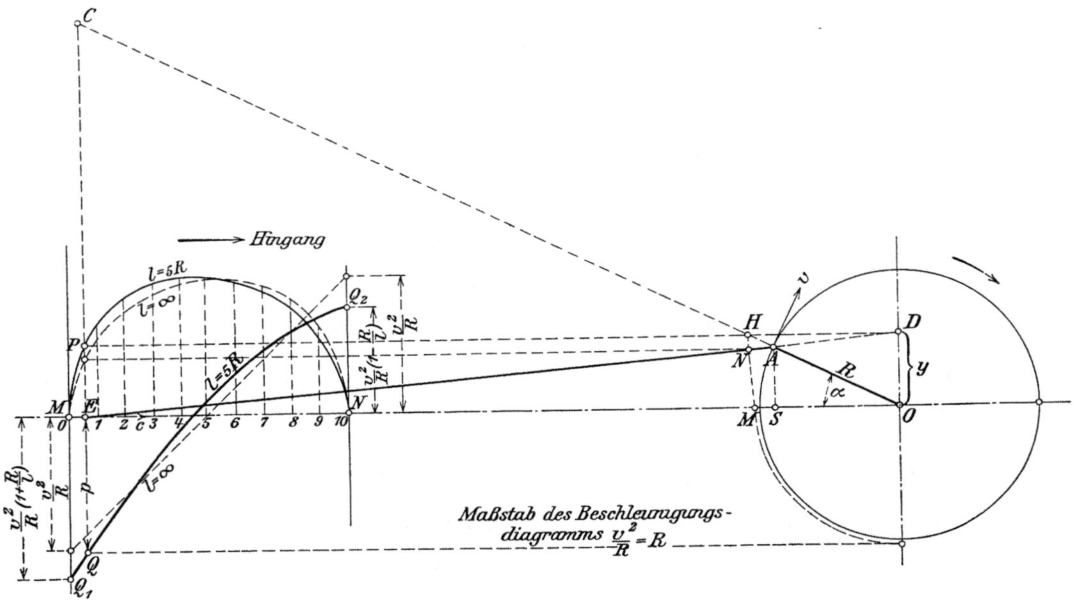

Werte von $\sin\alpha \pm \frac{R}{2l} \sin 2\alpha$.

Ordinate	$l = \infty$	$\frac{R}{l} = 1/5$
0	0	0
1	0,6	0,625
2	0,8	0,852
3	0,916	0,963
4	0,98	1,012
5	1,0	1,015
6	0,98	0,975
7	0,916	0,892
8	0,8	0,76
9	0,6	0,555
10	0	0

(Hingang ↓ — Rückgang ↑)

C. Kolbenbeschleunigung.

Die Beschleunigung p mit der sich der Kolben (Kreuzkopf) zur Zeit t — entsprechend dem Kurbelwinkel α — bewegt, erhält man durch Differentiation des Ausdruckes für c (Gl. 59) nach der Zeit.

Es ist

$$p=\frac{dc}{dt}=\omega\frac{dc}{d\alpha}=\omega^2 R\left(\cos\alpha\pm\frac{R}{l}\cos 2\alpha\right)=\frac{v^2}{R}\left(\cos\alpha\pm\frac{R}{l}\cos 2\alpha\right) \quad . \; . \; \mathbf{60)}$$

Da $\omega=\frac{\pi n}{30}$ wird auch

$$p=\left(\frac{\pi n}{30}\right)^2 R\left(\cos\alpha\pm\frac{R}{l}\cos 2\alpha\right).$$

Der Hingang beginnt ($\alpha=0$) mit dem Höchstwerte der Beschleunigung

$$p_{max}=\frac{v^2}{R}\left(1+\frac{R}{l}\right)$$

und endigt ($\alpha=180^0$) mit der Verzögerung

$$p'_{max}=\frac{v^2}{R}\left(1-\frac{R}{l}\right);$$

der Rückgang dagegen eröffnet mit der Beschleunigung $\frac{v^2}{R}\left(1-\frac{R}{l}\right)$ und schließt mit der Verzögerung $\frac{v^2}{R}\left(1+\frac{R}{l}\right)$.

Für $l=\infty$ wird — nach Gl. 60 —

$$p=\frac{v^2}{R}\cos\alpha$$

und für $\alpha=0$ und $\alpha=180^0$ die größte Beschleunigung bezw. Verzögerung

$$p_{max}=\frac{v^2}{R}.$$

Behufs zeichnerischer Darstellung der Kolbenbeschleunigung verlängert man nach Mohr die Richtungslinie EA (Fig. 48) der Schubstange über A hinaus bis zum Schnittpunkte D mit OD, zieht DH parallel OE bis zum Schnittpunkte H mit der verlängerten Richtungslinie OA der Kurbel, ferner HN parallel OD und NM senkrecht EA, dann ist $OM=EQ=p$ die gesuchte Beschleunigung.

Wiederholt man dieses Verfahren für beliebige Kolben- bezw. Kurbelstellungen, so liegen die Endpunkte der erhaltenen Ordinaten auf der gesuchten Beschleunigungskurve Q_1QQ_2 — einer angenäherten Parabel — die für $l=\infty$ in eine Gerade übergeht.

Für den Rückgang, wobei die untere Hälfte des Kurbelkreises von der Kurbel durchlaufen wird, ergibt sich ein der Kurve Q_1QQ_2 symmetrischer Linienzug als Beschleunigungskurve.

Besitzt die im Punkte E (Fig. 48) vereinigt gedachte Masse der hin- und hergehenden Maschinenteile (Kolben mit Stange, Kreuzkopf und Schubstange) das Gewicht G, so erfordert deren Beschleunigung eine Kraft

$$B=\frac{G}{g}p=\frac{G}{g}\left(\frac{\pi n}{30}\right)^2 R\left(\cos\alpha\pm\frac{R}{l}\cos 2\alpha\right)\sim\left(\frac{n}{30}\right)^2 GR\left(\cos\alpha\pm\frac{R}{l}\cos 2\alpha\right).$$

Die Masse der zum Teil schwingenden, zum Teil umlaufenden Schubstange ist nur mit etwa $^2/_3$ ihres Betrages zu berücksichtigen.

Ist F die Kolbenfläche in qcm und b der auf die Einheit derselben entfallende Beschleunigungsdruck, d. h.

$$b=\frac{B}{F}=\frac{G}{F}\frac{p}{g},$$

so folgt, wenn noch $\frac{G}{F} = q$ gesetzt wird,

$$b = q\frac{p}{g} = \frac{q}{g}\frac{v^2}{R}\left(\cos\alpha \pm \frac{R}{l}\cos 2\alpha\right) \text{ kg/qcm}, \quad \ldots \ldots \quad 61)$$

worin das obere Vorzeichen für den Hingang, das untere für den Rückgang des Kolbens gilt.

Nach Radinger kann im Mittel für liegende Dampfmaschinen

mit Auspuff . . . . $q = 0{,}28$ kg/qcm,

„ Kondensation . $q = 0{,}33$ „

genommen werden.

Nach Grove ist für Einzylindermaschinen

mit Auspuff $G = F\,q = 20 + 500\,D^3$ kg,

„ Kondensation $G = F\,q = 25 + 625\,D^3$ kg,

wenn D den Zylinderdurchmesser (in m) bezeichnet.

Die vorstehenden Angaben gelten ohne Berücksichtigung der zur Luftpumpe gehörigen Antrieb- oder andere Nebentriebteile.

Fig. 49.

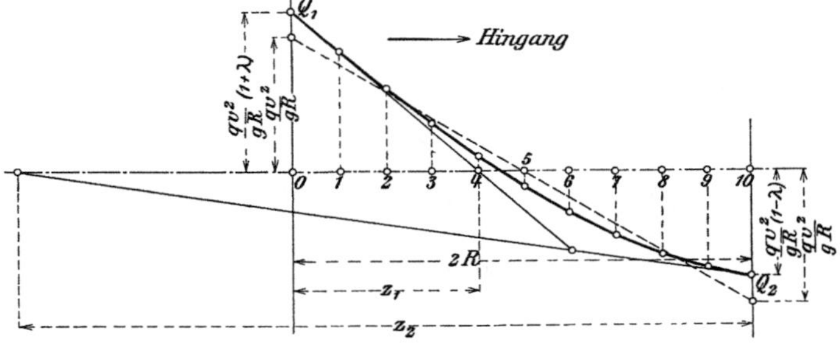

Die Beschleunigungsdruckkurve kann durch dasselbe Diagramm wie die Beschleunigungskurve (Fig. 48) dargestellt werden, wenn man den Maßstab für die Ordinaten derselben so wählt, daß

$$\frac{q}{g}\frac{v^2}{R}(\text{kg}) = R\,(m);$$

sie läßt sich wegen ihres parabelähnlichen Charakters aber auch durch einhüllende Tangenten in Q_1 und Q_2 (Fig. 49) konstruieren, deren Lage, wenn $\frac{R}{l} = \lambda$, durch

$$z_1 = \frac{(1+\lambda^2)}{1+4\lambda}R \quad \text{und} \quad z_2 = \frac{(1-\lambda)^2}{1-4\lambda}R$$

bestimmt ist.

Für $l = \infty$ $(\lambda = 0)$ wird die Parabel zur geraden Linie und der größte Beschleunigungs- bezw. Verzögerungsdruck

$$b = \frac{q}{g}\frac{v^2}{R} \text{ kg/qcm.}$$

Otto H. Müller hat für die Beschleunigungsdruckkurve die nachstehende Tabelle berechnet. Die Werte derselben geben, mit $\frac{q}{g}\frac{v^2}{R}$ — gemäß Gl. 61 — multipliziert, die Abmessungen der 11 Ordinaten 0, 1, 2 . . . (Fig. 49), für den in 10 gleiche Teile zerlegten Hub des Kolbens beim Hin- und Rückgange desselben[1]).

[1]) Z. d. V. d. J. 1889. S. 947.

Werte von $\cos\alpha \pm \frac{R}{l}\cos 2\alpha$.

Ordinate	$\lambda = {}^1/_4$ (Hingang ↓, Rückgang ↑)	$\lambda = {}^1/_5$ (Hingang ↓, Rückgang ↑)	$\lambda = {}^1/_6$ (Hingang ↓, Rückgang ↑)
0	1,250	1,200	1,167
1	0,941	0,920	0,840
2	0,664	0,639	0,633
3	0,409	0,379	0,376
4	0,129	0,126	0,134
5	0,101	0,091	0,078
6	0,318	0,300	0,284
7	0,471	0,465	0,458
8	0,610	0,613	0,608
9	0,715	0,717	0,742
10	0,750	0,800	0,833

II. Kraft- und Arbeitsverhältnisse.

Ist P (Fig. 50) die einer beliebigen Kolbenstellung entsprechende Druckkraft (in kg), so erhält man durch Zerlegung derselben eine in die Schubstangenrichtung fallende Komponente $S = \frac{P}{\cos\beta}$ und eine zur Gleitbahn normal gerichtete Komponente $N = P\operatorname{tg}\beta$ ($\beta =$ Neigungswinkel der Schubstange gegen die Wagerechte).

Fig. 50.

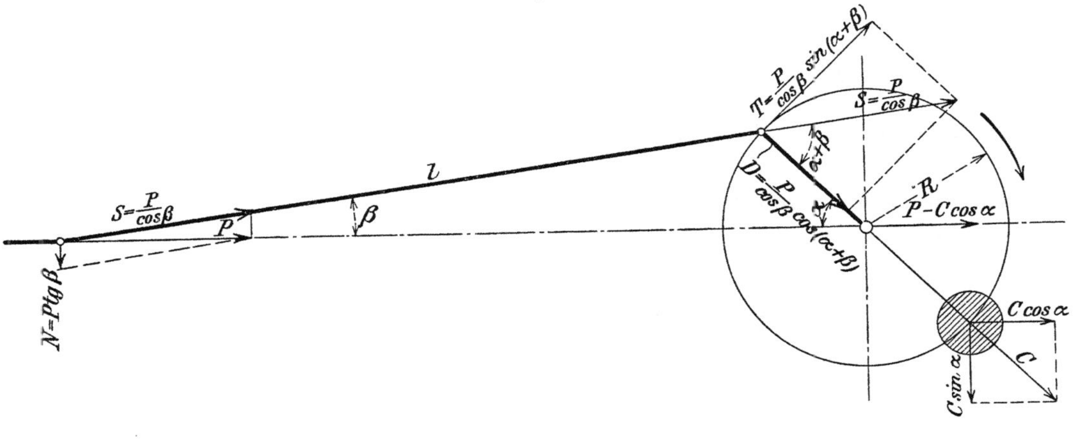

Die Stangenkraft S wirkt auf den Kurbelzapfen und kann hier in eine Tangentialkraft (Drehkraft)

$$T = \frac{P}{\cos\beta}\sin(\alpha + \beta)$$

und in eine Radialkraft

$$D = \frac{P}{\cos\beta}\cos(\alpha + \beta)$$

zerlegt werden, von denen die erstere, mit dem Halbmesser R der Kurbel multipliziert, das zur Überwindung des Widerstandes an der Kurbelwelle nötige Drehmoment $M = TR$ liefert.

Für $\alpha = 0$ und $\alpha = 180^0$ $(\beta = 0)$ wird $T = 0$,

für $\alpha = 90^0$ $(\beta = \beta_{max})$ wird $T = P$ und

für $(\alpha + \beta) = 90^0$ wird $T_{max} = S = P\sqrt{1 + \left(\frac{R}{l}\right)^2}$;

für $l = \infty$ wird $T = P \sin \alpha$.

Der Normaldruck $N = P \operatorname{tg} \beta = S \sin \beta$ ist beim Hin- und Rückgange des Kolbens (rechts umlaufende Maschine) stets nach unten gerichtet, was für die Schmierung der Gleitbahn und zur Vermeidung etwaiger Stöße beim Hubwechsel des Kolbens zweckmäßig ist.

Für $\alpha = 90^0$ $(\beta = \beta_{max})$ erreicht der Normaldruck N seinen Höchstwert

$$N_{max} = P \operatorname{tg} \beta_{max} \sim P \sin \beta_{max} \sim P \frac{R}{l};$$

für $\alpha = 0$ und $\alpha = 180^0$ $(\beta = 0)$ wird $N = 0$.

Die Schubstangenkraft $S = \frac{P}{\cos \beta}$ erreicht für $\alpha = 90^0$ $(\beta = \beta_{max})$ ihren Höchstwert

$$S_{max} = \frac{P}{\sqrt{1 - \left(\frac{R}{l}\right)^2}};$$

für $l = \infty$ wird $S = P$.

Ist P_m der mittlere Kolbendruck und T_m der mittlere Tangentialdruck, so folgt aus

$$P_m 2 R = T_m R \pi$$

$$P_m = \frac{\pi}{2} T_m; \quad T_m = \frac{2}{\pi} P_m \quad \text{oder} \quad P_m c_m = T_m v,$$

wenn v die unveränderliche Geschwindigkeit des Kurbelzapfens (in m/sek) bezeichnet.

Die in einem normalen Kurbeltriebe durch Reibung auftretenden Arbeitsverluste (in mkg) setzen sich zusammen aus der Reibungsarbeit

des Kurbelzapfens vom Durchmesser d in m,
„ Kreuzkopfzapfens „ „ d_1 „ „ ,
„ Wellenzapfens „ „ D_1 „ „ ,

sowie aus derjenigen des Kreuzkopfes auf der Gleitbahn.

Ist μ die Reibungszahl ($\sim 0{,}06$),

$$R : l = 1 : 5,$$

so betragen diese Verluste bei gleichbleibender Kolbenkraft P ($= P_m$ bezogen auf einen Kolbenhub) bei einer halben Umdrehung der Kurbel

am Kurbelzapfen $A_1 = \mu P \frac{\pi d}{2}$,

„ Kreuzkopfzapfen $A_2 = \mu P d_1 \beta_{max} = \mu P \frac{R}{l} d_1$,

„ Wellenzapfen $A_3 = \mu P \frac{\pi D_1}{2}$,

auf der Gleitbahn $A_4 = \mu P \frac{R^2}{l} \frac{\pi}{2}$.

Die gesamte Reibungsarbeit für einen Kolbenhub ist daher

$$A = A_1 + A_2 + A_3 + A_4$$

und ihr Verhältnis zur Nutzarbeit

$$A_n = P\,2R,$$

wenn noch

$$\frac{d}{R} = 0{,}25, \quad \frac{d_1}{R} = 0{,}20 \quad \text{und} \quad \frac{D_1}{R} = 0{,}45$$

gesetzt wird,

$$\frac{A}{A_n} = 0{,}012 + 0{,}001 + 0{,}021 + 0{,}009 \sim 0{,}043.$$

III. Die zum Kurbeltrieb gehörigen Teile.

A. Kurbeln und Kurbelwellen.

a. Kurbel.

Je nachdem die Kurbel am Ende einer Welle befestigt ist, oder einen Teil (Kröpfung) derselben bildet, wird sie als Stirnkurbel bezw. letztere als gekröpfte Welle bezeichnet.

Die Verbindung zwischen Stirnkurbel und Schubstange wird durch den Kurbelzapfen hergestellt.

Dieser ist in der betreffenden Kurbelnabe meist in der Fig. 51 ersichtlichen Weise mittels Kegel und Keil befestigt; seltener wird an Stelle des letzteren eine Mutter oder Vernietung (Fig. 52) gewählt.

Für normal belastete Kurbelzapfen kann — unter Bezugnahme auf Fig. 51 — im Mittel genommen werden:

$$l_1 = 1{,}5\,d \text{ bis } 1{,}75\,d; \quad h_1 = 0{,}3\,l_1 \text{ bis } 0{,}4\,l_1; \quad s_1 = 0{,}2\,d \text{ bis } 0{,}25\,d;$$

$$\frac{d_1 - d_2}{2} = \frac{1}{25} \text{ bis } \frac{1}{15}; \quad d_3 = 2\,d \text{ für Kurbeln aus Flußeisen oder Flußstahl,} \quad d_3 = 2{,}5\,d \text{ für gußeiserne Kurbeln.}$$

Fig. 51.

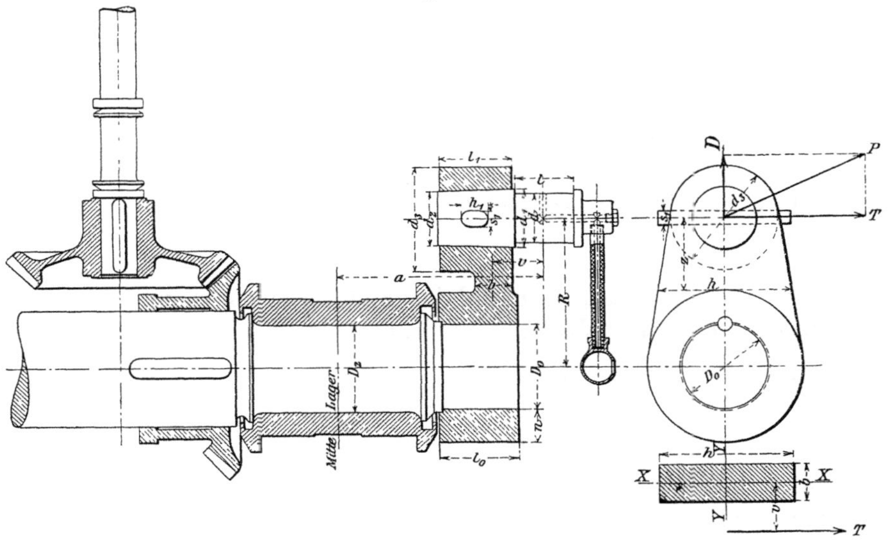

Bei Befestigung mittels Mutter kann die Schraubendicke $\sim 0{,}5\,d$ genommen werden.

Die auf die Welle warm oder mittels der Druckwasser-Presse aufgezogene Kurbelnabe erhält eine Bohrung D_o, die etwa 5 bis 8 mm kleiner als D_2 ist, ferner eine Länge — je nach der Genauigkeit der Ausführung —

$$l_0 \geqq D_0 .$$

Die **Nabenstärke** der geschmiedeten Kurbeln kann etwa

$$n = 0{,}4\,D_o + 1 \text{ cm}$$

betragen.

Gußeiserne Kurbeln, die warm aufzuziehen sind, erhalten eine um 30 bis 50 vH größere Nabenstärke.

Berechnung des Kurbelarmes.

Durch Zerlegung des zunächst beliebig gerichteten Zapfendruckes P (Fig. 51) ergibt sich die Radialkraft D und die Tangentialkraft T.

Bezeichnet

z den Abstand der Kurbelzapfenachse von der Mitte des Armquerschnittes $b\,h$ — b ist die achsiale, h die tangentiale Abmessung des Armes —

v den Abstand von Mitte Armquerschnitt bis Mitte Zapfenkraft P,

so folgt für den Kurbelarm

von D herrührend:

die Zugkraft D und das biegende Moment $M_2 = D\,v$ mit XX als Biegungsachse,

von T herrührend:

die Schubkraft T, das biegende Moment $M_1 = T\,z$ mit YY als Biegungsachse und das Drehmoment $M_d = T\,v$.

Vernachlässigt man die Zugkraft D und die Schubkraft T, so verbleiben die biegenden Momente M_1 und M_2, ferner das Drehmoment M_d, die miteinander vereinigt, das ideelle biegende Moment

$$M_i' = 0{,}35\,M_1 + 0{,}65\sqrt{M_2^2 + \left(\frac{3}{2}\,\alpha_0 M_d\right)^2} = \frac{b\,h^2}{6}\,k_b\,,$$

bezw.

$$M_i'' = 0{,}35\,M_2 + 0{,}65\sqrt{M_2^2 + \left(\frac{3}{2}\,\alpha_0 M_d\right)^2} = \frac{h\,b^2}{6}\,k_b$$

ergeben, worin $\alpha_0 = \dfrac{k_b}{1{,}3\,k_d}$ zu setzen ist (k_d = zulässige Drehungsspannung des Kurbelmaterials in kg/qcm).

Nach diesen beiden Gleichungen sind die größten Beanspruchungen des Querschnittes $b\,h$ der zunächst nach freiem Ermessen aufgezeichneten Kurbel zu ermitteln.

Nachzurechnen ist noch, ob

$$\frac{M_1}{\frac{b\,h^2}{6}} + \frac{M_2}{\frac{h\,b^2}{6}} \leqq k_b\,.$$

Für Flußstahl als Kurbelmaterial kann $k_b \sim 600$ kg/qcm gesetzt werden.

Bei den gebräuchlichen Verhältnissen ist meist die Beanspruchung in der Totstellung der Kurbel maßgebend, um so mehr, als die plötzliche Richtungsänderung der Kräfte in dieser Stellung die Wahl einer besonders niedrigen zulässigen Spannung erfordert. Hier ist das Biegungsmoment $M_b = Pv$ (mit XX als Biegungsachse) und die Zug- bezw. Druckkraft $= P$, mithin muß

$$\frac{M_b}{\frac{h b^2}{6}} + \frac{P}{b h} < k_b \quad \text{oder} \quad P\left(v + \frac{b}{6}\right) \leqq \frac{h b^2}{6} k_b$$

sein, woraus sich h nach Annahme von b berechnen läßt.

Der Wellenzapfen mit dem Durchmesser D_2 ist für das durch den größten Zapfendruck P hervorgerufene Biegungsmoment $M_b = P a$ und das durch die größte Tangentialkraft T erzeugte Drehmoment $M_d = T R$ aus der Gleichung

$$M_i = 0{,}35\, M_b + 0{,}65 \sqrt{M_b^2 + M_d^2} = 0{,}1\, D_2^3\, k_b$$

zu ermitteln.

Zuweilen finden an Stelle des einfachen Armes einer Stirnkurbel — z. B. bei kleineren schnellaufenden Dampfmaschinen — aus Gußeisen oder Stahlguß hergestellte Kurbelscheiben Verwendung, die, um die nachteiligen Wirkungen der hin- und hergehenden Triebwerkmassen zu beseitigen oder wenigstens zu verringern, mit angegossenen Gegengewichten versehen sind.

Fig. 52 zeigt eine solche aus Stahlguß gefertigte Kurbelscheibe mit zugehörigem Zapfen und der zur Schmierung desselben dienenden Vorrichtung. Letztere besteht aus dem Geländerknopf a mit darauf befestigtem Stutzen für das Schmiergefäß. Die Öltropfen gelangen durch ein Röhrchen in die Schmierkugel b und werden durch Zentrifugalkraft aus dieser nach dem Kurbelzapfen getrieben (Zentrifugalöler).

Die Befestigung des Kurbelzapfens in der Nabe der auf die Welle aufgepreßten Kurbelscheibe geschieht durch strammes Einpressen und Vernieten[1]).

Fig. 52.

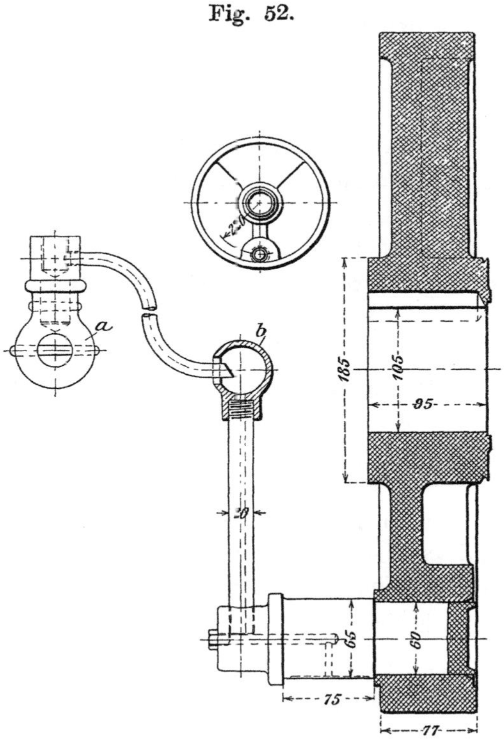

Gegengewichte lassen sich auch an flußeisernen Stirnkurbeln anbringen; sie werden mit diesen in gleicher Weise, wie es Fig. 53 für eine gekröpfte Kurbelwelle zeigt, durch Schraubenbolzen mit Querkeilen verbunden, zuweilen auch auf die dann scheibenförmig gestalteten Kurbelarme aufgezogen.

Über die Größe der Gegengewichte s. S. 167.

Die Abmessungen des Kurbelzapfens sind mit Rücksicht auf Festigkeit, Flächendruck und Reibungsarbeit (Heißlaufen) zu wählen.

---

1) Zu einer liegenden Dampfmaschine 220/440 der Maschinenbau-Anstalt „Humboldt".

Fig. 53.

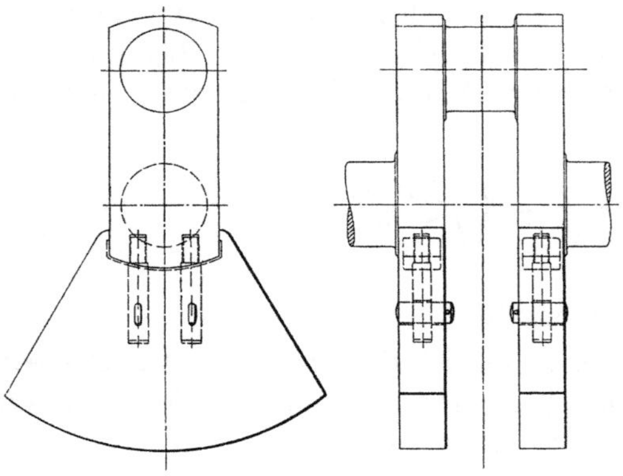

Bezeichnet

P den größten Zapfendruck in kg,

d den Durchmesser und l die Länge des Zapfens in cm,

W das Widerstandsmoment des Zapfenquerschnittes in cm^3,

k den zulässigen Flächendruck in kg/qcm,

k_b die zulässige Biegungsspannung des Zapfenmaterials in kg/qcm,

so ergibt die Rücksicht auf Festigkeit

$$P\ 0{,}5\,l = W\,k_b \sim 0{,}1\,d^3\,k_b,$$

diejenige auf die Größe des zulässigen Flächendruckes

$$P = k\,l\,d; \qquad \text{62)}$$

aus beiden Gleichungen folgt

$$\frac{l}{d} = \sqrt{\frac{0{,}2\,k_b}{k}} \qquad \text{63)}$$

Für die aus Tiegelstahl gefertigten und auf Bronze oder Weißmetall laufenden Kurbelzapfen normaler Dampfmaschinen kann

$$k_b \sim 500 \quad \text{und} \quad k = 60 \text{ bis } 70 \text{ kg/qcm}$$

genommen werden; bei schnellaufenden Dampfmaschinen wählt man k nach Möglichkeit erheblich geringer. (Bei den Zapfen der Schwungradwellen geht man nicht gern über $k = 15$ bis 16 kg/qcm.)

Damit der Kurbelzapfen nicht heiß läuft, muß

$$l \geqq \frac{P n}{w} \quad \text{oder} \quad n \leqq w \frac{l}{P} \qquad \text{64)}$$

sein, worin P den mittleren Zapfendruck, n die minutliche Umlaufzahl der Maschine und w eine Erfahrungszahl bedeutet, die um so größer ausfällt, je kleiner die Reibung und je größer die Wärmeableitung ist.

Es ist

$$w = \frac{1500\,A_z}{\mu},$$

wenn A_z die Reibungsarbeit in mkg/sek für 1 qcm der Zapfengrundfläche $l\,d$ und μ die Reibungszahl bedeutet.

Bei Kurbelzapfen mit Stahl- oder Bronzelagern, bei denen beide Lagerschalen durch den Luftzug gleichmäßig abgekühlt werden, findet sich w bis 90 000 und darüber, letzteres allerdings nur unter sehr günstigen Verhältnissen, d. h. bei kleinem l und k, Weißmetallagern und vorzüglicher Schmierung.

(Für die Zapfen der Schwungrad- oder Kurbelwellen, bei denen die Wärmeabfuhr nur durch die untere Lagerschale möglich ist und der kühlende Luftzug fehlt, ist $w = 15\,000$ bis 30 000 für Bronzeschalen und $w = 30\,000$ bis 45 000 bei Weißmetallschalen zu setzen. Durch Wasserkühlung läßt sich hier w noch wesentlich steigern.)

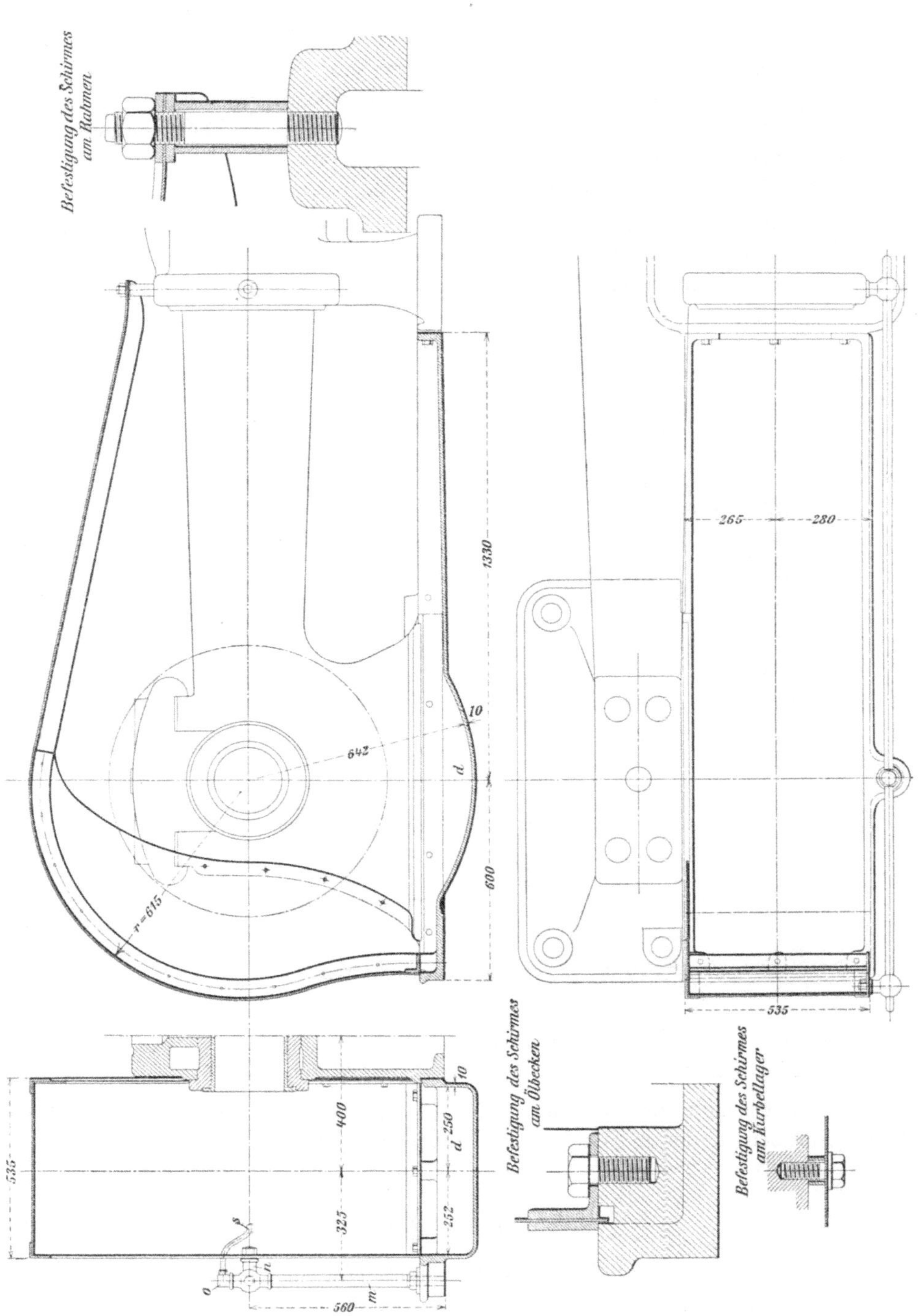
Befestigung des Schirmes am Rahmen
Befestigung des Schirmes am Ölbecken
Befestigung des Schirmes am Kurbellager
1330
600
642
r=615
10
d
265
280
535
400
325
250
252
560
535

Fig. 54.

Um ein Verschleudern von Öl bei der Drehbewegung der Kurbeln zu verhüten, sind dieselben von Ölfängern umgeben.

Fig. 54 (S. 125) zeigt einen aus Blech und ungleichschenkligem Winkeleisen hergestellten, zu einer liegenden Dampfmaschine von 800 mm Hub gehörigen Ölfänger (Ölschirm); derselbe ist durch eine obere Stiftschraube am Rahmen, durch seitliche Kopfschrauben und zwischengelegte Gasrohrstücke am Kurbellager und durch untere Kopfschrauben an einem mit dem vorderen Fuß der Kreuzkopfführung verschraubten gußeisernen Ölbecken *d* befestigt.

Die zur Zentrifugalschmierung des Kurbelzapfens gehörige, aus Geländersäule *m*, Geländerknöpfe *n* und *o*, sowie anschließendes Schmierröhrchen *s* bestehende Vorrichtung ist auf der Abbildung ebenfalls ersichtlich.

Fig. 55.

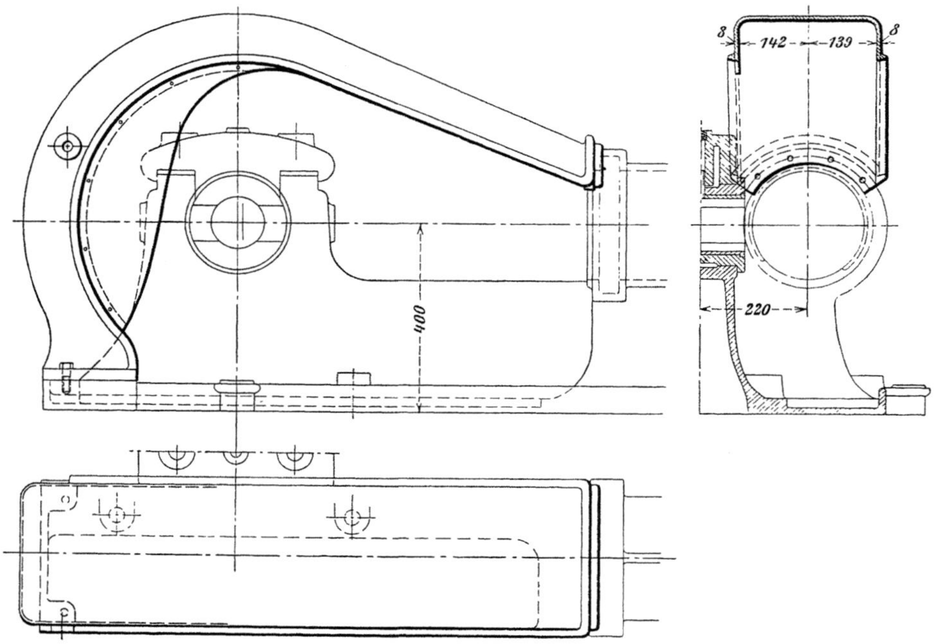

Einen gußeisernen Ölfänger für liegende Dampfmaschinen von 440 mm Hub läßt Fig. 55 erkennen.

Die Befestigung desselben am Rahmen — hinten und vorn — erfolgt auch hier durch Kopfschrauben in der in Fig. 55 a in größerem Maßstabe dargestellten Weise.

b. Kurbelwellen.

1. Welle mit Stirnkurbel (Außenkurbel).

Fig. 1 (Tafel XVI) gibt die schematische Darstellung einer solchen Welle für eine liegende Kondensations-Dampfmaschine 400/700, die mit $n = 75$ Uml/min und 6 at Spannung des Einströmdampfes arbeitet. Das Gewicht des Schwungrades von 3,5 m Durchmesser beträgt 3500 kg (Fig. 3).

Fig. 55a.

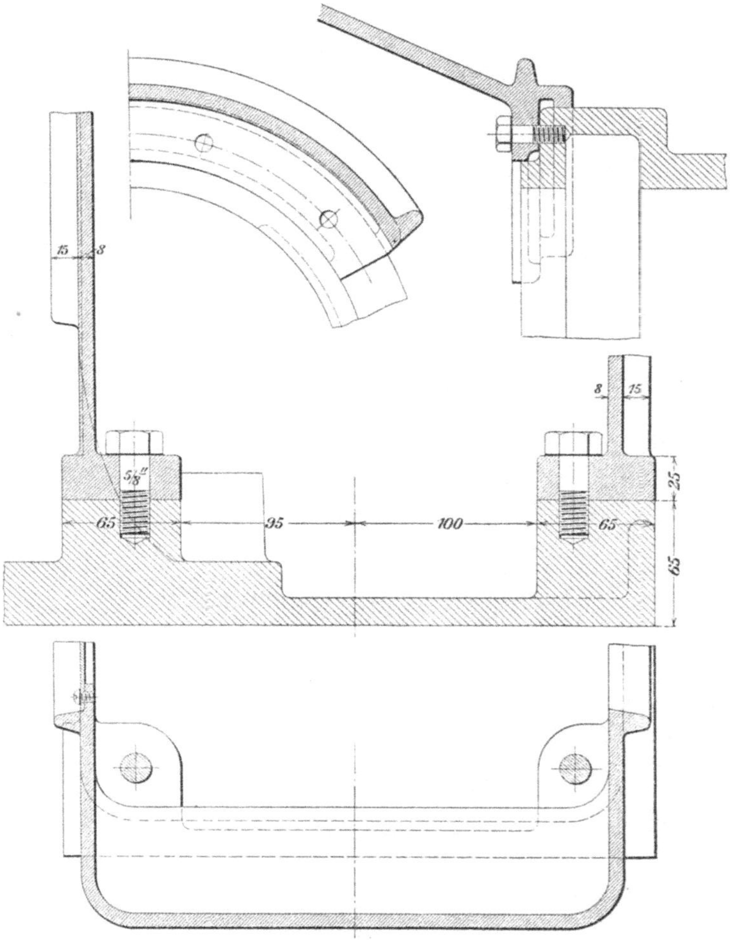

Die Wellenabmessungen sind für die Totlage der Kurbel berechnet und die Spannungen eines über das Schwungrad gelegten Riemens für eine Nutzleistung der Maschine

$$N_e = \eta N_i = 0{,}81 \cdot 70{,}5 \sim 57\, PS_e$$

— entsprechend $F = 1240$ qcm und $p_i = 2{,}44$ at (Fig. 2) — zu

$$S_1 = 1030 \text{ kg} \quad \text{und} \quad S_2 = 710 \text{ kg}$$

berechnet worden ($e^{\mu\alpha} = 1{,}45$ angenommen).

Durch Vereinigung des Schwungradgewichtes $G = 3500$ kg mit der Resultante S_o (siehe Fig. 3) der Riemenspannungen ergibt sich die Resultante G_o; diese läßt sich durch eine lotrechte und durch eine wagerechte Komponente $G' = 2900$ bezw. $G'' = 1550$ kg ersetzen. In der wagerechten Ebene wirkt ferner der Kurbelzapfendruck $P = 7200$ kg.

Die in der lotrechten und wagerechten Ebene wirkenden Lagerdrücke ergeben sich wie folgt:

$$R_1' = \frac{G' \cdot 120}{190} = \frac{2900 \cdot 120}{190} \sim 1830 \text{ kg},$$

$$R_2' = \frac{G' \cdot 70}{190} = \frac{2900 \cdot 70}{190} \sim 1070 \text{ kg};$$

$$R_1'' = \frac{P \cdot 40}{190} + \frac{G'' \cdot 120}{190} = \frac{7200 \cdot 40}{190} + \frac{1550 \cdot 120}{190} \sim 2500 \text{ kg},$$

$$R_2'' = \frac{P \cdot 230}{190} - \frac{G'' \cdot 70}{190} = \frac{7200 \cdot 230}{190} - \frac{1550 \cdot 70}{190} \sim 8150 \text{ kg}.$$

Es beträgt somit der resultierende Lagerdruck

$$R_1 = \sqrt{2500^2 + 1830^2} \sim \mathbf{3100} \text{ kg}$$

bezw.

$$R_2 = \sqrt{8150^2 + 1070^2} \sim \mathbf{8320} \text{ kg}$$

und es folgt nach Gl. 64 (S. 124) — auch mit Rücksicht auf Flächenpressung (s. unten) —

$$l_1 = \frac{R_1 n}{w} = \frac{3100 \cdot 75}{13\,000} \sim \mathbf{180} \text{ mm}$$

bezw.

$$l_2 = \frac{R_2 n}{w} = \frac{8320 \cdot 75}{19\,300} \sim \mathbf{320} \text{ mm}.$$

(Für Zapfen von Kurbelwellen kann — bei Bronzeschalen — w bis 30 000 gesetzt werden — vergl. S. 124).

Der Durchmesser D_2 (Fig. 5) des vorderen Lagers ergibt sich aus

$$7200 \cdot 40 = 0{,}1\, D_2^3\, k_b$$

mit $k_b = 600$ kg/qcm zu

$$D_2 \sim \mathbf{170} \text{ mm},$$

derjenige D_1 des hinteren Lagers aus

$$3100 \cdot 9 = 0{,}1\, D_1^3\, k_b$$

zu

$$D_1 \sim 80 \text{ mm},$$

wofür $D_1 = \mathbf{120}$ mm gewählt ist.

Die Flächenpressung im vorderen Lager beträgt dann

$$k_2 = \frac{R_2}{l_2 D_2} = \frac{8320}{32 \cdot 17} \sim 15{,}3 \text{ kg/qcm},$$

diejenige im hinteren Lager

$$k_1 = \frac{R_1}{l_1 D_1} = \frac{3100}{18 \cdot 12} \sim 14{,}4 \text{ kg/qcm}.$$

(Für Zapfen von Kurbelwellen kann $k = 15$ bis 16 kg/qcm gewählt werden — vergl. S. 124.)

Die Stärke D_3 der Welle an der Befestigungsstelle des Schwungrades ergibt sich aus

$$3100 \cdot 70 = 0{,}1\, D_3^3\, k_b$$

zu

$$D_3 \sim 155 \text{ mm},$$

wofür $D_3 = 170 + 10 = \mathbf{180}$ mm — auch mit Rücksicht auf die hier eingearbeitete Keilnut — gewählt ist.

Für den Kurbelzapfen folgt mit Gl. 63

$$\frac{l}{d} = \sqrt{\frac{0{,}2 \cdot 500}{60}} = \sqrt{1{,}67} \sim 1{,}3$$

und aus

$$7200 = 60 \cdot 1{,}3\, d^2 \quad \text{(Gl. 62)}$$

$$d \sim 100 \text{ mm},$$

wofür $d = \mathbf{110}$ mm gewählt ist, ferner $l = \mathbf{130}$ mm.

Für den mittleren Zapfendruck von 3000 kg ergibt sich schließlich mit Gl. 64

$$w = \frac{3000 \cdot 75}{13} = 17\,300,$$

welcher Wert weit unter dem für Kurbelzapfen zulässigen Erfahrungswert liegt (vgl. S. 124).

Auf Tafel XVI sind die Abmessungen derselben Welle für drei mit I, II und III bezeichnete Kurbelstellungen (Fig. 3) zeichnerisch ermittelt.

Nach Aufzeichnung der Kräftepläne (Fig. I a, II a und III a) für jede Kurbelstellung ergeben sich in den zugehörigen Seilpolygonen (Fig. I, II und III) die betreffenden Biegungsmomentenflächen M_b'' und M_b' in der wagerechten und lotrechten Ebene und nach Vereinigung derselben die resultierende Biegungsmomentenfläche

$$M_b = \sqrt{(M_b')^2 + (M_b'')^2},$$

die für die Kurbelstellung I auch gleichzeitig die ideelle Biegungsmomentenfläche darstellt, während sie für die Kurbelstellungen II und III noch je mit der betreffenden Drehmomentenfläche $M_d = TR$ (Fig. 4) zu vereinigen ist, um die durch lotrecht schraffierte Linien angegebene ideelle Biegungsmomentenfläche $M_i = 0{,}35\, M_b + 0{,}65 \sqrt{(M_b)^2 + (M_d)^2}$ zu erhalten.

Legt man die den Kurbelstellungen I, II und III entsprechenden ideellen Biegungsmomentenflächen übereinander (Fig. 5), so läßt sich aus den Ordinaten der so gewonnenen Fläche die theoretische Form der Kurbelwelle für die Biegungsspannung $k_b \sim 660$ kg/qcm berechnen (Fig. 6). Damit ergeben sich auch die Abmessungen der Welle.

Die Abmessungen des Kurbelarmes folgen aus den bezüglichen Momentenflächen (Fig. Ib, IIb und IIIb).

Maßgebend ist die größte Beanspruchung des Armes bei Stellung II (Fig. IIb) der Welle.

Hierfür beträgt

$$\begin{aligned} M_b' &= 3500 \cdot 12 = 42\,000 \text{ cmkg} \\ M_b'' &= 4700 \cdot 35 = 164\,400 \quad ,, \\ M_d &= 4700 \cdot 12 = 56\,400 \quad ,, \end{aligned}$$

und es folgt mit den gewählten Abmessungen des Kurbelarmes ($b = 90$, $h = 200$ mm)

$$\sigma_b = \frac{164\,400}{\frac{9 \cdot 20^2}{6}} + \frac{42\,000}{\frac{20 \cdot 9^2}{6}} = 274 + 156 = 430 \text{ kg/qcm},$$

$$\sigma_d = \frac{56\,400}{\frac{2}{9}\, 9^2 \cdot 20} = 158 \text{ kg/qcm},$$

demnach

$$k_b = 0{,}35 \cdot 430 + 0{,}65 \sqrt{430^2 + 4 \cdot 158^2} = \mathbf{497} \text{ kg/qcm}.$$

2. Einfach gekröpfte Kurbelwelle.

Die in Fig. 1 (Tafel XVII) schematisch dargestellte Welle gehört zu einer liegenden Auspuffmaschine 200/300 ($n = 150$ Uml/min), die mit 7 at Spannung des Einströmdampfes und 50 vH Füllung — $p_i = 4{,}41$ at (Fig. 2) — eine Nutzleistung

$$N_e = \eta N_i = 0{,}78 \cdot 27{,}4 \backsim 21 \text{ PS}_e$$

entwickelt.

Die Spannungen des über das Schwungrad von 1,6 m Durchmesser gelegten Riemens betragen — $e^{\mu\alpha} = 2{,}21$ angenommen —

$$S_1 = 245 \text{ kg} \quad \text{und} \quad S_2 = 115 \text{ kg}.$$

Durch Vereinigung der Resultante S_o der Riemenspannungen mit dem Schwungradgewicht $G = 600$ kg (siehe Fig. 3 auf Tafel XVII) folgen in bekannter Weise

$$G'' = 300 \text{ kg} \quad \text{und} \quad G' = 400 \text{ kg}.$$

Fig. 56.

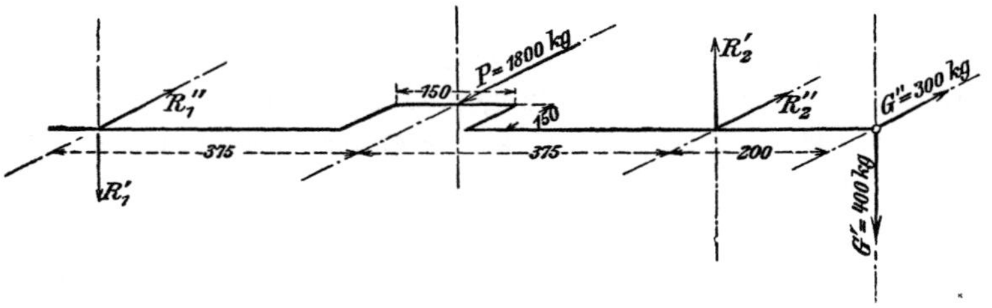

Damit ergeben sich die Lagerdrücke wie folgt:

Stellung I (Textfigur 56).

$$R_1'' = \frac{1800 \cdot 37{,}5 + 300 \cdot 20}{75} = 980 \text{ kg},$$

$$R_2'' = \frac{1800 \cdot 37{,}5 - 300 \cdot 95}{75} = 520 \text{ kg},$$

$$R_1' = \frac{400 \cdot 20}{75} = 110 \text{ kg},$$

$$R_2' = \frac{400 \cdot 95}{75} = 510 \text{ kg}$$

und die resultierenden Lagerdrücke

$$R_1 = \sqrt{980^2 + 110^2} = \mathbf{1000\ kg} \text{ bezw. } R_2 = \sqrt{520^2 + 510^2} = \mathbf{730\ kg.}$$

Fig. 57.

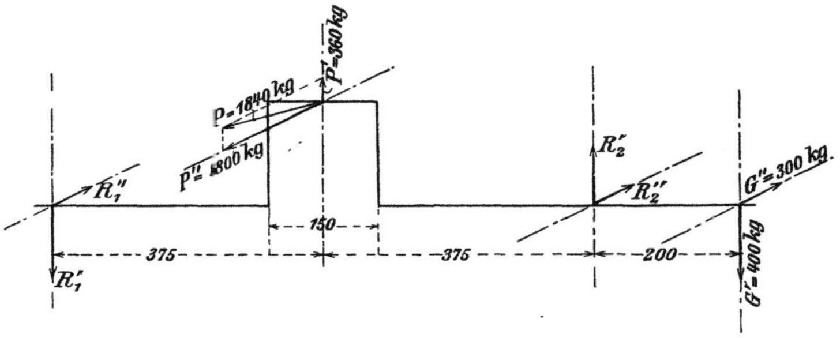

Stellung II (Textfigur 57).

$$R_1'' = \frac{1800 \cdot 37{,}5 + 300 \cdot 20}{75} = 980 \text{ kg},$$

$$R_2'' = \frac{1800 \cdot 37{,}5 - 300 \cdot 95}{75} = 520 \text{ kg},$$

$$R_1' = \frac{360 \cdot 37{,}5 + 400 \cdot 20}{75} = 290 \text{ kg},$$

$$R_2' = \frac{400 \cdot 95 - 360 \cdot 37{,}5}{75} = 330 \text{ kg}$$

und die resultierenden Lagerdrücke

$$R_1 = \sqrt{980^2 + 290^2} = \mathbf{1020} \text{ kg bezw. } R_2 = \sqrt{520^2 + 330^2} = \mathbf{620} \text{ kg}.$$

Die größten für die Berechnung der Wellenzapfen in Betracht kommenden Lagerdrücke sind hiernach

$$R_1 = 1020 \text{ kg (Stellung II) und } R_2 = 730 \text{ kg (Stellung I)}.$$

Es folgt für die Zapfen — mit Rücksicht auf die zulässige Flächenpressung —

$$l_1 = \frac{1020 \cdot 150}{12\,750} = \mathbf{120} \quad \text{bezw.} \quad l_2 = \frac{730 \cdot 150}{9050} = \mathbf{120} \text{ mm}$$

und mit $k_b = 550$ kg/qcm aus

$$1020 \cdot 6 = 0{,}1\, D_1^3\, k_b$$

$$D_1 \sim 48 \text{ mm}$$

wofür — wegen des Flächendruckes — $D_1 = \mathbf{80}$ mm gewählt ist, ferner mit

$$M_b = 500 \cdot 20 = 10\,000 \text{ cmkg}$$

und

$$M_d = 1800 \cdot 15 = 27\,000 \quad „$$

aus

$$M_i = 0{,}35 \cdot 10000 + 0{,}65 \sqrt{10000^2 + 27000^2} = 22210 = 0{,}1\, D_2^3\, 550$$

$$D_2 = 73{,}9 \sim \mathbf{80} \text{ mm}.$$

Die Flächenpressungen betragen

$$k_1 = \frac{1020}{8 \cdot 12} \sim 10{,}6 \text{ kg/qcm} \quad \text{und} \quad k_2 = \frac{730}{8 \cdot 12} \sim 7{,}60 \text{ kg/qcm}.$$

Für den Kurbelzapfen gilt

$$M_b = 1020 \cdot 37{,}5 = 38\,300 \text{ cmkg},$$
$$M_d = 980 \cdot 15 = 14\,700 \text{ „ },$$

demnach

$$M_i = 0{,}35 \cdot 38300 + 0{,}65 \sqrt{38300^2 + 14700^2} \sim 40100 \text{ cmkg} = 0{,}1\, d^3\, 550$$

woraus

$$d = \mathbf{90} \text{ mm}$$

und mit $P_m \sim 1400$ kg

$$l = \frac{1400 \cdot 150}{23\,400} = \mathbf{90} \text{ mm},$$

welche Werte beibehalten werden können.

Die Stärke D_3 der Welle an der Befestigungsstelle des Schwungrades ergibt sich aus

$$M_d = 1800 \cdot 15 = 27\,000 \text{ cmkg} = 0{,}2\, D_3^3\, k_d$$

mit $k_d = 240$ kg/qcm zu

$$D_3 = 82{,}5 \text{ mm},$$

wohin $D_3 = \mathbf{90}$ mm gewählt ist.

Auf Tafel XVII sind die Abmessungen der Welle wieder zeichnerisch ermittelt.

Fig. 2 zeigt das Dampfdiagramm, Fig. 4 die den Kurbelstellungen I und II (Fig. 3) entsprechenden, übereinander gelegten ideellen Biegungsmomentenflächen $M_{i\,(I)}$ und $M_{i\,(II)}$, deren Ordinaten für die Berechnung der in Fig. 5 dargestellten Welle in Betracht kommen ($k_b = 550$ kg/qcm).

Die Abmessungen der beiden Kurbelarme sind aus den bezüglichen Momentenflächen (Fig. Ib und IIb) zu ermitteln.

3. Doppelt gekröpfte Kurbelwelle.

Tafel XVIII gibt in Fig. 1 die schematische Darstellung der in fünf Lagern — A, B, C, D und E — geführten doppelt gekröpften Kurbelwelle einer stehenden Kondensations-Verbundmaschine 320 bezw. 510/500, die mit 8 at Eintrittsspannung, einer Gesamtfüllung $\varepsilon_r = 0{,}06$ (Fig. 2) und 150 Uml/min eine Leistung von ~ 100 PS$_e$ entwickelt[1]).

Die Abmessungen der Welle sollen auf zeichnerischem Wege für die Stellungen I und II derselben (Fig. 4a und 4b) ermittelt werden.

Es sind zunächst die sog. Festpunkte der als kontinuierlicher Balken mit vier Öffnungen zu betrachtenden Welle zu bestimmen.

Fig. 3 zeigt, wie dieselben gefunden werden.

Man trägt zunächst in sämtlichen Öffnungen die Drittel- und die verschränkten Drittellinien derselben ein, zieht dann von A aus in beliebiger Richtung die Linie AMN, hierauf die Linie MBR und NR, so erhält man den Festpunkt J_1.

Von diesem ausgehend, wiederholt man die Zeichnung und findet J_2, hierauf in gleicher Weise J_3.

---

[1]) Weitere Angaben über diese von der „Bernburger Maschinenfabrik L. Bodenbender & Co.", Bernburg, in Leipzig 1897 ausgestellten Dampfmaschine sind einem bezüglichen Bericht des Verfassers in der „Z. d. V. d. J." 1898, S. 225 zu entnehmen.

In umgekehrter Richtung vorgehend, erhält man die Festpunkte K_1, K_2 und K_3. Die durch die J- und K-Punkte gelegten Festlinien dienen zur Ermittlung der Biegungsmomentenfläche der Welle.

Stellung I. Hier wirken am Punkte S (Fig. 3) der Welle die Komponenten der vom Schwungradgewicht und den Riemenspannungen herrührenden Resultante G_o (Fig. 5), nämlich $G' = 2750$ kg in der lotrechten und $G'' = 800$ kg in der wagerechten Ebene, ferner an den Punkten O und Q der Welle die vom Hochdruck- und Niederdruckkolben herrührenden Schubstangenkräfte $H = 5500$ kg und $N = 1635$ kg (Fig. 4 a); letztere kann durch eine lotrechte und eine wagerechte Komponente $N' = 1600$ kg bezw. $N'' = 330$ kg ersetzt werden. Die Kolbenkraft H wirkt in der lotrechten Ebene. Nun ermittelt man, nach Aufzeichnung der Kräftepläne (Fig. 6 a und 7 a), das den lotrechten bezw. wagerechten Kräften entsprechende Seilpolygon jeder Öffnung (Fig. 6 und 7), womit sich — indem man die zu jeder Kraft gehörigen Abschnitte, unter Berücksichtigung des Vorzeichens, mit dem Zirkel summiert — nach dem in Fig. 6 angedeuteten, von Ritter[1]) herrührenden Verfahren die lotrechte bezw. wagerechte Biegungsmomentenfläche und die Größe der Stützenmomente ergibt.

Es ist z. B. für die in der ersten Öffnung von der Länge l_1 wirkende lotrechte Kraft H (s. Fig. 6) zunächst die Momentenfläche $A\ S_1\ B$ — ein Dreieck — genau so aufzuzeichnen, als wenn die Welle nur in den benachbarten Stützpunkten A und B aufruht. Trägt man dann von der Richtungslinie der Kraft H aus die Länge l_1 nach rechts auf, zieht die Linien $R_1 S_1 T_1$ und $T_1 B$, so schneidet letztere die durch K_3 (Fig. 3) gelegte Festlinie im Punkte K_3'. Die durch diesen Punkt gelegte Linie $A\ K_3'\ B'$ schneidet die Größe $B\ B'$ des von der Kraft H herrührenden Stützenmomentes auf der durch B gehenden und in ihren Fortsetzungen ($B'C'$ bezw. $C'D'$) die Stützenmomente $C\ C'$ und $D\ D'$ auf den durch C und D gehenden Vertikalen ab. In ähnlicher Weise ist mit den in der dritten und vierten Öffnung der Welle lotrecht wirkenden Kräften N' bezw. G' zu verfahren.

Aus den Stützenmomenten sind in Fig. 6 b und 7 b die betreffenden Stützendrücke A', B', C', D', E' bezw. A''; B'', C'', D'' und E'' abgeleitet; diese dienen, wie auch die Schubstangenkräfte, in bekannter Weise zur Ermittlung der in den Armen der Hochdruck- und Niederdruckkurbel auftretenden Spannungen, bezw. zur Ermittlung der Abmessungen dieser Arme.

Die beiden Biegungsmomentflächen (Fig. 6 und 7) sind in Fig. 8 zur resultierenden Biegungsmomentenfläche, sodann mit den Drehmomenten des Kurbelzapfens der Niederdruckseite und des betreffenden Wellenstückes zur ideellen Biegungsmomentenfläche vereinigt.

Der linke Arm der Hochdruckkurbel (Fig. 8 a) ist — mit Benutzung der in Fig. 1 eingetragenen Bezeichnungen — beansprucht durch

$$M_b' = A'a_1 \quad \text{und} \quad M_b'' = A''R,$$

ferner durch

$$M_d = A''a_1,$$

der rechte Arm dieser Kurbel durch

$$M_b' = H h_1 + A'a_2 \quad \text{und} \quad M_b' = A''R,$$

ferner durch

$$M_d = A''a_2$$

(M_d'' und M_b'' sind im vorliegenden Falle unbedeutend und können vernachlässigt werden.)

---

[1]) Anwendungen der graphischen Statik, 3. Teil, Zürich 1900, Albert Raustein.

Der linke Arm der Niederdruckkurbel (Fig. 8b) wird beansprucht durch

$$M_b'' = A'R + HR + B'R + C'R,$$

und durch

$$M_b' = A''a_3 + B''b_1 + C''c_1,$$

ferner durch das Drehmoment

$$M_d = A'a_3 + Hh_2 + B'b_1 + C'c_1;$$

der rechte Arm dieser Kurbel durch

$$M_b'' = A'R + HR + B'R + C'R \quad \text{und} \quad M_b'' = N'R,$$

ferner durch

$$M_b' = A''a_4 + B''b_2 + C''c_2 + N''n_1$$

und durch das Drehmoment

$$M_d = A'a_4 + Hh_3 + B'b_2 + C'c_2 + N'n_1.$$

Die den Kurbelarmen entsprechenden Biegungsmomente sind in Fig. 6 und 7 durch stärker gestrichelte Linien hervorgehoben; sie lassen sich ohne weiteres abgreifen, bezw. sind sie aus Fig. 6b und 7b zu entnehmen, wobei der durch Pfeile angegebene Sinn der betreffenden Kräfte bei der algebraischen Summation der Momente zu berücksichtigen ist.

Stellung II. Hier wirken wieder am Punkte S (Fig. 3) der Welle $G' = 2750$ kg in der lotrechten und $G'' = 800$ kg in der wagerechten Ebene, ferner an den Punkten O und Q der Welle die vom Hochdruck- und Niederdruckkolben herrührenden Schubstangenkräfte $H = 5050$ kg und $N = 1070$ kg (Fig. 4b); dieselben lassen sich in eine lotrechte und wagerechte Komponente $H' = 5000$ kg und $H'' = 800$ kg bezw. $N' = 1000$ kg und $N'' = 130$ kg zerlegen.

Nach Aufzeichnung der Kräftepläne (Fig. 9a und 10a) ergeben sich die zugehörigen Biegungsmomentenflächen (Fig. 9 und 10) genau wie vordem. Die aus denselben abgeleiteten Stützendrücke sind aus Fig. 9b und 10b zu entnehmen.

Die Beanspruchung der Kurbelarme ist aus Fig. 11a und 11b ersichtlich. Die Größe der betreffenden Momente ergibt sich wieder aus den durch stärker gestrichelte Linien der zugehörigen Biegungsmomentenflächen (Fig. 9 und 10) hervorgehobenen Ordinaten, die aber hier noch in Richtung des betreffenden Kurbelarmes und senkrecht dazu zerlegt werden müssen, bezw. aus Fig. 9b und 10b, nach Zerlegung der in Betracht kommenden Kräfte in gleicher Weise, und unter Berücksichtigung der Drehmomente.

In Fig. 11 sind die beiden Biegungsmomentenflächen (Fig. 9 und 10) mit den Drehmomentenflächen der Kurbelzapfen und der Welle zur ideellen Biegungsmomentenfläche vereinigt.

Die den Stellungen I und II der Welle entsprechenden ideellen Biegungsmomentenflächen sind in Fig. 12 übereinander gelegt; ihre Ordinaten ergeben für eine angenommene Beanspruchung $k_b = 500$ kg/qcm die Abmessungen der in Fig. 13 dargestellten Kurbelwelle.

Die Abmessungen der Kurbelarme sind aus den Fig. 11a und 11b ersichtlichen Momentenflächen zu ermitteln.

B. Kurbellager — Rahmen und Zwischenstücke.

Die Kurbellager liegender Dampfmaschinen bilden gewöhnlich mit dem Rahmen ein einziges Gußstück; ihre Schalen werden meist vierteilig ausgeführt und entweder eine oder beide Seitenschalen in wagerechter Richtung nachstellbar gemacht. Dies geschieht

Fig. 58.

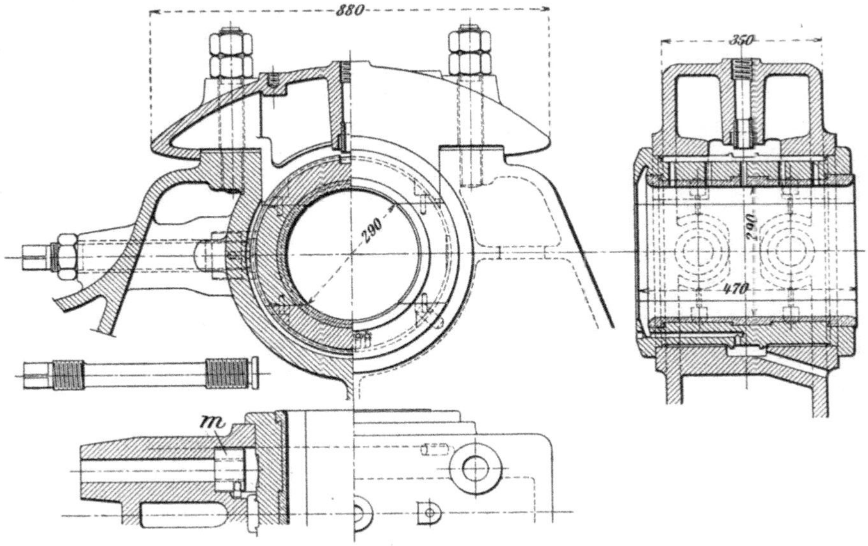
880
350
290
290
470
m

Fig. 59.

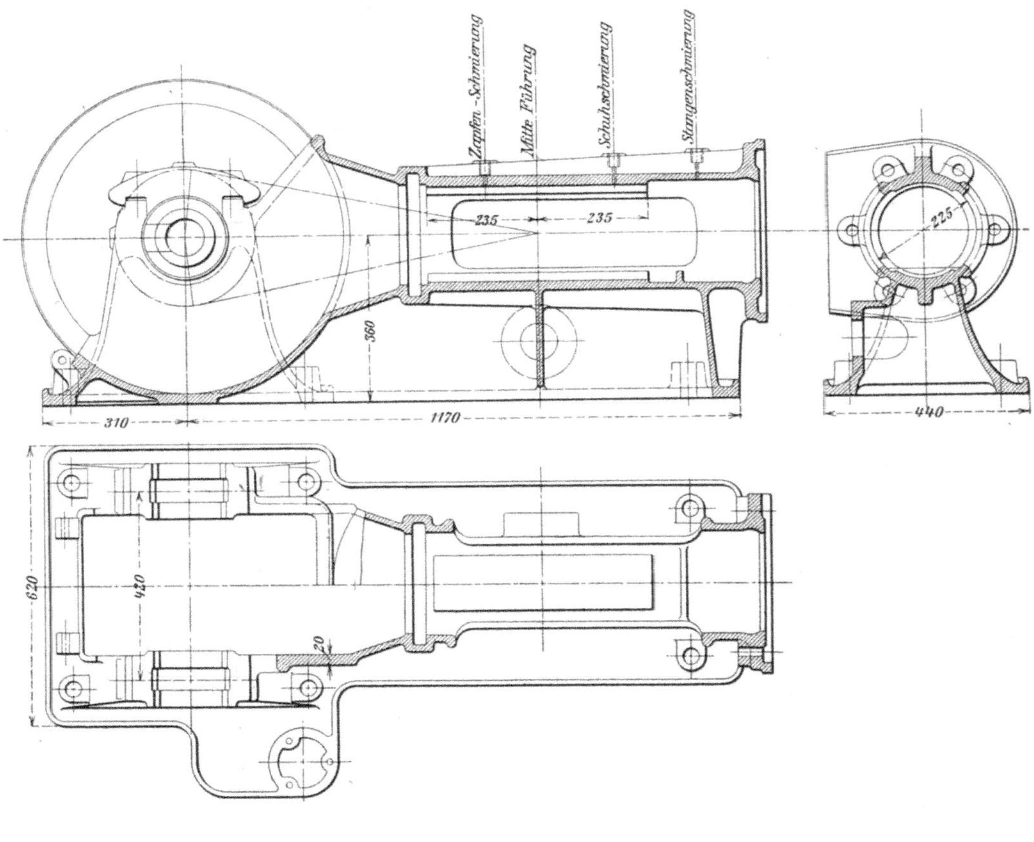
Zapfen-Schmierung
Mitte Führung
Schuhschmierung
Stangenschmierung
235
235
225
360
310
1170
440
620
420
20

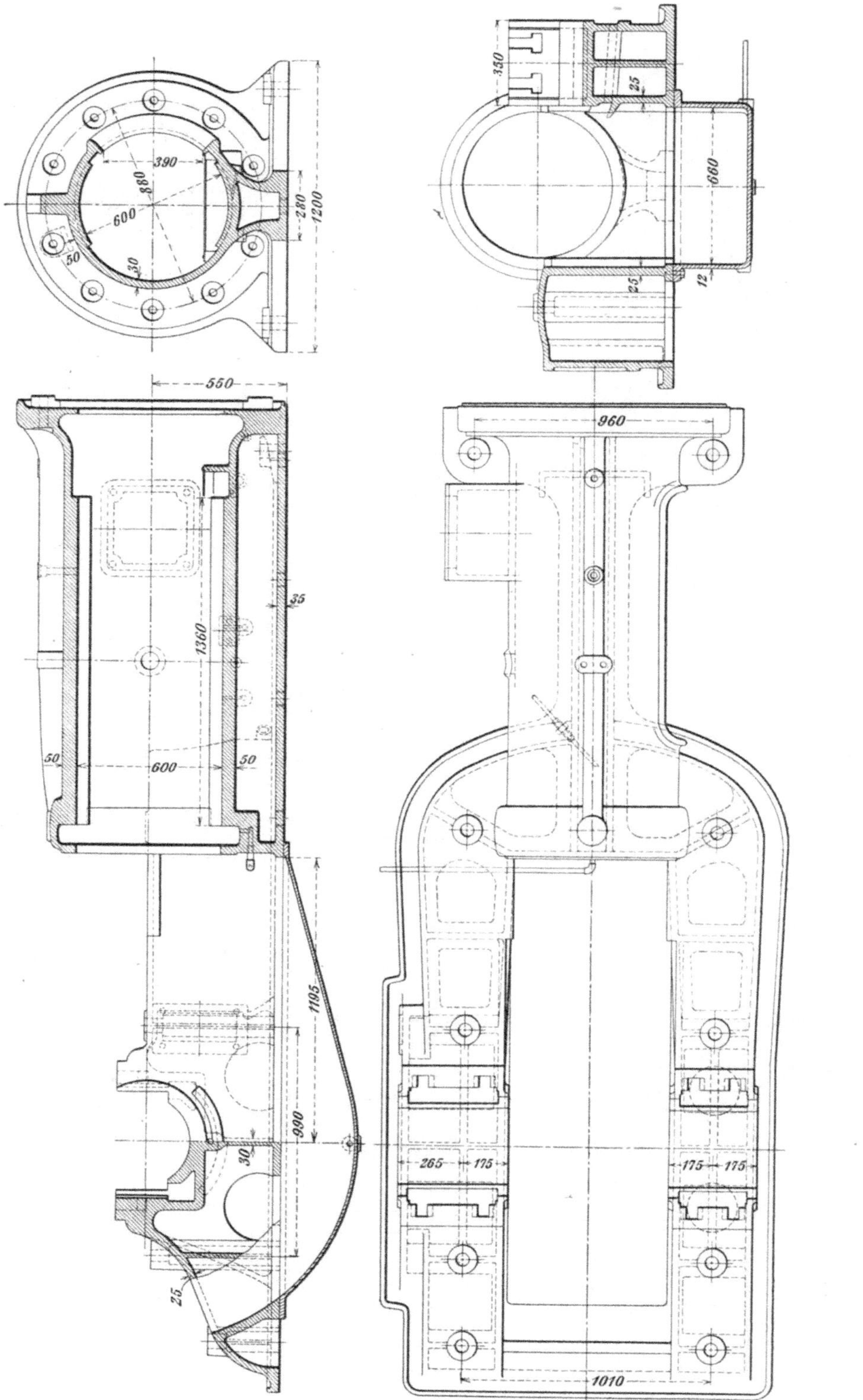
390
880
600
280
1200
50
30
350
25
660
12
25
550
35
1360
50
600
50
1195
990
30
25
960
265
175
175
175
1010

Fig. 60.

durch Druckschrauben in der vorderen Wange des Lagerbockes (Fig. 58) oder durch Keile mit einseitigem Anzug (Fig. 61), der ∾ 1 : 10 gewählt wird.

Fig. 58 (S. 135) zeigt das Kurbellager einer Verbund-Kondensationsmaschine 800 bezw. 1250/1250 ($n = 78$ Uml/min) mit Ventilsteuerung der Maschinenbau-A.-G. Pokorny & Wittekind, Frankfurt a. M. (Dampfspannung 8—9 at).

Die Seitenschalen sind aus Stahlguß, Ober- und Unterschale aus Gußeisen hergestellt, sämtliche Schalen überdies mit Weißmetall ausgefüttert. Die Nachstellung der vorderen Seitenschale erfolgt durch zwei Druckschrauben, deren runde, in den Lagerkörper eingelegte Stahlmuttern m durch Schraubenstifte gegen Drehung gesichert sind.

Fig. 61.

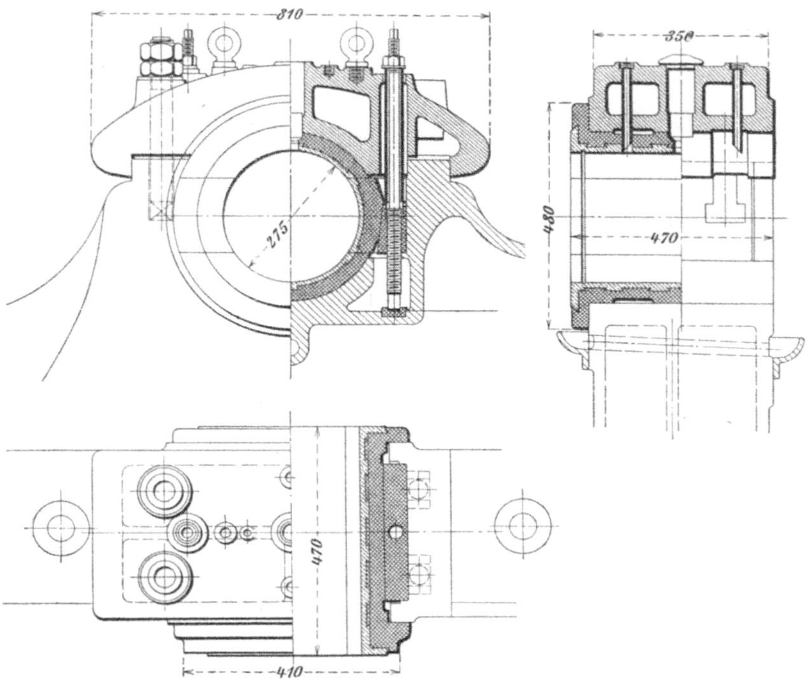

Häufig wirken die Druckschrauben nicht unmittelbar, sondern unter Zwischenschaltung einer gemeinsamen Platte auf die Seitenschale.

Nachstellung mittels Druckschraube zeigt auch das Fig. 59 (S. 135) ersichtliche, mit dem Gabelrahmen einer liegenden Maschine 200/300 der Maschinenbauanstalt Gebr. Pfeiffer, Kaiserslautern, zusammengegossene Kurbellager.

Der Rahmen — mit Rundführung für den Kreuzkopf — ist an seinem hinteren Ende mit einem zentrischen Befestigungsflansch für den freitragenden Zylinder versehen.

Der Gabelrahmen einer größeren Dampfmaschine — einer Tandem-Verbundmaschine 450 bezw. 780/800 ($n = 150$ Uml/min) — ist in Fig. 60 dargestellt[1]).

Behufs Wasserkühlung ist der untere Teil der Kreuzkopfführung als Hohlraum ausgebildet.

[1]) Ausführung der Maschinenbau-A.-G. vorm. Starke & Hoffmann, Hirschberg.

Das zu diesem Rahmen gehörige Kurbellager zeigt Fig. 61 (S. 137).

Die Nachstellung der aus Gußstahl mit Weißmetallfutter hergestellten Seitenschalen erfolgt je durch einen mittels Stellschraube bewegten Stahlkeil; erstere stützt sich auf eine in den Lagerkörper eingelegte Spurscheibe aus Stahl.

In gleicher Weise erfolgt die Nachstellung der gußeisernen, mit Weißmetall gefütterten Seitenschalen des in Fig. 62 ersichtlichen Kurbellagers; das Muttergewinde der Stellschrauben befindet sich aber nicht, wie vordem, im Keil, sondern es ist in ein aus Metall gefertigtes Zwischenstück *o* geschnitten [1]).

Fig. 62.

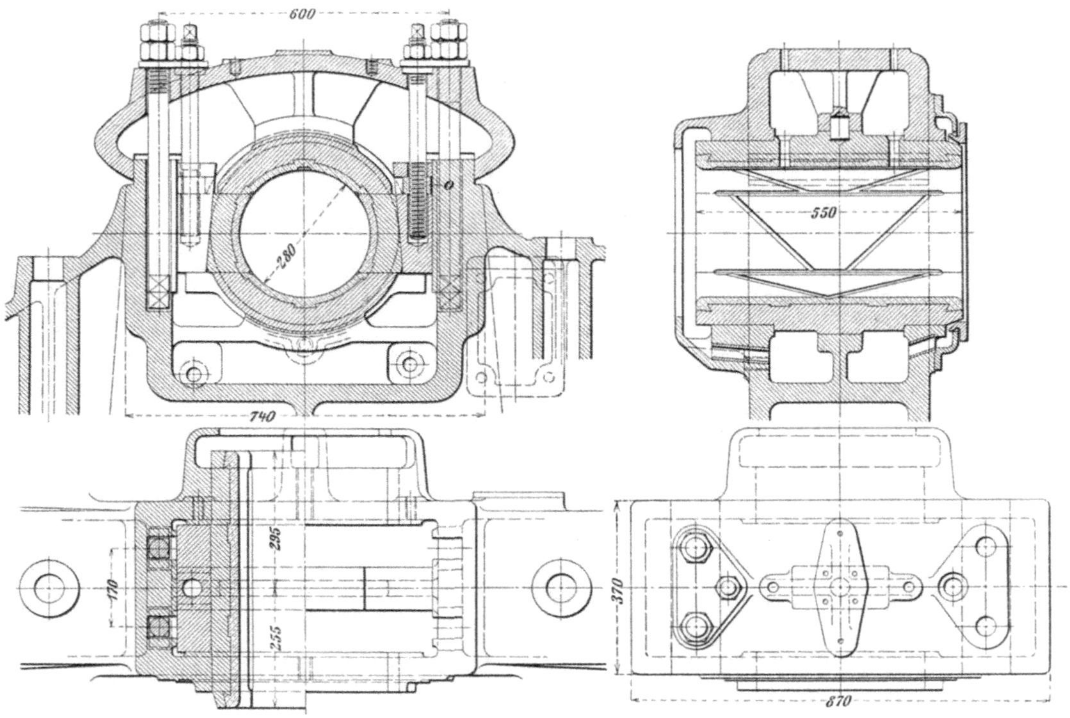

Ein Kurbellager mit Ringschmierung — zu dem in Fig. 63 ersichtlichen Bajonettrahmen gehörig — zeigt Fig. 64 (S. 140 [2]).

Zum Nachstellen der gußeisernen Seitenschalen dienen Stahlkeile, die durch je zwei Stellschrauben bewegt werden, deren Muttergewinde sich je in einer durch Flanschenverschraubung im unteren Teile des Lagerkörpers befestigten schmiedeeisernen Büchse *s* befindet. Die Mitnahme der Keile wird durch Bunde der eingreifenden Stellschrauben bewirkt.

Die beiden schmiedeeisernen Ölringe haben winkelförmigen Querschnitt.

---

[1]) Zu einer Tandemmaschine 440 bezw. 750/800 der Maschinenbau-Anstalt Gebrüder Pfeiffer, Kaiserslautern.

[2]) Ausführung der Maschinenfabrik Grevenbroich, Grevenbroich, für liegende Dampfmaschinen von 700 bis 800 mm Hub.

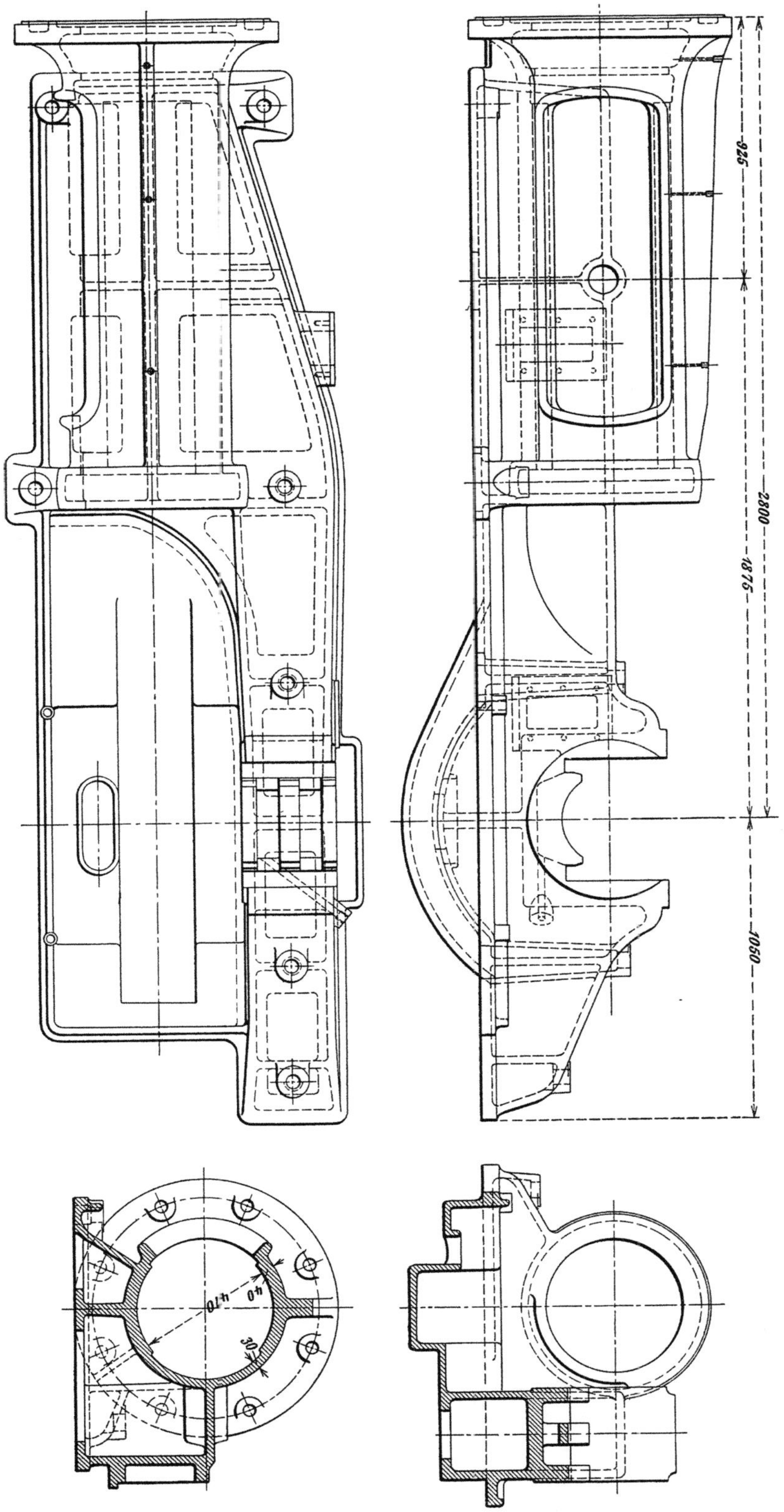

Fig. 63.

Fig. 64.

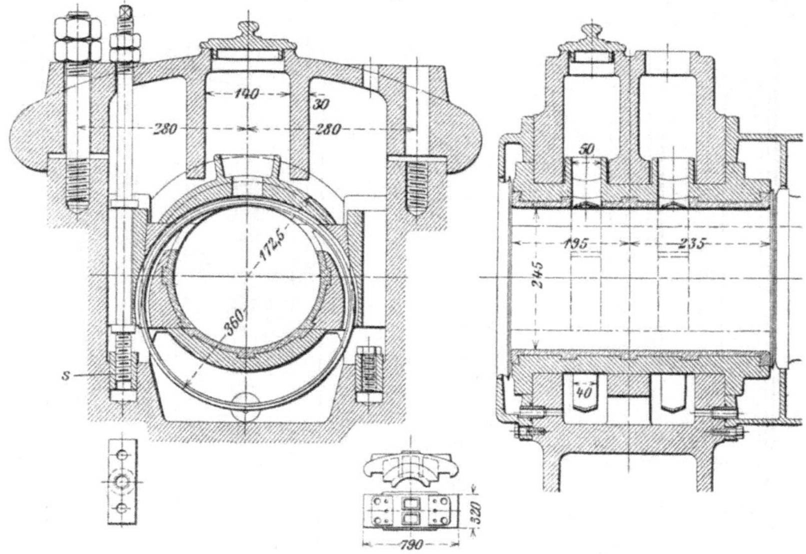
140
30
280
280
172,5
360
135
235
245
50
40
s
320
790

Fig. 65.

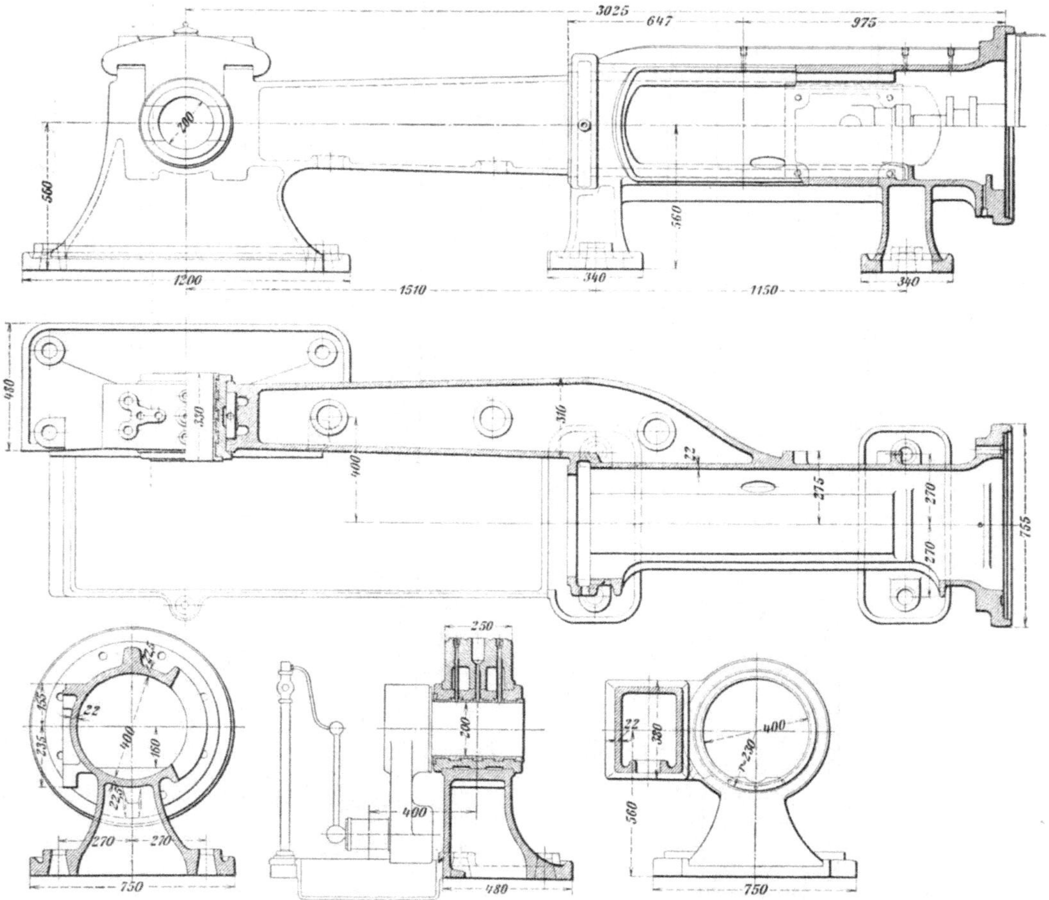
3025
647
975
200
560
560
1200
1510
340
1150
340
480
330
310
400
22
275
270
270
755
250
22
155
235
400
160
225
270
270
750
200
400
480
22
380
400
r=230
560
750

Während die bisher genannten Rahmen in ihrer ganzen Länge auf dem Fundament aufliegen — genaues Aufliegen wird gewöhnlich durch Untergießen mit Zement erreicht — ist der in Fig. 65 dargestellte Bajonettrahmen — außer am Kurbellager — nur noch unmittelbar vor dem Dampfzylinder und am hinteren Ende der Rundführung unterstützt.

Die Nachstellung der Seitenschalen des Kurbellagers erfolgt auch hier durch Stellkeile [1]).

Ein Hauptaugenmerk ist bei allen Rahmen liegender Dampfmaschinen darauf zu legen, daß die Hebelarme der in Betracht kommenden Kräfte so klein als möglich ausfallen, der Rahmen demnach vorzugsweise nur Zug- und Druckspannungen auszuhalten hat. Die Auflageflächen sind möglichst breit auszuführen, damit der Auflagerdruck auf das Fundament gering ausfällt; insbesondere darf derselbe unter dem Kurbellager nicht mehr als 2 kg/qcm betragen.

Fig. 66.

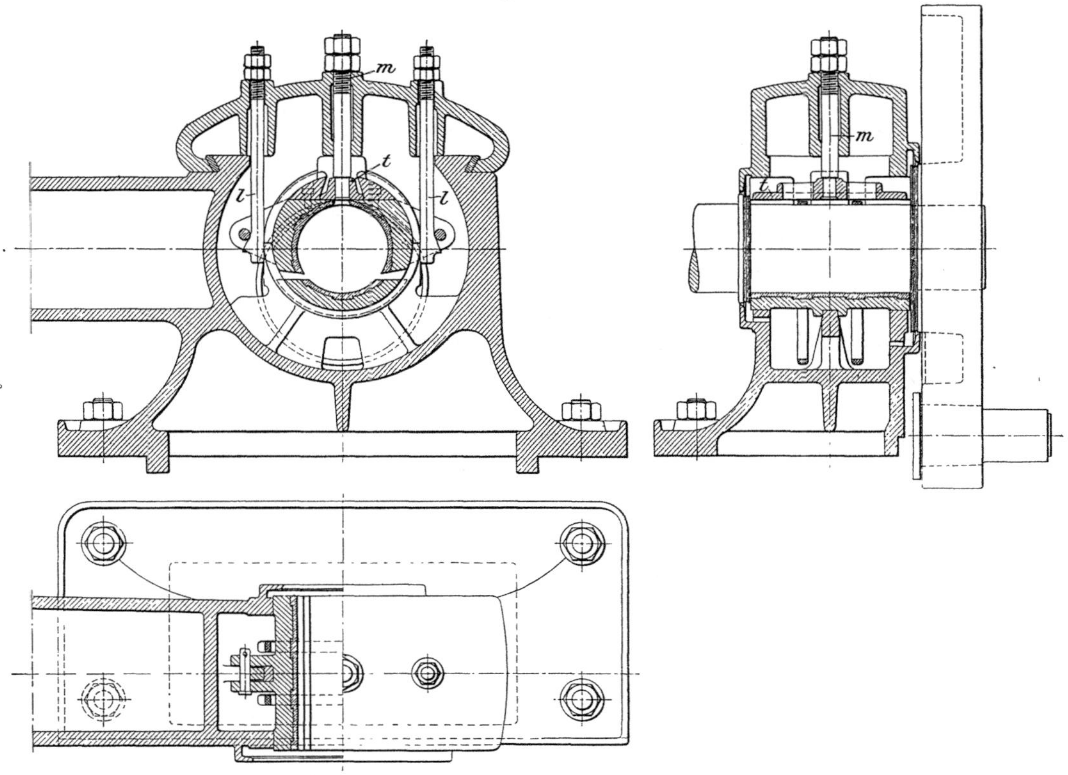

Durch lotrechte Rippen oder dergl. ist Entlastung der Ankerschrauben anzustreben.

Damit die Schalen der Kurbellager auch nach erfolgter Abnutzung der Schalen — insbesondere der Unterschale — den Wellenzapfen noch hinreichend umschließen und eine gute Führung desselben gesichert bleibt, können die um je einen Zapfen drehbaren Seitenschalen des in Fig. 66 ersichtlichen fünfteiligen Kurbellagers mit Ringschmierung mittels unterer Keilfläche einer Stellschraube *l*, sowie durch ein zwischen den mit den beiden Seiten-

[1]) Zu einer Zwillings-Fördermaschine der Maschinenbau-Anstalt „H u m b o l d t" von 800 mm Hub.

schalen durch Schlitzschrauben verbundenen Oberschalenhälften liegendes, mittels besonderer Schraube m stellbares Gleitstück t entsprechend bewegt werden[1]).

Bei Tandemmaschinen werden beide Zylinder meist durch ein eingeschaltetes Zwischenstück — die sog. Laterne — miteinander verbunden.

Fig. 67 zeigt ein solches Zwischenstück mit oberem Ausschnitt und einem unten angegossenen Flansch zur Befestigung einer Ölpumpe[2]).

Fig. 67.

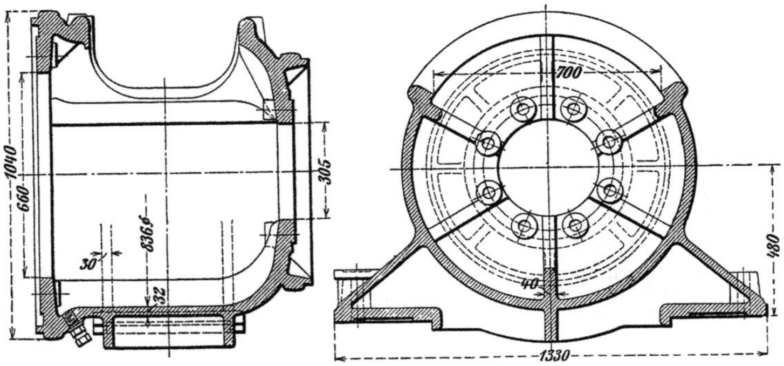

Das Fig. 68 ersichtliche Zwischenstück, Patent Max Schmidt[3]), besteht aus den mit den Rippen s zusammengegossenen Deckeln des Hochdruck- und Niederdruckzylinders.

Fig. 68.

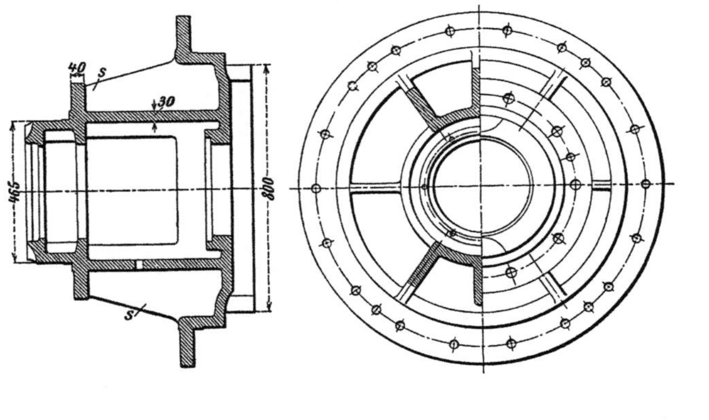

Durch seitliche Ausschnitte wird die Zugänglichkeit einer in das Zwischenstück eingesetzten Stopfbüchse (s. Fig. 306, S. 377) von außen ermöglicht. Auch in der Verkleidung sind entsprechende, meist verschließbare Öffnungen angebracht, so daß man ohne Entfernung der ersteren zu der Stopfbüchse gelangen kann.

Bei größeren Dampfmaschinen wird ein besonderes, durch Federdruck oder dergl. einstellbares Traglager für die Kolbenstange in das Zwischenstück eingebaut (s. z. B. Fig. 288).

---

1) Ausführung der Maschinenbau-Anstalt Berger-André & Co., Thann (Elsaß).

2) Zu einer liegenden Tandemmaschine 300 bezw. 525/600 ($n = 142$ bis 183 Uml/min) der Maschinenbau-Anstalt Främbs & Freudenberg, Schweidnitz.

3) Zu einer Heißdampf-Tandemmaschine von 900 mm Hub der Maschinenbau-A.-G. vorm. Starke & Hoffmann, Hirschberg.

Fig. 69.

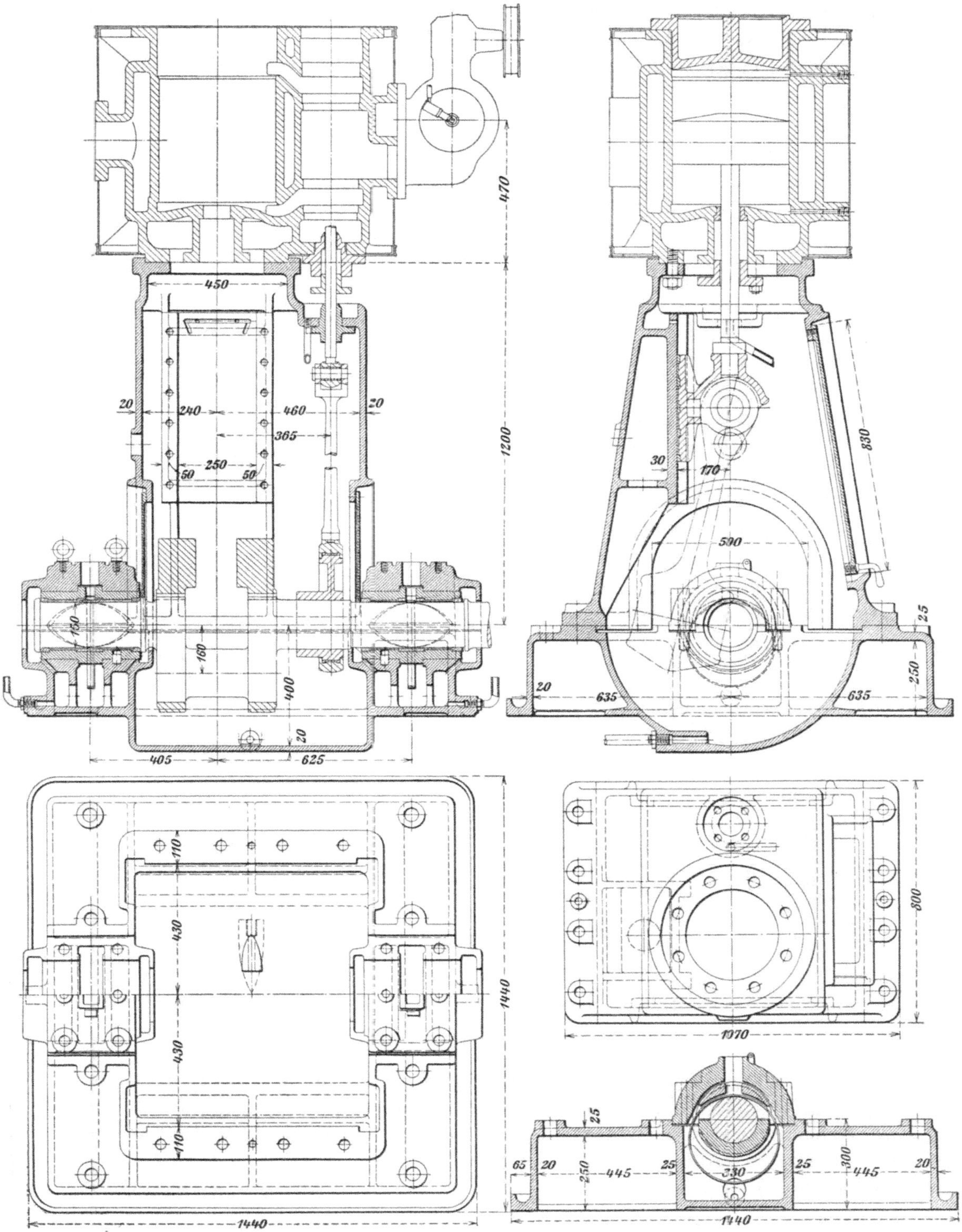
470
450
1200
20
240
460
20
365
250
50
50
830
30
170
500
25
150
160
400
20
250
635
635
20
405
625
110
430
430
110
1440
800
1070
1440
25
65
20
250
445
25
330
25
300
445
20
1440

Die Kurbellager stehender Dampfmaschinen sind gewöhnlich mit der Grundplatte zusammengegossen und auf bearbeiteten Flächen der letzteren die zur Stützung der Zylinder dienenden Ständer mittels Schrauben befestigt.

Zum Nachstellen der zweiteiligen Schalen der Kurbellager dienen die Deckelschrauben.

Fig. 70.

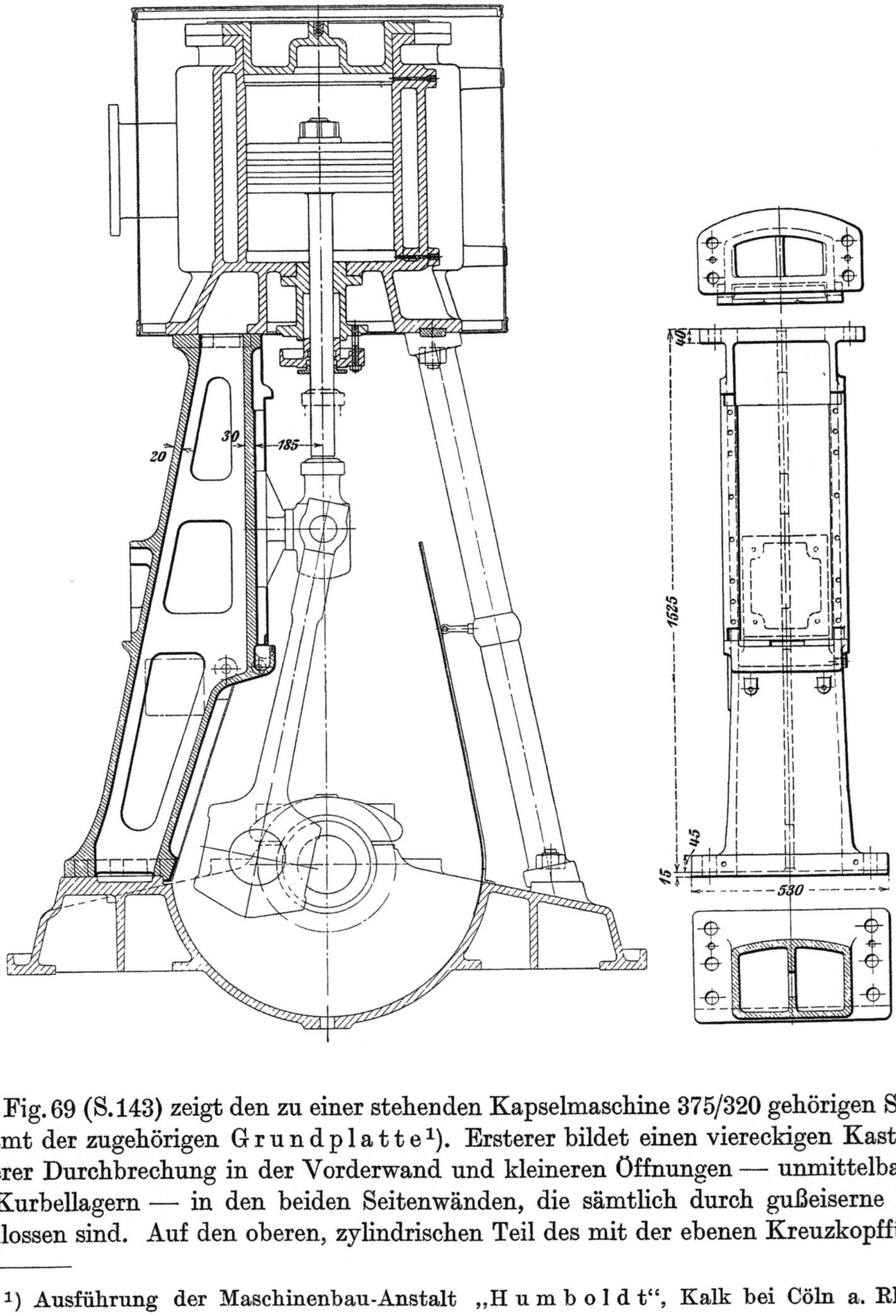

Fig. 69 (S. 143) zeigt den zu einer stehenden Kapselmaschine 375/320 gehörigen Ständer mitsamt der zugehörigen Grundplatte[1]). Ersterer bildet einen viereckigen Kasten mit größerer Durchbrechung in der Vorderwand und kleineren Öffnungen — unmittelbar über den Kurbellagern — in den beiden Seitenwänden, die sämtlich durch gußeiserne Deckel geschlossen sind. Auf den oberen, zylindrischen Teil des mit der ebenen Kreuzkopfführung

[1]) Ausführung der Maschinenbau-Anstalt „Humboldt", Kalk bei Cöln a. Rh.

zusammengegossenen Ständers ist der Zylinder zentrisch befestigt und dessen Schieberstange, damit Öl und Wasser zurückgehalten werden, nochmals in einer Büchse des ersteren geführt.

Fig. 71.

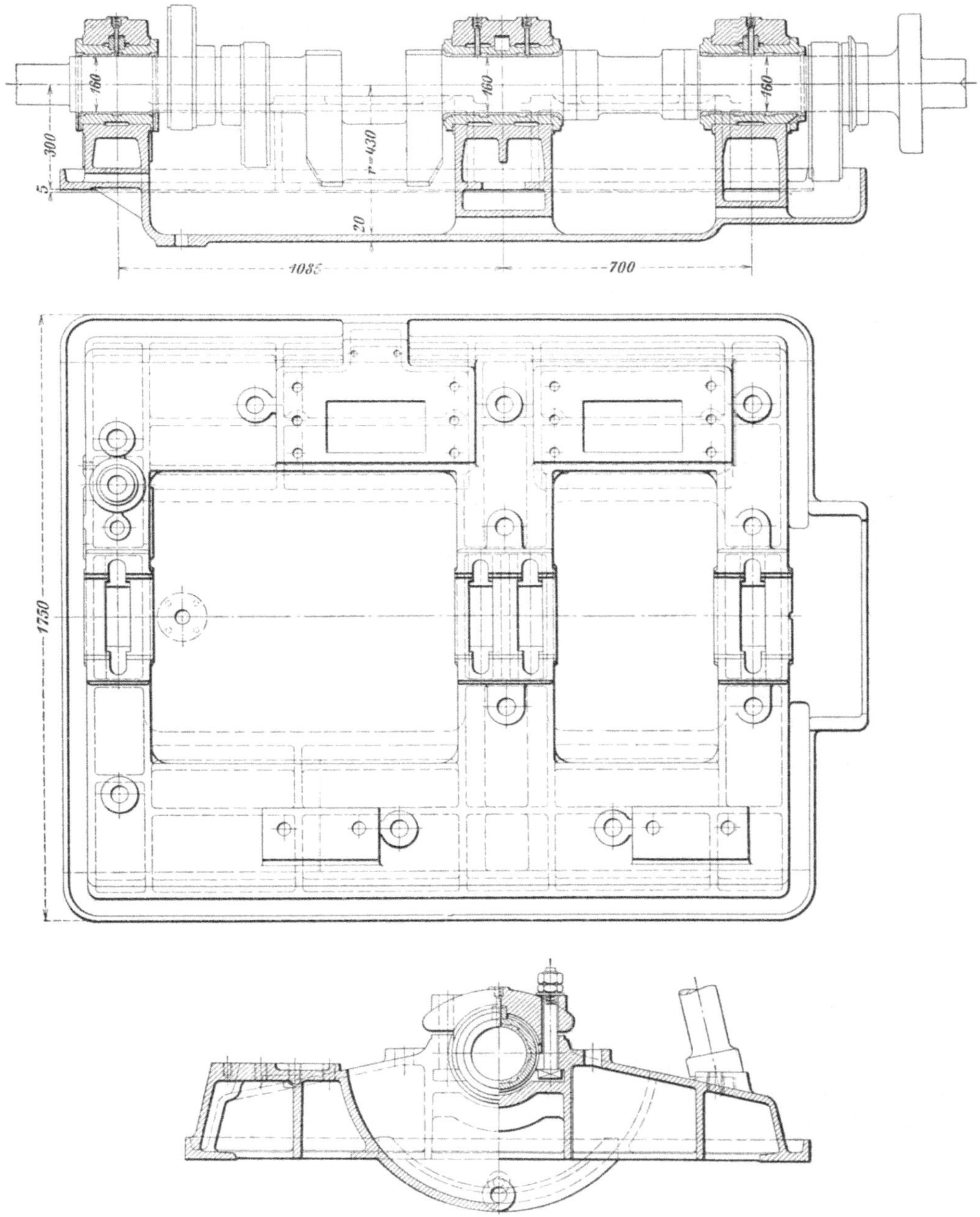

Die Kurbellager haben Ringschmierung; ihre verhältnismäßig langen gußeisernen Schalen sind mit Weißmetall ausgefüttert.

Zu einer stehenden Verbundmaschine 400 bezw. 600/380 gehört der zur Stützung je eines Zylinders derselben dienende einseitige Ständer, Fig. 70 (S. 144), der mit der in

Fig. 71 (S. 145) dargestellten Grundplatte durch 6 und mit dem hinteren kastenförmigen Ansatz des betreffenden Zylinders durch 4 Schraubenbolzen verbunden ist. Auf der Vorderseite der Maschine erfolgt die Stützung der Zylinder durch schräg stehende Säulen[1]).

Häufig werden die Ständer auch ohne mittlere Versteifungsrippen ausgeführt.

Andere „Kurbellager, Rahmen und Zwischenstücke“ s. Tafel III bis XV.

C. Schubstangen.

a. Schaft der Schubstangen.

Derselbe wird in der Regel auf Zug bezw. Druck oder auf Knickung durch die in Richtung der Stange fallende Komponente der Kolbenkraft, ferner durch das Eigengewicht, durch die aus der Zapfenreibung sich ergebenden Momente und durch das Trägheitsvermögen der eigenen Masse auf Biegung beansprucht.

Es bezeichne

P die größte Stangenkraft in kg,
J das kleinste Trägheitsmoment des Stangenquerschnittes in der Mitte in cm^4,
f die Größe des letzteren in qcm,
d_m den mittleren Durchmesser der Stange in cm,
l die Länge der Stange von Mitte zu Mitte Zapfen in cm,
E den Elastizitätsmodul des Stangenmaterials in kg/qcm,
$\mathfrak{S}$ den Sicherheitsgrad gegen Knicken,
R den Kurbelhalbmesser in cm,
$v = R\,\omega$ die Geschwindigkeit des Kurbelzapfens in cm/sek,
$n = \frac{30\,\omega}{\pi}$ die minutliche Umlaufzahl,
γ das Gewicht der Stange in kg/ccm ($\gamma \backsim 0{,}008$),
d den Durchmesser des Kurbelzapfens in cm,
μ die Zapfenreibungszahl.

Bei Beanspruchung auf Knickung gilt

$$P = \frac{\pi^2}{\mathfrak{S}} \frac{JE}{l^2} \quad \dots\dots\dots\dots\dots\dots \quad 65)$$

Die durch P in dem Querschnitte f der Stange hervorgerufene Normalspannung beträgt

$$\sigma_1 = \frac{P}{f} \text{ kg/qcm.}$$

Unter der Annahme einer prismatischen Schubstange vom Volumen $f\,l$ und dem Gewichte $f\,l\,\gamma$ ist das vom Eigengewicht derselben herrührende Biegungsmoment für die Mitte der Stange

$$M_1 = f\,l\,\gamma\,\frac{l}{8} = \frac{f\,l^2}{8}\,\gamma.$$

Das von der Reibung μP am Kurbelzapfen herrührende Moment

$$\mu P \frac{d}{2}$$

---

[1]) Ausführung der Maschinenbau-Anstalt „Humboldt“, Kalk bei Cöln a. Rh.

ruft am Kreuzkopf einen Auflagerdruck $\mu P \frac{d}{2l}$ hervor und gibt für den um x (in cm) von diesen abstehenden Stangenquerschnitt ein Biegungsmoment

$$M_x = \mu P \frac{d}{2l} x;$$

dasselbe wächst nach dem Kurbelzapfen hin und beträgt in der Mitte der Stange $\left(\text{für } x = \frac{l}{2}\right)$

$$M_2 = \mu P \frac{d}{4}.$$

Die vom Trägheitsvermögen herrührende Beanspruchung ist, wenn wiederum die Schubstange als ein prismatischer Körper angenommen wird, nach C. Bach nahezu die eines Trägers auf zwei Stützen von der Länge l, der die gleichmäßig verteilte Last $\frac{q l}{2}$ trägt. Die Last im Kreuzkopf ist $= 0$, diejenige im Kurbelzapfen für 1 cm Stangenlänge

$$q = \frac{f \gamma}{g} \frac{v^2}{R},$$

worin nach $q = 981$ cm/sek² die Beschleunigung durch die Schwere bezeichnet.

Die ganze Belastung ist daher gleich der halben Fliehkraft der im Kurbelzapfen vereinigt gedachten Stangenmasse[1]).

Für das Biegungsmoment folgt somit

$$M_3 = q \frac{l}{2} \cdot \frac{l}{8} = q \frac{l^2}{16} = \frac{f \gamma}{g} \frac{v^2}{R} \frac{l^2}{16} \sim \left(\frac{n}{300}\right)^2 R f \gamma \frac{l^2}{16}$$

und für die durch die Trägheitskräfte hervorgerufene größte Normalspannung

$$\sigma_3 = \frac{M_3}{W} = \left(\frac{n}{1200}\right)^2 \gamma R \frac{f l^2}{W} \text{ kg/qcm},$$

worin W (in cm³) das Widerstandsmoment für den Querschnitt f bedeutet.

Es ist außerordentlich schwierig, diesen fortgesetzt wechselnden Belastungen der Stange, die von der Kolbengeschwindigkeit bezw. der Umlaufzahl der betreffenden Dampfmaschine wesentlich abhängig sind, durch Wahl eines geeigneten Sicherheitsgrades $\mathfrak{S}$ in Gl. 65 in jedem Einzelfalle Genüge zu leisten. Man beschränkt sich mit Rücksicht auf den großen Wert, den die Einfachheit der Rechnung für den Konstrukteur hat, auf das folgende.

1. Stangen für kleine und mittlere Geschwindigkeiten.

Bei normalen Schubstangen der Dampfmaschinen mit mittleren Kolbengeschwindigkeiten — etwa 1,5 bis 2 m/sek — vernachlässigt man M_1, M_2 und M_3 und setzt $\mathfrak{S} = 25$ in Gl. 65 ein, so daß, wenn nach $E = 2\,000\,000$ kg/qcm, für kreisförmigen Querschnitt der Stangen

$$P = \frac{\pi^2}{25} \frac{\frac{d_m^4}{20}}{l^2} 2\,000\,000 \sim 40\,000 \frac{d_m^4}{l^2}.$$

[1]) Vergl. hierzu Autenrieth: Z. d. V. d. J. 1895, S. 716; Land: desgl. 1896, S. 904.

Bei sehr langsam gehenden Maschinen wählt man $\mathfrak{S}$ bis 33; bei stoßweisem Wechsel der Kraftrichtung, wie es z. B. bei Pumpen möglich ist, soll $\mathfrak{S}$ etwa 40 bis 60 und mehr betragen.

Gewöhnlich läßt man den Stangendurchmesser nach dem Kurbelzapfen hin etwas anwachsen — bei offenem Kurbelzapfenkopf (Schiffskopf), wie er jetzt häufig ausgeführt wird, etwa im Verhältnis bis 1 : 1,3 — nach dem Kreuzkopfzapfen hin etwas abnehmen.

2. Stangen für große Geschwindigkeiten.

Dieselben werden mit Rücksicht auf die störenden Bewegungen infolge abwechselnder Beschleunigung und Verzögerung der hin- und hergehenden Massen möglichst leicht hergestellt. Der Umstand, daß bei raschem Wechsel von Zug und Druck sich Formänderungen nicht ausbilden können, unterstützt diese Bestrebungen um so mehr, je schneller der Gang ist.

Die Abmessungen des mittleren Stangenquerschnittes werden sich meist mit Rücksicht darauf ergeben, daß der Wert $\sigma_1 + \sigma_3$ (s. vorstehend) die für das Stangenmaterial zulässige Beanspruchung k_b nicht überschreitet, d. h. mit dem abgerundeten Werte $\gamma = 0{,}008$ kg/ccm muß für kreisförmigen Querschnitt der Stangen

$$k_b \geqq \frac{P}{f} + \frac{1}{18}\left(\frac{n}{1000}\right)^2 R \frac{f\, l^2}{d_m^3} \text{ kg/qcm}$$

sein, in welcher Gleichung R, l und d_m in cm, f in qcm einzuführen sind. Dabei wird bei hohen Umlaufzahlen der Sicherheitsgrad $\mathfrak{S}$ in Gl. 65 unter Umständen höher ausfallen, als bei Stangen für kleine und mittlere Geschwindigkeiten.

Bei der in Fig. 75 (S. 151) ersichtlichen Schubstange einer schnellaufenden Tandemmaschine 450 bezw. 780/800 ($n = 150$ Uml/min) der Maschinenbau-A.-G. vorm. Starke & Hoffmann, Hirschberg, ist z. B. der größte Wert der Stangenkraft $P = 30\,000$ kg; damit folgt bei $l = 2000$ und $d_m = 145$ mm

$$k_b \sim 190 + 108 = 298 \text{ kg/qcm},$$

welcher Wert, da ein vollständiger Wechsel der Spannungen anzunehmen ist, für gewöhnliches Schweiß- oder Flußeisen noch genügt. (Bei vorzüglichem Schweiß- oder Flußeisen kann $k_b = 400$, bei gutem Flußstahl $k_b = 500$ kg/qcm gesetzt werden.)

Der Sicherheitsgrad $\mathfrak{S}$ ergibt sich bei dieser Stange zu

$$\mathfrak{S} = \frac{\pi^2 \cdot 2000000 \cdot 14{,}5^4}{20 \cdot 30000 \cdot 200 \cdot 200} \sim 37{,}7.$$

Die unmittelbar wirkenden Zug- bezw. Druckkräfte sowie die infolge der hohen Umlaufzahl bezw. der großen Kolbengeschwindigkeit von 4 m/sek auftretenden Biegungskräfte (Trägheitskräfte) der Stange sind für die Abmessungen derselben maßgebend gewesen!

Unter Umständen können Stangen für große Geschwindigkeiten auch ausschließlich nach der einfachen Knickungsformel (Gl. 65) berechnet werden.

Beispiele solcher Stangen sind die Lokomotivschubstangen.

Unter Voraussetzung rechteckigen Querschnittes von der Breite b und der Höhe h cm ergibt sich für diese Stangen bei

$$\mathfrak{S} = {}^{20}/_3 \text{ bis } {}^{10}/_3, \quad h = 2b \quad \text{und} \quad E = 2\,000\,000 \text{ kg/qcm},$$

$$P = 500000 \frac{b^4}{l^2} \text{ bis } 1000000 \frac{b^4}{l^2}.$$

Zur Erzielung eines möglichst geringen Gewichtes erhalten sie durch seitliches Aushobeln auch wohl I-förmigen Querschnitt.

b. Köpfe der Schubstangen.

Der den Kurbelzapfen umschließende Kopf ist zumeist offen — Marinekopf (Fig. 72) — seltener geschlossen (Fig. 74), während der zum Kreuzkopfzapfen

Fig. 72.

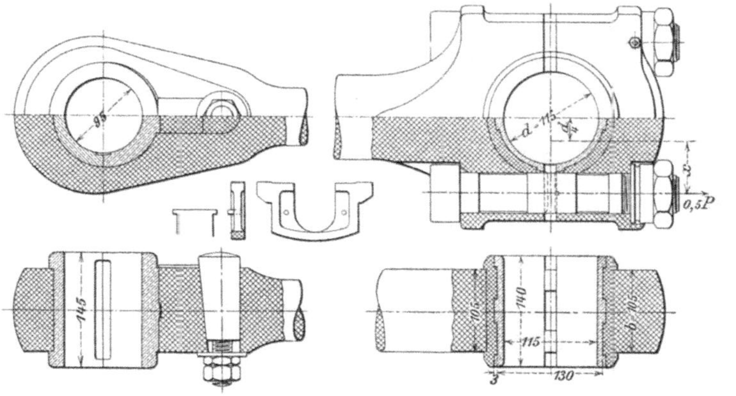

Fig. 73.

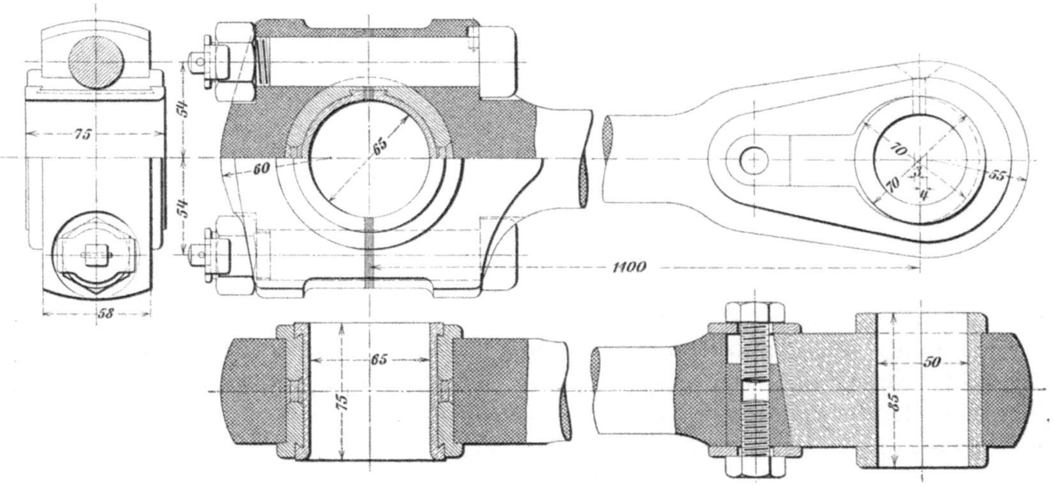

gehörige Stangenkopf — je nach der Form des Kreuzkopfes — lagerartig (Fig. 72) oder gabelförmig (Fig. 75) ausgeführt wird.

Für die Abmessungen der Köpfe sind Festigkeitsrücksichten maßgebend; plötzliche Querschnitts- und Formänderungen sind zu vermeiden.

Fig. 72 zeigt die Köpfe der zu einer liegenden Dampfmaschine 400/700 der Bernburger Maschinenfabrik A.-G., Bernburg, gehörigen Schubstange. Die Schalen des Kurbelzapfenkopfes bestehen — wie meist üblich — aus Stahlguß mit Weißmetall, diejenigen des Kreuzkopfzapfens aus Rotguß. Das Nachstellen erfolgt durch die Deckelschrauben mit Pennscher Sicherung bezw. durch einen Querkeil (Anzug 1 : 10) zwischen den und die Lagerschale noch ein Paßstück (aus Stahl) gelegt ist. Dieses bezweckt die Verschiebung des Stellkeiles so weit nach vorn, als es die Form des Kreuzkopfes erfordert.

Die aus einem möglichst zähen Material hergestellten Deckelschrauben werden je durch $0{,}5\,P$ auf Zug beansprucht (P = größte Stangenkraft in kg); k_z soll höchstens 600 kg/qcm betragen.

Für die Deckelstärke s gilt mit $k_b = 600$ kg/qcm (für Schweißeisen)

$$0{,}5\,P x = \frac{b\,s^2}{6} k_b .$$

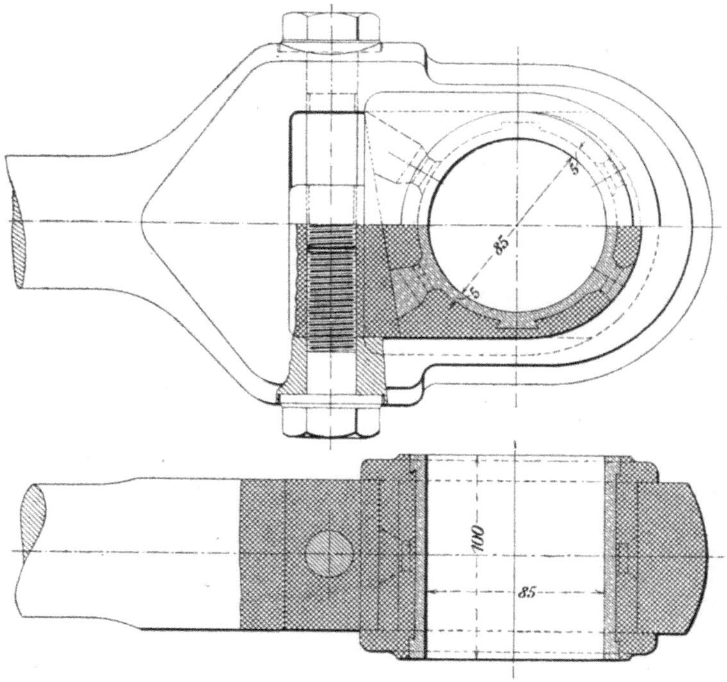

Bei der in Fig. 73 (S. 149) ersichtlichen Schubstange erfolgt das Nachziehen der Rotgußschalen des Kreuzkopfzapfens durch einen mittels Kopfschrauben stellbaren Querkeil. Abweichend von der in Fig. 72 ersichtlichen Schubstange ist auch die Sicherung der Deckelschrauben des Kurbelzapfenkopfes.

Einen geschlossenen Kurbelzapfenkopf zeigt Fig. 74.

Zu einer liegenden Tandemmaschine 450 bezw. 780/800 der Maschinenbau-A.-G. vorm. Starke & Hoffmann, Hirschberg, gehört die in Fig. 75 ersichtliche, bereits genannte (S. 148) Schubstange mit gegabeltem Ende für den Kreuzkopfzapfen. Dasselbe wird, nachdem zuvor d_m ermittelt worden ist — nach freiem Ermessen aufgezeichnet und es werden sodann die gewählten Abmessungen auf ihre Zulässigkeit geprüft.

Die Beanspruchung im Querschnitte II erfolgt durch die abwechselnd ziehend und drückend wirkende halbe Stangenkraft $0{,}5\,P$, ferner durch das Biegungsmoment $0{,}5\,P\left(\frac{a}{2} - z\right)$, worin z den Schwerpunktsabstand des Querschnittes (in cm) bedeutet.

Zur Vereinfachung der Rechnung kann die Form des Querschnittes durch ein Rechteck ersetzt werden.

Es findet sich dann die von der Kraft 0,5 P herrührende Normalspannung

$$\sigma_1 = \frac{0{,}5\,P}{a_2\,a_m} \text{ kg/qcm}$$

und die von dem Biegungsmoment herrührende größte Spannung

$$\sigma_2 = \frac{0{,}5\,P\left(\frac{a}{2} - \frac{a_m}{2}\right)}{\frac{a_2\,a_m^2}{6}} \text{ kg/qcm},$$

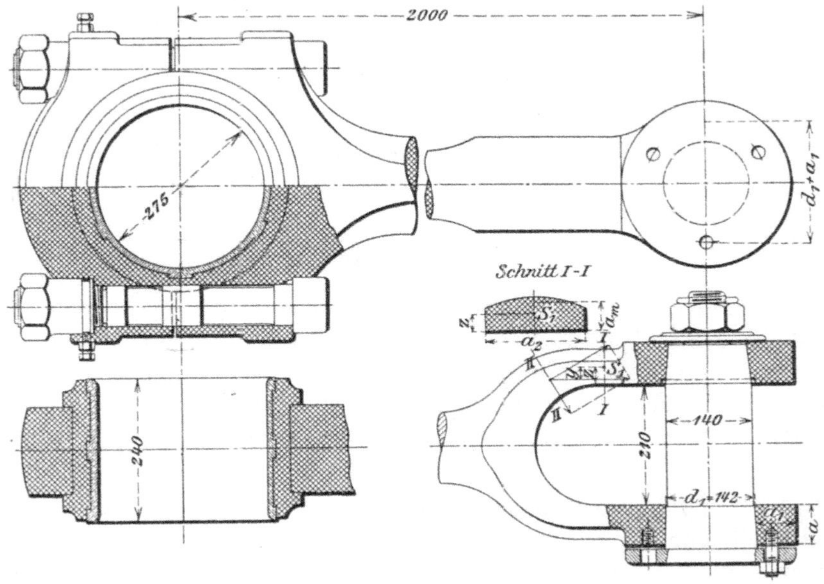

demnach die größte Gesamtspannung

$$\sigma = \sigma_1 + \sigma_2 \text{ kg/qcm}.$$

(Über die Größe der zulässigen Spannungen siehe S. 148.)

Der Querschnitt II II wird durch das Biegungsmoment 0,5 Py, durch die Normalkraft P_n und durch die Schubkraft P_s beansprucht; letztere kann vernachlässigt werden.

Die geringste Wandstärke a_1 folgt aus

$$0{,}5\,P\,\frac{d_1 + a_1}{8} = \frac{a\,a_1^2}{6}\,k_b,$$

worin $k_b \leqq 600$ kg/qcm gesetzt werden kann. (Der zu der Schubstange gehörige Kreuzkopf ist in Fig. 79 abgebildet.)

Zu einer stehenden Dampfmaschine der Maschinenbauanstalt „Humboldt" von 380 mm Hub gehört die in Fig. 76 ersichtliche Schubstange. Der zylindrische Kreuzkopfzapfen wird hier in geschlitzten Naben seines wieder gabelförmig gestalteten Kopfes mittels Schraubenbolzen gehalten.

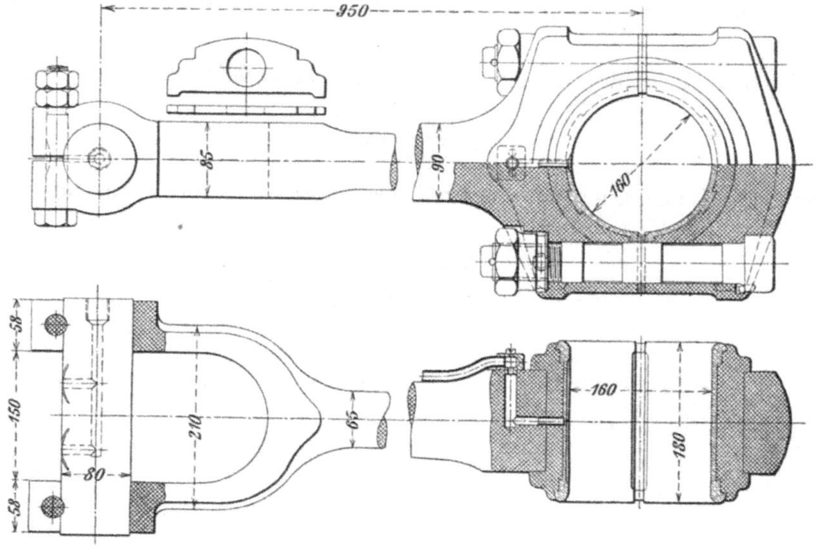

D. Kreuzköpfe.[1]

Die Kreuzköpfe kleiner liegender Dampfmaschinen werden gewöhnlich gabelförmig, diejenigen größerer und stehender Dampfmaschinen in der Regel lagerartig ausgeführt, wobei im ersteren Falle der Kreuzkopf, im letzteren die gegabelte Schubstange den Bolzen (Kreuzkopfbolzen) trägt, dessen kegelfömige Enden sich am besten in die Bohrungen der betreffenden Augen einpassen lassen, wenn sie dem gleichen Kegelmantel angehören.

Hiermit ist allerdings der Nachteil verbunden, daß — namentlich bei langen Bolzen und starker Verjüngung — die eine Bohrung ziemlich weit ausfällt und dadurch das Auge geschwächt wird, weshalb zuweilen jeder Kegel für sich und unabhängig vom zweiten Kegel in das zugehörige Auge gepresst oder aber, insbesondere bei gegabelten Schubstangen, der Bolzen auch in den beiden Sitzflächen zylindrisch ausgeführt wird, wobei dann, um denselben lösen zu können, besondere Klemmvorrichtungen (Querkeile, geschlitzte Stangenaugen und dergl.) erforderlich werden.

Bei lagerartigen Kreuzkopfkörpern sind die aus Rotguß (Phosphorbronze) oder aus Stahlguß mit Weißmetallfutter hergestellten Schalen des Bolzens nachstellbar zu machen. Dies geschieht durch einen mittels Stellschraube senkrecht zur Bolzenachse beweglichen Stahlkeil — weniger häufig kommen Keilbewegungen parallel zur Bolzenachse in Anwendung — zuweilen auch durch eine Druckschraube (Fig. 83).

Der Anzug des Keiles kann etwa 1 : 10 betragen.

Die Gleitschuhe werden bei kleinen Dampfmaschinen mit dem gußeisernen Kreuzkopf zusammengegossen (Fig. 77 u. 81), andernfalls in geeigneter Weise mit demselben verbunden; ihre Abmessungen sind unter Annahme einer Flächenpressung von 2 bis 3 kg/qcm zu berechnen. Wenn möglich, soll bei mittleren Kolbengeschwindigkeiten von 2 bis 2,5 m/sek die erstere Zahl nicht überschritten werden.

[1]) Siehe auch C. Volk: „Maschinenteile", Z. d. V. d. J. 1908, S. 488.

Die Kolbenstange ist meist zylindrisch oder mit schwachem Anzug in den Kreuzkopf eingepaßt und durch einen Keil gehalten; auch eingeschraubte Stangen haben sich gut bewährt (siehe z. B. Fig. 83).

Gegen Drehung werden dieselben durch Muttern, geschlitzte Naben oder dergl. gesichert. Im letzteren Falle muß das Gewinde derart geschnitten sein, daß durch das mittels Kopfschraube bewirkte Zusammenspannen der Nabe keine keilartige Wirkung entsteht, durch welche die Schraube abgesprengt werden könnte. Auch sind die Gänge am Grunde gut auszurunden.

Bei großen Kräften und großen Beschleunigungsdrücken ergibt die Schraube kürzere

Fig. 77.

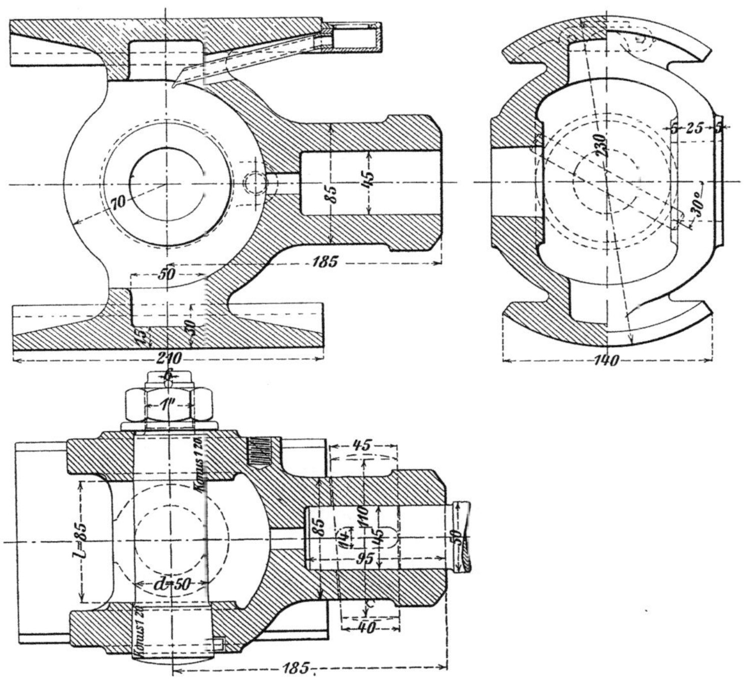

Naben, leichtere Köpfe, geringere Flächendrücke und dünnere Kolbenstangen als der Keil. Auch ist das Zusammen- und Auseinanderbauen erleichtert.

Der Fig. 77 ersichtliche, mit den Gleitschuhen ein Ganzes bildende gabelförmige Kreuzkopf gehört zu einer liegenden Dampfmaschine 220/400 der Maschinenbau-Anstalt „Humboldt“.

Ein ähnlicher, aus Stahlguß hergestellter Kreuzkopf (Fig. 78) der Schweiz. Gesellschaft für Lenz-Ventilmaschinen, Giubiasko, hat gußeiserne Gleitschuhe, die über runde Ansätze des Kreuzkopfes greifen und noch durch je zwei Schlitzschrauben gehalten werden. Da die beim Hubwechsel zwischen dem Kreuzkopf und den Schuhen auftretenden Drücke sehr bedeutend sind, ist durch konische Stifte, die in entsprechende Bohrungen *s* getrieben werden, eine Art Spannungsverbindung zwischen beiden Teilen geschaffen worden. (Der Kreuzkopf gehört zu einer kurzgebauten Heißdampf-Tandemmaschine der genannten Firma von ∾ 250 PS_e.)

Die Abbildung zeigt noch die Gleitflächen des unteren bezw. oberen Schuhes; erstere ist 60 mm breiter als letztere und mit Weißmetall gefüttert.

Ein lagerartiger Kreuzkopf — zu einer liegenden Tandemmaschine 450 bezw. 780/800 der Maschinenbau-A.-G. vorm. Starcke & Hoffmann, Hirschberg, gehörig — ist in Fig. 79 dargestellt.

Fig. 78.

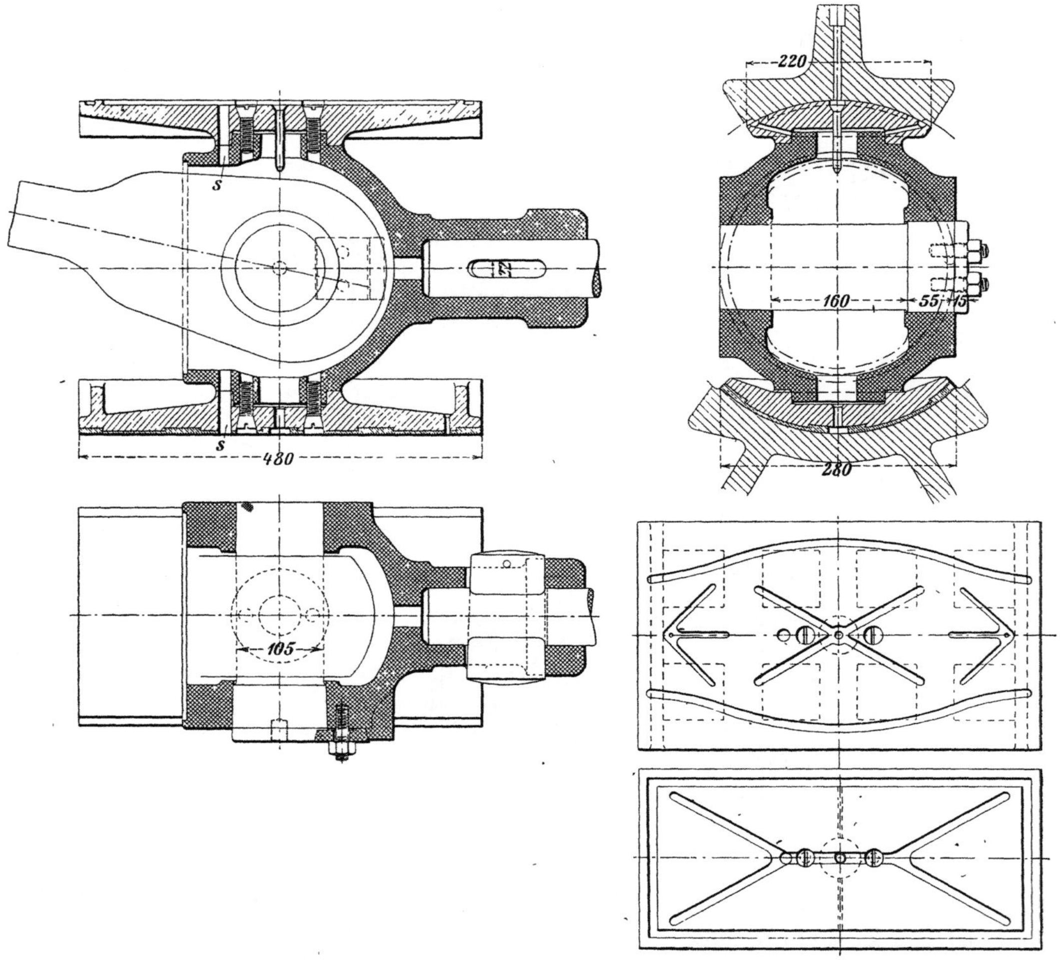

Der aus Siemens-Martinstahl bestehende Kreuzkopfkörper trägt gußeiserne, mit Weißmetall belegte Schuhe. Die Stellschraube m wird durch eine Pennsche Sicherung am Losdrehen gehindert. Am unteren Gleitschuh angeschraubte Messingbleche verhüten das Umherspritzen von Schmieröl.

Zu einer liegenden Dreifach-Expansionsmaschine von 2000 PS der A.-G. der Maschinenfabriken Escher Wyß & Co., Zürich, gehört der in Fig. 80 ersichtliche, ebenfalls lagerförmig gestaltete Kreuzkopf mit Nachstellbarkeit des oberen Gleitschuhes.

Die Kolbenstange wird durch eine stellbare Keilverbindung im Kreuzkopfkörper gehalten.

Fig. 79.

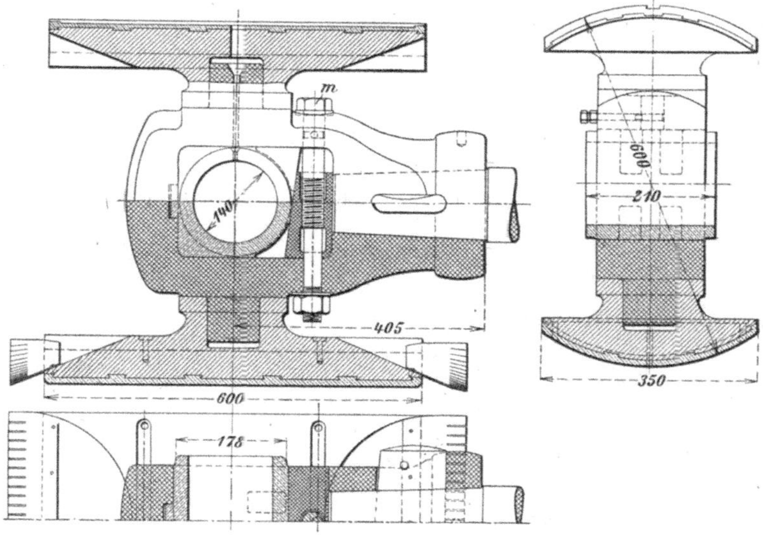

Einen gabelförmigen und einen lagerartigen Kreuzkopf für eine stehende Kapselmaschine 375/320 ($n = 250$ Uml/min) bezw. für eine stehende Verbundmaschine 400 bezw. 600/380 der Maschinenbau-Anstalt „Humboldt" zeigen Fig. 81 u. 82 (S. 156).

In Fig. 81 ist die Kolbenstange mit dem aus Stahlguß hergestellten Kreuzkopfkörper verschraubt (Gewindedurchmesser = $2^1/_4''$ mit 6 Gängen auf 1'' engl.); letzterer bildet mit dem beiderseits eine Weißmetallschicht tragenden Gleitschuh ein einziges Gußstück.

Der Bolzen des lagerartigen Kreuzkopfes (Fig. 82) schwingt in Rotgußschalen, die durch ein Keilstück nachstellbar sind; dies geschieht mittels einer gegen Drehung gesicherten

Fig. 80.

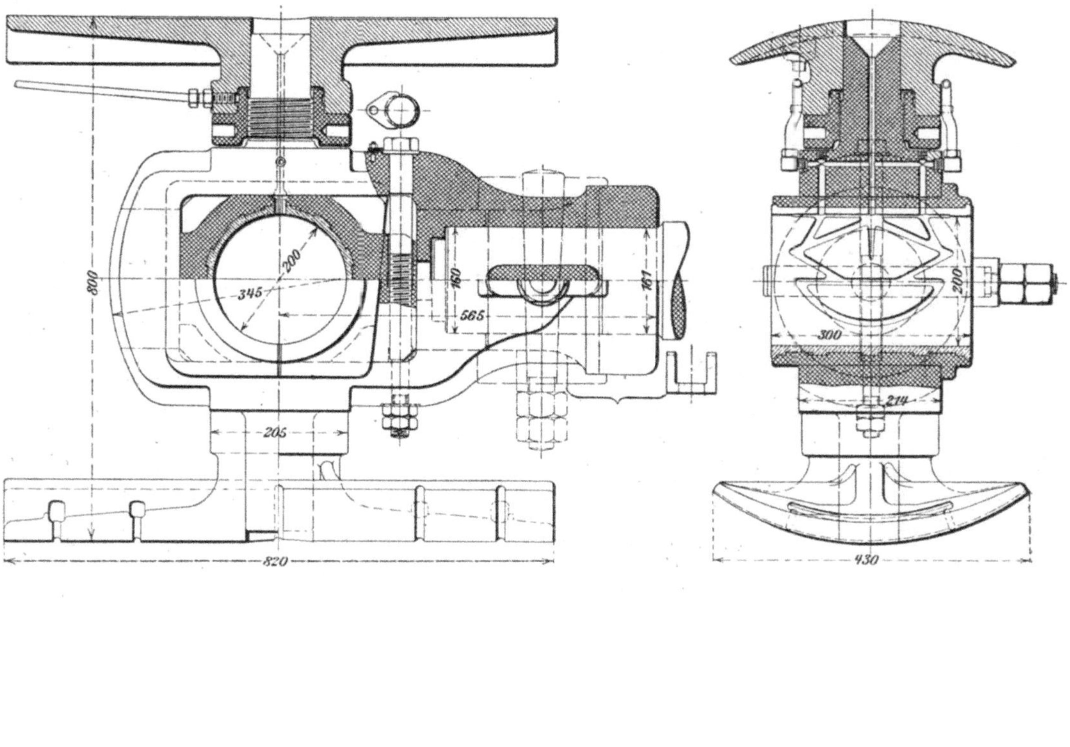

Fig. 81.

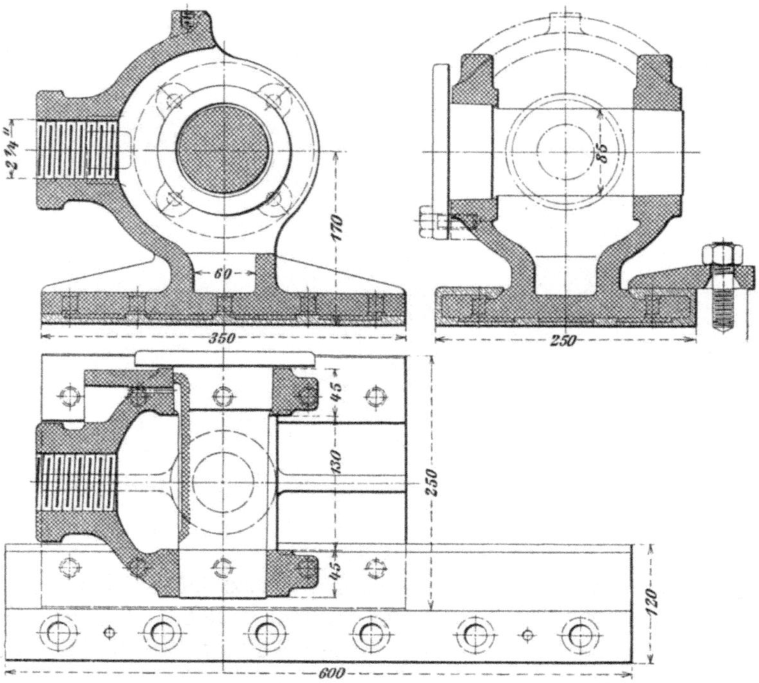
2¾"
60
170
350
250
86
45
130
45
250
120
600

Fig. 82.

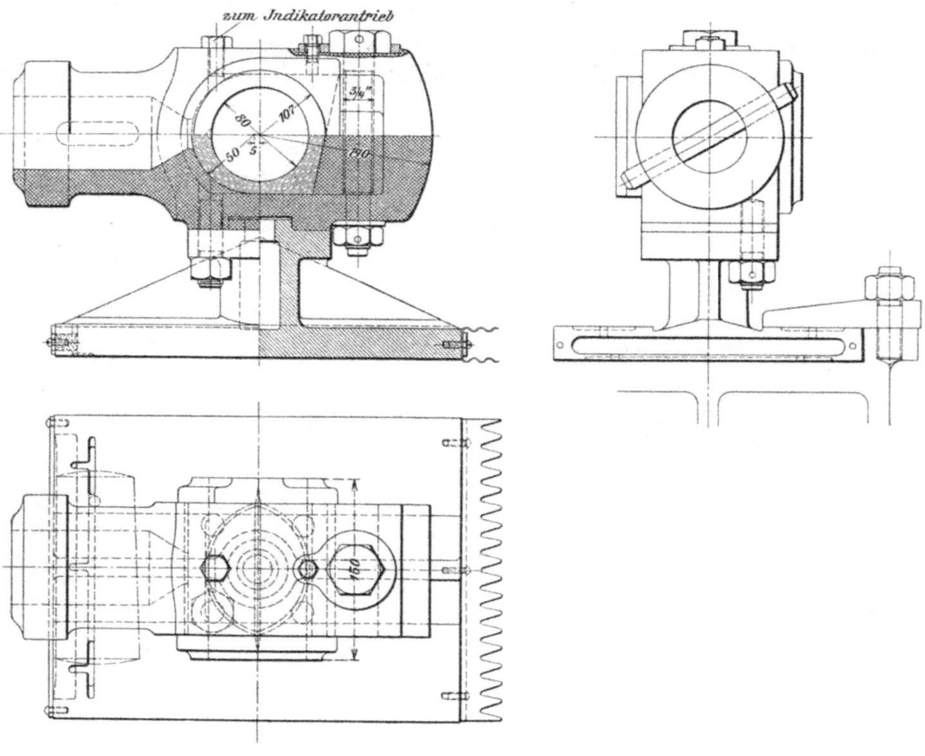
zum Indikatorantrieb
80
107
50
5
140
150

Schraube. Der Kreuzkopf greift über einen runden Ansatz des gußeisernen Gleitschuhes und ist außerdem durch vier Stiftschrauben mit demselben verbunden.

Bei dem in Fig. 83 dargestellten lagerartigen Kreuzkopf — zu einer stehenden Verbundmaschine 450 bezw. 750/350 ($n = 187$ Uml/min) der Hannoverschen Maschinenbau-A.-G., vorm. G. Egestorff, Hannover, gehörig — erfolgt die Nachstellung der mit Weißmetall ausgegossenen Stahlgußschalen durch eine gegen eine Beilage wirkende, mittels Gegenmutter gesicherte Druckschraube aus Stahl. Der gußeiserne Gleitschuh greift über einen konischen Ansatz des aus Stahl hergestellten Kreuzkopfkörpers und ist mit diesem noch durch 4 Kopfschrauben verbunden, die durch je eine Schlitzschraube gesichert sind.

Fig. 83.

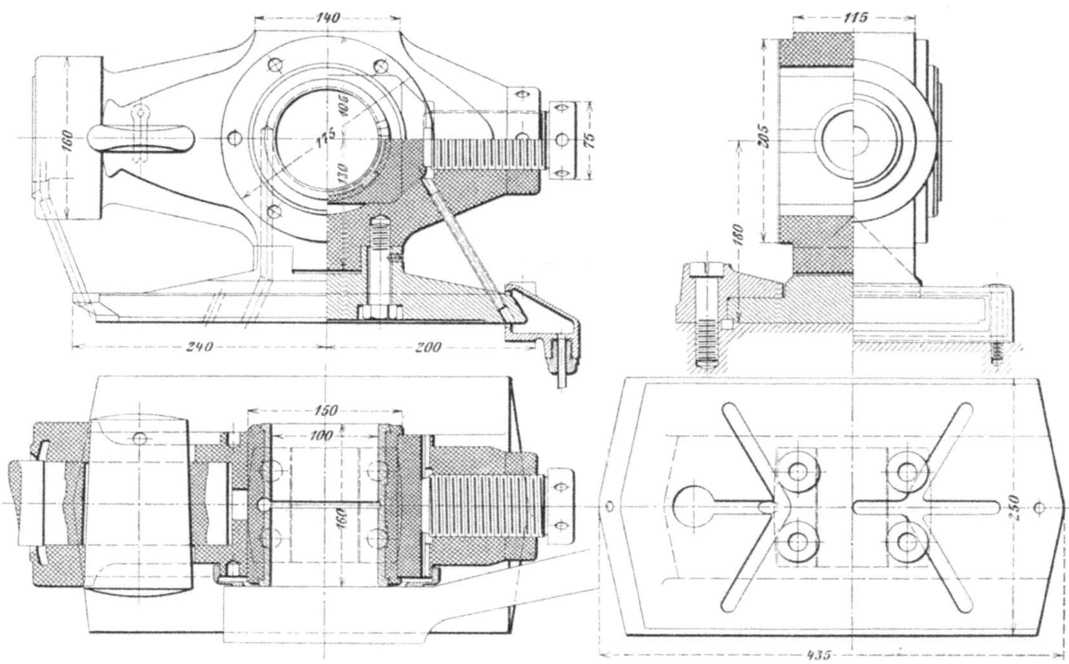

Am Kreuzkopf und an seiner Führung befestigte Schalen dienen zum Auffangen des Schmieröls.

Bei schnellaufenden Dampfmaschinen werden Kreuzkopf und Kolbenstange zuweilen aus einem Stück geschmiedet.

Die Abmessungen des Kreuzkopfzapfens sind mit Rücksicht auf Festigkeit und Flächendruck zu wählen.

Bei der Länge l und dem Durchmesser d des Zapfens (s. z. B. Fig. 77) ist

$$\frac{P\,l}{8} = 0{,}1\,d^3\,k_b,$$

worin noch

P den größten Zapfendruck in kg,

k_b die zulässige Biegungsspannung in kg/qcm

bedeuten.

Mit Rücksicht auf Flächendruck ist

$$P = k l d,$$

wenn k den zulässigen Flächendruck in kg/qcm bedeutet.

Mit dem üblichen Werte $l = 1{,}5\,d$ folgt

$$P = 1{,}5\,d^2\,k.$$

Für Kreuzkopfzapfen normaler Dampfmaschinen kann

$$k = 80 \text{ bis } 90 \text{ kg/qcm}$$

gesetzt werden.

Die Biegungsspannung k_b liegt meist weit unter dem zulässigen Werte.

Neunter Abschnitt.

Regelung der Dampfmaschinen.

I. Schwungräder.

A. Bestimmung des Arbeitsüberschusses.

Zur Ermittlung des bei jeder halben Kurbelumdrehung vom Schwungrade aufzunehmenden Arbeitsüberschusses sind die Tangentialdruckdiagramme für Kraft und Widerstand, auf den Kurbelzapfen bezogen, aufzuzeichnen.

a. Einzylindermaschinen.

Um das Tangentialdruckdiagramm einer Einzylindermaschine zu erhalten, ist zunächst das Überdruckdiagramm aufzuzeichnen, dessen Ordinaten dem Unterschiede der beiderseits auf den Kolben wirkenden Drücke — dem jeweiligen Dampfüberdruck — entsprechen. Zu dem Zwecke sind zusammengehörige Indikatordiagramme von Deckel- und Kurbelseite der Maschine entsprechend zu vereinigen.

Fig. 84.

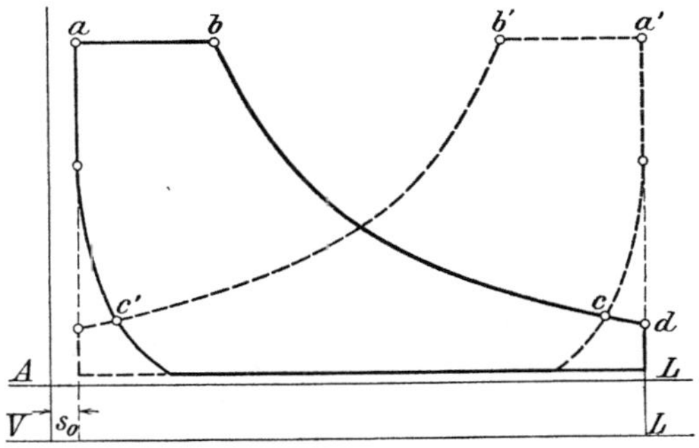

Fig. 85 (S. 160) zeigt das Überdruckdiagramm für den Hin- und Rückgang des Kolbens, das aus den Fig. 84 ersichtlichen Indikatordiagrammen entstanden ist; es besitzt gleichen Flächeninhalt mit den beiden letzteren, und stellt somit die Arbeit des Dampfes in mkg für 1 qcm Kolbenfläche während einer Umdrehung der Maschine dar.

In den Punkten c und c' (Fig. 85) der Überdrucklinien beim Hin- bezw. Rückgange des Kolbens ist der Dampfüberdruck Null; er wechselt an beiden Stellen seine Richtung und wirkt von da an der Kolbenbewegung entgegen.

Die aus dem Überdruckdiagramm für jede Kolbenstellung zu entnehmenden Dampfdrücke werden aber durch die Wirkung der hin- und hergehenden Massen beeinflußt. Es ist deshalb in Fig. 85 noch die Beschleunigungsdruckkurve $Q_1 Q_2$ einzutragen, deren Ordinaten — nach Gl. 61 —

$$b = \frac{q}{g} \frac{v^2}{R} \left(\cos \alpha \pm \frac{R}{l} \cos 2\alpha \right),$$

wenn q das Gewicht der hin- und hergehenden Massen (in kg), bezogen auf 1 qcm Kolbenfläche bezeichnet (vergl. S. 118).

Die Ordinaten der Überdrucklinien $a\,b\,c\,a'\,b'\,c'$ vermindert um diejenigen der Beschleunigungsdruckkurve $Q_1 Q_2$ ergeben dann das resultierende Horizontaldruckdiagramm (Fig. 86) und dessen Ordinaten die bei jeder Kolbenstellung x auf den Kreuzkopf übertragene Druckkraft $p_k = p_x - b_x$. Durch Zerlegung derselben ergibt sich zunächst — nach Fig. 50 (S. 119) — der Normaldruck $n = p_k \operatorname{tg} \beta$ und die Schubstangenkraft $s = \frac{p_k}{\cos \beta}$, durch nochmalige Zerlegung der letzteren, die dem Kolbenwege x entsprechende Tangential- und Radialkraft für 1 qcm Kolbenfläche

$$t = \frac{p_k}{\cos \beta} \sin (\alpha + \beta) \quad \text{bezw.} \quad d = \frac{p_k}{\cos \beta} \cos (\alpha + \beta),$$

worin α den zum Kolbenwege x gehörigen Kurbelwinkel bedeutet.

Fig. 85.

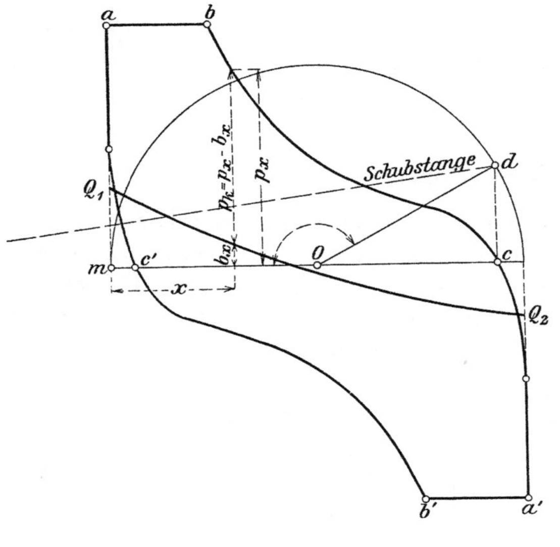

Fig. 86.

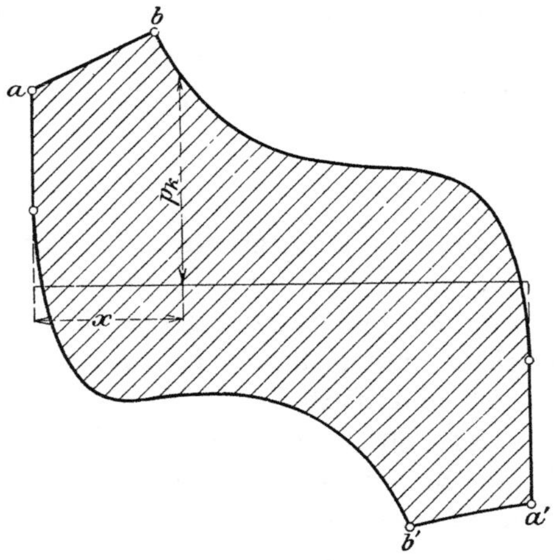

Für $l = \infty$ wird

$$t = p_k \sin \alpha \quad \text{bezw.} \quad d = p_k \cos \alpha.$$

Streckt man den Kurbelkreis vom Halbmesser R in eine Gerade MN (Fig. 87) als Abszissenachse von der Länge $2 R \pi$ aus und trägt in entsprechenden Punkten derselben die mittels der vorstehenden Gleichung berechneten Tangentialdrücke t als Ordinaten auf, so erhält man durch Verbindung ihrer Endpunkte die Tangentialdruckkurve bezw. das Tangentialdruckdiagramm, dessen Fläche — abgesehen von Reibungswiderständen usw. — die vom Dampfdruck auf den Kurbelzapfen übertragene Arbeit in mkg auf 1 qcm wirksamer Kolbenfläche während einer Umdrehung (Doppelhubes) der Maschine darstellt.

Zeichnerisch lassen sich die Tangentialkräfte t ermitteln, wenn man von der Mitte O (Fig. 88) des Kurbelkreises aus auf der betreffenden Kurbelrichtung den Kolbenüberdruck p_k in entsprechendem Sinne aufträgt und durch den Endpunkt C_1 desselben eine Parallele zur zugehörigen Schubstangenrichtung zieht, die die Lotrechte durch O im Punkte C schneidet. Dann ist OC die gesuchte Tangentialkraft t und die Gesamtheit aller Punkte C_1 für beliebige Kurbelwinkel von 0 bis 360° ergibt eine durch O gehende Kurve.

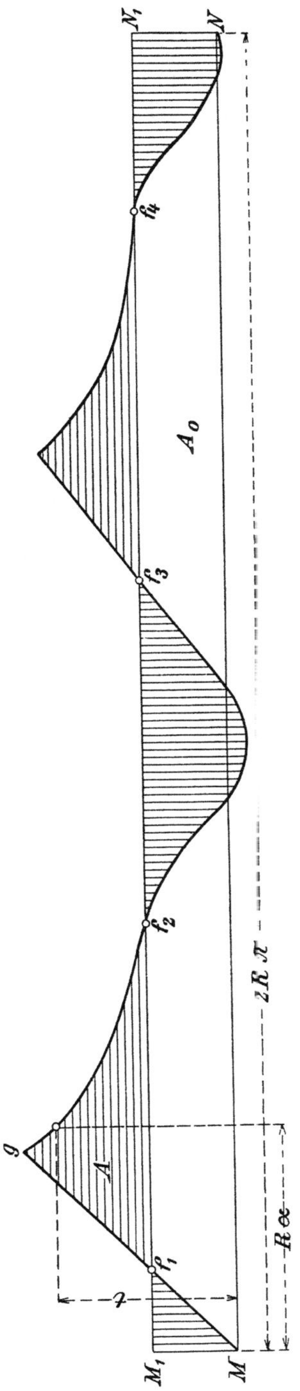

Fig. 87.

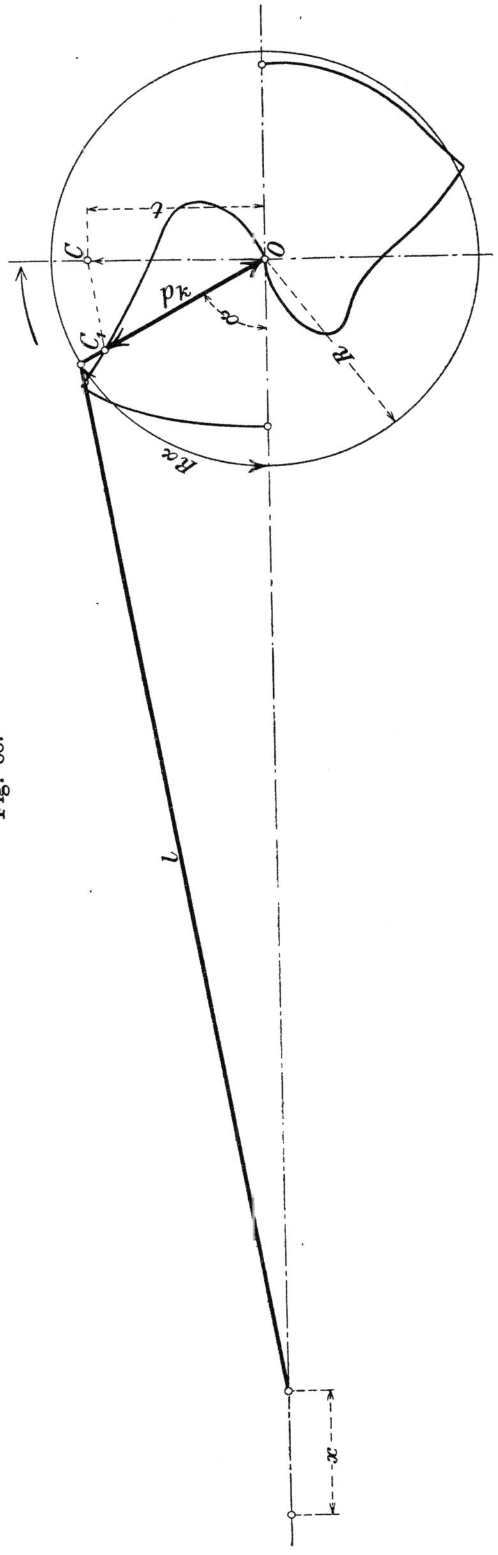

Fig. 88.

Fig. 87 zeigt, wie die Tangentialkräfte (Drehkräfte) anfänglich (für die Volldruckperiode) schnell wachsen, dann fortgesetzt fallen und schließlich — gleichwie die entsprechenden Dampfüberdrücke — negativ werden. Zur Überwindung des Widerstandes an der Kurbelwelle einer Dampfmaschine ist aber eine gleichbleibende Drehkraft erforderlich, da eine Gleichförmigkeit des Ganges sonst nicht zu erreichen ist. Es sind deshalb umlaufende Massen anzubringen — als solche kommen mit großer Annäherung nur diejenigen des Schwungrades in Betracht — die zeitweilig die vom Dampfdruck geleistete Mehrarbeit — den Arbeitsüberschuß — aufnehmen, um denselben, wenn diese Arbeit kleiner als die des Widerstandes wird, wieder abzugeben.

Verzeichnet man auf der Grundlinie MN (Fig. 87) des Tangentialdruckdiagramms noch das Diagramm des Tangentialwiderstandes — für normale Dampfmaschinen ein Rechteck MNN_1M_1, dessen Höhe $MM_1 = NN_1$, da die Arbeit des Dampfdruckes und die des Widerstandes gleich groß sind, aus der Flächengleichheit beider Diagramme bestimmt werden kann — so gibt die über der Widerstandslinie M_1N_1 liegende wagerecht gestrichelte Fläche (für den Beharrungszustand gleich der Summe der lotrecht gestrichelten Flächen) den Arbeitsüberschuß A in mkg für 1 qcm wirksamer Kolbenfläche während einer Umdrehung der Maschine an.

In den Schnittpunkten f_1, f_2, f_3 und f_4 der Kraftkurve mit der Widerstandslinie sind Tangentialkraft und Widerstand einander gleich; von M_1 bis f_1 ist die Tangentialkraft kleiner, von f_1 bis f_2 größer als der Widerstand usw. Infolgedessen wächst die Geschwindigkeit des Kurbelzapfens von f_1 bis f_2, während sie von f_2 bis f_4 und von f_4 bis N_1 abnimmt. Bezeichnet V_{min} und V_{max} die kleinste bezw. größte Umfangsgeschwindigkeit der im Kranze vereinigt gedachten Masse M des Schwungrades, so muß die von demselben aufgenommene oder abgegebene Arbeit gleich der Zu- oder Abnahme seines Arbeitsvermögens (lebendigen Kraft) sein.

Die überschießende Fläche $f_1 g f_2$ bestimmt man am einfachsten durch Verwandlung derselben in ein Rechteck, dessen Längen- und Kräftemaßstab gleich den betreffenden Maßstäben des Dampfdiagramms ist.

Setzt man noch

$$\frac{V_{max} + V_{min}}{2} = V \quad \text{und} \quad \frac{V_{max} - V_{min}}{V} = \delta_s,$$

worin V die mittlere Umfangsgeschwindigkeit des Schwungringes, δ_s den sogenannten Ungleichförmigkeitsgrad, d. h. das Verhältnis des Unterschiedes der größten und kleinsten zur mittleren Umfangsgeschwindigkeit V des Schwungringes während einer Umdrehung bezeichnet, so folgt die für die Berechnung des Schwungrades wichtige Formel

$$A = M V^2 \delta_s \quad \ldots\ldots\ldots\ldots\ldots \quad 66)$$

Weiteres s. unter „Berechnung der Schwungräder“ (S. 168).

Fig 89a.

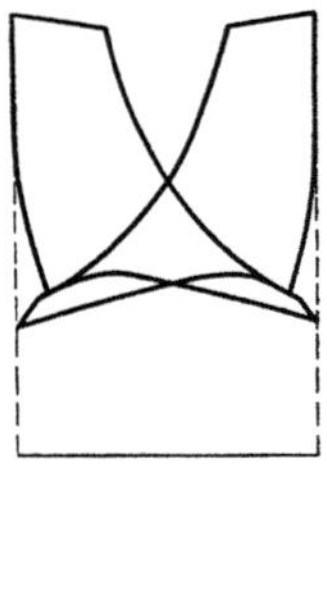

Fig. 89b.

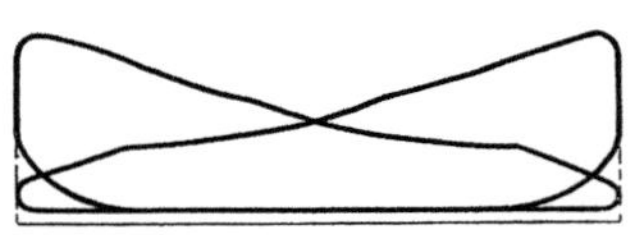

b. Mehrzylindermaschinen.

Bei diesen Maschinen sind für jede einzelne Kurbel die Tangentialdruckkurven aufzuzeichnen und entsprechend den zwischen den Kurbeln liegenden Winkeln gegeneinander zu versetzen. Durch Summierung der zu gleicher Zeit wirkenden Tangentialkräfte erhält man die resultierende Tangentialdruckkurve.

Bei verschiedener Größe der Dampfzylinder ist vorher eine Zurückführung der Ordinaten der verschiedenen Kurven auf einen der Zylinder — zumeist den Niederdruckzylinder — vorzunehmen.

Fig. 90a.

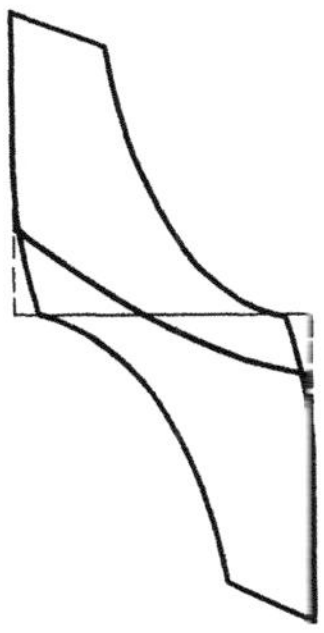

Fig. 90b.

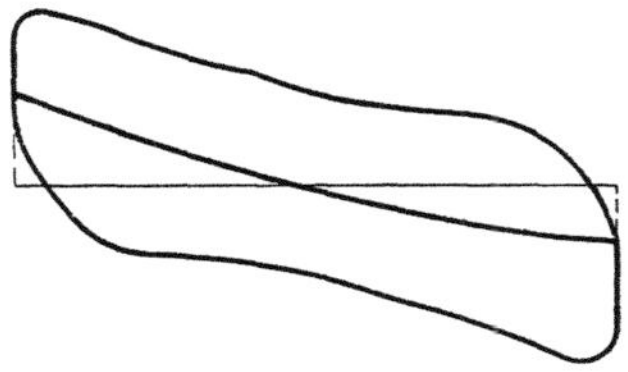

Fig. 91a.

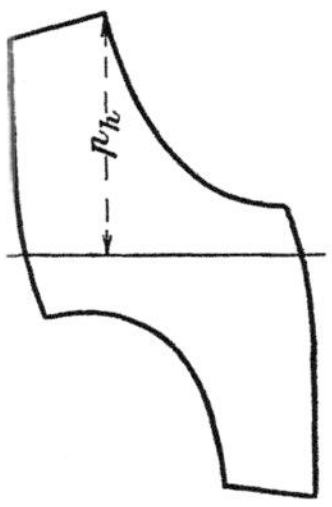

Fig. 91b.

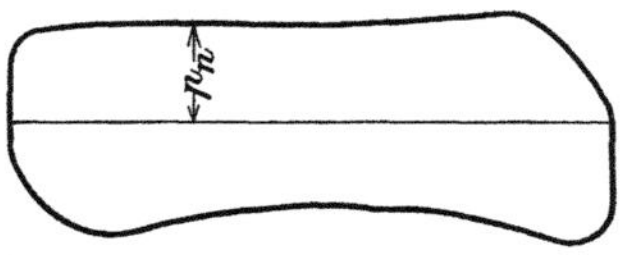

Fig. 91c.

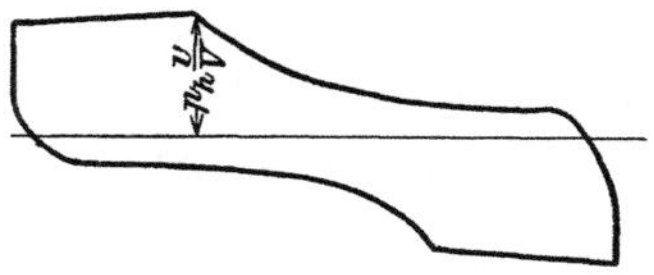

Fig. 89 bis 94 zeigen das einzuschlagende Verfahren für eine mit Kurbelverstellung um 90° arbeitende Verbunddampfmaschine. Die resultierenden Horizontaldruckdiagramme des Hochdruck- und Niederdruckzylinders (Fig. 91a und 91b) sind aus den Überdruckdiagrammen (Fig. 90a und 90b) der zusammengehörigen Indikatordiagramme (Fig. 89a und 89b) von Deckel- und Kurbelseite jedes Zylinders und unter Berücksichtigung der Beschleunigungsdrücke für die hin- und hergehenden Massen entstanden.

Fig. 92.

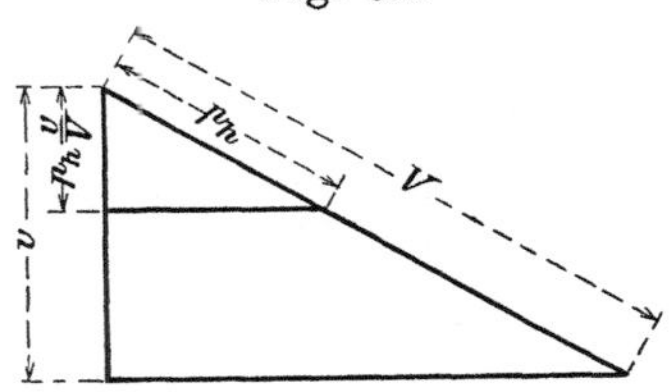

Fig. 91c stellt das auf den Niederdruckzylinder bezogene resultierende Horizontaldruckdiagramm des Hochdruckzylinders dar, dessen Ordinaten auf zeichnerischem Wege mittels Fig. 92 erhalten sind. Aus den Ordinaten der beiden Diagramme in Fig. 91b und 91c folgen mit Rücksicht auf die Kurbelversetzung um 90°, in gleicher Weise wie vordem (Fig. 93 auf umstehender Seite), die Tangentialdruckkurven für den auf gleiche Kolbenfläche bezogenen Hochdruck- und Niederdruckzylinder und es ergibt sich schließlich durch algebraische Summierung der zusammengehörigen Ordinaten die resultierende Tangentialdruckkurve (Fig. 94), die von der Widerstandslinie M_1N_1 in den Punkten f_1 bis f_6 geschnitten wird.

Fig. 93.

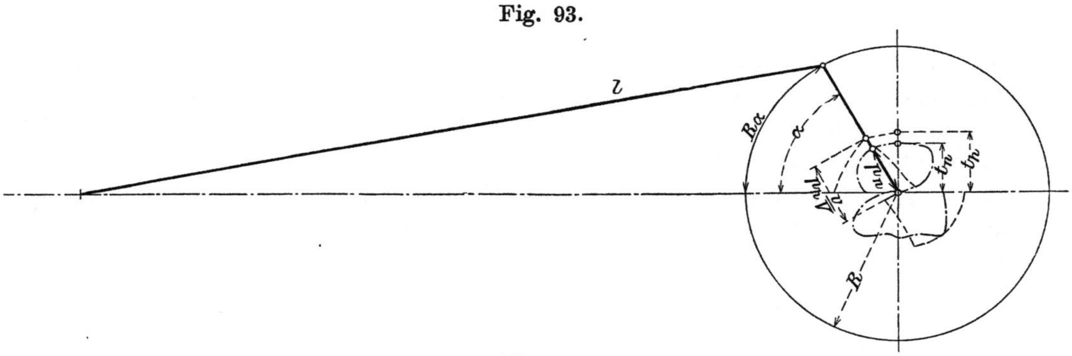

Fig. 94.

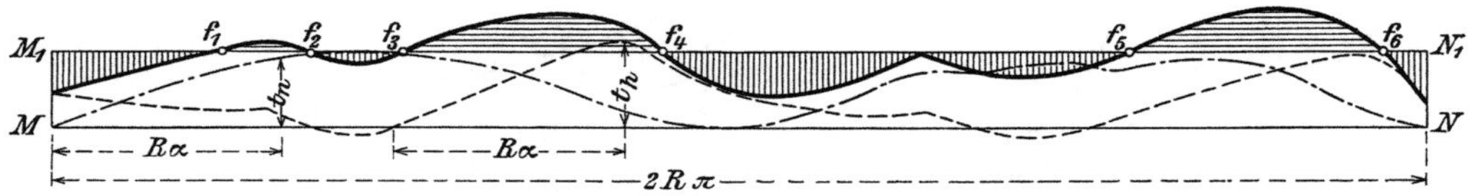

B. Gleichförmigkeit des Ganges.

a. Stösse am Kurbel- und Kreuzkopfzapfen.[1]

Der Schnittpunkt c der Überdrucklinie bc des in Fig. 85 (S. 160) ersichtlichen Diagramms (Überdruckdiagramms) mit der Kolbenweglinie entspricht derjenigen Kolbenstellung, in der die Horizontalkraft auf den Kurbelzapfen Null wird; mOd ist der zugehörige Kurbelwinkel.

Unter der Annahme, daß, wie es stets der Fall ist, zwischen Kurbelzapfen und seinem Lager ein geringer Spielraum besteht, wird die hintere Lagerschale der Schubstange sich bis zur Kurbellage Od gegen diesen Zapfen legen, bei der Weiterbewegung der Kurbel aber, infolge des nunmehr eintretenden Richtungswechsels des Dampfüberdrucks, der auf den Kolben verzögernd wirkt, eine Relativbewegung von Kurbelzapfen und Lager so lange eintreten, bis der vorhandene Spielraum durchlaufen und ersterer mit der vorderen Lagerschale der Schubstange zusammengetroffen ist, was einen mehr oder weniger heftigen Stoß verursacht.

Um die Bedingungen für einen ruhigen Gang der Maschine festzustellen, sind daher diejenigen Umstände zu ermitteln, unter denen dieser Stoß besonders heftig ausfallen muß.

Fig. 95.

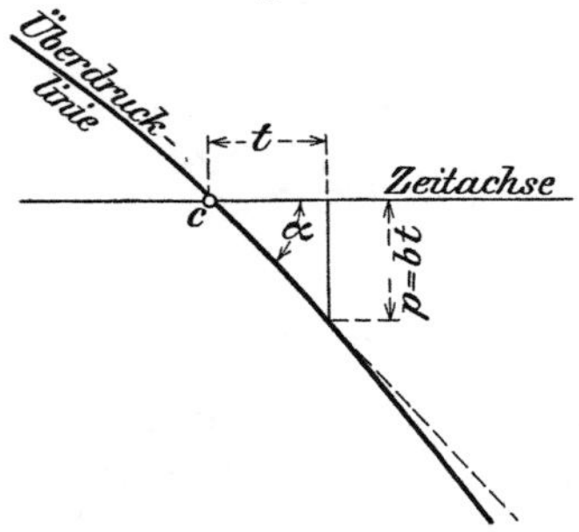

In Fig. 95 ist der Verlauf des Horizontaldruckes auf den Kurbelzapfen in Nähe des Richtungswechsels dargestellt und zwar auf die Zeit t, nicht auf den Kolbenweg als Abszisse, bezogen.

Bezeichnet p diejenige Kraft, welche zu der durch die Kolbenbewegung bedingten Verzögerung noch die durch die Massenwirkung auftretende Verzögerung hinzufügt, b die auf 1 sek bezogene Druckzunahme, so besteht die Bezeichnung

$$p = bt.$$

[1]) Stribeck: „Z. d. V. d. J. 1903", S. 10.

Die Beschleunigung k dieser Relativbewegung zur Zeit t ist demnach

$$k = \frac{p}{m} = \frac{b\,t}{m} = q\,t\,,$$

wenn $q = \frac{b}{m}$, ferner $m = \frac{G}{g\,F}$ die auf 1 qcm der Kolbenfläche F bezogene Masse der hin- und hergehenden Teile vom Gewicht G bedeutet.

Aus der Beschleunigung k ergibt sich die Geschwindigkeit der Relativbewegung zu

$$w = \frac{q}{2}\,t^2$$

und durch weitere Integration der Weg

$$s = \frac{q}{6}\,t^3.$$

Hieraus folgt für die zur Zurücklegung des Relativweges (Spielraumes) y erforderliche Zeit

$$t = \sqrt[3]{\frac{6\,y}{q}}$$

und damit die Relativgeschwindigkeit im Augenblicke des Stoßes

$$w = q\,\frac{t^2}{2} = \sqrt[3]{4{,}5\,y^2\,q} = \sqrt[3]{4{,}5\,y^2\,b\,\frac{g\,F}{G}} \quad \text{. . . . . 67)}$$

bezw. die Stoßarbeit

$$L = G\,\frac{w^2}{2\,g}\,,$$

die auf die Ausbildung der beim Stoß auftretenden größten Formänderung, einschließlich der elastischen, verwendet wird.

Bezeichnet δ diese in Richtung der Stoßkraft gemessene Formänderung, so ergibt sich die Formänderungsarbeit, unter Berücksichtigung, daß die Stoßkraft von 0 bis auf P anwächst, zu $\frac{P}{2}\,\delta$, und wenn $\delta = \varphi\,P$ gesetzt wird, zu $\varphi\,\frac{P^2}{2}$; somit wird

$$G\,\frac{w^2}{2\,g} = \varphi\,\frac{P^2}{2}$$

und

$$P = \psi\sqrt{\frac{G}{g}}\,w\,.$$

Die Stoßkraft ist hiernach der Quadratwurzel der hin- und hergehenden Massen und ferner der Relativgeschwindigkeit w von Zapfen und Lager bei Eintritt des Stoßes proportional; der Koeffizient $\psi = \sqrt{\frac{1}{\varphi}}$ berücksichtigt die Dehnbarkeit, die Abmessung, Gestalt usw. der aufeinander treffenden Körper.

Da y, G und F gegebene Größen sind, zeigt Gl. 67, daß die Relativgeschwindigkeit w nur von der dritten Wurzel des Wertes b beeinflußt wird. Wie Fig. 95 erkennen läßt, ist aber $b = \operatorname{tg}\alpha$ d. h. gleich der Tangente des Winkels α, unter dem die Überdrucklinie die Zeitachse schneidet.

Es wird demnach der durch das Zusammentreffen von Zapfen und Schale verursachte Stoß um so geringer ausfallen, je kleiner dieser Winkel ist bezw. je weiter der Druckwechsel vom Totpunkt stattfindet. Findet derselbe erst kurz vor der Totlage der Kurbel statt — sei es unmittelbar vor oder während der Vor-Einströmung — so ist im allgemeinen b größer, der Stoß also schädlicher. Am bedenklichsten ist der von Radinger empfohlene Druckwechsel im Totpunkt.

Wird $\alpha = 90^0$, so wird, da $\operatorname{tg} 90^0 = \infty$, die Stoßkraft unendlich groß.

Die vorstehenden Betrachtungen, die sich zunächst nur auf den Kurbelzapfen beziehen, gelten bei sinngemäßer Übertragung auch auf den Kreuzkopfzapfen. Der Stoß an diesem geht demjenigen am Kurbelzapfen stets voraus. Tritt nun letzterer nach der Totlage ein — in dieser ist dann der Beschleunigungsdruck größer als der Dampfdruck — so kann es vorkommen, daß der Stoß am Kreuzkopfzapfen in der Totlage stattfindet und nicht unbedenklich ist. Jedenfalls ist stets dafür zu sorgen, daß der Schnittpunkt c (Fig. 85) nicht etwa nur gerade außer dem Bereich der als gefährlich erkannten Stoßlagen sich befindet, sondern noch in angemessener Entfernung davon. Zumeist kommt diese Forderung darauf hinaus, daß der Schnittpunkt c dem Endpunkte der Kompression nicht zu nahe gerückt sein soll.

Einen günstigen Einfluß auf die Stoßwirkung übt das den Spielraum zwischen Zapfen und Lager ausfüllende Öl insofern aus, als es bei sorgfältiger Ausführung und Instandhaltung der Maschine, auch bei größeren Geschwindigkeiten, einen eigentlichen Stoß gar nicht aufkommen läßt.

Auf etwaige durch den Normaldruck N hervorgerufene Stöße in der Gleitbahn des Kreuzkopfes ist schon S. 120 hingewiesen worden (vergl. dort); dieselben sind aber nur bei links umlaufenden liegenden Maschinen, wo der Normaldruck während des größten Teiles des Hubes nach oben gerichtet ist, während das Kreuzkopfgewicht nach unten wirkt, von Bedeutung. Bei allen stehenden Maschinen, wo das Kreuzkopfgewicht vertikal abwärts, der Normaldruck horizontal nach links oder rechts gerichtet ist, findet kein eigentlicher Druckwechsel statt.

b. Gegengewichte.[1])

Der im Zylinder eingeschlossene Dampf drückt auf den Deckel desselben wie auch auf die betreffende Kolbenfläche mit der gleichen Kraft P. Während dieselbe aber im ersteren Falle durch die Deckelschrauben und den Zylinder völlig ungeändert in das eine Ende des Maschinenrahmens gelangt, wird in das andere Ende desselben — in das Kurbellager — eine veränderliche, und zwar je nach der von den hin- und hergehenden Massen aufgenommenen oder wieder abgegebenen Arbeit eine kleinere oder größere Kraft geleitet, als die dem jeweiligen Dampfdruck entspricht. Der Unterschied beider Kräfte, also der jeweilige Beschleunigungs- bezw. Verzögerungsdruck, wirkt bei einer liegenden Maschine auf eine Verschiebung derselben nach der einen bezw. anderen Richtung hin; er wird, da er beim Hin- und Rückgange des Kolbens auftritt, diese mitsamt ihrem Fundament in eine hin- und hergehende Bewegung zu versetzen suchen.

Um den für einen gleichförmigen Gang der Maschine störenden Einfluß dieser Kraft zu beseitigen, sind kleine Maschinen und solche die mit mäßigen Geschwindigkeiten arbeiten, auf einem genügend schweren Fundament zu befestigen.

---

[1]) Joh. Radinger: „Die Dampfmaschinen mit hoher Kolbengeschwindigkeit", 3. Aufl., Wien, Carl Gerolds Sohn.

Bei größeren Geschwindigkeiten empfiehlt es sich, die nachteiligen Wirkungen der hin- und hergehenden Teile durch Gegengewichte in Wegfall zu bringen.

Wird zu dem Zwecke in Fig. 50 (S. 119) im Kurbelkreise und dem Kurbelzapfen gegenüber eine Masse vom Gewichte G, gleich demjenigen der hin- und hergehenden Teile angebracht, so entwickelt diese bei der Drehung eine Fliehkraft

$$C = \frac{G v^2}{g R},$$

wenn v die Umfangsgeschwindigkeit im Kurbelkreise (in mkg/sek) bezeichnet.

Im wagerechten Sinne liefert dieses mit der Kurbel umlaufende Gewicht die veränderliche Komponente

$$\pm C \cos\alpha = \pm \frac{G v^2}{g R} \cos\alpha,$$

die als Horizontaldruck in das Kurbellager tritt und für $l = \infty$ dieselbe Größe, aber entgegengesetzte Richtung wie der jeweilige Beschleunigungsdruck hat. Infolgedessen wird der Horizontaldruck im Lager während der ersten Hälfte des Kolbenhubes um die Größe des Beschleunigungsdruckes vermehrt, in der zweiten Hälfte des Kolbenhubes um dieselbe Größe vermindert, die Maschine sonach unbeweglich auf dem Fundament liegen bleiben. Die lotrechte Komponente der Fliehkraft

$$\pm C \sin\alpha$$

übt auf die Bewegung der Maschine keinen wesentlichen Einfluß aus.

Bei Maschinen mit endlichen Schubstangenlängen nehmen die Beschleunigungsdrücke in den beiden Hälften des Kolbenhubes ungleiche Werte an; es ist hier der Druck der hin- und hergehenden Teile um

$$\pm \frac{G v^2}{g l} \cos 2\alpha \quad \text{(vergl. Gl. 61)}$$

größer bezw. kleiner als bei Maschinen mit unendlicher Schubstangenlänge.

Die hin- und hergehenden Teile werden daher nicht mehr vollständig ausgeglichen.

Es genügt bei liegenden Maschinen mit Rücksicht auf den Widerstand der Gesamtmasse der Maschine und des Fundamentes gegen Verschieben, das Gegengewicht nur 0,5 bis 0,8 mal so schwer zu machen, als dem Gewichte der hin- und hergehenden Teile entspricht. Dabei fallen auch die im Kurbellager auftretenden lotrechten Komponenten der Fliehkraft entsprechend kleiner aus.

Die Anbringung eines Gegengewichtes kann für gewöhnlich nicht, wie oben angenommen, in der Ebene des Kurbelzapfenkreises selbst erfolgen; es wird dasselbe zumeist durch zwei, in anderen parallelen Ebenen liegende Gewichte ersetzt (siehe z. B. Fig. 53). Damit diese Wirkung dieselbe bleibt, muß die algebraische Summe der Horizontalkomponenten für die Fliehkräfte beider Gewichte gleich derjenigen des im Kurbelkreise rotierenden einzigen Gewichtes, ferner die algebraische Summe der statischen Momente aller drei Horizontalkomponenten in bezug auf irgend einen Punkt Null sein.

Bei stehenden Maschinen sind im allgemeinen nur für die Kurbel und die abschwingende Schubstange Gegengewichte anzubringen.

Die beste Massenausgleichung ist bei stehenden und liegenden Zweizylindermaschinen durch Anordnung der Kurbeln unter 180° zu erreichen. Um das hierbei auftretende Drehmoment der Massenkräfte zu vermindern, sind die Zylinder möglichst aneinander zu legen. [1])

---

[1]) Ausführlichere theoretische Erörterungen über die Ausgleichung der Massenwirkungen bei Mehrzylindermaschinen s. Z. d. V. d. J. 1894, S. 1091 von O. Schlick; 1897, S. 998 von H. Lorenz und S. 1371 von R. Knoller; 1898, S. 907, von C. Fränzel (Taylorsches Verfahren).

C. Berechnung der Schwungräder.

Bezeichnet man die durch das Rechteck MNN_1M_1 (Fig. 87, S. 161) dargestellte Widerstandsarbeit mit A_0, so entwickelt die Maschine bei n Uml/min eine Nutzleistung

$$N_e = \frac{A_0 n}{60 \cdot 75} \, PS,$$

woraus folgt

$$A_0 = 60 \cdot 75 \frac{N_e}{n} \quad \ldots \ldots \ldots \ldots \ldots \quad 68)$$

Nun ist nach Gl. 66

$$A = MV^2 \delta_s = \frac{G}{g} V^2 \delta_s$$

oder

$$G = 9{,}81 \frac{A}{V^2 \delta_s} = 9{,}81 \frac{1}{V^2 \delta_s} \left(\frac{A}{A_0}\right) A_0,$$

worin G das Gewicht des Schwungrades (in kg) bezeichnet.

Setzt man in diesen Ausdruck den Wert A_0 aus Gl. 68 ein, so erhält man brauchbare Näherungswerte für das Schwungradgewicht einer Dampfmaschine, ohne Aufzeichnung von Tangentialdruckdiagrammen, aus

$$G = 9{,}81 \cdot 60 \cdot 75 \frac{N_e}{\delta_s n V^2} \frac{A}{A_0} = 44150 \frac{A}{A_0} \frac{N_e}{\delta_s n V^2} = \frac{c}{\delta_s} \frac{N_e}{n V^2},$$

worin $c = 44\,150 \frac{A}{A_0}$ eine Unveränderliche bedeutet, die gesetzt werden kann

bei Einzylindermaschinen und Tandemverbundmaschinen $c = 7000$,
bei Verbundmaschinen mit versetzten Kurbeln $c = 2500$ bis 4000,
bei Dreizylindermaschinen $c = 1400$.[1])

Soll das Schwungrad bei wechselnder äußerer Belastung einen solchen Ausgleich vermitteln, daß ihm zeitweise unter Arbeitsabgabe eine höhere Leistung entnommen wird, als den Abmessungen der Maschine entspricht, so muß es je nach der Dauer der Kraftabgabe, den zuzulassenden Geschwindigkeitsunterschieden usw. reichlicher bemessen werden.

Man kann nach Graßmann setzen

bei Maschinen für elektrische Straßenbahnen über 100 PS und bei Werkstätten-Betriebsmaschinen mit ähnlichen Schwankungen:

$$G \geqq 6000 \frac{N_e + 100}{V^2}.$$

Bei vorhandener Pufferbatterie ist G kleiner, bei bergigem Gelände und fehlender Batterie bis 50 vH größer zu nehmen.

Für Holzbearbeitungsmaschinen, Warmeisensägen usw. genügt etwa

$$G \geqq 3000 \frac{N_e + 20}{V^2}.$$ [2])

---

[1]) Vergl. K. Mayer: „Graphische Bestimmung des Schwungradgewichtes der Dampfmaschinen", Z. d. V. d. J. 1889, S. 113.

[2]) „Hütte", 20. Aufl., Abt. I, S. 900.

Mittlere Werte des Ungleichförmigkeitsgrades

$$\delta_s = \frac{V_{max} - V_{min}}{2}.$$

Für Maschinen zum Antriebe von:

Pumpen und Schneidwerken	$\delta_s = 1:20$ bis $1:30$,
Werkstätten-Triebwerken	$\delta_s = 1:35$ bis $1:40$,
Webstühlen und Papiermaschinen	$\delta_s = 1:40$,
Mahlmühlen	$\delta_s = 1:50$,
Spinnmaschinen für niedrige Garnnummern	$\delta_s = 1:60$,
Spinnmaschinen für hohe Garnnummern	$\delta_s = 1:100$,
Dynamomaschinen für Lichtbetrieb (ohne Akkumulatoren)	$\delta_s = 1:150$,
Drehstrommaschinen	$\delta_s = 1:300$.

Unter der Annahme, daß der Einfluß der Schwungradarme einem im Schwungrade untergebrachten Gewichte von etwa einem Drittel des Ringgewichtes G_r entspricht, ergibt sich letzteres aus

$$G = G_r + \frac{1}{3} G_r = \frac{4}{3} G_r$$

zu

$$G_r \sim 0{,}75\, G.$$

Mit G_r (in kg) folgt der Querschnitt F des Schwungringes (in qcm) aus

$$\frac{F \cdot 2 R_0 \pi \gamma}{10} = G,$$

zu

$$F = 0{,}22 \frac{G}{F},$$

wenn R_0 den Schwerpunktsabstand des Ringquerschnittes von der Drehachse in m,

γ das spezifische Gewicht (für Gußeisen $\gamma = 7{,}25$ kg/cdcm) bedeutet.

Die durch die Fliehkraft hervorgerufene Beanspruchung in dem sich frei drehenden (nicht durch die Arme festgehaltenen) Schwungringe ist

$$\sigma_z = \frac{0{,}725}{9{,}81} V^2 = 0{,}074\, V^2;$$

sie hängt nur von V ab und beträgt z. B. für $V = 30$ m/sek — dem bei Dampfmaschinen gebräuchlichen Höchstwerte für V —

$$\sigma_z = 66{,}6 \text{ kg/qcm}.$$

In Wirklichkeit kann sich ein Schwungrad nie frei ausdehnen, da die Arme an ihren Ansatzstellen einen Zug nach innen ausüben, wodurch Biegungsspannungen hinzukommen; hierdurch kann die Zugbeanspruchung auf das Doppelte bis Dreifache steigen. [1])

Hat das zwischen zwei Armen liegende Stück des Schwungringes die Länge l, so kann dasselbe als ein durch die Fliehkraft

$$C = \frac{G_r V^2}{i g R_0} \quad (i = \text{Anzahl der Arme})$$

---

[1]) Siehe S. J. Goebel: „Über Schwungradexplosionen", Z. d. V. d. J. 1898, S. 352.

gleichmäßig belasteter, fest eingeklemmter Balken betrachtet werden, dessen Abmessungen sich ergeben aus

$$\frac{C\,l}{12} = W\,k_b.$$

Die Arme (Anzahl derselben gewöhnlich 6 bis 8) werden durch die Fliehkraft auf Zug, durch das größte dem Schwungrade mitgeteilte Moment

$$M_b = \frac{T_{max}\,R}{i\,R_0}\,l_1$$

auf Biegung beansprucht, wobei

für Gußeisen $\begin{cases} k_z = 120 \text{ bis } 150 \text{ kg/qcm} \\ k_b = 100 \text{ kg/qcm}, \end{cases}$

für Schweißeisen $k_b = 400$ kg/qcm

zuzulassen ist.

In der vorstehenden Biegungsgleichung bedeutet noch

T_{max} die größte Tangentialkraft am Halbmesser R der Kurbel (s. Fig. 50, S. 119) und

l_1 die Länge eines Armes.

Der Schwungradhalbmesser ist im Mittel etwa gleich dem fünffachen Kurbelhalbmesser, stets aber derart zu wählen, daß $V \leqq 30$ m/sek wird. (Nur bei Walzenzugmaschinen geht man zuweilen auf etwas höhere Werte).

In der Verteilung der Massen sind starke Stoffanhäufungen zu umgehen (profilierter Ringquerschnitt). Zur Vermeidung von Gußspannungen wird vielfach eine Teilung vorgenommen — bei kleineren Schwungrädern in zwei Teile (Sprengung), bei größeren derart, daß Arme, Nabe und die einzelnen Ringstücke getrennt hergestellt werden.

Zwei- oder mehrteilige Schwungräder mit hohen Umfangsgeschwindigkeiten verlangen sorgfältige Kranzverbindungen.

Kommen Schrumpfringe in Anwendung, so sollen diese möglichst im Schwerpunktskreise des Radkranzes liegen; exzentrische Verbindungen der Kranzstöße mittels Schrumpfringe sind zu vermeiden.

Bei großen Maschinen ist Verschalung der Schwungräder — zur Verminderung des Luftwiderstandes — zu empfehlen.

D. Ausgeführte Schwungräder.

Fig. 96 zeigt das zu einer 1250 PS-Ventildampfmaschine ($n = 78$ Uml/min) gehörige, zwischen zwei Armen gesprengte Schwungrad von 5500 mm Durchmesser und 495 mm Kranzbreite, dessen Gesamtgewicht 12000 kg beträgt.[1])

Die Andrehvorrichtung dieses Schwungrades ist in Fig. 101 (S. 175) ersichtlich.

Das in Fig. 97 dargestellte, in einem Stück gegossene und dann mitten durch die betreffenden Arme gesprengte Schwungrad von 3200 mm Durchmesser und 350 mm Kranzbreite des „Eisenwerk Wülfel“ wiegt 6000 kg und macht 150 Uml/min. Die Verbindung der beiden Hälften erfolgt am Kranze außer durch Schraubenbolzen noch durch Schrumpfringe.

[1]) Pokorny & Wittekind, Frankfurt a. M.

Fig. 96.

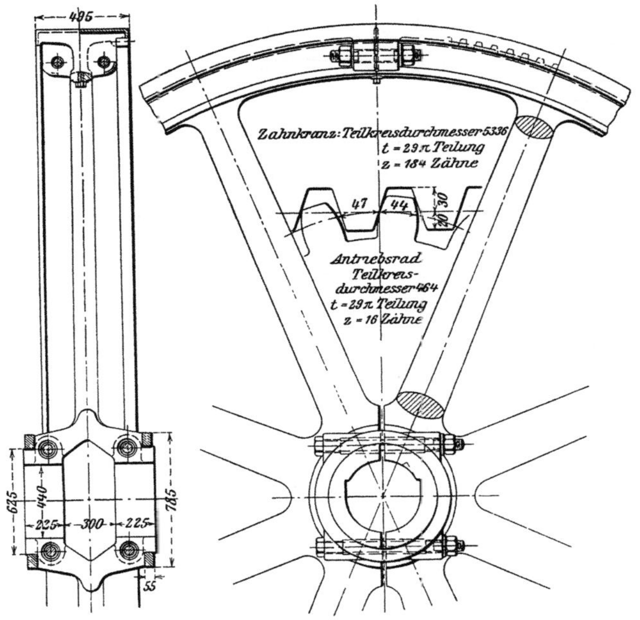

Ein aus zwei Rädern mit 18 bezw. 7 Rillen für je 50 mm starke Rundseile zusammengesetztes Seilscheiben-Schwungrad von 6000 mm Durchmesser und 1235 + 500 = 1735 mm Kranzbreite zeigt Fig. 98 (S. 172).

Die ebenfalls mitten durch die betreffenden Arme gesprengten beiden Räder sind durch 10 konische und 20 zylindrische Schraubenbolzen von je $1^1/_4''$ engl. — letztere mit Doppelmuttern — miteinander verbunden; sie haben Kranzgewichte von 13 500 bezw. 6750 und Gesamtgewichte von 28 900 bezw. 15 500 kg.[1])

Fig. 98 a läßt die Sprengleisten am Kranze der Räder erkennen.

Fig. 97.

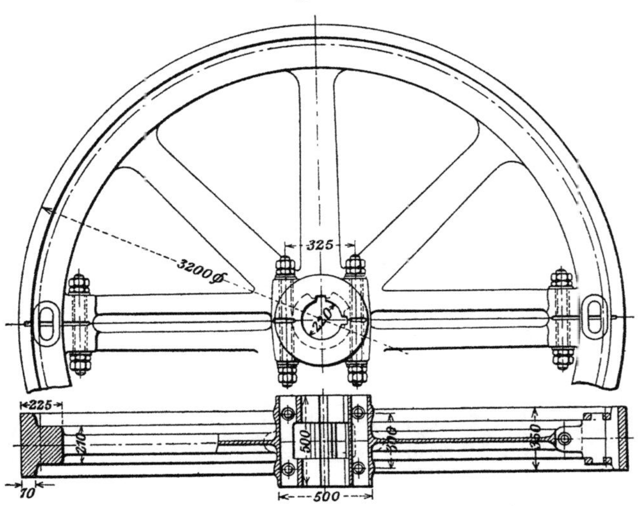

1) Maschinenfabrik Grevenbroich (vorm. Langen & Hundhausen), Grevenbroich.

Fig. 98.

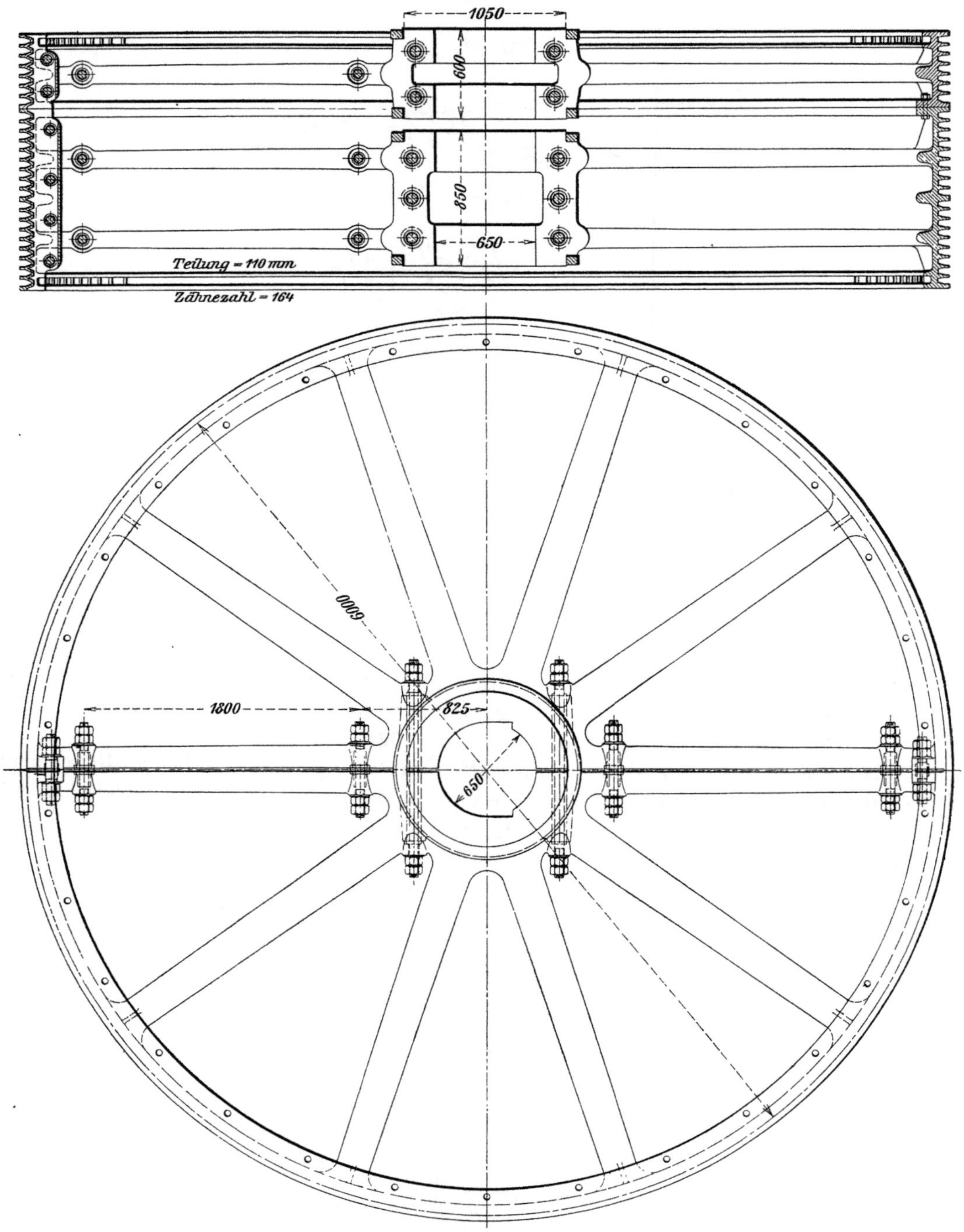

Fig. 98 a.

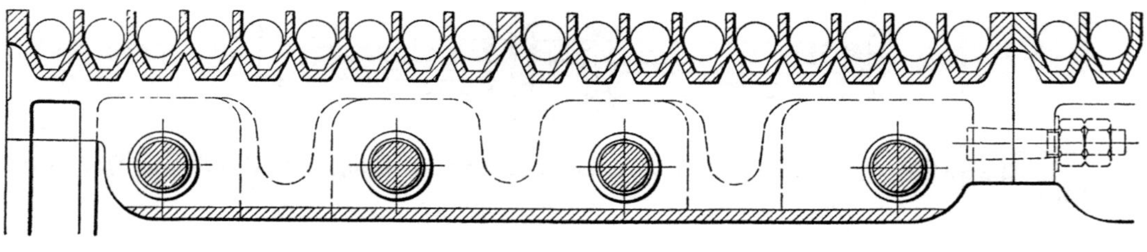

E. Andrehvorrichtungen (Schaltwerke).

Um die Kurbel in eine für das Anlassen der Dampfmaschine geeignete Stellung zu bringen, sind die Schwungräder mit einem inneren oder äußeren Zahnkranz versehen, in den die Hebel oder Getriebe sog. Schaltwerke bezw. von Andrehvorrichtungen eingreifen.

Die Schaltwerke werden einfach- und doppeltwirkend ausgeführt.

Fig. 99.

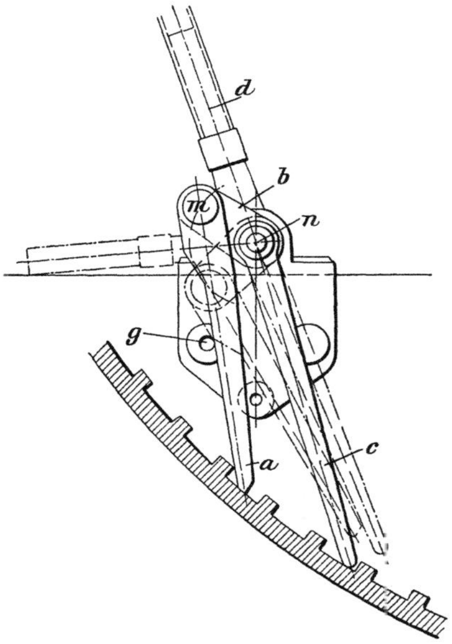

Fig. 99a.

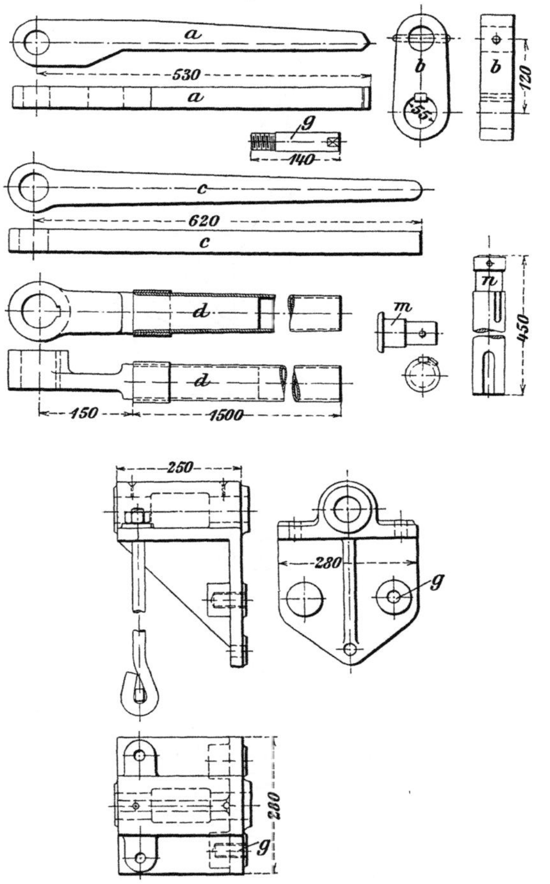

Bei dem in Fig. 99 ersichtlichen, einfachwirkenden Schaltwerk ist *a* der um den Zapfen *m* einer auf der Welle *n* festgekeilten Kurbel *b* schwingende Klinkhebel, der — beim Umlegen des Handhebels *d* in die punktiert gezeichnete Lage — auf einen in das Schaltböckchen eingeschraubten Bolzen *g* zu liegen und dadurch, mitsamt dem auf der Welle *n* frei beweglichen Sperrhebel *e*, außer Eingriff mit dem inneren Zahnkranze des Schwungrades kommt.[1])

Ein doppeltwirkendes Schaltwerk zeigt Fig. 100 (S. 174). Die entsprechend ausgebildeten, an dem zweiarmigen Hebel *d* befestigten Klinkhebel *g* und *h* kommen bei der Hin- und Herbewegung des Handhebels *c* abwechselnd mit den Zähnen des hier außen

---

[1]) Zu einer Ventilmaschine 325/750 der Maschinenbau-Anstalt Humboldt, Kalk bei Cöln a. Rh.

verzahnten Schwungrades in Eingriff und bewirken damit die fortschreitende Drehung desselben. [1])

Die zu den beiden Schaltwerken (Fig. 99 und 100) gehörigen Einzelteile sind in Fig. 99a bezw. 100a nochmals besonders herausgezeichnet.

Eine Andrehvorrichtung mit Schnecke und Schneckenrad ist in Fig. 101 dargestellt. [2])

Fig. 100.

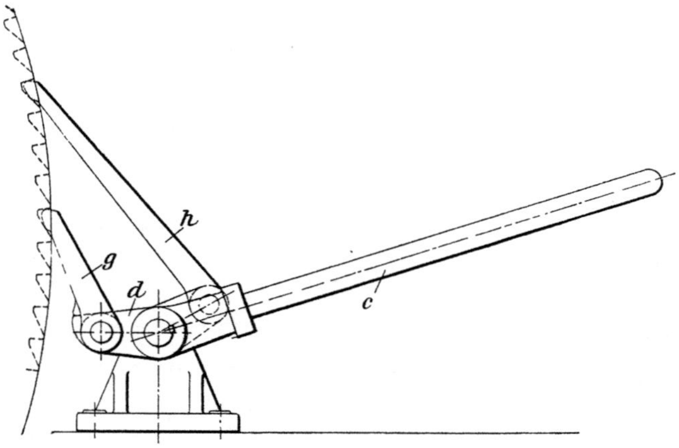

Fig. 100a.

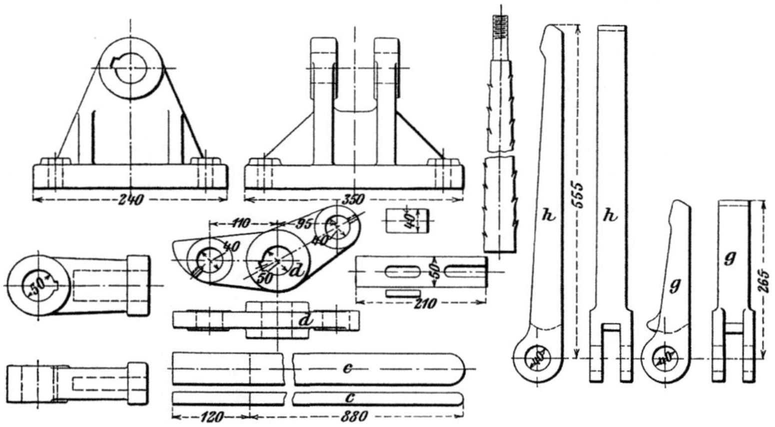

Das mittels Handkurbel *h* bewegte Getriebe *d* greift in die Innenverzahnung des Schwungrades; es wird, sobald die Anlaufgeschwindigkeit der Maschine diejenige der Andrehvorrichtung überschreitet, durch das steile Schraubengewinde der Welle *f* nach innen verschoben und dadurch selbsttätig ausgerückt.

Zur Aufnahme des Axsialdruckes der Schneckenwelle dient ein Kugellager *q*.

Andrehvorrichtungen für größere Dampfmaschinen bestehen aus einer kleinen Hilfsmaschine — in der Regel einer Zwillingsdampfmaschine mit geneigt liegenden Zylindern —

---

[1]) Zu einer Tandemmaschine 275 bezw. 450/450 ($n = 160$ Uml/min) der Königin-Marienhütte, A.-G., Cainsdorf i. S.

[2]) Pokorny & Wittekind, Frankfurt a. M.

Fig. 101.

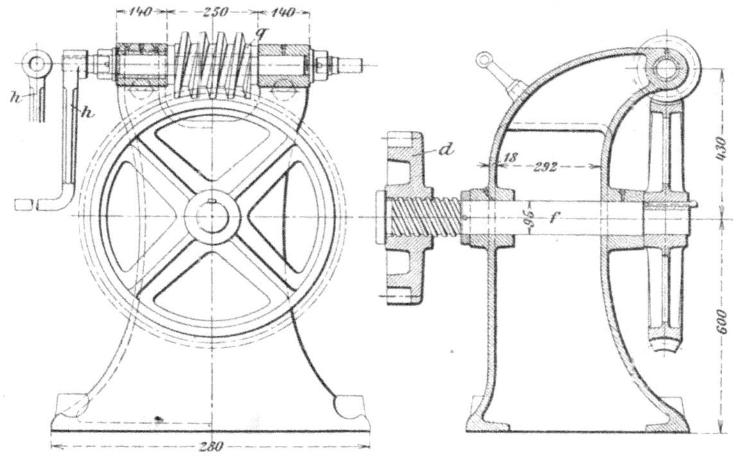

die, in gleicher Weise wie vordem, mittels Schnecke und Schneckenrades ein in den Zahnkranz des Schwungrades eingreifendes Getriebe in Umdrehungen bringt.

Eine elektrisch betriebene Andrehvorrichtung der Felten & Guilleaume-Lahmeyerwerke A.-G., Frankfurt a. M., zeigt Fig. 102.

Fig. 102.

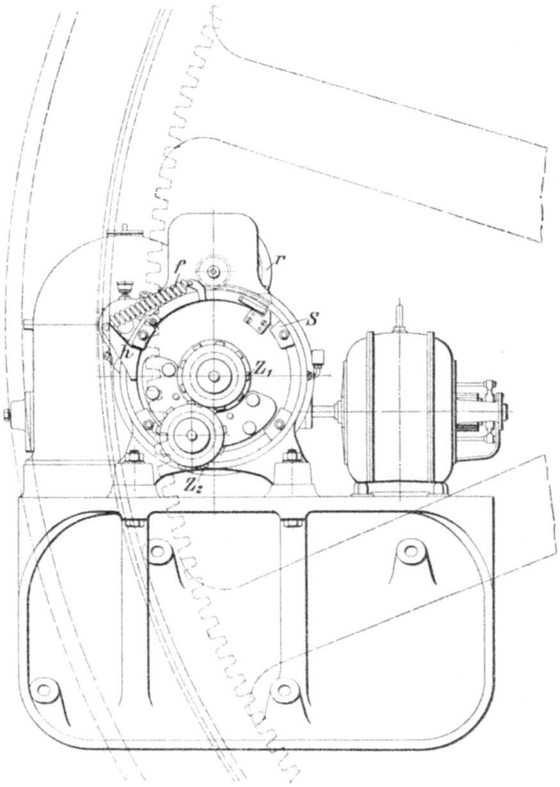

Das von einem Elektromotor mittels Schneckenradübersetzung angetriebene Zahnrad Z_1 steht mit dem auf einer drehbaren Scheibe S befestigten Zahnrad Z_2 im Eingriff und sobald die durch eine am Arme h angreifende Feder f mit einem Zahnsegment in Verbindung stehende Scheibe durch Handrad r und ein in das Segment eingreifendes kleines Getriebe gedreht wird, kommt Z_2 mit dem Zahnkranz des Schwungrades in Eingriff, wobei gleichzeitig der Kontaktarm des Motoranlassers den ersten Kontakt berührt. Durch weitere Drehung des Handrades und des Segmentes wird die Spannung der Feder f vergrößert und der Anlasser allmählich kurz geschlossen, bis das Segment in der Endstellung durch einen Sperrstift festgehalten wird. Überschreitet die Anlaufgeschwindigkeit der Maschine diejenige der Andrehvorrichtung, so werden Z_2 und damit auch S in der Drehrichtung des Zahnkranzes verschoben und der Sperrstift durch einen auf der Scheibe sitzenden Anschlag ausgelöst. Das Segment schnellt jetzt infolge Federkraft zurück und schaltet dabei den Anlasser aus, so daß der Motor zum Stillstand kommt, während die Scheibe S durch das Schwungrad noch so weit gedreht wird, bis das auf ihr befestigte Zahnrad Z_2 wieder außer Eingriff kommt.

Bis zu Zahndrücken von 3000 kg werden die Vorrichtungen mit elektromotorischem Antrieb durch eine Gelenkkette ausgeführt.

Die normale, durch die Andrehvorrichtung dem Schwungrad erteilte Schaltkranzgeschwindigkeit beträgt 4,5 bis 6 m/min und kann bis zu 5 bis 8 m/min gesteigert werden. Die Vorrichtungen werden sowohl für Antrieb durch Gleich- wie auch durch Drehstrom, sowie für Schwungräder mit Innen- oder Außenverzahnung geliefert.

II. Regler.

Während, wie schon bemerkt, die Schwungräder dazu dienen, die von der wechselnden Übertragung der Kolbenkraft auf die Kurbelwelle einer Dampfmaschine herrührenden periodischen Arbeitsüberschüsse aufzunehmen oder wieder abzugeben, um damit die Geschwindigkeit der Maschine innerhalb einer jeden Umdrehung derselben möglichst gleichförmig zu erhalten, haben die Regler (Regulatoren) dafür zu sorgen, daß die Umlaufzahlen der Maschine, auch bei etwaigen Belastungsänderungen, möglichst unverändert bleiben.

Sie arbeiten zu dem Zwecke mit umlaufenden Schwungmassen, durch deren Fliehkraft — neuerdings auch durch deren in tangentialer Richtung auftretenden Massenwiderstand — unter Zwischenschaltung des sog. Stellzeuges — eine Verminderung der Spannkraft des Arbeitsdampfes (Drosselregelung), oder aber eine Veränderung des Füllungsgrades der Maschine (Füllungsregelung) bewirkt wird. Man unterscheidet hiernach Fliehkraftregler und Beharrungsregler.

Die weitaus größte Verbreitung haben die Fliehkraftregler gefunden; je nachdem sie eine auf der Reglerwelle sitzende Muffe entsprechend verschieben, deren Bewegung dann mittels des Stellzeuges auf das betreffende Steuerorgan übertragen wird, oder aber die auf der Reglerwelle befindliche äußere Steuerung unmittelbar beeinflussen, werden sie als Muffenregler (Pendelregler) oder Achsenregler (Flachregler) bezeichnet.

Man unterscheidet auch, je nachdem der Fliehkraft der Schwungradmassen durch Gewichte oder durch Federn Gleichgewicht gehalten wird, Gewichts- und Federregler, ferner noch Leistungsregler, deren minutliche Umlaufzahl innerhalb weiter Grenzen veränderlich ist, so daß z. B. Pumpen, Kompressoren u. dergl. bei stets gleichbleibender Hubarbeit erforderlichenfalls stark wechselnde Arbeitsleistungen entwickeln können.

A. Muffenregler (Pendelregler).

a. Fliehkraftregler.

1. Allgemeines.

Bei der gewöhnlichen Anordnung eines Muffenreglers bewegen sich die Schwungmassen um den festen Drehpunkt einer (meist lotrechten) Spindel.

Wächst die minutliche Umlaufzahl, die zur Herstellung des Gleichgewichtes nötig ist, mit der Entfernung der Schwungmassen von der Drehachse bezw. mit jeder höheren Muffenstellung, so ist der Regler statisch — er befindet sich auf allen Teilen seines Hubes im stabilen Gleichgewicht.

Astatisch sind Regler, die nur bei einer einzigen Umlaufgeschwindigkeit eine Muffenbewegung zeigen. Bei allen übrigen Geschwindigkeiten springen diese Regler von einer Grenzlage der Muffe in die andere. Derartige Regler sind nur als mittelbar wirkende zu gebrauchen; ihr Gleichgewichtszustand ist indifferent.

Pseudoastatisch sind solche Regler, die sich dem astatischen Zustande stark nähern, derart, daß die kleinste und größte Umlaufzahl, die also der tiefsten bezw. höchsten Muffenstellung entspricht, nur wenig voneinander abweichen. Entspricht einer größeren Entfernung der Schwungmassen von der Achse eine kleinere Umlaufzahl, was durch den Regler allein oder durch die Anordnung der von ihm beeinflußten Teile verursacht sein kann, so ist derselbe im labilen Gleichgewicht. Ein solcher Regler ist nicht zu gebrauchen.

Befindet sich ein Regler im stabilen Gleichgewicht, so muß nach obigem mit steigender Muffe die Umlaufzahl zunehmen.

Das Maß dieser Zunahme wird als Ungleichförmigkeitsgrad δ bezeichnet und ausgedrückt durch

$$\delta = \frac{\omega_1 - \omega_2}{\omega_m};$$

hierin bedeutet ω_1 die höchste, ω_2 die niedrigste, ω_m die mittlere Winkelgeschwindigkeit eines nicht mit dem Stellzeug gekuppelten Reglers. Von der richtigen Wahl des Ungleichförmigkeitsgrades δ hängt in erster Linie die Regulierfähigkeit eines Reglers ab.

Zweckmäßig wird δ so klein gehalten, wie es der Regler unter Berücksichtigung der Masse und der Geschwindigkeit des Schwungrades gestattet.

Nach Tolle[1]) soll der kleinste zulässige Ungleichförmigkeitsgrad (ohne Anwendung einer Ölbremse) bei Gewichtsreglern angenähert

$$\delta = \sqrt[3]{\frac{s}{g\,t^2}} \quad \ldots \ldots \ldots \ldots \ldots \ldots \quad 69)$$

betragen; hierin bedeutet

s den Muffenhub in cm,

g die Beschleunigung durch die Schwere $= 981$ cm/sek^2,

t die Zeit in sek, in der die Maschine vom Ruhezustande aus bei größter Füllung und ohne Belastung ihre normale Umlaufzahl erlangt.

(Die Zeit t läßt sich an einer ausgeführten Dampfmaschine durch Versuche feststellen oder im voraus berechnen.)

---

[1]) Z. d. V. d. J. 1895, S. 735 u. ff.

Bezeichnet

N die größte Leistung der Maschine in PS,

M die Masse des Schwungringes in kg/m/sek^2,

V die Umfanggeschwindigkeit in m/sek,

so ist

$$t = \frac{M V^2}{75 N}.$$

Bei Federreglern ist, sofern durch große Umlaufzahl und großen Abstand der Schwungmassen von der Spindel deren Massen gering und ihr Ausschlag klein gehalten werden, statt des wirklichen Muffenhubes s nur ein Teilbetrag s_r desselben in Gl. 69 einzusetzen. Bei Federreglern nach Tolle ist für kleinere und größere Ausführungen (vergl. S. 203)

$$s_r = \frac{1}{12} s \quad \text{bezw.} \quad = \frac{1}{15} s.$$

Federregler gestatten somit bei gleicher Regelungsfähigkeit kleinere Ungleichförmigkeitsgrade als Gewichtsregler.

Befindet sich ein Regler bei einer gewissen Umlaufzahl n im Gleichgewicht, so kann nach erfolgter Geschwindigkeitsänderung der Maschine eine Muffenbewegung erst dann eintreten, wenn der dieser Bewegung entgegengesetzte Widerstand P überwunden ist. Letzterer setzt sich zusammen aus dem nützlichen Teile W, der durch das Stellzeug auf die Muffe übertragen wird, und dem von der Eigenreibung des Reglers herrührenden, an der Muffe gemessenen Teile R. Ein Steigen oder Sinken der Muffe erfordert aber eine bestimmte Änderung der minutlichen Umlaufzahl n im positiven bezw. negativem Sinne ($+\Delta n$ bezw. $-\Delta n$), bei der der Regler unempfindlich bleibt. Das Verhältnis dieser Änderung der Umlaufzahl zwischen $n - \Delta n$ bis $n + \Delta n$ zur Umlaufzahl n heißt der Unbeweglichkeits- oder Unempfindlichkeitsgrad ε des Reglers; er läßt sich schreiben:

$$\varepsilon = \frac{(n + \Delta n) - (n - \Delta n)}{n} = \frac{2 \Delta n}{n}.$$

Der Unempfindlichkeitsgrad ε soll bei Maschinen mit hin- und hergehender Bewegung stets größer als der Ungleichförmigkeitsgrad δ_s des zugehörigen Schwungrades (vergl. S. 169) sein, um ein unnötiges Zucken des Reglers innerhalb eines jeden Maschinenhubes zu vermeiden; er darf ferner nicht kleiner sein als der kleinste zulässige Ungleichförmigkeitsgrad des Reglers (vergl. S. 177).

Als Energie S bezeichnet man diejenige Kraft, die der ruhend und vom Stellzeug nicht belastet gedachte Regler an der Muffe ausübt. Diese Kraft ist bei Gewichtsbelastung der Muffe für pseudoastatische Regler unveränderlich, wenn die Schwungkugeln im Verhältnis zur Muffenbelastung klein, die Umlaufzahlen also groß gemacht werden.

Die bekannten Regler mit Federbelastung zeigen starke Veränderlichkeit der Energie (Zunahme bei Hartung, Trenck usw.), Abnahme bei Pröll); nahezu unveränderliche Energie haben nur die Federregler nach Tolle.

Die Größe S ist durch Auswägen des Druckes, den der Regler bei ruhender Spindel auf den Gleitring ausübt, zu ermitteln. Mit Rücksicht auf gleichbleibende Unempfindlichkeit für alle Muffenstellungen ist unveränderliche Energie S am günstigsten; sie ermöglicht, ohne Änderung des Ungleichförmigkeitsgrades die Muffenbelastung zu vergrößern oder zu verkleinern, z. B. behufs Änderung der Umlaufzahl (s. nachstehend).

Mit Hilfe der Energie läßt sich ε auch schreiben

$$\varepsilon = \frac{P}{S} = \frac{W+R}{S} = \frac{W}{S} + \frac{R}{S} = \varepsilon_w + \varepsilon_r;$$

hieraus folgt

$$P = S\varepsilon,$$

d. h. die vom Regler zur Überwindung der an der Muffe gemessenen Widerstände $W + R$ auszuübende Verstellungskraft ist = Energie × Unempfindlichkeitsgrad.

Bei den meisten Reglern ist ε_r für die einzelnen Muffenstellungen verschieden. Am zweckmäßigsten sind Regler mit möglichst unveränderlichem ε_r.

Die Größe W läßt sich durch Auswägen an der vorhandenen Regelungsvorrichtung (unter Dampf) zweckmäßig mittels Federwage ermitteln. Der gesamte Ungleichförmigkeitsgrad i, den der Regler für die Maschine zuläßt, ist angenähert

$$i = \delta + \varepsilon;$$

er entspricht dem mit dem Stellzeug gekuppelten Regler.

Das Produkt aus der mittleren Energie S_m und dem Muffenhube s ergibt das Arbeitsvermögen A des Reglers, also

$$A = S_m s = \int S\,ds.$$

Zur Verstellung der Steuerung kann von dieser Arbeit A stets nur ein geringer Prozentsatz nutzbar gemacht werden. Der andere, größere Teil wird zum Heben der durch die Stabilität bedingten schweren Muffenbelastung bezw. zum Zusammenpressen der Federn verbraucht.

Tritt bei einer Dampfmaschine eine Belastungsänderung ein, so ist die Beeinflussung von Regler und Maschine bis zur Erzielung eines neuen Gleichgewichtszustandes eine durchaus gegenseitige; sie folgt stets gewissen Schwingungsgesetzen und die Maschine erreicht nach einer Anzahl Schwingungen der Umlaufzahl um einen Mittelwert seine neue Gleichgewichtsgeschwindigkeit.

Die Dauer und Größe dieser Schwingungen ist für die Güte der Regelung maßgebend; je schneller dieselben Null werden und je kleiner sie von vornherein sind, um so volkommener ist die Regelung.

Dies kann durch ein großes Trägheitsmoment des Schwungrades (d. h. Gewicht und Durchmesser groß) und dadurch bedingten kleinen Ungleichförmigkeitsgrad der Maschine, ferner durch einen großen Ungleichförmigkeitsgrad des Reglers erreicht werden. Letzteres ist ein besonderes einfaches Mittel, um die bei Belastungsänderungen der Maschine auftretenden Schwingungen schnell zu dämpfen. Die erhöhten Anforderungen des elektrischen Betriebes haben jedoch eine Verkleinerung dieses Ungleichförmigkeitsgrades zur Folge gehabt. Während man sich früher mit Werten für δ von 7 vH und größer begnügte (Gewichtsregler), werden heute solche bis zu 2 vH herunter verlangt.

Die der Regelung günstigen Eigenschaften eines großen Ungleichförmigkeitsgrades δ kommen bei so kleinen Werten desselben nicht mehr in Frage. Als Ersatz hierfür hat man die Eigenreibung des Reglers durch Verminderung bezw. Entlastung der Gelenke verringert, die Gewichtsbelastung ganz oder teilweise durch Federbelastung ersetzt, ferner den Hub und damit den Ausschlag der Schwungmassen, wie auch — behufs Erzielung kleiner Unempfindlichkeitsgrade — die Energie des Reglers vergrößert.

Ein etwaiger Rückdruck der Steuerung auf den Regler hält diesen in beständiger Bewegung, so daß er leichter imstande ist „Belastungsschwankungen“ Folge zu geben. Bei starkem Rückdruck wird allerdings ein Zucken des Reglers eintreten, was durch Anwendung einer Ölbremse oder durch Vergrößerung der Schwung. massen zumeist beseitigt werden kann. Ungünstige Verhältnisse werden durch den Rückdruck aber nur dann auftreten, wenn derselbe in den einzelnen Steuerungslagen eine verschiedene Mittelkraft auf den Gleitring des Reglers ausübt. In diesem Falle kann eine unerwünschte Änderung des Ungleichförmigkeitsgrades eintreten, doch läßt sich auch diese, ebenso wie die durch die Stellzeugbelastung etwa hervorgerufene Änderung des Ungleichförmigkeitsgrades, durch Gegengewichte oder durch entsprechende Einstellung des Reglers in den meisten Fällen ausgleichen.

Änderungen der Umlaufzahl — auch während des Ganges der Maschine — lassen sich bei pseudoastatischen Reglern durch Änderung der Energie derselben bewirken, indem der Gleitring durch Gewichte oder Federn mehr oder weniger belastet wird. Bei Reglern mit unveränderlicher Energie bleibt der Ungleichförmigkeitsgrad hierbei unverändert — die Tourenverstellung kann bei diesen ziemlich weit getrieben werden. Ist die Energie aber veränderlich, so erreicht die Tourenverstellung durch ziemlich schnelle Änderung des Ungleichförmigkeitsgrades bald ihre praktische Grenze. Man begnügt sich bei solchen Reglern mit einer Tourenverstellung von höchstens $\pm$ 5 vH und wählt, wo mehr verlangt wird, ein Reglersystem mit unveränderlicher Energie. Für die Größe der zusätzlichen Belastung ist zu berücksichtigen, daß die Energie proportional dem Quadrate der Umlaufzahlen wachsen oder abnehmen muß.

Hat ein Regler bei einer bestimmten Umlaufzahl n' die Energie S' und soll die Umlaufzahl n'' erzielt werden, so beträgt die Änderung der Energie

$$S'' = S'\left(\frac{n''}{n'}\right)^2$$

und die erforderliche zusätzliche Belastung

$$P = S'' - S' = S'\left[\left(\frac{n''}{n'}\right)^2 - 1\right] \quad \text{. . . . . 70)}$$

Bei Anwendung von Federbelastung wird der Druck auf den Gleitring durchschnittlich noch um etwa $^1/_4\,(S'' - S')$ höher — entsprechend der Zunahme der Federspannung auf dem Reglerhube.

2. Analytische Berechnung.

Unter Beibehaltung der früheren Bezeichnungen (S. 177) sei noch

- G das Gesamtgewicht der an dem Pendel hängenden Schwungkörper (Kugeln) in kg,
- Q das Gewicht der die Muffe belastenden Hülse in kg,
- l die Länge eines Pendels, l_1 die eines Kurbelarmes (Pendelstange) und l_2 diejenige einer Schubstange (Hülsenstange) in m,
- α, α_1, α_2 ein beliebiger, der größte und kleinste Ausschlagwinkel der Pendel,
- n, n_1, n_2 die diesen Winkeln entsprechenden Umlaufzahlen,
- a der Abstand der Pendeldrehpunkte von der Reglerspindel in m.

α. Gewichtsregler.

Bei den nachstehenden Berechnungen sind die Gewichte der Pendel- und Hülsenstangen l_1 und l_2 unberücksichtigt geblieben; dieselben beeinflussen die Umlaufzahl des

Reglers oft nicht unwesentlich. Zur angenäherten Berücksichtigung dieses Einflusses kann, wenn

G_1 das Gewicht von l_1 in kg,
G_2 „ „ „ l_2 „ „

bedeutet, statt G

$$G + 0{,}4\, G_1 + 0{,}5\, G_2 \frac{l_1}{l}$$

und statt Q

$$Q + 0{,}5\, G_2$$

gesetzt werden.

Watt-Regler ($Q = 0$).

Bei offener Aufhängung der Schwungkörper G (Fig. 103) ist

$$h = l \cos\alpha + a \operatorname{cotg}\alpha;\quad r = l \sin\alpha$$

und für $l_1 = l_2$

$$s = 2\, l_1\, (\cos\alpha_2 - \cos\alpha_1).$$

Fig. 103.

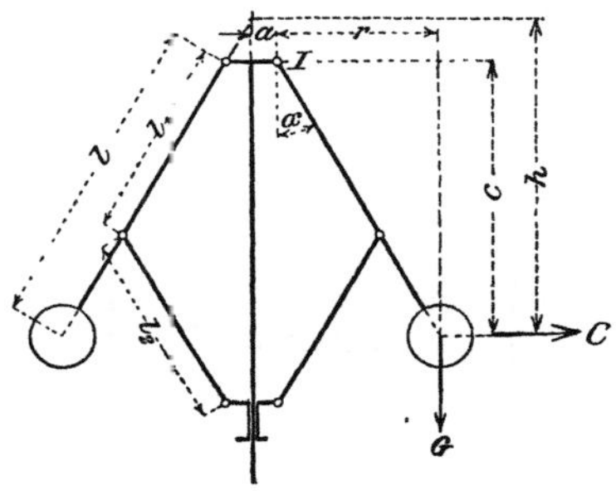

Für die Fliehkraft C der Schwungkörper G gilt, wenn noch

$$\omega = \frac{2\pi n}{60} = \frac{\pi n}{30}$$

die Winkelgeschwindigkeit der Reglerspindel bedeutet,

$$C = M\,\omega^2 (r + a) = \frac{G\,\omega^2}{g}(r + a),$$

oder

$$\omega = \sqrt{\frac{C}{r+a}\,\frac{g}{G}} \quad \text{. . . . . 71)}$$

Hieraus folgt für die minutliche Umlaufzahl

$$n = \frac{30\,\omega}{\pi} = 30\sqrt{\frac{C}{r+a}\,\frac{1}{G}\,\frac{9{,}81}{\pi^2}} \sim 30\sqrt{\frac{C}{r+a}\cdot\frac{1}{G}} \quad \text{. . . . . . . 72)}$$

Für den Drehpunkt I der Pendel besteht die Gleichgewichtsbedingung

$$-Cc + Gr = 0,$$

woraus

$$C = G\,\frac{r}{c}.$$

Mit Einsetzung dieses Wertes in Gl. 72 folgt

$$n = 30\sqrt{\frac{1}{c}\,\frac{r}{r+a}} \quad \text{oder} \quad \left(\frac{n}{30}\right)^2 = \frac{1}{c}\,\frac{r}{r+a}.$$

Für zentrale Aufhängung der Schwungkörper ist $a = 0$, für gekreuzte Aufhängung negativ in die vorstehende Gleichung einzusetzen.

Es ist ferner

$$S = G\,\frac{l}{l_1};\quad \varepsilon = \frac{2\Delta n}{n} = \frac{P}{G}\,\frac{l_1}{l};\quad P = \varepsilon\, G\,\frac{l}{l_1}.$$

Man nimmt

$$l_1 = l_2 = 0{,}6\,l;\ \alpha_2 = 15^0;$$

dann wird für zentrale Aufhängung ($a = 0$)

$$n = 30\sqrt{\frac{1}{c}}$$

und für

$$\begin{array}{lllll} \alpha_1 = & 20^0 & 25^0 & 30^0 & 35^0 \\ \delta = & 0{,}011 & 0{,}032 & 0{,}055 & 0{,}083\,. \end{array}$$

Für offene und gekreuzte Stangen kann

$$a \sim 0{,}1\,l$$

gesetzt werden.

Trägt man im rechtwinklichen Koordinatensystem die Ausschlagwinkel α des Pendels als Abszissen, die zugehörigen Umlaufzahlen als Ordinaten auf und verbindet die Endpunkte der letzteren, so erhält man die sog. n-Kurve, deren Verlauf den jeweiligen Gleichgewichtszustand des Reglers erkennen läßt.

Fig. 104.

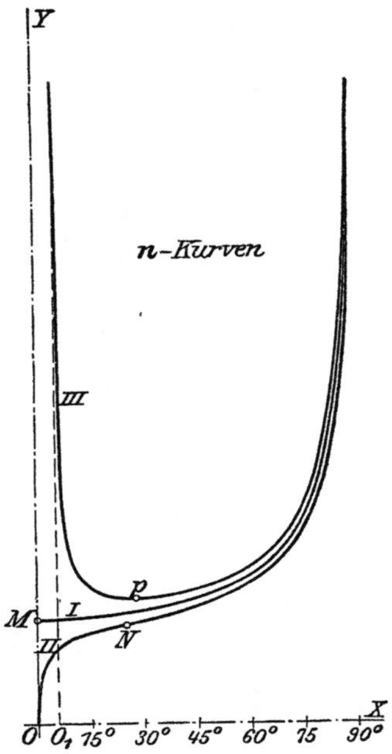

Fig. 104 zeigt die n-Kurve des Watt-Reglers für zentrale, offene und gekreuzte Aufhängung der zugehörigen Schwungmassen.

Für zentrale Aufhängung (Kurve I) folgt

$$n = 30\sqrt{\frac{1}{c}} = OM$$

als kleinster Wert für die Umlaufzahl dieses Reglers. Von OM steigt die Kurve beständig — erst langsam, dann schneller — bis sie schließlich bei $\alpha = 90^0$ in eine zur Abszissenachse parallele Gerade übergeht. Der Regler ist statisch.

Für die offene Aufhängung (Kurve II) ist, wenn $r = 0$, auch $n = 0$. Die Kurve beginnt im Koordinatenmittelpunkt O, steigt anfangs schnell, erreicht in N einen Wendepunkt und steigt für größere Werte von α wieder schnell aufwärts.

Für die gekreuzte Aufhängung (Kurve III) sei $O\,O_1 = a$. Für $r + a = 0$ wird $n = \infty$, die Ordinate in O_1 demnach unendlich groß. Von da fällt die Kurve bis zu einem Punkte p — astatischer Punkt (vergl. S. 190) — der zugleich unterer Grenzpunkt des stabilen Teiles der Kurve ist. Die Abszisse des Punktes p findet sich durch Differentiation der für gekreuzte Aufhängung gültigen Gleichung

$$h = l\cos\alpha - a\,\mathrm{cotg}\,\alpha \quad \text{(s. „Kley-Regler")}$$

aus

$$\frac{dh}{d\alpha} = -l\sin\alpha + \frac{a}{\sin^2\alpha} = 0$$

zu

$$\sin\alpha_2 = \sqrt[3]{\frac{a}{l}}\,.$$

Von p steigt die Kurve in ähnlicher Weise wie die Kurven I und II.

Porter-Regler (Fig. 105).

Für den Drehpunkt I der Pendel gilt

$$-C\,c + G\,r + \frac{Q}{\cos\beta}\,q = 0,$$

woraus für die Fliehkraft

$$C = G\frac{r}{c} + \frac{Q}{\cos\beta}\,\frac{q}{c}$$

und in Verbindung mit Gl. 72

$$\left(\frac{n}{30}\right)^2 = \frac{r}{(r+a)\,c}\left(1 + \frac{Q}{G}\,\frac{q}{r\cos\beta}\right)$$

oder mit

$$\frac{(r+a)\,c}{r} = h \quad \text{und} \quad \cos\beta = \frac{q}{m}$$

$$\left(\frac{n}{30}\right)^2 = \frac{1}{h}\left(1 + \frac{Q}{G}\right)$$

folgt.

Fig. 105.

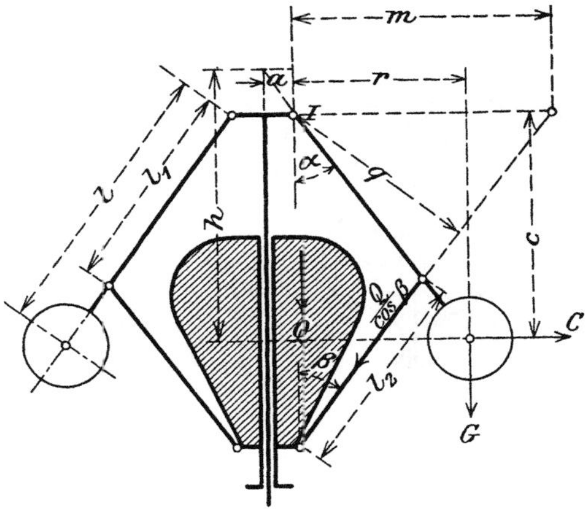

Für rhombische Aufhängung ($\alpha = \beta$ bezw. $l_1 = l_2$) ist

$$m : r = 2\,l_1 : l,$$

demnach

$$\left(\frac{n}{30}\right)^2 = \frac{1}{h}\left(1 + \frac{2\,Q}{G}\,\frac{l_1}{l}\right).$$

Es ist ferner

$$S = Q + G\frac{r}{m} \quad \text{bezw.} \quad = Q + G\frac{l}{2\,l_1} \quad \text{(für rhombische Aufhängung);}$$

$$\varepsilon = \frac{2\,\Delta n}{n} = \frac{P}{Q + G\dfrac{r}{m}}; \qquad P = \varepsilon\left(Q + G\frac{r}{m}\right).$$

Die Umlaufzahlen sind infolge der Muffenbelastung bei gleichem l wesentlich größer als beim Watt-Regler, ebenso auch die Energie und die Verstellungskraft; dagegen wird der Unempfindlichkeitsgrad klein. Die n-Kurve verläuft ähnlich wie diejenige des Watt-Reglers mit offener Aufhängung. Der Abszisse des Wendepunktes entspricht ein Winkel $\alpha \sim 40^0$; ein astatischer Punkt ist nicht vorhanden.

Zu empfehlen ist

$$a = 0{,}1\,l;\ l_1 = l_2 = 0{,}66\,l \ \text{neben}\ \alpha_2 = 40^0;$$

dann wird für

$\alpha_1 =$	42^0	43^0	44^0	45^0	46^0	47^0
$\delta =$	0,019	0,027	0,036	0,045	0,055	0,067.

Kley-Regler (Fig. 106).

Bei diesem Regler mit gekreuzten Pendel- und Hülsenstangen liegen die Drehpunkte der Pendel nicht — wie beim Porter-Regler — je auf derselben, sondern je auf der entgegengesetzten Seite der Reglerspindel; es ist dementsprechend

$$h = l\cos\alpha - a\,\mathrm{cotg}\,\alpha.$$

Fig. 106.

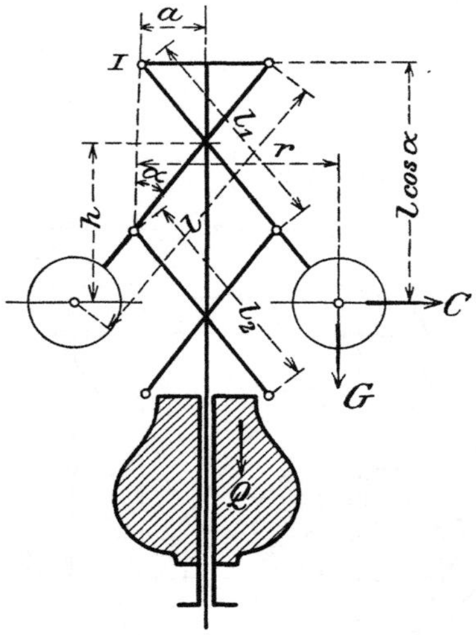

Im übrigen gelten dieselben Gleichungen wie beim Porter-Regler.

Die sehr günstige pseudoastatische n-Kurve zeigt einen ähnlichen Verlauf wie beim Watt-Regler mit gekreuzten Pendeln. Nur diejenigen Ausschlagwinkel kommen in Anwendung, die dem stabilen Teile der Kurve entsprechen. Der unterste Punkt dieses Teiles — astatischer Punkt — ist auch hier durch

$$\sin\alpha_2 = \sqrt[3]{\frac{a}{l}} \quad \text{(s. „Watt-Regler")}$$

gegeben.

Um das Hülsengewicht zwischen den Stangen anbringen zu können, kreuzt man zuweilen nur die oberen Pendelarme und läßt die unteren Arme offen.

Pröll-Regler (Fig. 107).

Der mit „umgekehrter" Aufhängung und geknickten Pendelstangen ausgeführte Regler ist pseudoastatisch.

Die Schwungkörper G und Q und deren Fliehkräfte sind im Gleichgewicht, wenn ihre jeweilige Resultierende durch den augenblicklichen Drehpunkt $\mathfrak{P}$ geht.

Fig. 107.

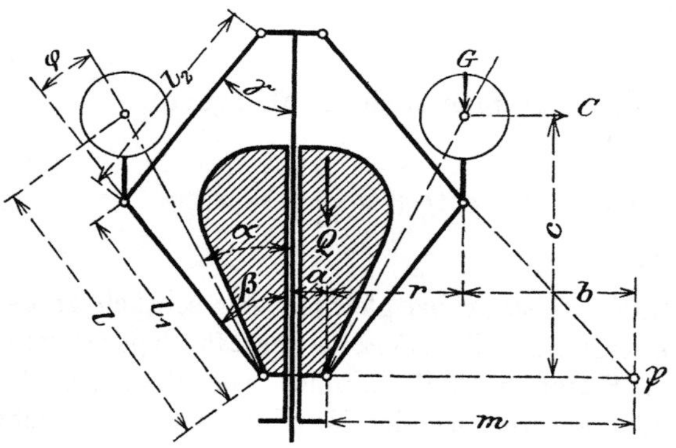

Hierfür gilt

$$C\,c - G\,b - Q\,m = 0$$

oder

$$C = G\,\frac{b}{c} + Q\,\frac{m}{c}$$

und in Verbindung mit Gl. 72

$$\left(\frac{n}{30}\right)^2 = \frac{1}{c\,(a+r)}\left(b + \frac{Q}{G}\,m\right),$$

oder mit

$$b = m - r \quad \text{und} \quad \frac{(r+a)\,c}{r} = h$$

$$\left(\frac{n}{30}\right)^2 = \frac{1}{h}\left[\left(1 + \frac{Q}{G}\right)\frac{m}{r} - 1\right].$$

Ferner ist zumeist

$$l_1 = l_2; \quad \beta = \gamma; \quad \text{aber } \alpha < \beta \text{ zur Erhöhung der Gleichförmigkeit.}$$

Der astatische Punkt für α_2 erfordert den Winkel $\varphi = \beta - \alpha$, der angenähert bestimmt ist durch

$$\operatorname{tg}\varphi = \left(\operatorname{tg}^3\alpha_2 + \frac{a}{l\cos^3\alpha_2}\right)\left(1 - \frac{l}{(Q\cdot G + 1)\,2\,l_1}\right);$$

dabei ist φ für den kleinsten Wert Q zu berechnen, falls eine Veränderung von Q zur Veränderung von n möglich sein soll.

Je nach dem Kraftbedarf der Steuerung werden die Pröll-Regler mit leichter oder mit schwerer Hülse ausgeführt.

Pröll-Regler mit leichter Hülse (Fig. 108).

$\delta = 0{,}02$ bis $0{,}03$.

Nummer des Reglers	Minutliche Umlaufzahl n	Mittlere Energie S_m kg	Muffenhub s mm	Arbeitsvermögen mkg	Größte Breite B mm	Größte Höhe H mm
I	120	0,5	40	0.02	390	380
II	100	1,0	50	0,05	500	470
III	90	1,5	60	0,09	600	570
IV	80	2,0	70	0,14	690	660

Fig. 108.

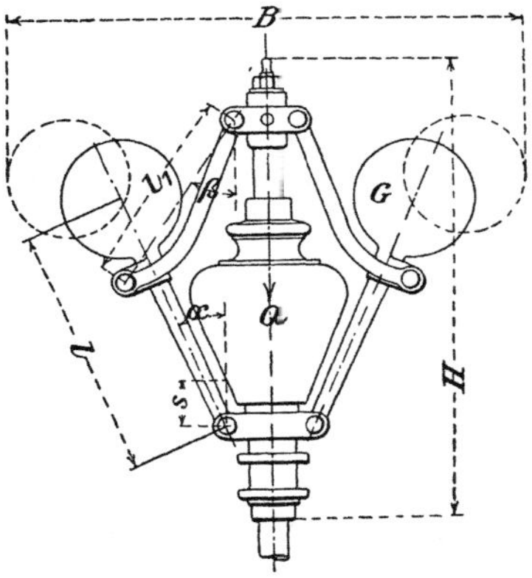

Fig. 109.

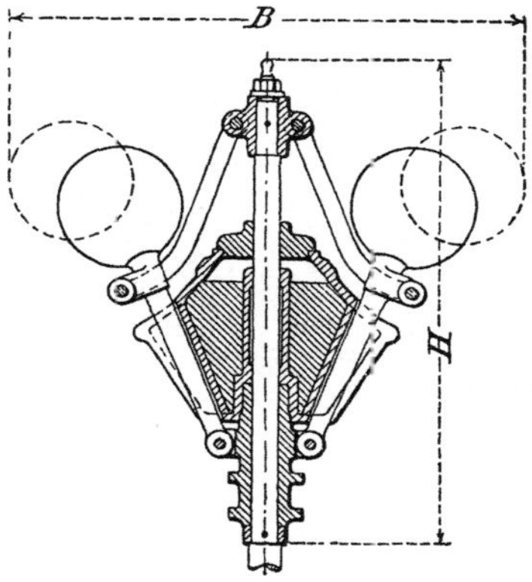

Pröll-Regler mit schwerer Hülse (Fig. 109).

$\delta = 0{,}03$ bis $0{,}04$.

Nummer des Reglers	Minutliche Umlaufzahl n	Mittlere Energie S_m kg	Muffenhub s mm	Arbeitsvermögen mkg	Größte Breite B mm	Größte Höhe H mm
I a	145	,3	55	0,070	445	420
II a	130	2,0	65	0,130	510	470
III a	115	2,5	75	0,187	615	570
IV a	107	3,4	80	0,272	700	660
V a	120	4,3	80	0,344	700	660

Die Regler mit leichter (massiver) Hülse werden für Steuerungen mit geringem Kraftbedarf, diejenigen mit schwerer (zum Nachfüllen mit Blei ein-

Fig. 110.

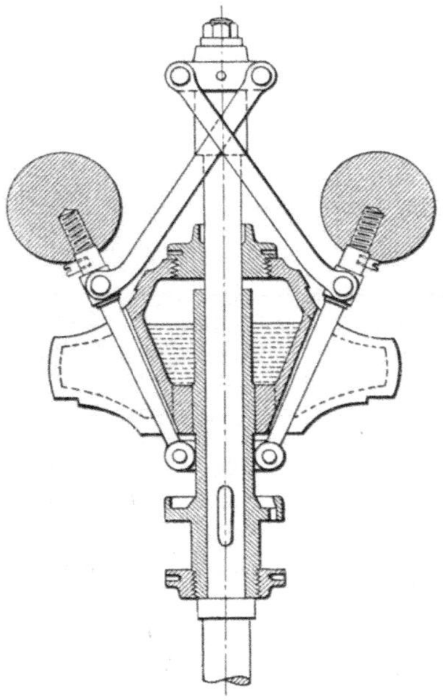

gerichteter) Hülse für solche mit größerem Kraftbedarf oder mit stärkerem Rückdruck auf die Hülse angewendet. [1])

Steinle-Regler (Fig. 110).

Auch bei diesem Regler mit gekreuzten Pendel- und offenen Hülsenstangen zeigt die n-Kurve einen günstigen pseudoastatischen Verlauf.

Von Hartung, Kuhn & Cie., A.-G., Düsseldorf, gebaute derartige Regler kommen für nachstehende Leistungen und Abmessungen in den Handel. [2])

Nummer des Reglers	Größter Zylinderdurchmesser bei				Minutliche Umlaufzahl n	Mittlere Energie S_m	Muffenhub s	Arbeitsvermögen A	Größte Breite B	Größte Höhe H
	Auslösender Ventil- oder Corliß-Steuerung mm	Rider-Steuerung mm	Meyer-Steuerung mm	Zwangläufige Ventil-Steuerung mm		kg	mm	mkg	mm	mm
1	200	—	—	—	120	12,5	40	0,5	390	420
2	300	—	—	—	100	25	50	1,25	500	515
3	450	—	—	—	90	37,5	60	2,25	600	610
4	600	—	—	—	80	50	70	3,50	690	710
B	—	200	—	—	180	27,5	45	1,24	390	390
A	—	225	180	—	145	32,5	55	1,79	445	470
5	—	275	225	250	130	50	65	3,25	510	505
6	—	325	300	300	115	62,5	75	4,70	615	610
7	—	400	350	400	107	87,5	80	7,00	650	650
8	—	500	400	500	120	112,5	80	9,00	700	710
9	—	600	500	600	120	140	100	14,00	780	800
10	—	800	750	1000	120	190	120	22,80	880	920

Die Nummern 1 bis 4 werden mit massiver, die übrigen Nummern mit einer zum Nachfüllen mit Blei eingerichteten Hülse (Fig. 110) ausgeführt.

β. Federregler.

Wie schon hervorgehoben, gestatten Federregler, wegen ihrer kleineren Schwungmassen und demzufolge geringeren Muffenhubes einen kleineren Ungleichförmigkeitsgrad

[1]) Für schwer bewegliche Steuerungen usw. werden vierkugelige Regler mit schwerer Hülse empfohlen.

[2]) Steinle-Regler werden auch von Steinle & Hartung. Quedlinburg, gebaut.

als Gewichtsregler; sie stellen den neuen Beharrungszustand in kürzerer Zeit und mit geringeren Geschwindigkeitsschwankungen her als jene.

Ein weiterer Vorzug der Federregler besteht darin, daß, je nach Wahl der Federabmessungen, der Ungleichförmigkeitsgrad beliebig klein oder groß gemacht und durch Spannen oder Entspannen der Feder (Längsfeder) auch beliebig geändert werden kann. Allerdings ändert sich mit der Federbelastung auch die Umlaufzahl des Reglers, doch kann durch eine besondere Vorrichtung (Zusatzfeder) die frühere Umlaufzahl wieder hergestellt werden, ohne daß sich der neu gewonnene Ungleichförmigkeitsgrad ändert. Derselbe kann auf diese Weise den Verhältnissen der Maschine vollkommen angepaßt werden.

Die Wirkungsweise und Berechnung der Federregler läßt sich am besten auf zeichnerischem Wege ermitteln (s. S. 195).

Um die Abmessungen der Reglerfeder zu erhalten, sind zunächst die Gleichgewichtsbedingungen des Reglers — unter Annahme einer mittleren Umlaufzahl und eines bestimmten Ungleichförmigkeitsgrades — für die beiden äußersten Muffenlagen aufzustellen, hieraus die entsprechenden Federspannungen F_{min} bezw. F_{max} zu berechnen (vergl. S. 287).

Bezeichnet noch

f_{min} und f_{max} die zu den Federspannungen gehörigen Zusammendrückungen,

$s = f_{max} - f_{min}$ den Muffenhub, so folgt aus

$$\frac{f_{max}}{f_{min}} = \frac{F_{max}}{F_{min}} \quad \text{bezw.} \quad \frac{f_{max}}{f_{max} - f_{min}} = \frac{F_{max}}{F_{max} - F_{min}}$$

$$f_{max} = \frac{F_{max}\, s}{F_{max} - F_{min}}$$

und die anfängliche Zusammendrückung der Feder — bei F_{min} — zu

$$f_{min} = f_{max} - s\,,$$

d. h. die Feder ist so zu bemessen, daß sie in der höchsten Reglerstellung bereits um f_{min} zusammengedrückt ist und dabei eine Spannung von F_{min} bezw. eine solche von F_{max} besitzt, wenn sie in der höchsten Reglerstellung um f_{max} zusammengedrückt ist.

Danach berechnet sich die zylindrische Schraubenfeder wie folgt:

Nach Wahl des mittleren Halbmessers r der Feder und der Drehungsspannung k_d (für guten gehärteten Federstahl $k_d = 3000$ bis 4000 kg/qcm) folgt die Drahtdicke δ aus

$$F_{max}\, r = \frac{\pi}{16}\, \delta^3 k_d \sim 0{,}2\, \delta^3 k_d \quad \text{. . . . . 73)}$$

zu

$$\delta = \sqrt[3]{\frac{F_{max}\, r}{0{,}2\, k_d}} \quad \text{. . . . . 74)}$$

Die Anzahl der erforderlichen Federwindungen beträgt

$$m = \frac{\delta^4 G}{64 f}\,\frac{1}{r^3}\,, \quad \text{. . . . . 75)}$$

worin G den Gleitmodul des Federmaterials ($\sim$ 800 bis 825 t/qcm), $f = \frac{F_{max} - F_{min}}{s}$ die Zunahme an Federspannung bei 1 cm Zusammendrückung bedeutet. Führt man die Rechnung für verschiedene Ungleichförmigkeitsgrade durch, so ergibt sich, daß mit wachsendem Ungleichförmigkeitsgrad die Anzahl der Federwindungen abnimmt.

Darauf gründet sich die Anordnung, die z. B. bei dem neuen Federregler von Beyer (Fig. 111a) zur Verstellung des Ungleichförmigkeitsgrades und der Umlaufzahl getroffen ist. Es werden hier durch Heraus- oder Hereinschrauben eines Tellers t mehr oder weniger Federwindungen zur Wirkung gebracht und damit Änderungen des Ungleichförmigkeitsgrades herbeigeführt. Durch Spannen der Feder mittels der Spindelmuttern m läßt sich jeweils die normale Umlaufzahl wieder einstellen.

Neuer Beyer-Regler.

Nummer des Reglers	Minutliche Umlaufzahl n	Mittlere Energie S_m kg	Muffenhub s mm	Arbeitsvermögen mkg	Größte Breite B mm	Größte Höhe H mm
10	300	50	30	1,50	310	405
11	280	87	40	3,48	395	515
12	260	150	50	7,50	490	600
13	240	237	60	14,22	570	670
14	220	337	70	23,60	655	780
15	200	475	80	38,00	760	900
16	180	675	95	64,00	885	1035
17	160	950	115	110,00	1035	1190

Fig. 111.

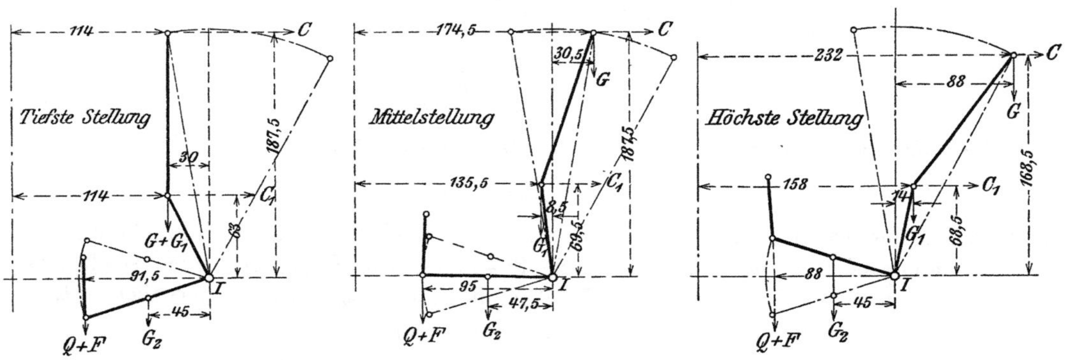

Beispiel. Für den in Fig. 111 in der tiefsten, höchsten und mittleren Stellung schematisch dargestellten neuen Federregler, System Beyer (Fig. 111a), sei, wenn Q wieder das Hülsengewicht, G das Gewicht der beiden Kugeln, G_1 und G_2 dasjenige der beiden Kugelarme bezw. der wagerechten Druckarme, F die Federkraft, x den Abstand des Schwerpunktes der betreffenden Schwungmasse von der Reglerspindel bezeichnet,

$$Q = 35 \text{ kg}; \; G = 10{,}1 \text{ kg}; \; G_1 = 1{,}5 \text{ kg}; \; G_2 = 1{,}1 \text{ kg}.$$

Dann folgt für die Fliehkräfte C und C_1 der beiden Kugeln bezw. der beiden Kugelarme — gemäß Gl. 72 —

$$C = G\,x\,n^2 \left(\frac{\pi}{30}\right)^2 \frac{1}{9{,}81} = 0{,}001118\,G\,x\,n^2 \text{ bezw. } C_1 = 0{,}001118\,G_1\,x\,n^2.$$

Für die mittlere minutliche Umlaufzahl $n_m = 240$ und den Ungleichförmigkeitsgrad $\delta = 4$ vH wird in der höchsten bezw. tiefsten Muffenstellung

$$n_1 = 245 \text{ bezw. } n_2 = 235 \text{ Uml/min}$$

und im ersteren Falle — in der höchsten Reglerstellung —

$$C = 10{,}1 \cdot 0{,}001118 \cdot 0{,}232 \cdot 245^2 = 157 \text{ kg}$$

$$C_1 = 1{,}5 \cdot 0{,}001118 \cdot 0{,}158 \cdot 245^2 = 16 \;\text{,,}\;,$$

Fig. 111a.

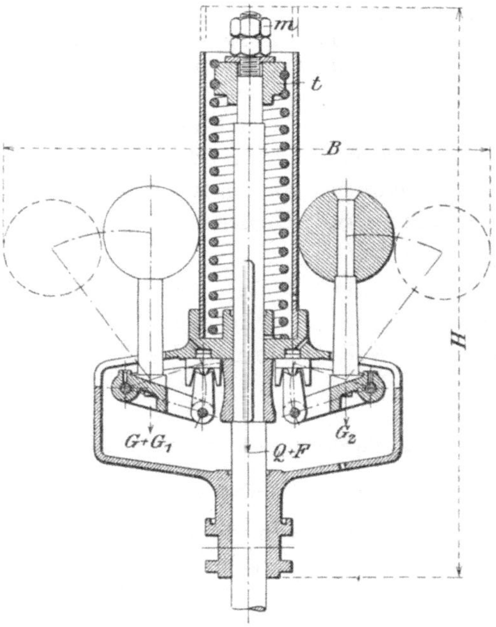

somit die Gleichgewichtsbedingung für den Drehpunkt I des Reglers

$$C \cdot 168{,}5 + C_1 \cdot 68{,}5 + G \cdot 88 + G_1 \cdot 14 - G_2\, 45 = (Q + F)\, 38,$$

hieraus

$$Q + F = 323 \quad \text{und} \quad F = F_{max} = 323 - 35 = \mathbf{288\ kg}.$$

Für die tiefste Reglerstellung folgt in gleicher Weise

$$C = 10{,}1 \cdot 0{,}001118 \cdot 0{,}114 \cdot 235^2 = 71 \text{ kg},$$
$$C_1 = 1{,}5 \cdot 0{,}001118 \cdot 0{,}114 \cdot 235^2 = 10{,}6 \text{ ,,} ,$$

somit für die Gleichgewichtsbedingung des Reglers

$$C \cdot 187{,}5 + C_1 \cdot 63 - (G + G_1)\, 30 - G_2 \cdot 45 = (Q + F)\, 91{,}5;$$

daraus wird

$$Q + F = 148{,}5 \quad \text{und} \quad F = F_{min} = 148{,}5 - 35 = \mathbf{113{,}5\ kg}.$$

Bei dem Muffenhube $s = 60$ mm beträgt die größte Zusammendrückung der Feder (vergl. S. 187)

$$f_{max} = \frac{F_{max} \cdot s}{F_{max} - F_{min}} = \frac{288 \cdot 60}{174{,}5} = 99 \text{ mm}$$

und die anfängliche Zusammendrückung derselben

$$f_{min} = 99 - 60 = 39 \text{ mm}.$$

Wählt man den mittleren Federhalbmesser $r = 45$ mm und die Drahtdicke $\delta = 12$ mm, so folgt für die Anzahl der Federwindungen — nach Gl. 75 —

$$m = \frac{1{,}24 \cdot 800\,000}{64 \cdot 29{,}08} \cdot \frac{1}{4{,}5^3} \sim 10$$

und für die Drehungsspannung der Feder — nach Gl. 73 —

$$k_d = \frac{288 \cdot 4{,}5}{0{,}2 \cdot 1{,}2^3} \sim 3750 \text{ kg/qcm}$$

was zulässig ist.

Es bleibt noch zu untersuchen, ob der Regler auch in den Zwischenstellungen seine Stabilität beibehält.

Für die Mittelstellung ist $Q + F = 35 + \frac{288 + 113{,}5}{2} = 235{,}75$ kg und es ist für die Gleichgewichtsbedingung des Reglers (s. Fig. 111)

$$235{,}75 \cdot 95 + 1{,}1 \cdot 47{,}5 + 1{,}5 \cdot 8{,}5 - 10{,}1 \cdot 30{,}5 = 22153 = C \cdot 187{,}5 + C_1\, 69{,}5,$$

ferner

$$C \cdot 187{,}5 = 10{,}1 \cdot 0{,}001118 \cdot 0{,}1745\ 187{,}5 \cdot n^2 = 0{,}3714\, n^2$$

und

$$C_1 \cdot 69{,}5 = 1{,}5 \cdot 0{,}001118 \cdot 0{,}1355\ 69{,}5 \cdot n^2 = 0{,}01582\, n^2;$$

hieraus folgt

$$n = 239 \text{ Uml/min}.$$

In ähnlicher Weise würden sich die Umlaufzahlen aus anderen Zwischenstellungen des Reglers ermitteln lassen; im vorliegenden Falle betragen dieselben:

in der tiefsten Stellung . . .	235 Uml/min
bei 1/4 Hub	235,2 ,,
,, 1/2 ,, (Mittelstellung)	239 ,,
,, 3/4 ,, ...	243,5 ,,
in der höchsten Stellung . .	245 ,,

Der Regler ist also durchweg stabil und hat in seiner tiefsten Stellung einen astatischen Punkt, da zwischen der tiefsten und der Einviertelstellung nur ein Tourenunterschied von $^1/_5$ in der Minute vorhanden ist. Bei weiterer Untersuchung zwischen der tiefsten und der Einviertelstellung ergibt sich, daß zwischen diesen Punkten keine labile Stellung vorhanden, vielmehr in diesem unteren Teile des Hubes der Regler nahezu astatisch ist.

Bei weiterer Durchführung der Berechnung für verschiedene Ungleichförmigkeitsgrade würde man erkennen, daß mit dem Wachsen der letzteren die Anzahl der Federwindungen abnimmt. Daraus ergibt sich die oben angegebene Konstruktion zur Verstellung des Ungleichförmigkeitsgrades, die bei diesem Regler mit in Anwendung gebracht ist.

In anderer Weise — durch Anordnung einer Zusatzfeder, also von insgesamt zwei Federn — wird bei dem Federregler von Tolle (Fig. 125) u. a. dasselbe erreicht. (Weiteres über solche Federregler s. S. 203).

3. Untersuchung und Berechnung der Muffenregler auf Grund von Diagrammen.[1])

α. Konstruktion und Bedeutung der C-Kurven.

Bestimmt man für einen gegebenen Muffenregler durch Zeichnung oder Rechnung die Fliehkräfte C, die im Schwerpunkte der Schwungkörper, winkelrecht zur Spindel nach außen wirkend, den belasteten Kräften (Hülsengewicht Q, Gewicht der Schwungkörper G und Federbelastung F) in den verschiedenen Reglerstellungen das Gleichgewicht halten und trägt diese als Ordinaten von einer Achse OX (Fig. 112) aus senkrecht unter den betreffenden Schwerpunkten ab, so liegen die Endpunkte auf einer Kurve — der sog. C-Kurve — die, da sie über den Charakter des Reglers in den einzelnen Wirkungsgebieten Aufschluß gibt, die Charakteristik des Reglers genannt wird.

Fig. 112.

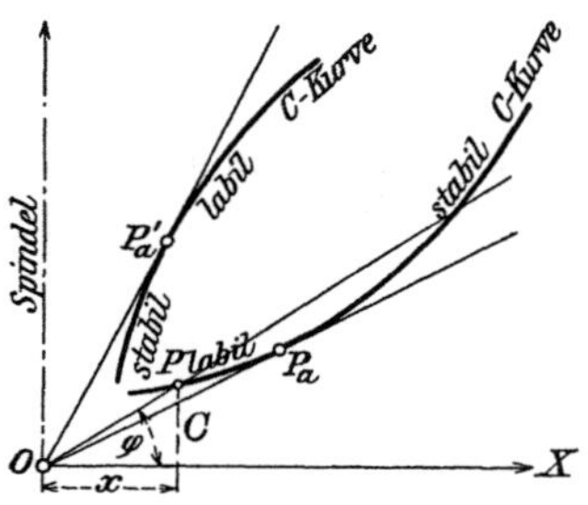

Für einen beliebigen Punkt P einer so ermittelten C-Kurve folgt

$$\frac{C}{x} = \operatorname{tg} \varphi \quad \ldots\ldots\ldots \quad 76)$$

worin φ den Winkel bedeutet, den der Fahrstrahl OP mit der Wagerechten OX bildet.

Entspricht einem zweiten Punkte der C-Kurve derselbe Winkel φ, so ist für beide Reglerstellungen die gleiche Umlaufzahl erforderlich.

Ist die C-Kurve eine durch O gehende Gerade, so ist der Regler astatisch. Eine größere oder geringere Annäherung an diesen Zustand wird bei unmittelbar wirkenden Reglern, wie sie bei Dampfmaschinen Verwendung finden, angestrebt (vergl. S. 177); die C-Kurve muß sich somit einer durch O gehenden Geraden möglichst nähern, um die gewünschte Pseudoastasie zu liefern.

Je nachdem der Winkel φ mit wachsendem Pendelausschlag wächst oder abnimmt, ist der Regler stabil oder labil.

Kann man in Fig. 112 an die C-Kurve von O aus eine Tangente ziehen, so bedeutet der Berührungspunkt P_a (bezw. P_a') derselben einen sog. astatischen Punkt. Vor diesem Punkte ist der Regler stabil, dahinter labil (Fig. 112, obere Kurve), oder

[1]) M. Tolle: „Die Regelung der Kraftmaschinen“, 2. Aufl., Berlin 1909, Julius Springer.

umgekehrt (Fig. 112 untere Kurve). Ist P_a bezw. P'_a ein Wendepunkt der C-Kurve (Fig. 113), so ist der Regler ganz stabil oder ganz labil.

Fig. 113.

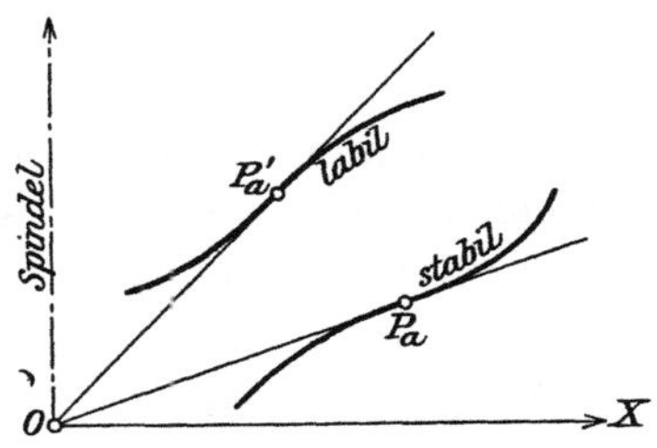

Bei genügender Annäherung der C-Kurve an eine durch O gehende Gerade, d. h. an die Astasie, nimmt der Ungleichförmigkeitsgrad des Reglers

$$\delta = \frac{\omega_1 - \omega_2}{\omega_m} \quad \text{(vergl. S. 177)}$$

einen so kleinen Wert an, daß

$$\omega_m = \frac{\omega_1 + \omega_2}{2},$$

demzufolge

$$\delta = \frac{(\omega_1 - \omega_2)\frac{\omega_1 + \omega_2}{2}}{\omega_m^2} = \frac{\omega_1^2 - \omega_2^2}{2\,\omega_m^2} \quad \ldots\ldots\ldots\ldots \quad 77)$$

gesetzt werden kann.

Bezeichnet wieder

x den Abstand des Schwerpunktes eines Schwungkörpers von Mitte Reglerspindel,

so ist ferner — analog Gl. 71 —

$$\omega = \sqrt{\frac{C}{x}\,\frac{g}{G}}$$

und mit Einsetzung des Wertes aus Gl. 76

$$\omega = \sqrt{\frac{g}{G}}\,\sqrt{\operatorname{tg}\varphi}\,.$$

Schreibt man hiernach

$$\omega_1^2 = \frac{g}{G}\operatorname{tg}\varphi_1; \quad \omega_2^2 = \frac{g}{G}\operatorname{tg}\varphi_2; \quad \omega_m = \frac{g}{G}\operatorname{tg}\varphi_m$$

und setzt diese Werte in die vorstehende Gl. 77 ein, so folgt

$$\delta = \frac{\operatorname{tg}\varphi_1 - \operatorname{tg}\varphi_2}{2\operatorname{tg}\varphi_m}.$$

Um diesen Wert aus der C-Kurve zu finden, zieht man in einem beliebigen Abstande d von O (Fig. 114) eine Senkrechte zu OX, überträgt durch Fahrstrahlen von O aus die Endpunkte P_1 und P_2 der C-Kurve auf diese Senkrechte und ermittelt hier die Abschnitte c_1, c_2 und c_m, wobei

$$c_m = \frac{c_1 + c_2}{2} \quad \text{und} \quad 2\,c = c_1 - c_2$$

ist; dann wird

$$\operatorname{tg}\varphi_1 = \frac{c_1}{d}; \quad \operatorname{tg}\varphi_2 = \frac{c_2}{d}; \quad \operatorname{tg}\varphi_m = \frac{c_m}{d},$$

Fig. 114.

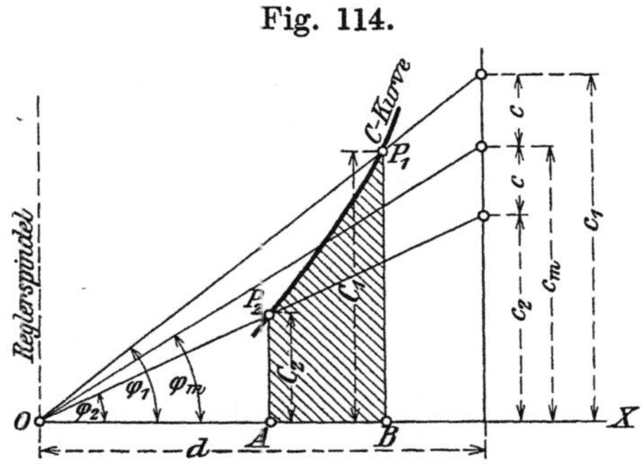

folglich

$$\delta = \frac{c_1 - c_2}{2\,c_m} = \frac{c}{c_m} \quad \ldots\ldots\ldots\ldots\ldots \quad 77\,a)$$

Ist umgekehrt ein bestimmter Ungleichförmigkeitsgrad δ vorgeschrieben und ein Endpunkt der C-Kurve, z. B. der obere Endpunkt P_1, gegeben, so findet man den anderen Endpunkt, indem man

$$c = \delta\, c_m$$

ausrechnet, die Größe $2c$ vom Endpunkte P_1 der größten Ordinate nach unten abträgt und von dort den Fahrstrahl nach O zieht. Der Schnittpunkt desselben mit der C-Kurve liefert den unteren Endpunkt P_2.

Da die C-Kurve ganz unabhängig von der Lage der Reglerspindel bleibt, kann durch Verlegung derselben — beim Entwurfe eines Reglers — der Ungleichförmigkeitsgrad δ desselben beliebig abgeändert werden.

In der Nähe eines astatischen Punktes P_a ist der Ungleichförmigkeitsgrad δ am leichtesten klein zu halten; man verwendet deshalb meist solche Stücke der C-Kurve, die ungefähr mit P_a beginnen und stabil sind.

Die C-Kurve ermöglicht ferner eine unmittelbare Bestimmung des A r b e i t s v e r m ö g e n s A eines Reglers. Beachtet man nämlich, daß sich Energie S und Fliehkraft C eines Reglers in jeder Stellung desselben das Gleichgewicht halten, und daß für eine unendlich kleine Verschiebung ds der Muffe, die Schwungkugeln in Richtung der Fliehkraft C um dx nach außen rücken, so folgt

$$C\,dx = S\,ds$$

und für das Arbeitsvermögen des Reglers

$$A = \int S\,ds = \int C\,dx \quad \ldots\ldots\ldots\ldots \quad 78)$$

es ist gleich dem Inhalte der von der C-Kurve, der OX-Achse und den beiden Endwerten der Fliehkräfte C_1 und C_2 eingeschlossenen Fläche, somit

$$A = \int C\,dx = \text{Fläche } A\,P_2 P_1 B \text{ (Fig. 114)}.$$

Für die weiteren Untersuchungen zur Beurteilung der Muffenregler empfiehlt es sich, die von

dem Gewicht bezw. der Masse $M = \frac{G}{g}$ aller Schwungkörper,

dem Hülsengewicht Q,

der Spannkraft F der Belastungsfeder

herrührenden Anteile der Fliehkräfte (C_g, C_q und C_f) g e t r e n n t zu ermitteln und als Ordinaten zu einer C_g-, C_q- und C_f-Kurve aufzutragen.

Es ist dann

bei Gewichtsreglern $C = C_g + C_q$,

„ Federreglern $C = C_g + C_q + C_f$.

β. G e w i c h t s r e g l e r.

Unmittelbare Aufhängung des Pendels.

Für den a l l g e m e i n e n F a l l ergibt Fig. 115 — es sind hier $Q = 80$ und $G = 40$ kg zugrunde gelegt — alle erforderlichen Größen durch Zeichnung wie folgt.

C_g-Kurve. G und C_g sind an dem Pendel I II m im Gleichgewicht, wenn ihre Resultierende R durch den festen Drehpunkt I geht. Man trägt daher von I aus G senkrecht nach unten ab und zieht durch den Endpunkt die Wagerechte $l\,l$, so schneiden die Linien I m auf der letzteren die gesuchten C_g für die einzelnen Reglerstellungen ab.

C_q-Kurve. Die Wirkung von Q überträgt sich auf das Pendel I II durch die Schubstange II III. Die Zugkraft $\frac{Q}{\cos\beta}$ in dieser folgt durch Zerlegung von Q in die Horizontalkomponente h und nach der Richtung von II III. Da h auf jeder Seite der Spindel erscheint, heben sich ihre Wirkungen auf. $\frac{Q}{\cos\beta}$ und C_q müssen am Pendel I II im Gleichgewicht stehen unter Vermittelung einer Zapfenreaktion R', die einerseits durch I, andererseits durch den Schnittpunkt b von C_q und $\frac{Q}{\cos\beta}$ gehen muß. Die Größen von R' und der gesuchten C_q finden sich dann aus dem Kräftedreieck I $a\,d$, in welchem I a gleich und parallel $\frac{Q}{\cos\beta}$ dadurch gemacht worden ist, daß Q von I aus senkrecht nach oben abgetragen, durch den Endpunkt von Q die Wagerechte $t\,t$ gelegt, b I über I hinaus verlängert und schließlich durch I die Parallele I a zur Schubstangenrichtung gezogen ist.

Fig. 115.

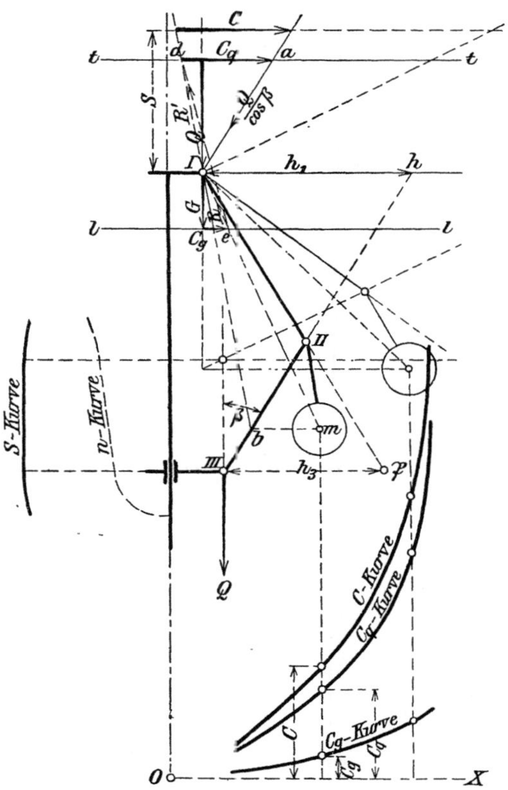

Energie S. Es ist stets

$$\frac{S}{C} = \frac{Q}{C_q},$$

d. h. dieselbe Konstruktion, welche C_q aus Q bestimmen läßt, dient umgekehrt dazu, S aus C zu finden; man erhält somit S als Höhe aus einem I $a\,d$ ähnlichen Dreieck mit C als Grundlinie.

Zapfendrücke. Die Resultierende von R und R' stellt den gesamten Druck Z_1 auf den Zapfen I dar, der durch die Verbindungslinie $d\,e$ der Größe und Richtung nach gegeben ist. $\frac{Q}{\cos\beta}$ ist der Zapfendruck Z_2 bezw. Z_3 für II und III. Hiermit lassen sich die bezüglichen Zapfendurchmesser d_1, d_2 und d_3 berechnen.

Die Eigenreibung R (auf die Hülse bezogen) ergibt sich, wenn I$h = h_1$ und III$\mathfrak{P} = h_3$, ferner μ die Zapfenreibungszahl bedeutet, aus

$$R = \frac{\mu}{2\,h_1}(Z_1 d_1 + Z_2 d_2) + \frac{\mu}{2\,h_3}(Z_2 d_2 + Z_3 d_3),$$

oder, wenn die Zapfendurchmesser alle einander gleich $= d$ sind,

$$R = \frac{\mu\,d}{2}\left(\frac{Z_1 + Z_2}{h_1} + \frac{Z_2 + Z_3}{h_3}\right).$$

Für den von der Eigenreibung herrührenden Unempfindlichkeitsgrad ε_r gilt

$$\varepsilon_r = \frac{R}{S}.$$

Für die Auswahl der Größe eines Reglers ist zumeist die sog. nützliche Verstellungskraft W maßgebend. Die dieser entsprechende Energie S folgt bei einem angenommenen gesamten Unempfindlichkeitsgrade ε_r aus

$$\varepsilon_w = \varepsilon - \varepsilon_r$$

Fig. 116.

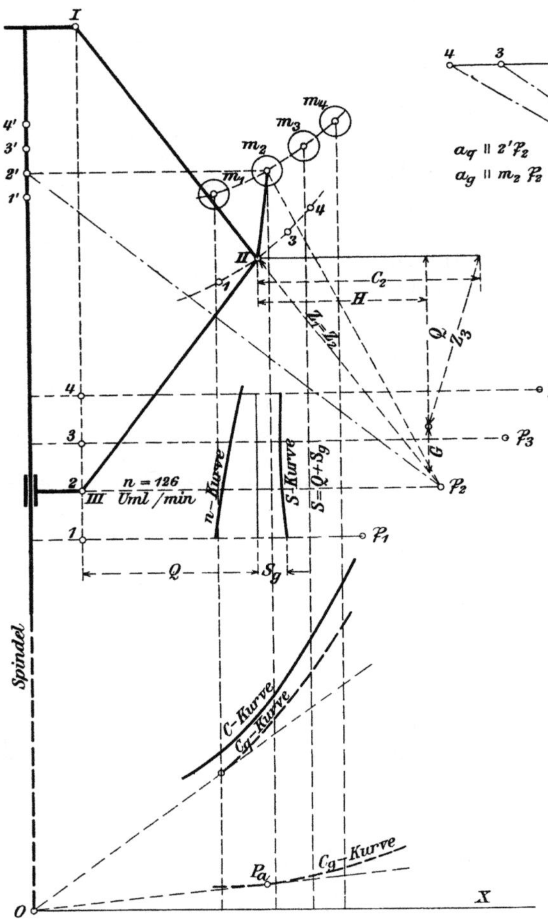

Fig. 116a.

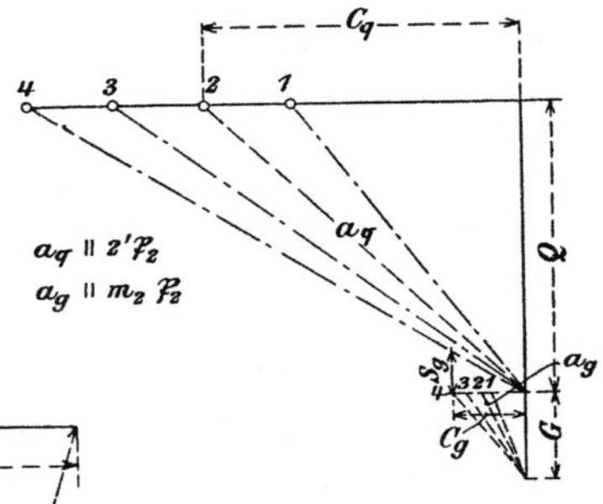

mit

$$S = \frac{W}{\varepsilon_w} = \frac{W + R}{\varepsilon}.$$

Der Ungleichförmigkeitsgrad $\delta = \frac{c}{c_m}$ und das Arbeitsvermögen $A = \int C\,dx$ des Reglers können nach Fig. 114 ermittelt werden.

Für rhombische Aufhängung des Pendels (I und III haben gleichen Abstand von der Spindel, I II = II III und I II m liegen auf einer Geraden), d. h. bei den Reglern von Watt, Porter und Kley sind die C_g-, C_q- und C-Kurve von gleicher stabiler Gestalt. Q und G können, ohne δ zu beeinflussen, behufs Erzielung anderer Umlaufzahlen beliebig abgeändert werden. Durch Kreuzung der Stangen läßt sich der Ungleichförmigkeitsgrad δ nach Belieben verringern.

Es ist ferner die Energie S im allgemeinen unveränderlich, während die Größe R der Eigenreibung und damit auch ε_r für die oberen Stellungen des Reglers wesentlich niedriger ist als für die unteren.

Umgekehrte Aufhängung der Pendel.

Hierhin gehören die Regler von Pröll und Steinle.

In dem Fig. 116 ersichtlichen Diagramm eines Pröll-Reglers sind die einer Ausführung desselben entnommenen Werte $Q = 70$ kg und $G = 20$ kg, $l_1 = l_2 = 300$ mm, $a = 50$ mm zugrunde gelegt.

C_q, C_g und S sind nach Fig. 116a, $Z_1 = Z_2$ und Z_3, nach Fig. 116 für 4 Stellungen der Schwungmassen G ermittelt.

$$C = C_g + C_q.$$

Die C_g-Kurve besitzt in der Regel einen astatischen Punkt P_a und verläuft somit in dessen Nähe pseudoastatisch. Die C_q-Kurve hat dagegen einen stark statischen Charakter, den auch die C-Kurve beibehält, obwohl ihn die C_g-Kurve der Pseudoastasie näherrückt. Die Energie S ist nahezu unveränderlich; sie nimmt für die oberen Stellungen nur ganz unwesentlich ab.

R und ε_r sind wie bei den Reglern mit unmittelbarer Aufhängung (s. vordem) zu bestimmen, δ und A nach Fig. 114 zu ermitteln.

Für rhombische Aufhängung sind die C_g-, C_q- und C-Kurven, ebenso wie bei unmittelbarer Aufhängung des Pendels, von gleicher stabiler Gestalt.

Besondere Vorteile bieten die Regler mit umgekehrter Aufhängung nicht; den Kley-Reglern gegenüber besitzen sie den Nachteil, daß bei gleichen Gewichten die Energie S kleiner, die Eigenreibung R bezw. ε_r und ebenso der gesamte Unempfindlichkeitsgrad ε, insbesondere bei kleineren Umlaufzahlen, größer wird.

Beim vorliegenden Beispiel nehmen die Umlaufzahlen, wie aus der n-Kurve ersichtlich ist, angenähert proportional mit dem Muffenhube zu.

γ. Federregler.

Regler mit Längsfeder.

Als Beispiel zur Ermittelung der Fliehkräfte $C = C_g + C_q + C_f$, der mittleren Energie S_m usw. eines solchen Reglers ist der in Fig. 121 (S. 199) ersichtliche Winkelhebelregler von R. Trenck, Erfurt, mit Gewichts- und Federbelastung gewählt worden.

Der Drehpunkt III ist mit der Hülse verbunden und wird somit lotrecht, der Endpunkt II auf einem Kreisbogen durch Stelzen I II geführt, die um den festen Punkt I schwingen. Der augenblickliche Drehpunkt des Hebelsystems ist stets der Schnittpunkt $\mathfrak{P}$ (Fig. 117) der Krümmungshalbmesser beider Polbahnen von III und II, somit derjenige der durch III gelegten Horizontalen mit der Stelzenrichtung.

Zur Ermittelung von C_g denke man sich das Eigengewicht der Winkelhebel II III m auf den Kugelmittelpunkt reduziert; dann muß die Resultierende aus diesem reduzierten Gewicht G_r und der zum Heben desselben nötigen Fliehkraft C durch den Pol $\mathfrak{P}$ gehen und ihre Richtung ist durch die Gerade $\mathfrak{P}m$ gegeben (Fig. 117). Das Kräftedreieck (Fig. 117a) läßt sich somit aufzeichnen und aus ihm die Größe von C_g entnehmen. Führt man diese Konstruktion für eine beliebige Anzahl von Stellungen aus und trägt die erhaltenen Werte für C_g von der Horizontalen OX aus auf den zugehörigen Ordinaten ab, so erhält man die C_g-Kurve. In gleicher Weise findet sich die Fliehkraft C_q, indem man dieselbe mit Q zum Schnitte in E bringt und so in $\mathfrak{P}E$ die Richtung der Resultante beider Kräfte für die Gleichgewichtslage erhält. Fig. 117a liefert dann die Größe der Kraft C_q.

C_f ergibt sich ebenfalls aus dem Kräfteplan für das C_q derselben Lage, weil F genau wie eine Hülsenbelastung wirkt. Man hat also nur die dem jeweiligen Ausschlag der Kugeln entsprechende Federspannung F in das Kräftedreieck einzutragen, um das betreffende C_f zu erhalten.

Damit sind die C_g-, C_q und C_f-Kurve bestimmt. Addiert man die einzelnen Ordinaten derselben, so erhält man die der gesamten Fliehkraft des Reglers entsprechende C-Kurve.

Fig. 117. Fig. 117a.

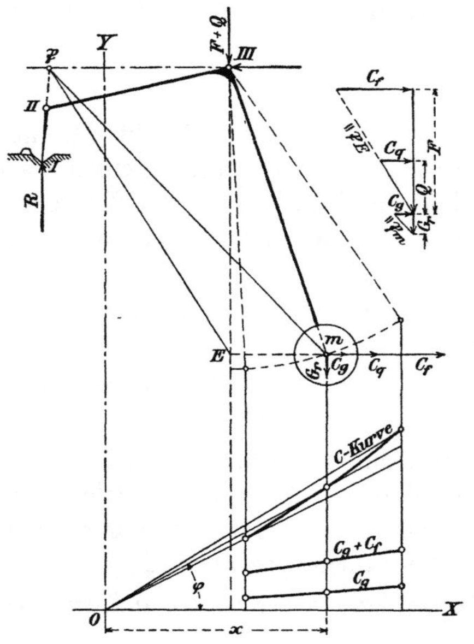

Da die Federbelastung F dem größten Teile der Fliehkräfte das Gleichgewicht halten soll, muß die C_f-Kurve schon einen fast astatischen Charakter zeigen, damit nach Ausgleich derselben mit der C_g- und C_q-Kurve die gesamte C-Kurve die gewünschte Annäherung an die Astasie erhält.

In Fig. 118 ist die C-Kurve für 5 verschiedene Lagen der Schwungkugeln ($m_1, m_2 \ldots . m_5$) ermittelt worden; es sind hier folgende Werte zugrunde gelegt:

$Q = 26{,}5$ kg, $G_1 = 10{,}15$ kg, $G_2 = 1{,}51$ kg, $G_3 = 0{,}46$ kg, $s = 60$ mm, $F_1 = F_{min} = 72{,}8$ kg, $F_5 = F_{max} = 158{,}2$ kg, $\delta = 0{,}04$, n (im Mittel) $= 240$ Uml/min.

(G_r bedeutet hier wieder das auf den Kugelmittelpunkt reduzierte Eigengewicht der Winkelhebel II III m).

Der besseren Übersichtlichkeit wegen sind die einzelnen Lagen des Winkelhebels nicht so übereinander gezeichnet, wie sie in Wirklichkeit gegeneinander zu liegen kommen, sondern derart, daß die Punkte III aufeinander fallen. Auch die Kräftedreiecke für Q und F sind aus demselben Grunde umgekehrt gezeichnet. Zu beachten ist hierbei, daß die Lagen der Schwungkugeln in gleichen Abständen zu wählen sind, damit die Federspannungen F_1 bis F_5 gleichmäßig zunehmen. Im vorliegenden Falle ergibt sich aus Fig. 118 für den Ungleichförmigkeitsgrad, wie von vornherein angenommen wurde,

$$\delta = \frac{c}{c_m} \sim 0{,}04 \text{ (s. Gl. 77a).}$$

Soll derselbe kleiner sein, z. B. nur 0,02 betragen, so muß die C-Kurve noch gestreckter verlaufen, was durch Einsetzen einer anderen Feder jederzeit möglich ist.

Eine Änderung der Umlaufzahl bei unveränderlichem Ungleichförmigkeitsgrad läßt sich, wie schon hervorgehoben (S. 190) durch eine veränderliche Zusatzbelastung erreichen. Hierzu dient bei den Trenk-Reglern die in Fig. 119 (S. 198) ersichtliche Tourenstellvorrichtung. Neben der in der Reglerhülse untergebrachten, unverstellbaren

Hauptfeder wird eine Zusatzfeder im Übertragungsgestänge untergebracht, die je nach ihrer Stellung zum Hebeldrehpunkt einen größeren oder kleineren Zug am Reglermuff nach unten ausübt und damit die Umlaufzahl in entsprechenden Grenzen verändert. Das Spannen bezw. Entspannen der Zusatzfeder erfolgt durch Verstellung einer schräg-

Fig. 118.

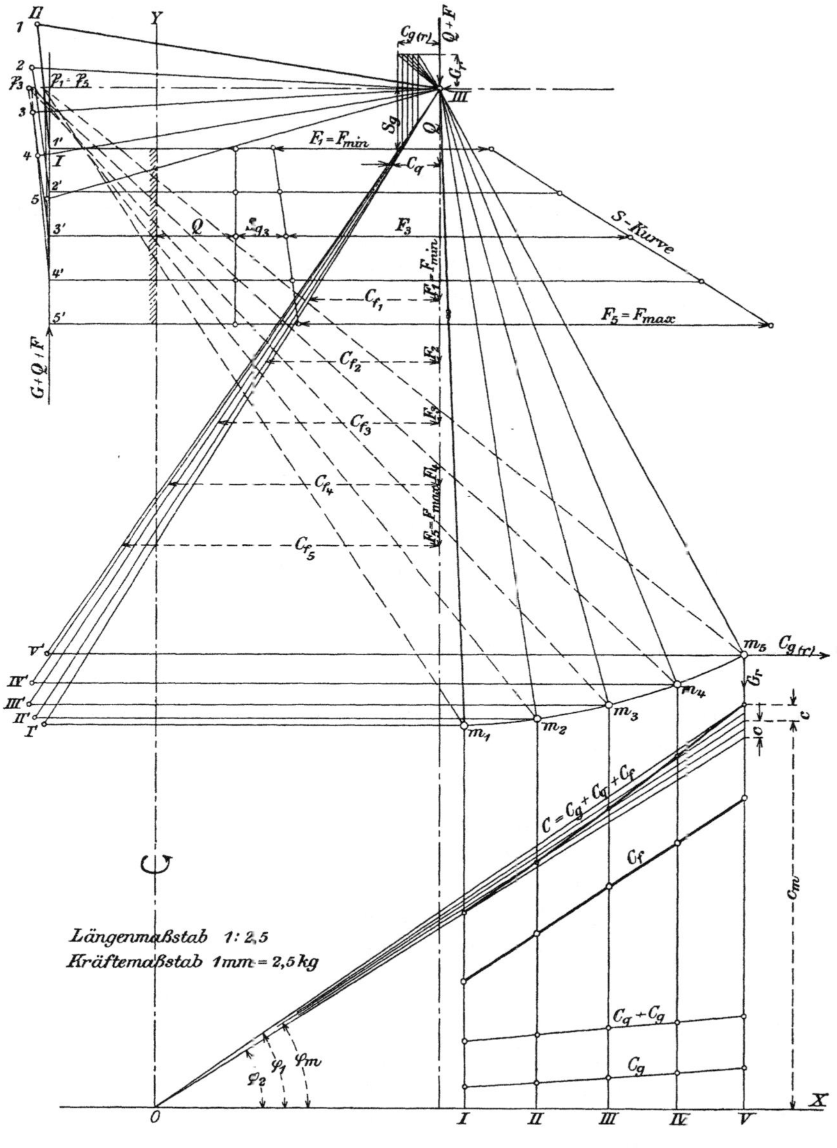

liegenden Schraubenspindel mittels Handrades, oder — wenn dies von größeren Entfernungen aus geschehen soll — unter Einschaltung eines Schneckengetriebes durch einen mit der Schneckenwelle des letzteren direkt gekuppelten Elektromotor. Eine solche Vorrichtung ermöglicht das Einhalten einer bestimmten Ungleichförmigkeit des Reglers bei Tourenänderungen desselben bis zu 12 vH.

Fig. 119.

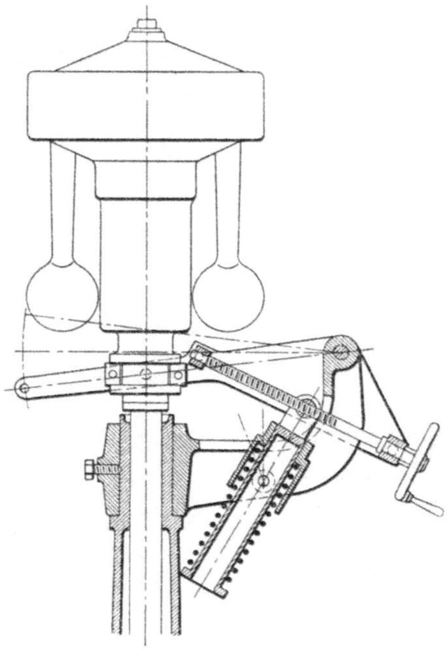

Die in Fig. 118 eingezeichnete S-Kurve gibt die Größe derjenigen Kraft an, die die Fliehkraft in den einzelnen Reglerstellungen an der Hülse erzeugt. Die von ihr und der OY-Achse begrenzte Fläche stellt das Arbeitsvermögen des Reglers bei vollem Hube dar; sie ist gleich der Fläche der C-Kurve und dient ferner zur Berechnung der Verstellungskraft P. Hierunter versteht man die mittlere Energie eines Reglers, die derselbe bei einer Geschwindigkeitsänderung von 2 vH entwickelt.

Aus Fig. 118 entnommen ist die mittlere Energie

$$S_m = S_3 = Q + S_{g3} + F_3 = 162 \text{ kg},$$

demnach Verstellungskraft bei 2 vH Tourenänderung — nach Gl. 70 —

$$P = 162\,(1{,}02^2 - 1^2) = \mathbf{6{,}54} \text{ kg}.$$

Die auf die Muffe bezogene Eigenreibung des Trenck-Reglers ist bisher nicht berücksichtigt worden; ihr berechneter Wert beträgt etwa

$$R = 0{,}01\,S;$$

sie wächst anfangs langsam, dann ziemlich schnell. Auch der durch R hervorgerufene Unempfindlichkeitsgrad ε_r (im Mittel $\sim$ 1 vH) nimmt nach oben hin zu.

Der reduzierte Hub s_r (s. S. 178) ist im Mittel gleich $0{,}5\,s$ = dem halben Hube.

Gleiche Bauart wie der Trenck-Regler — nur Rollenführung anstatt der Stelzen — hat der alte Federregler der Erfurter Maschinenfabrik Franz Beyer & Co. in Erfurt.

Fig. 120.

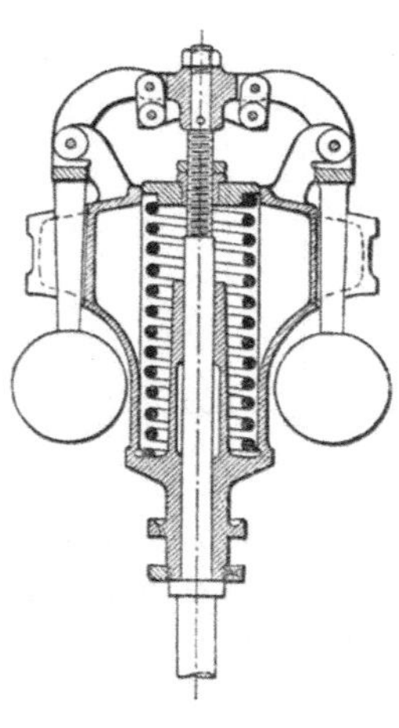

Auch der in Fig. 120 dargestellte Winkelhebelregler von Zabel & Co. in Quedlinburg unterscheidet sich nur unwesentlich von dem Trenck-Regler. Die Enden der Winkelhebel werden hier durch oberhalb aufgehängte Gelenke angenähert in einer Wagerechten geführt.

Eine Abänderung der Umlaufzahl durch Spannen oder Entspannen der Feder ist ohne erhebliche Änderung des Ungleichförmigkeitsgrades auch bei diesem Regler wegen des labilen Charakters der C_q-Kurve nicht zulässig. Dagegen lassen sich mittels der freigelegten Spannmutter durch das Stellzeug hervorgerufene Be- oder Entlastungen der Muffe ausgleichen.

Der reduzierte Hub beträgt $s_r = 0{,}3\,s$ bis $0{,}4\,s$, das Hülsengewicht nur noch etwa $^1/_{10}$ der Federbelastung. Zur Veränderung der Umlaufzahl werden zwei oder drei Zusatzfedern angeordnet, die nacheinander zur Wirkung kommen und in bestimmten Zwischenlagen den Regler auf genau denselben Ungleichförmigkeitsgrad halten.

Trenk-Regler (Fig. 121).

Nummer des Reglers	Minutliche Umlaufzahl n	Mittlere Energie S_m kg	Muffenhub s mm	Arbeitsvermögen mkg	Größte Breite B mm	Größte Höhe H mm
0	300	42	30	1,3	300	355
1	280	63	40	2,5	365	425
2	260	100	50	5	430	490
3	240	162	60	9,7	510	570
4	220	240	70	16,8	600	670
5	200	340	80	27,2	700	780
6	180	450	95	42,7	820	910
7	160	610	115	70	950	1075
8	160	760	115	87,5	990	1075

Fig. 121.

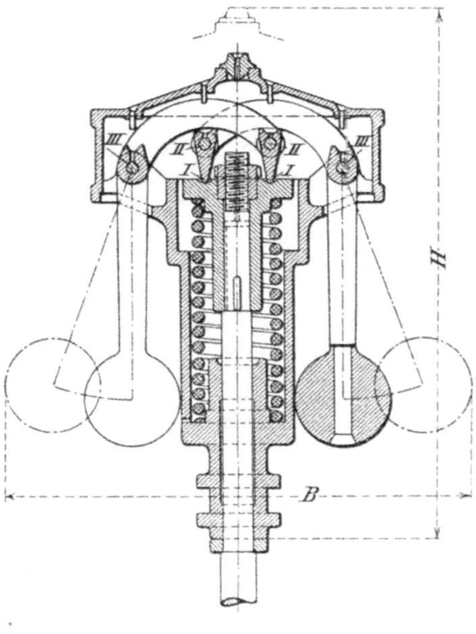

Fig. 122.

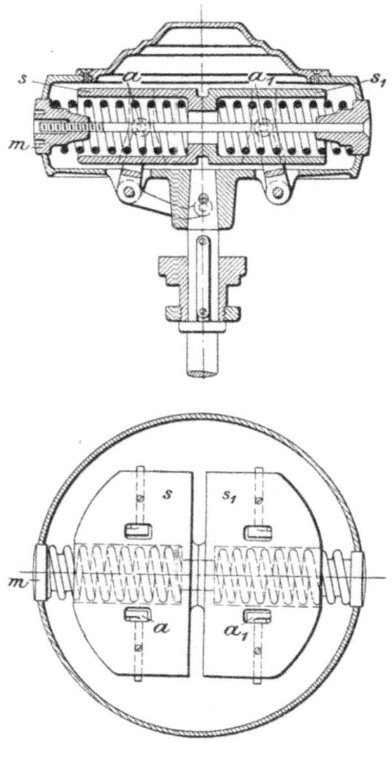

Regler mit Querfeder.

Hierher gehört zunächst der vielbenutzte Hartung-Regler mit entlasteten Gelenken von Hartung, Kuhn & Cie., A.-G. in Düsseldorf (Fig. 122). Die Schwunggewichte s bezw. s_1, in deren zylindrischen Bohrungen je eine Schraubenfeder liegt, sind in ihren Schwerpunkten auf Bolzen a bezw. a_1 gelagert und bewegen sich wagerecht. Sie sind mit den Winkelhebeln gelenkig verbunden, so daß sie beim Ausschlagen ihre Relativlage zu den Federn beibehalten. Auf diese Weise ist die Übertragung zwischen

Flieh- und Federkraft unmittelbar ohne Zwischenschaltung eines Gelenkes erreicht, wodurch größere Bolzendrücke vermieden werden.

Die Spannung der Federn kann durch Drehung der leicht zugänglichen Mutter *m* geändert werden.

Die Regler werden auch mit Einkapselung der unteren Hebel, ferner — für stehende Dampfmaschinen — mit durchgehender Spindel und falls es erwünscht ist, die Verstellkraft von der Muffe oberhalb statt unterhalb des Reglers abzunehmen, mit oben liegender Muffe geliefert.

Die C_q-Kurve ist nahezu eine wagerechte Gerade, also stark labil[1]). Eine Erhöhung der Umlaufzahl durch Spannen der Querfedern bewirkt eine starke Abnahme des Ungleichförmigkeitsgrades des Reglers und ist deshalb unzulässig. Denn durch Hinzufügen einer unveränderlichen Kraft wird die C_f-Kurve und damit auch die gesamte C-Kurve einfach parallel nach oben verschoben. Hinzufügen einer zusätzlichen Muffenbelastung ändert wegen der labilen C_q-Kurve den Reglercharakter in gleicher Weise.

Wird eine Federbelastung hinzugefügt, so kann dadurch ohne Änderung des Ungleichförmigkeitsgrades die Umlaufzahl um einen gewissen Betrag erhöht werden. Damit wächst aber auch die Eigenreibung des Reglers, die andernfalls lediglich von dem Gewichte der Schwungkörper und der Muffe herrührt. Die gesamte C-Kurve ist gerade, was als ein Vorteil des Reglers anzusehen ist. Die Energie nimmt nach oben stark zu. Der reduzierte Hub beträgt $s_r = 1/_5\, s$ für die kleineren bis $1/_3\, s$ für die größeren Nummern.

Federregler mit unveränderlicher Energie — die Verbindung der Winkelhebel mit der Muffe erfolgt durch symmetrisch angeordnete Glieder, die sich bei höchster Lage der letzteren schräg stellen — sind der Firma Hartung, Kuhn & Cie., A.-G., unter D. R. P. Nr. 114 639 geschützt worden.

Eine Tourenänderung läßt sich bei diesen Reglern mittels Gewichts- oder einfacher Federbelastung erreichen. Infolge der unveränderlichen Energie wird hierbei die Ungleichförmigkeit des Reglers nicht geändert.

Hartung-Regler (Fig. 122).

Nummer des Reglers	Minutliche Umlaufzahl n	Mittlere Energie S_m kg	Muffenhub s mm	Arbeitsvermögen mkg	Größte Breite B mm	Größte Höhe H mm
88	450	20	10	0,200	185	200
89	400	25	12	0,300	245	228
90	380	37,5	15	0,562	260	245
91	340	56,25	20	1,125	265	277
92	310	81,25	25	2,031	310	300
93	240	112,5	30	3,375	350	360
94	240	150	30	4,500	380	388
95	210	187,5	40	7,100	420	421
96	200	237,5	50	11,875	460	440
97	190	262,5	60	15,750	500	486
98	180	300	70	21,000	550	511
99	165	400	80	32,000	660	564
100	160	600	90	54,000	780	617
101	140	750	100	75,000	860	690
102	130	1000	110	110,000	960	731

[1]) Neuerdings hat die Firma Hartung, Kuhn & Cie., A.-G. durch Anwendung eines entsprechend großen stumpfen Winkels für die Winkelhebel ihrer Regler eine angenähert astatische C_q-Kurve erreicht.

Bei dem Federregler von Steinle & Hartung, Quedlinburg — älteres Modell D —, stimmt die Angriffsweise der Querfedern mit derjenigen des vorbeschriebenen Hartung-Reglers überein. Damit eine genaue radiale Führung der Schwungkörper möglich und die Zusammenpressung der Federn ausschließlich in ihrer Achsenrichtung erfolgt, ist das den Regler umschließende Gehäuse mit zwei zweigleisigen Gleitbahnen versehen, auf denen um wagerechte Zapfen der Schwungkörper drehbare Rollen laufen.

Zur Übertragung tangentialer Drücke sind an den Schwungkörpern außerdem noch Führungsrollen mit senkrechten Zapfen angebracht. Von den Zapfen der wagerechten Rollen aus wird die Bewegung der Schwungkörper durch einfache Lenkstangen auf die Muffe übertragen.

Fig. 123.

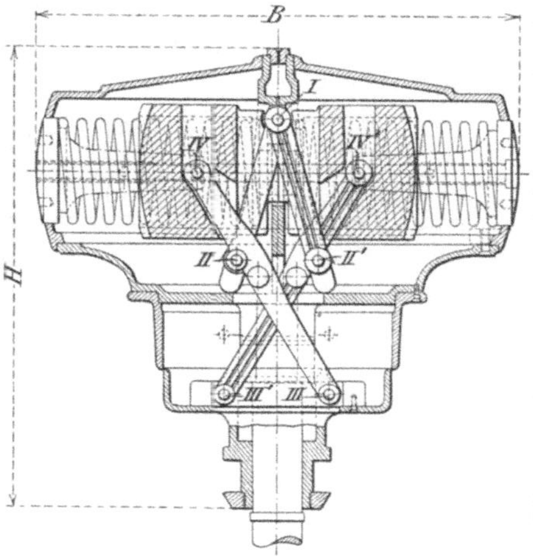

Die große Eigenreibung, die dieser Regler hauptsächlich durch die Rollenführungen erhält, hat die Firma Steinle & Hartung veranlaßt, die Geleisführung bei ihrem neuen, in Fig. 123 dargestellten Regler, Modell F, aufzugeben und sie durch eine Lenkerführung zu ersetzen, so daß nunmehr die Schwungkörper mit dem Reglergetriebe — wie bei dem Hartung-Regler — gelenkig verbunden sind.

Schränkung und Knickungswinkel der die Schwungkörper tragenden, mit den um I drehbaren Kurbeln I II bezw. I II′ verbundenen Schubstangen IV II III bezw. IV′ II′ III′ sind so gewählt, daß die Mittelpunkte IV und IV′ der Schwungmassen sich senkrecht zur Spindel bewegen, wie dies aus dem in Fig. 124 (S. 202) ersichtlichen Diagramm eines solchen ohne Federwage arbeitenden Reglers erkennbar ist. Demselben liegen folgende Verhältnisse zugrunde:

Gesamtgewicht beider Schwungkörper . . . . $G = 48{,}4$ kg
Muffengewicht . . . . $Q = 12{,}4$ „
Muffenhub . . . . $s = 70$ mm
Ausschlag der Schwungmassenmittelpunkte von $x_1 = 0{,}090$ bis $x_5 = 0{,}1715$ m
Minutliche Umlaufzahl . . . . $n = 230$.

Abmessungen der Querfedern:

$$r = 5{,}4 \text{ cm}, \quad d = 1{,}15 \text{ cm}, \quad m = 9;$$

demnach für beide Federn zusammen — nach Gl. 75 —

$$f = 2 \cdot \frac{825000}{64} \, \frac{1{,}15^4}{9 \cdot 5{,}4^3} = 31{,}8 \text{ kg/qcm}.$$

Die in Fig. 124 ersichtlichen Konstruktionen sind im wesentlichen nach dem bereits früher angegebenen Verfahren durchgeführt worden.

Die C_f-Kurve ergibt sich unmittelbar als Gerade aus Anfangs- und Endwert F_1 bezw. F_5 der Federspannung.

Betreffs der Zapfendrücke ist zu beachten, daß die Fliehkraft C zum größten Teil unmittelbar durch die Federkraft F abgefangen wird, in das Getriebe sich demnach nur noch $C-F$ fortpflanzt. Zapfen IV erhält als Druck die Resultierende aus G und $C-F$.

Aus der nachstehenden Tabelle sind die Eigenreibung R, der Muffendruck S und der Unempfindlichkeitsgrad ε_r in vH des letzteren für die Zapfen von je 12 mm Durchmesser (Reibungszahl $\mu = 0{,}1$) zu entnehmen.

Fig. 124.

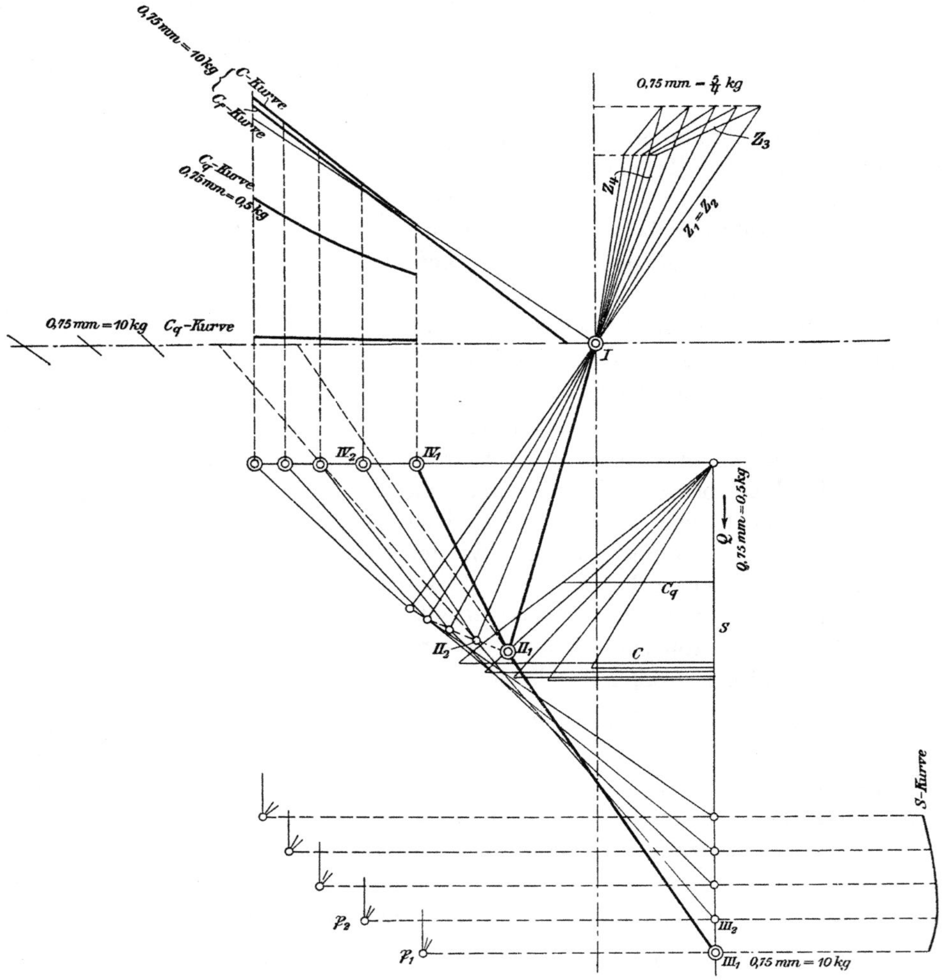

Nummer des Reglers	Abstand x der Schwungmasse von der Drehachse	Minutliche Umlaufzahl	Fliehkraft C	Zapfendrücke			Hebelarme		Reibungsbetrag R	Muffendruck S	ε_r in vH
				$Z_1 = Z_2$	Z_3	Z_4	h_1	h_2			
	m		kg	kg	kg	kg	m	m	kg	kg	
1	0,09	225,3	248	63	15,7	49,0	0,146	0,150	1,03	430	0,24
2	0,117	230	337	65,2	19	49,4	0,176	0,188	0,87	446	0,20
3	0,138	232	402	67,2	22,3	49,6	0,198	0,223	0,79	442	0,18
4	0,156	234,5	462	70,6	25,3	50,4	0,214	0,254	0,75	432	0,17
5	0,171	235	512	73,4	28,7	50,6	0,226	0,287	0,71	416	0,17

Der Ungleichförmigkeitsgrad des Reglers beträgt (Gl. 77 a)

$$\delta = \frac{c}{c_m} = \frac{2}{49{,}2} = 0{,}0407,\ \text{das Arbeitsvermögen}\ \frac{C_1 + C_5}{2}(x_5 - x_1) = \frac{248 + 512}{2}$$

$(0{,}1715 - 0{,}090) = 31{,}0$ mkg.

Die C-Kurve ist fast gerade, der Muffendruck beinahe unveränderlich, die Eigenreibung sehr niedrig.

Auch bei Anbringung einer Federwage mit Zusatzfeder für Tourenverstellung $\mp$ 10 vH — ohne Änderung des Ungleichförmigkeitsgrades — würde der vorstehend besprochene Regler noch niedrige Werte für ε_r, nämlich $\varepsilon_r = 0{,}36$ bis $0{,}43$ vH ergeben. Die Empfindlichkeit ist demnach sehr groß, so daß sich diese Reglertype auch für die schärfsten Regulierbedingungen eignet.

Neuer Federregler, Modell F, von Steinle & Hartung.

Nummer des Reglers	Minutliche Umlaufzahl n	Mittlere Energie S_m kg	Muffen-hub s mm	Arbeits-vermögen mkg	Verstellungs-kraft bei 2 vH Touren-änderung kg	Größte Breite B mm	Größte Höhe H mm
25	375	30,3	25	0,785	1,2	218	214,5
30	350	49,5	30	1,485	2,0	255	258
35	320	70,5	35	2,468	2,8	290	293,5
40	300	99,1	40	3,964	4,0	325	324
45	280	131	45	5,895	5,2	360	365,5
50	270	177	50	8,850	7,1	395	401,5
55	260	231	55	12,70	9,3	430	432,5
60	250	293	60	17,58	11,7	466	468
70	230	439	70	30,73	17,6	536	532
80	210	609	80	48,72	24,4	608	629,5
90	190	772	90	69,48	30,9	678	698,5
100	175	973	100	97,30	38,9	750	768,5
110	160	1170	110	12870	46,8	820	838
120	150	1433	120	172,00	57,3	890	904

Regler mit Längs- und Querfeder.

Bei dem von der Hannoverschen Maschinenbau-A.-G., vorm. G. Egestorff, Werk Chemnitz, gebauten Federregler von Tolle (Fig. 125, S. 204) ist durch Anwendung von zwei Belastungsfedern — einer Längsfeder l und einer Querfeder q — die Möglichkeit gegeben, ohne Änderung des Ungleichförmigkeitsgrades die Umlaufzahl durch Spannen der Längsfeder und den Ungleichförmigkeitsgrad durch Spannen der Querfeder zu ändern, wobei im letzteren Falle die gleichzeitig herbeigeführte Änderung der Umlaufzahl durch Entspannen der Längsfeder wieder ausgeglichen werden kann.

Die C_q- und ebenso die C_g-Kurve ist astatisch, die gesamte C-Kurve fast gerade. Der Unempfindlichkeitsgrad infolge Eigenreibung beträgt im Mittel $\varepsilon_r = 0{,}5$ vH. Die Energie S ist fast unveränderlich. Der reduzierte Hub beträgt $s_r = {}^1/_{12}\, s$ für die kleineren bis ${}^1/_{15}\, s$ für die größeren Nummern des Reglers.

Tolle-Regler normaler Bauart mit $\pm 10\%$ Verstellung der Umlaufzahl während des Ganges.

Nummer des Reglers	Normale minutliche Umlaufzahl n	Energie S kg	Muffen-hub s mm	Arbeits-vermögen mkg	Größte Breite B mm	Größte Höhe H mm
I	400	75	30	2,25	350	300
II	360	112	36	4,03	390	355
III	330	150	42	6,30	430	400
IV	300	200	50	10,00	470	455
V	300	300	60	18,00	530	520
VI	280	400	70	28,00	610	600
VII	280	550	80	44,00	690	710
VIII	270	750	90	67,50	770	800

4. Leistungsregler.

Bei den zum Betreiben von Pumpen, Kompressoren usw. dienenden Dampfmaschinen erfordert der wechselnde Bedarf der zu fördernden Flüssigkeit bei gleichem Betriebsdrucke eine Änderung der Umlaufzahl während des Ganges der Maschine innerhalb weiter Grenzen.

Hierbei ist Bedingung, daß der Ungleichförmigkeitsgrad δ des Reglers sich nach ganz bestimmten Beziehungen ändert.

Für eine brauchbare Regelung ist zunächst erforderlich, daß der Unempfindlichkeitsgrad ε des Reglers stets in ein und demselben Verhältnis zum Ungleichförmigkeitsgrade δ_s der Maschine steht, um ein übermäßiges Zucken und Überregeln während jeder Umdrehung zu vermeiden.

Es muß sein

$$\frac{\varepsilon}{\delta_s} = \beta = \text{unveränderlich}.$$

Der Ungleichförmigkeitsgrad δ_s der Maschine ändert sich bei demselben Füllungsgrade und gleichem Betriebsdrucke mit dem Quadrate der Umlaufzahl, d. h.

$$\delta_s = \frac{\text{unveränderlich}}{n^2}.$$

Es ist ferner die Energie des Reglers (vergl. S. 179)

$$S = \frac{P}{\varepsilon} = \frac{P}{\beta\,\delta_s} = \frac{P\,n^2}{\beta\;\text{unveränderlich}} = \text{unveränderlich}\;n^2,$$

wenn P die Verstellungskraft desselben bezeichnet.

Hieraus folgt, daß in Anbetracht der Veränderlichkeit des Ungleichförmigkeitsgrades δ_s der Maschine die Veränderung der Umlaufzahl derselben durch Änderung der Energie des Reglers — Be- oder Entlastung der Muffe — erzielt werden muß.

Dies wird bei den Leistungsreglern (Patent de Temple) der Firma Hartung, Kuhn & Cie., A.-G., Düsseldorf, durch eine achsial um die Reglersäule angeordnete Entlastungsfeder f (Fig. 126) bewirkt, deren unteres Ende mittels des auf- und abschraubbaren Federtellers t durch Handrad (eventl. auch durch Schneckenradantrieb) während des Ganges der Maschine mehr oder weniger gespannt werden kann.

Da bei höchster Umlaufzahl der geringste Federdruck und bei größtem Federdruck die geringste Umlaufzahl herrscht, ist die dem Produkte aus Umlaufzahl und Federdruck proportionale Reibungsarbeit und die Abnutzung der Reibflächen zwischen Gleitring und Muffe m sehr gering, demnach ein Heißlaufen nicht zu befürchten.

Fig. 125.

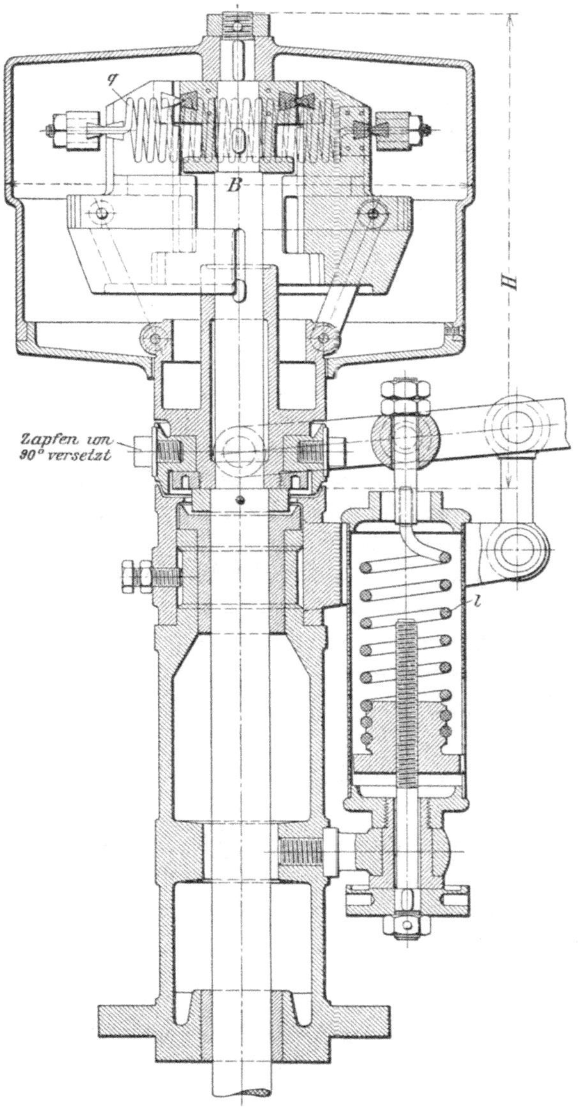

Fig. 126.

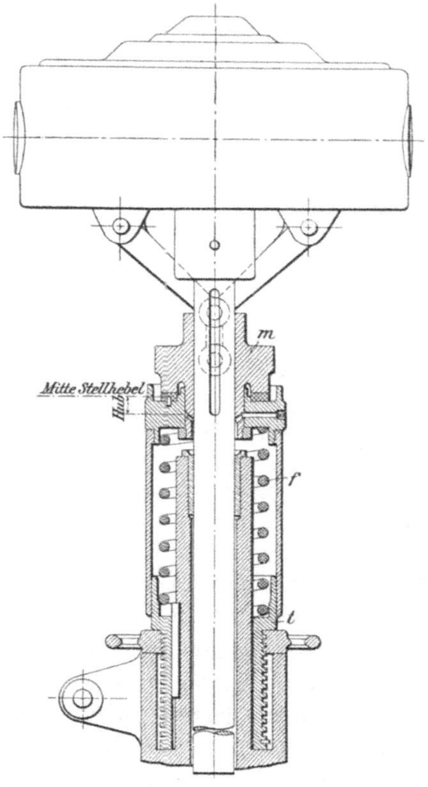

Fig. 126 a.

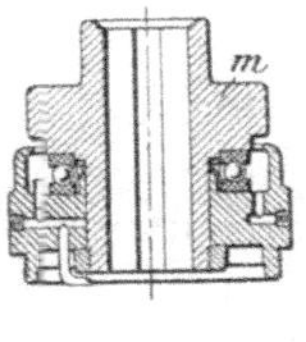

Ein weiterer Vorzug dieses Reglers, der Tourenverstellungen bis 100 vH gestattet, besteht darin, daß der Ungleichförmigkeitsgrad — entsprechend dem vorstehend abgeleiteten Gesetze — sich umgekehrt proportial mit der Umlaufzahl ändert; dies ist durch zweckmäßige Wahl des Übersetzungsverhältnisses zwischen Energie und Fliehkraft erreicht worden.

Bei mehr als 40 vH Tourenverstellung empfiehlt es sich, an Stelle des Gleitringes aus Bronze ein Kugellager zu verwenden (Fig. 126 a).

Leistungsregler der Hartung, Kuhn & Cie. A.-G., mit Tourenverstellung bis 100 vH.

Nummer des Reglers	Minutliche Umlaufzahl[1] bei entspannter Zusatzfeder n	Energie S kg	Muffenhub s mm	Arbeitsvermögen $S \cdot s$ mkg	Verstellungskraft bei ± 2 vH Tourenänderung kg	Arbeitsvermögen bei ± 2 vH Tourenänderung mkg
301	440	57	20	1,04	2,3	0,046
302	380	79	24	1,90	3,2	0,077
303	330	115	26	3,00	4,6	0,120
304	290	136	30	4,10	5,4	0,162
305	270	198	35	6,90	7,9	0,275
306	250	312	40	12,40	12,5	0,500
307	220	406	50	20,30	16,2	0,810
308	200	590	55	32,50	23,5	0,300
309	185	770	60	46,00	31	0,860
310	170	1008	70	75,00	43	3,000

Die Leistungsregler (Patent de Temple) werden auch mit mehr als 100 vH Tourenverstellung geliefert.

Um bei plötzlichen Entlastungen der Dampfmaschine — z. B. beim Platzen des Druckrohres einer Pumpe — ein Durchgehen der Maschine zu verhüten, muß die Füllung derselben verkleinert, d. h. der Regler in eine höhere Lage gebracht werden können. Da er stark statisch, ist dies mit einer großen Steigerung der Umlaufzahl verbunden. War er bereits für die größte Umlaufzahl eingestellt, so erreicht er die obere Hubbegrenzung schon, bevor er genügend kleine Füllung eingestellt hat. Die Leistung der Maschine bleibt dann dauernd größer als der Widerstand und sie muß durchgehen.

Dieser Gefahr sucht man durch Ausklinkvorrichtungen zu begegnen, die, bevor der Regler in die Höchstlage kommt, seine Verbindung mit der Steuerung selbsttätig auslösen; letztere wird dann durch Gewicht- oder Federkraft auf Nullfüllung und damit die Maschine zum Stillstand gebracht.

Solche Vorrichtungen sind jedoch sehr empfindlich und wegen ihrer unsicheren Wirkung nur selten anzutreffen.

Der in Fig. 127 ersichtliche Leistungsregler, System Stumpf (D. R. P. 126774), vermeidet durch seine eigenartige Anordnung eine bei Rohr- oder Gestängebruch etwa auftretende Gefahr in anderer Weise[2]).

Fig. 127.

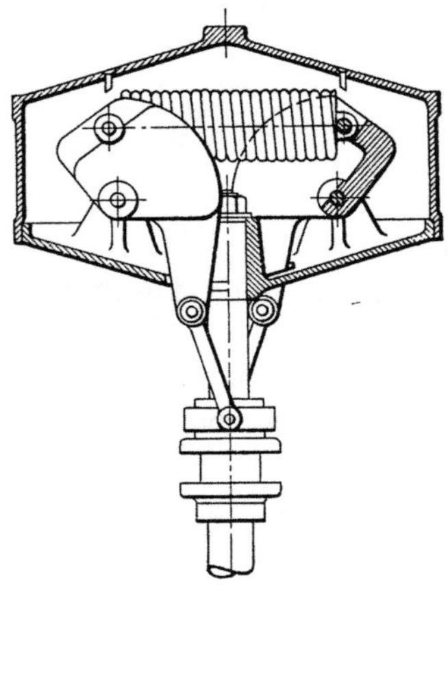

Der verhältnismäßig große Hub dieses Reglers zerfällt in zwei Teile, von denen nur der untere Teil stark statisch und zur Leistungsregelung verwendet wird, während der obere, wie der Hub eines gewöhnlichen Muffenreglers pseudoastatische Teil als Sicherheitshub dient und die Aufgabe hat, sobald durch plötzliche Entlastungen die Höchstgeschwindigkeit der Maschine überschritten wird, diese auf Leerlauf einzustellen.

[1]) Diese höchste Umlaufzahl bei entspannter Zusatzfeder ist maßgebend für die Übersetzung zwischen Maschine und Regler. Die niedrigste Umlaufzahl entspricht der gewünschten Tourenverstellung.

[2]) Z. d. V. d. J. 1902, S. 888.

Der Übergang des statischen Teiles in den pseudoastatischen wird dadurch erreicht, daß der Angriffspunkt der an den Schwungpendeln unmittelbar angreifenden Feder bei weiterem Ausschlag nach unten rückt.

Der Hebelarm der Feder in bezug auf den Hebeldrehpunkt wird dadurch so stark verkleinert, daß die Spannungszunahme der Feder nicht zur Geltung kommen kann.

Der Konstrukteur hat hierbei nachstehende Regeln zu befolgen:

1. Das Übersetzungsverhältnis zwischen Maschine und Regler muß so gewählt sein, daß die höchste im Betriebe vorkommende Umlaufzahl der höchsten Umlaufzahl des unteren stark statischen Hubteiles entspricht.

2. Das Übersetzungsverhältnis zwischen Reglerhub und Hub des die Füllung verstellenden Steuerteiles muß so gewählt sein, daß der obere, pseudoastatische Hubteil des Reglers allein imstande ist, die Maschine von der größten vorkommenden Betriebsfüllung bis zur Nullfüllung abzustellen.

Fig. 128.

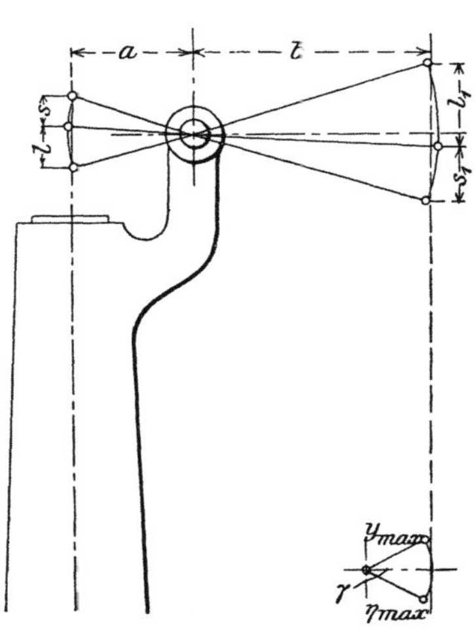

Fig. 128 a.

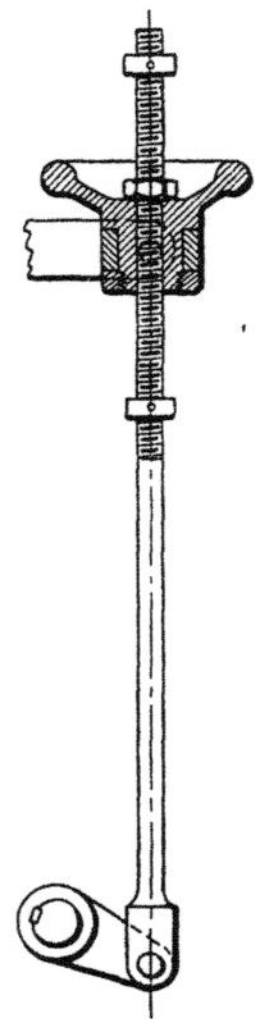

Sind diese beiden Bedingungen erfüllt, so kann weder eine gefährliche Tourensteigerung noch ein Durchgehen der Maschine eintreten.

Über die Abmessungen des Stellzeuges gibt Fig. 128 in schematischer Weise Aufschluß.

Der Reglerhub setzt sich aus dem Leistungshub l und dem Sicherheitshub s zusammen, denen am Angriffspunkte der Zugstange die Wege l_1 und s_1 entsprechen. Das Verhältnis $a : b$ des Stellhebels muß nun so gewählt werden, daß s_1 dem Ausschlage des Regulierhebels r der Steuerung entspricht (in Fig. 128 Verstellung von y_{min} bis η_{max}). Dabei braucht y_{max} nicht die größte überhaupt durch die Steuerung erreichbare, sondern lediglich die größte im Betriebe vorkommende Füllung zu sein.

Die Länge der Zugstange muß um $l_1 + s_1$ geändert werden können, was praktisch in der in Fig. 128a dargestellten Weise geschehen kann.

Der Stumpf-Leistungsregler wird von der Firma Steinle & Hartung, Quedlinburg, gebaut.

Der von Weiß angegebene Leistungsregler — der erste Regler dieser Art — hat Gewichtsbelastung und ein Kreuzschleifengetriebe mit festem Pendeldrehpunkte; die zylindrischen Schwungkörper tragen unmittelbar auf ihrer oberen Seite die Muffenbelastung[1]).

Nach den von Tolle angestellten Ermittelungen beträgt die Eigenreibung dieses Reglers in den unteren Lagen über 40 vH; sie wird zwar nach den mittleren Lagen hin kleiner, hat aber immer noch als kleinsten Wert $\varepsilon_r = 16$ vH. Der Muffendruck ist unveränderlich, doch findet man für das Arbeitsvermögen und den Muffenhub nur verhältnismäßig kleine Werte.

Die Umlaufzahl der kleinsten Nummer des Weiß-Reglers kann auf das 5,6 fache derjenigen für die untere Muffenstellung gesteigert werden[2]).

---

[1]) Z. d. V. d. J. 1891, S. 1065.

[2]) M. Tolle: „Die Regelung der Kraftmaschinen", 2. Aufl., Berlin 1909. Julius Springer.

Bei dem zur Gewinnung einer stark statischen C_q-Kurve mit umgekehrter Aufhängung der nach außen geknickten Pendelarme und mit entsprechender Federbelastung ausgeführten Leistungsregler von Tolle beträgt der durch die Eigenreibung hervorgerufene Unempfindlichkeitsgrad ε_r für alle Stellungen desselben nur etwa 1,2 vH.

Mit dem von E. Wiki angegebenen Leistungsregler kann unter Verwendung von zwei statischen Reglern beliebiger Bauart eine Regulierfähigkeit von 1 : 16 bis 1 : 25 und mehr erreicht werden, wobei der Reglerhub innerhalb dieser Grenzen nahezu proportional mit der Umlaufzahl wächst[1]).

Soll die Einstellung der Umlaufzahl eines Leitungsreglers selbsttätig erfolgen — bei Pumpen, Kompressoren usw. durch den Druck der geförderten Flüssigkeit —, so sind besondere Einrichtungen an demselben anzuordnen.

Fig. 129.

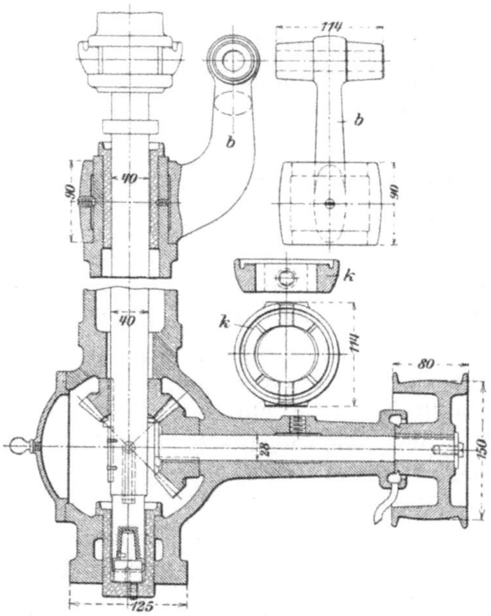

5. Antrieb und Aufstellung der Muffenregler.

(Reglerbock, Stellzeug, Ölbremse usw.)

Fig. 129 zeigt den Reglerbock einer liegenden Einzylindermaschine 300/500 mit Schiebersteuerung, Fig. 130 und 131 verschiedene Teile des zu demselben gehörigen Stellzeuges.

Die mittels konischer Räder usw. angetriebene Reglerspindel trägt am unteren Ende einen aus Stahl gefertigten Spurzapfen mit Sicherungsstift, der auf einer mit Ölnuten versehenen Spurplatte aus gleichem Material läuft; letztere ist gegen Drehung durch einen in die Spurbüchse geschraubten Stift gesichert. Die Laufflächen von Spurzapfen und Spurplatte sind gehärtet.

Der mit ovaler Öffnung versehene Hülsenring k ist durch eingeschraubte Zapfen und Verschraubungsbüchsen mit zwei Schienen a (Fig. 130) verbunden, die mittels Zapfens im

[1]) Z. d. V. d. J. 1907, S. 104.

Fig. 130.

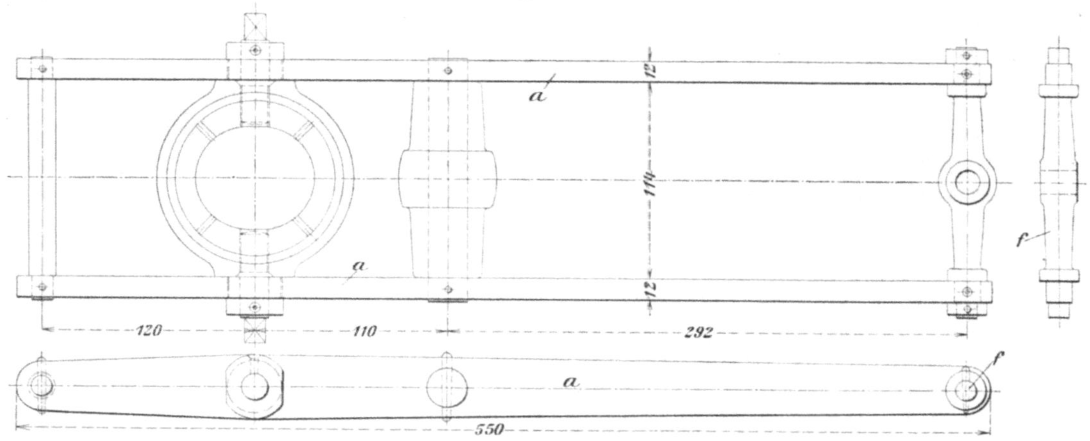

drehbaren Arme *b* der Reglersäule gelagert sind und eine Traverse *f* tragen, an der die anderseits mit dem Steuerhebel *g* (Fig. 131) des Expansionsschiebers verbundene Regler zugstange *h* angreift[1]).

Der in Fig. 132 (S. 210) ersichtliche, zu einer liegenden Dampfmaschine 400/800 mit Kolbenschiebersteuerung gehörige Reglerbock *a* bildet ein am Maschinenrahmen befestigtes, gleichzeitig auch zur Führung der Schieberstangen dienendes Konsollager, auf dem die Reglersäule *b* befestigt ist. Die Reglerspindel stützt sich hier auf ein in ihre obere Führungsbüchse *k* eingebautes Kugellager[2]).

Fig. 131.

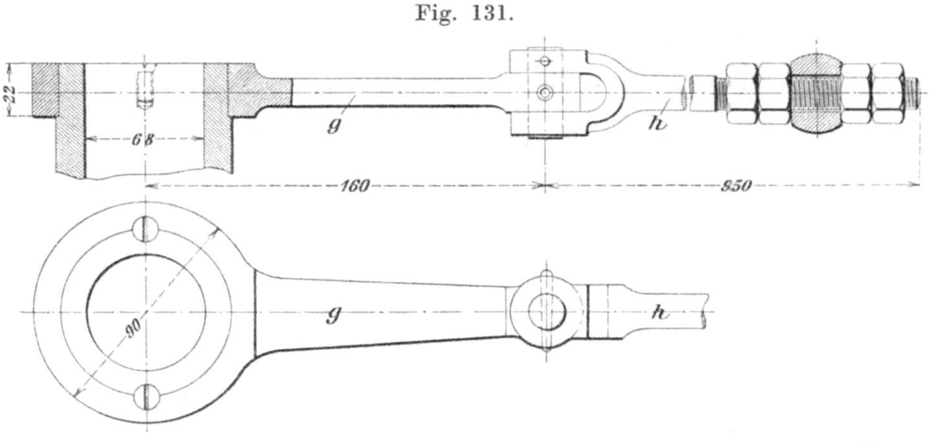

Einen mit der Reglersäule zusammengegossenen Reglerbock für eine liegende Ventildampfmaschine von 900 mm Hub läßt Fig. 133 (S. 211) erkennen; er dient gleichzeitig zur Führung der Steuerwelle und ist zu dem Zwecke mit zwei Ringschmierlagern versehen, zwischen denen das mit einem Schraubenrade der Reglerspindel in Eingriff stehende Getriebe angeordnet ist. Die Spindel stützt sich auf eine gegen Drehung gesicherte Spurplatte *a* der unteren Führungsbüchse. Zur Unterstützung des Reglerbockes dient ein mit demselben verschraubtes konisches Rohrstück *m* mit Fußplatte[3]).

[1]) Zwickauer Maschinenfabrik, A.-G., Zwickau.
[2]) Cottbuser Maschinenbau-Anstalt und Eisengießerei, A.-G., Cottbus.
[3]) Maschinenbau-Anstalt „Humboldt", Kalk bei Cöln a. Rh.

Die äußere Ansicht des zu einer stehenden Verbundmaschine von 380 mm Hub gehörigen Reglers — ein Hartung-Federregler mit unveränderlicher Energie — mit Säule, Absperrventil usw. ist in Fig. 134 (S. 212) dargestellt.

Die in die Grundplatte der Maschine eingebaute Reglersäule ist mit einem angegossenen Auge *a* zur Befestigung einer Gabel *b* versehen, in die das Stellrad einer behufs Tourenverstellung während des Ganges angeordneten, in der Mitte zwischen der Reglerachse und dem Drehpunkt des Stellhebels *c* angreifenden Federwage gelagert ist.

Fig. 132.

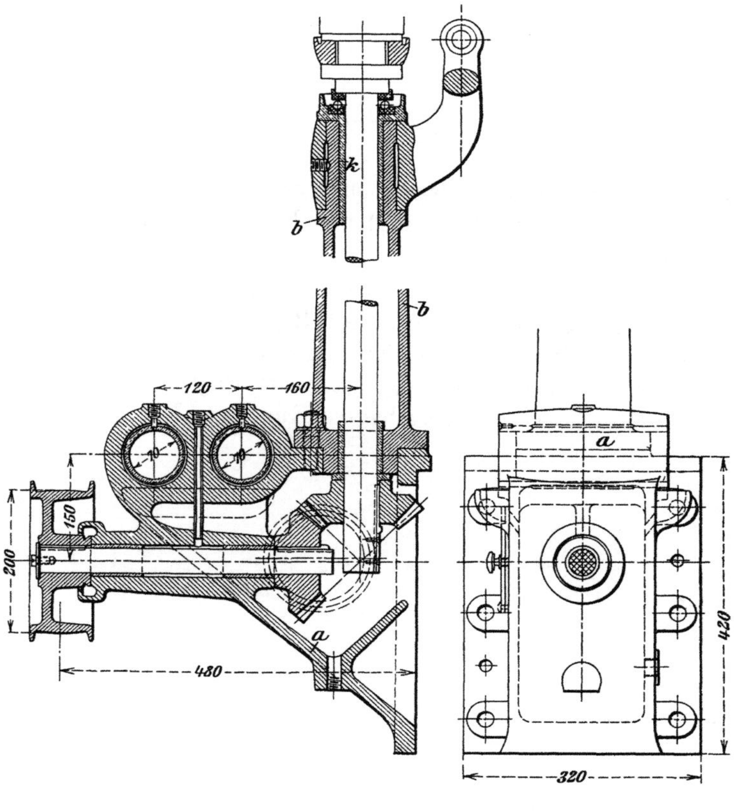

Der Antrieb der Reglerspindel erfolgt durch Stirnräder 78 : 55 ($t = 4{,}5\,\pi$) und Schraubenräder $\sim$ 1 : 1,04 ($t = 5{,}8\,\pi$) von der Kurbelwelle aus — entsprechend 180 und 245 minutlichen Umdrehungen der Maschine bezw. des Reglers. Um geräuschlosen Gang der Stirnräder zu erzielen, sind dieselben hohl gegossen und mit Sand ausgefüllt.

Maschinen, bei denen große Kraftschwankungen vorkommen und bei denen die Massen des Schwungrades verhältnismäßig klein sind, erhalten zweckmäßig mit dem Stellzeug des Reglers verbundene Ölbremsen die, wie schon hervorgehoben, plötzliche Stöße in dem Regler dämpfen und ein Zucken und Tanzen desselben verhindern. Sie werden behufs Regelung des Übertrittes des Öles oder Glyzerins, mit dem der Zylinder gefüllt ist, mit während des Betriebes einstellbaren Schärfegraden, was durch Verstellung von Öffnungen im Kolben oder des Durchganges eines am Zylinder angeordneten Umlaufes geschieht — zuweilen auch mit außer Betrieb der Maschine einstellbaren Schärfegraden durch im Kolben angebrachte Stellschrauben — ausgeführt.

Fig. 135 (S. 213) zeigt eine Ölbremse mit einstellbaren Schärfegraden während des Betriebesmittels einer hohlen Stahlspindel *m*. Der ebenfalls aus Stahl gefertigte

Fig. 133.

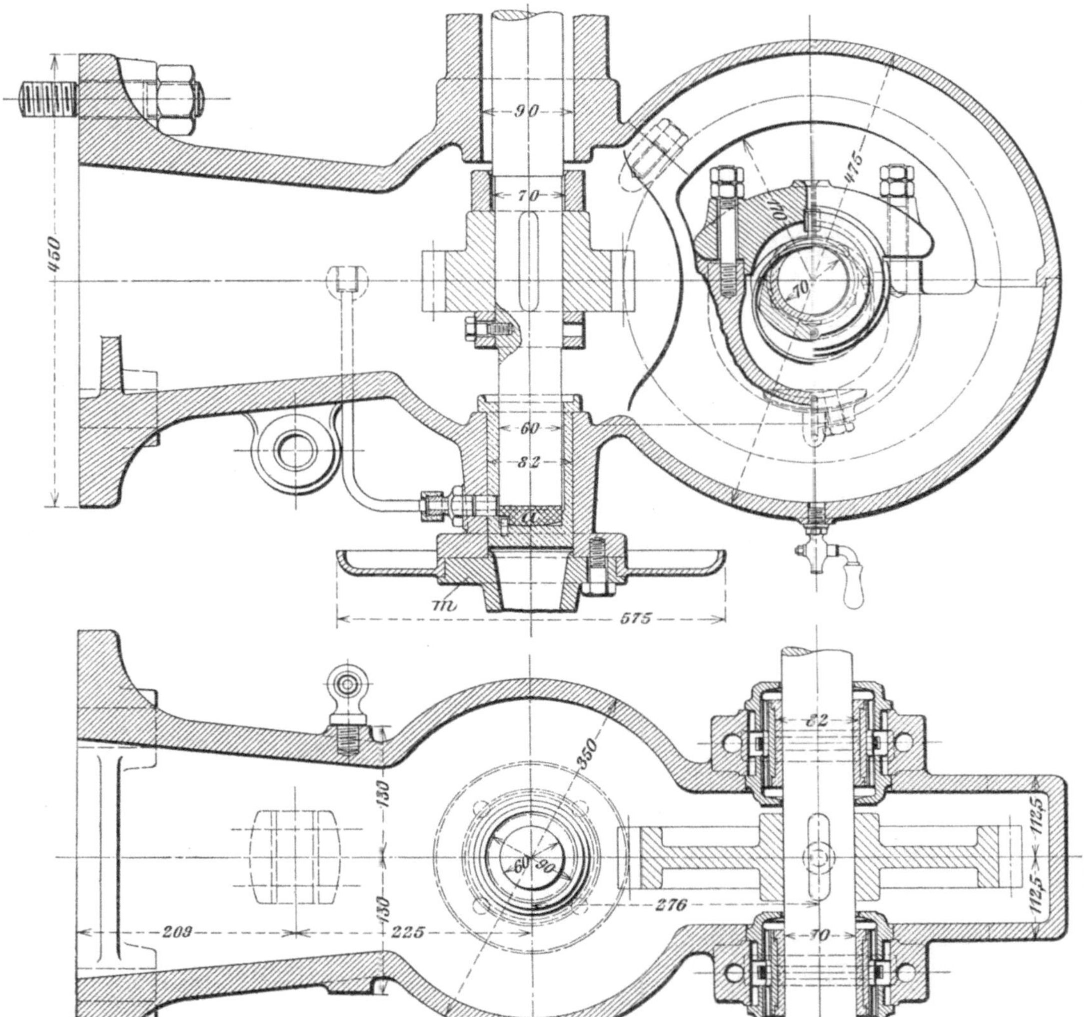

Kolben *o* ist mit 6 Durchgangsöffnungen für das Öl von je 4 mm Durchmesser versehen. Kolbenstange und Zylinder sind gelenkig mit dem Stellzeug bezw. mit der Reglersäule oder dergl. verbunden[1]).

[1]) Maschinenbau-Anstalt „Humboldt“, Kalk bei Cöln a. Rh.

Bei der in Fig. 136 dargestellten, zu dem Achsenregler der Maschinenfabrik Gebr. Pfeiffer, Kaiserslautern (s. Fig. 143), gehörigen Ölbremse wird durch Verstellung des Durchganges eines Umlaufes mittels Regulierschraube m der Übertritt des Öles von der einen nach der anderen Kolbenseite bewirkt.

Fig. 134.

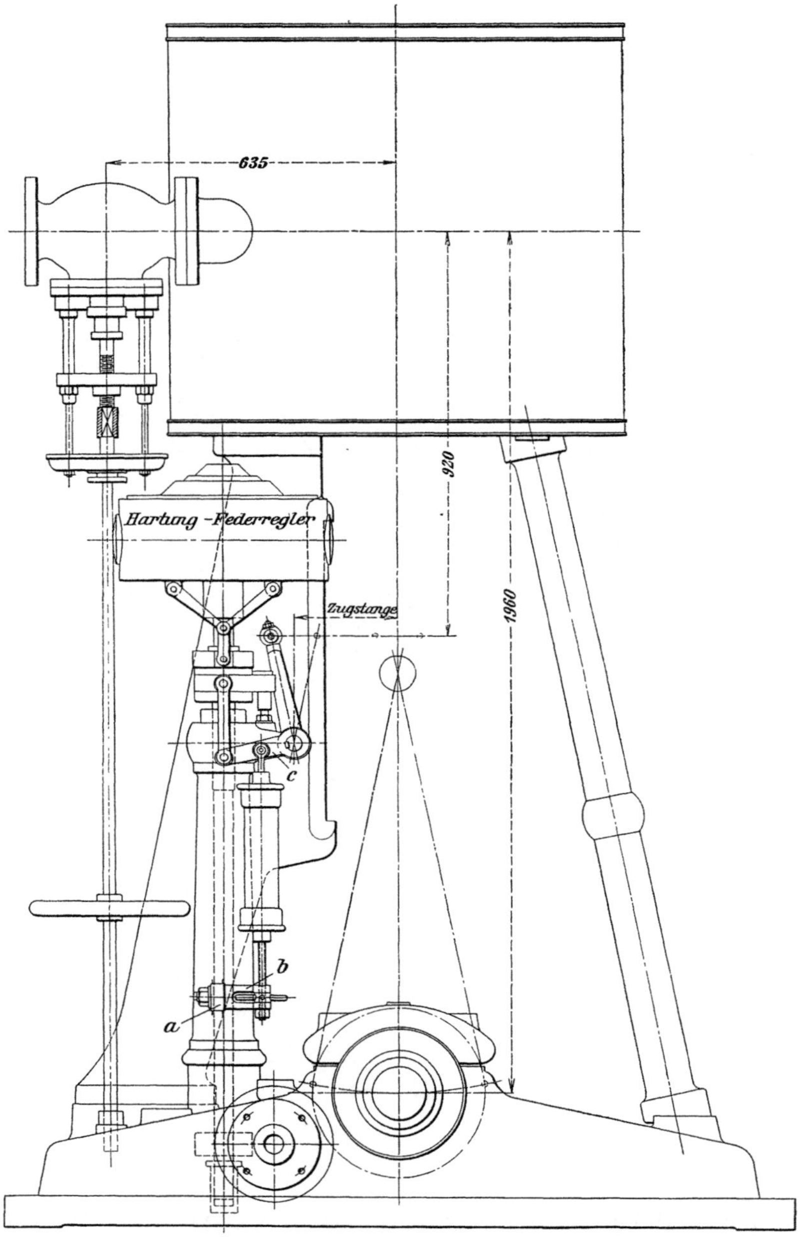

b. Beharrungsregler.

Bei diesem Regler werden die besonders bei großen Fliehkraftreglern auftretenden, sehr nachteilig wirkenden tangentialen Trägheitskräfte der Schwungmassen dadurch unschädlich gemacht, daß sie zur Erzeugung von Verstellungskraft mit benutzt werden.

Zumeist findet diese Beharrungswirkung bei Achsenreglern Anwendung (s. S. 223), doch werden auch Fliehkraftpendelregler mit verhältnismäßig geringer Energie noch mit einer Hilfsschwungmasse verbunden, die entweder mit der Fliehmasse des Pendelreglers zu einem starren Stück vereinigt ist oder lose drehbar um die Reglerachse schwingt, und an

Fig. 135.

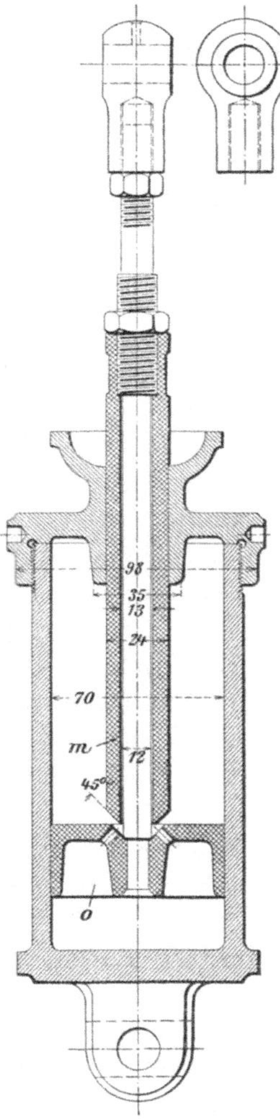

Fig. 136.

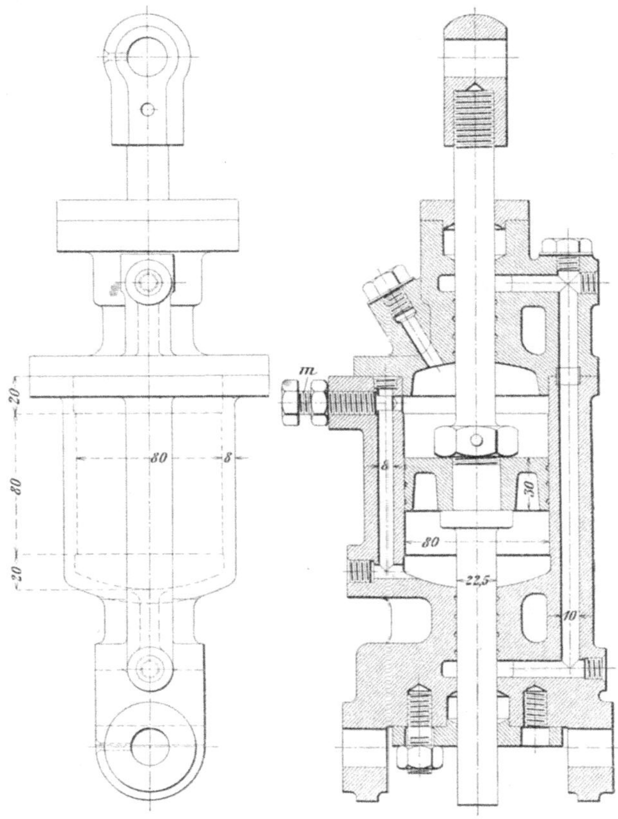

der Bewegung der Fliehmasse infolge zwangläufiger Verbindung durch Zugstangen oder dergl. teilnimmt.

Bei dem von der Firma Steinle & Hartung, Quedlinburg, in den Handel gebrachten Beharrungsregler, System Steinle (D. R. P. 123 359 und Zusatzpatent 123 633), sind, wie Fig. 137 (S. 214) erkennen läßt, zwei Doppelhebel l durch Traversen m mit der Reglerspindel fest verbunden, zwischen denen eine um die letztere lose drehbare Schwinge angeordnet ist, in der zwei zylindrische Schwungkörper ihre radiale Führung durch Rollenbahnen erhalten, genau so, wie es bei dem Federregler, Modell D, der vorgenannten Firma der Fall ist (vergl. S. 201). Den Fliehkräften halten zylindrische Schraubenfedern unmittelbar Gleichgewicht. Die Übertragung des Ausschlages der Fliehgewichte auf die Muffe geschieht durch Winkelhebel.

Durch zwei Lenker sind nun die Fliehgewichte mit den Doppelhebeln so verbunden, daß mit ihrem Ausschlag eine relative Drehung der Schwinge um die Reglerspindel um ∾ 60° erfolgt, die von sämtlichen mit der letzteren nicht fest verbundenen Teilen — Winkelhebel, Schwunggewichte, Federn usw. — mitgemacht wird. Umgekehrt würde eine Drehung der Schwinge usw. einen Ausschlag der Fliehgewichte hervorrufen, wie dies die Beharrungswirkung im Augenblicke einer Belastungsänderung hervorzurufen bestrebt ist, wodurch bei richtigem Drehsinn des Reglers die Fliehkräfte wirkungsvoll unterstützt werden.

Fig. 137.

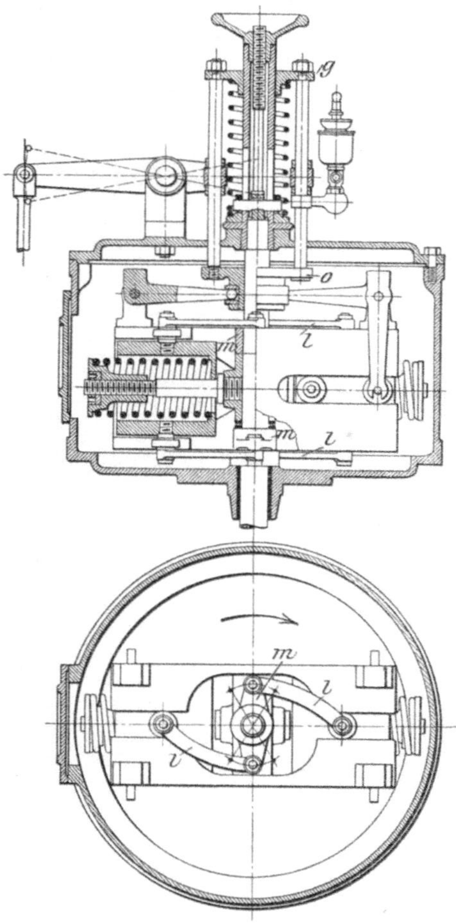

Die durch die Fliehkräfte hervorgerufenen Stellkräfte sind dem Quadrate der Geschwindigkeitsänderung proportional, wachsen demnach im Augenblicke einer Belastungsänderung von Null an, bis sie imstande sind, die Steuerung zu verstellen. Die Beharrungskräfte sind dagegen der Belastungsänderung selbst proportional; sie haben also bereits im Augenblicke einer Belastungsschwankung eine endliche Größe und unterstützen daher die Fliehkräfte.

Je größer die Belastungsschwankung, desto energischer treten sie sofort auf. Da das ganze Gewicht der um die Reglerspindel lose gruppierten Teile sich an der Beharrungswirkung beteiligt, ist eine besondere Beharrungsmasse überflüssig und es kommen die mit einer solchen verbundenen Nachteile größerer Reibung in Wegfall.

Behufs T o u r e n v e r s t e l l u n g ist der Gleitring *o* des in ein zylindrisches, feststehendes Gehäuse eingeschlossenen Reglers (Fig. 137) mit zwei nach außen führenden Stangen versehen, die an dem Widerlager *g* einer Belastungsfeder angreifen, die sich auf eine von der mittels Handrad stellbaren Schraubenspindel getragenen Platte stützt. An dem Verbindungsringe der vorgenannten Stangen greift der Stellhebel des Reglers an.

Mit einem auf der Reglerspindel lose sitzenden, durch Zugstangen mit den Schwungkörpern verbundenen Beharrungsgewicht arbeitet der Beharrungsregler, System J a n e t z k o, von Z a b e l & Co., Quedlinburg.

Prof. S t o d o l a, Zürich, hat zuerst auf das im Jahre 1870 in Amerika zum ersten Male an einen Regler zur Anwendung gekommene Beharrungsprinzip aufmerksam gemacht [1]).

[1]) Das S i e m e n s sche Regulierprinzip und die amerikanischen „Inertie"-Regulatoren. Z. d. V. d. J. 1899, S. 506. Über die Anwendung von F i s c h i n g e r s Beharrungsmuffenregler mit Wirbelstrombremse s. Z. d. V. d. J. 1908, S. 1791.

B. Achsenregler (Flachregler).

a. $\mathfrak{M}$-Kurven und Ungleichförmigkeitsgrad.

Die Achsenregler, deren beliebig geformte Gewichte in einer senkrecht zur Antriebwelle liegenden Ebene ausschwingen, gestatten eine unmittelbare Wirkung auf die Steuerorgane; sie sind bei Schiebermaschinen gewöhnlich unmittelbar auf der Kurbelwelle, bei Ventilmaschinen auf der Steuerwelle angebracht und verstellen in der Regel ein frei bewegliches, mit Schwungkörpern in Verbindung stehendes Exzenter derart, daß Exzentrizität und Voreilwinkel desselben den jeweiligen Betriebsverhältnissen der Maschine entsprechende Lagen einnehmen, wodurch die Füllung verändert wird. Hierbei soll der Beginn des Dampfeintritts — bei Schiebermaschinen das lineare Voreilen — möglichst unverändert bleiben.

Die Achsenregler werden mit drehbar gelagerten oder mit gerade geführten Schwungkörpern — durch Anordnung einer mit den letzteren in geeigneter Weise verbundenen Beharrungsmasse — auch als „Beharrungsregler" ausgeführt.

Fig. 138.

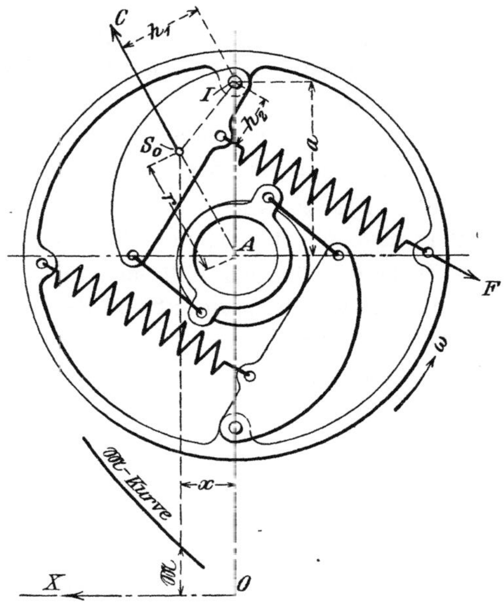

Ist — nach Tolle — S_0 (Fig. 138) der Schwerpunkt des beliebig gestalteten Schwungkörpers eines Achsenreglers, der sich in der Entfernung r von der Achse A um diese mit der Winkelgeschwindigkeit ω dreht und bedeutet ferner

a den Abstand des Zapfenmittelpunktes I von der Drehachse A,

$\mathfrak{M}$ das Fliehkraftmoment des Pendels von der Masse M und dem Gewichte G, das dem Momente der belastenden Federkräfte in den einzelnen Stellungen das Gleichgewicht zu halten hat,

x den Abstand des Schwerpunktes S_0 von der Geraden $A\,I$,

so folgt für die Fliehkraft

$$C = M\,\omega^2 r,$$

und das von derselben ausgeübte, auf den Zapfen I bezogene Moment

$$\mathfrak{M} = C h_1 = M\,\omega^2 r h_1$$

oder, da aus dem doppelten Inhalte des Dreiecks $A\,S_0\,I$

$$r h_1 = a x, \text{ somit } h_1 = \frac{a x}{r}$$

auch

$$\mathfrak{M} = C\frac{a x}{r} = M\,\omega^2 a x = \left(\frac{n}{30}\right)^2 \frac{\pi^2}{g} a G x \quad \ldots\ldots\ldots \quad 79)$$

Trägt man von einer zu $A\,I$ Senkrechten $O X$ aus die der jeweiligen Schwerpunktslage S_0 des Schwungkörpers entsprechenden Fliehkraftmomente $\mathfrak{M}$ als Ordinaten auf, so liegen deren Endpunkte auf einer 𝔐-Kurve, die genau so zu benutzen ist, wie bei den Muffenreglern die C-Kurve.

Soll der Regler astatisch, d. h. ω unveränderlich sein, so muß die 𝔐-Kurve eine durch den Anfangspunkt O gehende Gerade werden.

Da nach Fig. 138 das Moment 𝔐 gleich dem Moment $F h_2$ der Federspannung, dieses aber von der Lage des Wellenmittels A, also von dem Abstande a ganz unabhängig ist, so bleibt bei einer Änderung des letzteren der Charakter des Reglers, demzufolge auch der Ungleichförmigkeitsgrad erhalten; es ändert sich — gemäß Gl. 79 — nur die Umlaufzahl n. Dieselbe wird vergrößert oder verkleinert, je nachdem man das Wellenmittel A in der Richtungslinie $A\,I$ nach innen oder nach außen rückt. Damit läßt sich beim Entwurf eine bequeme Anpassung an die geforderte Umlaufzahl unter Beibehaltung der für den Regler gewählten Hauptabmessungen erreichen.

Will man den Ungleichförmigkeitsgrad verändern, so darf man hier nicht einfach, wie bei den Muffenreglern, O nach links oder rechts verlegen und auf Grund der Fig. 114 unter Beibehaltung der 𝔐-Kurve δ beliebig größer oder kleiner machen. Denn dann würde auch $O\,I$ parallel zu sich selbst verschoben werden und die Lage des Drehpunktes I infolgedessen auch die Gestalt der 𝔐-Kurve eine andere sein; sie wird, je nachdem man O und $O\,I$ von den Schwungkörpern abrückt oder denselben nähert, krummer oder flacher, d. h. stärker oder weniger stabil ausfallen.

Man hat es danach in der Hand, die Gestalt der 𝔐-Kurve, d. h. den Charakter des Reglers durch Verlegung der Reglerachse A innerhalb weiter Grenzen zu beeinflussen.

Selbstverständlich läßt sich auch bei den Achsenreglern eine C-Kurve aufzeichnen, die, insbesondere in bezug auf ihre Bedeutung als Arbeitsfläche, der C-Kurve bei den Muffenreglern entspricht.

Es gilt dann auch hier — analog Gl. 78 —

$$A = \int C\,dx.$$

b. Ausgeführte Achsenregler.

Einen wegen seiner Einfachheit bemerkenswerten Achsenregler mit drehbar gelagerten Schwungkörpern — nach Ausführung der Maschinenfabrik J. E. Cristoph, A.-G., Niesky — zeigt Fig. 139[1]).

Über die exzentrisch zur Mitte Kurbelwelle ausgeführte Nabe der auf der ersteren befestigten Scheibe a greift das durch Lenker b mit den um feste Bolzen I dieser Scheibe schwingenden Gewichtshebeln c verbundene Steuerexzenter d, das durch einen übergreifenden, mit der Scheibe a verschraubten zweiteiligen Ring f gegen achsiale Verschiebungen gesichert ist.

Den Fliehkräften der Gewichtshebel wird durch die Spannkraft einer einzigen zentralen Schraubenfeder — l (im gespannten Zustande) $= 740$, $\delta = 16$, $r = 52$ mm; $m = 16{,}1$; größte Belastung 538 kg — Gleichgewicht gehalten, deren Enden durch Bolzen e mit den hier gabelfömig gestalteten Hebeln c verbunden sind und je ein Schraubengewinde — $d_1 = {}^5/_8{}''$ engl., $l_1 = 130$ mm — tragen, über das eine Stahlmutter g greift.

Das Exzentermittel M bewegt sich auf einem Kreisbogen $M\,N$ in der in Fig. 139 ersichtlichen Weise.

---

[1]) Zu einer Kropfachsmaschine 300/420 ($n = 180$ Uml/min) der genannten Firma.

Der Regler ist von einem zweiteiligen gußeisernen Gehäuse umgeben, das auf der Außenseite durch eine Blechscheibe geschlossen ist.

Bei der Berechnung eines solchen Reglers ist — analog derjenigen eines Muffenreglers (S. 188) — die Momentengleichung mit Berücksichtigung der in den Schwerpunkten der rotierenden Einzelteile angreifend gedachten Kräfte und ihrer Hebelarme für den hier in Betracht kommenden Drehpunkt I aufzustellen und hieraus die Umlaufzahl n bezw. die Federspannung F zu ermitteln.

Fig. 139.

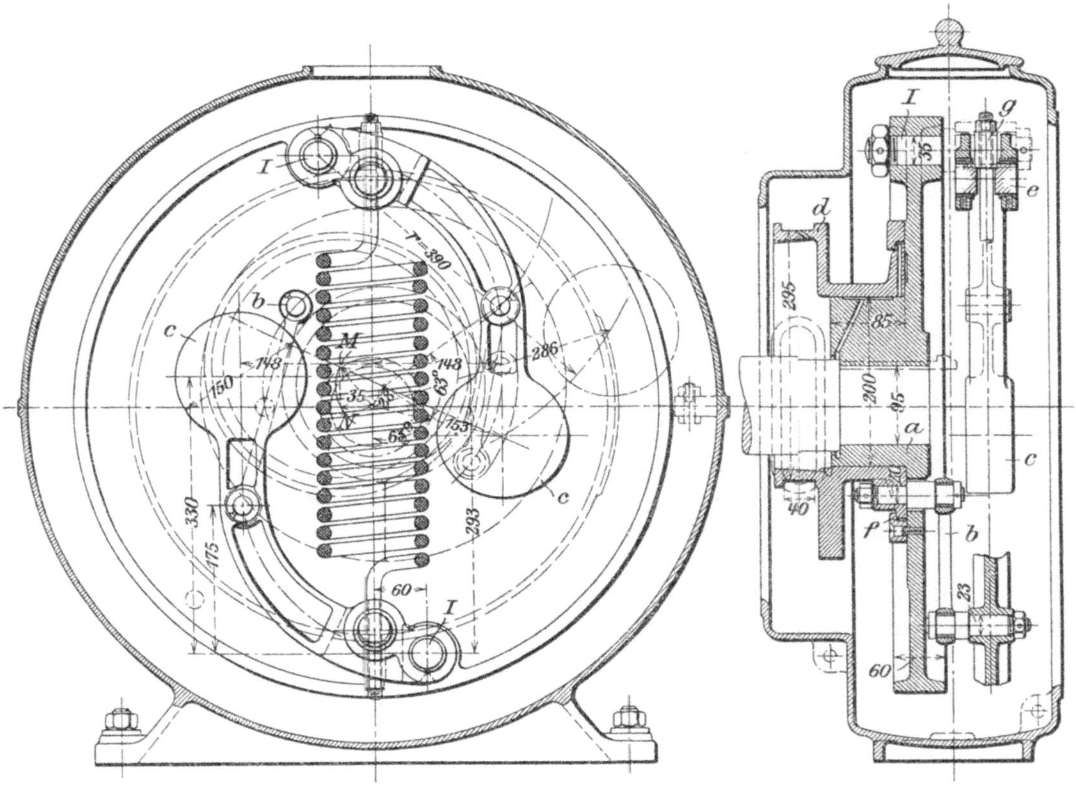

Der Achsenregler, Bauart **Proell-Schwabe**, mit ebenfalls drehbar gelagerten Schwungkörpern ist in Fig. 140 (S. 218) dargestellt.

Er besteht im wesentlichen aus zwei um Bolzen $b_1 b_2$ drehbaren Pendeln $p_1 p_2$, deren jedes sich aus zwei Seitenwänden n, zwei verbindenden Querstegen q und einer Nabe zusammensetzt.

Der Fliehkraft der Pendel wird durch nahe an die Welle gelegte Schraubenfedern $f_1 f_2$ Gleichgewicht gehalten, deren Enden $e_1 e_2$ und $o_1 o_2$ am Gehäuse bezw. am Pendel befestigt sind. Der Ausschlag der letzteren wird durch Zugglieder z auf die Drehexzenter übertragen. Auf der Deckelseite sind zwei Zugglieder vorhanden, wodurch die Pendel auch unter sich gekuppelt und zu gleichen Ausschlägen gezwungen werden; auf der Geradführungsseite befindet sich nur ein Zugglied, da hier eine abermalige doppelte Kuppelung bei geringen Ungenauigkeiten in der Ausführung zu Klemmungen Anlaß geben würde. Die Reibung des Exzenterbügels, die bei hohen Umlaufzahlen nicht unbeträchtliche Werte erreicht, erzeugt ein Moment, das zur Unterstützung der Federkraft benutzt wird.

Fig. 140.

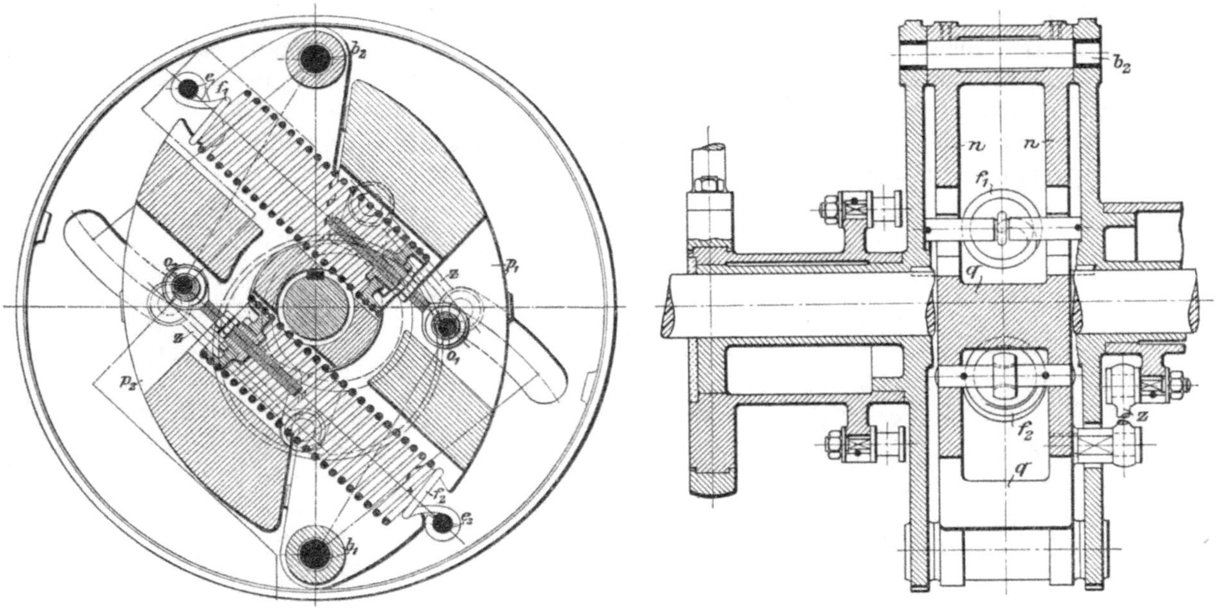

Durch geeignete Wahl der Angriffpunkte der wirksamen Kräfte ist eine nahezu vollkommene Entlastung der Pendeldrehpunkte, demzufolge eine geringe Eigenreibung des Reglers und eine hohe Empfindlichkeit desselben erreicht worden.

Fig. 141 zeigt die Ausführung eines Pröll-Schwabe-Reglers mit Tourenverstellung während des Ganges. Die Schraubenfedern sind mit ihrem beweglichen Ende nicht unmittelbar in die Schwungmassen des Reglers eingehängt, sondern an Bolzen P befestigt, die durch Lenker l auf Kreisbogen mit einstellbarem Mittelpunkt M geführt werden; hierbei laufen die an den Enden der Bolzen P sitzenden Rollen auf einer geradlinigen Bahn c am Umfange der Pendel. Während des Pendelausschlages ist die Bewegung der Rollen nur gering, da der Kreisbogen um M, den der Rollenmittelpunkt beschreibt, mit dem Kreisbogen um den Pendeldrehpunkt B, den er bei starrer Verbindung mit dem Pendel beschreiben würde, nahezu zusammenfällt. Der Punkt M wird durch den Winkelhebel w_1 verstellt, der durch eine kurze Stange s mit dem einen Schenkel eines zweiten Winkelhebels w_2 in Verbindung steht, dessen anderer Schenkel in einem Schlitz der Welle liegt und sich mit seinem Ende axial bewegen läßt. Dies wird unter Vermittlung einer in einer zentralen Bohrung der Welle liegenden Spindel durch eine äußere Stellvorrichtung bewirkt.

Fig. 141.

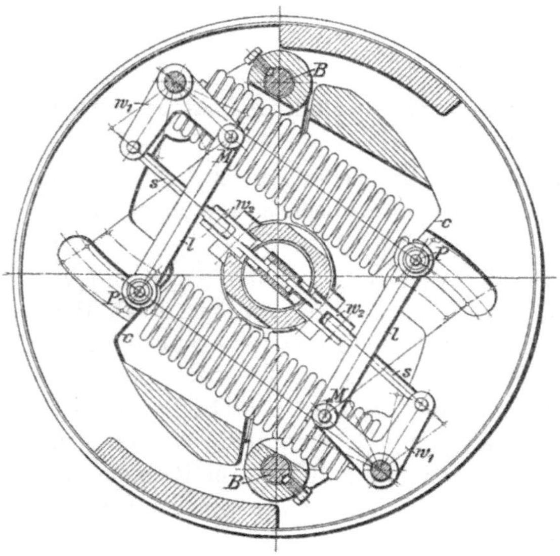

Wird M nach dem Pendeldrehpunkt B zu bewegt, so wird das Federmoment in sämtlichen Pendellagen verkleinert, und die Umlaufzahl der Maschine sinkt, während im entgegengesetzten Falle das Federmoment und damit die Umlaufzahl zunimmt.

Die Vorrichtung gestattet, selbst bei Veränderungen der Umlaufzahl bis zu $\pm$ 10 vH den Ungleichförmigkeitsgrad angenähert unveränderlich zu halten [1]).

Über weitere von Proell angegebene Verbesserungen an Achsenreglern mit Tourenverstellung s. Z. d. V. d. J. 1909, S. 568.

Ein auf der Kurbelwelle freiliegend angeordneter Achsenregler mit hoher Tourenverstellung der Firma Steinle & Hartung, Quedlinburg, ist in Fig. 142 dargestellt.

In dem auf das Wellenende festgekeilten Gehäuse o sind gegenüberliegend zwei auf Kugeln gelagerte, durch das Steuerexzenter s gekuppelte Pendel angeordnet, von denen das

Fig. 142.

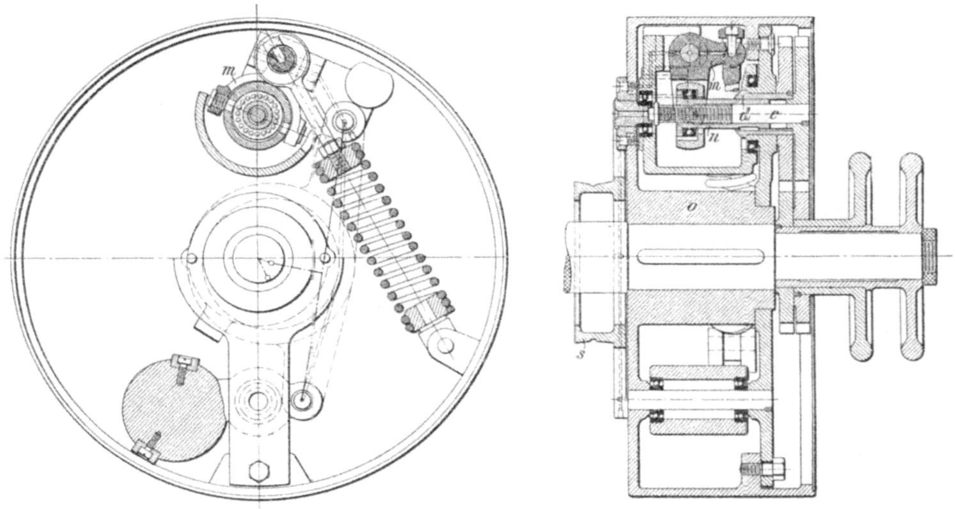

eine zur Aufnahme der Tourenverstellvorrichtung eingerichtet ist. Dieselbe besteht aus einem am Pendel gelagerten Winkelhebel m, dessen rechtwinklige Arme in einer durch die Pendeldrehachse gelegten Ebene ausschlagen. Der eine Arm drückt mittels Kugellager auf eine längs dieser Achse verschiebbare, mit Muttergewinde versehene Büchse n, während am anderen Hebelarm eine Öse der im Gehäuse befestigten Zugfeder mittels Kugelgelenkes angreift. Behufs Änderung der Umlaufzahl wird durch Verschieben der Gewindemuffe der Winkelhebel verdreht und dadurch die Spannung und gleichzeitig der Hebelarm der Zugfeder in bezug auf die Pendeldrehachse verändert.

Dies geschieht während des Ganges durch zwei mit langen Naben drehbar ineinander und drehbar auf der Kurbelwelle sitzende Handräder und zwei auf den Naben derselben befestigte gleich große Zahnräder, die mit zwei ebenfalls gleich großen Zahnrädern in Eingriff stehen, von denen das eine auf der in der Gewindemuffe sitzenden Spindel c, das andere auf einer im Gehäuse drehbaren Büchse d gelagert ist, in welche die mit ihr durch Feder und Nut gekuppelte, jedoch längsverschiebbare Gewindemuffe n eingreift.

---

[1]) Z. d. V. d. J. 1907, S. 137/138.

Beim Verstellen der Tourenzahl werden die mit der Kurbelwelle rotierenden Handräder gleichzeitig von Hand festgehalten, wobei die äußeren beiden Zahnräder sich auf den inneren abrollen.

Eine Verschiebung der Gewindemuffe und damit eine Änderung der Tourenzahl kann aber noch nicht erfolgen, da sich Gewindespindel und die das Muttergewinde enthaltende Muffe gleichzeitig drehen; dies ist erst nach Verdrehen der beiden Handräder gegeneinander möglich, da dann auch die Gewindemuffe n gegenüber der Spindel c verdreht wird. Nach erfolgter Verstellung rotieren die Handräder und die völlig entlasteten Zahnräder wieder mit der Kurbelwelle.

Alle Drehgelenke werden durch eine Zentralschmierung vom Inneren des Exzenters aus mit Öl versorgt.

Fig. 143.

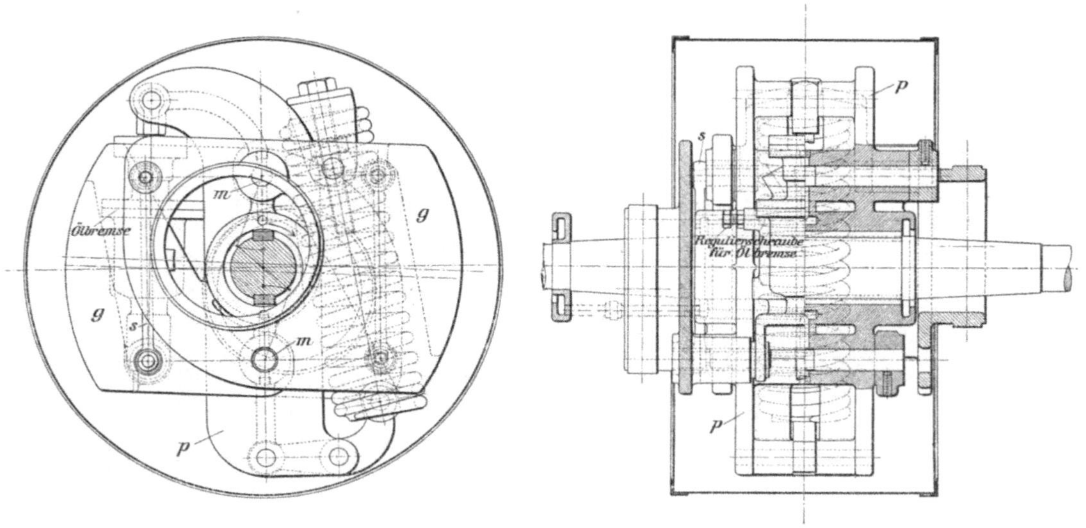

Die Verstellungsbahn ist eine für die Dampfverteilung günstige, nach außen gekrümmte Kurve. Senkrechte, durch die Steuerungsteile verursachte Drücke auf das Exzenter lassen sich durch verschiedene Gewichte und Gabelarme der beiden Pendel ausgleichen.

Der Regler kann auch zweiteilig auf einer durchgehenden Kurbelwelle von gleichem Durchmesser angebracht werden. Der Ungleichförmigkeitsgrad bleibt bei allen eingestellten Tourenzahlen unveränderlich.

Über einen Achsenregler, Patent Paul H. Müller, derselben Firma s. S. 322.

Eine unmittelbare Übertragung der Pendelbewegung auf die Einlaßventile der in Fig. 260 dargestellten paarschlüssigen Steuerung der Maschinenfabrik Gebr. Pfeiffer, Kaiserslautern, läßt sich mittels des derselben Firma patentierten Achsenreglers bewirken.

Wie Fig. 143 ersichtlich, ist auf der Steuerwelle ein Pendelträger p befestigt, an dessen beide Zapfen m je ein Pendel g drehbar aufgesteckt ist. Beide Pendel sind unmittelbar zu Exzentern ausgebildet, deren Stangen nach den zum Steuerungsmechanismus gehörigen Schnabelhebeln führen (s. Fig. 260).

Schlägt das Pendel um einen bestimmten Betrag aus, so wird dadurch der Mittelpunkt des Exzenters zur Mitte Steuerwelle verlegt und hierdurch eine Veränderung der

Exzentrizität und des Voreilwinkels, mithin auch der Füllung und Leistung der Maschine herbeigeführt.

Beide Pendel sind durch zwei kleine Stangen *s* gekuppelt, so daß ihre gesamte Fliehkraft, der auch hier durch eine einzige Feder Gleichgewicht gehalten wird, für die Steuerung zur Wirkung kommt.

Das Pendelsystem ist so angeordnet, daß die statischen Verstellkräfte durch die Beharrungswirkung der Pendelmassen noch eine wesentliche Unterstützung erfahren. Auf diese Weise wird eine schnelle und genaue Regulierung erzielt, während die geringe Eigenreibung dieses Reglers eine hohe Empfindlichkeit desselben gewährleistet.

Fig. 144 zeigt einen Achsenregler, wie er zur Verdrehung von Daumen einer Ventilmaschine, Patent Knoller (Fig. 247) Verwendung findet. Die auf Druck beanspruchten

Fig. 144.

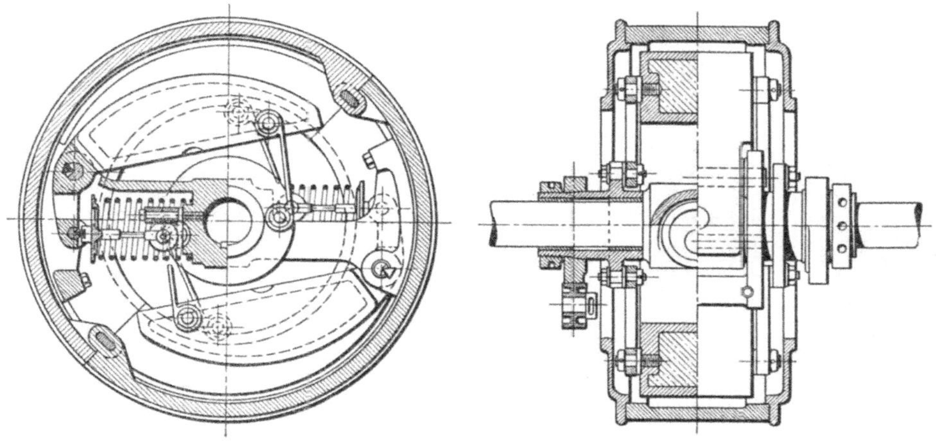

Federn desselben sind mit ihren inneren Enden an der Nabe des Reglergehäuses befestigt, während die äußeren Enden sich mittels Teller und Schneide gegen die kurzen Arme der beiden Gewichtspendel stützen. Jeder Teller trägt eine von der Feder umgebene Lenkstange, deren freies Ende mittels Rolle auf einer gekrümmten Bahn geführt wird. Um die nötige Anpressung zu erhalten, ist die Schneide am Federteller exzentrisch angeordnet, der Berührungsdruck demnach ein gleichbleibender Bruchteil der ganzen Federkraft. Entsprechend der Steigung der Kurvenführung ergeben sich daraus keine Zusatzkräfte parallel zur Federachse, die gegenüber einem gleichen Regler gewöhnlicher Bauart — d. h. mit zentraler Schneide und ohne Führung — eine geringe Änderung in der Umlaufzahl des Reglers hervorrufen. Diese Änderung ist in jeder Reglerstellung der Steigung der Führungskurve in dem entsprechenden Punkte proportional.

Durch die Form dieser Kurve hat man es in der Hand, eine genau gerade *C*-Kurve und dadurch beliebige Annäherung an die Astasie herbeizuführen oder sonst der *C*-Kurve irgend einen erwünschten Verlauf zu geben. Die Führungskurve bestimmt unmittelbar die Gestalt der Charakteristik des Reglers.

Achsenregler mit gerade geführten Schwungkörpern und unmittelbarer Belastung durch radial angreifende Druckfedern sind von F. Strnad angegeben.

Fig. 145 (S. 222) zeigt einen solchen Regler, dessen Federn *A* der Fliehkraft der Schwunggewichte *B*, die durch eine Spindel *C* mit Rechts- und Linksgewinde *D* zu symmetrisch

Fig. 145.

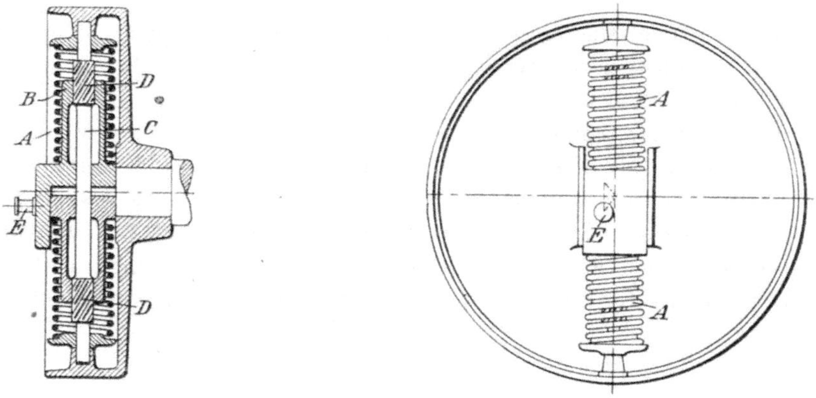

Fig. 146.

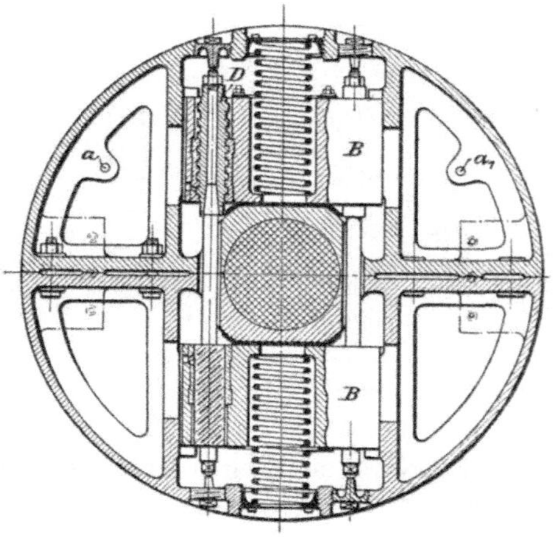

Fig. 147.

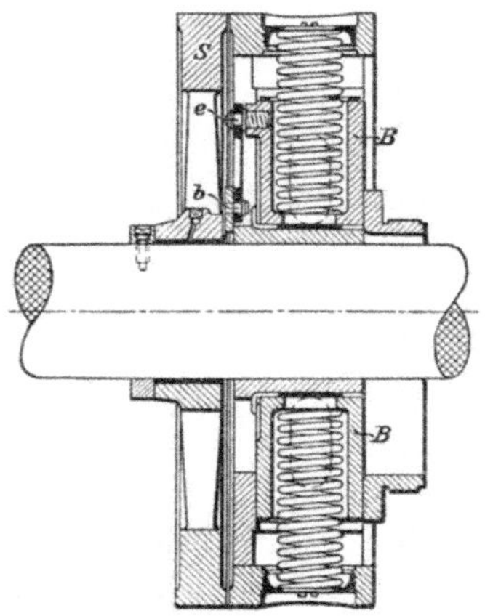

Fig. 148.

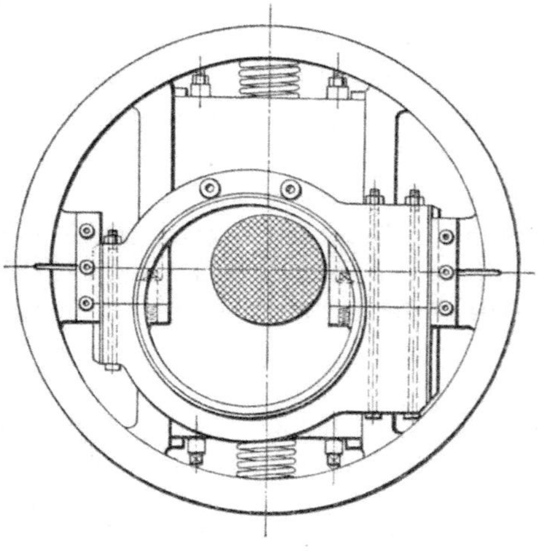

Fig. 149.

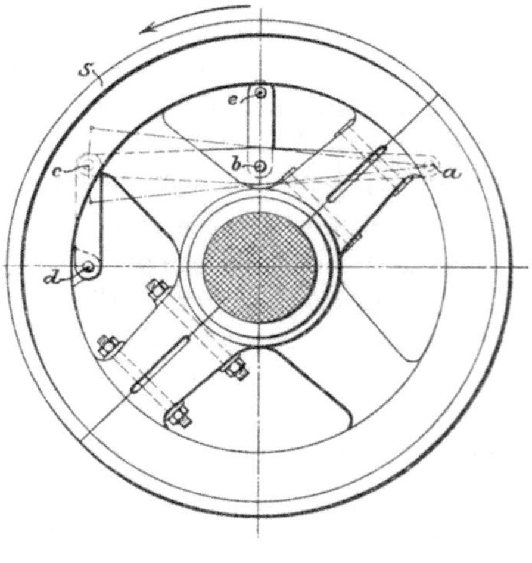

gleichsinniger Bewegung veranlaßt werden, unmittelbar entgegenwirken. Die Spindel kann sich nicht mit den Gewichten verschieben, sondern nur drehen; sie hat also keinen Einfluß auf die Umlaufzahl.

Der Steuerzapfen E ist mit einem der Gewichte starr verbunden und wird bei durchgehender Welle als Exzenter ausgebildet. Da der Exzentermittelpunkt genau gerade geführt wird, ist das lineare Voreilen bei allen Füllungen unveränderlich.

Eine Ausführungsform dieses Reglers mit Beharrungsmasse (D. R. P. Nr. 95140) ist in Fig. 146 bis 149 dargestellt.

Die Beharrungsmasse ist hier eine auf der Welle lose sitzende Scheibe S, die mit demjenigen Schwungkörper, der das Steuerexzenter trägt, durch ein Hebelwerk derart verbunden ist, daß, wenn die Maschine plötzlich mehr belastet wird und die Beharrungsscheibe vorauseilt, der Schwungkörper nach innen gedrängt, das Exzenter somit für größere Füllung eingestellt wird.

Der zweiarmige Hebel abc (Fig. 149) ist bei a an das Reglergehäuse angeschlossen und durch die Lasche cd mit der Beharrungsscheibe verbunden. Die Lasche be verbindet den zweiarmigen Hebel gelenkig mit dem Gewichte B. Die Drehrichtung der Maschine entspricht dem eingezeichneten Pfeil.

Bei umgekehrter Drehrichtung wird der Hebel abc bei Punkt a_1 (Fig. 146) an das Gehäuse angeschlossen [1]).

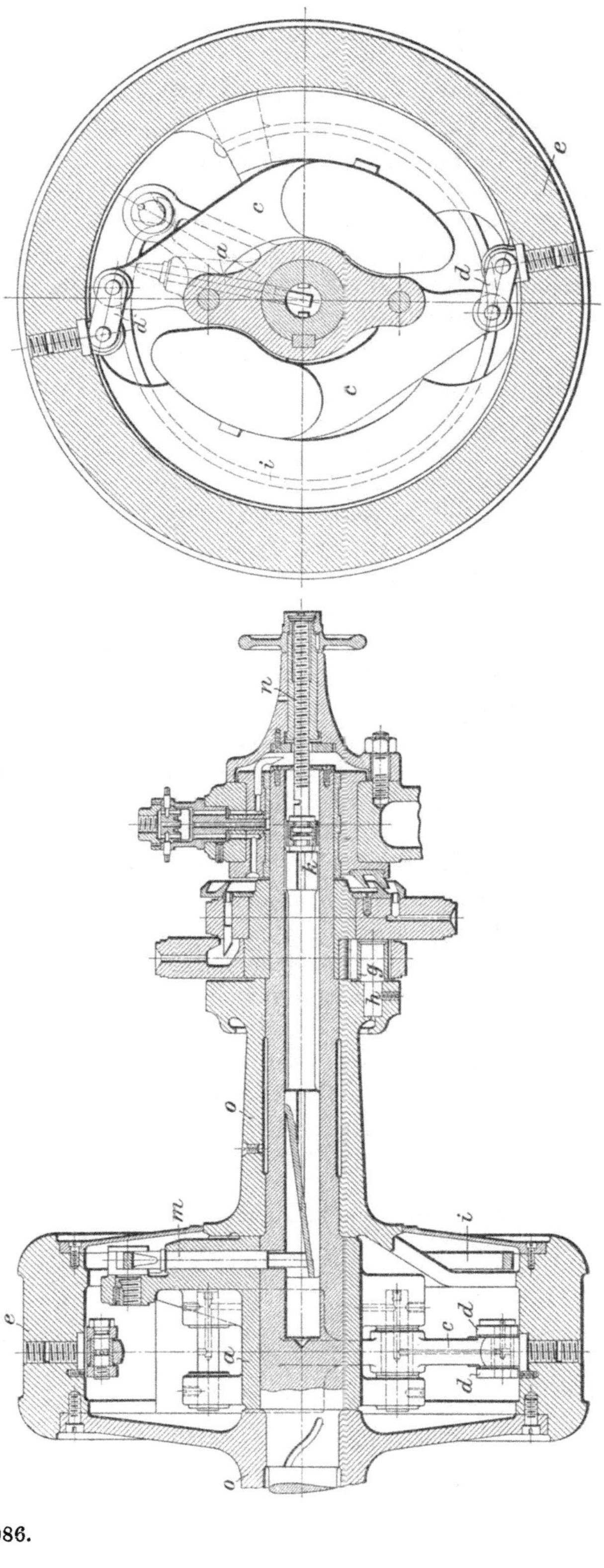

Fig. 150.

[1]) Z. d. V. d. J. 1901, S. 985/986.

Über neuere Geschwindigkeitsregler der Strnadschen Bauart mit Vorrichtungen für die Verstellung der Umlaufzahl während des Ganges s. Z. d. V. d. J. 1907, S. 23 u. ff.

Der in Fig. 150 (S. 223) ersichtliche, zu einer liegenden Maschine gehörige Lentz-Regler[1]) besteht aus dem auf der Steuerwelle befestigten Pendelträger *a*, an dem mittels Bolzen die Schwunggewichte *c* drehbar befestigt sind; letztere sind durch Schließen *d* mit dem auf der Welle lose schwingenden Trägheitsring *e* gelenkig verbunden. Dem durch die Pendelfliehkräfte entwickelten, eine Verdrehung des Trägheitsringes anstrebenden Drehmomente wirkt das durch die Spannung einer kreisförmigen Biegungsfeder *i* erzeugte statische Moment entgegen. Die Feder ist einerseits an dem Ringe *e*, andererseits an dem Pendelträger *a* befestigt.

Beim Anlassen der Maschine wird der Trägheitsring durch die Feder so lange mitgenommen, bis bei zunehmender Drehgeschwindigkeit die im Ruhezustande der Maschine ganz zusammengeklappten Pendel ausfliegen. Die Feder wird dann gespannt, der Trägheitsring, der bereits die Geschwindigkeit der Maschine angenommen hat, zurückgedrängt und die Steuerung auf die entsprechende Füllung eingestellt. Zu dem Zwecke ist der Ring *e* beiderseits mit hülsenartigen Verlängerungen *o* versehen, die an den Enden zu Scheiben ausgebildet sind; letztere tragen je einen von viereckigen Gleitsteinen *g* umschlossenen Bolzen *h*, der in den Schlitz des betreffenden Einlaßexzenters eingreift und damit die Verdrehung des Trägheitsringes *e* in eine Verschiebung des Einlaßexzenters umsetzt.

Behufs Tourenverstellung während des Ganges wird der in einer Führung des Pendelträgers gleitende Stift *m* radial nach außen verschoben und damit eine Zunahme der Federspannung bewirkt. Das innere Ende des Stiftes *m* liegt in der schräg ansteigenden Nut eines in der Bohrung der Steuerwelle längsbeweglichen Bolzens, der durch die Kupplung *k* mit der in einem Böckchen gelagerten Schraubenspindel *n* verbunden ist. Wird letztere mittels eines auf ihrer Führungsbüchse sitzenden Handrades gedreht, so verschiebt sich der genannte Bolzen in dem einen oder anderen Sinne, was eine entsprechende radiale Verstellung des Stiftes *m* zur Folge hat.

Die von Lentz angeordnete Biegungsfeder — auch Spiralfedern kommen in Anwendung — besitzt gegenüber den üblichen zylindrischen Torsionsfedern manigfache Vorteile. Vor allem bedingt die einfache Form dieser Feder eine leichte Herstellung; dann braucht sie wenig Platz, ist zentral aufgehängt und läßt trotzdem die Anbringung des Reglers auf einer durchgehenden Welle zu. Weiter ist das Material viel günstiger beansprucht und der zwar nur geringe Einfluß der Federfliehkräfte leichter und genauer zu ermitteln.

Lentz-Regler für stehende Maschinen unterscheiden sich nur durch Wegfall der am Trägheitsring angegossenen halsartigen Verlängerungen von denjenigen der liegenden Maschinen (s. Tafel VI).

[1]) Ausführung der Hannoverschen Maschinenbau-A.-G., vorm. G. Egestorff, Hannover.

Zehnter Abschnitt.

Die Steuerungen.

Allgemeines.

Für die richtige Dampfverteilung einer mit hin- und hergehendem Kolben arbeitenden (doppelwirkenden) Dampfmaschine (Wechselstrommaschine) ist erforderlich, daß der in den Zylinder derselben tretende Dampf abwechselnd auf der einen und anderen Kolbenseite zur Wirkung kommt, ferner die Ein- und Ausströmverhältnisse des Dampfes (Vor-Einströmung und Expansion bezw. Vor-Ausströmung und Kompression) dem Verwendungszwecke usw. der Maschine entsprechend gewählt werden.

Die in das Innere des Zylinders führenden Kanäle sind abwechselnd mit dem Ein- und Ausströmrohr des Dampfes in Verbindung zu bringen.

Hierzu dient die innere Steuerung, die aus Schiebern (Flach- oder Kolbenschiebern), Ventilen oder aus Hähnen (Corlißhähnen, Drehschiebern) besteht, wonach man Schieber-, Ventil- und Hahn- oder Drehschiebersteuerungen unterscheidet.

Die zur Bewegung dieser Abschlußorgane dienenden Maschinenteile werden als äußere Steuerung und zwar je nach ihrer Verbindung mit den ersteren als Ausklinksteuerung oder als zwangläufige Steuerung bezeichnet.

Schiebersteuerungen werden stets zwangläufig, Ventil- und Hahnsteuerungen auslösend oder zwangläufig ausgeführt.

Bei der zwangläufigen Ventilsteuerung erfolgt sowohl die Öffnungs- wie auch die Schlußbewegung des Ventils durch ständig aktive Tätigkeit der äußeren Steuerungsteile — kettenschlüssige Steuerung — oder es erfolgt der Schluß des feder- bezw. gewichtbelasteten Ventils nur unter passiver Tätigkeit derselben — kraftschlüssige Steuerung.

Damit beim Ein- und Austritt des Dampfes am Zylinder ein merklicher Spannungsabfall desselben durch Droßlung vermieden wird, sind die Kanal- und Öffnungsquerschnitte für den Dampf genügend groß auszuführen. (Über eine angenäherte Bestimmung des Droßlungsabfalles am Ende der Füllung s. Fig. 36 (S. 98).

Bezeichnet

F die wirksame Kolbenfläche in qm,
c die mittlere Kolbengeschwindigkeit in m/sek,
f den Querschnitt des Einströmkanals in qm, so kann — nach Radinger —

$$f = \frac{F c}{w} \quad \ldots \ldots \ldots \ldots \ldots \quad 80)$$

gesetzt werden, wobei die Dampfgeschwindigkeit $w = 30$ bis 40 m/sek zu wählen ist.

Kleine oder sehr langsam laufende Maschinen erhalten kleinere Werte für w — bis 20 m/sek herunter.

Flachschiebersteuerungen sollen grundsätzlich mit $w = 40$ m/sek oder mehr bemessen werden, um an Schieberreibung und an den Außenmaßen der Steuerteile zu sparen. Die Kanal breite h ist dabei zwischen 0,5 und 0,8 D zu nehmen, wenn D den Kolbendurchmesser bedeutet. Die Kanal weite a ist wegen der Herstellung meist nicht unter 20 mm, nur bei sehr kleinen Maschinen bis 12 mm zu wählen.

Der mittlere Ausströmkanal erhält bei gleicher Breite eine solche Weite, daß bei äußerster Schieberstellung noch mindestens eine Auslaßweite $= a$ bis $^4/_3\, a$ verbleibt.

Schnelläufer mit Kolbenschiebersteuerung erhalten $w = 20$ bis 30 m/sek für den Kanalquerschnitt in der Büchse, der jedoch meist nur für den Auslaß vollständig geöffnet wird.

Bei Ventilsteuerungen beträgt der freie Durchgangsquerschnitt eines Doppelsitzventils, je nach der Größe desselben, 0,66 bis 0,75 der „nominellen“, d. h. der auf den mittleren Sitzdurchmesser

$$d = \frac{d_1 + d_2}{2} \quad \text{(s. S. 276)}$$

bezogenen kreisförmigen Fläche.

Auf diese „nominelle“ Fläche bezogen kann gewählt werden für:

Einlaßventile des Hochdruckzylinders	$w = 22$—32	m/sek
Auslaßventile „ „	$w = 20$—30	„
Einlaßventile „ Niederdruckzylinders	$w = 25$—40	„
Auslaßventile „ „	$w = 22$—36	„

Die kleineren Zahlen gelten im allgemeinen für kleine, die größeren für große Maschinen und für überhitzten Dampf. Bei großen schnellgehenden Maschinen vermindert man den Ventilhub durch Anwendung viersitziger Ventile (s. z. B. Fig. 216).

Die Geschwindigkeit w bei größter Eröffnung im Spalt zwischen den Sitzflächen findet man 50 bis 70 m/sek.

Drehschieber erhalten $w = 40$ m/sek. (Über den Durchmesser der Drehschieber s. S. 340.

I. Schiebersteuerungen.

A. Einfache Schiebersteuerungen.

a. Die Dampfverteilung.

Fig. 151 zeigt die gewöhnliche Form eines einfachen Muschel- oder D-Schiebers in seiner Mittellage, bei der er die im Schieberspiegel ausmündenden beiden seitlichen Kanäle von der Weite a je um die Beträge e und i (Einlaß- bezw. Auslaßüberdeckung) überragt. Die Weite des Auspuffkanals ist mit a_o bezeichnet.

Unter dem Einflusse eines Exzenters (Gegenkurbel) führt der Schieber die für eine richtige Dampfverteilung erforderlichen Bewegungen aus. Steht die Hauptkurbel der Maschine vom Halbmesser R z. B. in der linken Totlage OK_o (Fig. 152), so muß sich der Schieber aus seiner Mittellage bereits nach rechts bewegt haben, damit frischer Dampf

Fig. 151.

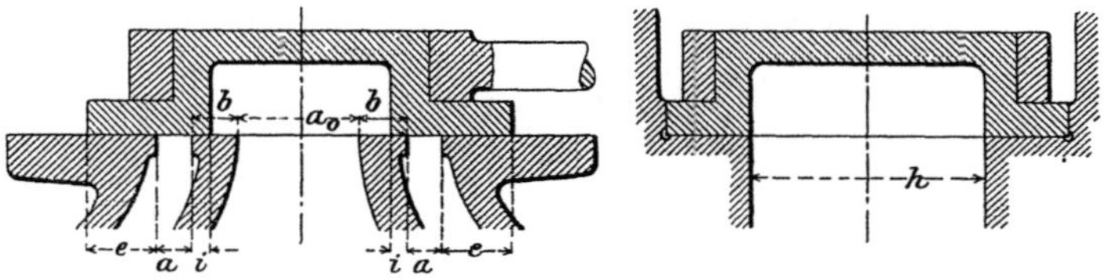

für den neuen Hub durch den linksseitigen Kanal in den Zylinder einströmen, bezw. der in diesem wirksam gewesene Dampf durch den rechtsseitigen Kanal bequem ausströmen kann. Diese Ein- bezw. Ausströmung soll schon vor dem Hubende beginnen, d. h. bevor die Kurbel ihre Totlage erreicht hat.

Fig. 152.

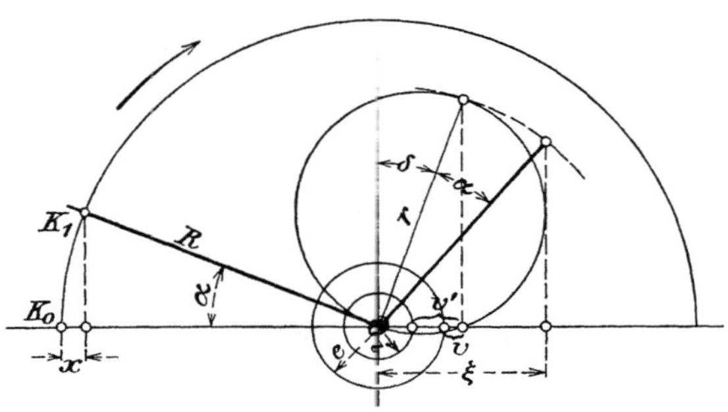

Beträgt die Größe der Eröffnung des Ein- und Ausströmkanals in dieser Lage v bezw. v', so muß das Exzenter der Kurbel um einen Winkel $90 + \delta$ vorangehen. Dieser Winkel δ wird Voreilwinkel, die Größe v das Voreilen für den Eintritt (äußeres lineares Voreilen), diejenige v' das Voreilen für den Austritt (äußeres lineares Voreilen) genannt. Bezeichnet ferner r die Exzentrizität des Exzenters (also $2r$ den ganzen Schieberhub), so steht der Schieber in der linken Totlage der Kurbel um

$$\xi = r \sin \delta = e + v = i + v'$$

rechts von seiner Mittellage.

Gelangt die Kurbel nach Drehung um einen beliebigen Winkel α aus der Totlage OK_o in die Lage OK_1, so führt auch das mit ihr auf gemeinsamer Welle O sitzende Exzenter eine entsprechende Bewegung aus und es folgt für den Schieberweg allgemein (von der Mittellage des Schiebers aus gerechnet)

$$\xi = r \sin(\delta + \alpha) \quad \ldots \ldots \ldots \ldots \quad \mathbf{81)}$$

Nimmt man die Gleichung für den Kolbenweg (für unendliche Schubstangenlängen) — Gl. 58 (S. 114) —

$$x = R(1 - \cos \alpha)$$

hinzu, so läßt sich, wenn r und δ bekannt sind, mittels der vorstehenden beiden Gleichungen die zu jedem Kurbelwinkel gehörige Kolben- und Schieberstellung berechnen und umgekehrt. Dabei sind die Schieberausweichungen von der Mitte aus nach rechts positiv, diejenigen von der Mitte aus nach links negativ einzusetzen.

Für die Dampfverteilung, z. B. auf der linken Zylinderseite, kommen als entscheidende Schieberstellungen in Betracht:

$\xi = + e$, Beginn der Vor-Einströmung (Rechtsgang des Schiebers),
$\xi = + e$, „ „ Expansion (Linksgang des Schiebers),
$\xi = - i$, „ „ Vor-Ausströmung (Linksgang des Schiebers),
$\xi = - i$, „ „ Kompression (Rechtsgang des Schiebers).

Für einen Schieber mit gegebenen Abmessungen lassen sich somit die Dampfverteilungsperioden oder umgekehrt unter Annahme der letzteren die Abmessungen des Schiebers berechnen. Hierbei kann die Stegbreite (Fig. 151)

$$b = 0{,}5\,a + 10 \text{ mm}$$

betragen.

Die Weite a des Kanals ergibt sich nach Annahme der Breite h desselben aus dem nach Gl. 80 (S. 225) berechneten Kanalquerschnitt $f = ah$ zu

$$a = \frac{f}{h} \quad \ldots\ldots\ldots\ldots\ldots\ldots \quad 81)$$

Die Weite des Auspuffkanals soll (vergl. S. 226)

$$a_o \geqq r + i + a - b$$

genommen werden.

Die Lappenlänge des Schiebers ergibt sich im vorliegenden Falle (Fig. 151) zu

$$e + a + i;$$

bei dem in Fig. 153 dargestellten Schieber ohne Überdeckungen ist sie gleich der Kanalweite a.

Fig. 153.

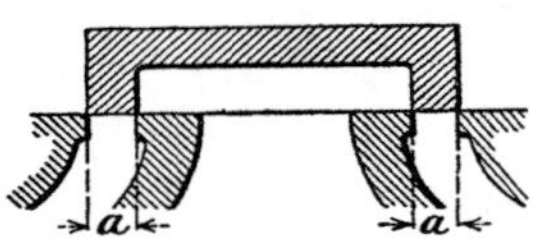

Ein solcher Schieber würde, da Vor-Ausströmung und Expansion, ferner Kompression und Vor-Einströmung jetzt gleichzeitig eintreten, weder Expansion noch Kompression nach dem Ein- bezw. Ausströmen des Dampfes zulassen.

Man erkennt, daß lediglich von der Größe der Einlaß- bezw. Auslaßüberdeckung eines Schiebers der Expansions- bezw. Kompressionsgrad der betreffenden Maschine abhängt.

Mit Berücksichtigung der endlichen Schubstangenlänge ergeben sich nicht unbedeutende Verschiedenheiten in der Dampfverteilung auf beiden Kolbenseiten; dieselben lassen sich, wie auch die Schieberbewegung in ihrer Abhängigkeit von der Kolben- bezw. der Kurbelbewegung im allgemeinen, am besten an Hand der sog. Schieberdiagramme übersehen (s. nachstehend).

Um die bei der Bewegung eines gewöhnlichen Muschelschiebers auftretenden Reibungswiderstände herabzumindern, wird derselbe mit Entlastungsvorrichtungen (Gegenplatte usw.) versehen, oder aber in Gestalt eines Rotationskörpers als Kolbenschieber ausgebildet, der sich in einer entsprechenden Bohrung der Schieberkammer, besser noch in einer Laufbüchse derselben bewegt.

Der Querschnitt des den Kolbenschieber vom äußeren Durchmesser d_a umgebenden ringfömigen Dampfkanals ermittelt sich nach Abzug aller Stegbreiten, die bis zu $^1/_3$ seines Umfanges betragen können, zu

$$f \gtreqless 0{,}66\, d_a\, \pi \cdot a;$$

hieraus folgt, wie bei dem Flachschieber, mit dem nach Gl. 80 (S. 225) berechneten Kanalquerschnitt f die Kanalweite a des Kolbenschiebers. (d_a ist so zu wählen, daß für die achsiale Dampfbewegung im Schieberkasten genügender Querschnitt vorhanden bleibt.)

Fig. 162 (S. 234) zeigt einen Kolbenschieber mit innerer Einströmung (s. d.).

b. Schieberdiagramme [1]).

In den folgenden Abbildungen bezeichnet (vergl. Sechster Abschnitt, II, A):

VE den Beginn der Vor-Einströmung,
Ex „ „ „ Expansion,
VA „ „ „ Vor-Ausströmung,
K „ „ „ Kompression,
A—L die atmosphärische Linie,
V—L die Vakuumlinie.

1. Reuleaux-Müllersches Diagramm (Fig. 154).

In diesem ist $K_o O K_o'$ die Kolbenweglinie, auf der die Kolbenwege x zu messen sind, $S O S'$ die Schiebermittellinie, von der aus die Schieberwege ξ gemessen werden; letztere ist entgegen der Drehrichtung der Kurbel um $90^0 + \delta$ zurückgedreht, demnach gegen die Totlage $O K_o$ derselben um den Winkel δ geneigt.

Kurbel- und Schieberkreis werden am einfachsten von gleicher Größe, d. h. zusammenfallend angenommen und in irgendwelchem Maßstabe gezeichnet.

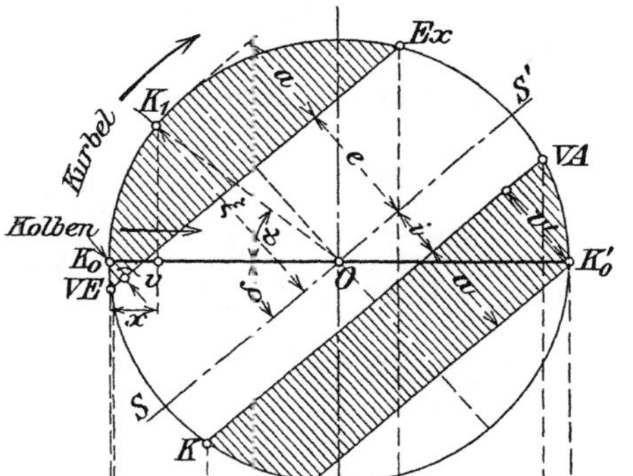

Fig. 154.

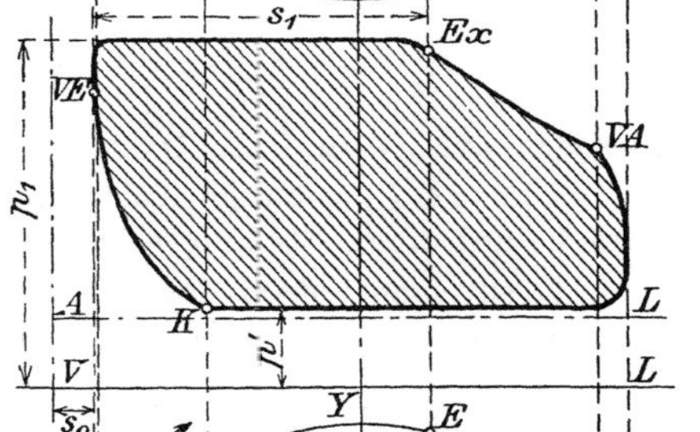

Fig. 155.

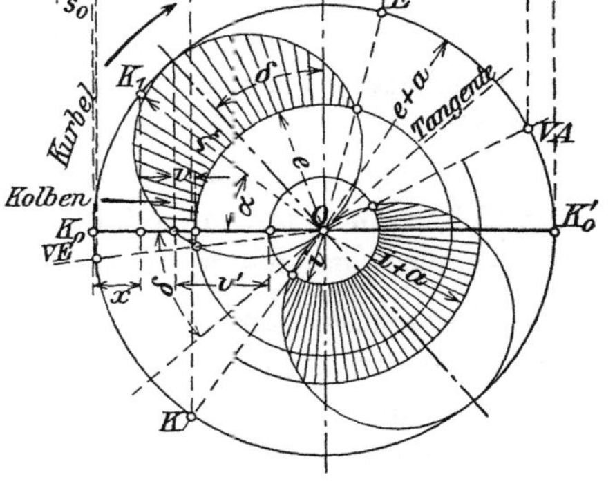

Fig. 156.

Für einen beliebigen Kurbelwinkel $K_o O K_1 = \alpha$ findet man den Kolbenweg x durch Abloten des Punktes K_1 auf die Kolbenweglinie $K_o O K_o'$; durch Abmessen des senkrechten Abstandes des Punktes K_1 von der Schiebermittellinie $S O S'$ ergibt sich der zugehörige Schieberweg ξ.

Sind in einem gegebenen Falle die Vor-Einströmung (*VE*), Vor-Ausströmung (*VA*) und der Kompressionsbeginn — letzterer durch den Kompressions-Enddruck — in Teilen des Kolbenhubes vorgeschrieben, so lassen sich die bezüglichen Punkte des gemeinsamen Kurbel- und Exzenterkreises festlegen. Eine durch *VA* und *K* gelegte Gerade liefert den Voreilwinkel δ und die Austrittsdeckung i; die Parallele zur Schiebermittellinie $S O S'$ durch *VE* ergibt die Eintrittsdeckung e und schneidet den Kreis in *Ex*, wodurch auch der Expansionsbeginn bestimmt ist.

Die Kanalweite findet man nach Gl. 80 und es ist dann $r = e + a + m$ zu setzen.

[1]) Vergl. „Hilfsbuch für den Maschinenbau“, 3. Aufl., Berlin 1908, Julius Springer.

wobei der Überlauf $m =$ Null oder als ein kleiner Bruchteil von a angenommen werden kann. (In Fig. 154 ist $m =$ Null.)

Für die Größen e, i und r des Diagramms ergeben sich absolute Werte durch Multiplikation derselben mit der nach Vergleich der Strecke a in dem Diagramm mit der gegebenen Kanalweite a bestimmten Verhältniszahl.

Fig. 155 zeigt das zu dem Schieberdiagramm gehörige Dampfdiagramm,

2. Zeunersches Diagramm (Fig. 156).

Die Kolbenwege x werden auf der Linie $K_o O K_o'$ gemessen, die Schieberwege ξ auf den Kurbelstellungen vom Mittelpunkte O aus als Längen abgetragen.

Bei unendlich langer Exzenterstange liegen die Endpunkte von ξ auf zwei Kreisen, die sich in O berühren, die Exzentrizität r als Durchmesser haben und deren gemeinsame Tangente in O mit der Kolbenweglinie $K_o O K_o'$ den Winkel δ bildet.

Diese Kreise schneiden für die einzelnen Kurbelstellungen die Schieberwege als Sehnenlängen ab.

Dies läßt sich, wie folgt, nachweisen:

Fig. I.

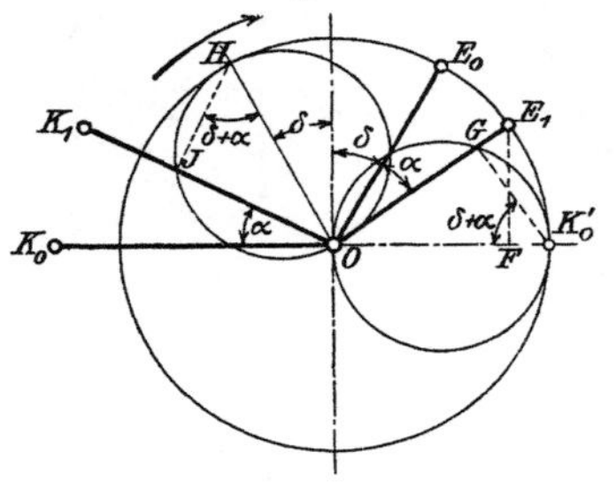

Steht — unter Bezugnahme auf nebenstehende Fig. I — bei beliebiger Kurbelstellung $O K_1$ das Exzenter in der Stellung $O E_1$, dann ist bei unendlich langer Exzenterstange der Schieberweg $\xi = O F$. Fällt man von K_o' aus ein Lot auf $O E_1$, so folgt, da $\measuredangle O E_1 F = \measuredangle O K_o' G = \delta + \alpha$, ferner $O E_1 = O K_o' = r$ und $\measuredangle O G K_o' = \measuredangle O F E_1 = 90^0$ (als Winkel im Halbkreis), aus der Kongruenz der Dreiecke $O G K_o'$ und $O F E_1$

$$O G = O F;$$

mithin stellt $O G$ den Schieberweg ξ auf dem Strahl $O E_1$ dar.

Zieht man einen Kreis über $O K_o'$, so schneidet dieser hiernach auf jedem Exzenterstrahl den zugehörigen Schieberweg ab.

Die zu $O E_1$ gehörige Kurbelstellung $O K_1$ liegt um $90 + \delta$ in der Drehrichtung der Kurbel zurück; auf dieser Stellung wäre jetzt der Schieberweg abzutragen.

Dreht man jedoch den ganzen Kreis über $O K_o'$ als Durchmesser um $90 + \delta$ zurück, so schneidet derselbe über $H O$ als Durchmesser den Schieberweg $\xi = O J = O G$ auch auf der Kurbelstellung $O K_1$ ab, was — in ähnlicher Weise wie oben — aus der Kongruenz der Dreiecke $O J H$ und $O G K_o'$ nachgewiesen werden kann.

Für größere Drehwinkel α der Kurbel bezw. für die Ausweichungen des Schiebers von der Mittellage aus nach links läßt sich die Richtigkeit der obigen Behauptung ebenfalls nachweisen.

In Fig. 156 gilt der obere Kreis (positiver Schieberkreis) für die Schieberausweichungen nach rechts, der untere Kreis (negativer Schieberkreis) für die Schieberausweichungen nach links.

Betrachtet man den aus O beschriebenen Kreis $K_0 K_1 K_0'$ als Kurbelkreis und zieht ferner mit den Halbmessern e und i Kreise um O, so geben durch die Schnittpunkte der letzteren mit den Schieberkreisen gelegte Strahlen die den entscheidenden Schieberstellungen entsprechenden Kolbenwege und Kurbelwinkel an. Desgleichen ergeben sich v und v'.

Die schraffierten Flächen der Schieberkreise zeigen die Größe der Einlaß- bezw. Auslaßöffnung bei der betreffenden Kurbelstellung; sie geben ein Bild von der Geschwindigkeit, mit der die Eröffnung und der Abschluß des Kanals von der Weite a erfolgt.

Die beiden vorbesprochenen Schieberdiagramme (Fig. 154 und 156) in Verbindung mit dem zugehörigen Dampfdiagramm (Fig. 155) sind unter Voraussetzung einer Schubstange von unendlicher Länge durchgeführt worden.

Bei genaueren Ermittelungen ist die endliche Länge der Schubstange zu berücksichtigen.

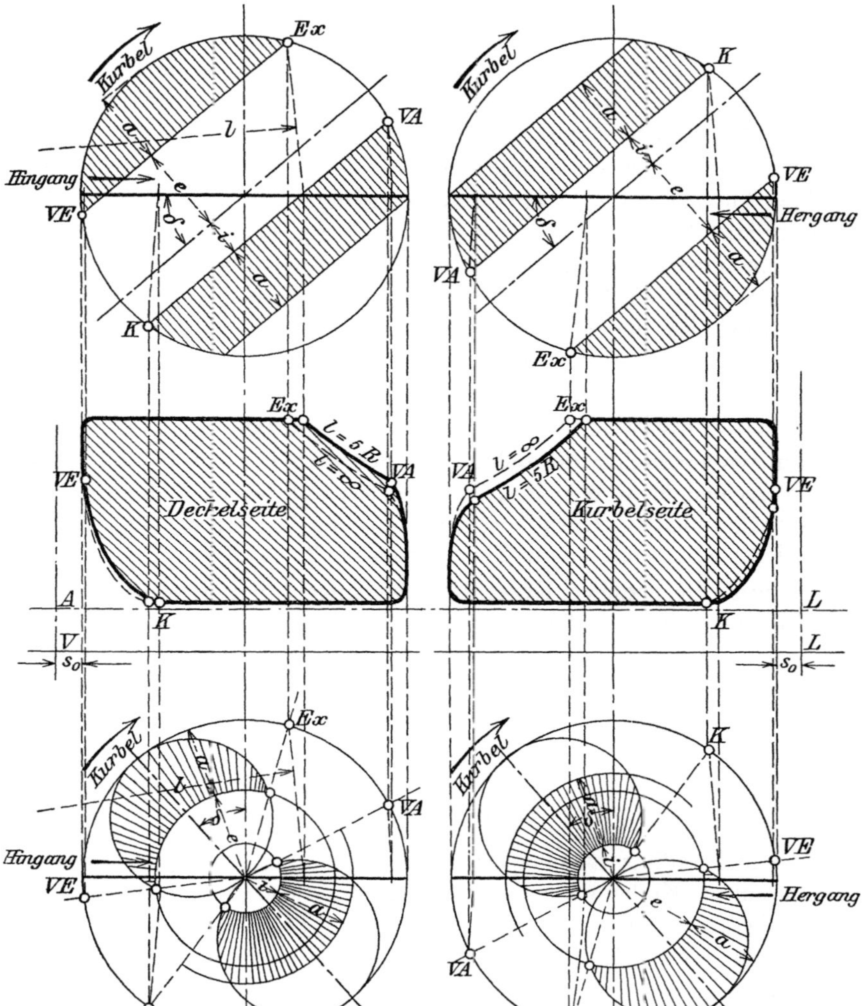

Fig. 157.

Fig. 158.

Fig. 159.

Damit ergeben sich, wie schon früher hervorgehoben, bedeutende Unterschiede in der Dampfverteilung auf beiden Kolbenseiten einer Maschine. In welchem Maße dieselben auftreten, läßt sich aus den Fig. 157 bis 159 ersichtlichen Abbildungen erkennen.

Es sind hier mit Hilfe des Reuleaux-Müllerschen und des Zeunerschen Schieberdiagramms (Fig. 157 bezw. Fig. 159) die Dampfdiagramme (Fig. 158) für die Deckel- und Kurbelseite einer Maschine ermittelt und zwar unter der Voraussetzung, daß $l = \infty$ und $l = 5\,R$ ist. Im letzteren Falle ist statt senkrechter Projektion der betreffenden Kurbelkreispunkte auf die Kolbenweglinie Bogenprojektion mit einem Halbmesser $l = 5\,R$ auszuführen (vergl. S. 114).

Nach Gl. 57 (S. 114) ist für endliche Schubstangenlänge

$$x = R(1 - \cos\alpha) \pm \frac{R^2}{2l}\sin^2\alpha,$$

d. h. für den gleichen Drehwinkel α der Kurbel der Kolbenweg beim Hingange größer als beim Rückgange.

Es fallen somit, wie auch Fig. 158 erkennen läßt, Füllung und Kompression auf der Deckelseite einer normalen (rechtsumlaufenden) Dampfmaschine größer aus, als auf der Kurbelseite derselben; dasselbe gilt für die Vor-Einströmung, während die Vor-Ausströmung auf der Kurbelseite am größten ist.

Um angenähert gleiche Dampfverteilung auf beiden Zylinderseiten zu erhalten, wird der Schieber entweder unsymmetrisch eingestellt, d. h. bei der Mittellage des Exzenters seine Mittellinie von derjenigen des Schieberspiegels durch Verlängerung der Schieberstange um einen gewissen Betrag n entfernt, so daß anstelle der bisherigen Überdeckungen e und i nunmehr auf der Deckelseite die Überdeckungen $e_d = e + n$ und $i_d = i - n$, und auf der Kurbelseite diejenigen $e_k = e - n$ und $i_k = i + n$ auftreten, oder aber es wird der Schieber selbst unsymmetrisch ausgebildet und z. B. behufs Erzielung gleicher Füllung auf beiden Zylinderseiten die äußere Überdeckung auf der Deckelseite vergrößert, diejenige auf der Kurbelseite dagegen verkleinert u. dergl.

Bei unsymmetrischer Einstellung des Schiebers ist noch besonders darauf zu achten, daß die Verschiedenheit des linearen Voreilens auf beiden Zylinderseiten innerhalb zulässiger Grenzen bleibt. (Über die Anwendung des vorbesprochenen Verfahrens bei einem Kolbenschieber mit innerer Einströmung s. S. 243.)

Die durch die endliche Exzenterstangenlänge l' hervorgerufenen Abweichungen des Schieberweges von dem für $l' = \infty$ sind in den meisten Fällen so gering, daß sie vernachlässigt werden. Nur bei außergewöhnlich kurzer Exzenterstange ist deren endliche Länge zu berücksichtigen, was ebenfalls mit Hilfe der Bogenprojektion — an Stelle des Kurbelhalbmessers R ist r, an Stelle der Schubstangenlänge l die Exzenterstangenlänge l' zu setzen — vorgenommen werden kann.

3. Schieberellipse (Fig. 160).

Die Schieberellipse ist eine Darstellung der Steuerbewegung durch eine Kurve, die entsteht, wenn die Kolbenwege als Abszissen, die zugehörigen Schieberwege als Ordinaten, und zwar die Ausweichungen rechts von der Schiebermittellage oberhalb, diejenigen links von der Schiebermittellage unterhalb der Kolbenweglinie aufgetragen werden.

Bei unendlicher Schubstangenlänge ($l = \infty$) liegen die Endpunkte von ξ auf einer Ellipse.

Beweis. Für einen beliebigen Punkt der Kurve ist

$$x = R\cos\alpha \quad \text{und} \quad y = r\sin(\delta + \alpha) = r(\sin\alpha\cos\delta + \cos\alpha\sin\delta).$$

Eliminiert man aus beiden Gleichungen den Winkel α, so folgt nach einigen Reduktionen

$$R^2 y^2 - 2Rryx\sin\delta + r^2x^2 - R^2r^2\cos^2\delta = 0.$$

Dies ist die Gleichung einer Ellipse aus dem Zentrum, wenn die Koordinatenachsen nicht mit den Hauptachsen zusammenfallen.

Bezeichnet φ den Winkel, um den die große Halbachse der Ellipse von der Abszissenachse abweicht, so ist

$$\operatorname{tg} 2\varphi = \frac{2Rr\sin\delta}{R^2 - r^2}.$$

Bei endlicher Stangenlänge (in Fig. 160 für $l = 5\,R$ gezeichnet) liegen die Endpunkte von ξ auf einer unsymmetrischen ellipsenähnlichen Kurve, deren schraffierte Flächen die Größe der Einlaß- bezw. Auslaßöffnung des Dampfkanals bei der betreffenden Kurbelstellung angeben.

Fig. 160.

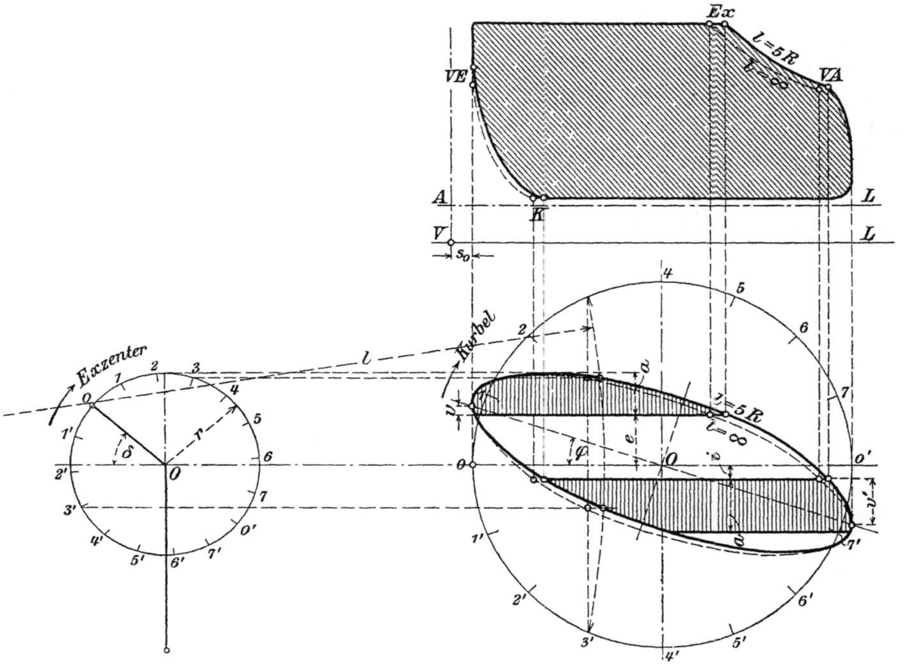

Ebenso ergeben sich das äußere und innere lineare Voreilen v bezw. v' auf der den Kurbelkreis links bezw. rechts berührenden Senkrechten.

4. Sinoidendiagramm (Fig. 161).

Bei diesem Diagramm werden, wie bei der Schieberellipse, die Ausschläge des Schiebers aus der Mittellage nach rechts und links durch die nach oben und unten abzutragenden Ordinaten der Kurve dargestellt. Abszissen sind die Kurbelwege. Werden auch die Kolbenwege als Ordinaten in das Diagramm eingetragen, so erhält man zwei Kurven — die Schieber- und die Kolbenwegsinoide — von denen erstere die Bewegung der Einlaß- bezw. der Auslaßkante des Schiebers, letztere die der zugehörigen Kurbellage entsprechende Kolbenstellung darstellt.

Fig. 161.

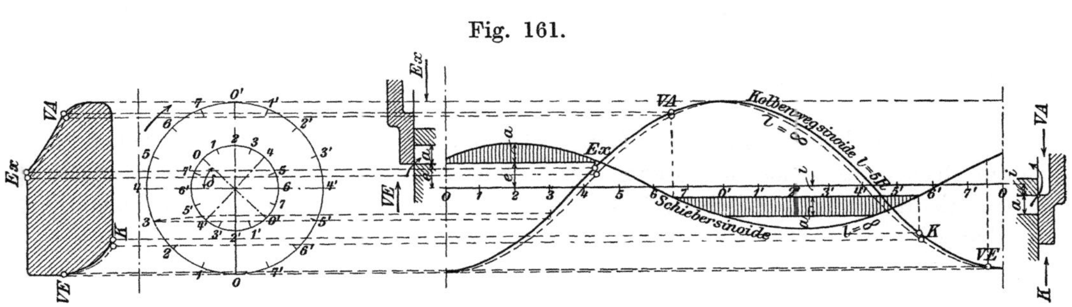

Die Kurven haben die Eigenschaft, daß die Ordinate dem Sinus der Abszisse proportional ist; sie sind, wie auch das zugehörige Dampfdiagramm, für $l = \infty$ und $l = 5\,R$ aufgezeichnet.

c. Abänderungen des einfachen Muschel- und Kolbenschiebers.

1. Schieber mit innerer Einströmung.

Bisher wurde angenommen, daß der Eintritt des Frischdampfes in den Zylinder durch die äußeren, sein Austritt aus demselben durch die inneren Kanten des Schiebers gesteuert wird — Schieber mit äußerer Einströmung — doch kommen insbesondere bei Verwendung von Heißdampf, ferner bei den Niederdruckzylindern von Mehrfach-Expansionsmaschinen — hier sehr häufig aus konstruktiven Rücksichten — auch Schieber mit innerer Einströmung in Anwendung, die behufs der

Fig. 162.

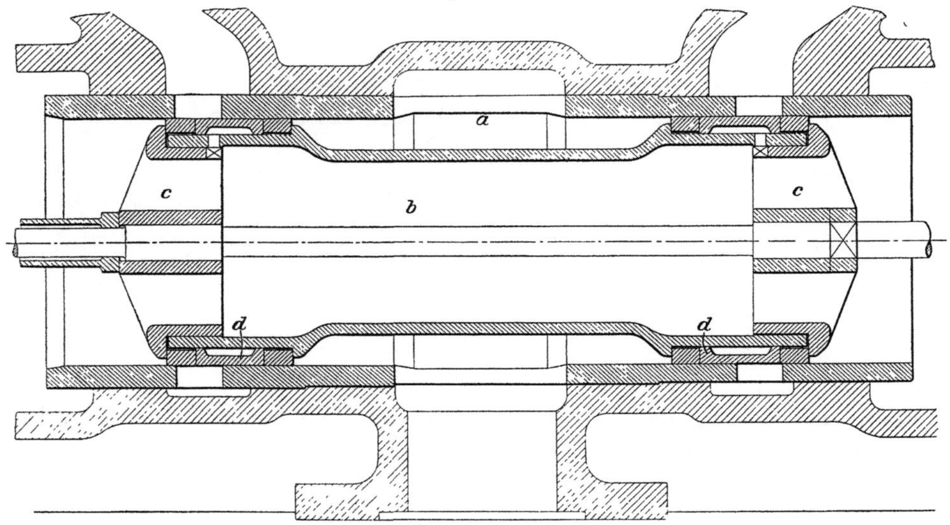

in diesem Falle erforderlichen Entlastung zumeist als Kolbenschieber ausgebildet werden.

Bei diesen Schiebern steuern die inneren Kanten den Dampfeintritt, die äußeren den Dampfaustritt und es sind deshalb die Einlaß- und Auslaßüberdeckungen e bezw. i in entsprechender Weise am Schieberlappen anzutragen, die Bewegungen des Schiebers im übrigen so zu gestalten, daß eine richtige Dampfverteilung erreicht wird; hierzu ist nötig, denselben durch ein gegenüber der bisherigen Anordnung diametral entgegengesetztes Exzenter anzutreiben, daß also der Kurbel um $270 + \delta$ voreilt.

Fig. 162 zeigt einen Kolbenschieber b mit innerer Einströmung, der von einem mittels Achsenreglers auf veränderlichen Hub und Voreilwinkel eingestellten Exzenter angetrieben wird.

Behufs Abdichtung in der zugehörigen Laufbüchse a ist der Schieber an seinen beiden, durch Deckel c geschlossenen Enden mit je zwei schmalen gußeisernen Federringen versehen, die durch einen zwischengelegten festen Ring d in ihrer gegenseitigen Lage erhalten werden [1]).

---

[1]) Zu einer Heißdampf-Kropfachsmaschine 300/420 ($n = 200$ Uml/min) der Maschinenfabrik J. E. Christoph, A.-G., Niesky, gehörig.

2. Der Trick-Schieber.

Behufs Erzielung doppelter Einströmung ist der in Fig. 163 ersichtliche Schieber mit einem Hilfskanal (Trick-Kanal) versehen, durch den, sobald die Vor-Einströmung auf der einen Schieberseite beginnt, von der anderen Schieberseite her ebenfalls Dampf in den Zylinder gelangt.

Fig. 163.

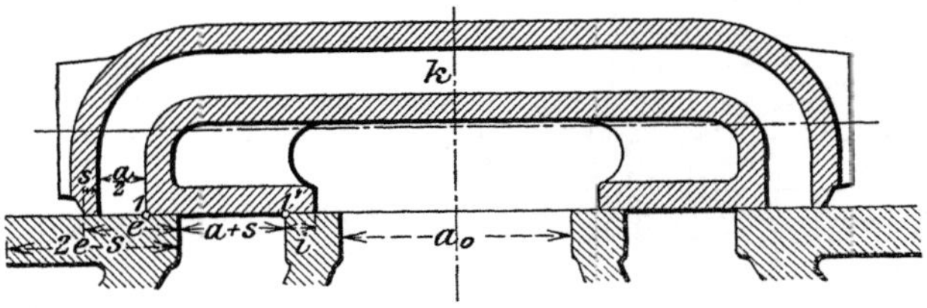

Ist a die nach Gl. 80 berechnete Kanalweite, so macht man die Weite des Hilfskanals $= 0{,}5\,a$. Die äußere Stegstärke s des Schiebers kann, je nach der Größe desselben, 10 bis 20 mm gewählt werden; damit ergibt sich die Kanalweite im Schieberspiegel $= a + s$ und die Länge des letzteren, außerhalb des Kanals, zu $2\,e - s$.

Die Verdoppelung der Einströmung, die bei $\xi = e$ beginnt, hört auf, sobald die Schieberkante 1 mit der rechtsseitigen Kanalkante 1′ zusammentrifft, d. i. bei $\xi = e + 0{,}5\,a$; es ist dann der Zylinderkanal um die Größe a geöffnet.

Das Schieberdiagramm (Fig. 163a) ist dasselbe wie bei dem gewöhnlichen Muschelschieber, nur hat man von der Vor-Einströmung (VE) an bis zur Kanalöffnung $0{,}5\,a$ (Punkt m in Fig. 163a), ebenso von n bis Ex die Eröffnungen über den mit

$$r \geqq e + 0{,}5\,a$$

als Halbmesser geschlagenen Schieberkreis nochmals aufzutragen.

Fig. 163a.

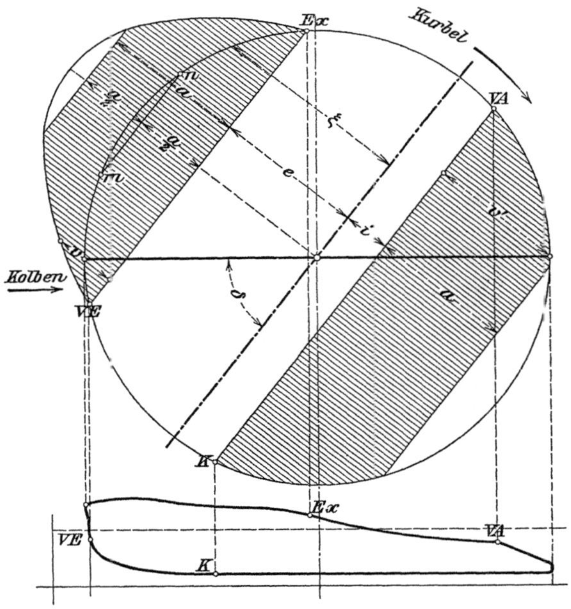

Der Voreilwinkel δ, die Überdeckungen e und i bestimmen sich wie beim einfachen Schieber.

Zu beachten ist, daß für volles Öffnen des Ausströmkanals auch

$$r > a + i$$

sein muß.

Fig. 164.

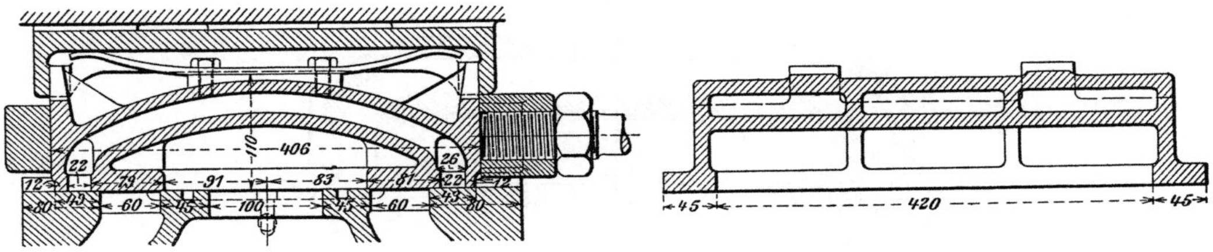

Der in Fig. 164 dargestellte, zum Niederdruckzylinder einer stehenden Verbundmaschine 385 bezw. 600/420 ($n = 185$ Uml/min) mit Kondensation gehörige Trick-Schieber ist mit einer Entlastungsvorrichtung versehen, die aus einem durch zwei Flachfedern gegen den Schieberkastendeckel gedrückten Gleitstück besteht[1]).

Einen Trick-Kolbenschieber für innere Einströmung mit zugehöriger Laufbüchse, der von einem unter Wirkung eines Achsenreglers stehenden Exzenter angetrieben wird, zeigt Fig. 165[2]).

Fig. 165.

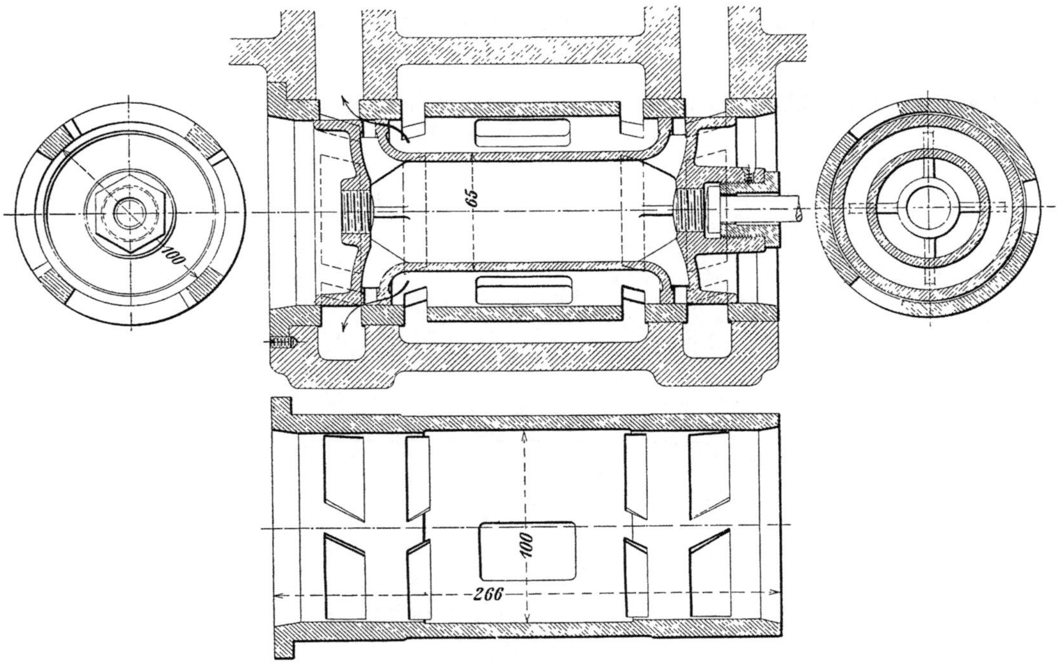

[1]) Ausführung der Maschinenbau-Anstalt „Humboldt", Kalk bei Cöln a. Rh.

[2]) Zu einer liegenden Dampfmaschine 225/350 ($n = 200$ Uml/min) der Zwickauer Maschinenfabrik, A.-G., Zwickau.

Erweitert man den Hilfskanal des Trick-Schiebers derart, daß, wie Fig. 166 zeigt, in seiner Mittellage beide Zylinderkanäle miteinander in Verbindung kommen, so findet während dieser Zeit eine Überströmung des Dampfes von der Kolbenseite der höheren Spannung nach derjenigen der niederen Spannung statt und es wird ein Druckausgleich auf beiden Zylinderseiten geschaffen, der bei Kondensationsmaschinen eine Erhöhung der Kompression bei gleichzeitiger Verbesserung der Ausströmung, bei Auspuffmaschinen eine Ermäßigung der Kompression zur Folge hat.

Fig. 166.

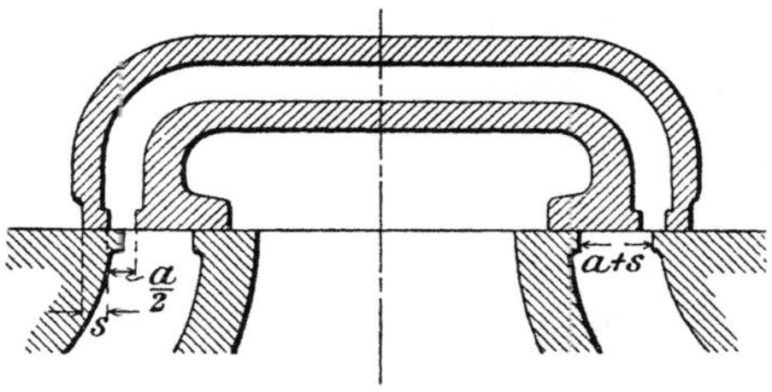

Ein Übelstand dieser Anordnung besteht darin, daß sich bei kleinen Füllungen — infolge der großen Einströmüberdeckungen e — große Stegstärken s und, da die Kanalweite im Schieberspiegel $a+s$ sein muß, verhältnismäßig lange Schieber ergeben, ferner bei schnellaufenden Maschinen ein vollkommener Druckausgleich kaum zu erwarten ist.

3. Der Weiß-Schieber.

Dieser Schieber — in Fig. 167 als Grundschieber der später behandelten Meyer-Steuerung dargestellt (s. auch Fig. 182) — gibt Überströmung und doppelte Ausströmung; er ist zu dem Zwecke mit einem muschelartigen Einsatz und einer entsprechenden Aussparung im Schieberspiegel versehen. Sobald sich der Schieber aus seiner Mittellage um $\xi = i$ nach rechts oder links bewegt hat, kann der Dampf an zwei Stellen in den mittleren Auspuffkanal gelangen.

Die Eröffnung desselben erfolgt somit schneller als beim gewöhnlichen Trick-Schieber oder Muschelschieber und es hat dieser Kanal in der Totlage der Kurbel — oder noch früher — schon seine volle Eröffnung erreicht, womit Droßlungen bei Beginn der Ausströmung vermieden werden. Ebenso schnell wie die Eröffnung erfolgt bei diesem Schieber auch das Schließen des Ausströmkanals.

Fig. 167.

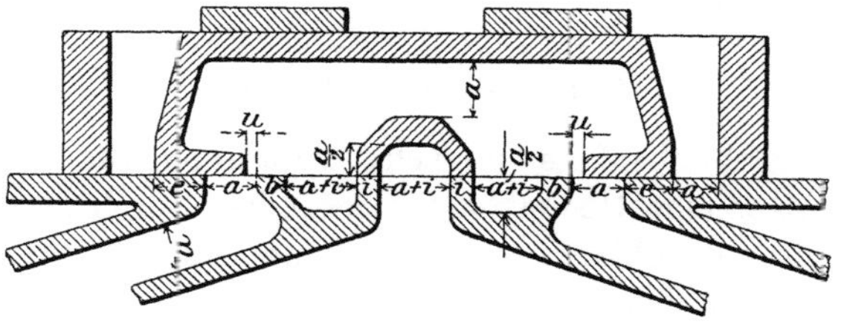

Die Überströmung beginnt, wenn der Schieber um $\xi = u$ vor seiner Mittellage steht und sich derselben nähert; sie hört auf, wenn der Schieber seine Mittellage um u überschritten hat. (Die betreffenden Kurbellagen würden sich im Zeunerschen Schieberdiagramm durch die Schnittpunkte des um den Mittelpunkt des Kurbelkreises mit u als Halbmesser gezogenen Kreises mit den beiden Schieberkreisen ergeben.)

Für die Bestimmung der Schieberabmessungen ist zunächst die Kanalweite a zugrunde zu legen (s. S. 228); dann kann

$$u \sim 0{,}25\,a - 0{,}5\,\sigma \quad \ldots \quad 82)$$

gewählt werden, wobei, je nach der Größe der Maschine, die Sicherheitsdeckung

$$\sigma = 2 \text{ bis } 6 \text{ mm}$$

zu setzen ist.

Man geht jedoch bei den kleinsten Maschinen nie unter $u = 3$ mm und vergrößert ferner bei schnellaufenden Maschinen den aus Gl. 82 für u berechneten Wert noch um einige Millimeter, damit der Druckausgleich — die Überströmung durch die Spalte u — sich wirklich vollständig vollziehen kann.

Damit wird die innere Überdeckung

$$i = u + \sigma.$$

Für die Stegstärke genügt bei diesem Schieber

$$b = 0{,}3\,a + 10 \text{ mm}.$$

Die äußere Deckung kann

$$e \sim 0{,}7\,a + 0{,}6\,\sigma \text{ bis } \sim 0{,}9\,a + 0{,}6\,\sigma$$

und zwar der erstere Wert bei Auspuff-, der andere Wert bei Kondensationsmaschinen, ferner die untere Weite des Durchlaßkanals

$$a_1 = 0{,}8\,a \text{ bis } 0{,}85\,a$$

gewählt werden.

Damit folgt für die Exzentrizität

$$r = a_1 + e.$$

Der Voreilwinkel ist bestimmt durch

$$\sin\delta = \frac{e+v}{r},$$

worin das lineare Voreilen $v = 0{,}25\,a$ bis $0{,}3\,a$ zu nehmen ist[1]).

Wird der Weiß-Schieber mit einem Trick-Hilfskanal versehen, so gestattet er außer doppelter Ausströmung und Überströmung noch doppelte Einströmung des Arbeitsdampfes und kann als Trick-Weiß-Schieber auch bei einfachen Schiebersteuerungen Verwendung finden.

4. Der Hochwald-Schieber.

Dieser Schieber gibt ebenfalls doppelte Eröffnung für den Ein- und Austritt des Dampfes und gestattet eine Überströmung desselben durch die Muschel, so daß auch bei hohen Umlaufzahlen ein vollkommener Druckausgleich erreicht wird. Fig. 168 zeigt einen Hochwald-Flachschieber — einen gewöhnlichen Trick-Schieber, der noch mit 2 Stegen in der Muschel versehen ist — mit dem zugehörigen Schieberspiegel in seiner Mittelstellung, in der er um 2 mm von der Mitte des letzteren — nach der Deckelseite hin — absteht und in welcher Überströmung von der einen nach der anderen Zylinderseite stattfindet.

---

[1]) Z. d. V. d. I. 1896, S. 546.

Die doppelte Ausströmung beginnt, wenn sich der Schieber um die Auslaßüberdeckungen $i_k = 8$ mm oder $i_d = 4$ mm aus seiner Mittelstellung nach rechts bezw. nach links bewegt hat, gleichzeitig hört dann, da auch die Weite der Überströmspalten $s_k = 8$ mm bezw. $s_d = 4$ mm beträgt, die Überströmung auf[1]).

Fig. 168.

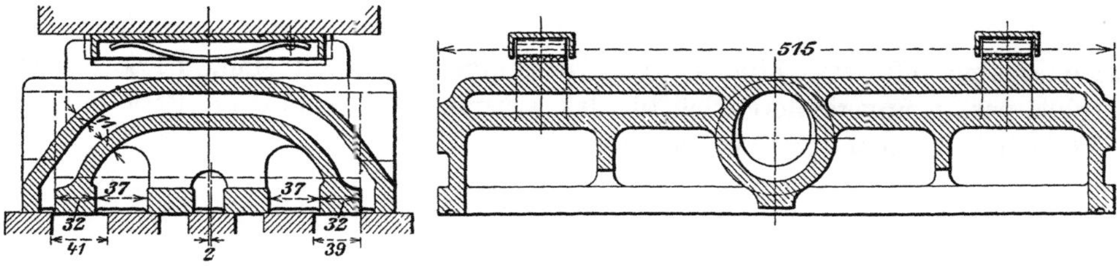

Günstige Verhältnisse hinsichtlich der Dampfverteilung bei gleichzeitig kleinster Exzentrizität und kleinster Baulänge des Schiebers erhält man im allgemeinen, wenn man $s + i$ zu rd. $^2/_5$ der Kanalweite a (in vorliegendem Falle $a = 37$ mm) wählt. Je nach der Umlaufzahl n ist hierbei s größer, gleich oder kleiner als i zu machen und zwar wird bei mittleren Umlaufzahlen ($n = 100$ bis 150) $s = i$, bei niedrigeren Umlaufzahlen s um 1 bis 3 mm kleiner, bei höheren Umlaufzahlen, je nach der Kanalweite, dagegen um denselben Betrag größer als i gewählt. Im letzteren Falle beginnt die Überströmung etwas früher und dauert länger, so daß der Ausgleich der Spannungen vor und hinter dem Kolben auch bei den gesteigerten Umlaufzahlen möglichst vollkommen wird. Dieser Druckausgleich ist bei der Wahl einer Überströmspalte, die größer als die Auslaßüberdeckung ist, auch noch deshalb vollkommener, weil dann unmittelbar vor Beginn der Überströmung beide Zylinderseiten einen Augenblick gleichzeitig mit dem Abdampfraum verbunden sind, wodurch ein Anstoß gegeben wird, den Dampf rasch in Bewegung zu setzen.

Fig. 169.

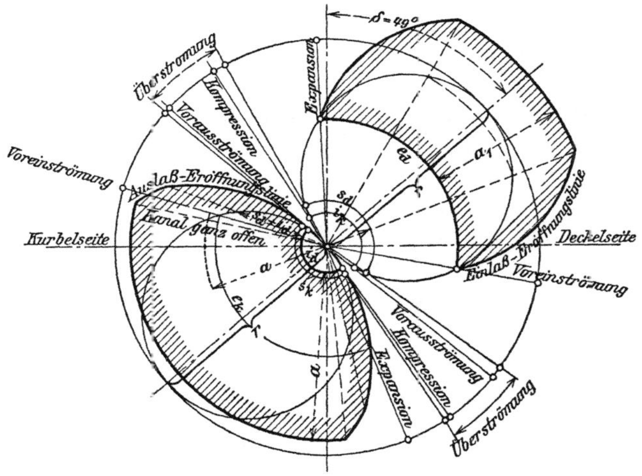

Da bei dem Hochwald-Schieber der zweite Ausströmweg nicht nur zur Verbesserung der Ausströmung, sondern gleichzeitig auch zur Verkleinerung der Exzentrizität ausgenutzt wird, erfordert er einen nur ebenso kurzen Schieberspiegel, wie ein gewöhn-

[1]) Zum Niederdruckzylinder einer liegenden Verbundmaschine 325 bezw. 500/600 der Firma A. Borsig, Berlin-Tegel.

licher Trick-Schieber. Man kann nämlich die Exzentrizität beim Hochwald-Schieber wegen seiner doppelten Ausströmung und zwar unbeschadet einer auch für die Einströmseite tadellosen Dampfverteilung um 20 vH kleiner wählen, als beim gewöhnlichen Trick-Schieber. Die Reibungsarbeit wird dadurch entsprechend vermindert.

Das Zeuner-Diagramm (Fig. 169, S. 239) gibt die Steuerungsverhältnisse eines Hochwald-Flachschiebers, wie sie bei seiner Anwendung am Niederdruckzylinder einer von A. Borsig gebauten schnellaufenden, mit Kondensation arbeitenden stehenden Verbundmaschine 460 bezw. 710/400 ($n = 210$ Uml/min) gewählt sind. Diese Steuerungsverhältnisse passen unverändert auch für das Arbeiten mit Auspuff ins Freie oder in eine Heizleitung bei abgeschalteter Kondensation.

Fig. 170.

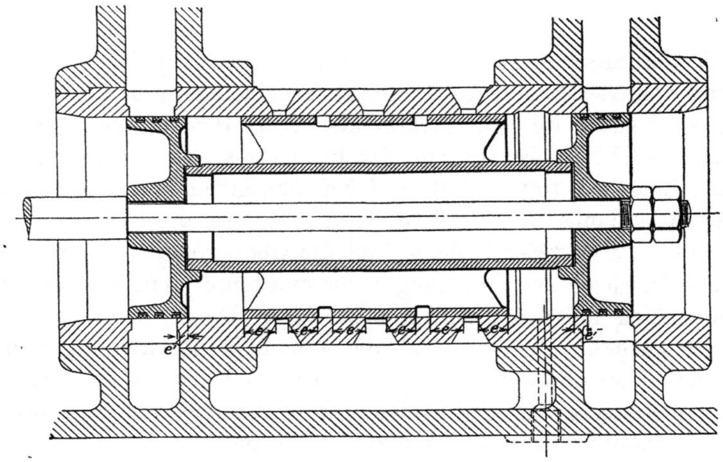

Fig. 170a.

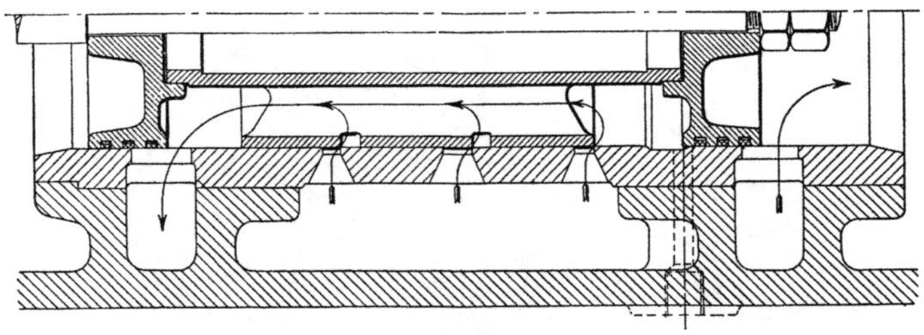

Für eine Kanalweite $a = 40$ mm ist

$$i_k = 8, \quad i_d = 5, \quad e_k = 26, \quad e_d = 31, \quad r = 50 \text{ mm}$$

zugrunde gelegt worden; die gesamte Schieberlänge beträgt nur

$$L = 3\,(a + r) + 2\,i_k + 2\,i_d + e_k + e_d = 348 \text{ mm}.$$

An dieser Maschine abgenommene Indikatordiagramme lassen das günstige Arbeiten des Hochwald-Schiebers erkennen.

Auch mit dreifacher Eröffnung für Ein- und Auslaß und mit doppelter Überströmung werden Hochwald-Flachschieber von der Firma A. Borsig gebaut[1]).

[1]) Siehe Z. d. V. d. I. 1905, S. 1324.

Fig. 170 stellt einen Hochwald-Kolbenschieber mit dreifacher innerer Einströmung dar, wie er für Hochdruckzylinder schnellaufender Verbundmaschinen und auch für Einzylindermaschinen Verwendung findet. Die von je 3 federnden Dichtungsringen umgebenen Schieberköpfe haben je eine Deckung e', die kleiner ist, als diejenige e an den beiden Einströmspalten der Muschelstege. Es stehen deshalb bei Beginn der Einströmung (Fig. 170 a) Zylinderkanal und Muschelraum bereits durch einen

Fig. 171.

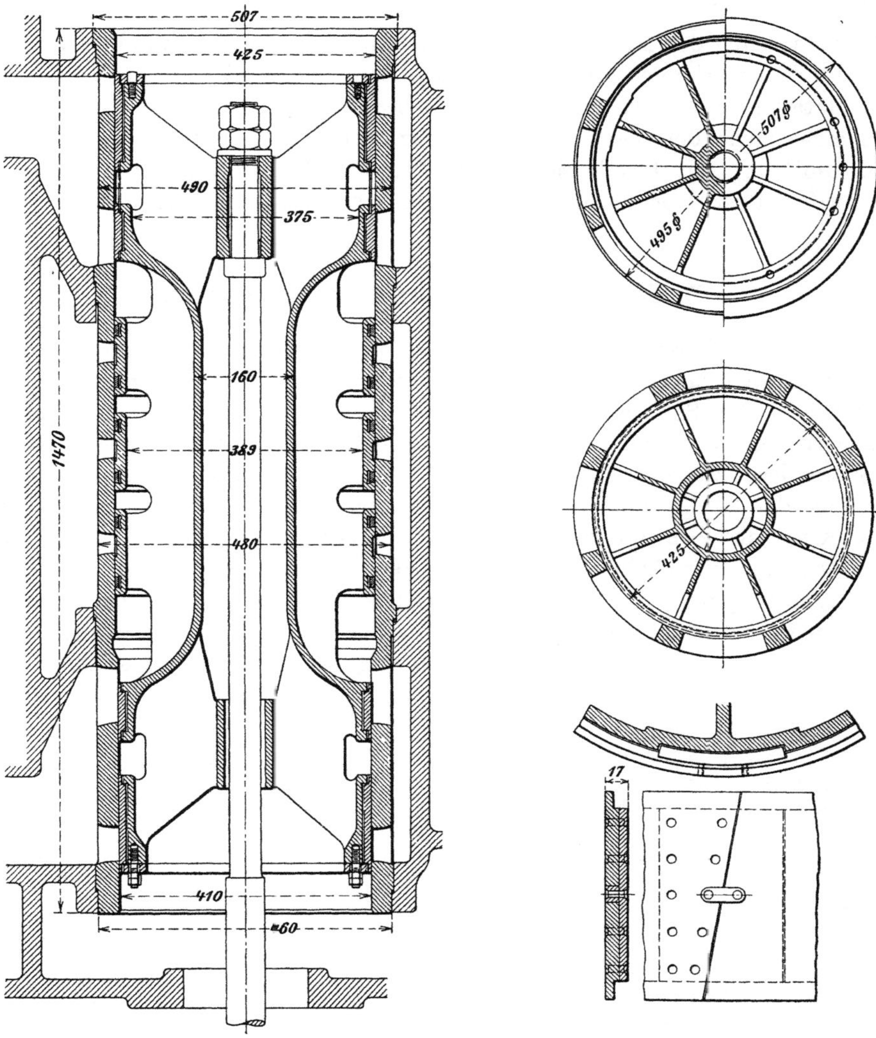

größeren Spalt in Verbindung, so daß die dreifache Eröffnung innerhalb der Muschel voll zur Geltung kommt.

Während sonst bei Steuerorganen mit mehrfacher Eröffnung mit der Zahl der Durchtrittsspalten die gesamte Länge der Dichtungsflächen und damit die Dampflässigkeit, sowie ferner die Wandungen und das Volumen des schädlichen Raumes im Zylinder wachsen, werden bei dem Hochwald-Kolbenschieber die Vorteile der mehrfachen Eröffnung gewonnen, ohne die genannten Nachteile mit in Kauf nehmen zu müssen. Die Dampfdichtheit wird sogar gegenüber einem einfach öffnenden Schieber noch verbessert, weil nach der Absperrung durch die steuernden Kanten der Muschelstege eine zweite zusätzliche Absperrung des Zylinders gegenüber dem Muschelraum durch die Schieberköpfe hinzutritt. Zufolge der Muschelstege hat der Schieber zudem noch eine sehr reichliche Tragfläche, wodurch einer Abnutzung und damit einer Schädigung der Dichtheit gut vorgebeugt wird.

Fig. 171 (S. 241) zeigt einen Hochwald-Kolbenschieber, der wieder mit dreifacher innerer Einströmung, sodann aber, wie der Hochwald-Flachschieber, auch mit doppelter Ausströmung und mit Überströmung arbeitet.

Die Abdichtung der Muschelstege in der Laufbüchse erfolgt durch je zwei schmale, diejenige der Schieberköpfe durch breitere Dichtungsringe, die aus hierzu besonders geeignetem Material hergestellt sind. Der Schieber dient zur Steuerung des Niederdruckzylinders einer stehenden Dreifach-Expansionsmaschine 650 bezw. 1050 bezw. 1650/850 ($n = 130$ Uml/min) mit Kondensation der Firma A. Borsig und zwar sind an diesem Zylinder zwei Schieber der in Fig. 171 ersichtlichen Größe angebracht.

B. Einschieber-Expansionssteuerungen.

Veränderliche Expansion wird bei diesen für schnellaufende Dampfmaschinen mit möglichst unveränderlichem Widerstande besonders geeigneten Steuerungen dadurch erreicht, daß das den Schieber antreibende Exzenter unter Wirkung eines Achsenreglers auf veränderlichen Hub und Voreilwinkel eingestellt wird; es ist zu dem Zwecke nicht fest, sondern lose auf der zugehörigen Welle angeordnet und wird entweder auf einer zweiten, mit der Welle fest verbundenen Exzenterscheibe oder um einen außerhalb an einem Arme des Schwungrades oder an einer besonderen Scheibe befestigten Bolzen gedreht, geradlinig verschoben oder in anderer Weise verstellt. Hierbei bewegt sich der Exzentermittelpunkt auf einer Kurve (Kreisbogen) oder auf einer geraden Linie — der sogenannten Scheitelkurve — wobei im ersteren Falle auch das lineare Voreilen eine von der Gestalt der Kurve abhängige Veränderlichkeit erfährt.

Fig. 172.

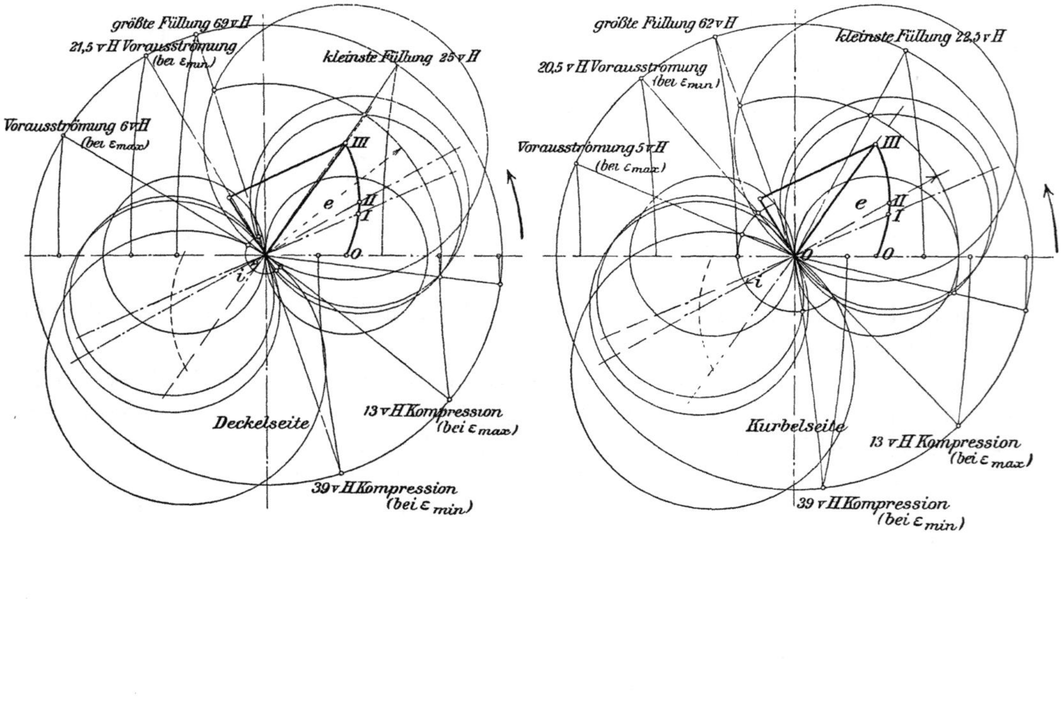

In der Regel wird die Forderung gestellt, daß das lineare Voreilen sich bei den verschiedenen Füllungen nicht wesentlich ändert, d. h. die Bewegung des Exzentermittelpunktes ganz oder nahezu in einer Geraden, winkelrecht zur Exzenterrichtung erfolgt. Ersteres läßt sich dadurch erreichen, daß das Exzenter auf einem Gleitklotz der Steuerwelle zwangläufig geführt wird.

Angenäherte Geradführung kann durch Drehung des Exzenters um einen von seiner Mitte möglichst weit entfernt liegenden Punkte erzielt werden.

Das lineare Voreilen wächst hierbei mit der Verkleinerung der Füllung bezw. mit der Größe der Expansion.

Die jeweilige Ausmittelung der Steuerungsverhältnisse geschieht am einfachsten mit Hilfe des Zeuner-Diagramms.

Fig. 172 zeigt dasselbe für die Kurbel- und Deckelseite einer liegenden Dampfmaschine 300/420 ($n = 200$ Uml/min), deren Steuerung durch den in Fig. 162 (S. 234) ersichtlichen Kolbenschieber mit innerer Einströmung und deren Geschwindigkeitsregelung durch einen Achsenregler erfolgt, wie er in Fig. 139 (S. 217) abgebildet ist.

Die unter Zugrundelegung eines Kreisbogens als Scheitelkurve und unter Berücksichtigung endlicher Schubstangenlänge für die kleinste und größte Füllung ermittelten Steuerungsverhältnisse sind folgende:

	Kurbelseite	Deckelseite
Kanalweite	25 mm	25 mm
Innere Deckung	12 „	4 „
Äußere „	34 „	37,5 „
Kleinste Exzentrizität . . .	34 „	34 „
Größte „ . . .	60 „	60 „
	bei 22 vH Füllung	bei 25 vH Füllung
Vor-Einströmung	1 vH	0,5 vH
Vor-Ausströmung	20,5 „	21,5 „
Kompression	39,0 „	39,0 „
	bei 62 vH Füllung	bei 69 vH Füllung
Vor-Einströmung	0 vH	0,2 vH
Vor-Ausströmung	5 „	6 „
Kompression	13 „	13 „

Aus dem in Fig. 173 (S. 244) ersichtlichen Schieberdiagramm für Kurbel- und Deckelseite — vorn und hinten — einer liegenden Dampfmaschine 225/350 ($n = 200$ Uml/min), die mit dem in Fig. 165 (S. 236) dargestellten Trick-Kolbenschieber für innere Einströmung arbeitet, sind die Steuerungsverhältnisse für 6 Lagen des Exzenters, dessen Mittelpunkt sich hier auf einer geraden, geneigt zur Totlage der Kurbel stehenden Scheitelkurve bewegt — ebenfalls unter Berücksichtigung endlicher Schubstangenlänge — ermittelt und aus den nachstehenden Tabellen zu entnehmen.

	vorn	hinten
Äußere Deckung	14 mm	15 mm
Innere „	6 „	3 „
Kleinste Exzentrizität . . .	14 mm	bei $\delta = 104^0$
Größte „ . . .	24 „	„ $\delta = 51^0$

Fig. 173.

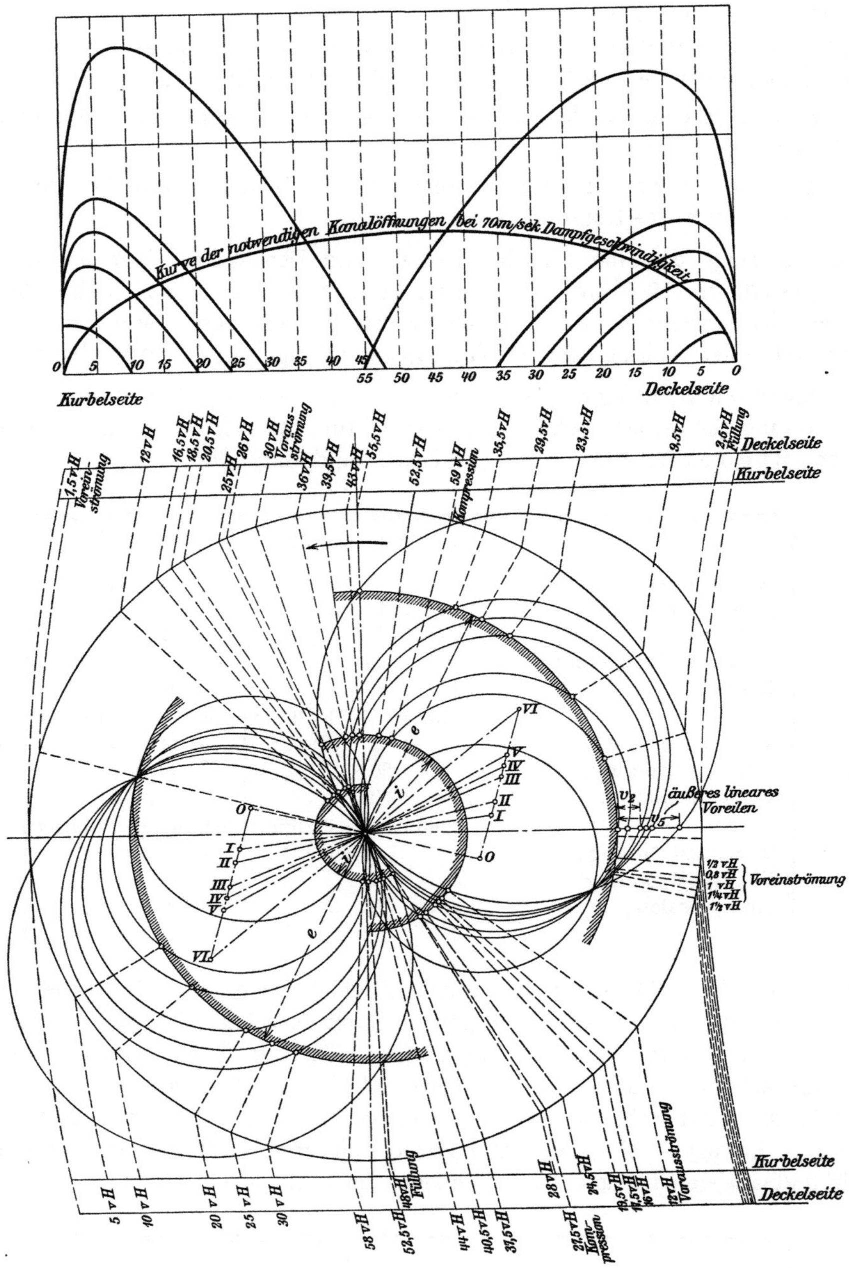
Kurve der notwendigen Kanalöffnungen bei 70 m/sek Dampfgeschwindigkeit
Kurbelseite
Deckelseite
Voreinströmung
Vorausströmung
Kompression
Füllung
äußeres lineares Voreilen

Äußeres lineares Voreilen		Vor-Einströmung		Füllung		Vor-Ausströmung		Kompression	
vorn	hinten	vorn	hinten	vorn	hinten	vorn	hinten	vorn	hinten
$4^1/_2$ mm	$3^1/_2$ mm	$1^1/_2$ vH	$1^1/_2$ vH	48 vH	$55^1/_2$ vH	12 vH	12 vH	25 vH	$27^1/_2$ vH
3 „	2 „	$1^1/_2$ „	$1^1/_4$ „	30 „	$35^1/_2$ „	16 „	$16^1/_2$ „	36 „	$37^1/_2$ „
$2^1/_2$ „	$1^1/_2$ „	$1^1/_2$ „	1 „	25 „	$29^1/_2$ „	$17^1/_2$ „	$18^1/_2$ „	$39^1/_2$ „	$40^1/_2$ „
$2^1/_4$ „	$1^1/_4$ „	$1^1/_2$ „	0,8 „	20 „	$23^1/_2$ „	$19^1/_2$ „	$20^1/_2$ „	43 „	44 „
$1^1/_2$ „	$^1/_2$ „	$1^1/_2$ „	$^1/_2$ „	10 „	$9^1/_2$ „	$24^1/_2$ „	26 „	$52^1/_2$ „	$52^1/_2$ „
1 „	—	$1^1/_2$ „	—	5 „	$2^1/_2$ „	28 „	30 „	59 „	58 „

Fig. 173 zeigt auch das aus dem Schieberdiagramm abgeleitete Kanaleröffnungsdiagramm mit der für $w_{max} = 70$ m/sek Dampfgeschwindigkeit konstruierten Drosselungskurve für Kurbel- und Deckelseite der Maschine.

In einfacher Weise läßt sich eine Veränderung der Expansion beim Stillstand der Maschine von Hand vornehmen, wenn das bewegliche Exzenter durch einen in den kreisfömigen Schlitz einer auf der Welle festgekeilten Scheibe greifenden Schraubenbolzen mit der letzteren verbunden wird. Nach Lösen dieses Bolzens läßt sich das Exzenter verdrehen — bei beabsichtigter Umsteuerung der Maschine um den Winkel $180^0 - 2\,\delta$ — und durch die damit bewirkte gleichzeitige Veränderung des Schieberhubes und Voreilwinkels für beliebige Füllungsgrade einstellen.

Auch durch Verbindung mit einer Kulissen- oder Lenkersteuerung kann mit dem einfachen Schieber veränderliche Expansion erreicht werden.

C. Doppelschiebersteuerungen.

Diese Steuerungen finden vorzugsweise bei stehenden und bei kleineren liegenden Dampfmaschinen mit mittleren Umlaufzahlen Anwendung. Sie gestatten eine Verstellung der Expansion von Hand oder durch Muffenregler derart, daß der Beginn derselben durch einen besonderen Schieber — den Expansionsschieber — festgelegt wird, der auf dem Rücken eines dem einfachen Muschelschieber ähnlichen, nur noch mit Durchlaßkanälen für den Einströmdampf versehenen Grund- oder Verteilungsschiebers gleitet, der die Vor-Einströmung, Vor-Ausströmung und den Beginn der Kompression steuert.

a. Schieberdiagramme.

Um die Wirkung des Expansionsschiebers bezw. die Eröffnungen der Durchlaßkanäle im Grundschieber beurteilen zu können, ist die Relativbewegung des ersteren gegen den letzteren zu ermitteln.

Fig. 174.

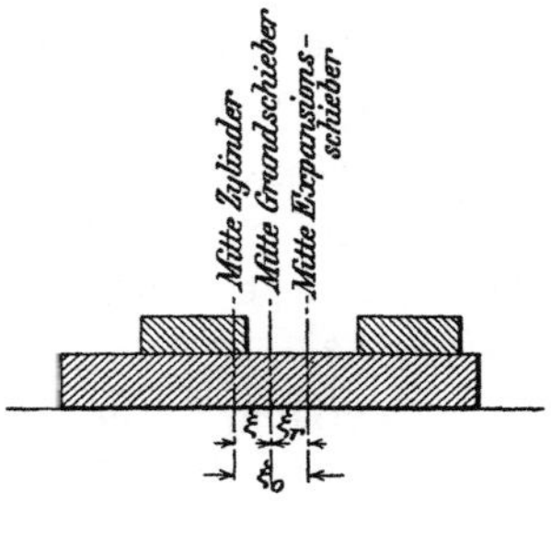

Bezeichnet

r und δ Exzentrizität und Voreilwinkel des Grundexzenters,
r_o „ δ_o „ „ „ „ Expansionsexzenters,

so folgt für den Weg des Grund- bezw. Expansionsschiebers nach Drehung der Kurbel um einen beliebigen Winkel α aus der Totlage (von der Mittellage der Schieber aus gerechnet) nach Fig. 174

$$\xi = r \sin (\delta + \alpha) \quad \text{bezw.} \quad \xi_o = r_o \sin (\delta_o + \alpha).$$

Die Relativbewegung des Expansionsschiebers gegen den Grundschieber ist

$$\xi_r = \xi_o - \xi = r_o \sin(\delta_o + \alpha) - r \sin(\delta + \alpha) = (r_o \sin \delta_o - r \sin \delta) \cos \alpha + (r_o \cos \delta_o - r \cos \delta) \sin \alpha \quad . \ . \ . \ . \ . \ . \ . \ . \ . \ . \ . \ . \quad 83)$$

Dieser Ausdruck stimmt in der Form mit der bei der einfachen Schiebersteuerung erhaltenen Gl. 81

$$\xi = r \sin(\delta + \alpha) = (r \sin \delta) \cos \alpha + (r \cos \delta) \sin \alpha \quad . \ . \ . \ . \ . \ . \quad 84)$$

überein.

Es stellt sich somit die Relativbewegung des Expansionsschiebers gegen den Grundschieber als eine Schieberbewegung dar, die durch ein Relativexzenter hervorgebracht wird, dessen Bestimmungsstücke (Exzentrizität r_r und Voreilwinkel δ_r) aus den Gleichungen

$$r_r \sin \delta_r = r_o \sin \delta_o - r \sin \delta$$
$$r_r \cos \delta_r = r_o \cos \delta_o - r \cos \delta$$

folgen.

Es ist hiernach

$$r_r = \sqrt{r^2 + r_o^2 - 2 r r_o \cos(\delta_o - \delta)}$$

und

$$\operatorname{tg} \delta_r = \frac{r_o \sin \delta - r_o \sin \delta}{r_o \cos \delta - r_o \cos \delta}.$$

Fig. 175.

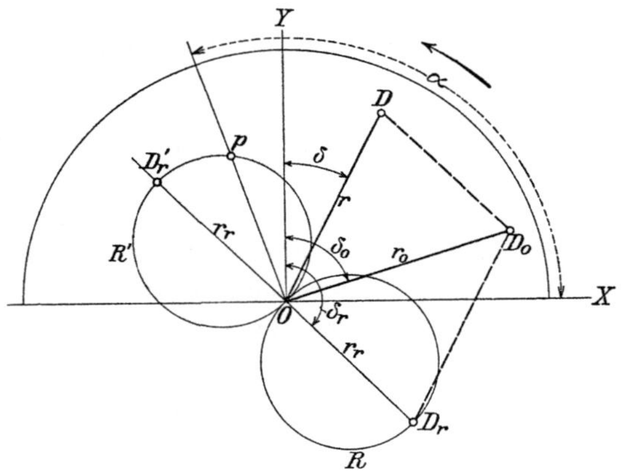

Konstruiert man aus den beiden Exzentrizitäten $OD = r$ und $OD_o = r_o$ das Parallelogramm ODD_oD_rO (Fig. 175), so ist OD_r, da es bezüglich seiner Größe und Lage den vorstehenden beiden Gleichungen Genüge leistet, die gesuchte Relativexzentrizität r_r.

Das Parallelogramm kann aber auch benutzt werden, um aus den beiden Seiten r und r_r desselben die Exzentrizität r_o und den Voreilwinkel δ_o des Expansionsexzenters zu ermitteln. Allgemein ausgedrückt, ergibt sich die Expansionsexzentrizität als die Diagonale eines Parallelogramms, welches Grund- und Relativexzentrizität als Seiten hat.

Verlängert man die letztere über O (Fig. 175) hinaus, macht $OD_r' = OD_r = r_r$ und schlägt über OD_r und OD_r' als Durchmesser die beiden Kreise R und R', so stellt ersterer den positiven, letzterer den negativen Relativschieberkreis dar. Diese Kreise schneiden für die einzelnen Kurbelstellungen die Größe der Relativbewegung des Expansionsschiebers gegen den Grundschieber als Sehnenlängen ab.

Dreht sich die Kurbel aus ihrer Totlage um den Winkel α, so ist der demselben entsprechende relative Schieberweg $\xi_r = -Op$, d. h. Mitte Expansionsschieber steht um Op links von Mitte Grundschieber oder aber der erstere um Op relativ links. Bei einem kleineren Kurbelwinkel würde der Kreis R geschnitten worden sein und die bezügliche Sehnenlänge dann angeben, um welchen Betrag der Expansionsschieber relativ rechts steht.

Um eine richtige Dampfverteilung bei Doppelschiebersteuerungen zu erhalten, darf, wenn der Expansionsschieber den Durchlaßkanal a_1 (Fig. 176) im Grundschieber geschlossen hat, die Wiedereröffnung desselben nicht eher stattfinden, als bis der Grundschieber den Zylinderkanal a geschlossen hat. Anderseits muß aber die Eröffnung erfolgt sein, bevor der Grundschieber dem Dampf wieder Zutritt zu derselben Zylinderseite gewährt, d. h. vor Beginn der Vor-Einströmung.

Fig. 176.

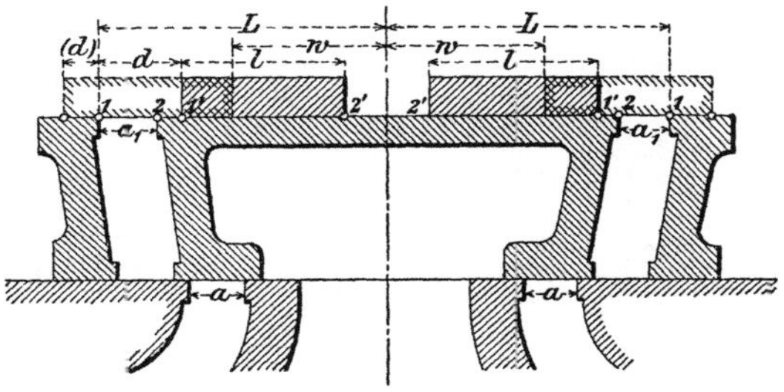

Füllungsänderungen lassen sich bei den Doppelschiebersteuerungen dadurch erreichen, daß der Abstand, den die steuernden Kanten 1 und 1′ (Fig. 176) des Grund- bezw. des Expansionsschiebers bei der Mittellage der Schieber haben, veränderlich gemacht wird. Bezeichnet man diesen Abstand allgemein mit d, so beginnt z. B. die Expansion auf der linken Zylinderseite (Deckelseite), wenn sich der Expansionsschieber um d aus seiner relativen Mittellage nach links bewegt hat; es gibt demnach der erste Schnittpunkt des im Schieberdiagramm mit d als Halbmesser um den Koordinatenmittelpunkt O geschlagenen Kreises mit dem negativen Relativschieberkreise die betreffende Kurbellage für den Expansionsbeginn an. Wenn aber die Kante 1′ des Expansionsschiebers bei seiner relativen Mittellage jene 1 des Grundschiebers um eine gewisse Größe (d) überdeckt (in Fig. 176 gestrichelt eingetragen), so ist der erste Schnittpunkt dieses (d)-Kreises mit dem positiven Relativschieberkreise für den Expansionsbeginn maßgebend.

Um die Steuerungsverhältnisse einer Maschine mit Doppelschiebern zu ermitteln, berechnet man zunächst die Kanalweite a nach den früher hierfür gegebenen Regeln (s. S. 228), ermittelt δ und r für das Grundexzenter, hierauf die Auslaß- und Einlaßüberdeckung i bezw. e für den Grundschieber und zeichnet mit diesen Größen ein Zeuner-Diagramm auf, wie es z. B. in Fig. 177 (S. 248) geschehen ist. (Die Einlaßeröffnung des Grundschiebers ist hier etwas kleiner als a angenommen, da häufig bei kleinen Füllungen im normalen Betriebe der Expansionsschieber bereits abgeschlossen hat, wenn der Grundschieber die größte Öffnung freigibt.) Dann wählt man Größe und Richtung der Relativexzentrizität (r_r bezw. δ_r) und zwar δ_r mit Rücksicht darauf, daß bei den meist benutzten Füllungen entsprechend rascher Abschluß erfolgt[1]) und konstruiert das Parallelogramm, womit sich Größe und Richtung der Expansionsexzentrizität (r_o bezw. δ_o) ergeben. Damit die Abmessungen des Schieberkastens nicht zu groß ausfallen, soll $r_o = r$ bis höchstens etwa $1{,}25\, r$ sein.

Die Deckungen d findet man durch die von den Relativschieberkreisen R bezw. R' auf den betreffenden Kurbelstrahlen abgeschnittenen Sehnenlängen.

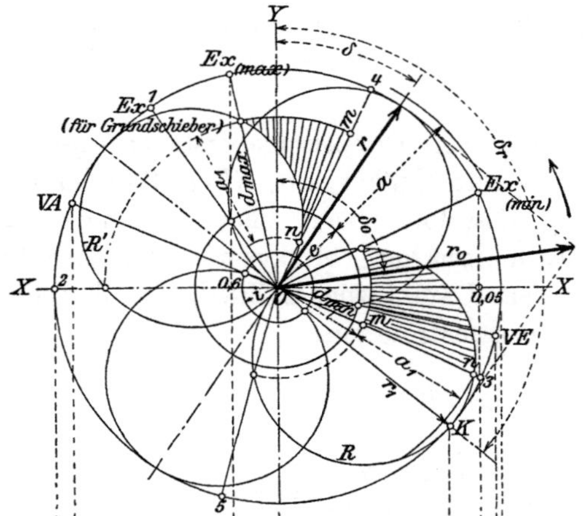

Fig. 177.

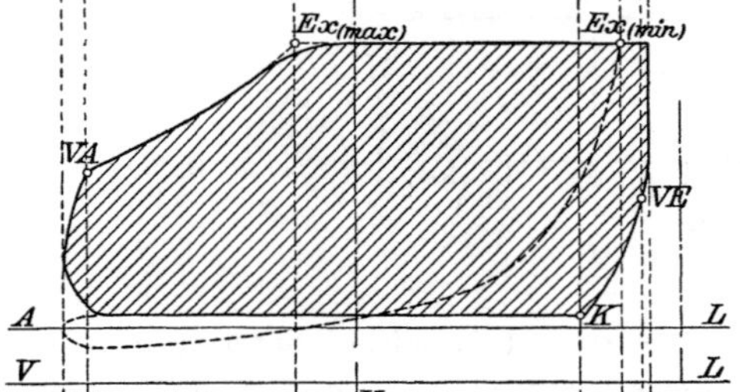

Fig. 178.

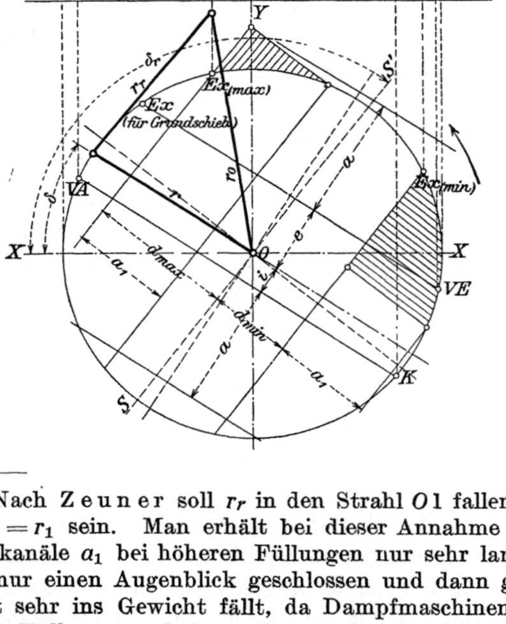

Fig. 179.

Die größte Füllung ist durch den vom Grundschieber bestimmten Expansionsbeginn, die kleinste Füllung bei selbsttätiger Regelung dadurch gegeben, daß der Regler bei offenem Dampfventil den Leerlauf beherrschen muß; bei Handregelung genügt 5 bis 10 vH als kleinste Füllung. Hiermit lassen sich die Abmessungen der Schieber bestimmen.

Im vorliegenden Falle (Fig. 177) ist unter Annahme unendlich langer Schubstangen 5 vH als kleinste und 60 vH als größte Füllung gewählt worden, entsprechend den Deckungen d_{min} bezw. d_{max} (d_{max} ist hierbei als negative Deckung — für die größte Füllung — anzusehen).

Macht man $m n$ gleich der Weite des Durchlaßkanals a_1, so ergibt sich für d_{min} in $O\,3$, für d_{max} in $O\,4$ die Kurbellage, bei der das Zuschieben desselben beginnt, welches bei 0,05 bezw. 0,6 Füllung vollendet ist. Die betreffenden Schraffierungen in Fig. 177 geben ein Bild dieses Zuschiebens. Ein Wiedereröffnen des Durchlaßkanals findet erst in der Kurbellage $O\,5$ bezw. $O\,2$ statt, wo es ganz ungefährlich ist; anderseits erfolgt

[1]) Nach Zeuner soll r_r in den Strahl $O\,1$ fallen, bei dem der Grundschieber abschließt und $d_{max} = r_1$ sein. Man erhält bei dieser Annahme alle Expansionsgrade, doch werden die Durchlaßkanäle a_1 bei höheren Füllungen nur sehr langsam zugeschoben und bei der größten Füllung nur einen Augenblick geschlossen und dann gleich wieder geöffnet — ein Umstand, der nicht sehr ins Gewicht fällt, da Dampfmaschinen mit Doppelschiebersteuerungen in der Regel mit Füllungen arbeiten, die von der durch den Grundschieber zulässigen weit entfernt liegen.

dasselbe frühzeitig genug, d. h. vor Beginn der Vor-Einströmung, womit den zur Erzielung einer richtigen Dampfverteilung giltigen Regeln Genüge geleistet ist.

In Fig. 179 sind die Steuerungsverhältnisse auch mittels des Reuleaux-Müllerschen Diagramms ermittelt worden; in diesem geben die Abstände der den Kurbelstellungen entsprechenden Punkte $Ex_{(max)}$ und $Ex_{(min)}$ des Relativschieberkreises von dem in Richtung des Relativexzenters gezogenen Durchmesser SS' die Deckungen d_{max} und d_{min} des Expansionsschiebers an. Das zu den beiden Schieberdiagrammen (Fig. 177 und 179) gehörige Dampfdiagramm ist in Fig. 178 dargestellt und zwar entsprechen die ausgezogenen Linien desselben der größten, die gestrichelten Linien der kleinsten Füllung.

Fig. 180.

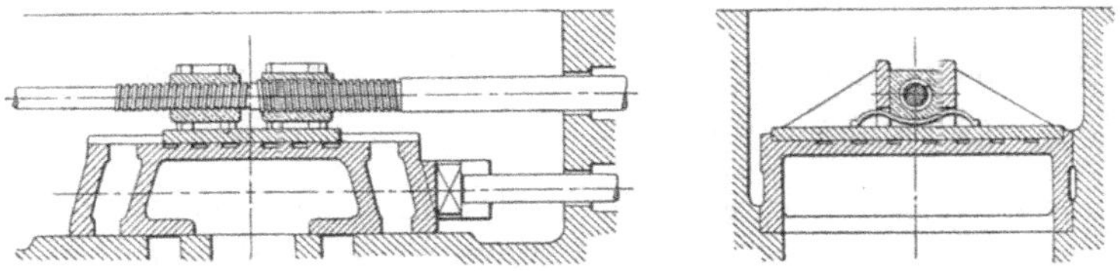

b. Meyer-Steuerung.

Bei dieser Steuerung wird behufs Füllungsregelung der Abstand der steuernden Kanten des Grund- und Expansionsschiebers bezw. die Größe der jeweiligen Deckung d des letzteren dadurch veränderlich gemacht, daß, wie in Fig. 180 ersichtlich, der aus zwei Platten gebildete Expansionsschieber durch zwei mit entgegengesetzt geschnittenem Muttergewinde versehene Einlegestücke mit der entsprechendes Rechts- und Linksgewinde tragenden Schieberstange verbunden ist. Durch die mittels Handrades bewirkte Drehung der letzteren in dem einen oder anderen Sinne werden die Platten einander genähert oder voneinander entfernt und damit Füllungsänderungen hervorgebracht. Diese Einstellung der Expansionsplatten wird außerhalb des Schieberkastens durch Zeiger und Skala sichtbar gemacht (Fig. 181).

Fig. 181.

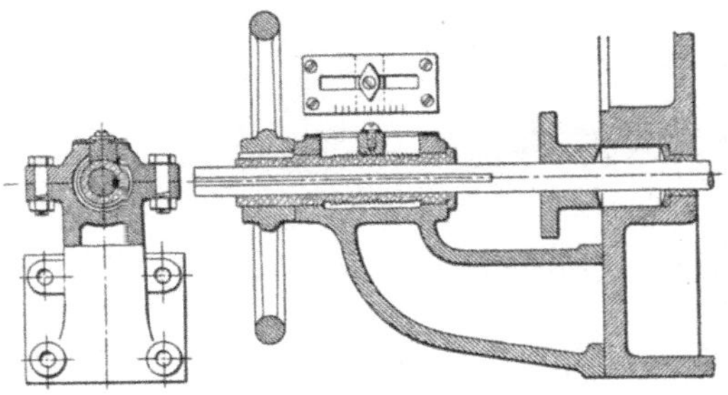

Die Lappenlänge l (Fig. 176) des Expansionsschiebers ergibt sich, wenn die inneren Kanten 2′ desselben jene 2 der Durchlaßkanäle in den äußersten Relativstellungen beider Schieber ($d = d_{min}$) noch um die Größe $\sigma = 5$ bis 10 mm überdecken sollen, zu

$$l = r_r + d_{min} + a_1 + \sigma ,$$

der Abstand der schließenden Kante 1 des Durchlaßkanals von der Mitte ($d = d_{max}$) zu

$$L = l + d_{max} = r_r + a_1 + \sigma + w ,$$

worin

$$w \geqq d_{min} + d_{max}$$

den Abstand der inneren Lappenkante 2' von der Mitte bezeichnet.

Die Gesamtverschiebung der Lappen (Verstellungsgröße) beträgt

$$s = d_{min} + d_{max};$$

stoßen ihre Innenkanten, wie es häufig ausgeführt wird, zusammen, so ist

$$w = s.$$

Die Weite des Durchlaßkanals im Grundschieber wird

$$a_1 = 0{,}8\, a \text{ bis } a$$

genommen.

Das Schraubengewinde der Expansionsschieberstange erhält mit Rücksicht auf Selbsthemmung einen Steigungswinkel $\leqq \frac{1}{7}$.

Eine selbsttätige Einstellung des Expansionsschiebers durch den Regler läßt sich dadurch erreichen, daß die Verstellschraube als ein besonderes Gußstück auf der glatten Schieberstange befestigt und mit einem Rechts- und Linksgewinde von großer Ganghöhe versehen wird, so daß einem kleinen Verdrehungswinkel derselben eine verhältnismäßig große Verschiebung der hier unmittelbar mit dem Muttergewinde versehenen Expansionsplatten entspricht; außerdem werden die Durchlaßkanäle im Rücken des Grundschiebers geteilt, um kleinere Verschiebungen zu erhalten — Meyer-Steuerung mit großer Schraube (Fig. 182). Zumeist bewegt der Regler in solchen Fällen ein feststehendes Zahnrad (Zahnsegment, Zahnstange), das mit einem auf der Schieberstange befestigten Zahnrad von einer dem Schieberhube entsprechenden Breite in stetem Eingriff steht.

Fig. 182.

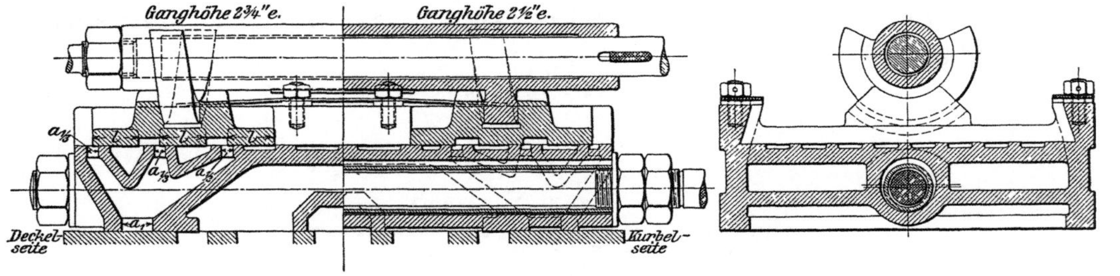

Für den erforderlichen Drehwinkel γ der Schraube gilt

$$\frac{\gamma}{360} = \frac{s}{h},$$

worin s die Verstellungsgröße, h die Schraubenganghöhe bedeutet.

Bezeichnet d den mittleren Gewindedurchmesser der Schraube, so kann

$$h \leqq \frac{1}{7} d \pi$$

genommen werden.

Auch als Kolbenschiebersteuerung wird die vorgenannte Meyer-Steuerung mit großer Schraube ausgeführt.

Fig. 183 zeigt eine andere Abart der Meyer-Steuerung, wie sie neuerdings bei Dampfmaschinen zum Betreiben hydraulischer Anlagen in Walz- und Hüttenwerken zuweilen Anwendung findet[1]). Grund- und Expansionsschieber sind auch hier als Kolbenschieber ausgebildet; beide werden von festen Exzentern aus bewegt. Der Expansionsschieber besteht aus zwei Teilen, deren gegenseitiger Abstand veränderlich und vom Regler eingestellt werden kann.

Fig. 183.

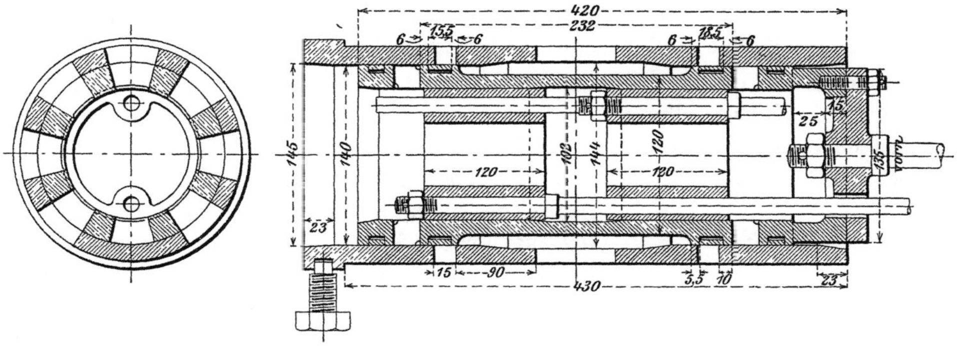

Zu dem Zwecke trägt das mit der Stange des Expansionsexzenters verbundene Führungsstück *a* (Fig. 184) einen dreiarmigen Hebel *b*, an dessen beiden kurzen Armen Zugstangen und hieran die Expansionsschieberstangen angreifen, während der dritte längere Arm desselben mit einem Leistungsregler in Verbindung steht, dessen Stellhebel in bekannter Weise — sobald die Pressung der Druckflüssigkeit eine bestimmte Höhe überschreitet — auf den Hebel *b* und damit auf die beiden Expansionsschieber derart einwirkt, daß ihre gegenseitige Entfernung, somit auch der Füllungsgrad der Maschine bezw. die Umlaufzahl derselben sich ändert.

Fig. 184.

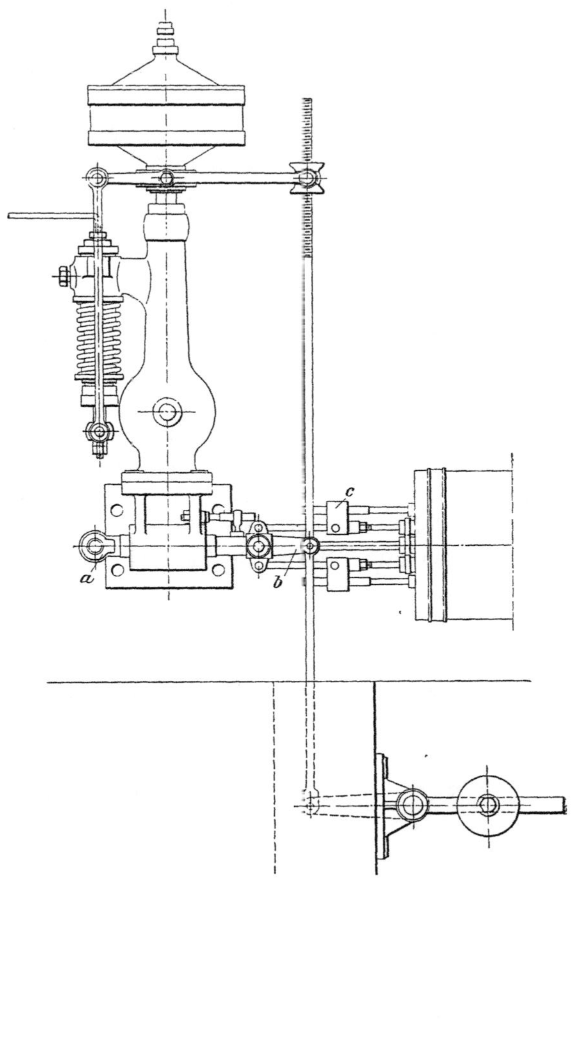

Die Anordnung des Reglers, sowie die Führung der Expansionsschieberstangen durch Kreuzköpfe c ist der Abbildung (Fig. 184) zu entnehmen.

Für genaue Ermittelungen ist auch bei der Meyer-Steuerung die endliche Schubstangenlänge

[1]) Zu einer liegenden Einzylindermaschine 500/300 ($n = 100$ bis 140 Uml/min) der Maschinenfabrik Grevenbroich, Grevenbroich.

zu berücksichtigen, insbesondere die Ungleichheit der Füllung auf beiden Kolbenseiten für den am meist benutzten Füllungsgrad der Maschine zu beseitigen. Dies läßt sich dadurch erreichen, daß die Expansionsschieberstange um den Betrag $\frac{1}{2}(d+d')$ — d und d' sind die dem genannten Füllungsgrade entsprechenden Deckungen auf der Deckel- bezw. Kurbelseite der Maschine — nach der Deckelseite hin verlängert wird. Damit fallen jedoch bei gleicher Ganghöhe der Verstellungsschraube alle übrigen Füllungen auf beiden Kolbenseiten verschieden aus. Um auch hierfür einen gewissen Ausgleich zu schaffen, gibt man zuweilen dem Links- und Rechtsgewinde der Verstellungsschraube verschiedene Ganghöhen und verfährt dabei wie folgt[1]).

Man ermittelt die zu gleichen relativen Kolbenwegen für die Deckel- und Kurbelseite gehörigen Kurbelstellungen in bekannter Weise durch Bogenprojektion mit der Schubstangenlänge als Halbmesser, greift die entsprechenden Deckungen d und d' des Expansionsschiebers als Abstände der Relativexzenterkreismittelpunkte von der Schiebermittellinie ab und trägt zu den Werten d als Abszissen die zugehörigen Werte d' als Ordinaten auf; dann liegen die Endpunkte von d' auf einer flachen Kurve AB (Fig. 185). Trägt man weiter in Fig. 185 eine Gerade CD ein, die von AB (besonders in der Nähe der meist benutzten Füllungsgrade) möglichst wenig abweicht, so erhält man in dem Unterschiede s' der Ordinaten der Endpunkte C und D das Maß der Verschraubung für die Kurbelseite, während für die Deckelseite die Abszissenstrecke $s = d_{min} + d_{max}$ dieses Maß angibt. Entsprechend den verschiedenen Werten von s und s' erhalten das Rechts- und Linksgewinde der Verstellungsschraube verschiedene Ganghöhen. Die Strecken EC und FD sind die Deckungen, die die Schraube entsprechend der kleinsten und größten Füllung auf der Kurbelseite wirklich einstellt.

Fig. 185.

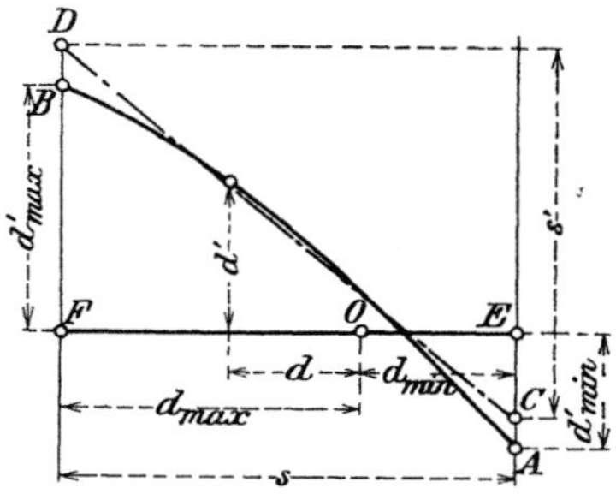

c. Rider-Steuerung.

Die Durchlaßkanäle des Grundschiebers sind unten, wie bei der Meyer-Steuerung, parallel zu den Kanten der Zylinderkanäle a gerichtet, während sie im Rücken desselben schräg auslaufen.

Füllungsänderungen werden durch Querverschiebung (Rider-Flachschieber) oder durch Verdrehung (Rider-Rundschieber) des mit ebenfalls schräg gestellten steuernden Kanten versehenen Expansionsschiebers erreicht. Derselbe bildet entweder eine trapezförmige Platte, die bei einer Querverschiebung u eine Längsverschiebung s der steuernden Kanten gibt oder einen Zylinder oder den Teil eines Zylinders (geschlossener bezw. offener Rider-Rundscheiben), durch dessen Drehung dann dasselbe erreicht wird.

Fig. 186.

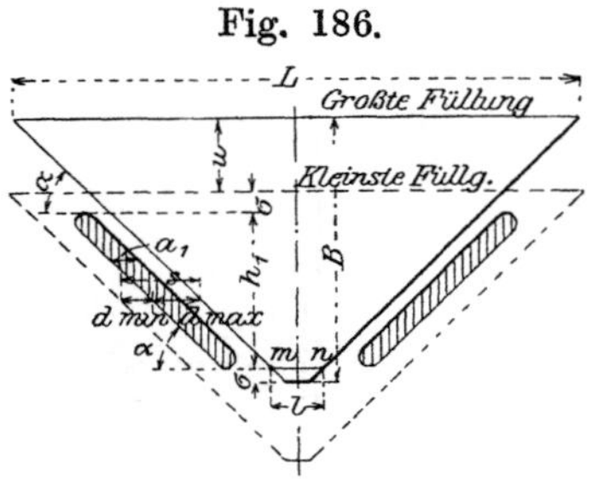

Bei dem Rider-Rundschieber wird der Rücken des Grundschiebers ebenfalls zylindrisch ausgeführt. In die Ebene abgewickelt bildet der Rundschieber (s. z. B. Fig. 188) gleichwie der einfache Flachschieber, eine tragezförmige Platte, deren äußerste Querlagen in der relativen Mittellage beider Schieber in Fig. 186 ersichtlich sind; es entspricht

[1]) Hütte, 20. Aufl., Abt. II, S. 204.

hier die punktiert angegebene Lage des Expansionslappens mit einer Deckung d_{min} der kleinsten, die ausgezogene Lage desselben mit einer Deckung d_{max} der größten Füllung (d_{max} ist hierbei wieder als negative Deckung aufzufassen).

Die größte Querverschiebung des Expansionslappens ist daher

$$u = (d_{min} + d_{max}) \operatorname{tg} \alpha ,$$

wenn α den Steigungswinkel der Durchlaßkanäle bezeichnet. Der Querschnitt der letzteren ergibt sich zu

$$f = a h = a_1 h_1 ;$$

hierin kann, wie bei der Meyer-Steuerung,

$$a_1 = 0{,}8\, a \text{ bis } a$$

und die Kanalbreite

$$h_1 = h ,$$

oder auch

$$a_1 = a \quad \text{und} \quad h_1 = 0{,}8\, h \text{ bis } h$$

gesetzt werden.

Damit folgt für die ganze Breite des Expansionslappens, wenn derselbe in seinen äußersten Querlagen die Kanalkanten behufs dampfdichten Abschlusses noch um die Größe σ überdecken soll

$$B = u + h_1 + 2\sigma = (d_{min} + d_{max}) \operatorname{tg} \alpha + h_1 + 2\sigma \quad \ldots \ldots \quad 85)$$

Der Winkel α kann bei freien Expansionsschieberlappen 40 bis 60^0, bei Expansionsschiebern mit Schlitzen 30 bis 40^0, die Sicherheitsdeckung $\sigma = 10$ bis 15 mm gewählt werden.

Die kleinste Länge des trapezförmigen Expansionslappens — in der Linie mn gemessen — beträgt

$$l = r_r + \sigma' + a_1 - d_{max} ,$$

worin für die Sicherheitsdeckung $\sigma' \sim 10$ mm zu nehmen ist, und die größte Länge desselben

$$L = l + 2(u + h_1 + \sigma) \operatorname{cotg} \alpha = l + 2[(d_{min} + d_{max}) \operatorname{tg} \alpha + h_1 + \sigma] \operatorname{cotg} \alpha .$$

Je kleiner der Winkel α ist, um so kleiner wird die Breite und um so größer die Länge des Expansionslappens und umgekehrt.

Gleiche Füllungen auf beiden Kolbenseiten lassen sich auch bei der Rider-Steuerung für denjenigen Füllungsgrad, mit dem die Maschine zumeist arbeiten soll, erreichen, und zwar geschieht dies, wie bei der Meyer-Steuerung, durch Verlängerung der Expansionsschieberstange (s. S. 252). Damit auch alle übrigen Füllungen möglichst gleich ausfallen, führt man den Neigungswinkel α auf beiden Seiten zuweilen verschieden aus [1]).

Der einfache trapezförmige Expansionslappen, wie er in Fig. 186 dargestellt ist, kommt bei Rider-Flachschiebersteuerungen nur selten zur Ausführung. Meist wird er hier, um kleine Querverschiebungen zu erhalten, noch mit ein oder zwei schrägen Schlitzen auf jeder Seite — entsprechend zwei oder drei gleich gestalteten Kanalöffnungen im Rücken des Grundschiebers — versehen. Zur Steuerung dienen die Außenkanten der letzteren bezw. die inneren Schlitzkanten und die Außenkanten des Expansionsschiebers. Fig. 187 zeigt eine solche Steuerung [2]).

---

1) K. Reinhardt: „Steuerungstabellen für Dampfmaschinen", Berlin 1897, Julius Springer.

2) „Hilfsbuch für den Maschinenbau", 3. Aufl., Berlin 1908, Julius Springer.

Die Querverschiebung des Expansionsschiebers erfolgt durch eine auf der Stange desselben befestigte Hülse a, deren Daumen n in entsprechende Lücken c des Schiebers eingreift und mit plattenförmigen Ansätzen versehen ist, mittels der auch die hin- und hergehende Bewegung der Stange auf den Schieber übertragen wird.

Fig. 187.

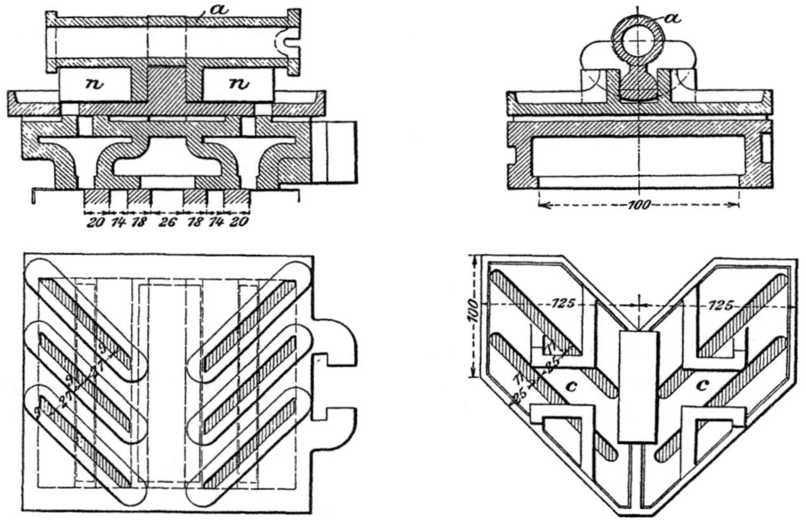

Am häufigsten werden die Expansionsschieber der Rider-Steuerungen als Rundschieber ausgebildet.

Eine solche Steuerung mit offenem Rundschieber ist in Fig. 188 dargestellt.[1]) Die steuernden Kanten des, gleichwie der Grundschieberrücken, einen Teil eines Zylinders vom Halbmesser ϱ bildenden Expansionsschiebers sind Schraubenlinien, die in der Ebene schräge Gerade darstellen, so daß für den Expansionsschieber ein Trapez entsteht, wie dies die Abwicklungen des oberen Spiegels vom Grundschieber und des Expansionsschiebers erkennen lassen.

Der Querverschiebung $u = (d_{min} + d_{max})$ tg α des Rider-Flachschiebers (s. d.) entspricht in Fig. 188 eine Umfangsverschiebung $\gamma\,\varrho$, der Größe $h_1 + 2\,\sigma$ desselben eine solche $\beta\,\varrho$, wenn γ und β die betreffenden Bogenlängen für den Halbmesser 1 sind.

Mit Rücksicht auf dampfdichten Abschluß des Expansionsschiebers ist

$$\beta \sim {}^2/_3\,\pi$$

zu nehmen.

Der Drehwinkel γ wird 30 bis 70° gewählt; je kleiner er bei einer bestimmten Verschiebung u genommen wird, um so größer wird der Halbmesser ϱ des zylinderischen Expansionsschiebers. Zur Entlastung des letzteren ist der Rücken des Grundschiebers mit schräglaufenden Aussparungen versehen.

Je nachdem die in Fig. 188 ersichtliche Rider-Steuerung an einer mit Auspuff oder mit Kondensation arbeitenden Einzylinderdampfmaschine 220/440 oder als Hochdrucksteuerung einer Verbundmaschine Anwendung findet, sind die Steuerungsverhältnisse verschieden und für jeden Einzelfall aus der nachstehenden Tabelle zu entnehmen.

[1]) Zu einer liegenden Dampfmaschine 220/440 der Maschinenbau-Anstalt „Humboldt", Kalk bei Cöln a. Rh.

	Auspuff		Kondensation		Hochdruckseite der Verbund-maschine	
Grundschieber	vorn	hinten	vorn	hinten	vorn	hinten
Voreilwinkel	37°		40°		37°	
Hub	68 mm		68 mm		68 mm	
Lineares Voreilen	4,5 „		6 „		4,5 „	
Vor-Einströmung	0,5 vH	0,8 vH	1 vH	1,3 vH	0,5 vH	0,8 vH
Füllung	66 „	75 „	64 „	73 „	66 „	75 „
Vor-Ausströmung	6 „	7 „	3,5 „	4,5 „	7,5 „	8 „
Kompression	14 „	14 „	22 „	22 „	12 „	12 „
Expansionsschieber						
Voreilwinkel	84°		81,8°		84°	
Hub	80 mm		80 mm		80 mm	
Relativer Hub	60 „		55 „		60 „	

Fig. 188.

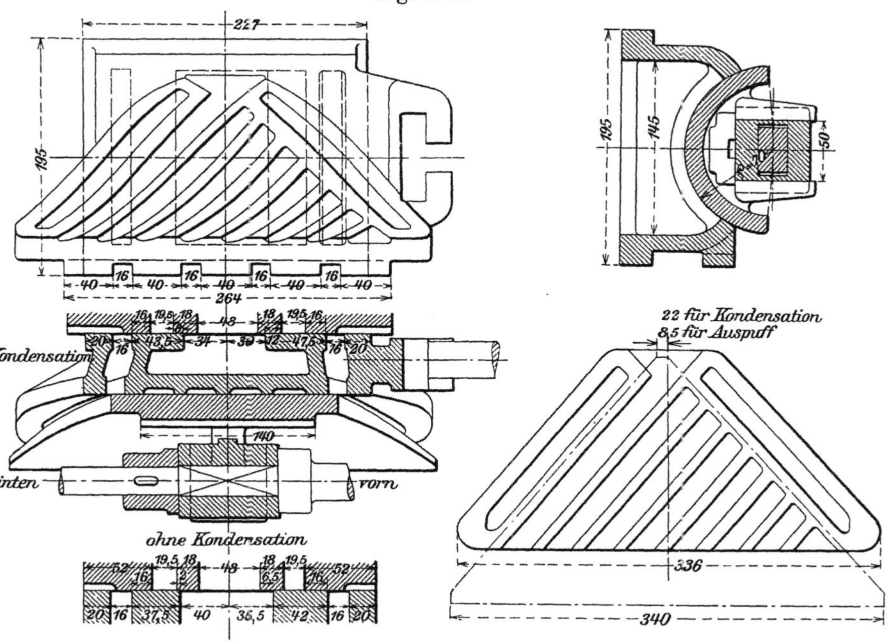

Eine Rider-Steuerung mit geschlossenem Rundschieber zeigt Fig. 189 (S. 256). Letzterer bewegt sich in einer Laufbüchse des Grundschiebers mit je zwei schrägen Öffnungen für den Dampfeintritt — entsprechend zwei aneinander hängenden Trapezen des abgewickelten Expansionsschiebers — die durch seitliche Erweiterungen des Grundschiebers miteinander in Verbindung stehen.

Häufig erhalten die Grundschieber drei schräge Öffnungen für den Dampfeinlaß auf jeder Seite — entsprechend drei aneinander hängenden Trapezen des abgewickelten Expansionsschiebers.

Die Firma F. Leutert, Halle a. S., verwendet eine Trapezschiebersteuerung nach D. R. P. 42 582, die sich von den bisher besprochenen Rider-Steuerungen dadurch unterscheidet, daß, wie Fig. 189a (S. 256) erkennen läßt, der von einem Muffenregler eingestellte Expansionsschieber aus zwei einander gegenüberliegenden Teilen besteht, die über eine

Führungsbüchse der Expansionsschieberstange greifen und durch Flachfedern gegen die mit je zwei Einlaßkanälen versehenen Gleitflächen des Grundschiebers gedrückt werden. Etwaigen durch Abnutzungen am Schieberspiegel des Zylinders oder durch Senkung hervorgerufenen Ortsveränderungen des Grundschiebers kann der Expansionsschieber zufolge seiner Verbindung mit der zugehörigen Schieberstange folgen.

Fig. 189.

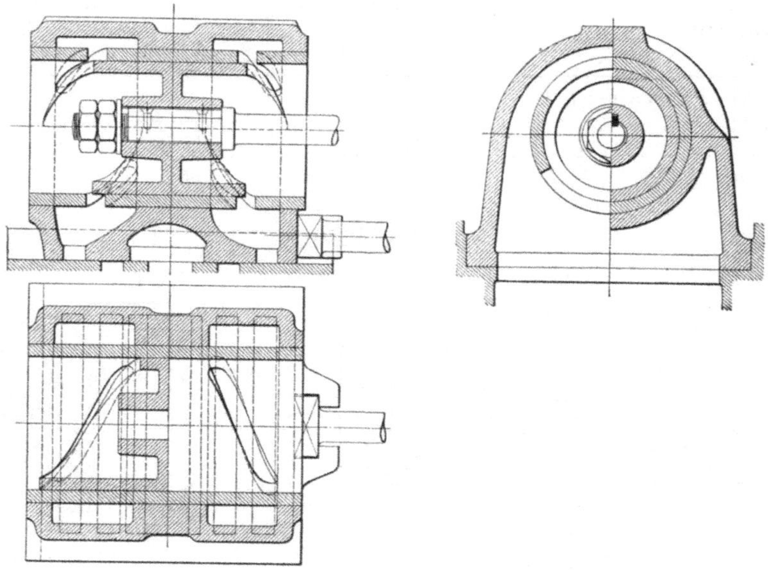

Fig. 189a.

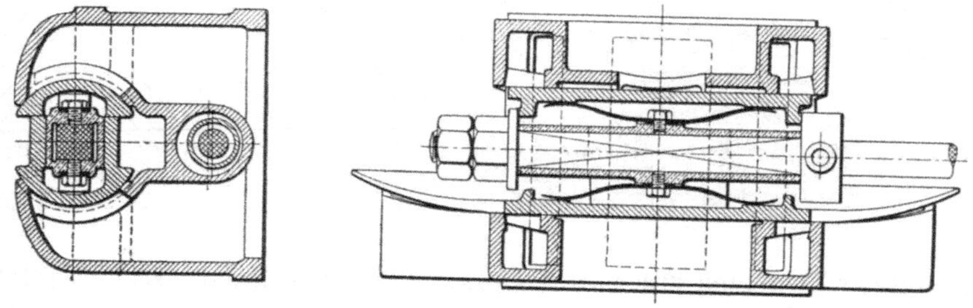

Die Breite B (Gl. 85, S. 253) des Expansionsschiebers bezw. der Umfang des aufgewickelten Schiebers einer Rider-Steuerung wird bei der einfachen Aneinanderfügung mehrerer Trapeze verhältnismäßig groß, da zwischen den einzelnen Kanälen immer der Abstand $\sigma + u$ auftritt. Eine wesentliche Ersparnis läßt sich erzielen, wenn der Schieber an Stelle der wagerechten Begrenzungslinien unter dem Winkel α geneigte Kanten erhält. Dann entstehen auch in dem Schieber selbst schräge Spalten, durch die der Dampf hindurchtritt.

Fig. 190 zeigt die Bauart eines solchen Rider-Kolbenschiebers mit zugehörigem Grundschieber, sowie die für die größte Füllung gezeichnete Abwicklung des mit drei Spalten auf jeder Seite versehenen Expansionsschiebers und der Grundschieberbüchse (Fig. 190 a) [1]).

Die Weite der mit ihren Innenkanten steuernden Spalten ist so groß zu wählen, daß die Außenkanten derselben die Durchlaßkanäle im Grundschieber rechtzeitig öffnen, d. h. noch bevor derselbe Vor-Einströmung gibt. In der der kleinsten Füllung entsprechenden Lage des Expansionsschiebers — in Fig. 190 a durch strichpunktierte Linien angedeutet —

Fig. 190.

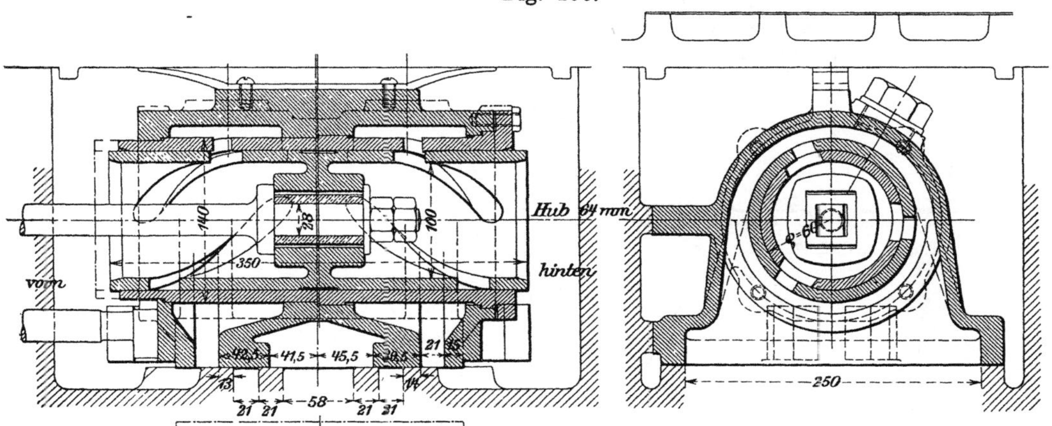

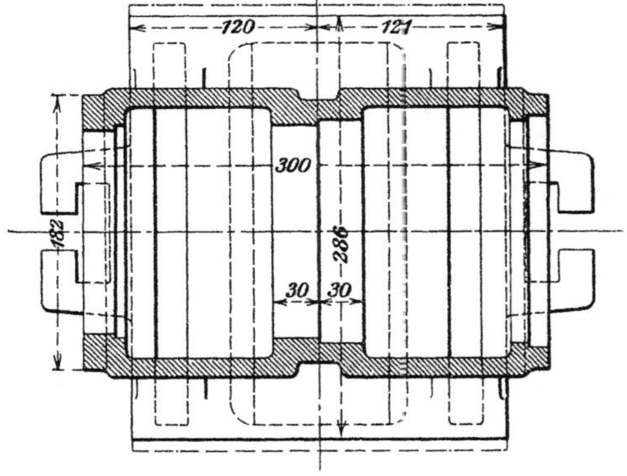

Fig. 190a.

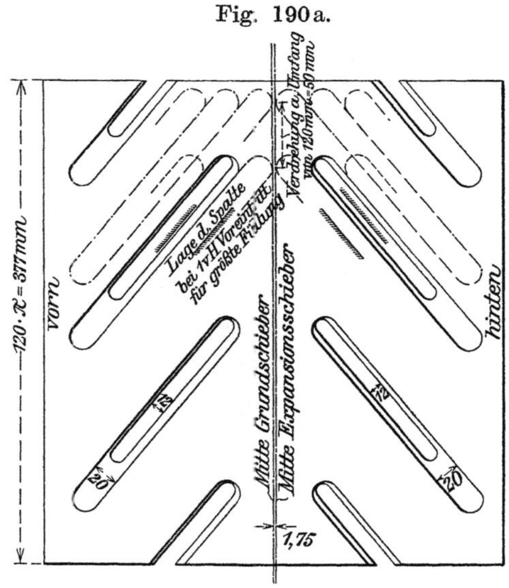

ist ferner darauf zu achten, daß bei der äußersten Relativlage desselben die nicht steuernden (äußeren) Kanten der Spalten die zugehörigen Kanalöffnungen noch um einen gewissen Betrag σ' überdecken.

In dem in Fig. 190 b (S. 258) dargestellten Zeuner-Diagramm der vorliegenden Steuerung sind die Strahlen und Hilfslinien für die hintere Zylinderseite ausgezogen, diejenige für die vordere Zylinderseite punktiert angegeben.

Die Steuerungsverhältnisse der Maschine sind folgende:

[1]) Zu einer liegenden Dampfmaschine 325/600 der Maschinenfabrik R. Raupach, G. m. b. H., Görlitz.

Grundschieber	vorn	hinten
Vor-Einströmung vH	1	1
Größte Füllung „	70,4	76,5
Vor-Ausströmung „	4	5
Kompression „	16,5	17,5
Äußere Überdeckung mm	13	14
Innere „ „ „	8,5	4,5
Voreilen, außen „	6,2	5,1
„ , innen „	10,6	14,6
Exzentrizität „	32	
Voreilwinkel	37°	

Fig. 190b.

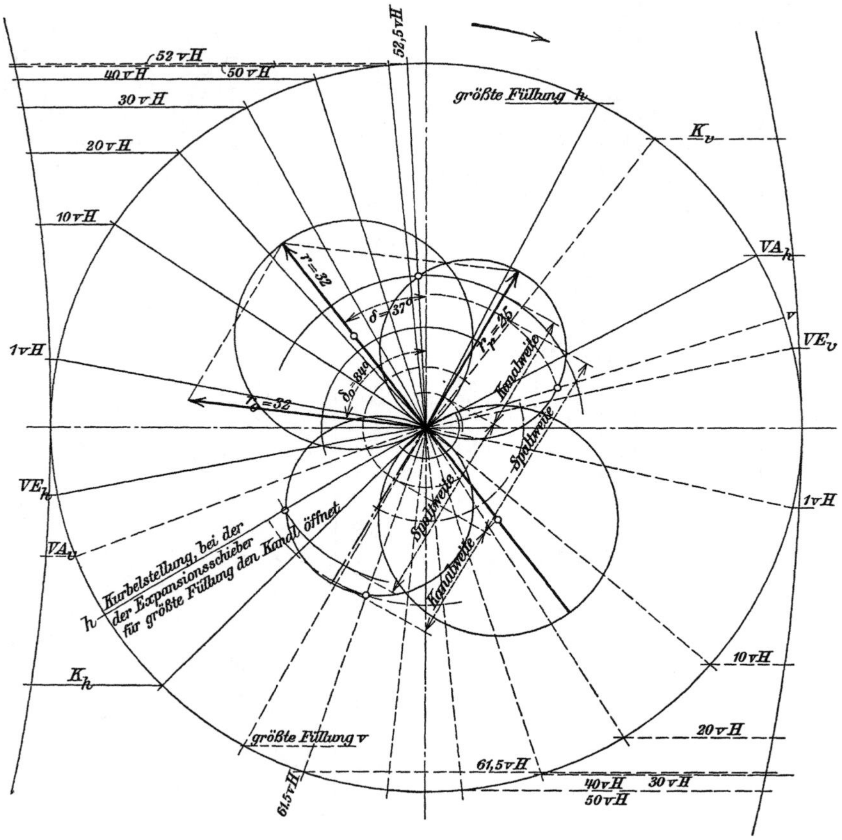

Insbesondere bei größeren Dampfmaschinen wird nicht nur der Expansionsschieber, sondern — behufs seiner Entlastung — auch der Grundschieber als Kolbenschieber ausgeführt.

Fig. 191 zeigt eine solche Rider-Steuerung.[1]) Der durch zwei gußeiserne federnde Ringe an jedem Ende abgedichtete Grundschieber wird mittels einseitig angreifender Stange in eingezogenen Laufbüchsen der Schieberkammer, der Expansionsschieber in Büchsen

[1]) Zu einer liegenden Dampfmaschine 400/800 ($n = 100$ Uml/min) der Zwickauer Maschinenfabrik, A.-G., Zwickau.

Fig. 191.

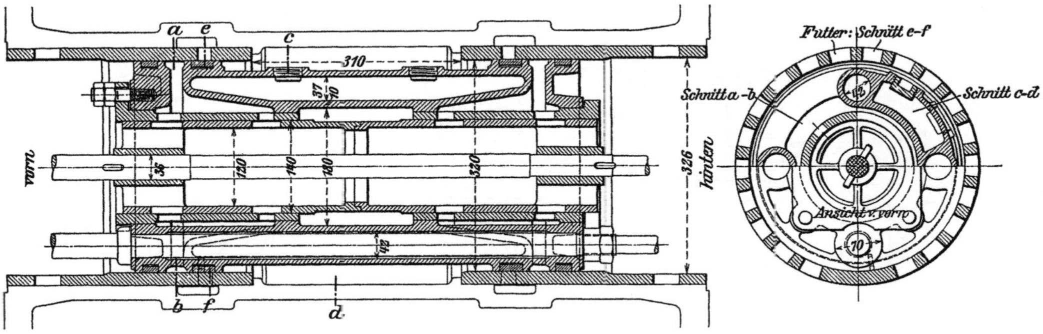

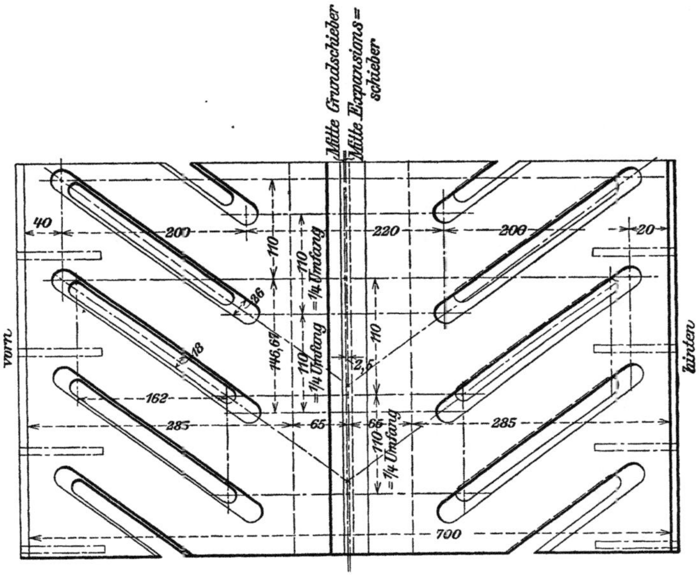

Fig. 191 a.

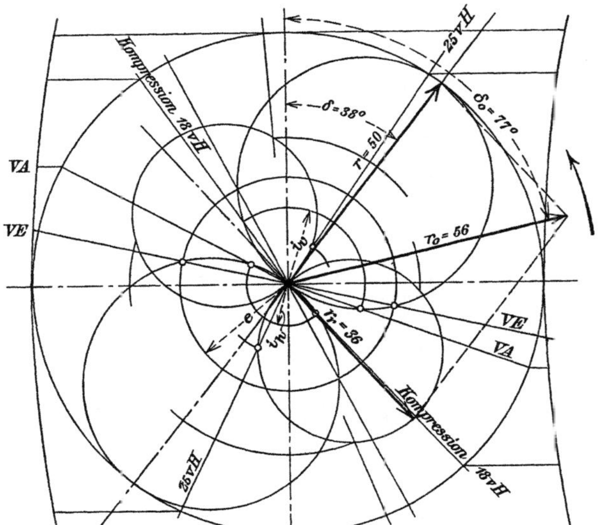

Fig. 191 b.

des Grundschiebers hin und her bewegt, die durch Flanschverschraubung mit ihm verbunden sind.

Fig. 192.

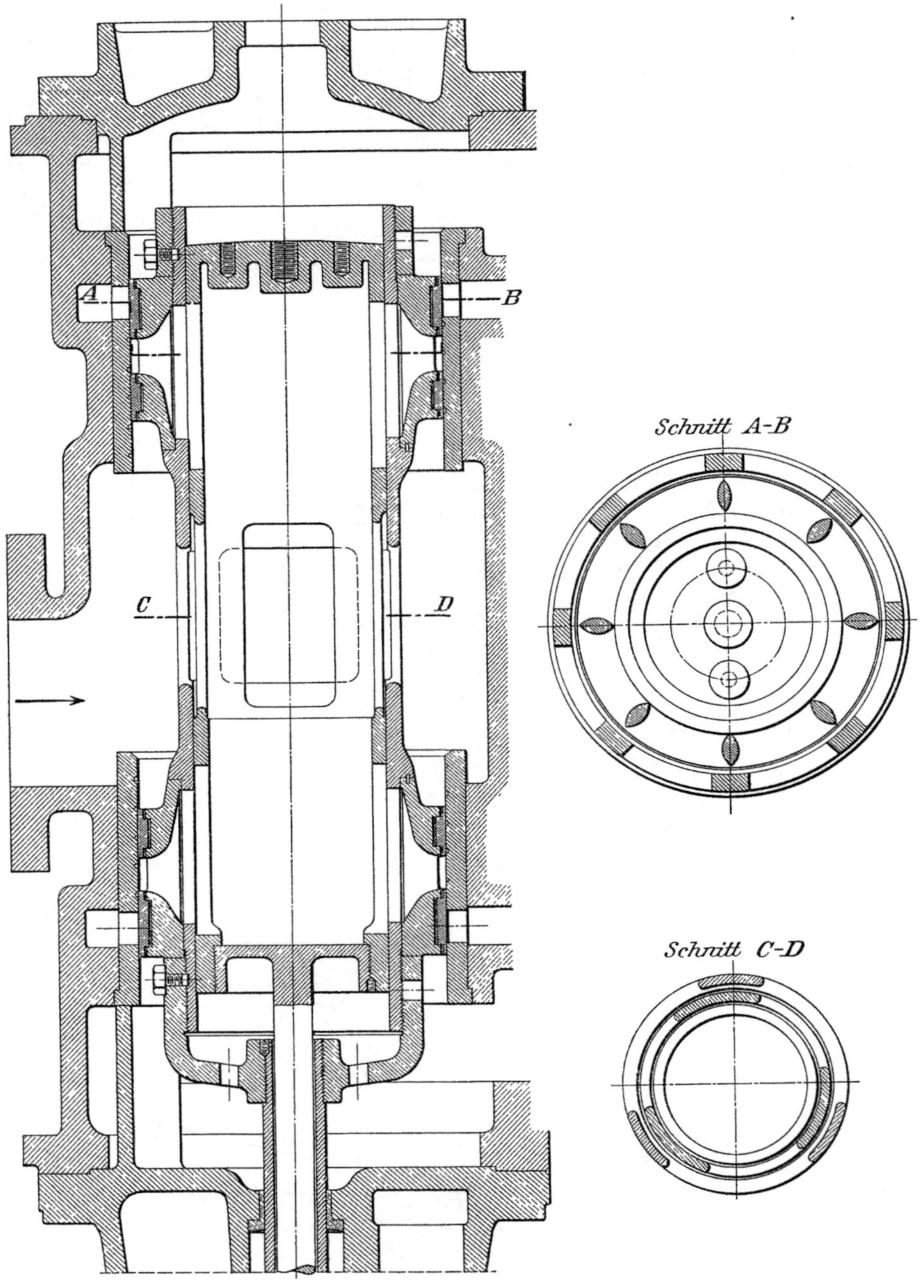

Die Abwicklung des Expansionsschiebers und der Grundschieberbüchsen — für größte Füllung gezeichnet — ist in Fig. 191a ersichtlich; das zugehörige Z e u n e r - Diagramm zeigt Fig. 191b.

Die Normalfüllung — 25 vH auf beiden Kolbenseiten — wird durch Versetzung des Expansionsschiebers gegen den Grundschieber um 2,5 mm nach hinten erreicht.

Sonstige Steuerungsverhältnisse sind aus der nachstehenden Tabelle zu entnehmen.

Grundschieber	vorn	hinten
Exzentrizität mm	50	
Voreilwinkel	38°	
Äußere Deckung mm	21	21
Innere „ „	15	8
Äußeres lineares Voreilen mm	9	9
Inneres „ „ „	15	22
Vor-Einströmung vH	1	$1^1/_2$
Füllung	Null bis 65 vH	Null bis 59 vH
Vor-Ausströmung vH	$3^1/_2$	5
Kompression „	18	18

Der Hub des Expansionsexzenters beträgt 112 mm, sein Voreilwinkel 77°.

An Stelle der in Fig. 191 ersichtlichen einseitig angreifenden Stange des Grundschiebers werden zur Mitnahme desselben auch zwei diametral gegenüberliegende Schieberstangen verwendet, häufiger noch die Stangen des Grund- und Expansionsschiebers konzentrisch zueinander angeordnet, wobei, wie z. B. Fig. 192 [1]) zeigt, die hohle Stange des ersteren diejenige des letzteren umschließt.

Ein Nachteil der mit ineinander liegenden Kolbenschiebern arbeitenden Steuerungen besteht darin, daß die Führungen ihrer Stangen und die Verbindungen derselben mit den Exzenterstangen nur umständlich auszuführen sind, dazu kommt bei hohem Dampfdruck und insbesondere bei Überhitzung noch der Nachteil großer Empfindlichkeit derart angeordneter Schieber, der dazu geführt hat, sie in besonderen Kammern unterzubringen.

Fig. 193.

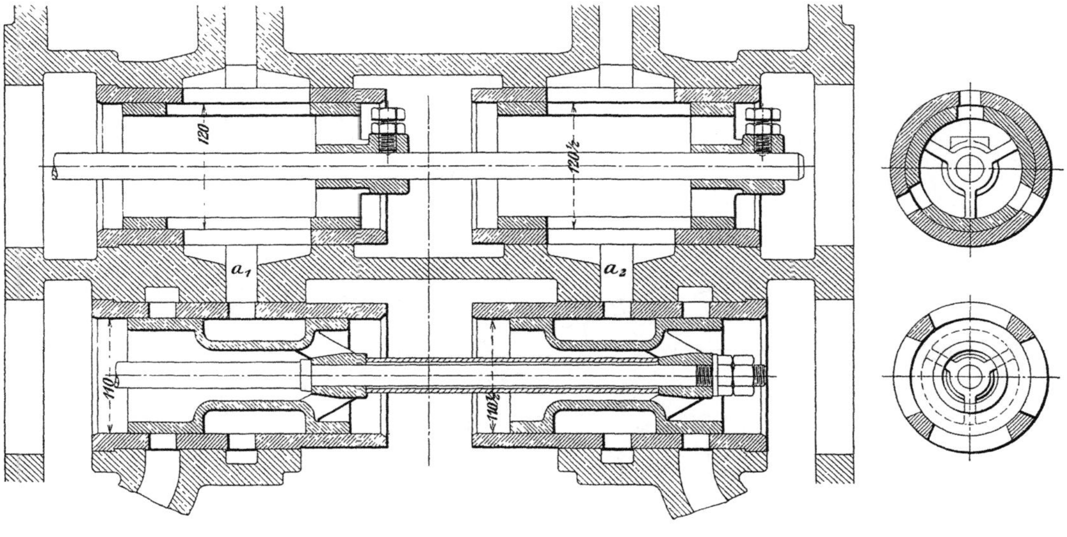

d. Zweikammersteuerungen.

Bei diesen von Doerfel angegebenen Steuerungen kommen zumeist nur Kolbenschieber in Betracht.

[1]) Zum Hochdruckzylinder einer stehenden Verbundmaschine 550 bezw. 860/550 ($n = 150$ Uml/min) der Maschinenfabrik Augsburg-Nürnberg, A.-G., Nürnberg.

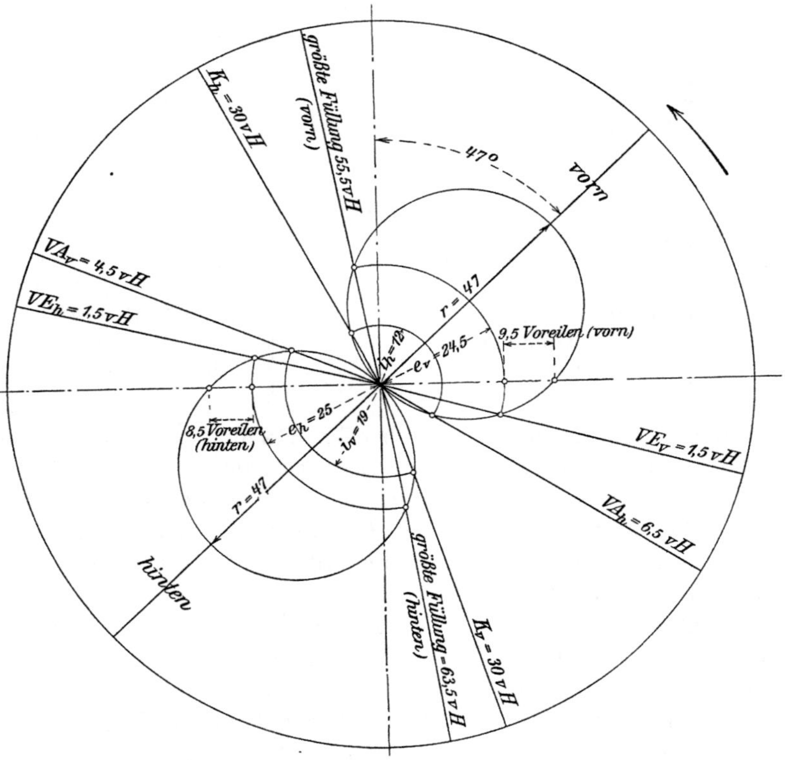

Fig. 193a.

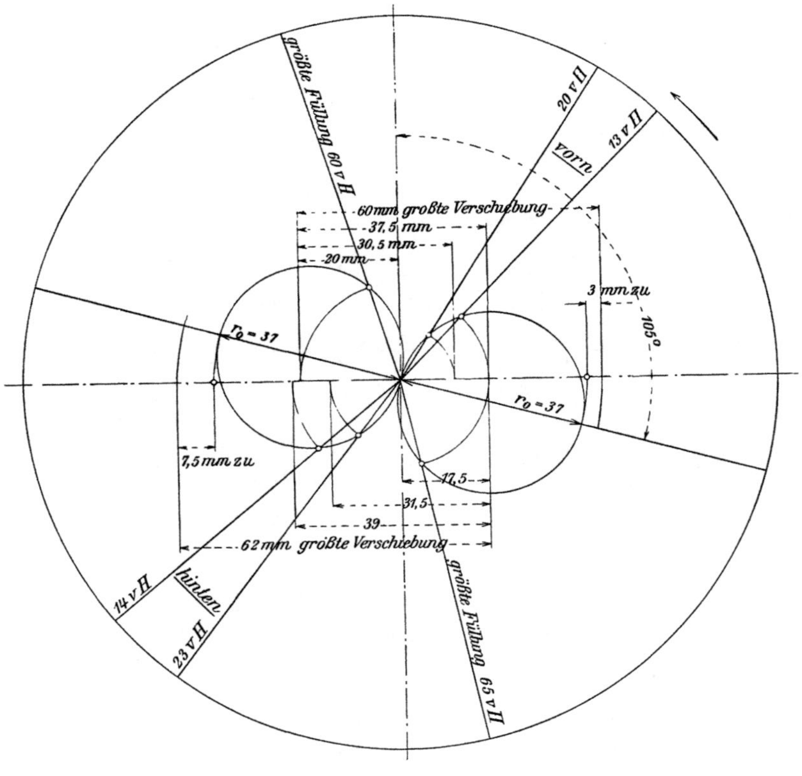

Fig. 193b.

Fig. 193 (S. 261) zeigt eine solche Steuerung bei der die Expansion durch einen in der einen Kammer untergebrachten geteilten Rider-Spaltschieber mit innerer Einströmung geregelt wird, während der aus zwei miteinander verbundenen Kolbenschiebern mit muschelartigen Aussparungen zusammengesetzte Grundschieber sich in der anderen Kammer bewegt[1]). Beide Kammern stehen durch die Kanäle a_1 und a_2 miteinander in Verbindung.

Die Schieber werden von festen Exzentern mit $r = 47$ bezw. $r_o = 37$ mm Exzentrizität angetrieben, Füllungsänderungen durch Drehung der von einem Muffenregler beeinflußten Expansionsschieberstange hervorgebracht.

Die Überdeckungen des Grundschiebers werden für die günstigsten Verhältnisse gewählt, das zugehörige Diagramm (Fig. 193a) und dasjenige für den Expansionsschieber

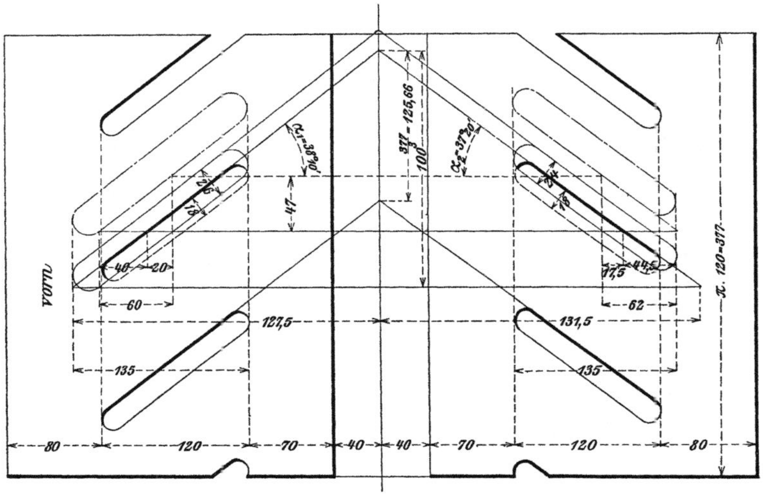

Fig. 193c.

(Fig. 193b), wie bei den Einkammersteuerungen aufgezeichnet, nur sind in das letztere nicht die Relativ-, sondern die hier maßgebenden Expansionsschieberkreise einzutragen.

Fig. 193c zeigt die Abwicklung des Expansionsschiebers und der zugehörigen Laufbüchse; der Steigungswinkel der Spalten und der Durchlaßkanäle ist, um vorn und hinten möglichst günstige Füllungen zu erhalten, $\alpha_1 = 38^0\,10'$ bezw. $\alpha_2 = 37^0\,20'$ gewählt worden.

Die Exzenter des Grund- und Expansionsschiebers — ersterer mit innerer Einströmung — eilen der Kurbel um $270 + 47^0$ bezw. um $180 + 15^0$ vor. Um vollkommene Nullfüllung zu erhalten, die wegen des Dampfinhaltes der Grundschieberkanäle angezeigt erscheint, werden die in den Laufbüchsen der Expansionsschieber angebrachten Durchlaßkanäle in den betreffenden Totlagen der Kurbel um 3 bezw. 7,5 mm überdeckt.

Weiteren Aufschluß über die Steuerungsverhältnisse der Maschine gibt die nachstehende Tabelle.

[1]) Zu einer Dampfmaschine 320/540 der Maschinenbau-Anstalt Gebr. Pfeiffer, Kaiserslautern.

			vorn	hinten
Einlaß-Überdeckung		mm	24,5	25,5
Auslaß- „		„	19	12
Vor-Einströmung		vH	1,5	1,5
	Kolbenweg	mm	8,1	8,1
	Kanal offen	„	9,5	8,5
Füllung durch Grundschieber		vH	55,5	63
	Kolbenweg	mm	294	340
Füllung durch Expansionsschieber	kleinste	vH	0	0
		Kanalüberdeckung mm	3	7,5
	normale	vH	20	23
		Kolbenweg mm	108	124
	größte	vH	60	65
		Kolbenweg mm	324	351
Vor-Ausströmung		vH	4,5	6,5
	Kolbenweg	mm	24,3	35
Kompression		vH	30	30
	Kolbenweg	mm	162	162

Fig. 194.

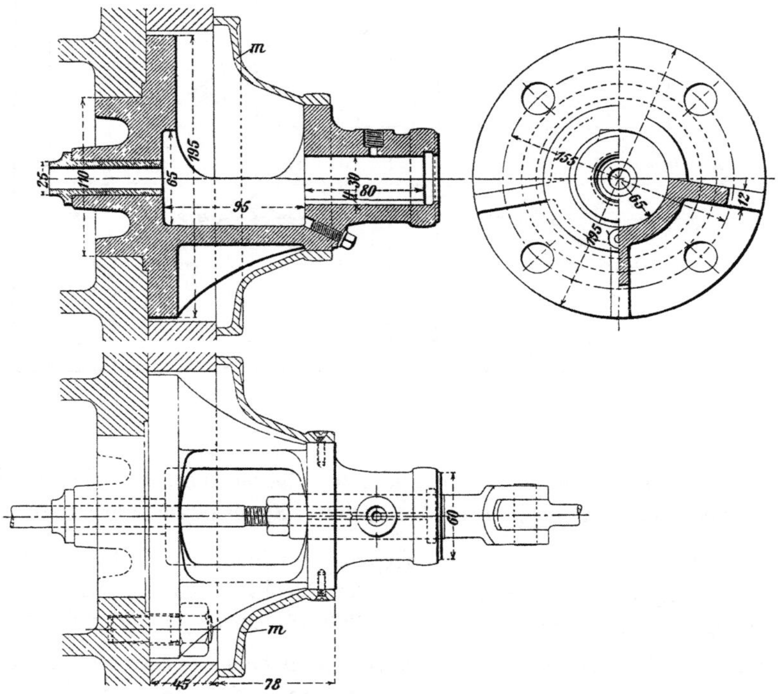

D. Das Gestänge der Schiebersteuerungen.

a. Schieberstangen und deren Führungen.

Fig. 194 zeigt den zu einer liegenden Dampfmaschine 225/350 mit Steuerung durch einen Trick-Kolbenschieber (s. Fig. 165) gehörigen Schieberstangenbock, der mit dem vorderen Schieberkastendeckel ein einziges Gußstück bildet und zur Führung der 15 mm starken Schieberstange in einer Rotgußbüchse, sowie derjenigen eines mit dieser verschraubten Zwischenstückes dient. Zur Verkleidung ist ein mit Schlitzschrauben am Führungsbock befestigter Deckel m angebracht[1]).

Der in Fig. 195 ersichtliche Schieberstangenbock gehört zu einer liegenden Dampfmaschine 300/500 mit Doppelschiebersteuerung. Die Führung der Stangen erfolgt in zwei Büchsen a und b aus Phosphorbronze, von denen die erstere an dem einen Ende den zur Verstellung des Expansionsschiebers durch den Regler dienenden Hebel trägt, am anderen Ende durch einen Flansch gegen axiale Verschiebungen gesichert ist[1]).

Fig. 195.

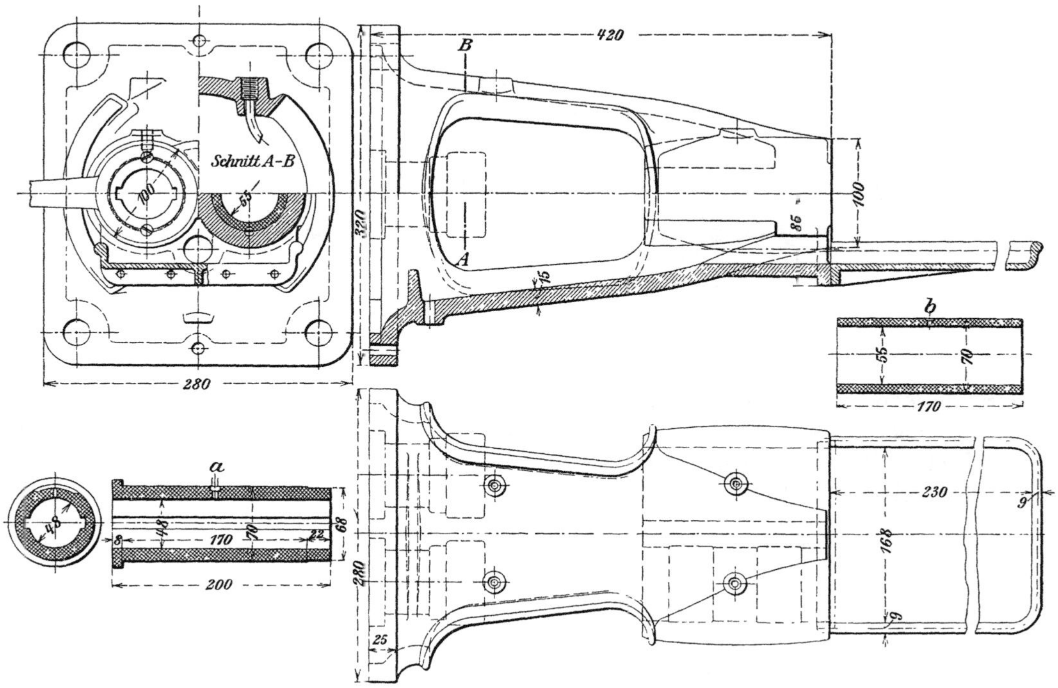

Bei dem in Fig. 196 (S. 266) ersichtlichen Schieberstangenführungsbock erfolgt die Übertragung der Reglerbewegungen auf die Expansionsschieberstange c ebenfalls durch einen auf der Führungsbüchse d befestigten Hebel e, dessen Nabenverlängerung von 80 mm äußerem Durchmesser sich in einer entsprechenden Bohrung des Schieberstangenbockes führt. Die Büchse d ist in Fig. 196a besonders herausgezeichnet. Auf dem Führungsbock ist die Reglersäule unmittelbar befestigt. Zur Führung der Grundschieberstange dient das Zwischenstück g[2]).

Das Schiebergestänge einer liegenden, zum Betreiben eines zweistufigen Einzylinder-Kompressors dienenden Dampfmaschine 320/350 mit Rider-Steuerung zeigt Fig. 197a bis 197d (S. 266).

Es ist bei dieser Maschine, um die schädlichen Räume herabzumindern, der Schieberspiegel so nahe als möglich an die Zylindermitte herangelegt und es erfolgt die Verbindung

---

[1]) Ausführung der Zwickauer Maschinenfabrik A.G., Zwickau.

[2]) Ausführung der Maschinenfabrik R. Raupach, G. m. b. H., Görlitz, an einer liegenden Dampfmaschine 325/600 mit Rider-Steuerung.

Fig. 196.

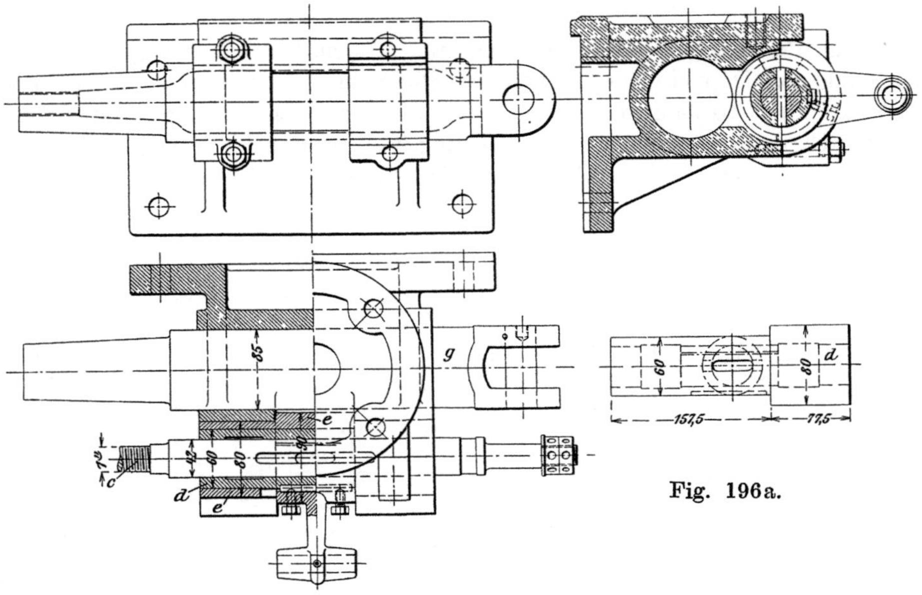

Fig. 196a.

der Grundschieberstange mit der zugehörigen Exzenterstange nicht unmittelbar sondern unter Zwischenschaltung zweier Schwinghebel und einer Schieberschubstange; erstere sind auf einer Welle befestigt, die in einem auf dem Fundament stehenden Böckchen (Fig. 197d) gelagert ist[1]).

Fig. 197a.

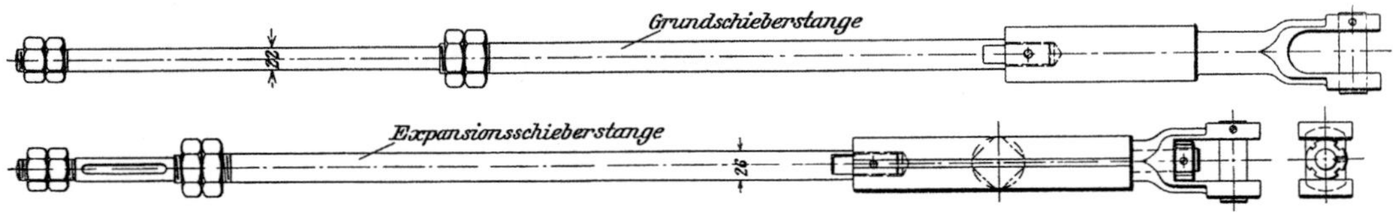

Fig. 197b.

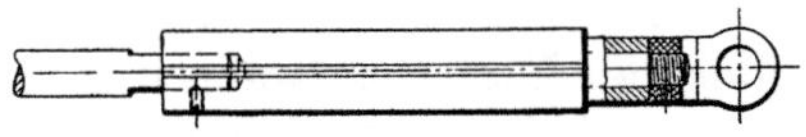

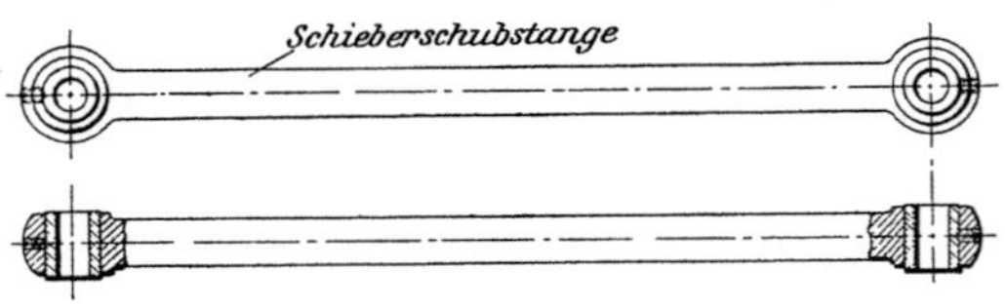

Fig. 197c.

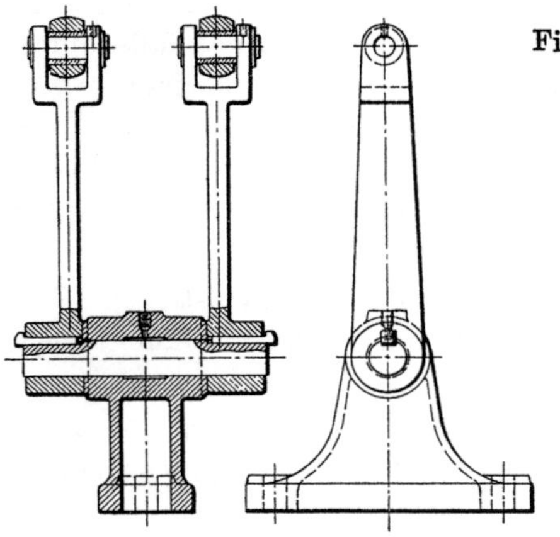

Fig. 197d.

[1]) Ausführung der Königin-Marienhütte, A.-G., Cainsdorf.

Die zu einer stehenden Verbundmaschine 430 bezw. 650/420 gehörigen Schieberstangenführungsböcke zeigen Fig. 198 bis 200 und zwar dienen die in Fig. 198 und 199 dargestellten Böcke zur Führung der Expansions- und Grundschieberstange des mit einer Zweikammersteuerung arbeitenden Hochdruckzylinders, der in Fig. 200 (S. 268) dargestellte Bock zur Führung der zum Niederdruckschieber gehörigen Stange.

Fig. 198.

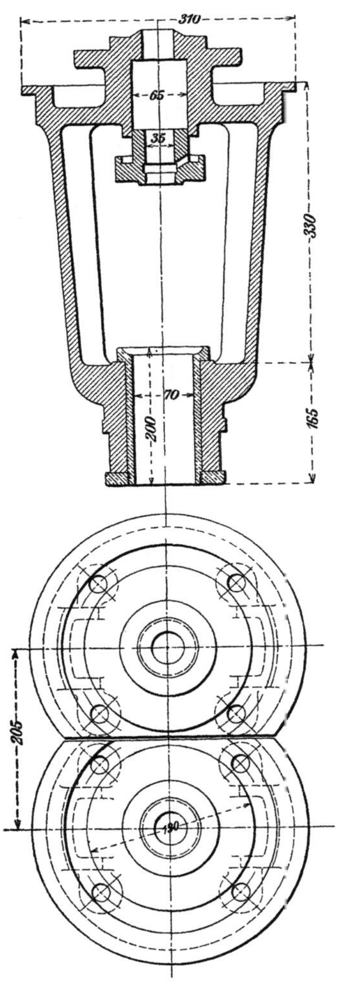

Fig. 199.

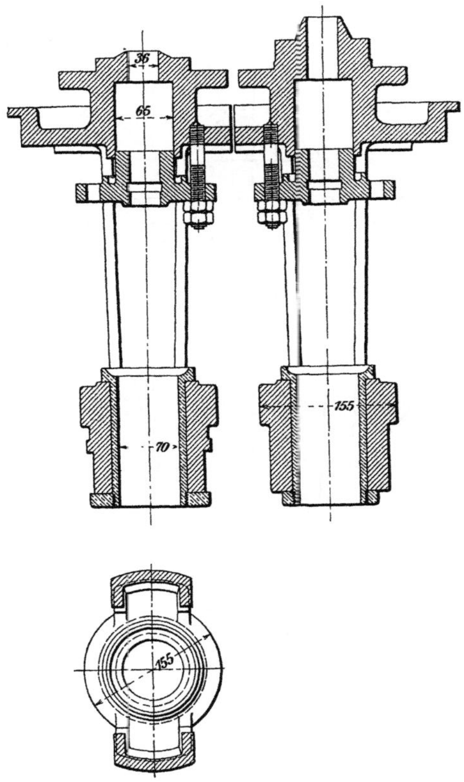

Die Expansionsschieberstange (Fig. 201) des Hochdruckzylinders dieser Maschine ist behufs Verdrehung des mit ihr verbundenen Rider-Kolbenschiebers durch ein Außengewinde mit dem Führungsstück *a* und ferner durch zwei Hebel *c* mit einem Mitnehmer *b* verbunden, der in einer im Halter *d* festgelagerten Büchse *e* gleitet. An der letzteren greift die Zugstange des Reglergestänges (Fig. 134) an und bewirkt durch Verstellung des um den zugehörigen Führungsbock drehbaren Halters gleichzeitig auch die Verdrehung der Expansionsschieberstange *f* bezw. des Rider-Schiebers.

Die mit dem Führungsstück *h* verschraubte Grundschieberstange *g* des Hochdruckzylinders zeigt Fig. 202 [1]).

Die anschließenden Exzenterstangen sind in Fig. 205 abgebildet.

Die Schieberstangenführung für den Hochdruckzylinder einer stehenden Verbundmaschine 550 bezw. 860/550 ($n = 150$ Uml/min) mit Rider-Steuerung (Fig. 192) zeigt Fig. 203 [2]).

Der Regler bewirkt mittels Hebels *m* die Drehung einer Rotgußbüchse *n*, die durch zwei Federn mit einem in ihr gleitenden Führungsstücke *p* in Verbindung steht. An diesem

Fig. 200.

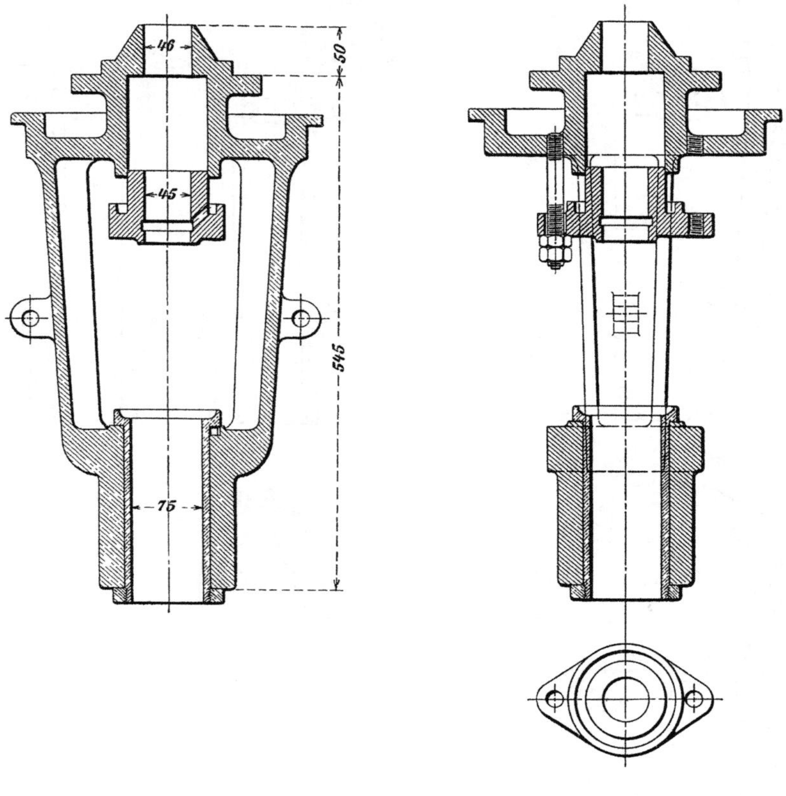

ist einerseits die Expansionsschieberstange *e*, anderseits ein drehbarer Kloben befestigt, über dessen Zapfen die gegabelte Exzenterstange greift. Die Bewegungsübertragung des zum Grundschieber gehörigen Exzenters auf die die Stange *e* des Expansionsschiebers umschließende hohle Stange *g* des ersteren geschieht in der auf der Abbildung ersichtlichen Weise.

Für die Abmessungen der Schieberstangen ist die größte Gestängekraft *P* zugrunde zu legen, die sich aus

$$P = \mu p F$$

[1]) Ausgeführt von der Maschinenbau-Anstalt „Humboldt", Kalk bei Cöln a. Rh.

[2]) Ausgeführt von der Maschinenfabrik Augsburg-Nürnberg, A.-G., Nürnberg.

Fig. 201.

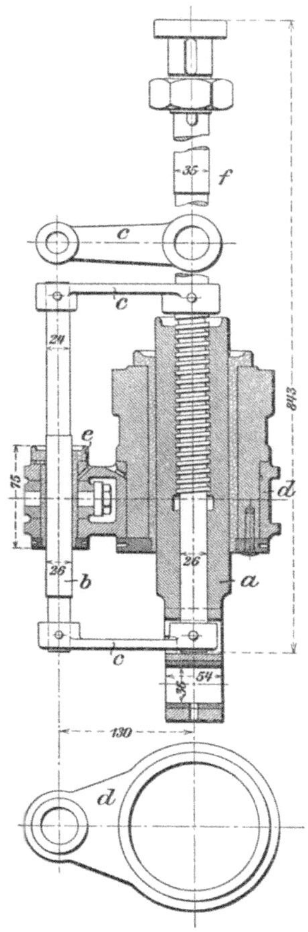

Fig. 202.

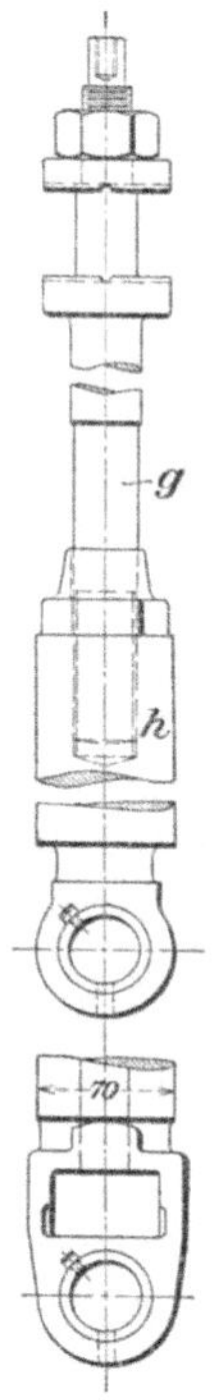

Fig. 203.

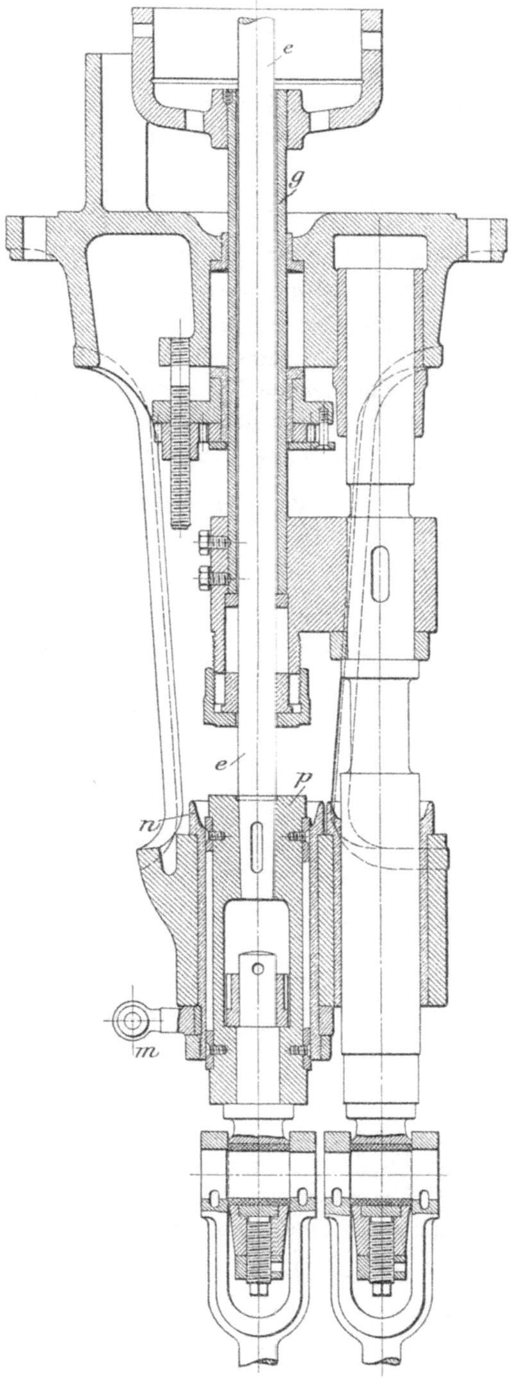

ergibt, worin μ die Reibungszahl, p den auf die gesamte Druckfläche F des Schiebers lastenden Dampfdruck (in kg/qcm) bedeutet.

Gewöhnlich erhalten die Schieberstangen in der Stopfbüchse einen Durchmesser

$$d_s = 0{,}3\,d_k + 1 \text{ cm} \quad \text{bis} \quad 0{,}4\,d_k + 1 \text{ cm},$$

wenn d_k den Durchmesser der Kolbenstange bezeichnet, und in der Führung einen solchen von $\backsim 2\,d_s$.

Der zur Verbindung von Schieber- und Exzenterstange dienende Gelenkzapfen erhält einen Durchmesser $= d_s$ und eine Länge $= 1{,}2\,d_s$.

b. Exzenter und deren Stangen.

Bezeichnet unter Bezugnahme auf Fig. 204

P den in der Mittelebene des Exzenters wirkenden mittleren Druck in kg,
ϱ die Exzentrizität in cm,
D den Durchmesser der Welle in cm,
s die kleinste Nabenstärke des Exzenters in cm,
x die Stärke des äußeren Randes in cm,

so ist der Durchmesser d der Exzenterscheibe

$$d = 2\,(\varrho + 0{,}5\,D + s + x) = 2\,\varrho + D + 2\,s + 2\,x.$$

Fig. 204.

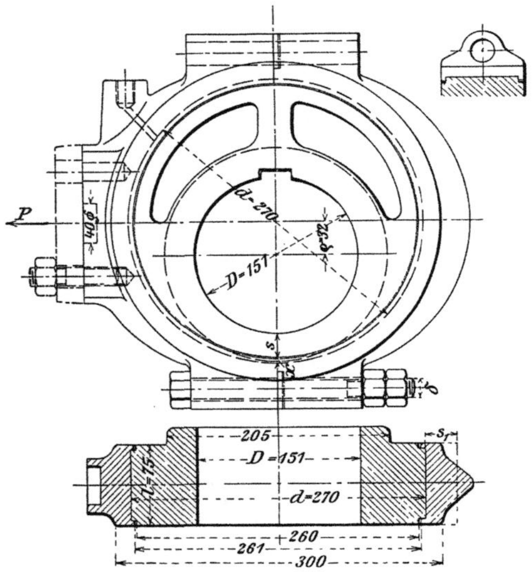

Ist D_o die Wellenstärke (in cm), die dem zu übertragenden Drehmoment $M_d = P\varrho = 0{,}2\,D_o^3\,k_d$ entspricht, das die Bewegung des Exzenters erfordert, so kann, nach Bach, für gußeiserne Exzenter gesetzt werden

$$s = 0{,}2\,(D_o + 0{,}5\,D) + 0{,}5 \text{ cm} \quad \text{bis} \quad 0{,}25\,(D_o + 0{,}5\,D) + 0{,}5 \text{ cm}.$$

Exzenter aus Flußeisen oder Stahl können eine um 20 bis 30 vH geringere Nabenstärke s erhalten. Die Breite l (in cm), d. h. die Länge des Zapfens, an dessen Stelle das Exzenter getreten ist, muß bei mittleren Verhältnissen der Gleichung 64 (S. 124)

$$l \geqq \frac{P\,n}{w}$$

genügen.

Hierin bedeutet noch

n die minutliche Umlaufzahl des Exzenters,

w eine Erfahrungszahl, die um so größer ist, je kleiner die Reibungszahl und je bedeutender unter sonst gleichen Verhältnissen die ableitbare Wärmemenge ist.

Im Mittel kann gesetzt werden

$w = 10\,000$ für Flußeisen oder Stahl (Bügelmaterial) auf Gußeisen (Exzentermaterial),

$w = 20\,000$ für Weißmetall (Futter der Exzenterbügel) auf Gußeisen,

Fig. 204 a.

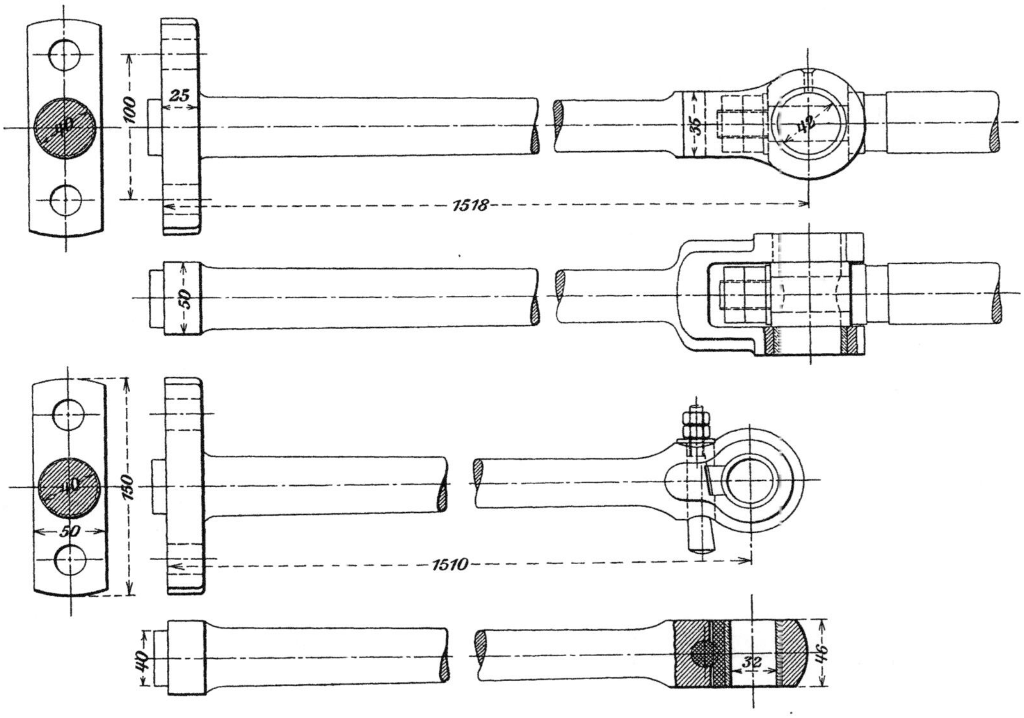

entsprechend zulässigen Werten des Produktes kv aus der Flächenpressung $k = \frac{P}{ld}$ und der Umfangsgeschwindigkeit $v = \frac{d\pi n}{60}$ $kv \leqq \frac{\pi w}{6000} = 5{,}2$ bezw. $10{,}5$ mkg.

Für die Größe x kann $0{,}06\,D_o + 0{,}5$ cm bis $0{,}1\,D_o + 0{,}5$ cm genommen werden. Wirkt P nicht in der Mittelebene des Exzenters, so ist x entsprechend stärker zu wählen.

Es beträgt die Arbeit des Exzenterdruckes P (in cmkg) für 1 Umdrehung $A = P\,4\,\varrho$,

der Arbeitsverlust durch Exzenterreibung für 1 Umdrehung $A_1 = P\mu_1 \pi d$,

der Antriebsverlust durch Wellenreibung für 1 Umdrehung $A_2 = P\mu_2 \pi D$,

demnach der Wirkungsgrad des Exzenters

$$\eta = \frac{A}{A + A_1 + A_2} = \frac{1}{1 + \mu_1 \frac{\pi}{4} \frac{d}{\varrho} + \mu_2 \frac{\pi}{4} \frac{D}{\varrho}}.$$

N u t e n k e i l e für die Befestigung der Exzenter auf ihren Wellen erhalten eine Breite $b = 0{,}5\,l$ und eine Höhe $h = 0{,}25\,l$.

Mit Rücksicht auf gerades Aufkeilen sind lange Naben zu empfehlen.

Über eine v e r s t e l l b a r e Befestigung des Exzenters mittels gezahnter Feder s. Fig. 242 (S. 310).

Die aus Flußeisen (Stahl) oder Gußeisen hergestellten E x z e n t e r b ü g e l erhalten eine Stärke s_1, die sich — gemäß Fig. 204 — ergibt aus

$$0{,}5\,P(0{,}5\,d - 0{,}25\,D) = \frac{l\,s_1^2}{6}\,k_b\,,$$

Fig. 205.

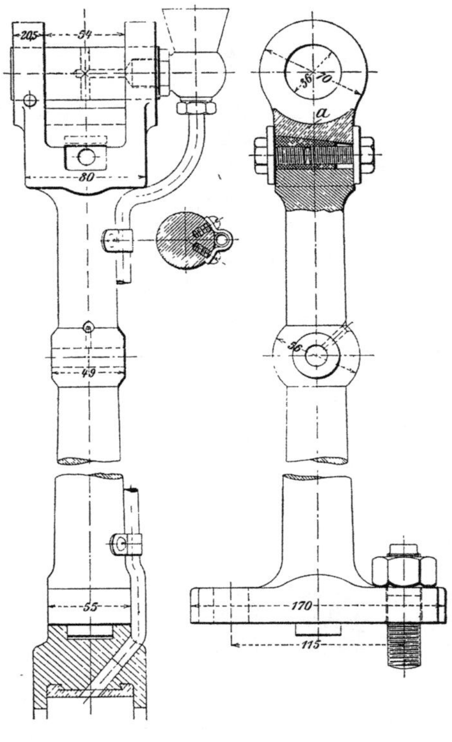

Fig. 206.

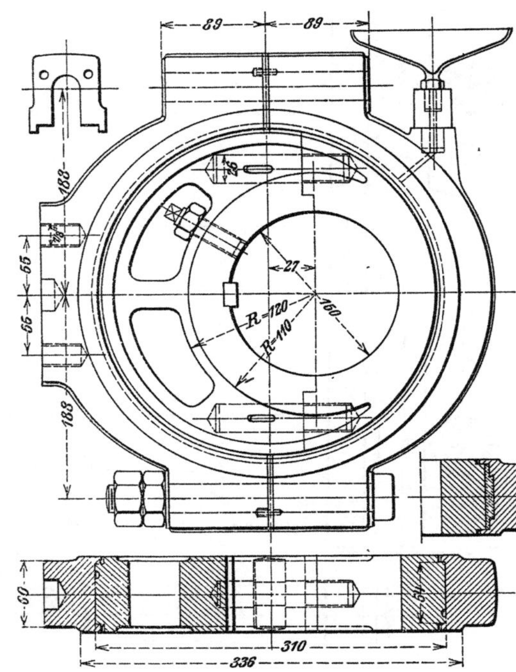

worin

für Flußeisen $k_b = 300$ kg/qcm

„ Gußeisen $k_b = 150$ „

gesetzt werden kann.

Der äußere Durchmesser δ der Bügelschrauben folgt aus

$$0{,}5\,P = 600\,\delta^2 \text{ bis } 800\,\delta^2.$$

Die E x z e n t e r s t a n g e n erhalten bei Dampfmaschinen zumeist runden Querschnitt, dessen Durchmesser in der Mitte — wie bei den Schubstangen — mit $\mathfrak{S} = 40$ zu berechnen ist (s. d.); gleichzeitig muß die größte durch Eigengewicht und Stangenkraft erzeugte Druckspannung bei Schweiß- oder Flußeisen < 300 kg/qcm sein. Der Einfluß der D u r c h b i e g u n g der Stange ist dabei erforderlichenfalls zu berücksichtigen. Die Exzenterstangen nehmen von dem Exzenter nach der Schieberstange hin allmählich in ihrer Stärke ab; sie erhalten gewöhnlich einen Durchmesser $= d_s$, d. h. gleich demjenigen der zugehörigen Schieberstange (s. d.) am schwächeren und einem solchen von $1{,}2\,d_s$ am stärkeren Ende.

Das in Fig. 204 (S. 270) ersichtliche Exzenter gehört zu einer liegenden Dampfmaschine 325/600 mit Rider-Steuerung; die zugehörigen Stangen sind in Fig. 204a dargestellt[1]).

Fig. 207.

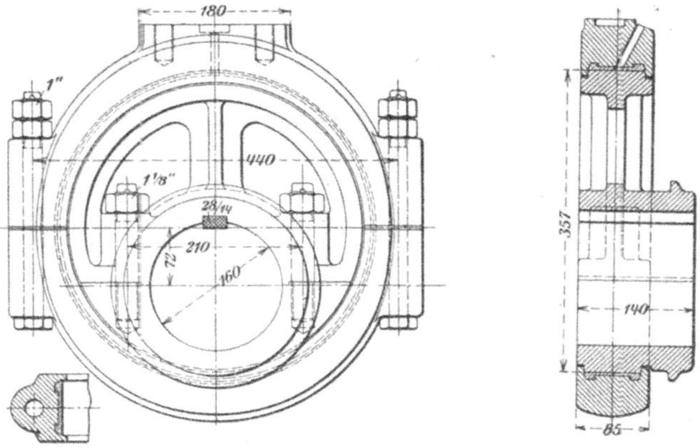

Fig. 208.

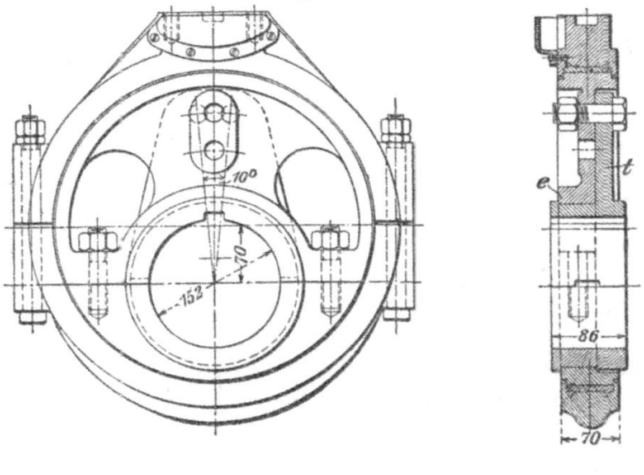

Häufig werden zur Vermeidung toten Ganges der Gelenkverbindungen zwischen Exzenter- und Schieberstange die hier auftretenden Druckkräfte nicht durch die Gelenkzapfen, sondern, wie die Fig. 205 ersichtliche, zum Hochdruckzylinder einer stehenden Verbundmaschine gehörige Exzenterstange zeigt[2]), durch die Gelenkköpfe übertragen, die sich zu dem Zwecke gegen eine aus Rotguß gefertigte Keilbeilage *a* legen, die sich durch ein mittels Kopfschrauben stellbares Keilstück aus Stahl oder dergl. verschieben läßt. Exzenterscheiben auf gekröpften Wellen (bei Zweizylindermaschinen, oder wenn die Welle an der Stelle, wo das Exzenter sitzt, schwächer ist) macht man zweiteilig. Zur Verbindung beider Hälften dienen Schraubenbolzen mit Querkeilen (Fig. 206) oder Muttern (Fig. 207 und Fig. 208), auch zuweilen Kopfschrauben mit Splintsicherung u. dergl.

[1]) Ausführung der Maschinenfabrik R. Raupach, G. m. b. H., Görlitz.

[2]) Ausführung der Maschinenbau-Anstalt „Humboldt", Kalk bei Cöln a. Rh.

Das in Fig. 206 ersichtliche Exzenter ist mittels Keil und Druckschraube auf der zugehörigen Welle befestigt. Die beiden durch Bolzen mit Querkeilen verbundenen Scheibenhälften sind, wie auch die Exzenterbügel, aus Gußeisen hergestellt.

Fig. 206 zeigt auch die Ausführung eines mit Weißmetall ausgegossenen Exzenterbügels [1]).

Das zum Niederdruckschieber einer stehenden Verbundmaschine gehörige Exzenter (Fig. 207) hat ebenfalls eine zweiteilige Scheibe, die sich in einem mit Weißmetall ausgefütterten Bügel bewegt [2]).

Das zu einer stehenden Dampfmaschine gehörige Exzenter mit zweiteiliger Scheibe *e* (Fig. 208) ist nach Lösen eines Schraubenbolzens um einen auf der Welle aufgekeilten zweiteiligen Ring *t* innerhalb gewisser Grenzen (um $\sim 10^0$) drehbar [3]).

Fig. 209.

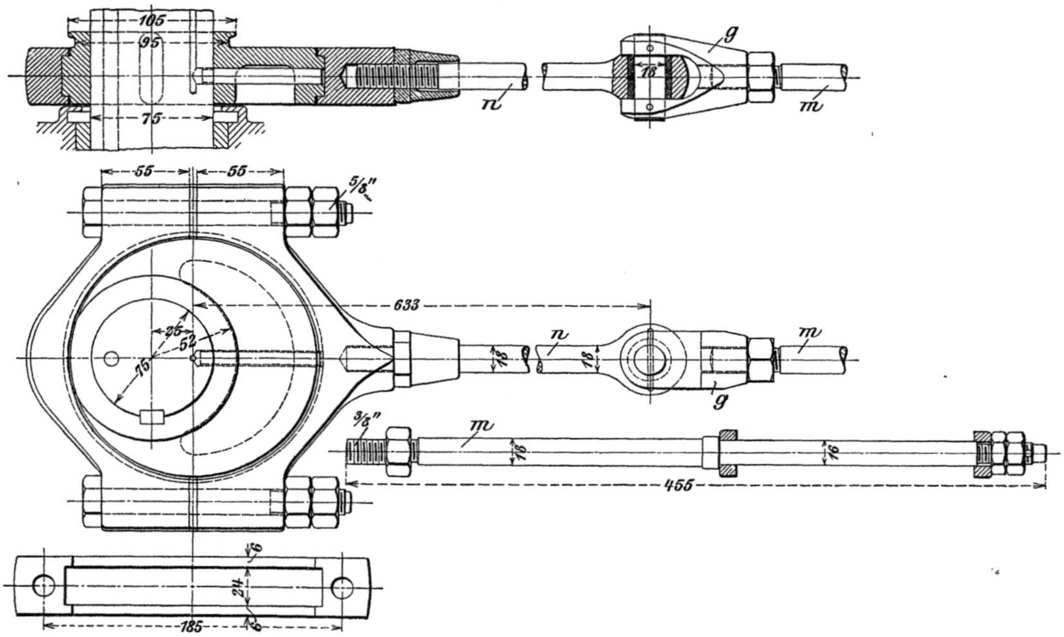

Exzenter, Exzenterstange und Schieberstange — zu einer kleinen einzylindrigen Gabelmaschine 160/200 gehörig — sind in Fig. 209 dargestellt.

Die Exzenterstange *n* ist hier nicht durch Flansch und Schrauben mit dem Exzenterbügel verbunden, sondern in die Hülse desselben eingeschraubt, außerdem durch eine Mutter mit Schutzhülse gegen Drehung gesichert; ihre Verbindung mit der Schieberstange *m* erfolgt durch ein mit der letzteren verschraubtes Gabelstück *g*.

II. Ventilsteuerungen.

A. Ventile und zugehörige Teile.

a. Ventil, Ventilkorb (Ventilsitz) und Ventilständer (Ventilbock).

In der Regel sind es rohrförmig gestaltete, nahezu entlastete Doppelsitzventile, die bei Dampfmaschinen als Steuerorgane Verwendung finden; sie werden

[1]) Ausführung der Firma A. Borsig, Tegel bei Berlin.

[2]) Ausführung der Maschinenbau-Anstalt „Humboldt“, Kalk bei Cöln a. Rh.

[3]) „Hilfsbuch für den Maschinenbau“, 3. Aufl. 1908. Julius Springer.

in den zu ihrer Führung dienenden V e n t i l k o r b eingeschliffen und zwar geschieht dies, damit der dichte Schluß auch im Betriebe gewahrt bleibt, im warmen Zustande. Aus demselben Grunde werden beide Teile aus gleichem Material — einem harten, dichten Gußeisen — hergestellt und behufs gleichmäßiger Ausdehnung aus derselben Pfanne gegossen.

Größere Dampfmaschinen erhalten zuweilen v i e r s i t z i g e Ventile.

Die Sitzflächen werden meist kegelförmig gestaltet — bis zu 65° gegen die Sitzebene geneigt — und zwar erhalten beide Sitze entweder gleiche Neigung oder man läßt ihre Kegel in eine gemeinsame Spitze auslaufen.

Fig. 210.

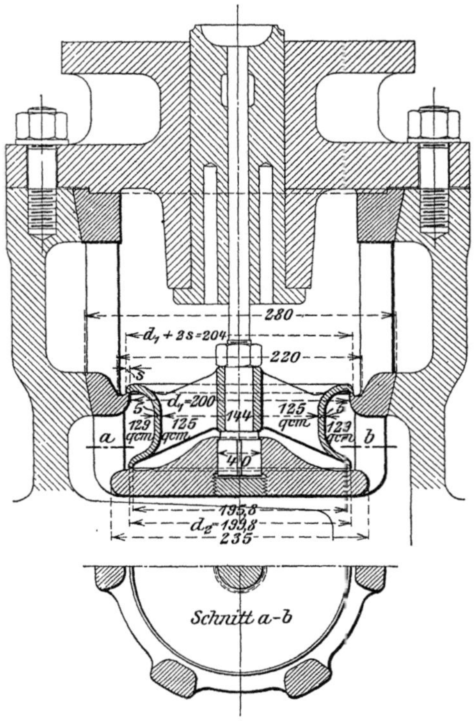

Fig. 211.

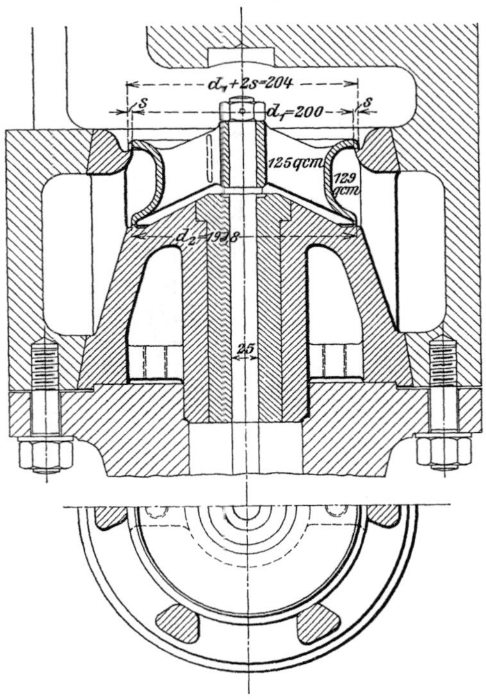

Um geringste Empfindlichkeit gegen Formänderungen und größte Ausnutzung des Ventilhubes zu erreichen, werden die Sitzflächen in neuerer Zeit auch e b e n ausgeführt.

Fig. 210 zeigt das Einlaß-, Fig. 211 das Auslaßventil des Hochdruckzylinders einer liegenden Tandemmaschine 550 bezw. 900/800 ($n = 150$ Uml/min) mit je 6 r a d i a l e n Innenrippen (Rippenstärke $= 5$ mm), sowie die zu den Ventilen gehörigen Körbe mit e b e n e n S i t z f l ä c h e n[1]).

Die Abmessungen beider Ventile sind dieselben; häufiger wird der Durchmesser des Auslaßventils etwas größer als derjenige des zugehörigen Einlaßventils genommen (vergl. auch S. 226).

Bezeichnet d_1 den inneren Durchmesser der oberen, d_2 den äußeren Durchmesser der unteren Sitzfläche eines Ventils (s. Fig. 210), so muß, damit es in den zugehörigen Sitz eingebaut werden kann, $d_1 > d_2$ sein. Im vorliegenden Falle ist $d_1 = 200$, $d_2 = 199{,}8$ mm.

[1]) Ausführung der Maschinenfabrik A u g s b u r g - N ü r n b e r g A.-G.

Die Abmessungen für Ventil und Sitz sind unter Zugrundelegung einer mittleren Dampfgeschwindigkeit w (s. S. 226) im Einlaß zu berechnen. Bezeichnet $d = \frac{d_1 + d_2}{2}$ den mittleren Durchmesser des Ventils, so folgt aus Gl. 80 (S. 225)

$$\frac{d^2 \pi}{4} = \frac{F c}{w}$$

Fig. 212.

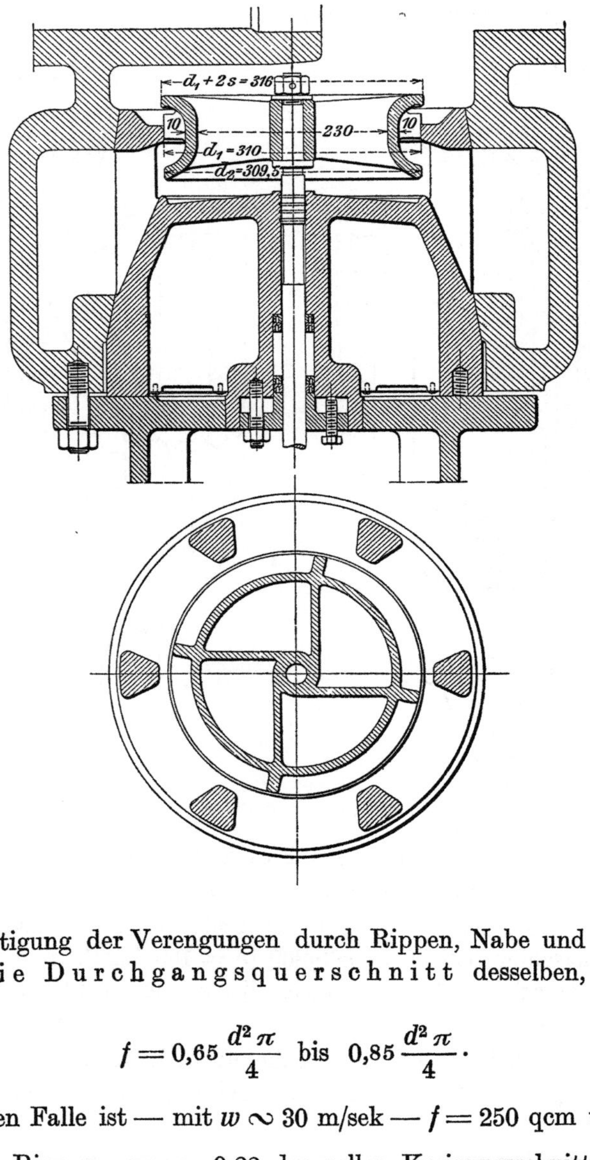

und mit Berücksichtigung der Verengungen durch Rippen, Nabe und zylindrische Ventilwandung der freie Durchgangsquerschnitt desselben, je nach der Größe des Ventils,

$$f = 0,65 \frac{d^2 \pi}{4} \text{ bis } 0,85 \frac{d^2 \pi}{4}.$$

Im vorliegenden Falle ist — mit $w \sim 30$ m/sek — $f = 250$ qcm und es betragen die Verengungen durch Rippen usw. $\sim 0,22$ des vollen Kreisquerschnittes $\frac{d^2 \pi}{4}$ [1]).

[1]) Einlaß- und Auslaßventil des zu der Maschine gehörigen Niederdruckzylinders haben einen lichten Durchmesser $d_1 = 250$ bezw. 300 mm und einen freien Durchgangsquerschnitt von 399 bezw. 620 qcm.

Um den oberen Durchmesser d_1 des Ventils endgültig festlegen zu können, wählt man zunächst die Stärke d_0 der Ventilspindel — $d_0 \sim 1{,}3\,(\sqrt{d} + 5\text{ mm})$ — sowie den äußeren Durchmesser der dieselbe umschließenden Nabe und bestimmt hierauf den freien Durchgangsquerschnitt innerhalb und außerhalb des Ventils so, daß derselbe je $0{,}5\,f$ beträgt. Damit folgt bei angenommener Sitzbreite s der äußere Durchmesser $d_1 + 2s$ des oberen Ventilsitzes. Die Sitzbreite s bewegt sich, je nach der Größe des Ventils, zwischen den Grenzen 2 und 5 mm.

Bei angehobenem Ventil müssen die über und unter demselben liegenden Dampfwege ebenfalls einen Durchgangsquerschnitt $\geqq f$ bieten. Dasselbe gilt für die Durchgangsquerschnitte des Ventilkorbes, sowie für die Abmessungen des Gehäuses, in welches derselbe eingesetzt wird; hierbei ist die höchste Lage, die das Ventil überhaupt einnehmen kann, zu berücksichtigen.

Der normale Ventilhub beträgt

$$h = \frac{0{,}5\,f}{d\pi - b}, \quad \ldots\ldots\ldots\ldots \quad 86)$$

Fig. 213.

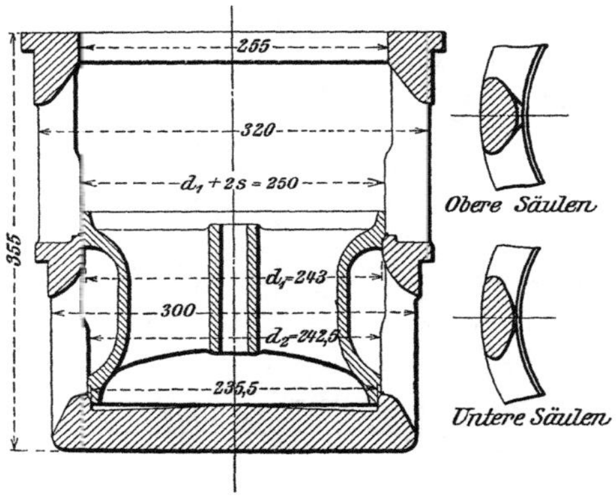

worin b die gesamte Breite der versperrenden Rippen bedeutet. Bei Ventilen mit Überdeckung (s. z. B. Fig. 213) ist h noch um die Überdeckungsgröße μ — etwa 3 bis 6 mm — größer zu wählen.

Der höchste Ventilhub ist — insbesondere bei zwangläufigen Steuerungen — oft erheblich größer als h bezw. $h + \mu$. Damit er möglichst klein ausfällt, gibt man dem Ventil zuweilen einen größeren Durchmesser als mit Rücksicht auf die senkrechte Dampfbewegung notwendig ist. Fig. 212 zeigt ein solches mittels Außenrippen geführtes Ventil von 316 mm äußerem Durchmesser der oberen Sitzfläche, dessen normaler Hub nur 25 mm beträgt [1]). Die Innenrippen laufen tangential an die Nabe der Ventilspindel an. Die Sitzflächen sind kegelförmig gestaltet.

Die Körbe der Fig. 210 und Fig. 211 ersichtlichen Ventilkörbe betreffend, so ist derjenige für das Einlaßventil (Fig. 210) von oben in das Gehäuse eingesetzt; er besteht aus zwei, am äußeren Umfange schwach konisch gestalteten Ringen, mit denen er gegen das Gehäuse abdichtet und aus einem unteren tellerförmigen Teil, die je durch 6 Säulen von angenähert elliptischem Querschnitt miteinander verbunden sind.

[1]) Hochdruck-Auslaßventil einer liegenden 2000 PS-Dreifach-Expansionsmaschine 640 bezw. 1000 bezw. 2 · 1125/1250 ($n = 105$ Uml/min) der Firma Escher Wyß & Cie., Zürich. (Das viersitzige Hochdruck-Einlaßventil dieser Maschine ist in Fig. 216 abgebildet.)

Fig. 214.

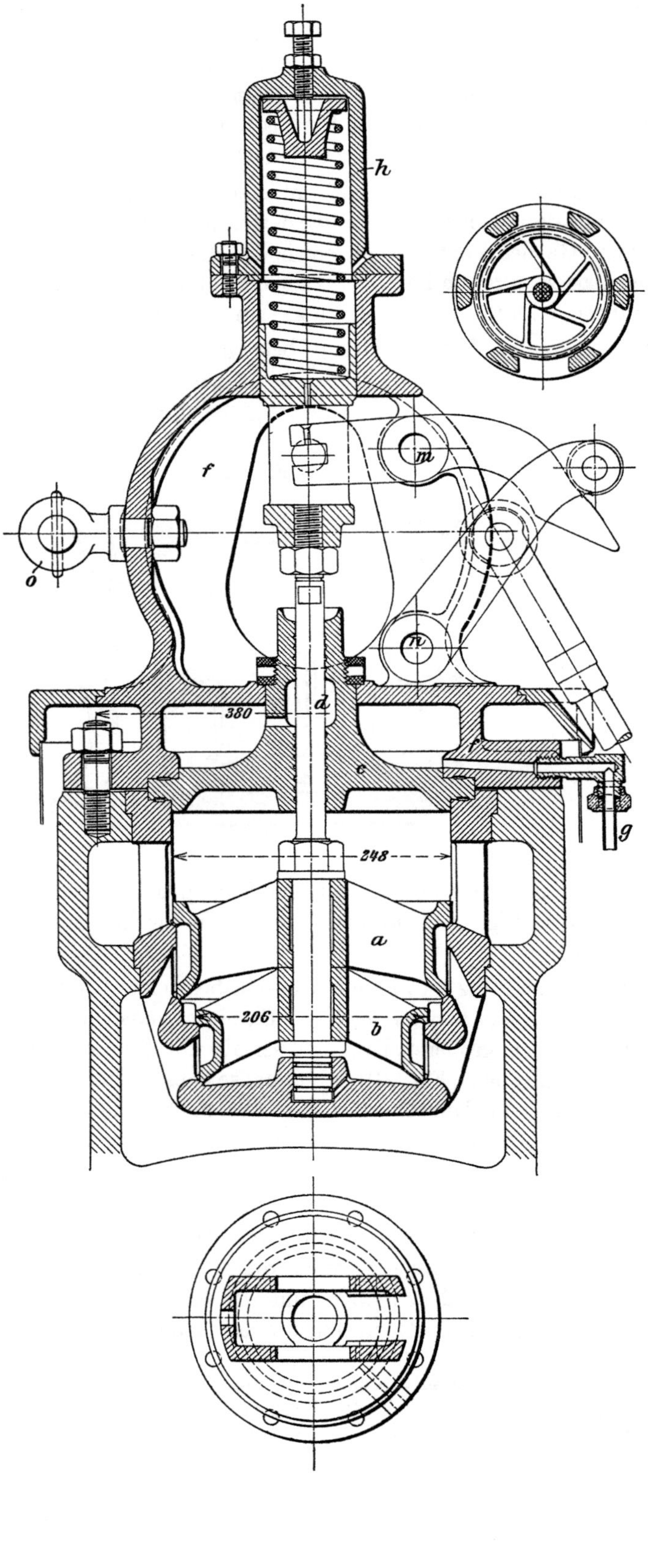

Der von unten in das Gehäuse eingesetzte Korb des Auslaßventils (Fig. 211) hat nur einen einzigen Ring, der mit dem hier glockenförmig gestalteten Unterteil des Korbes durch 6 Säulen verbunden ist. Letzterer trägt einen konischen Ansatz, mit dem er behufs Abdichtung — gleichwie der am äußeren Umfang entsprechend konisch gestaltete Ring — in Bohrungen des Gehäuses eingreift. Der zu dem in Fig. 212 dargestellten Auslaßventil gehörige Ventilkorb ist in ähnlicher Weise ausgeführt.

Fig. 215.

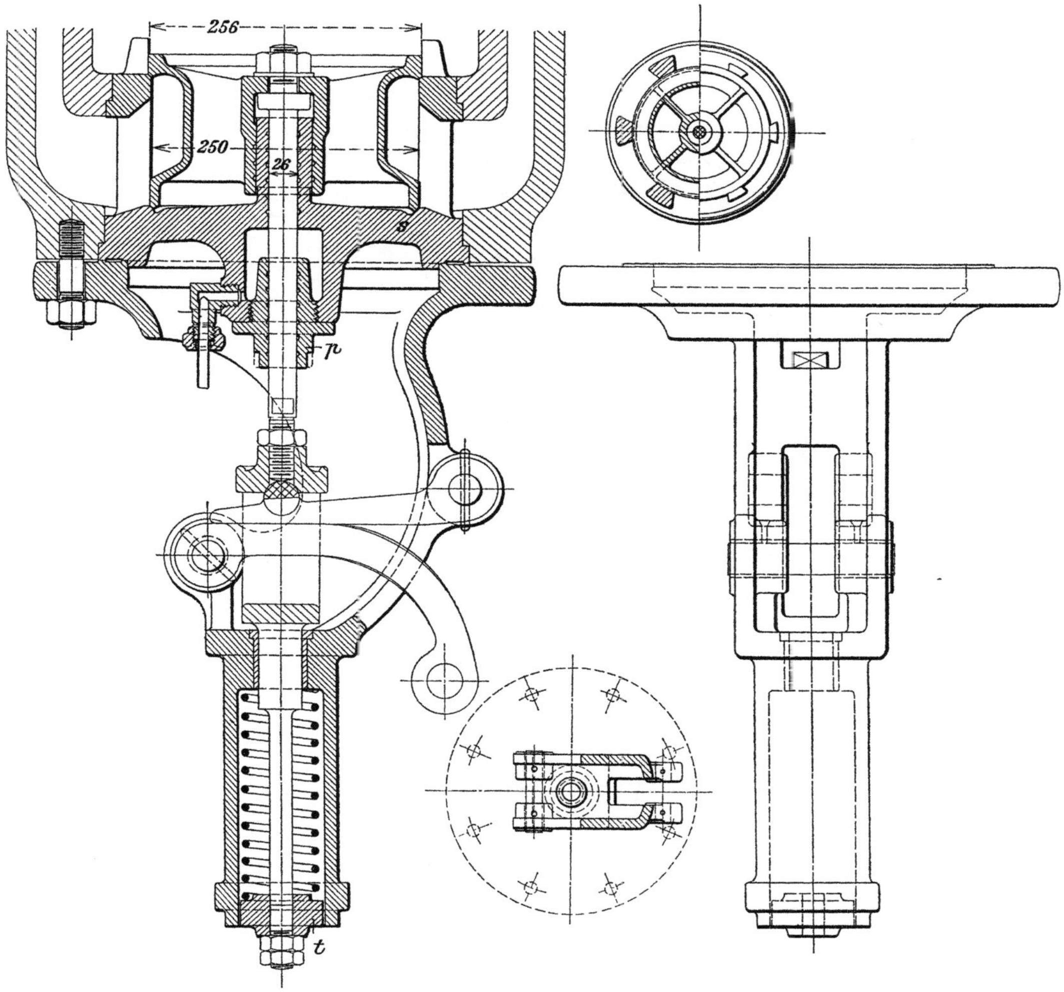

Bei dem in Fig. 213 (S. 277) ersichtlichen Hochdruck-Einlaßventil mit 365 qcm freiem Durchgangsquerschnitt ($d_1 = 243$, $d_2 = 242{,}5$ mm) sind die konischen Sitzflächen mit Überdeckung ausgeführt[1]). Hierdurch wird erreicht, daß die Eröffnung erst stattfindet, wenn das Ventil sich um die Überdeckungsgröße — es sind im vorliegenden Falle je 4 mm — von den Sitzflächen entfernt hat, entsprechend erfolgt der Abschluß schon vor Beendigung der Ventilbewegung — Vor-Einströmung und Expansion des Dampfes werden infolgedessen weniger schleichend als sonst vor sich gehen. Ein

[1]) Zu einer liegenden Verbundmaschine 800 bezw. 1250/1250 ($n = 78$ Uml/min) mit 8 bis 9 at Dampfspannung der Maschinenbau-A.-G. Pokorny & Wittekind, Frankfurt a. M.

weiterer Vorteil besteht darin, daß bei auslösenden Steuerungen ein zu kleiner Weg des über dem Ventil befindlichen Pufferkolbens — insbesondere bei kleinen Füllungen — vermieden wird, das Nachströmen von Luft oder Öl somit in genügender Weise stattfinden kann und damit ein Schlagen des Ventils in Wegfall kommt. Um eine bessere Führung zu erzielen, ist das Ventil über seine beiden Dichtungsflächen hinaus verlängert und der Querschnitt der zur Führung dienenden Säulen entsprechend gestaltet.

Das Ventil hat bei dem normalen Hube von 34 mm eine lichte Durchgangshöhe von 2 · 25 mm; der größte Ventilhub beträgt $h_{max} = 55$ mm [1]).

Fig. 216.

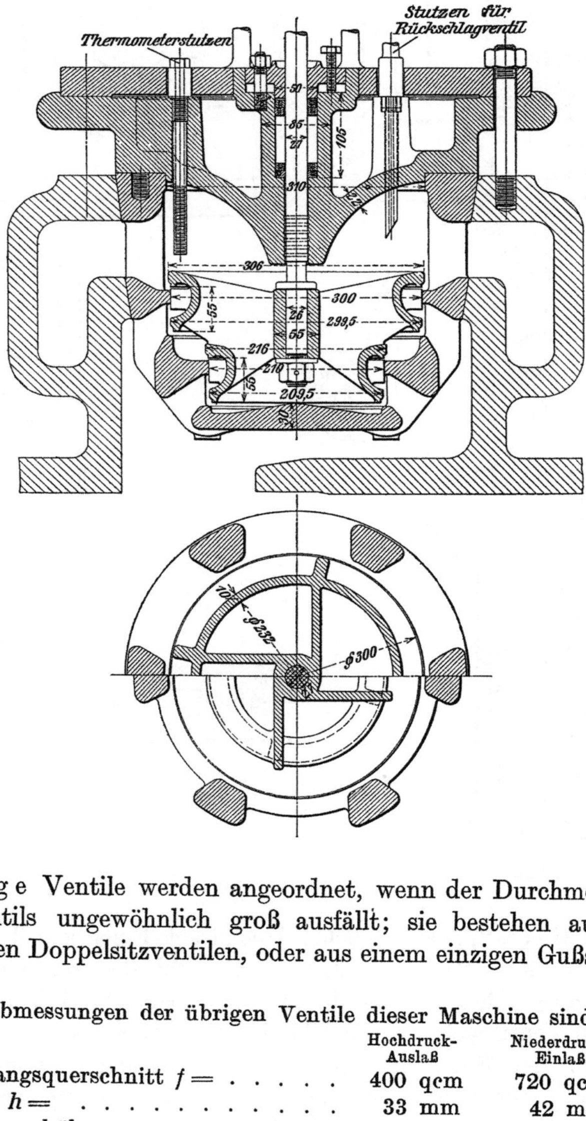

V i e r s i t z i g e Ventile werden angeordnet, wenn der Durchmesser bezw. der Hub eines Doppelsitzventils ungewöhnlich groß ausfällt; sie bestehen aus zwei unmittelbar übereinander gelegten Doppelsitzventilen, oder aus einem einzigen Gußstück.

[1]) Die Hauptabmessungen der übrigen Ventile dieser Maschine sind folgende:

	Hochdruck-Auslaß	Niederdruck-Einlaß	Niederdruck-Auslaß
Freier Durchgangsquerschnitt $f =$	400 qcm	720 qcm	800 qcm
Normaler Hub $h =$	33 mm	42 mm	44 mm
Lichte Durchgangshöhe	2.28 ,,	2.37 ,,	2.39 ,,
Größter Ventilhub $h_{max} =$	36 ,,	45 ,,	47 ,,
Lichter Durchmesser $d_1 =$	250 ,,	328 ,,	346 ,,
Durchmesser der oberen Sitzfläche $d_1 + 2s =$	257 ,,	335 ,,	353 ,,

Das aus einem oberen und unteren Ventilkörper *a* bezw. *b* mit je 2 Sitzen zusammengesetzte viersitzige Einlaßventil einer liegenden Einzylindermaschine von 1150 mm Hub ist samt zugehörigem Ständer in Fig. 214 (S. 278) dargestellt[1]). Die Abdichtung des Ventilkorbes gegen das Gehäuse erfolgt hier in ebenen Ringflächen, die Führung des Ventils an Arbeitsleisten der Säulen bezw. an vorstehenden Rippen des Korbes. Zur Führung und Abdichtung der Ventilspindel dient ein zwischen Ständer und Ventilgehäuse liegender Deckel *c*, dessen Bohrung mit Rillen versehen ist, die eine Labyrinth-

Fig. 217.

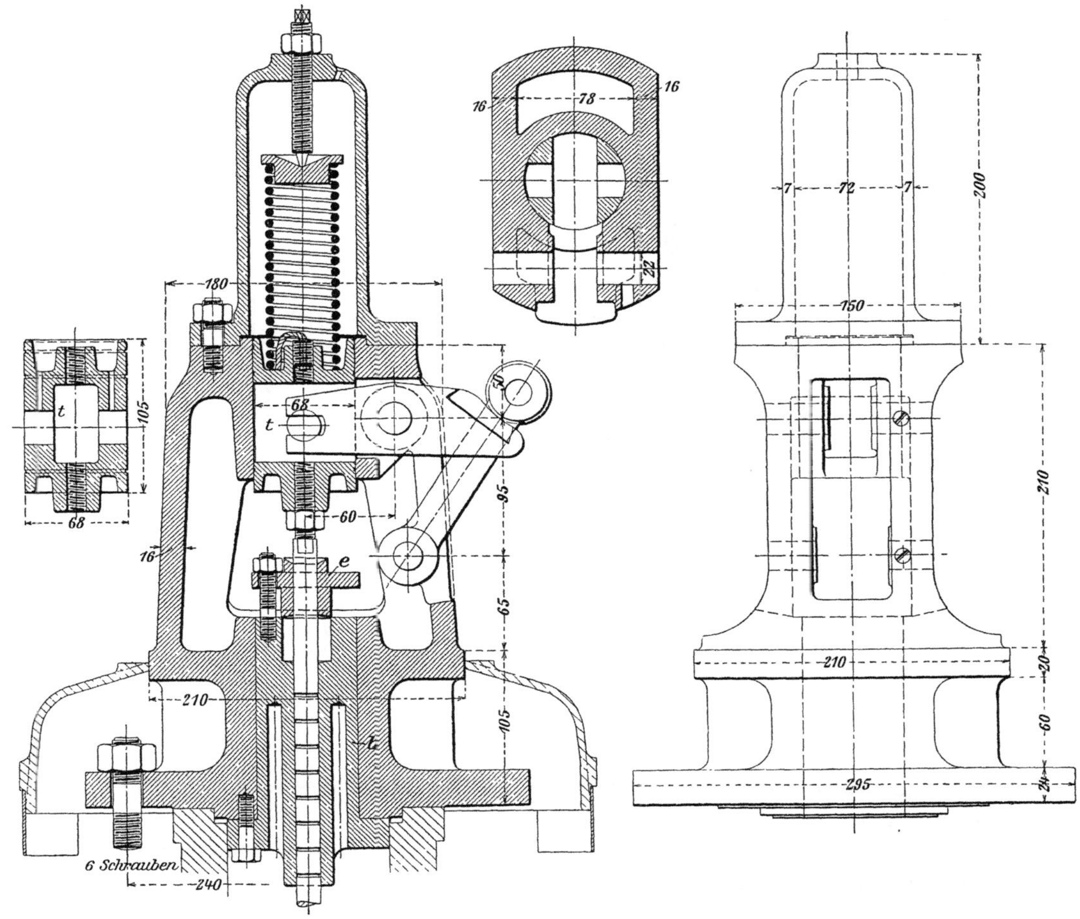

dichtung bilden. Der Hohlraum *d* des Deckels steht durch eine Öffnung bezw. ein am Ventilständer *f* angeschraubtes Kupferrohr mit dem Kondensator in Verbindung, so daß zufolge der hier herrschenden Luftleere das von oben zugeführte Öl zwischen Deckel und Spindel, ferner das vom Ventilraum aus durchdringende Gemisch von Dampf, Wasser und Öl in diesen Hohlraum eintreten, somit nicht ins Freie gelangen kann.

Der mit verstärkten Augen für die durchgehenden Bolzen *m* und *n* zweier zur Außensteuerung der Maschine gehörigen Schwinghebel versehene Ständer *f* ist mittels Stiftschrauben auf dem Ventilgehäuse befestigt; in seiner oberen Bohrung führt sich ein mit

1) Ausführung der Cottbuser Maschinenbau-Anstalt, A.-G., Cottbus.

der Ventilspindel verschraubtes Gleitstück, das durch die in einem besonderen Gehäuse *h* untergebrachte, mittels Druckschraube stellbare Ventilfeder belastet wird.

Ein am Ständer befestigter Halter *o* dient zur Aufnahme einer Geländerstange.

Das doppelsitzige Auslaßventil dieser Maschine und den Ständer hierzu zeigt Fig. 215 (S. 279).

Die Führung des Ventils erfolgt am mittleren zylindrischen Teil, an den Säulen und ferner an besonderen Rippen des Ventilkorbes *s*.

Die behufs Abdichtung in die mit Rillen versehenen Bohrungen des Ventilkorbes sowie des Verschlußdeckels *p* eingeschliffene Spindel ist oben mit dem Ventil, unten mit einem durch Wälzhebel der Auslaßsteuerung bewegten Gleitstück verschraubt, das den

Fig. 218.

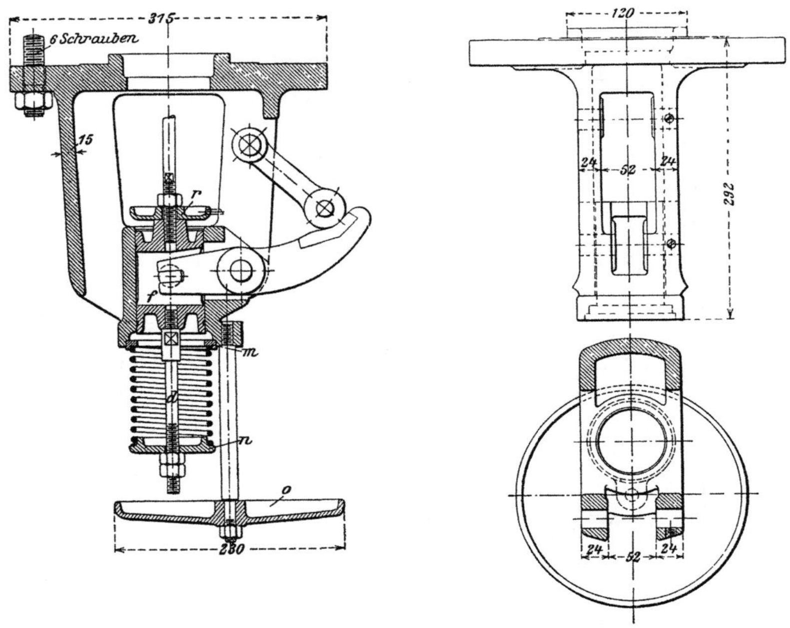

Teller *t* für die mittels Muttern nachstellbare, im Ständergehäuse eingeschlossene Ventilfeder trägt.

Aus einem einzigen Gußstück besteht das Fig. 216 (S. 280) ersichtliche viersitzige Hochdruck-Einlaßventil einer liegenden Dreifach-Expansionsmaschine der Firma Escher Wyß & Cie., Zürich (vergl. Fußnote 1 auf S. 277); es hat 12,5 bis 15 mm normalen Hub und führt sich mittels Außenrippen an den beiden unteren Ringen des Ventilkorbes. Die Spindelabdichtung erfolgt durch eine Stopfbüchse des Gehäusedeckels, zu deren Packung in Öl getränkte Asbestzöpfe dienen.

Bei dem in Fig. 217 (S. 281) dargestellten, zum doppelsitzigen Einlaßventil einer kleineren Maschine 325/500 gehörigen Ständer führt sich die mit eingedrehten Rillen versehene Ventilspindel in einer Büchse *b* desselben bezw. in einer Stopfbüchse *e*; sie ist oben mit dem Pufferkolben *t* verschraubt, auf den die mittels Druckschraube stellbare Ventilfeder wirkt (Federdruck bei geschlossenem Ventil $F_{min} = 30$ kg, Windungszahl $m = 18$, Drahtdicke $\delta = 5$ mm, ungespannte Federlänge 210 mm)[1]).

[1]) Maschinenbau-Anstalt „Humboldt“, Kalk bei Cöln a. Rh.

Den Ständer des Auslaßventils dieser Maschine zeigt Fig. 218.

Die zwischen einer stellbaren Kappe *n* und dem Einlegering *m* frei liegende Ventilfeder drückt mit ebenfalls 30 kg auf das geschlossene Ventil; sie hat 12 Windungen und ungespannt eine Länge von 180 mm, bei 30 kg Belastung eine solche von 110 mm. Die Federschraube *d* ist mit dem Führungskolben *f* verschraubt, in dessen mittlere Aussparung der Ventilhebel eingreift. Die Teller *o* und *r* dienen zum Auffangen von Schmieröl.

Einlaßventil und Ständer (Fig. 219) einer Ventilmaschine 400/700 weichen von der gebräuchlichen Ausführung insofern ab, als hier zwei stellbare Ventilfedern oberhalb bezw. unterhalb des Federhalters *i* angeordnet sind, an dem auch der Pufferkolben *l* mittels aufgeschraubter Mutter befestigt ist. Die genannten Teile bewegen sich längs der Führungsbüchse *c* in einem Einsatzzylinder *d* des oberen Ständergehäuses. Das mit geringer Überdeckung ausgeführte Ventil hat 107 qcm freien Durchgangsquerschnitt, 13,5 mm normalen und 23 mm höchsten Hub[1]).

Die Firma van den Kerchove, Gent, verwendet zur Steuerung ihrer Dampfmaschinen Kolbenventile, die in die Zylinderdeckel eingebaut sind und sich hier in eingesetzten Führungsbüchsen auf- und abwärts bewegen. Letztere haben schlitzartige Öffnungen, die durch einen ringförmigen Kanal mit dem Zylinder in Verbindung stehen; dieselben werden bei der Aufwärtsbewegung des in Fig. 220 (S. 284) ersichtlichen Einlaßventils mit doppelter Einströmung frei gelegt, so daß der Frischdampf, der den Deckel anfüllt, in Richtung der angegebenen Pfeile durch die zweireihigen Öffnungen der Führungsbüchse in den Zylinder treten kann. Bei der Abwärtsbewegung wird, sobald die Öffnungen mit dem ringförmigen Einströmkanal außer Verbindung kommen, die Dampfzufuhr in den Zylinder

Fig. 219.

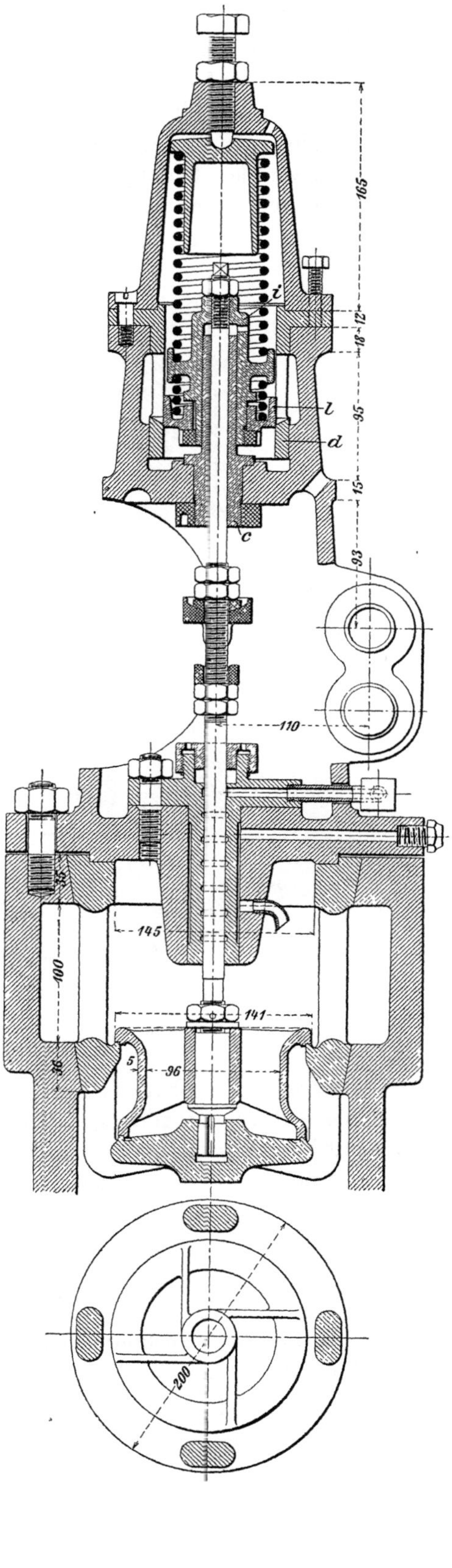

1) Bernburger Maschinenfabrik, A.-G., Bernburg.

abgeschnitten. Durch die Öffnungen m kann bereits während der Kompressionsperiode Frischdampf in den Zylinder eintreten.

Die Ausströmung wird in ähnlicher Weise durch Kolbenventile geregelt, die sich in Führungsbüchsen mit nur e i n reihigen Öffnungen bewegen. Behufs Abdichtung in den Führungsbüchsen sind die Kolbenventile von je zwei federnden Ringen umgeben.

Die Kolbenventile unterscheiden sich von den bisher besprochenen doppel- und viersitzigen Rohrventilen hauptsächlich dadurch, daß sie nicht auf ihre Sitze auftreffen; sie überschreiten die betreffenden Durchströmöffnungen des Dampfes und überdecken sie

Fig. 220.

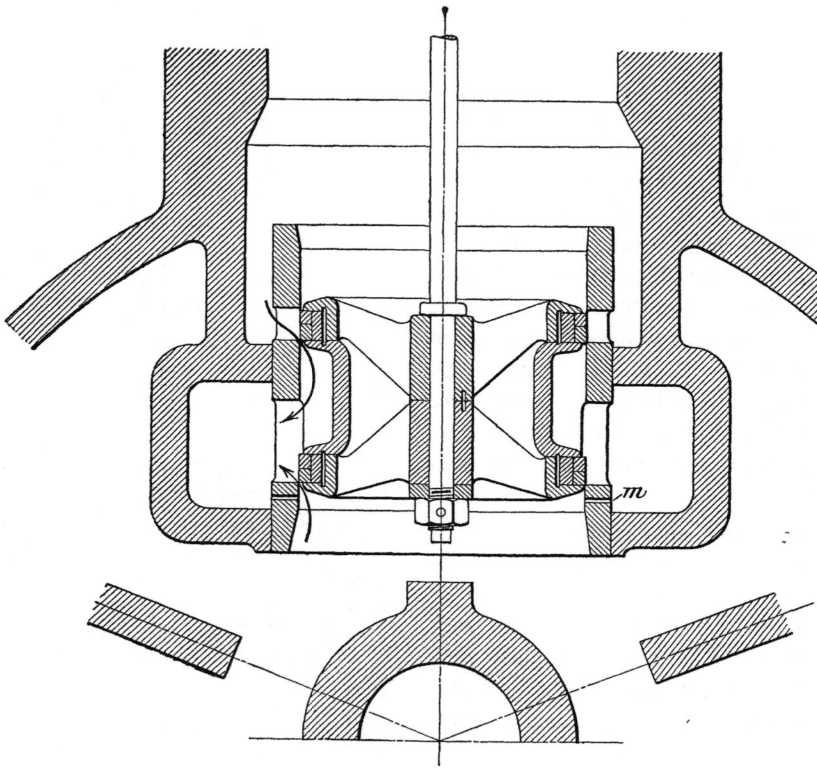

behufs genügenden Dichthaltens um einen gewissen Betrag. Infolgedessen wird das Öffnen und Schließen dieser Ventile ohne Stoß und ferner — ähnlich wie bei den Doppelsitzventilen mit Überdeckung (s. d.) — auch mit größerer Geschwindigkeit als bei gewöhnlichen Doppelsitzventilen erfolgen können.

Andere Formen von doppel- und viersitzigen Ventilen (Ventilkörbe, Ständer usw.) s. unter „A n t r i e b d e r V e n t i l e".

Die zum A n h e b e n eines gewöhnlichen Doppelsitzventils e r f o r d e r l i c h e K r a f t, die für die Berechnung der Abmessungen der zur äußeren Steuerung gehörigen Teile in Betracht kommt, läßt sich nur angenähert bestimmen.

Den größten Teil des Eröffnungswiderstandes bildet zumeist der auf das geschlossene Ventil wirkende Dampfdruck.

Bezeichnen p' und p'' die Spannungen des Dampfes über und unter dem Ventil, s die Sitzbreite und wird $\frac{d_1 - d_2}{2} = x$ gesetzt, so berechnet sich der Eröffnungswiderstand zu

$$d\pi(2s + x)p' - d\pi x p'' = d\pi\left[2sp' + x(p' - p'')\right].$$

Hierzu kommen noch das Gewicht und der Beschleunigungsdruck des Ventils samt der mit ihm verbundenen Teile (Spindel, Pufferkolben usw.) und die zum Schließen des Ventils erforderliche Federkraft. Unter Umständen wirkt auch die Reibung der Ventilspindel — insbesondere bei Abdichtung derselben mittels Stopfbüchse — ferner die Saugwirkung des strömenden Dampfes — insbesondere bei Hochdruckventilen — der zum Anheben des Ventils erforderlichen Kraft entgegen.

Beim Einlaßventil ist p' gleich der Einströmspannung p_1, p'' gleich der Endspannung p_k der Kompression, beim Auslaßventil p' gleich der Endspannung p_e der Expansion, p'' gleich der Ausströmspannung p_2 zu setzen.

b. Ventilfeder[1]).

Vernachlässigt man bei den Einlaßventilen der Ausklinksteuerungen den auf der Spindel lastenden Dampfdruck und die Saugwirkung des strömenden Dampfes — beide Kräfte wirken hier einander entgegen — und zunächst auch die Stopfbüchsenreibung, so kommen, sobald die Ausklinkung erfolgt ist, für die Beschleunigung des Steuerorgans nur noch das Gewicht des Ventils und der mit ihm verbundenen Teile sowie der Federdruck in Betracht.

Bei den Auslaßventilen wirken Spindeldruck und Saugwirkung in gleichem Sinne; beide Kräfte sind aber hier verhältnismäßig klein, so daß sie bei Einzylindermaschinen ebenfalls vernachlässigt werden können. Anders verhält es sich, wenn der Dampf (Auspuff vom Hochdruckzylinder) in den Aufnehmer einer Verbundmaschine strömt; in diesem Falle ist die Wirkung der im Sinne des Federdrucks wirkenden beiden Kräfte auf die Ventilbewegung — insbesondere bei langsam laufenden Maschinen — von größerem Einfluß.

Bezeichnet

F den mittleren Federdruck in kg,
G das Gewicht des Ventils und der mit ihm verbundenen Teile in kg,
t die Schließdauer des Ventils in sek,
h den Ventilhub in m,
p die zum Schließen notwendige Beschleunigung in m/sek,

so muß die Schließkraft

$$F + G = p\frac{G}{g} \quad \text{oder} \quad F = \left(\frac{p}{g} - 1\right)G \quad \ldots\ldots\ldots\ldots 87)$$

sein.

Die Beschleunigung p ergibt sich aus

$$h = p\frac{t^2}{2} \quad \text{zu} \quad p = \frac{2h}{t^2};$$

sie ist dem Quadrat der für den Ventilschluß zur Verfügung stehenden Zeit umgekehrt, dem Quadrat der Umlaufzahl demnach unmittelbar proportional.

Hieraus folgt, daß die zum Schließen eines Ventils erforderliche Federkraft um so größer sein muß, je höher die Umlaufzahl ist und je mehr Massen zu beschleunigen sind.

---

[1]) Vergl. W. Trinks: „Berechnung der Federn für die Ventile von Dampfmaschinen und Kompressoren", Z. d. V. d. J. 1898, S. 1162.

Bezeichnet noch s_t den Kolbenweg während der Schließdauer t des Ventils, c_t die mittlere Kolbengeschwindigkeit während dieser Zeit, so ist

$$s_t = c_t t \quad \text{oder} \quad t = \frac{s_t}{c_t}.$$

Für die Schließdauer kann bei Maschinen mit $n = 100$ Uml/min und $w = 40$ bis 45 m/sek Dampfgeschwindigkeit im Augenblicke der Ausklinkung der Einlaßventile etwa genommen werden:

6, 9, 12 vH des Kolbenweges bei einer Ausklinkung nach 8 bezw. 25 bezw. 45 vH dieses Weges [1]).

Für die Auslaßventile hat eine Schließdauer von 12 bis 15 vH des Kolbenweges befriedigende Ergebnisse geliefert.

Bei zwangläufigen Steuerungen ist nach Trinks die Federkraft für die höchste Umlaufzahl zu berechnen und der erhaltene Wert noch um etwa 5 bis 10 vH zu vergrößern. Genauere Werte für die Federkraft erhält man bei solchen Steuerungen durch Aufzeichnung der aus der Antriebbewegung derselben unmittelbar abgeleiteten Beschleunigungs- und Kräftekurven (s. nachstehend).

Beispiel. Das Gewicht des Einlaßventils und der daran befindlichen Teile einer Einzylindermaschine 400/700 ($n = 100$ Uml/min) mit Ausklinksteuerung betrage $G = 4{,}5$ kg, dann findet sich, wenn der Ventilhub für die Ausklinkung nach 45 vH des Kolbenweges $h = 20$ mm beträgt — aus dem betreffenden Steuerschema zu entnehmen — für die Schließdauer von 12 vH dieses Weges (s. oben) die mittlere Kolbengeschwindigkeit während dieser Zeit — nach der Tabelle auf S. 116 $\left(\frac{R}{l} = \frac{1}{5}\right)$ — zu

$$c_t = 1{,}004 \frac{\pi s n}{60} = 1{,}004 \frac{\pi \cdot 0{,}7 \cdot 100}{60} \sim 3{,}68 \text{ m/sek}$$

und die Schlußzeit zu

$$t = \frac{s_t}{c_t} = \frac{0{,}12 \cdot 0{,}7}{3{,}68} = 0{,}0228 \text{ sek}.$$

Damit folgt die Beschleunigung

$$p = \frac{2 \cdot 0{,}02}{0{,}0228^2} \sim 77 \text{ m/sek}$$

und die mittlere Federkraft

$$F = \left(\frac{77}{9{,}81} - 1\right) 4{,}5 \sim \mathbf{30{,}8} \text{ kg}.$$

Die für den Federdruck ermittelte Gleichung 87 bezieht sich auf ein frei und reibungslos bewegliches Ventil. Ist dasselbe, wie es noch häufig geschieht, mit einer Stopfbüchse versehen, so wird, je nach dem Anziehen derselben, eine mehr oder weniger große Reibung der Ventilspindel hervorgerufen, die der Federkraft entgegenwirkt.

In der Annahme, daß die Packung mit demjenigen Drucke, gegen den sie abzudichten hat, auch auf die Ventilspindel wirkt, ergibt sich, wenn noch

p_1 die Dampfspannung in at,
d_o den Durchmesser der Ventilspindel in cm,
h_o die Packungshöhe in cm,
μ die Reibungszahl

[1]) Für Maschinen mit mehr als 1000 mm Hub werden die Federdrücke bei Zugrundelegung dieser Werte unbequem groß und es empfiehlt sich, als Schlußzeiten 7, 10 und 14 vH für die angegebenen Kolbenwege zuzulassen.

bezeichnet, die Stopfbüchsenreibung angenähert zu

$$P_o = \mu d_o \pi h_o p_1 \text{ kg}.$$

In dem vor stehendenBeispiel würde dieselbe mit $p_1 = 7$ at (abs.), $\mu = 0{,}05$, $d_o = 20$ und $h_o = 50$ mm $\sim$ 9,5 kg betragen, die Feder somit einen mittleren Druck von $F + P_o = 30{,}8 + 9{,}5 \sim 40{,}3$ kg auszuüben haben.

Da F bezw. $F + P_o$ die mittlere Federkraft während der Schließdauer des Ventils ist, die Feder aber schon mit einer gewissen Vorspannung F_{min} auf das geschlossene Ventil gesetzt wird — entsprechend einer Zusammendrückung aus dem spannungslosen Zustande von f_{min} — wird ihre Spannung beim größten Ventilhub h_{max} — entsprechend einer Zusammendrückung von f_{max} — den Höchstwert F_{max} erreichen.

Es ist hiernach

$$h_{max} = f_{max} - f_{min}.$$

Bezeichnet man die der Federkraft F entsprechende Zusammendrückung mit f, so verhalten sich (vergl. S. 187)

$$\frac{f}{f_{max}} = \frac{F}{F_{max}} \quad \text{und} \quad \frac{f_{min}}{f_{max}} = \frac{F_{min}}{F_{max}},$$

woraus folgt

$$F_{max} = F \frac{f_{max}}{f} \quad \text{und} \quad F_{min} = F_{max} \frac{f_{min}}{f_{max}}.$$

Hiermit lassen sich die Abmessungen der meist zylindrischen Schraubenfeder nach Gl. 74 und 75 (S. 187) berechnen.

Für die in dem vorstehenden Beispiel ermittelte Federkraft $F + P_o = 40{,}3$ kg ergibt sich nach Gl. 74 mit $k_d = 2500$ kg/qcm und $r = 3{,}5$ cm die Drahtdicke

$$\delta \sim 0{,}66 \text{ cm}$$

und die Zusammendrückung der Feder bei $m = 12$ Windungen nach Gl. 75 zu

$$f \sim 4{,}68 \text{ cm}.$$

Für den größten Ventilhub $h_{max} = 3{,}0$ cm folgt dann

$$f_{max} = 4{,}68 + (3 - 2) = 5{,}68 \text{ cm}$$

und

$$f_{min} = 5{,}68 - 3 = 2{,}68 \text{ cm},$$

ferner

$$F_{max} = 40{,}3 \frac{5{,}68}{4{,}68} \sim \mathbf{48{,}9 \text{ kg}} \quad \text{und} \quad F_{min} = 48{,}9 \frac{2{,}68}{5{,}68} \sim \mathbf{23 \text{ kg}}.$$

Die größte Drehungsspannung der Feder beträgt dann — gemäß Gl. 73 (S. 187) —

$$k_d = \frac{48{,}9 \cdot 3{,}5}{0{,}2 \cdot 0{,}66^3} \sim 2976 \text{ kg/qcm};$$

sie soll 3000 kg/qcm keinesfalls übersteigen.

Anstatt rechnerisch wird die Federkraft in der Praxis häufig empirisch als ein Vielfaches vom Durchmesser D (in mm) des zur Feder gehörigen Zylinders angenommen. Die Zulässigkeit einer solchen Annahme folgt aus der Erwägung, daß die erhaltene Kraft, wenn sie zu klein sein sollte, sich durch Nachspannen der Feder innerhalb weiter Grenzen vergrößern läßt.

Man wählt bei Hochdruckzylindern die Federkraft bei geschlossenem Ventil

$$F_{min} = {}^1/_{15}\, D,$$

bei Niederdruckzylindern, je nachdem kleine oder große Maschinen in Frage kommen,

$$F_{min} = {}^{1}/_{17}\, D \quad \text{bis} \quad {}^{1}/_{22}\, D.$$

Diese Zahlen gelten etwa für $n = 100$ Uml/min der Maschine. Ist $n > 100$, so muß, wie schon hervorgehoben, die Federkraft größer genommen werden, insbesondere auch dann, wenn noch Teile der äußeren Steuerung zu beschleunigen sind, wie es z. B. bei zwangläufigem Antrieb der Ventile meist der Fall ist.

Die größte Federkraft — bei der Höchstlage des Ventils — kann

$$F_{max} = 1{,}2\, F_{min} \quad \text{bis} \quad 2\, F_{min}$$

betragen [1]).

Bei zwangläufigen Steuerungen lassen sich, wie schon hervorgehoben, die erforderlichen Federkräfte und damit die Abmessungen der Feder durch Aufzeichnung der aus der Antriebbewegung abgeleiteten Beschleunigungs- und Kräftekurven ermitteln.

Es ist bei solchen Steuerungen notwendig, daß die zur Ventilbewegung dienenden Teile während der Arbeitsperioden in beständiger Berührung miteinander bleiben — so, z. B. bei der Lentz-Steuerung (Fig. 250), die mit den Ventilspindeln verbundenen Rollen in beständiger Berührung mit dem betreffenden Gleitschuh usw.

Um die Beschleunigungskurve zu erhalten trägt man zunächst die aus dem Ventilerhebungsdiagramm zu entnehmenden Ventilwege h als Funktion der Zeiten t in ein rechtwinkliges Koordinatensystem ein und ermittelt aus der gewonnenen Ventilhubkurve, bezogen auf Zeitintervalle (z. B. 0,01 sek), die Kurve der Geschwindigkeit v und aus dieser letzteren die Kurve der Beschleunigung p mittels der Beziehungen $v = \frac{dh}{dt} = \operatorname{tg}\alpha$ bzw. $p = \frac{dv}{dt} = \operatorname{tg}\beta$, wenn $\operatorname{tg}\alpha$ und $\operatorname{tg}\beta$ das Ansteigungsverhältnis der Zeit-Geschwindigkeits- bezw. der Zeit-Beschleunigungs-Kurve bedeutet. Hierbei ist zu beachten, daß die Ordinaten der Geschwindigkeitskurve für das Heben und Senken des Ventils, sowie diejenigen der Beschleunigungskurve, solange sie Beschleunigungen (erste Hälfte der Hebung und zweite Hälfte der Senkung des Ventils) oder aber Verzögerungen darstellen, über bezw. unter die Zeitachse aufzutragen sind.

Aus dem Diagramm der Ventilbeschleunigung ergibt sich durch Multiplikation der jeweiligen Beschleunigung oder Verzögerung mit Ventilmasse und der auf die Spindelachse bezogenen Gestängemasse das Massendruckdiagramm. Werden in dieses noch die Gewichte der Massen, sowie der sonstigen Kräfte (Spindeldruck und Stopfbüchsenreibung) der jeweiligen Richtung nach eingetragen — der Spindeldruck wirkt stets nach oben, die Stopfbüchenreibung immer der betreffenden Ventilbewegung entgegen — so folgt durch algebraische Addition der Ordinaten das resultierende Diagramm, an welches dann in passender Weise eine schräge Gerade — das Diagramm der Federspannung — derart gelegt wird, daß für alle Lagen des Ventils ein auf Schluß desselben wirkender Druck vorhanden ist.

Bei berechneter Federspannung wird häufig das resultierende Diagramm nur zur Prüfung der Verhältnisse aufgezeichnet. Stets muß die Summe der auftretenden Kräfte (Ventilgewicht usw., Spindeldruck, Federkraft, Beschleunigungsdruck) in jeder Lage des Ventils dessen Schluß, d. h. das Andrücken der betreffenden Teile (Rolle an Gleitschuh oder dergl.), anstreben (Geschwindigkeits- und Beschleunigungsdiagramm zur

---

[1]) C. Leist: „Die Steuerungen der Dampfmaschinen", 2. Aufl., Berlin 1905, Julius Springer.

Bestimmung der Kurvenbahn der zur Steuerung der Einlaßventile des Niederdruck zylinders einer Tandemmaschine 470 bezw. 810/850 dienenden unrunden Scheiben und der Abmessungen der zugehörigen Ventilfedern s. Z. d. V. d. J. 1908, S. 1113).

B. Antrieb der Ventile.

Hierzu dienen, wie schon bemerkt, die äußeren Steuerungen der Dampfmaschinen, die, je nach ihrer Verbindung mit dem betreffenden Ventil, eine Ausklinksteuerung oder eine zwangläufige Steuerung bilden.

Erstere überläßt das Ventil nach erfolgter Ausklinkung einem freifallenden Schluß, wodurch hauptsächlich eine rasche Schlußbewegung zur Erzielung scharf ausgeprägter Dampfdiagramme herbeigeführt wird. Da jedoch mit wachsender Beschleunigung die Aufsetzgeschwindigkeit des Ventils unerwünscht hoch ansteigen würde, wodurch geräuschvolle und das Material gefährdende Stöße und Schläge hervorgerufen werden, ist noch ein dieselbe verzögerndes Mittel einzuschalten, als welches Luft- oder Flüssigkeitspuffer gebräuchlich geworden sind.

Allgemein kann die Umlaufzahl bei Dampfmaschinen mit Ausklinksteuerungen etwa bis zu 100 in der Minute betragen.

Bei der zwangläufigen Steuerung erfolgen sowohl die Öffnungs- als auch die Schlußbewegung des Ventils durch ständige aktive Tätigkeit des äußeren Steuerungsmechanismus — kettenschlüssige Steuerung — oder es erfolgt der Schluß des federbelasteten Ventils unter passiver Tätigkeit desselben — kraftschlüssige Steuerung. In beiden Fällen steht dem Übergang zu höheren Umlaufzahlen ein im Wesen der Steuerung liegender Hinderungsgrund nicht entgegen; es ist aber mit Rücksicht darauf, daß zuweilen Wasseransammlungen in den Zylindern auftreten, die schädliche Schläge herbeiführen können, der kraftschlüssigen Steuerung gegenüber der kettenschlüssigen ein gewisser Vorzug insofern einzuräumen, als die Einlaßventile derselben eine Art Sicherheitsventilwirkung besitzen, d. h. sich öffnen müssen, wenn der Druck des eingeschlossenen Wassers die Federbelastung übersteigt.

Wegen dieses Vorzuges wird bei zwangläufigen Steuerungen der Ventilschluß meist kraftschlüssig bewirkt und nur in Fällen, wo es sich um sehr hohe Umlaufzahlen handelt, eine ketten- oder zwangschlüssige Steuerung in Anwendung gebracht. Die Umlaufzahl kann bei zwangläufigen Ventilsteuerungen etwa 150 bis 200 in der Minute betragen.

Für die gute Wirkung einer kraftschlüssigen Steuerung ist Bedingung, daß die zur Verfügung stehende Federkraft nicht allein zur Erzeugung einer die entgegenwirkenden Massenbeschleunigungsdrücke überwindenden Kraft, sondern auch zur Überwindung der Reibungswiderstände und des infolge nicht vollständiger Entlastung verbleibenden gegenteiligen Dampfdruckes ausreicht (s. oben).

Weil nun die Massenbeschleunigungsdrücke von dem Bewegungsgesetz der Steuerung abhängig und daher durch dieselben bestimmt sind, ferner die Größe eines etwaigen Dampfüberdrucks aus der Ventilkonstruktion hervorgeht, können diese beiden Größen als festgelegt betrachtet werden, während den Reibungswiderständen eine besondere Beachtung zugewendet werden muß.

Dies gilt namentlich von der Ventilspindel, deren Abdichtung tunlichst nicht durch das Packungsmaterial einer Stopfbüchse, sondern durch Drosselquerschnitte, Labyrinthräume oder dergleichen bewirkt werden sollte.

Kraftschlüssige zwangläufige Ventilsteuerungen einfacher Konstruktion werden bei Anwendung stopfbüchsenloser Spindelabdichtung den neuzeitlichen Bestrebungen im Dampfmaschinenbau am meisten Genüge leisten.

Für den Entwurf einer Ventilsteuerung empfiehlt sich, nachdem die Dampfverteilung festgelegt ist, die noch unbekannten Triebwerkabmessungen zunächst probeweise anzunehmen und für gewisse Reglerstellungen die Bahnen der Gelenkpunkte — das sog. Steuerschema (s. z. B. Fig. 223) — aufzuzeichnen aus dem die Ventilbewegung hervorgeht. Man wird die Abmessungen zweckmäßig so wählen, daß, um Drosselungsverluste zu vermeiden, auch bei kleinen Füllungen noch ein genügender Ventilhub vorhanden ist — Ventile mit Überdeckung — die Voreinströmung bei den verschiedenen Füllungen möglichst unverändert bleibt und ferner der größte Ventilwiderstand — im Augenblicke des Anhebens des Ventils — keine oder wenigstens nur geringe Rückwirkungen auf den Regler hervorbringt.

a. Ausklinksteuerungen.

1. Sulzer-Steuerungen.

Die erste grundlegende Konstruktion einer Ventilmaschine mit Ausklinksteuerung ist in der Schweizer Firma Gebrüder Sulzer, Winterthur, entstanden.

Bereits im Jahre 1867 brachte dieselbe eine liegende Ventilmaschine mit einer solchen Steuerung auf die Pariser Ausstellung, die in ihrer äußeren Anordnung und in der Bauart ihrer Einzelteile für die meisten Firmen, die Dampfmaschinen bauen, vorbildlich gewesen ist und auch jetzt noch ausgeführt wird.

Fig. 221 zeigt diese sog. „alte“ Sulzer-Steuerung.

Die Einlaßventile werden von Exzentern c, die Auslaßventile von unrunden Scheiben der Steuerwelle aus bewegt. Die aus zwei Flachschienen d gebildete Stange eines jeden Exzenters ist mit einer Nase — aktiver (treibender) Anschlag — versehen und wird mit ihren Enden an Zapfen einer Hülse g angelenkt, die sich bei der Bewegung der Exzenterstange auf einer Spindel h verschiebt. Diese trägt eine Knagge — passiver (getriebener) Anschlag — und wird auf ihrem oberen Teile von einem an der Ventilspindel angreifenden Winkelhebel m erfaßt, während am unteren Ende eine Schwinge o angreift, die mittels Winkelhebels n und Stange r mit dem Regler in Verbindung steht. Bei der Drehung des Exzenters im Sinne des in Fig. 221 ersichtlichen Pfeils trifft der treibende mit dem getriebenen Anschlag zusammen, wodurch das Einlaßventil geöffnet wird. Da die Steuerkante am treibenden Anschlag eine ellipsenähnliche Kurve beschreibt, verschieben sich die Anschlagflächen so lange übereinander, bis die Ausklinkung erfolgt und das Einlaßventil unter Mitwirkung eines Luftpuffers durch Federkraft geschlossen wird. Die Größe der im Augenblicke des Zusammentreffens miteinander in Berührung kommenden Anschlagflächen ist von der Stellung des Reglers bezw. des von diesen eingestellten getriebenen Anschlages abhängig, so daß die Ausklinkung und damit die Expansion früher oder später eintritt.

Die Verbindung der unrunden Scheiben mit den Auslaßventilen erfolgt je durch die mit einer Rolle an die ersteren anlaufende Stange s und den unter Federdruck stehenden Winkelhebel p.

Bei der in Fig. 221 rechts unten ersichtlichen Ausführung dieser Steuerung von Carels Frères in Gent bildet der treibende Anschlag einen vorspringenden Teil des unteren Exzenterbügels, an den auch die nach dem Winkelhebel des Auslaßventils führende Stange angreift.

Fig. 221.

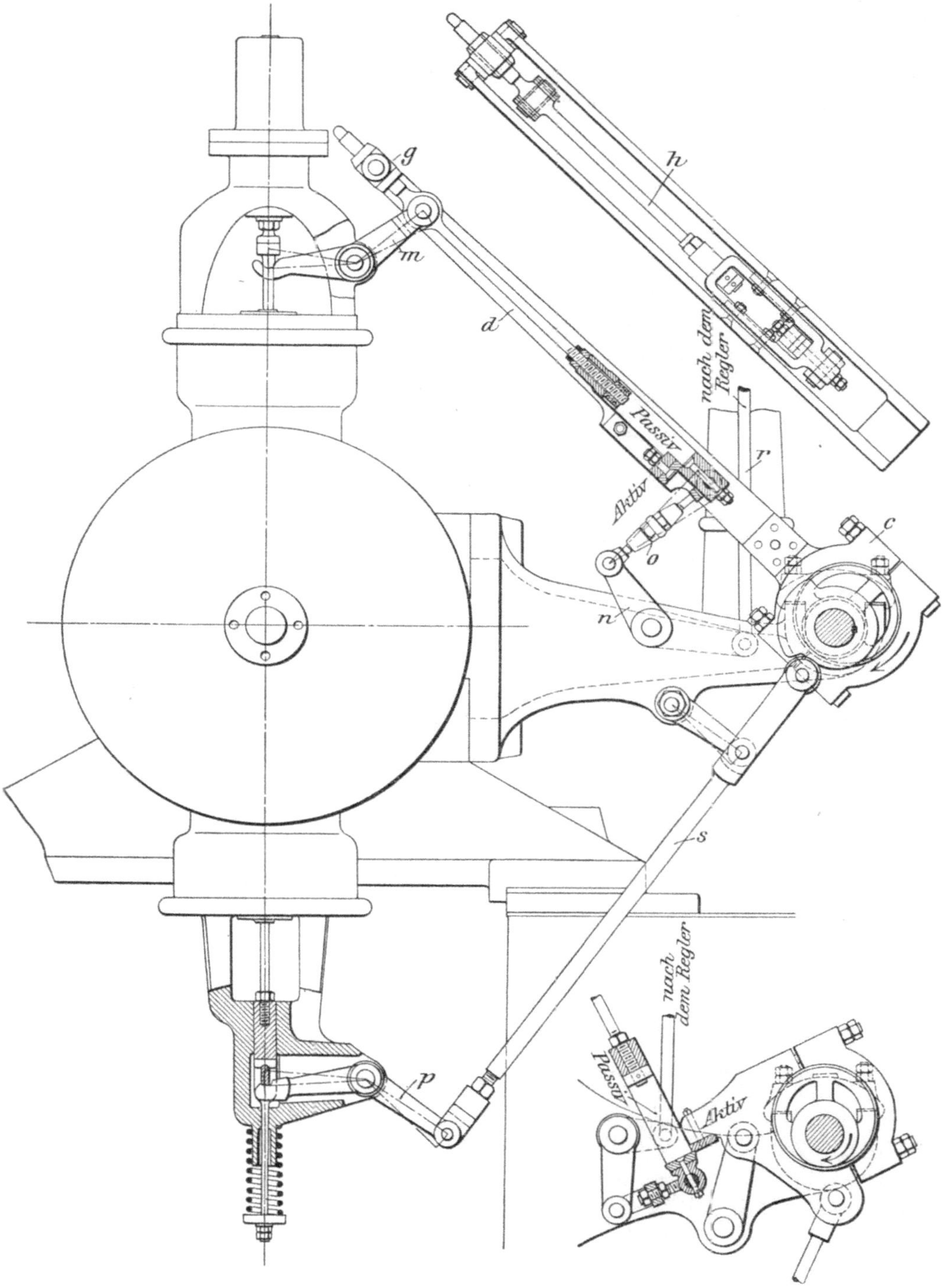

Bei der alten Sulzer-Steuerung treffen die beiden Anschlagflächen zusammen, wenn die Exzenterkurbel nahezu in der Mittellage steht, sonach ihre Geschwindigkeit und damit auch diejenige des treibenden Anschlages eine verhältnismäßig große ist. Demgegenüber ist die „n e u e“ Sulzer-Steuerung mit besonderer Rücksichtnahme auf die Erzielung geringer Geschwindigkeit beim Zusammentreffen der beiden Anschlagflächen entworfen, um den hierbei auftretenden Stoß möglichst herabzumindern, oder aber größere Umlaufzahlen zu ermöglichen. Die frühere oder spätere Ausklinkung der beiden Anschläge erfolgt hier durch Verstellung des t r e i b e n d e n Anschlages seitens des Reglers.

Fig. 222.

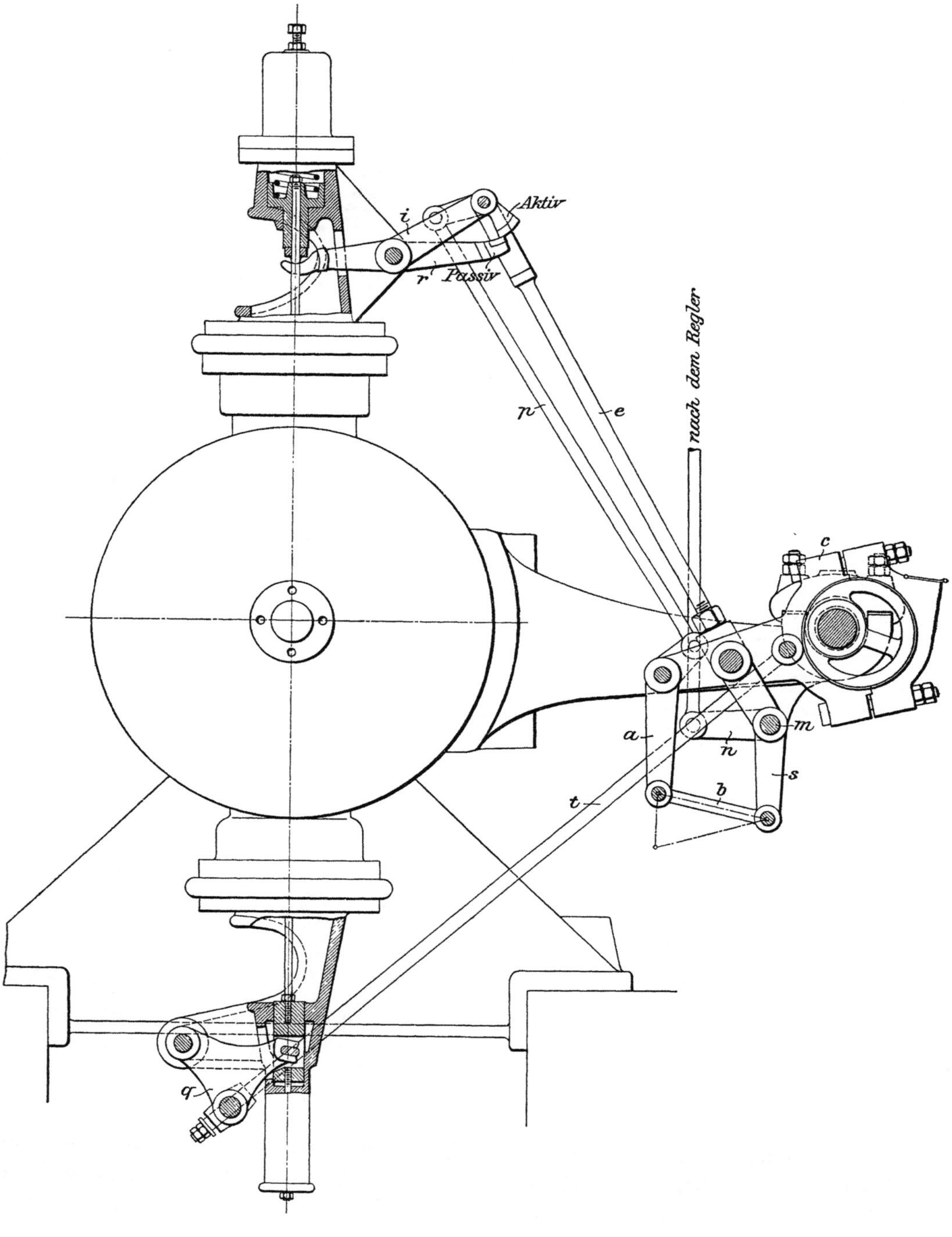

Wie Fig. 222 erkennen läßt, werden Einlaß- und Auslaßventil an jedem Zylinderende von einem gemeinsamen Exzenter *c* der Steuerwelle bewegt. Die kurze (gegabelte) Stange desselben wird ungefähr in der Mitte durch zwei Schienen auf einem Kreisbogen um die Welle *m* geführt, während ihr äußeres Ende mit einem Winkelhebel *a* gelenkig verbunden ist, dessen unteres Ende durch eine Stange *b* mit einem auf der Welle *m* festgekeilten Hebel *s* zusammenhängt. Auf derselben Welle ist ferner ein zweiter Hebel *n* befestigt, der durch eine nach dem Regler führende Stange gehoben oder gesenkt werden kann. Inmitten der Exzenterstange greift noch eine nach oben geführte Stange *e* an, deren anderes Ende einen Winkelhebel trägt, dessen senkrechter Schenkel den aktiven Mitnehmer (treibenden Anschlag) bildet und diesem, sowie zwei um einen Festpunkt frei drehbaren Lenkern *i* eine auf und nieder gehende Bewegung erteilt. Der wagerechte Schenkel des vorgenannten Winkelhebels ist durch eine Stange *p* mit dem am äußeren Ende der Exzenterstange angreifenden Winkelhebel *a* verbunden, so daß der aktive Mitnehmer eine entsprechende Bewegung ausführt. Hierbei trifft er auf den zwischen den Lenkern liegenden Ventilhebel *r* mit harter Gleitfläche — passiven (getriebenen) Anschlag — und drückt denselben nieder, wobei das Einlaßventil gehoben wird, während gleichzeitig eine Verschiebung des treibenden Anschlags über den getriebenen erfolgt, bis wieder die Ausklinkung eintritt und das Ventil durch eine vordem zusammengedrückte Feder rasch auf seinen Sitz zurückgelangt. Durch den Regler wird eine derartige Verstellung des treibenden Anschlags bewirkt, daß derselbe längere oder kürzere Zeit mit dem getriebenen Anschlag in Berührung bleibt, wodurch Füllungsänderungen erreicht werden.

Der Antrieb des Ausströmventils geschieht von demselben Exzenter aus mittels der Stange *t*, die den Winkelhebel *q* bewegt.

Fig. 223 (S. 294) gibt das Schema der Steuerung mit den Bahnen der Gelenkpunkte und der Klinkenkante für die kleinste und größte Füllung.

Zufolge des herzförmigen Verlaufes der Klinkenkurve wird die Steuerung auch als „Herzkurvensteuerung“ bezeichnet; sie findet noch jetzt — insbesondere bei schnellaufenden Maschinen — Anwendung.

Die letzte wesentliche konstruktive Änderung der Sulzer-Steuerung, wie sie an einer in Paris 1900 ausgestellten Tandem-Verbundmaschine 525 bezw. 875/1100 ($n = 110$ Uml/min) am Hochdruckzylinder derselben angebracht war, zeigt Fig. 224 (S. 295).

Die Einlaßsteuerung besteht aus einer Verbindung der „alten“ Sulzer-Steuerung mit Wälzhebeln, wodurch bei kleinen Füllungen und dementsprechend kleinen Ventilhüben — insbesondere bei hohen Umlaufzahlen — ein sanfter Ventilschluß erreicht wird.

Die Einlaßventilspindel ist mit einem Wälzhebel *A* verbunden, der über einer stellbaren Auflagerfläche *B* schwingt. Am äußeren Ende *C* dieses Hebels greift eine Sulzersche Ausklinkvorrichtung mit herzförmiger Kurve an, für die — im Gegensatz zur gewöhnlichen Anordnung — der Luftpuffer nebst einer besonderen Hilfsfeder von der Ventilspindelachse nach *D* verlegt ist.

Fig. 224a zeigt den Zusammenhang zwischen der herzförmigen Anhubkurve und der Ventilbewegung. Der Beginn der Vor-Einströmung entspricht nicht, wie gewöhnlich, der Stellung *N* des getriebenen Anschlags, sondern der Stellung *M*, bis zu der der Wälzhebel *A* leer schwingt. Die Lage wird bei der Totstellung der Kurbel erreicht, so daß der Hub *MO* der Vor-Einströmung des betreffenden Einlaßventils entspricht. Während der für alle Füllungsgrade gleich großen Bewegung *MN* saugt der Luftpuffer eine gewisse Luftmenge an, die nach dem Ausklinken verdichtet wird. Die leicht regelbaren Bewegungsverhältnisse des Wälzhebels bestimmen nunmehr die Niedergangsgeschwindigkeit des Ventils, nach dessen Aufsitzen erst die Massenwirkung der äußeren Steuerung während der Leerschwingung des Wälzhebels durch den Luftpuffer aufgenommen wird. Diese Luftpufferwirkung ist ausreichend, um selbst bei den kleinen Ventilhüben geringer Füllungsgrade einen stoßfreien Ventilschluß zu sichern.

Auch die Auslaßventile des Hochdruckzylinders werden mittels Wälzhebel vom Einlaßexzenter aus gesteuert.

Fig. 223.

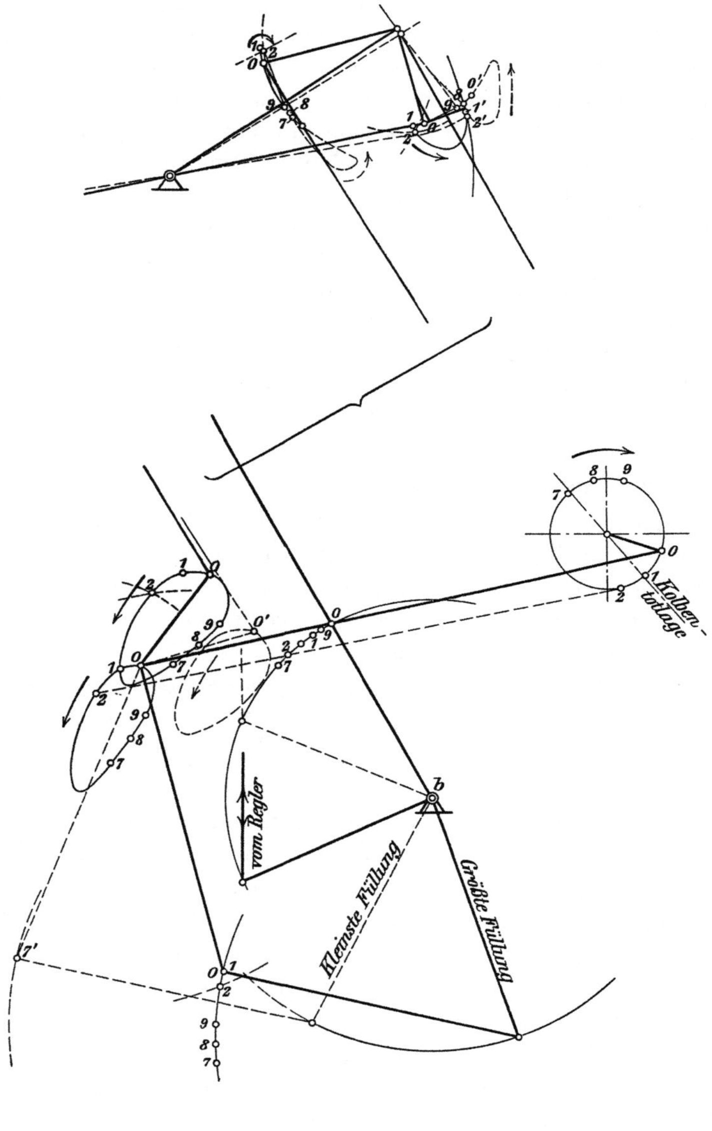

Am Niederdruckzylinder (Fig. 225) bewegt auf jeder Kolbenseite ein einziges Exzenter mittels Wälzhebel das Einlaß- und zugehörige Auslaßventil, wobei das Steuergestänge nachstellbar ist, um den Füllungsgrad bezw. die Kompression von Hand ändern zu können[1]).

[1]) Z. d. V. d. J. 1901, S. 763.

C a r e l s F r è r e s in Gent vereinfachen die Sulzer-Steuerung durch Beseitigung der zusätzlichen Bewegung des treibenden Anschlages, wie dies die zu einer Tandem-Ver-

Fig. 224. Fig. 224a.

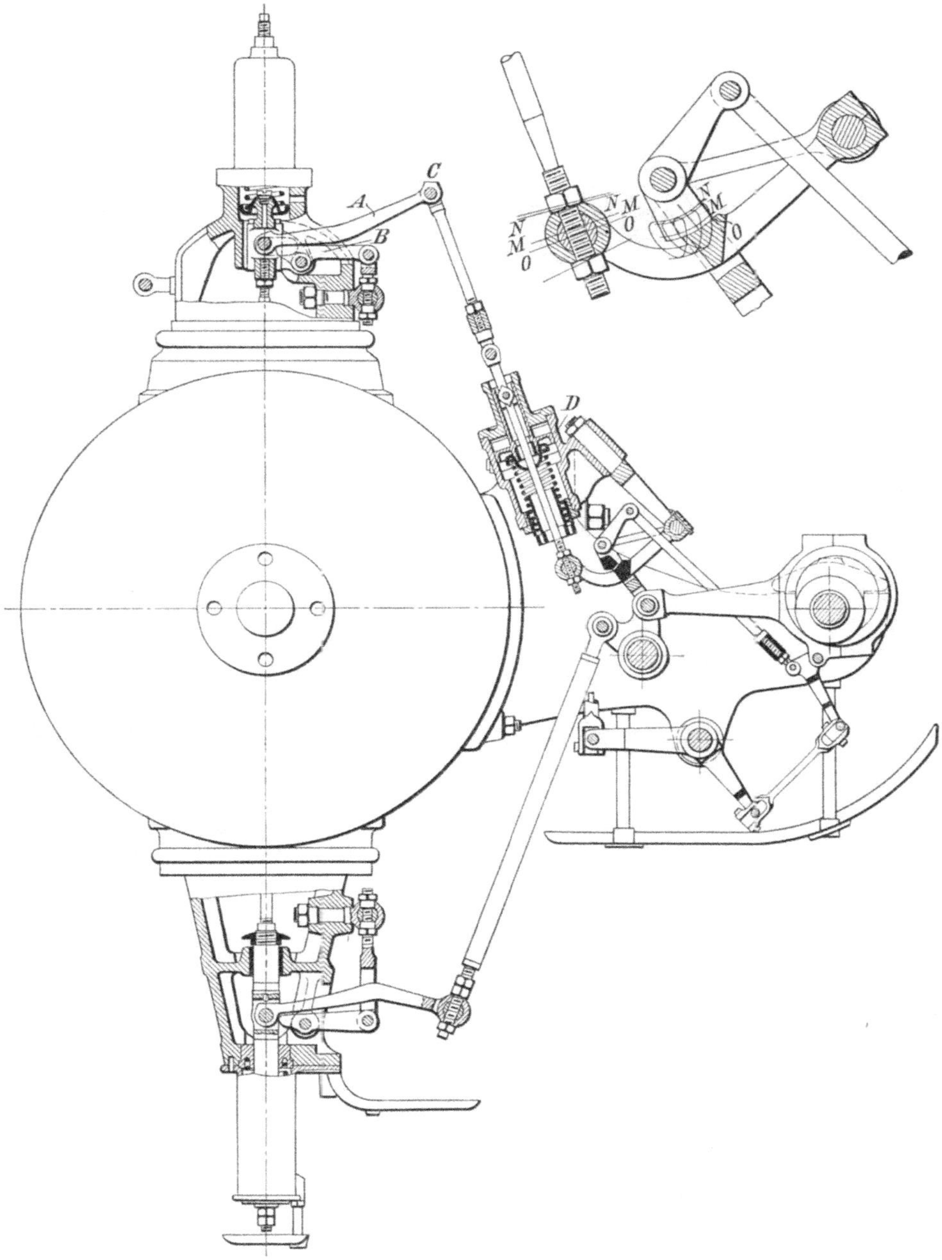

bundmaschine 660 bezw. 1050/1150 ($n = 100$ Uml/min) der genannten Firma gehörige Hochdruck-Steuerung (Fig. 226) erkennen läßt. Die Klinke *a* schwingt um einen Zapfen am äußersten Ende der Exzenterstange und gleichzeitig mittels Gegenlenkers um den Drehpunkt des Ventilhebels *b*, auf dessen äußeres Ende der den t r e i b e n d e n An-

Fig. 225.

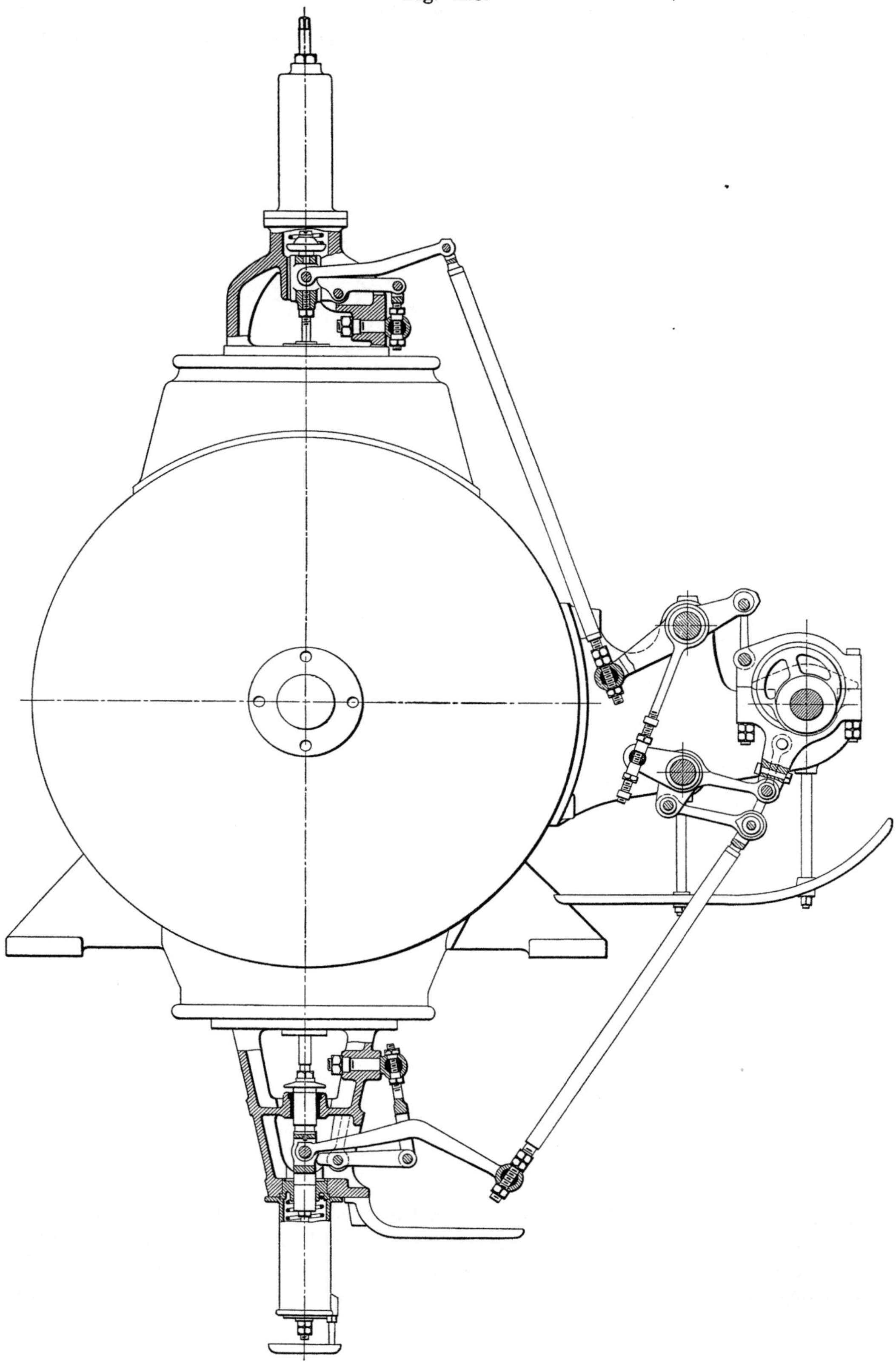

schlag bildende lotrechte Schenkel der Klinke bei ihrer Abwärtsbewegung mit geringer Geschwindigkeit auftrifft und damit das Einlaßventil öffnet. Die Ausklinkung erfolgt durch Anschlagen des als Übergewicht ausgeführten Ansatzes der Klinke *a* gegen die

Fig. 226.

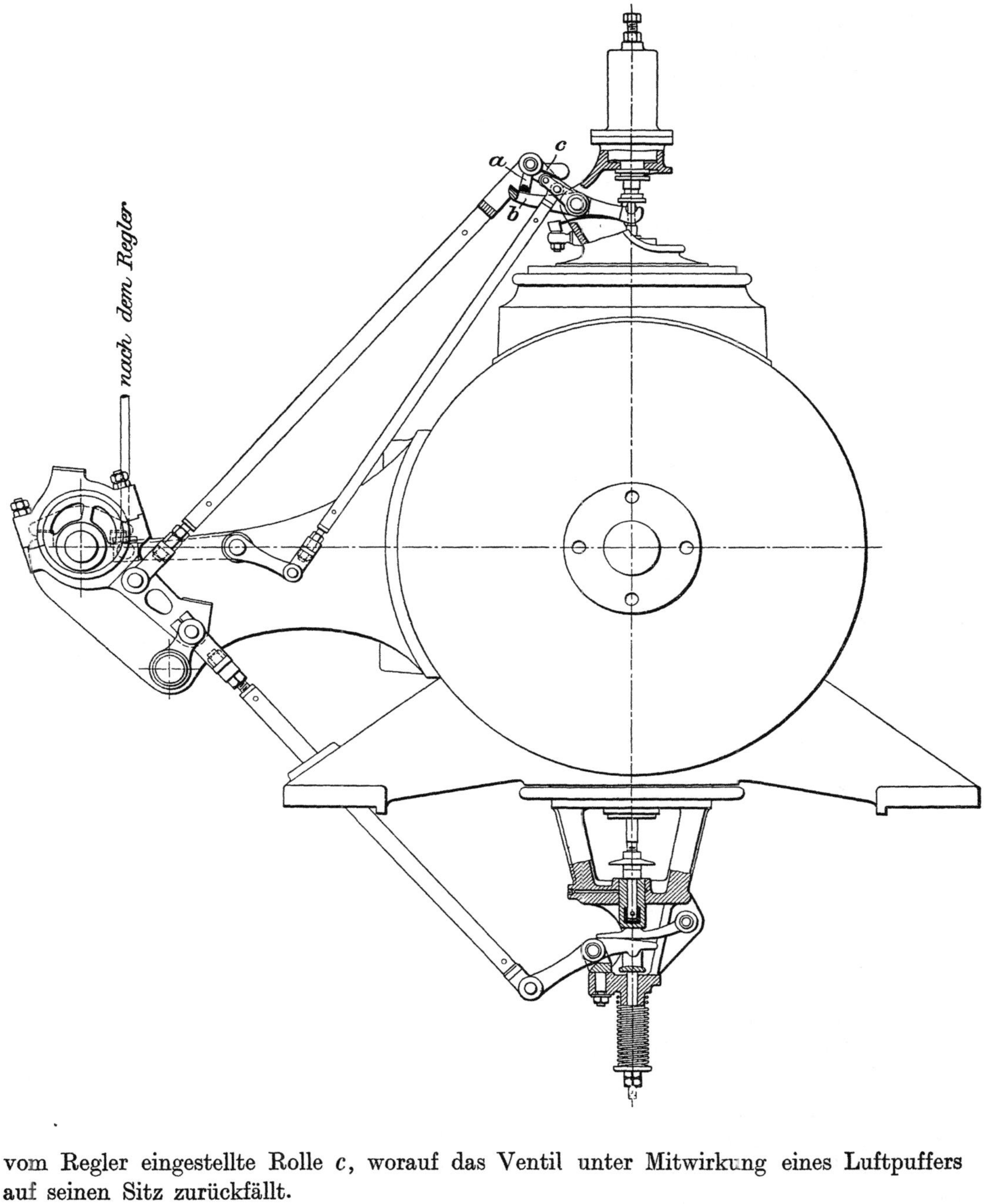

vom Regler eingestellte Rolle *c*, worauf das Ventil unter Mitwirkung eines Luftpuffers auf seinen Sitz zurückfällt.

Je nach der Lage der Rolle *c* lassen sich Füllungen von Null bis 75 vH des Kolbenhubes mit dieser Steuerung erreichen.

Das Auslaßventil wird durch zwei Wälzhebel von demselben Exzenter aus bewegt. Vor-Ausströmung und Kompression lassen sich innerhalb gewisser Grenzen von Hand einstellen.

2. Neue Collmann-Steuerung mit Flüssigkeitspuffern.

Während die Auslösung bei der Sulzer-Steuerung durch zwangläufige Bewegung eines treibenden Anschlages (Klinke oder dergl.) bewirkt wird, geschieht dies bei der Collmann-Steuerung durch plötzliche Verdrängung der Klinke mittels eines vom Regler eingestellten Daumens.

Fig. 227.

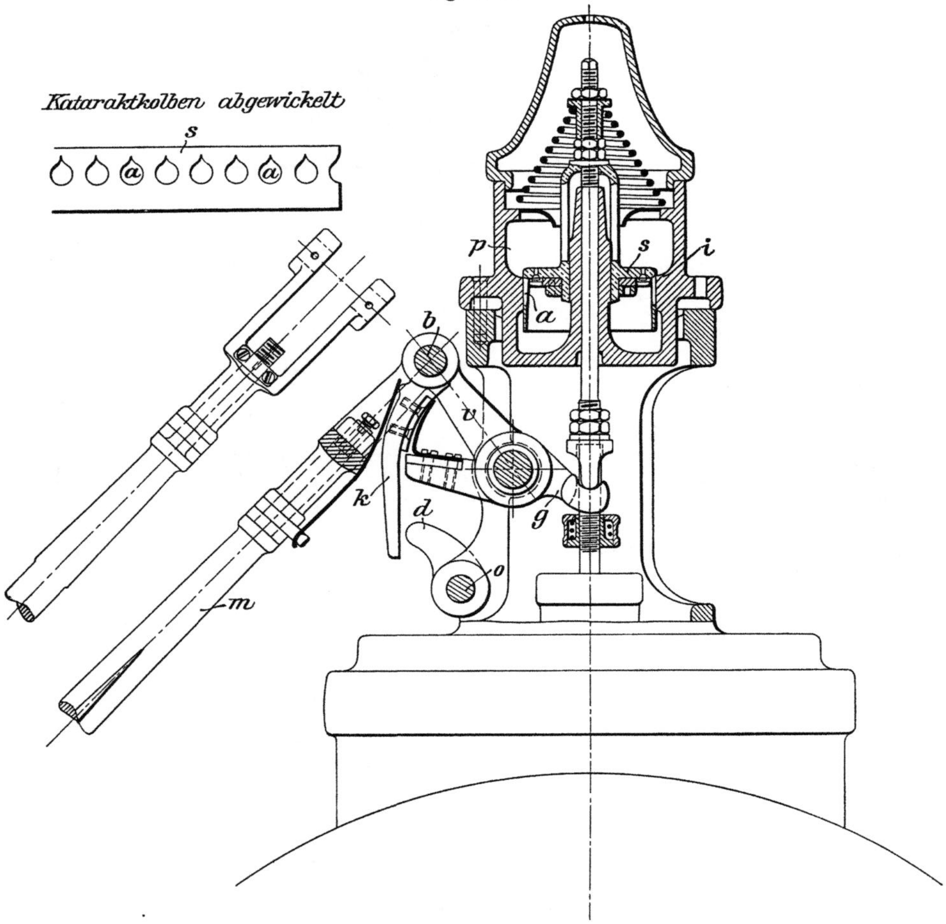

Fig. 227 zeigt diese Steuerung am Einlaßventil einer Auspuffmaschine 400/800 ($n = 105$ Uml/min) der Dresdner Maschinenfabrik und Schiffswerft Übigau A.-G., Dresden. Das gegabelte Ende der Exzenterstange m ist mit einem am Ständer drehbar gelagerten Führungshebel v durch einen Bolzen b verbunden, um den auch die Klinke k schwingt; diese hebt bei ihrer Abwärtsbewegung mittels des Doppelhebels g das Einlaßventil so lange, bis ihr unteres Ende mit dem auf einer vom Regler eingestellten Spindel o sitzenden Daumen d in Berührung kommt, worauf die Ausklinkung und damit die durch Federdruck veranlaßte Abwärtsbewegung der Ventilspindel unter Mitwirkung eines Flüssigkeitspuffers erfolgt. Dieser besteht aus einem mit der Ventilspindel verbundenen Kolben *s*, der sich in einem mit Öl gefüllten Zylinder *p* bewegt und dessen Umfang mit einer Reihe von Löchern *a* versehen ist, die der Flüssigkeit einen je nach der Lage des Kolbens veränderlichen Durchströmquerschnitt bieten. Bei der Aufwärtsbewegung des Ventils mitsamt dem Kataraktkolben *s* gelangen die Löcher des letzteren über die Zylinderkante *i* und bei der durch Federdruck veranlaßten Abwärtsbewegung des Ventils strömt das in dem Raume unter dem Kolben eingeschlossene Öl ohne besonderen Widerstand durch diese Löcher. Das Ventil fällt infolgedessen schnell herunter, bis die Zylinderkante *i* nur noch die Spitzen der Löcher frei läßt, womit ein sanftes Setzen des Ventils herbeigeführt wird. Das Einschnappen der Klinke *k* erfolgt geräuschlos durch Federwirkung.

3. Steuerung der R. W. Dinnenthal A.-G., Kunstwerkerhütte bei Steele a/Ruhr.

Die Steuerung, Bauart v. Bavier, mit ebenfalls plötzlicher Verdrängung der Klinke ist in Fig. 228 dargestellt.

Fig. 228.

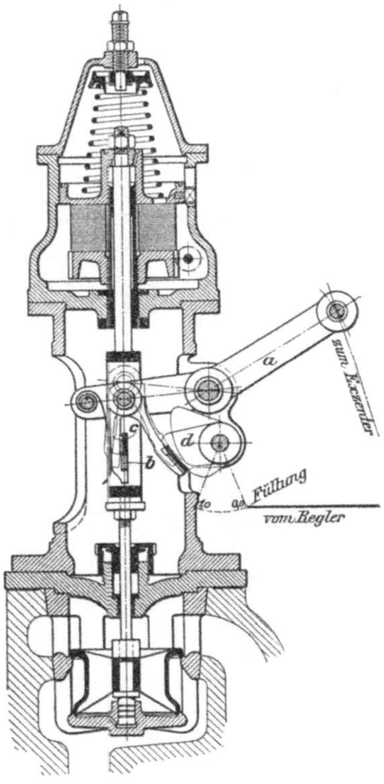

Die an dem Schwinghebel *a* befestigte Klinke *b* greift in ihrer Tieflage unmittelbar an der Ventilspindel an — indem sie sich unter das Prisma *c* derselben legt — und läßt je nach Stellung des Expansionsdaumens *d* das Ventil früher oder später fallen. Die aufeinander arbeitenden harten Stahlteile sind — senkrecht zur Bildebene — sehr breit, die beim Auftreffen des Ventils auf seine Sitzfläche dem Stoß ausgesetzten Massen aber möglichst klein gehalten, so daß die Steuerung auch bei hohen Umlaufzahlen nahezu geräuschlos arbeitet. Hierzu trägt auch die Ausführung des Luftpuffers bei.

Derselbe besteht aus einer Anzahl dünner Blechscheiben, die im entlasteten Zustande lose aufeinander liegen, so daß beim Anheben des Ventils Luft in die Zwischenräume derselben eintreten kann. Beim Niederfallen des Pufferkolbens wird diese Luft aus den engen Zwischenräumen wieder herausgepreßt. Die ganze Luftsäule des Puffers ist somit gleichsam in eine größere Anzahl dünner Schichten zerlegt, die nacheinander zusammengedrückt werden. Durch Schraube und Schraubenrad kann man von außen die Blechscheiben beliebig fest aufeinander pressen und damit die Schalldämpfung genau regeln[1]).

4. Hochwald-Neuhaus-Steuerung[2]).

Die in Fig. 229 (S. 300) dargestellte Ventilsteuerung ist eine Freifallsteuerung mit Zwangsauslösung und gesicherter Schlußbewegung, bei der sich die zusammenarbeitenden Teile nach erfolgter Auslösung nicht trennen, sondern in steter Berührung miteinander bleiben. Der die Auslöserolle *a* tragende Hebel *b* greift über ein auf der Reglerwelle *f* befestigtes Exzenter *h*; er ist ferner mit einer im Ventilbock frei drehbar gelagerten Schwinge *s*

[1]) Z. d. V. d. J. 1903, S. 618.

[2]) Von A. Borsig, Berlin-Tegel.

durch Laschen l gelenkig verbunden. Die dadurch bedingte Bewegung der Rolle a bewirkt ein beschleunigtes Abgleiten des auswechselbaren Anschlagstückes der mit einer fingerartigen Verlängerung versehenen Klinke m von dem frei drehbaren Ventilhebel r und ermöglicht auch bei kleinen Füllungen ein gutes Übergreifen dieser beiden Teile, so daß die Maschine selbst im Leerlauf ruhig und gleichmäßig arbeitet.

Fig. 229.

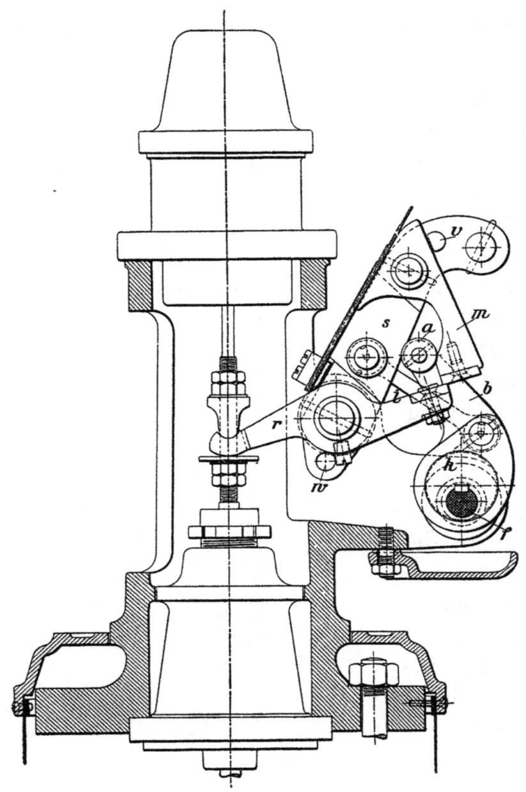

Fig. 230.

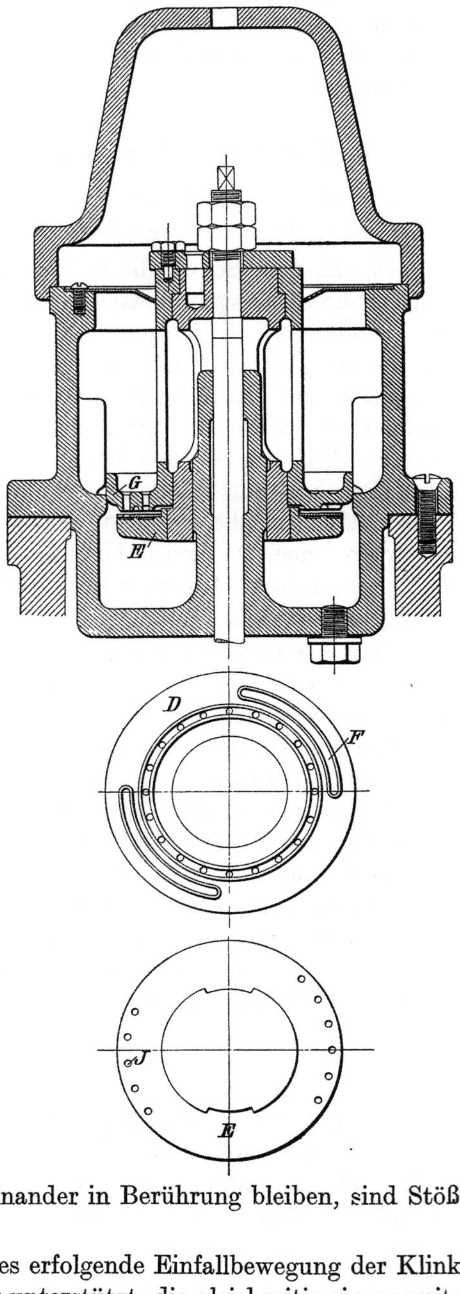

Da Rolle a und Klinke m fast ständig miteinander in Berührung bleiben, sind Stöße im Mechanismus ausgeschlossen.

Die unter dem Einflusse seines Eigengewichtes erfolgende Einfallbewegung der Klinke m gegen die Rolle a hin wird durch eine Blattfeder unterstützt, die gleichzeitig ein zu weites Hinausschwingen der Klinke verhindert.

Durch Anschläge v und w am oberen und unteren Ende der Schwinge s, die sich gegen die Klinke m bezw. gegen einen mit dem Ventilhebel r verschraubten Stift legen, wird ein Hängenbleiben des Ventilgestänges vermieden.

Zufolge des mit der Ventilspindel verbundenen Ölpuffers (Fig. 230) fällt das ausgelöste, durch den starken Druck einer darüber liegenden Schraubenfeder nach abwärts bewegte Ventil zunächst vollkommen frei, bis kurz vor seinem Aufsetzen — sobald die sanft abgerundete Abschlußkante G des Kataraktkolbens mit der Zylinderkante zusammentrifft — die kräftige Schlußhemmung beginnt. Diese kann durch das Zusammenarbeiten einer entsprechenden Zahl kleiner, in der Ventilplatte E angeordneten Löcher J mit den Schlitzen F im Kolbendeckel D — durch einfaches Verstellen von E gegenüber D — derart geregelt werden, daß stets ein sanftes, geräuschloses und vollständig sicheres Aufsetzen des Ventils eintritt [1]).

Fig. 231.

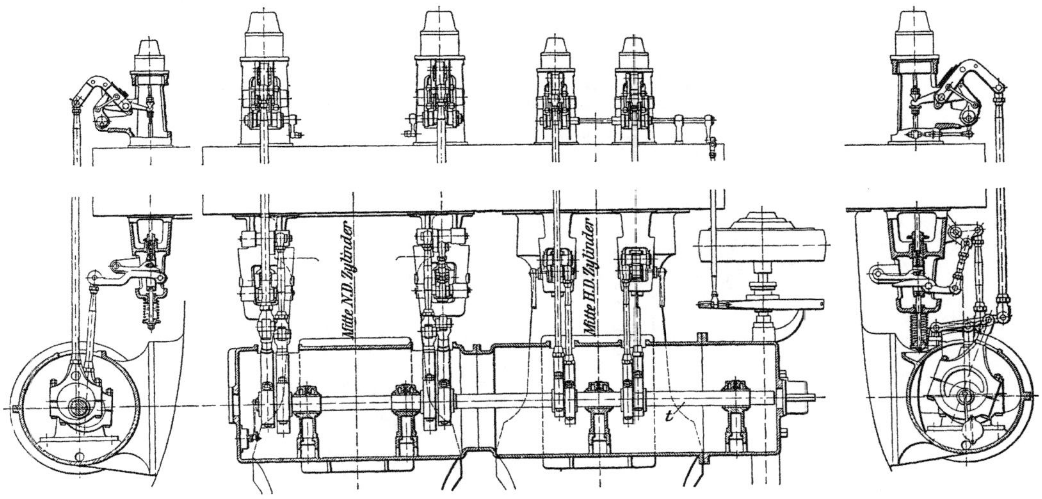

Eine Ausführung der Steuerung an den Einlaßventilen des Hochdruck- und Niederdruckzylinders einer stehenden Verbundmaschine der Firma A. Borsig von 700 mm Hub zeigt Fig. 231. Die zur Bewegungsübertragung dienenden Exzenter sind, wie auch diejenigen für die zwangläufigen Wälzhebelsteuerungen der 4 Auslaßventile auf einer mittels Schraubenräder von der Kurbelwelle aus bewegten Steuerwelle t befestigt.

Der durch die Ventilkasten des Hochdruckzylinders gelegte Schnitt (Fig. 232) läßt die Ausführung der Ventile, der Ventilkörbe, deren Führungen sowie diejenigen der Ventilspindeln u. dergl. erkennen.

Abweichend von den bisher besprochenen Ausführungen sind die doppelsitzigen Einlaßventile b je noch von einem muldenförmigen Schieberring umgeben, der, ähnlich wie die viersitzigen Ventile, eine vierfache Einströmung gestattet, ohne daß die Nachteile der ersteren — stärkere Wandungen, größerer Inhalt, erhöhter Widerstand beim Anheben — damit in Kauf genommen werden.

[1]) Eine in der Bauart und Wirkungsweise ähnliche Ausklinksteuerung wird von der Maschinenfabrik Augsburg-Nürnberg, A.-G., Werk Nürnberg, ausgeführt (Z. d. V. d. J. 1901, S. 185).

Fig. 232.

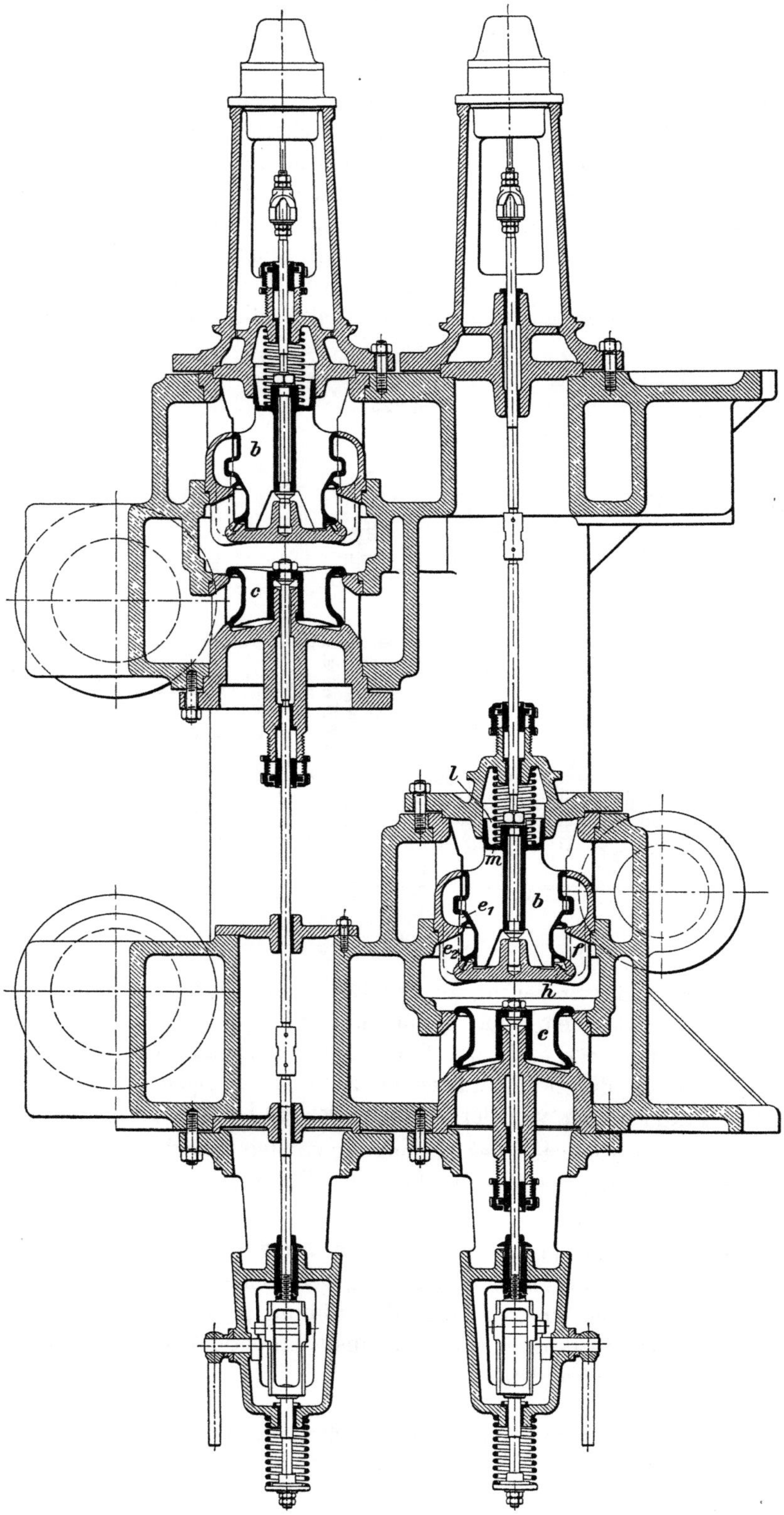

Die Ringe des Rohrschiebers erhalten Überdeckungen, die je die Hälfte des gesamten Ventilhubes betragen, so daß die Vor-Einströmung erst beginnt, nachdem das Ventil schon die Hälfte seines Hubes zurückgelegt hat; nach Weiterbewegung desselben um die andere Hälfte seines Hubes ist — zufolge der damit erreichten vierfachen Eröffnung — der gesamte Durchgangsquerschnitt freigelegt (D. R. P. Nr. 190 682).

Damit die durch Rippen miteinander verbundenen Wände des Doppelsitzventils und des muldenförmigen Schieberringes keine ungleichen Wärmedehnungen erleiden, erfolgt eine Zuführung von Hilfsdampf zur unteren Sitzfläche durch im Ventilkorb liegende Kanäle, die während der Ruhelage des Ventils sowohl vom Frischdampfraum als auch vom Innern des Zylinders vollständig abgeschlossen sind. Es ist zu dem Zwecke die obere und untere Sitzfläche eines jeden Einlaßventils b von je einem Muldenteil e_1 bezw. e_2 umhüllt, die durch Kammern f in den Stegen des Ventilkorbes miteinander in Verbindung stehen. An ihrer unteren Ausmündung vereinigen sich diese Kammern zu dem Ringkanal h, der mit dem Muldenteil e_2 in Verbindung steht.

Der Arbeitsdampf durchströmt beim geöffneten Ventil die Kammern f und den Ringkanal h. Dadurch sind die Dichtflächen an Ventilkörper und Ventilkorb nahezu gleichen Temperatureinflüssen ausgesetzt; sie werden sich deshalb im gleichen Sinne ausdehnen und damit Undichtheiten des Ventils im Betriebe vermieden.

Nach erfolgtem Anheben des Ventils bis zur Eröffnung durch die Schieberringe entsteht zuweilen in den Kanälen des Ventilkorbes ein Unterdruck, und es würde das Ventil, da der Durchmesser des Rohrschiebers oben größer wie unten gewählt wird, während dieser Bewegungsphase eine dem Unterschiede dieser Durchmesser entsprechende Belastung erleiden. Um dieselbe auszugleichen, ist ein die Spindel umschließender Entlastungsraum l angeordnet, in dem der Ventilkolben m spielt, dessen Querschnitt ungefähr ebenso groß wie der unter dem Überdruck stehende Teil des Ventilquerschnittes gewählt wird. In dem durch Bohrungen mit den Kanälen f verbundenen Entlastungsraum l wird sich somit stets derselbe Druck wie in den Kammern des Ventilkorbes einstellen. Diese Anordnung gewährt den noch weiteren Vorteil, das Dichthalten der Spindelstopfbüchse zu erleichtern, da der in den Stopfbüchsenraum eintretende Dampf während der Dauer der Ventileröffnung nach dem Zylinder angesaugt wird. (Zusatzpatent Nr. 204 912.)

Die Auslaßventile c sind gewöhnliche Doppelsitzventile.

5. Selbsttätige Ventilsteuerung, Bauart Beya.

Bei dieser eigenartigen Steuerung (D. R. P. Nr. 151 727) wird der Schluß des Ventils durch Dampfkraft bewirkt und — wie bei den Ausklinksteuerungen — durch einen Ölkatarakt gedämpft.

Fig. 233 (S. 304) zeigt die Steuerung an dem Hochdruckzylinder einer in Nancy 1909 ausgestellten Tandemmaschine 450 bezw. 850/900 der Maschinenbau-Anstalt Berger, André & Co., G. m. b. H., Thann (Elsaß).

Die Einlaßventile des Hochdruckzylinders werden durch den Kompressionsdruck, oder wenn dieser nicht genügt, durch einen Anschlag b des Kolbens angehoben, der, wenn das Ventil im Totpunkt noch nicht geöffnet ist, den Anschlag t am unteren Ende des Ventils berührt und dieses dadurch öffnet. Diese Art der Betätigung kommt aber nur beim Anlaufen oder beim Leerlauf in Betracht; bei normaler Belastung soll die Kompression vollkommen ausreichen. Der in den Zylinder einströmende Dampf hebt dann das Ventil vollkommen von seinem Sitz ab. Gleichzeitig tritt der Dampf durch die Bohrungen c und je nach der Stellung des Hahnes d mehr oder weniger gedrosselt über den Kolben p, und wenn

Fig. 233.

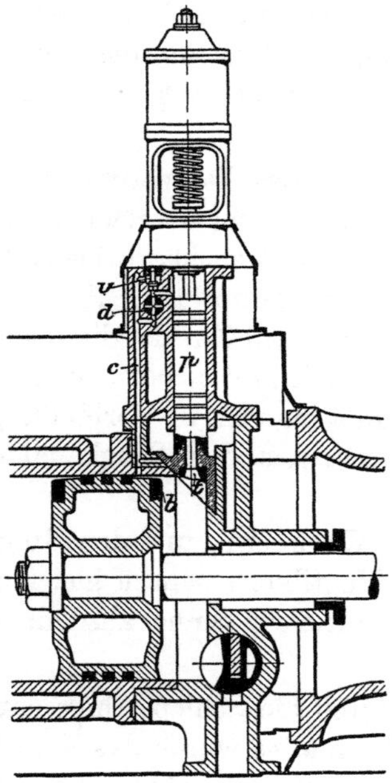

hier ein gewisser Druck erreicht ist, wird das Ventil wieder auf seinen Sitz gedrückt. Mit Hilfe des Hahnes *d*, der vom Regler eingestellt wird, kann man daher die Füllung bei gleichbleibendem Voröffnen regeln. Ist der Hahn ganz geschlossen, was in der untersten Lage der Reglermuffe der Fall ist, so gelangt kein Dampf über den Kolben *p*, und die Ventile bleiben während des ganzen Hubes der Maschine offen. Wenn dagegen der Hahn ganz geöffnet ist, so strömt der Dampf sofort nach dem Aufstoßen des Ventils mit vollem Druck über den Kolben und bewirkt, daß das Ventil geschlossen wird, nachdem es sich sehr wenig erhoben hat. Der Schluß des Ventils wird, wie schon bemerkt, durch einen Ölkatarakt gedämpft. Nachdem sich das Ventil geschlossen hat, entweicht der über dem Kolben befindliche Dampf durch das selbsttätige Ventil *v* und die Bohrungen *c* in den Zylinder, während darin die Expansion stattfindet; er leistet also noch nutzbare Arbeit.

Die Steuerung ermöglicht, die Ventile sehr schnell zu öffnen und zu schließen, den Gang der Maschine daher genau zu regeln, und bedingt ferner wegen der eigenartigen, den Dampfkolben gleichsam umschließenden Form der Ventile geringe schädliche Räume, die im Mittel 1,5 vH betragen. Der Auslaß wird mit Corliß-Schiebern gesteuert. Da die Ventile nur einen Sitz haben, so verziehen sie sich nicht, selbst bei hohen Dampftemperaturen, können also dauernd dicht erhalten werden.

Versuche, die der Elsässische Verein von Dampfkesselbesitzern an einer Tandemmaschine 400 bezw. 600/800 ($n = 90$ Uml/min) dieser Art etwa 1 Jahr nach Aufstellung derselben und ohne besondere Vorbereitungen anstellte, haben nach den abgenommenen Diagrammen ergeben, daß die Steuerung gut arbeitet und die Ventile dicht sind[1]).

b. Zwangläufige Steuerungen.

Dieselben finden für den Antrieb der Einlaß-, häufiger noch für denjenigen der Auslaßventile Anwendung.

Der Antriebmechanismus für die Einlaßsteuerungen wird in verschiedener Weise vom Regler veränderlich gemacht.

Man unterscheidet hauptsächlich

1. Steuerungen mit veränderlicher Abnahmerichtung: Widnmann; Maschinenbau-A.-G. vorm. Starke & Hoffmann, Hirschberg; Elsner.

2. Steuerungen mit Änderung der Führungsrichtung der Exzenterstangen: Radovanovic; Bromley.

3. Steuerungen mit veränderlichem Zusammenwirken zweier Exzenterantriebe: Collmann.

4. Steuerungen mit veränderlicher Bewegung von Daumenscheiben: Knoller.

5. Steuerungen mit Verstellbarkeit der Exzenter durch Achsenregler: Pröll-Schwabe; Lentz; Müller.

---

[1]) Z. d. V. d. J. 1909, S. 1903.

In neuerer Zeit wird der zwangläufige Schluß des Ventils auch unabhängig von der Wirkung einer Schlußfeder bezw. unter Weglassung derselben bewirkt — Steuerungen der Cottbuser Maschinenbau-Anstalt A.-G., Cottbus, der Maschinenfabrik Gebr. Pfeiffer, Kaiserslautern u. A.

Ein derartiger Zwangschluß bietet den Vorteil, daß ein Hängenbleiben des Ventils nicht mehr stattfinden kann und beim Wegfall der Feder die äußere Steuerung und mit ihr der Regler wesentlich entlastet werden.

1. Widnmann-Steuerung.

Bei der in Fig. 234 (S. 306) dargestellten Steuerung der Einlaßventile einer liegenden Dampfmaschine 400/650 ist der Bügel des für Ein- und Auslaß jeder Zylinderseite gemeinsamen Exzenters durch einen Lenker mn mit einem Doppelhebel nop gelenkig verbunden, dessen anderes Ende p durch die Zugstange ps und den Wälzhebel sf auf die Spindel des Einlaßventils wirkt. Als Stützpunkt des Hebels nop dient der Bolzen o des auf der Reglerwelle r festgekeilten Hebels ro. Je nach der Einstellung der Welle r durch den Regler erhält der Hebel ro und damit auch der Lenker mn eine andere Neigung, so daß die Größe und die Dauer der Ventileröffnung eine veränderliche wird. Um unveränderliche Vor-Einströmung bei den verschiedenen Füllungen zu erhalten, ist die Welle in den Mittelpunkt des Kreises gelegt, der angenähert die Bahn des Punktes o ersetzt; letztere wird erhalten, wenn man das Exzenter und den Einlaßventilhebel in die dem Beginn der Vor-Einströmung entsprechende Stellung bringt und den Punkt n die zu den verschiedenen Füllungen gehörigen Lagen einnehmen läßt. Da sich in dieser Stellung die Verlängerungen der drei Mittellinien ps, ro und mn nahezu in einem Punkte schneiden, wird in derselben nur ein geringer Rückdruck auf den Regler hervorgebracht[1]).

Fig. 235 zeigt das Schema der Widnmann-Steuerung mit den Triebwerkstellungen für Null bis 70 vH Füllung und zwar im Augenblicke der Vor-Einströmung für Kurbel- und Deckelseite der Maschine.

Betrachtet man die durch ausgezogene Linien veranschaulichte Stellung für 20 vH Füllung, so muß die während der Eröffnungsperiode des Einlaßventils stattfindende Bewegung des Punktes m auf seiner Bahn in dem Augenblicke beendet sein, wo der Punkt n, der anfänglich nach oben gedrängt wurde, zurückkehrend wieder in die frühere Lage gelangt ist, in der auch der Endpunkt s des Ventilhebels sf (Fig. 234) die der Vor-Einströmung des Ventils entsprechende Lage wieder erreicht hat. Die dem Beginn der Expansion entsprechende Stellung des Punktes m auf seiner Bahn läßt sich daher ermitteln, indem mit nm um n ein Kreisbogen beschrieben und dessen Schnittpunkt mit der Bahn von m (hier mit 20 bezeichnet) festgestellt wird. In gleicher Weise läßt sich für andere Füllungen die Lage des Punktes m auf seiner Bahn im Augenblicke der Expansion feststellen.

Fig. 235a (S. 308) zeigt das zur Steuerung gehörige Ventilerhebungsdiagramm für 30, 50 und 70 vH Füllung. Die größte Kolbengeschwindigkeit (c_{max}) ist gleich dem rechnungsmäßig erforderlichen Ventilhube h (vergl. S. 277).

Zur Bewegung der Auslaßventile ist die Exzenterstange je mit einem zweiarmigen Wälzhebel t (Fig. 234) unmittelbar verbunden.

Die Bewegungsübertragung der beiden Wälzhebel sf und t auf das Einlaß- bezw. Auslaßventil muß derart erfolgen, daß gleichzeitig mit dem Aufsetzen des betreffenden Ventils eine Trennung des zugehörigen Hebels von dem darunter liegenden

---

[1]) Ausführung der Erfurter Maschinenfabrik Franz Beyer & Co., Erfurt.

Fig. 234.

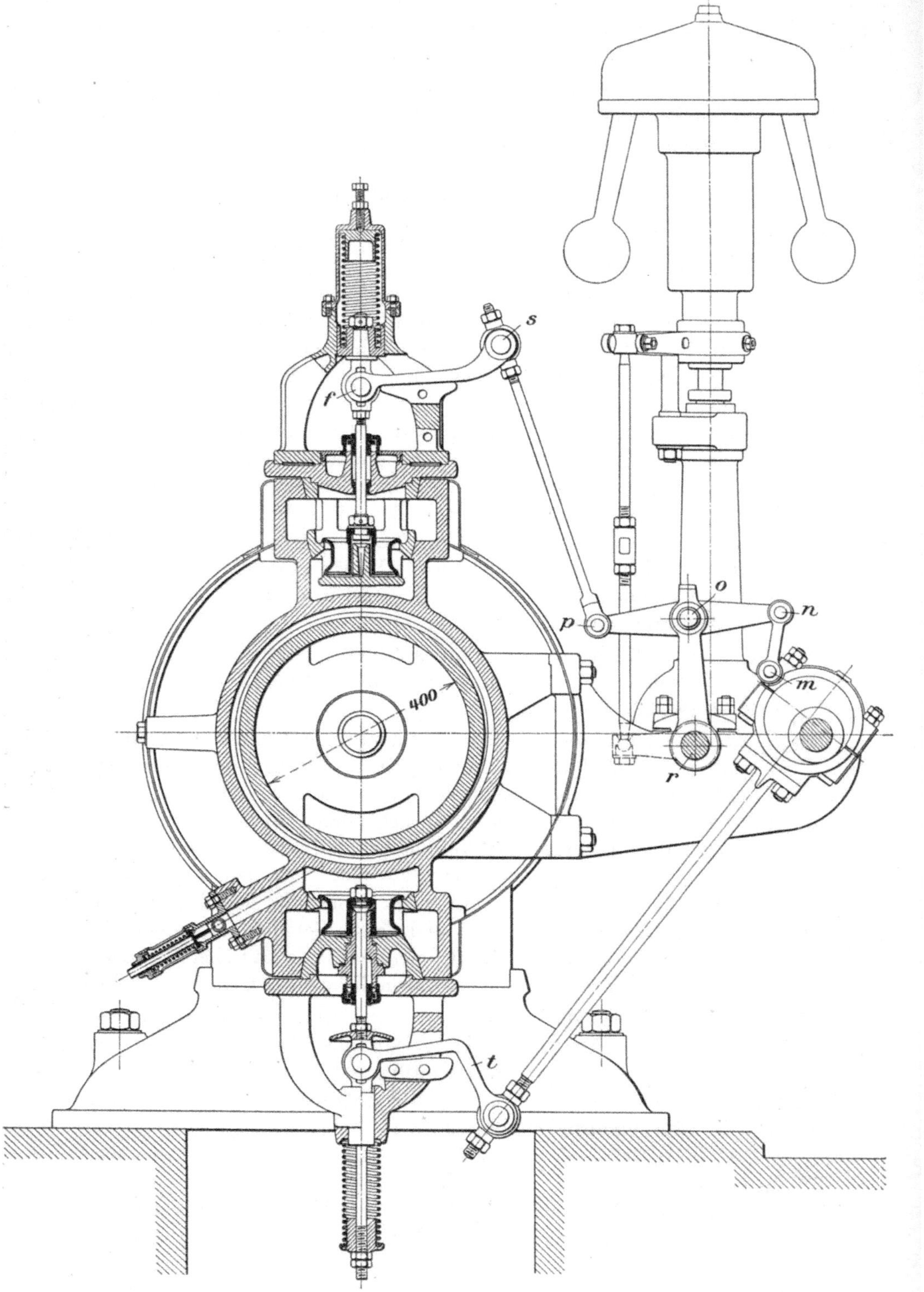

Fig. 235.

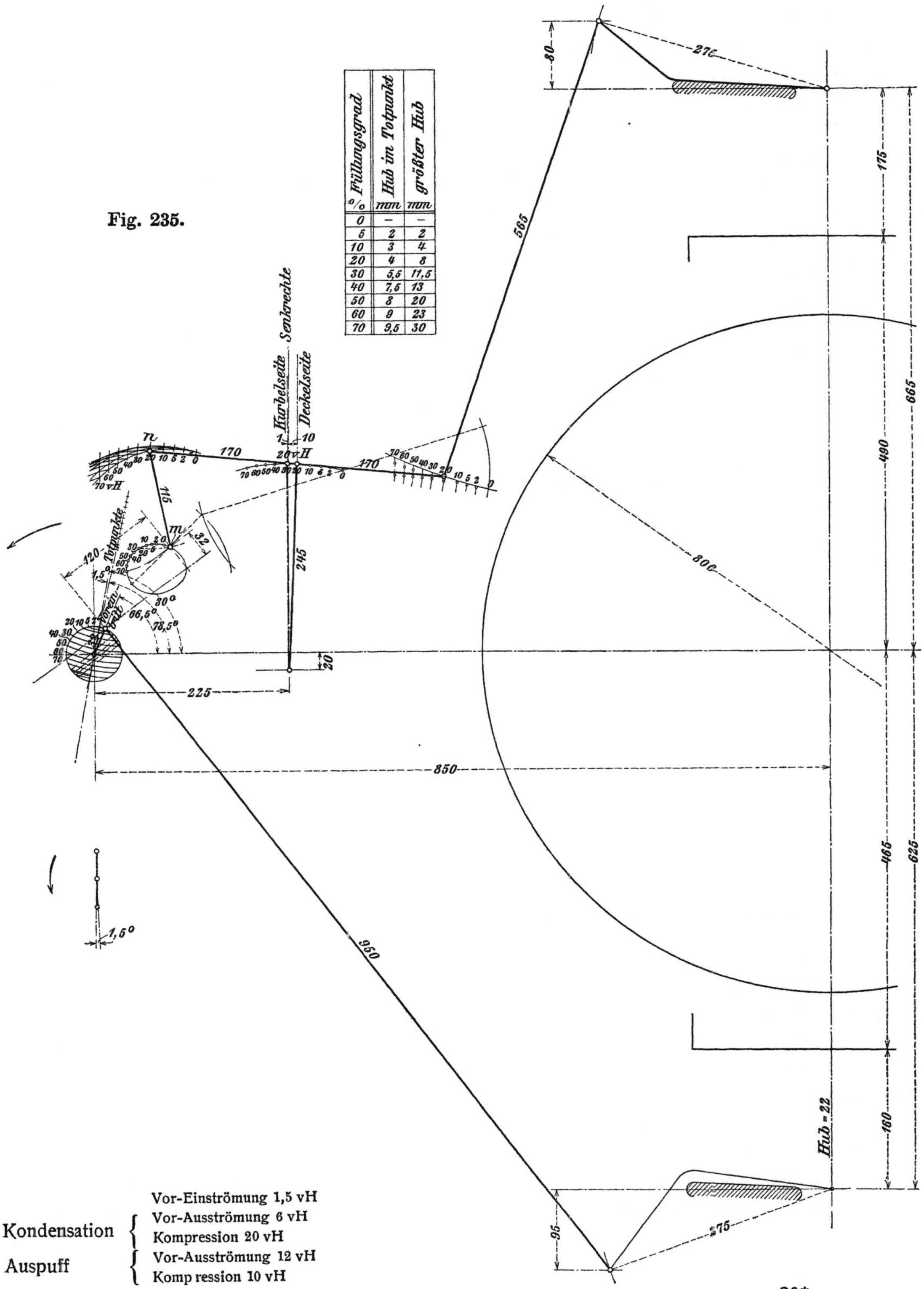

% Füllungsgrad	mm Hub im Totpunkt	mm größter Hub
0	–	–
5	2	2
10	3	4
20	4	8
30	5,5	11,5
40	7,5	13
50	8	20
60	9	23
70	9,5	30

Vor-Einströmung 1,5 vH

Kondensation { Vor-Ausströmung 6 vH; Kompression 20 vH

Auspuff { Vor-Ausströmung 12 vH; Kompression 10 vH

unbeweglichen Sattel erfolgen kann, und daß dann sowohl das Zusammentreffen dieser Teile, wie auch das Aufsetzen des Ventils mit mäßiger Geschwindigkeit vor sich geht.

Zufolge der im vorliegenden Falle gewählten Wälzkurven — gerade Linie für den Wälzhebel und schwach gekrümmter konkaver Kreisbogen für den Sattel (häufig verfährt man auch umgekehrt) — wird beim Zusammentreffen dieser Teile — in Nähe der Ventilspindel — das Ventil erst langsam angehoben, dann durch Veränderung der Übersetzung während der Bewegung, indem der jeweilige Berührungspunkt zwischen Hebel und Sattel schnell nach außen wandert, mit großer Geschwindigkeit geöffnet; ebenso wird das Ventil sehr rasch geschlossen und im letzten Augenblicke der Abwärtsbewegung langsam auf seinen Sitz zurückgeführt.

An Stelle der hier verwendeten Wälzhebel mit beweglichem Drehpunkt kommen bei zwangläufigen Ventilsteuerungen auch Wälzhebel mit festem Drehpunkt in Anwendung — s. z. B. Collmann-Steuerung (S. 316). Ein Gleiten der Wälzhebel aufeinander, wodurch starker Verschleiß entsteht und seitliche Kräfte auf die Ventilspindel ausgeübt werden, ist nach Möglichkeit zu vermeiden.

Da die Wälzhebel, um bei kleineren Füllungen hinreichende Eröffnungen des Einlaßventils zu erhalten, bei größeren Füllungen unnötig hohe Ventilhübe ergeben, sind sie in neuerer Zeit durch sog. Schwingdaumen vielfach ersetzt worden — s. z. B. Lentz-Steuerung (S. 320), Müller-Steuerung (S. 322) u. a.

Fig. 235a.

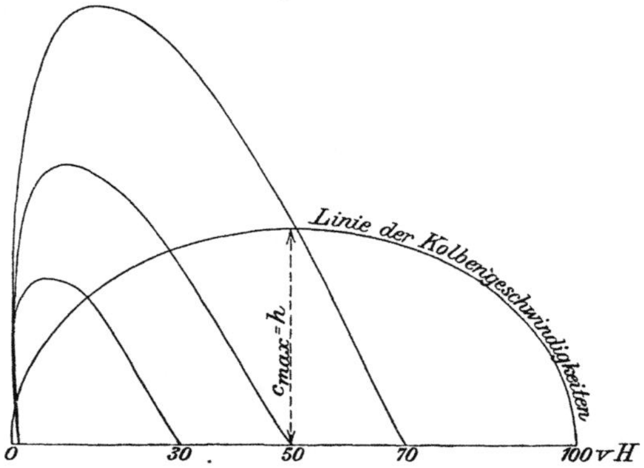

2. Steuerung der Maschinenbau-A.-G. vorm. Starke & Hoffmann, Hirschberg.

Bei der in Fig. 236 dargestellten Steuerung[1]) ist die schmiedeeiserne Schwinge *g* unmittelbar an dem für Ein- und Auslaß jeder Zylinderseite gemeinsamen Exzenter befestigt, während sie anderseits durch einen Kugelzapfen *h* mit der durch Lenker *o* geführten Zugstange *k* in Verbindung steht. — Letztere trägt in ihrem oberen gegabelten Teil eine Rolle *r*, die gegen eine genau bestimmte und festgelegte Rollkurve des Ventilhebels *i* zu liegen kommt, durch die das rechtzeitige Öffnen des Einlaßventils veranlaßt wird. Nach erfolgtem Schluß desselben wird die Rolle *r* vom Hebel *i* abgezogen — das Ventil damit außer Verbindung mit der äußeren Steuerung gebracht.

Behufs Füllungsänderung sind auf der Reglerwelle *b* zwei Kugelhebel *t* befestigt, deren unterer Verbindungsbolzen *c* einen zwischenliegenden, in der Mitte verstärkten Schleifring trägt, über dessen äußere Enden die zweiteilige Schwinge *g* greift.

[1]) Zu einer liegenden Tandem-Verbundmaschine 420 bezw. 750/1200.

Fig. 236.

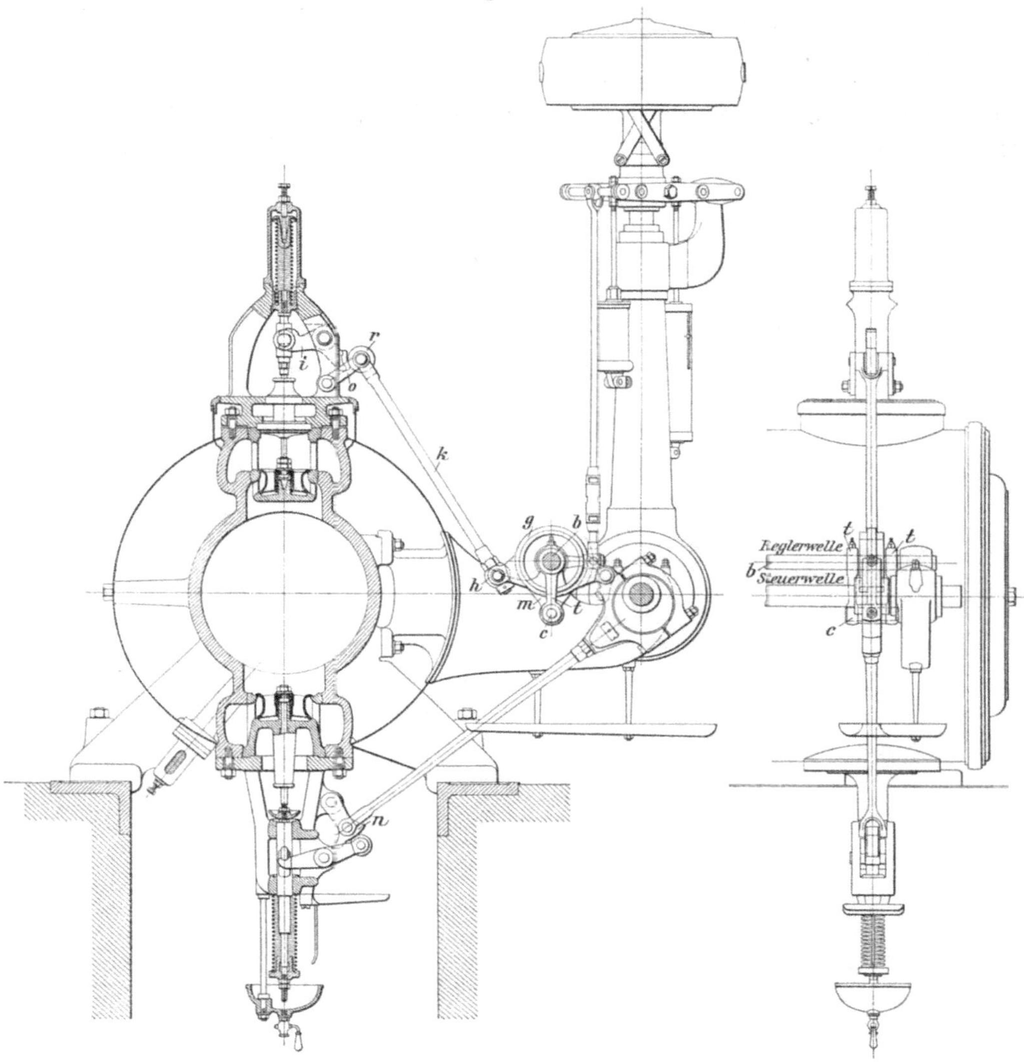

Fig. 237 und 238.

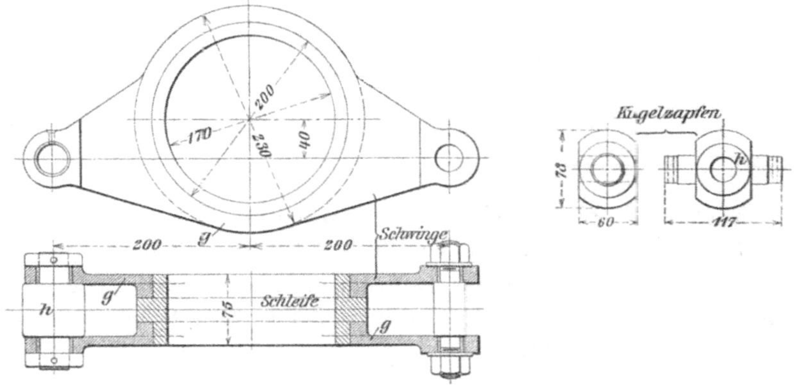

Bei einer Drehbewegung des Schleifringes ändert sich die Lage der exzentrisch zu seiner Mitte liegenden Angriffspunkte der Schwinge g und damit die Größe und die Dauer der Ventileröffnung.

Gegenüber der vorbesprochenen Widnmann-Steuerung ist der mittlere Drehzapfen derselben (s. Fig. 234) hier zu einer kreisförmigen Scheibe erweitert und damit bei der Ventileröffnung jegliche Rückwirkung auf den Regler vermieden.

Fig. 239 und 240.

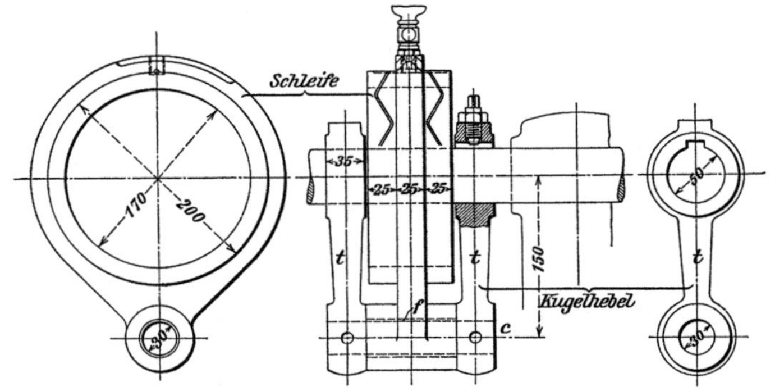

Fig. 241.

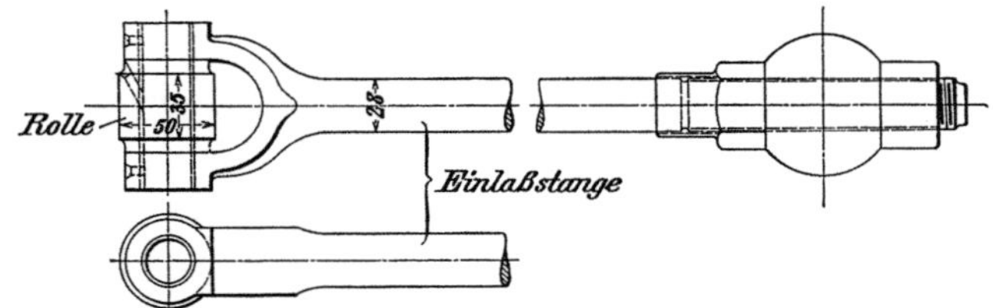

Fig. 242.

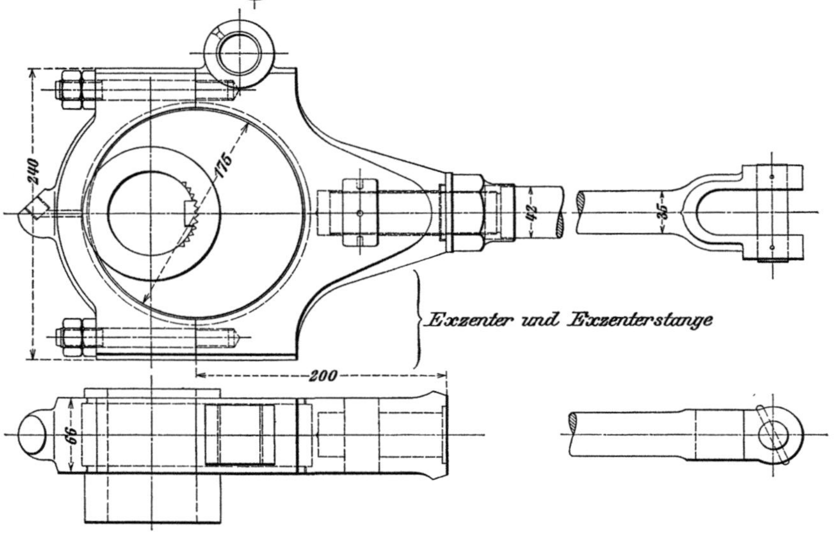

Das Auslaßventil wird durch einen mit der Exzenterstange verbundenen Schwingdaumen n, der gegen eine Rolle des Ventilhebels drückt, ebenfalls zwangläufig gesteuert.

Gestalt und Abmessungen der hauptsächlichsten Einzelteile der zum Hochdruckzylinder der genannten Maschine gehörigen äußeren Einlaß- und Auslaßsteuerung sind in Fig. 237 bis 242 dargestellt.

3. Elsner-Steuerung.

Die Steuerwelle *a* (Fig. 243) trägt für Einlaß- und Auslaßventil jeder Zylinderseite eine Kurbel, deren Zapfen von einem Gleitstein *b* umfaßt wird, der sich in einer im Exzenterbügel *d* drehbaren Schlitzscheibe *c* führt. Die durch den Wälzhebel *e* mit der Ventilspindel in Verbindung stehende Exzenterstange gleitet mit ihrer unteren zylindrischen Fortsetzung

Fig. 243.

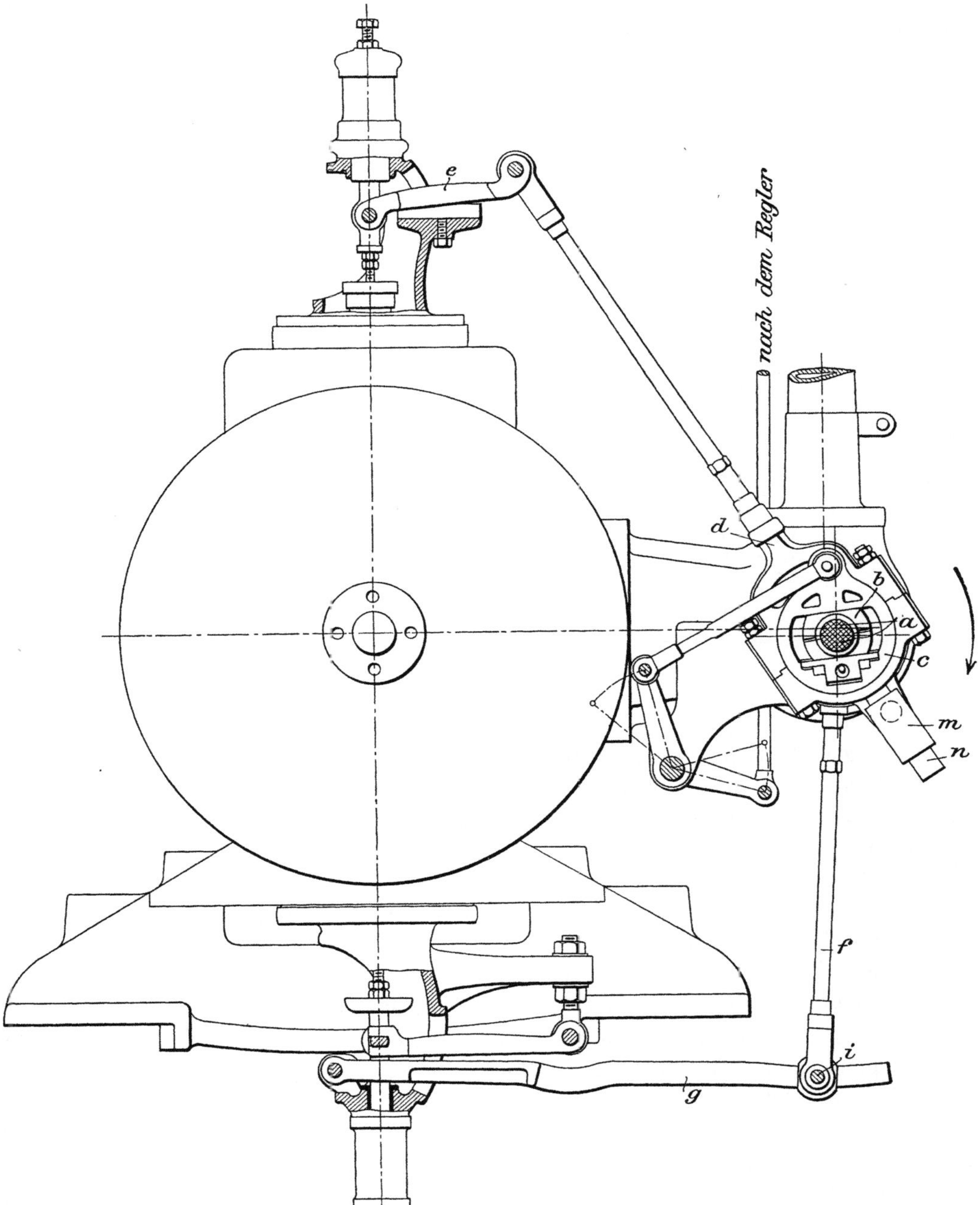

n in einer um einen festen Drehpunkt schwingenden Büchse m und kann sich demzufolge, abgesehen von kleinen seitlichen Ausweichungen, nur in sich selbst verschieben. Die von der jeweiligen Lage der Schlitzscheibe c abhängige Füllung bestimmt ein durch Hebel und Zugstange mit ihr verbundener Muffenregler.

Fig. 243 zeigt die Steuerung in der Totlage der Kurbel, in der das Einlaßventil um das lineare Voreilen geöffnet ist. Da hier der Mittelpunkt des Steuerkurbelzapfens mit demjenigen der Schlitzscheibe zusammenfällt, wird eine vom Regler bewirkte Drehung derselben keinerlei Bewegung in der Exzenterstangenrichtung herbeiführen, das lineare Voreilen bei allen Füllungen unverändert bleiben.

Fig. 243a.

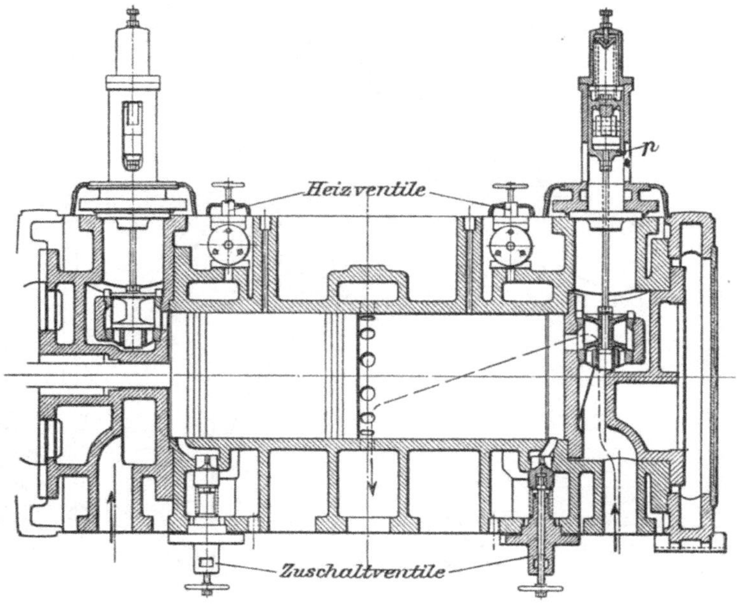

Dreht sich die Steuerkurbel in Richtung des Fig. 243 ersichtlichen Pfeils, so verschiebt sich der Gleitstein b in der Schlitzscheibe nach links und bewegt die Zugstange nach abwärts, wobei das Ventil infolge Abwälzens des Hebels e auf einer darunter liegenden Bahn erst langsam, dann schnell angehoben und entsprechend wieder auf seinen Sitz zurückgeführt wird.

Die Auslaßventile werden in ähnlicher Weise durch je zwei in festen Drehpunkten gelagerte Wälzhebel g gesteuert, die sich in einer schwach gekrümmten Kurve und in einer geraden Linie berühren. Kompression und Vor-Ausströmung können durch Verschieben des Angriffspunktes i der Stange f innerhalb kleiner Grenzen geändert werden.

An Stelle der Wälzhebel hat Elsner neuerdings die am Zylinder einer Gleichstromdampfmaschine (Fig. 243 a) angeordnete sog. Eingelenk-Steuerung (D. R. P. Nr. 178 628) mit Schubkurven in Vorschlag gebracht.

Die Bewegung der Exzenterstange wird hier, wie Fig. 243 b erkennen läßt, durch drei auf gemeinsamen Gabelbolzen derselben leicht drehbare Rollen von verschiedenem Durchmesser auf die betreffende Einlaßventilspindel übertragen. Zu dem Zwecke laufen die beiden äußeren größeren Rollen dauernd auf der Kurvenbahn eines festen Gleitstückes

m, wohingegen die mittlere kleinere Rolle nur während des Ventilhubes mit einem Gleitstück n in Berührung kommt; letzteres ist an der im Ventilbock geführten, mit der Ventilspindel verschraubten Büchse p (Fig. 243a) befestigt. Der beim Ventilhube auftretende Seitendruck wird von einer am Rücken des Kurvenstückes n leicht anliegenden Entlastungsrolle o aufgenommen.

Der Zylinder hat einen mittleren Auspuffwulst und Mantelräume an den Enden, die beim Ausbohren des Zylinders geheizt werden, um seinen Zustand angenähert so herzustellen, wie er sich dann im Betriebe zeigt; ferner dienen diese Räume als Füllungs-Heizmäntel oder — nach Abstellung der Heizung — als Zusatzvolumen für den schädlichen Raum, um auch mit Auspuff arbeiten zu können.

Fig. 243b.

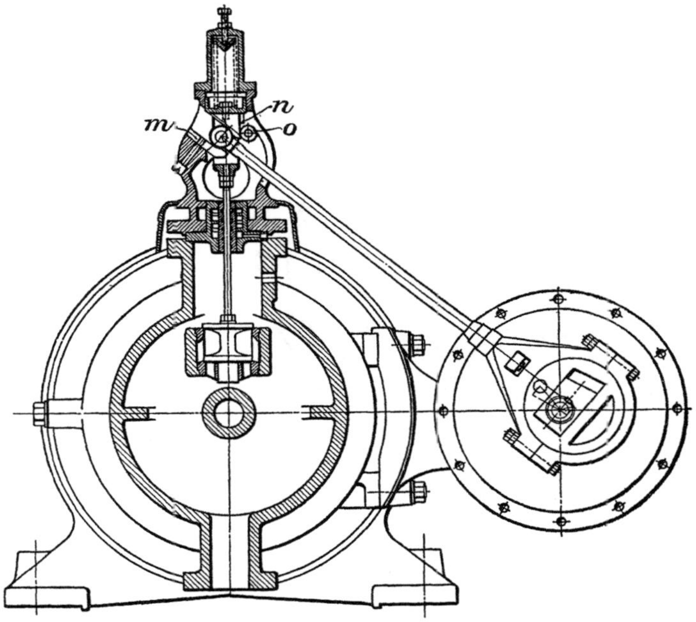

Die hintere mit dem Zylinder zusammengegossene Ventilkammer ist, um den Kolben nachsehen zu können, mit einem inneren und äußeren Deckel versehen, zwischen die der Frischdampf hindurchströmt.

Am inneren Deckel ist das Gehäuse des Einlaßventils angegossen. Die vordere Ventilkammer ist zentrisch mit dem Zylinder verschraubt.

4. Radovanovic-Steuerung.

Die Einlaßsteuerung besteht, wie Fig. 244 (S. 314) erkennen läßt[1]), für jede Zylinderseite aus einem Exzenterbügel d, der von einem Exzenter der Steuerwelle bewegt wird und sich gleichzeitig um eine zweite Scheibe o drehen kann. Diese ist mit einem Schlitz versehen, in welchem ein auf der vom Regler mittels Hebel s drehbaren Welle m befestigter Kulissenstein gleitet. Je nach der Winkelstellung dieses Gleitstückes beschreibt der Endpunkt p

[1]) Ausführung der Königin-Marienhütte, A.-G., Cainsdorf i. S., an einer Tandem-Verbundmaschine 400 bezw. 630/950.

der Exzenterstange, von dem die Ventilbewegung abgeleitet wird, verschiedene Kurven, die den Füllungsgraden der Maschine entsprechen.

Die Vor-Einströmung ist, da bei der betreffenden Kurbelstellung der Mittelpunkt *t* der Scheibe *o* mit demjenigen der Reglerwelle *m* zusammenfällt, unveränderlich; die Ver-

Fig. 244.

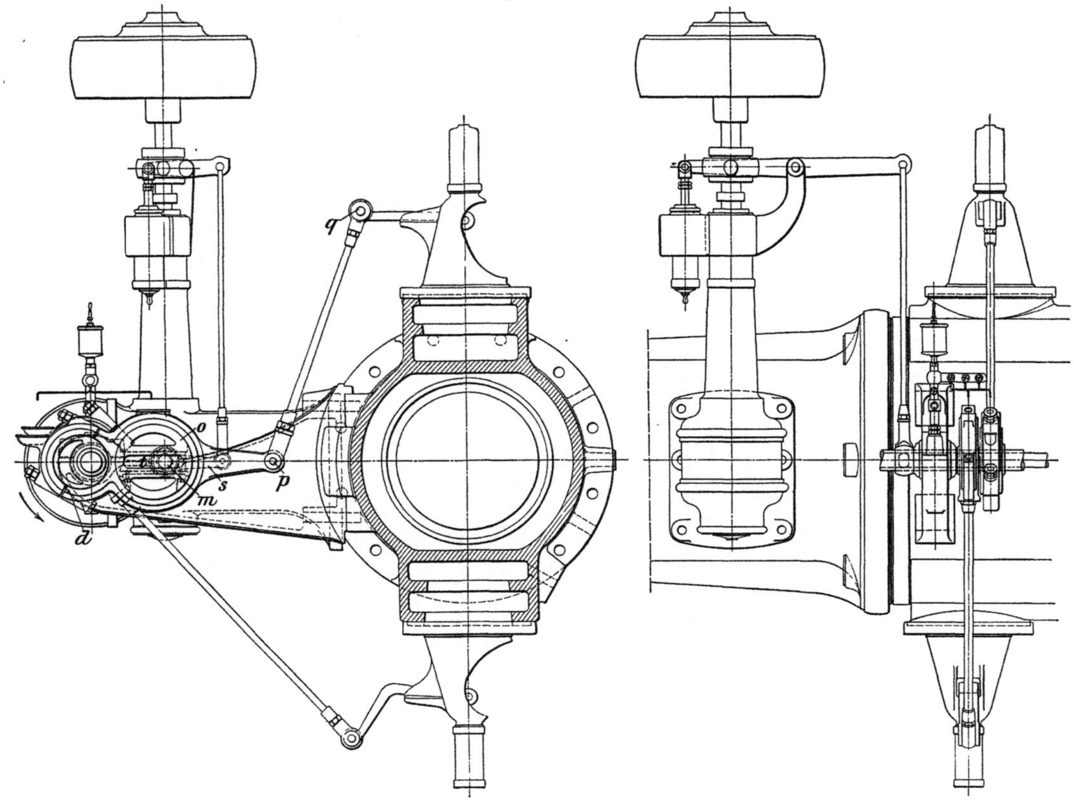

Fig. 244a.

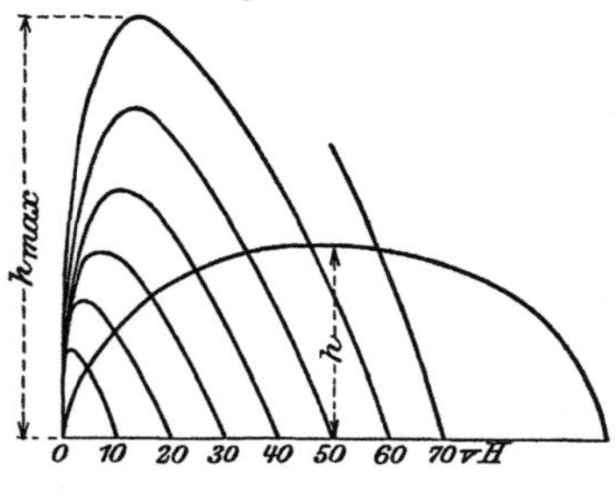

Fig. 244b.

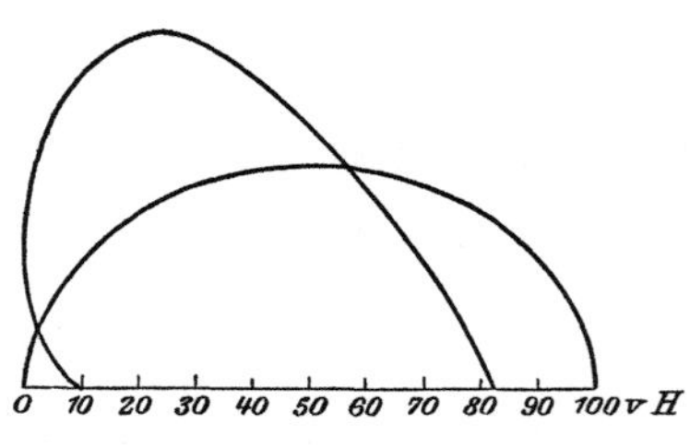

änderung der Neigung des Kulissensteins durch den Regler hat dann nur eine Drehbewegung der Scheibe *o* um ihren Mittelpunkt zur Folge und die am Ventilhebel an-greifende Zugstange *p q* verbleibt in ihrer Lage.

Die Auslaßventile werden je von einem besonderen Exzenter gesteuert.

Erhebungskurven des Einlaß- und Auslaßventils einer Radovanovic-Steuerung sind in Fig. 244 a und 244 b ersichtlich.

5. Bromley-Steuerung[1]).

Die Stange a (Fig. 245) des für Ein- und Auslaß jeder Zylinderseite gemeinsamen Exzenters bewegt mittels Zugstange *f*, sowie eines am oberen Endpunkte derselben angreifenden Wälzhebels und Gegenlenkers das Einlaßventil; sie wird durch zwei kurze Lenker *e* geführt, die etwa in ihrer Mitte angreifen und am anderen Ende durch einen gemeinsamen Bolzen *n* mit den senkrechten Armen zweier Winkelhebel *d* in Verbindung stehen, die auf der Reglerwelle *m* befestigt sind. Auf derselben Welle sitzt der bogenförmige, mit dem

Fig. 245.

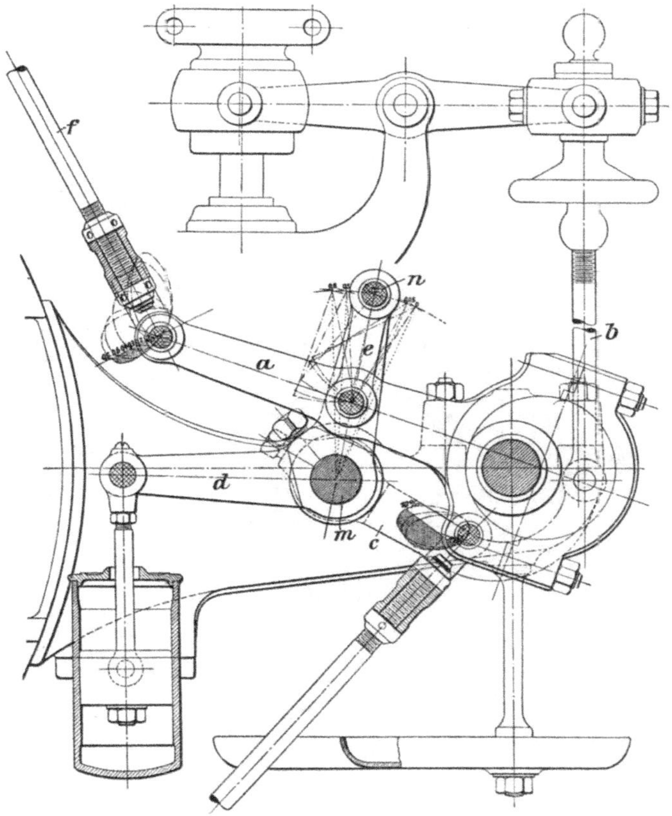

Regler durch eine Zugstange *b* verbundene Doppelhebel *c*. Je nach der Stellung des Reglers erhalten die Lenker *e* bezüglich der Exzenterstange verschiedene Lagen, womit sich die Gestalt der von dem Endpunkte der letzteren beschriebenen Kurve bezw. der Füllungsgrad der Maschine ändert.

Im Augenblicke des Anhebens des Einlaßventils findet bei der Bromley-Steuerung, da die Mittellinie der Lenker *e* dann durch den Mittelpunkt der Welle *m* geht, keinerlei Rückwirkung auf den Regler statt. Zufolge der verschiedenen Längen der Hebel *d* und Lenker *e* ändert sich aber die Vor-Einströmung mit dem jeweiligen Füllungsgrad der Maschine.

---

[1]) Ausführung der Maschinenfabrik Gebr. Bromley & Co., Moskau, am Hochdruckzylinder einer Dreifach-Expansionsmaschine 340 bezw. 550 bezw. 820/810 (s. Tafel XIII).

6. Collmann-Steuerung.

Ein- und Auslaßventil jeder Zylinderseite des gegenüber der gleichnamigen auch als „a l t e“ Collmann-Steuerung bezeichneten Mechanismus werden, wie Fig. 246 zeigt, wieder von einem gemeinsamen Exzenter bewegt, dessen kurze, nach oben gerichtete Stange p durch einen um den Zapfen g drehbaren Hebel n mit dem unteren Gelenk eines Kniehebels $c_1\,c_2$ und durch eine Stange m mit dem Knie c desselben verbunden ist. Der Hebel n, der dem unteren Gelenk c_1 des Kniehebels eine auf und ab schwingende unveränderliche Bewegung erteilt, führt den Angriffspunkt der Exzenterstange auf einem Kreisbogen, wodurch alle höher liegenden Punkte dieser Stange eiförmige Kurven beschreiben, deren

Fig. 246.

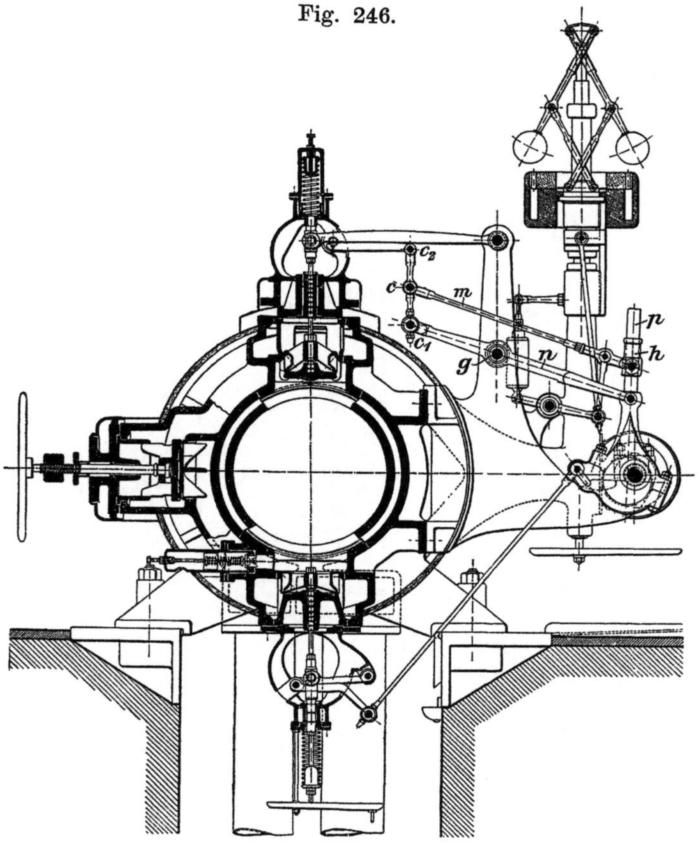

Höhe — in Richtung der Exzenterstange gemessen — für alle gleich, deren Breite aber um so größer ist, je weiter sie von dem geführten Punkte entfernt sind. Infolgedessen wird das Knie c durch die Stange m, deren anderes Ende über eine auf der Exzenterstange mittels eines Gestänges vom Regler eingestellte Hülse h greift, mehr oder weniger durchgedrückt und damit die Größe der auf und ab gehenden Bewegung des oberen Kniehebelgelenkes veränderlich gemacht. Dieses Gelenk überträgt seine Bewegung unter Einschaltung zweier beweglicher Wälzhebel mit f e s t e n Drehpunkten auf das Einlaßventil; dasselbe wird langsam angehoben und dann schnell geöffnet und umgekehrt (vergl. S. 308). Die gleiche Wirkungsweise ist für das Auslaßventil durch Anordnung ähnlicher Wälzhebel erzielt.

---

[1]) Ausführung der A.-G., G ö r l i t z e r M a s c h i n e n b a u - A n s t a l t und Eisengießerei, Görlitz.

7. Knoller-Steuerung.

Bei dieser in Fig. 247[1]) ersichtlichen Steuerung ist jedes Einlaßventil mit zwei auf der Steuerwelle sitzenden Daumenscheiben in Verbindung, von denen die eine festgekeilt, die andere vom Regler verstellbar ist. Je zwei Wälzrollen sitzen an den Enden eines Winkelhebels, der ihre aus den An- und Ablaufkurven sich zusammensetzende Bewegung mittels eines Zwischenhebels und einer Steuerstange auf das Ventil überträgt.

Die auf dem festen Daumen laufende Rolle beherrscht die Vor-Einströmung und das Öffnen des Ventils überhaupt (Öffnungsrolle), während die auf dem beweglichen Daumen laufende Rolle den Schluß des Ventils und damit auch den Füllungsgrad bewirkt (Schließrolle).

Um die Stopfbüchsen der Ventilspindeln und damit ein Hängenbleiben des Ventils bzw. die Packungsschwierigkeiten bei Anwendung überhitzten Dampfes zu vermeiden, wird die Steuerbewegung in das Innere des Ventilgehäuses durch eine Schwungwelle übertragen, die mittels eines aufgeschliffenen Metallringes abgedichtet ist. Der Innenhebel dieses Schwinghebels ist in der üblichen Weise durch ein Querhaupt mit der Ventilspindel verbunden; der Außenhebel trägt ein kleines Federgehäuse durch welches die Steuerstange hindurchgeführt ist. Letztere trägt an ihrem oberen Ende

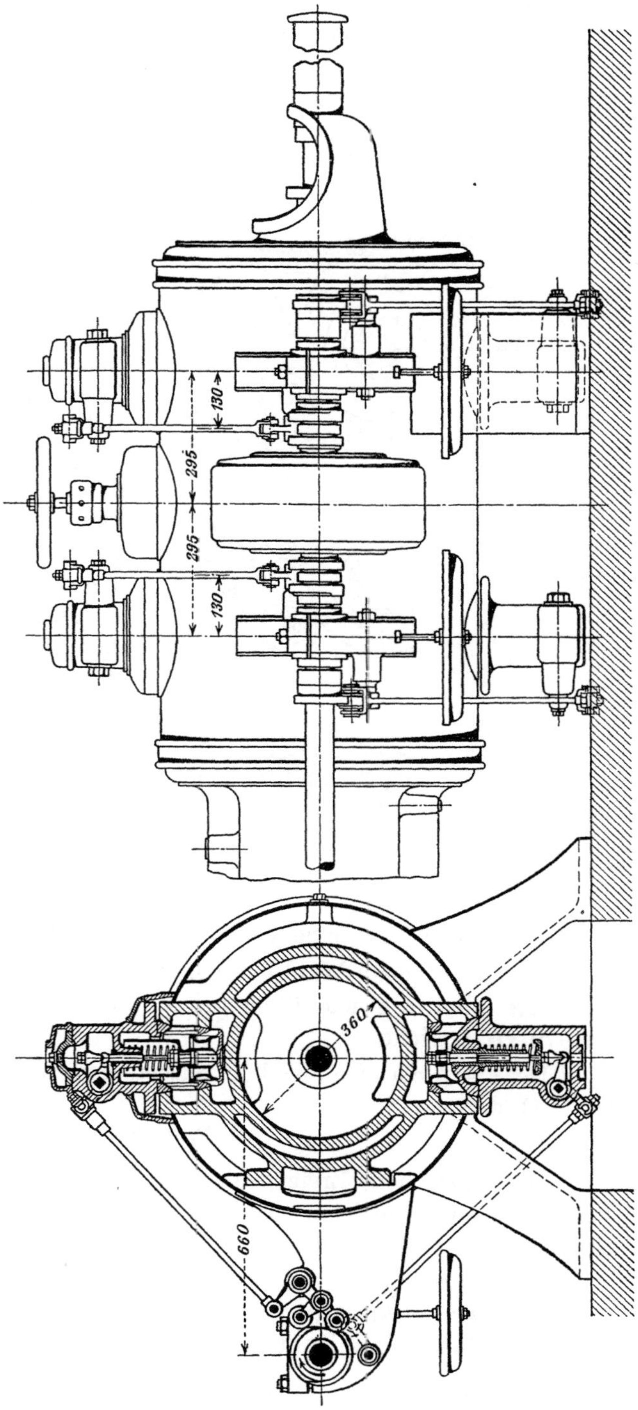

Fig. 247.

[1]) Ausgeführt von der A.-G. für Maschinenbau, vorm. Brand & Lhuillier, Brünn, am Hochdruckzylinder einer Verbundmaschine 360 bezw. 550/600 ($n = 120$ Uml/min).

eine einstellbare Anschlagplatte, die bei der Abwärtsbewegung der Stange das Ventil anhebt, bei aufsitzendem Ventil unter dem Einflusse der Hilfsfeder sich frei nach abwärts bewegen kann.

Hierdurch wird erreicht, daß die Rollen während der ganzen Umdrehung der Steuerwelle an den Daumenscheiben anlaufen. Der Berührungswechsel erfolgt an den ebenen Flächen der Anschlagplatte.

Fig. 248a zeigt die Stellung der Daumen und Rollen beim Anheben, Fig. 248b bei ganzer Eröffnung und Fig. 248c beim Schluß des Ventils.

Fig. 248a.

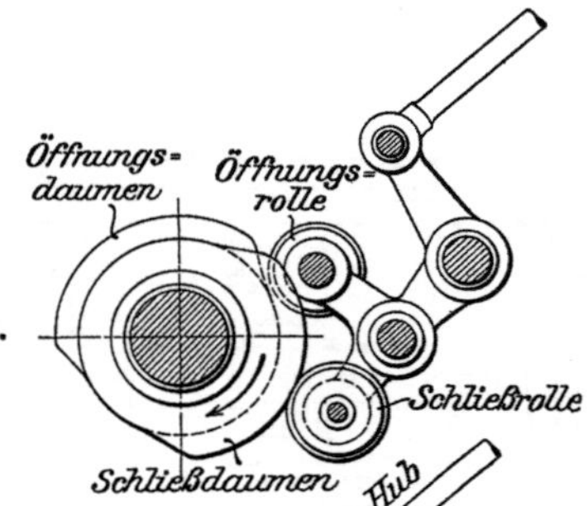

Fig. 248b.

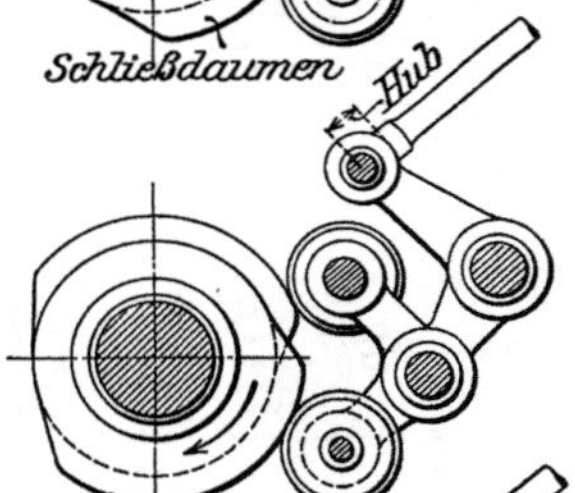

Fig. 248c.

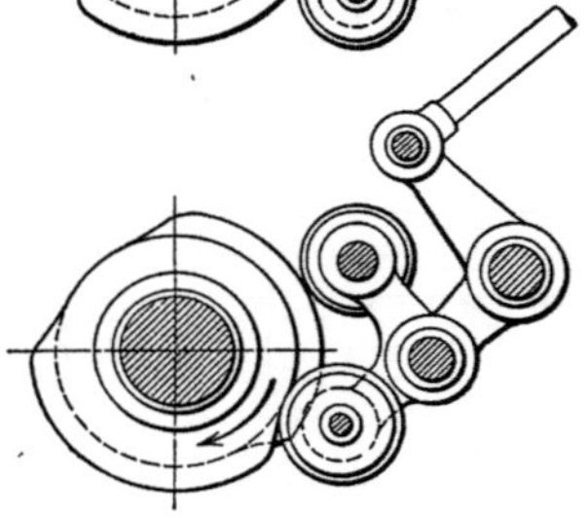

Die Schließgeschwindigkeit ist für alle Füllungsgrade dieselbe und durch Nachstellen der Ventilstangenlänge regelbar, indem der Schließpunkt mehr oder weniger knapp an den Auslauf der Daumenkurve verlegt werden kann.

Die Steuerung gibt gleiches Voröffnen bei allen Füllungsgraden und von den größten Füllungen bis herab zu etwa 15 vH denselben Ventilhub; bei kleinen Füllungen vermindert sich der Hub derart, daß die Eröffnung bei 7 vH noch aufwärts gehen kann. Dadurch wird erreicht, daß die Rollen beständig auf den Daumen laufen und der Berührungswechsel etwa die Hälfte beträgt und bei 3 vH Null wird. Bei dieser Füllung fällt nämlich der Beginn des Anhubes mit dem Beginn des Schlusses zusammen; während die eine Rolle gehoben, wird die andere gesenkt, und zwar bei entsprechender Wahl der Daumenform um dasselbe Maß, so daß das Ventil in Ruhe bleibt. Man kann aber auch durch abweichende Formgebung noch kleinere Eröffnungen und selbst Nacheinströmungen erzielen, was im allgemeinen einen gleichmäßigen Gang beim Leerlauf sichert. In beiden Fällen erreicht man eine sichere Abstellung der Maschine ohne große Reglerausschläge.

Durch geeignete Wahl der Längen und Anhängepunkte der Zugstangen des Reglerstellzeuges werden gleiche Füllungen auf beiden Kolbenseiten innerhalb der Grenzen 3 vH und 70 vH erreicht.

Der als Achsenregler ausgeführte Regler, Bauart Knoller, ist in Fig. 144 (S. 221) dargestellt.

8. Proell-Schwabe-Steuerung.

Der verstorbene Zivilingenieur Dr. R. Proell, Dresden, war der erste, der zur Verstellung des Antriebmechanismus zwangläufiger Ventilsteuerungen einen unmittelbar auf der Steuerwelle, zwischen den Einlaßexzentern angeordneten Achsenregler verwendete.

Dieses Prinzip hat sich im Laufe der Zeit vorzüglich bewährt und ist namentlich bei Maschinen für elektrische Kraftwerke beliebt geworden. Die wesentlichsten Bestandteile einer Proell-Schwabe-Steuerung sind in Fig. 249 ersichtlich[1]).

[1]) Ausführung der Königin-Marienhütte A.-G., Cainsdorf.

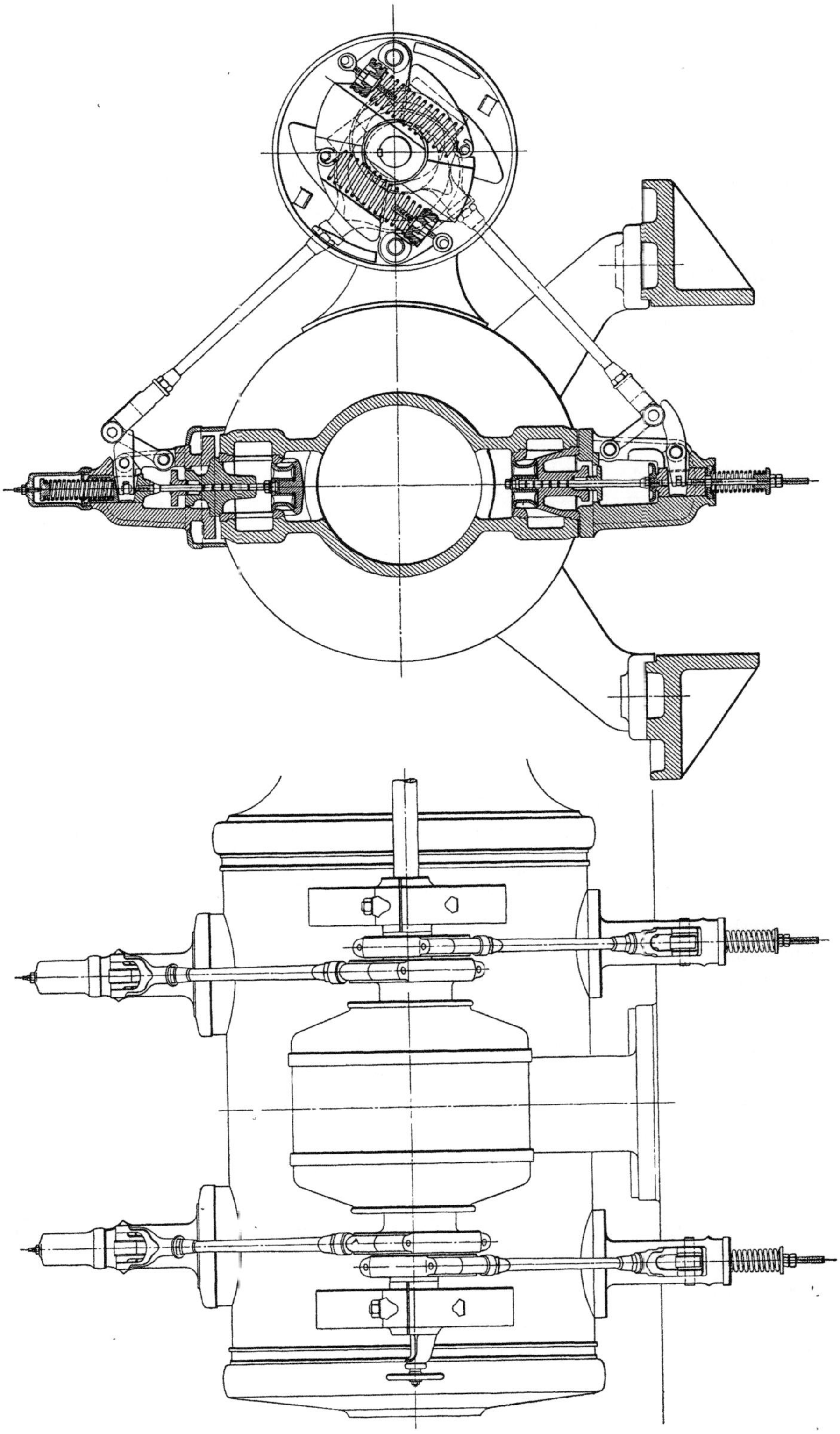

Fig. 249.

Die zu beiden Seiten des Achsenreglers liegenden Einlaßexzenter sind je auf einem festen, sogenannten Grundexzenter der Steuerwelle drehbar angeordnet; sie gestatten die Verstellung des Exzentermittelpunktes auf einem Kreisbogen, wodurch sich Hub und Voreilwinkel bei nahezu unveränderlich bleibender Vor-Einströmung ändern.

Die oben mittels Lenkers geführte Exzenterstange jedes Einlaßventils trägt in ihrem gegabelten Teil eine Rolle, die auf einen zweiarmigen, im Ständer drehbar gelagerten Ventilkurvenhebel aufläuft; dieser wird zum Ausweichen gezwungen und hebt mit seinem geschlitzten Ende die Ventilspindel an. Die Kurvenform des Ventilhebels ist so gewählt, daß der Anhub der Ventile zuerst langsam, dann rasch erfolgt.

Abweichend von der in Fig. 249 ersichtlichen Bauart werden die Ventilspindeln neuerdings — unter Wegfall besonderer Stopfbüchsen — in mit Labyrinthdichtung versehene Büchsen eingeschliffen.

Ein Erhebungsdiagramm des Einlaßventils dieser Steuerung ist in Fig. 249 a gegeben.

Fig. 249 a.

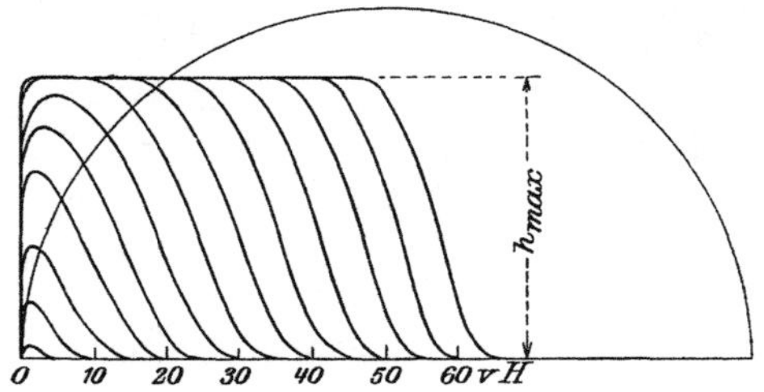

9. Lentz-Steuerung.

Bei der in Fig. 250 [1]) dargestellten Steuerung für liegende Dampfmaschinen wird das Einlaßventil jeder Zylinderseite durch einen im Schlitz des Ständers und des Führungsstückes b der Spindel schwingenden Gleitschuh t bewegt, dessen nasenartige Erhöhung beständig gegen die in dem ersteren gelagerte Rolle h drückt und so geformt ist, daß ein schneller, sanfter und zwangläufiger Schluß des Ventils erreicht wird.

Am Zapfen p des Gleitschuhs greift die nach einem losen Exzenter der Steuerwelle führende Stange an. Dieses Exzenter steht unter Wirkung des auf S. 224 beschriebenen Achsenreglers (Trägheitsreglers), Bauart Lentz; es ist mit zwei zueinander senkrecht stehenden Schlitzen s und s_1 versehen, in die ein mit der Steuerwelle fest verbundener Gleitklotz g bezw. ein vom Regler beeinflußter Stein r eingreift. Letzterer bewirkt die Verschiebung des Exzenters längs des Gleitklotzes, so daß sich Exzentrizität und Voreilwinkel desselben je nach der Belastung der Maschine ändern. Da im Augenblicke der Ventileröffnung, in welchem die größten Widerstände zu überwinden sind, die Exzenterstange senkrecht zum Gleitklotz steht, wird die Rückwirkung der Steuerung vom Gleitklotz aufgenommen und kann infolgedessen den Regler nicht beeinflussen.

Die Steuerung der Auslaßventile erfolgt in gleicher Weise, nur mit dem Unterschiede, daß die Bewegung von auf der Steuerwelle festsitzenden Exzentern abgeleitet wird.

Damit die Steuerung auch bei hohen Umlaufzahlen richtig und geräuschlos arbeitet, ist es nötig, daß die Rolle h in steter Berührung mit dem Gleitschuh t bleibt. Zu dem Zwecke müssen die nach abwärts gerichteten Kräfte in jedem Augenblicke gleich oder größer als

[1]) Ausführung der Maschinenbau-A.-G., vorm. Ph. Swiderski, Leipzig-Plagwitz.

Fig. 250.

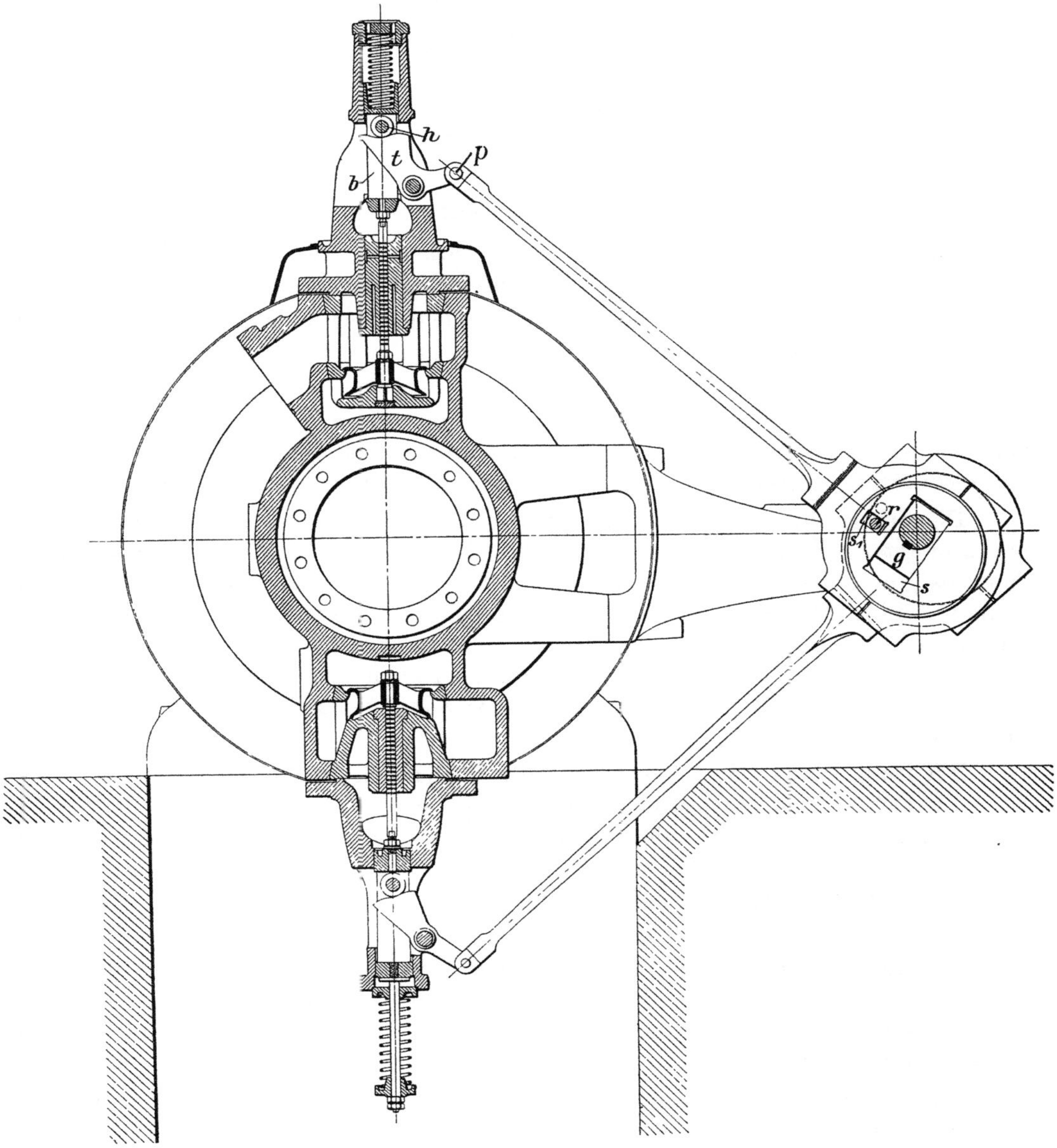

Fig. 250a.

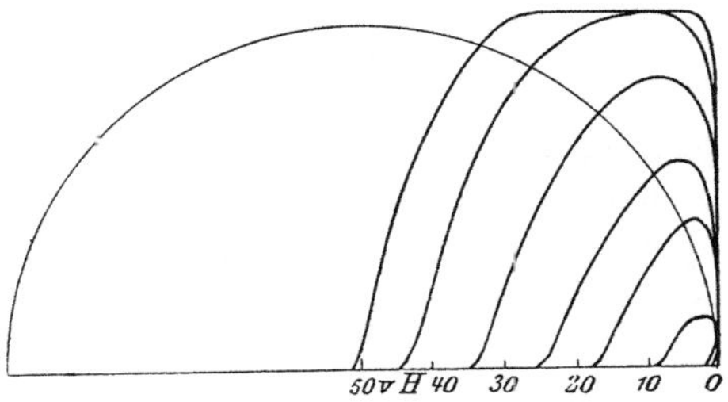

die nach oben wirkenden sein. Dies läßt sich unter Berücksichtigung der Massenwirkungen bei richtiger Wahl der Ventilfeder leicht erreichen (vergl. S. 288).

In Fig. 250a ist das Erhebungs- und Falldiagramm des Einlaßventils einer Lentz-Steuerung dargestellt.

Eine liegende Tandem-Verbundmaschine mit Lentz-Steuerung ist auf Tafel IX, eine stehende Verbundmaschine mit derselben Steuerung auf Tafel VI abgebildet.

10. Müller-Steuerung.

Fig. 251 zeigt diese Steuerung am Hochdruck- und Niederdruckzylinder einer mit Heißdampf betriebenen kurzgebauten Tandem-Verbundmaschine [1]).

Bei der Einlaßsteuerung des Hochdruckzylinders wird jedes Ventil durch zwei Schwingdaumen d und f, die gegen Rollen wirken, geöffnet bezw. unter Mitwirkung einer Feder auf den Sitz zurückgeführt.

Gegenüber denjenigen Steuerungen, die nur mit einem Schwingdaumen arbeiten, kommen die zufolge der gekrümmten Laufbahn desselben auf die Ventilspindel entfallenden und diese in ihrer Bewegung hemmenden seitlichen Drücke nahezu in Wegfall.

Die Stange des unter Wirkung eines Achsenreglers stehenden Einlaßexzenters ist mit dem unteren Schwingdaumen d verbunden, der gegen eine Rolle e_1 des oberen Schwingdaumens f und dieser wieder gegen eine im Führungskolben der Ventilspindel gelagerte Rolle e_2 wirkt. Um Stöße zu vermeiden, die bei allen Körpern auftreten, wenn sie vom Zustand der Ruhe in denjenigen der Bewegung übergehen, ist der Daumen d so ausgebildet, daß die Rolle e_1 bei geschlossenem Ventil auf einer zylindrischen Bahn desselben abrollt, deren Achse mit der Drehachse dieses Daumens zusammenfällt oder aber nur wenig von ihr abweicht.

Der Ring des zu jedem Einlaßventil des Hochdruckzylinders gehörigen Ventilkorbes ist — abweichend von der gewöhnlichen Bauart — in ungefähr gleiche Höhe mit dem Ventilteller gelegt und mit diesem durch kräftige Rippen verbunden. Ein von dem Ring ausgehender, haubenförmig gestalteter Teil des Korbes trägt die obere Sitzfläche; da sie in der mit Heißdampf angefüllten Ventilkammer liegt, sind gleiche Erwärmungsverhältnisse wie beim Ventil selbst zu erwarten.

Die Auslaßventile des Hochdruckzylinders, wie auch die zum Niederdruckzylinder gehörigen Einlaß- und Auslaßventile werden in gleicher Weise durch je zwei Schwingdaumen usw. von festen Exzentern der Steuerwelle aus bewegt; ihre Führung erfolgt aber in Körben gewöhnlicher Bauart.

Die Konstruktion des auf der Steuerwelle sitzenden, von der Firma Steinle & Hartung, Quedlinburg, ausgeführten Achsenreglers, Patent Paul H. Müller läßt Fig. 251 ebenfalls erkennen.

An der auf der Steuerwelle befestigten Nabe sind zwei um Bolzen drehbare Armpaare befestigt, die je mit einem am Reglergehäuse drehbar befestigten Schwunggewicht verbunden sind. In Aushöhlungen der letzteren sind Schraubenfedern untergebracht, deren innere Teller auf Schneiden der im Boden der Aushöhlungen befestigten Bolzen aufliegen, während die äußeren, kegelförmig gestalteten Federteller behufs Spannung der Federn mittels Justierschraube verstellt werden können.

Um die Umlaufzahl der Maschine auch während des Ganges derselben ändern zu können, ruhen die äußeren Federteller je auf einem in seiner unteren Hälfte am Gehäuse

[1]) Ausführung der Zwickauer Maschinenfabrik A.-G., Zwickau.

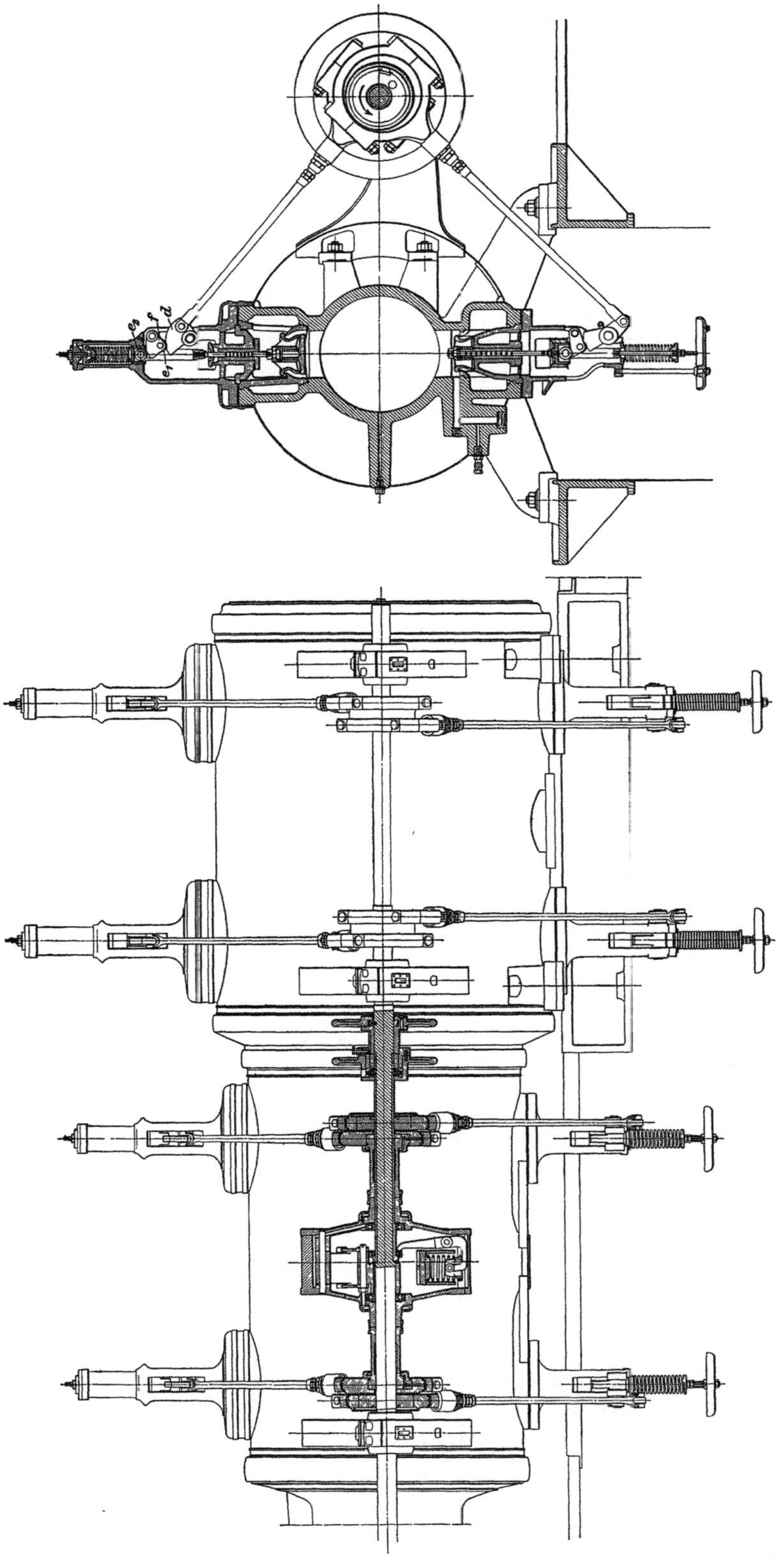

Fig. 251.

drehbar gelagerten hakenförmigen Hebel, dessen anderer Arm sich gegen einen Kugelbundring der Steuerwelle legt, dessen Verschiebung durch zwei diametral gegenüberliegend in diese Welle eingelassene Zugstangen bezw. durch gegenseitige Verstellung zweier auf der Steuerwelle frei drehbaren Handräder bewirkt wird.

Fig. 252.

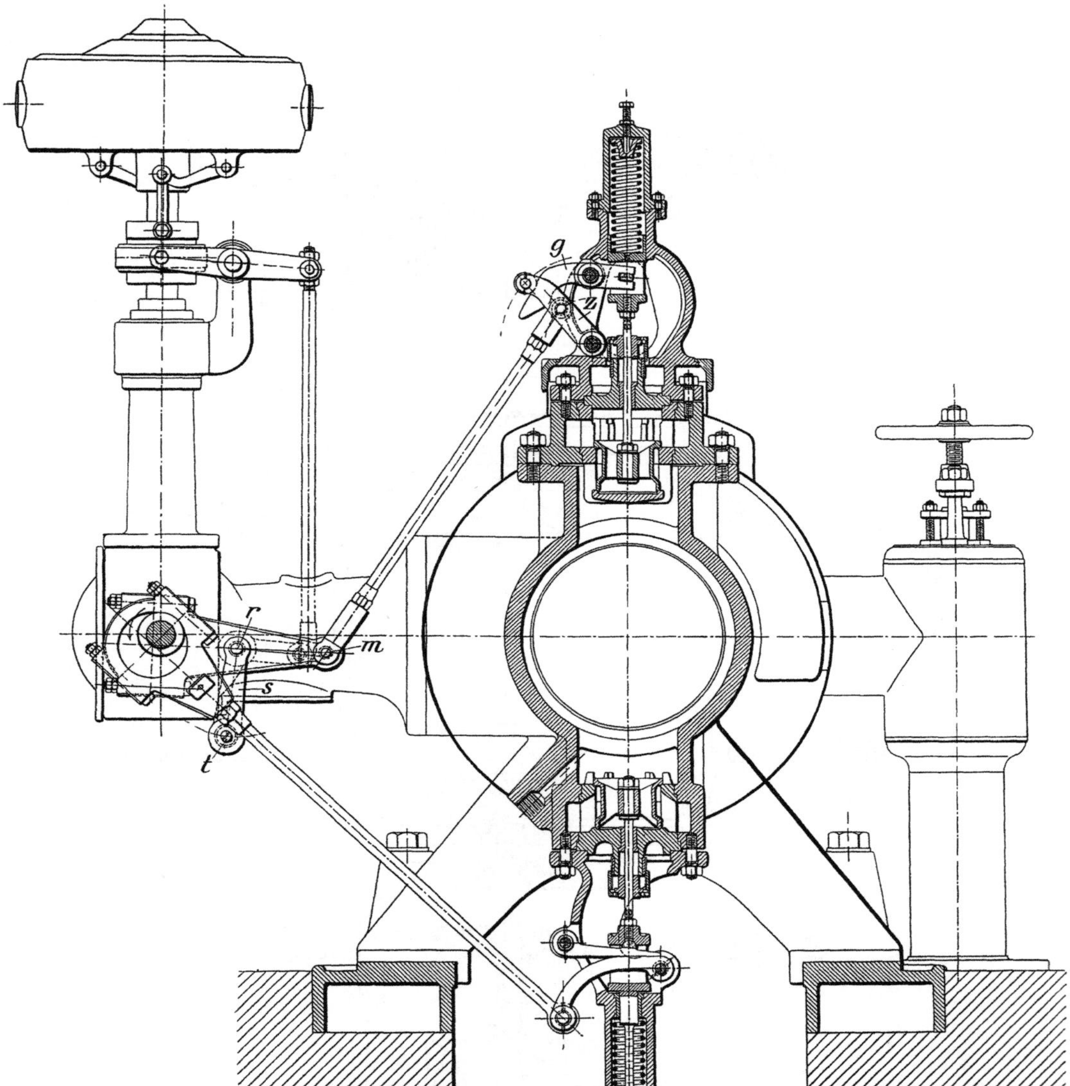

Das eine Handrad liegt mit seiner Nabe gegen einen Ring, der auf die Enden der beiden in die Steuerwelle eingelassenen Zugstangen aufgeschoben und mit ihnen durch die Kerne je einer Kopfschraube verbunden ist. In die Bohrung der größeren Nabe dieses Handrades greift eine Gewindemuffe aus Rotguß, die innen mit Gasgewinde versehen ist und in letztere eine zweite Gewindemuffe aus gleichem Material, die mit dem gegen Längsverschiebung durch einen auf der Steuerwelle befestigten Ring gesicherten anderen Handrad verschraubt ist. Für gewöhnlich sind beide Handräder durch einen kleinen Schnepperbolzen, dessen unterer Kopf in eine Nut der inneren Gewindemuffe eingreift, miteinander gekuppelt.

Fig. 253.

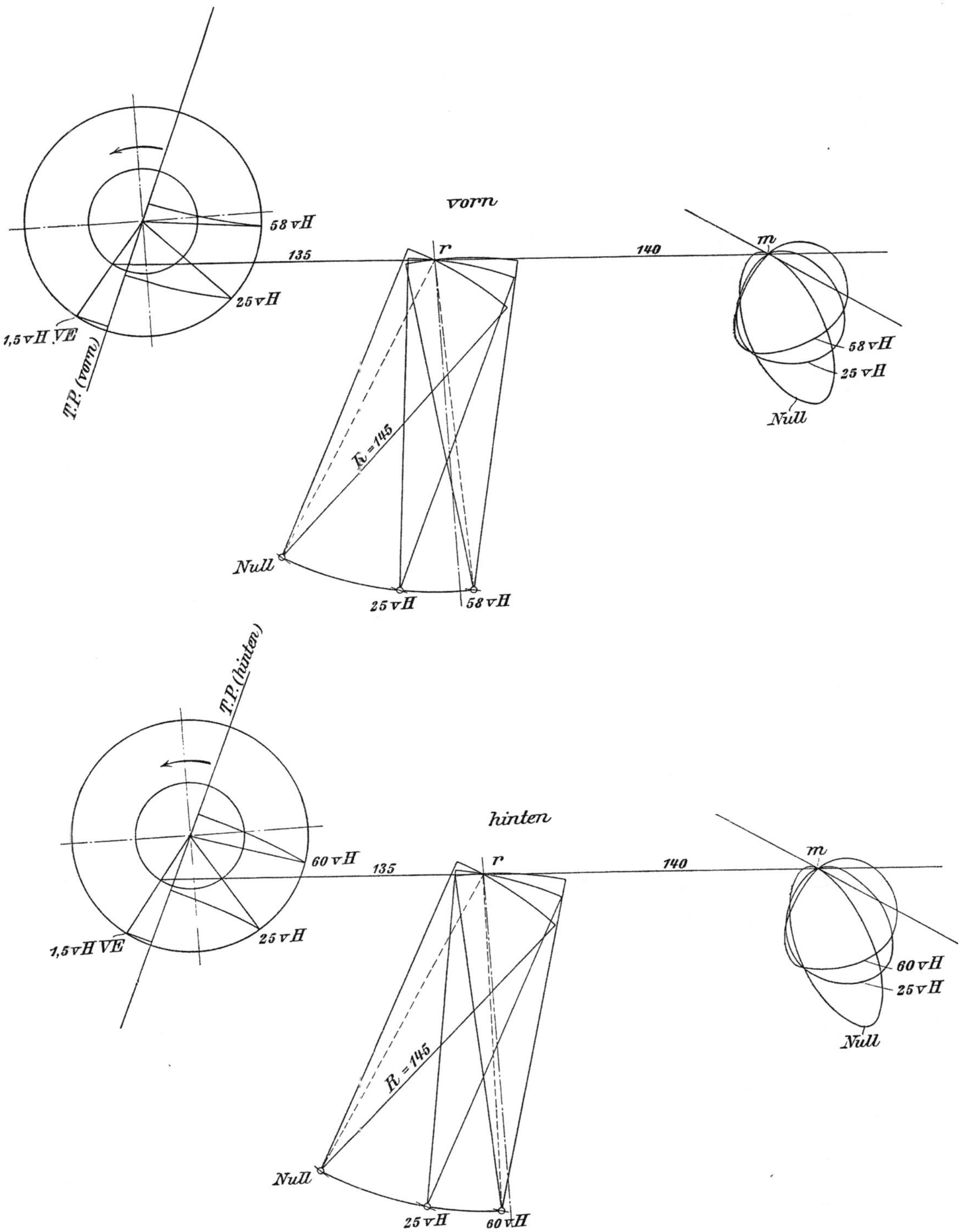

Behufs Änderung der Federspannungen des Achsenreglers bezw. der Umlaufzahl der Maschine wird durch Hochstellen des Schnepperhebels die Kupplung zwischen beiden Handrädern aufgehoben und man kann nun, je nach Bedarf, die letzteren ineinander hinein- oder auseinander herausschrauben, worauf man den kleinen Schnepper wieder in die Nut der inneren Gewindemuffe einfallen läßt.

Zufolge der durch Drehung bewirkten Verstellung der beiden Handräder wird durch die Zugstangen der am freien Ende des Hakenhebels gegenliegende Kugelbundring entsprechend verschoben.

Die Verdrehung des ebenfalls durch Kugelbundringe auf der Steuerwelle gelagerten Reglergehäuses gegen die erstere wird durch anschließende Rohre auf die Einlaßexzenter des Hochdruckzylinders übertragen[1]).

Fig. 254 bis 256.

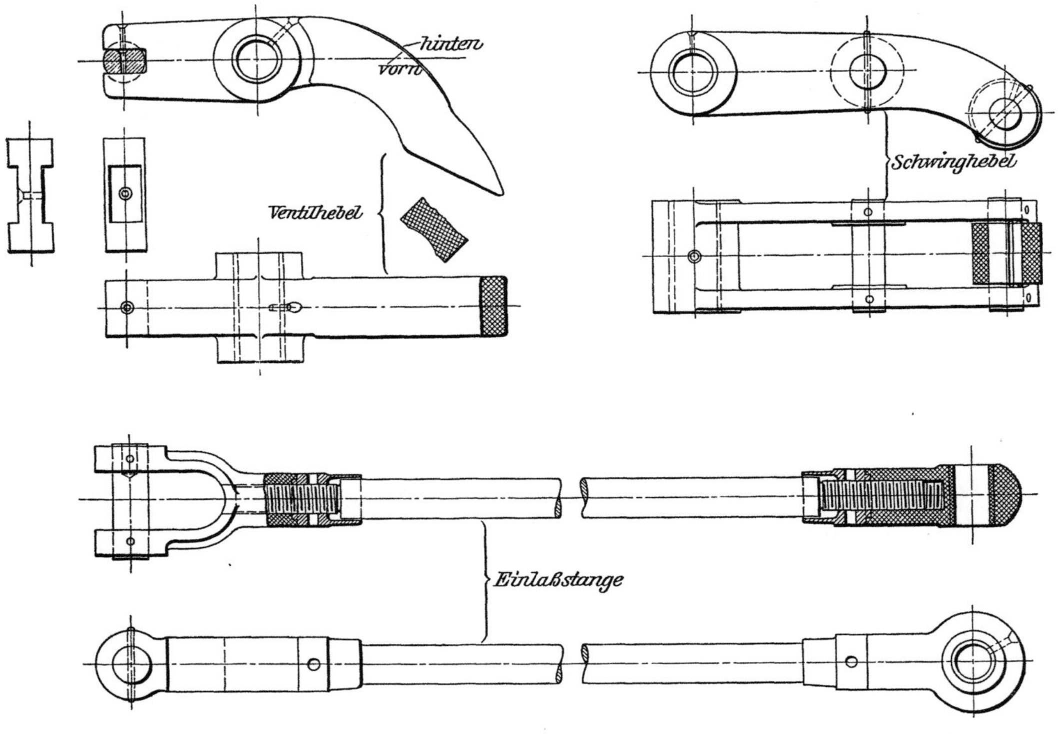

11. Steuerung der Cottbuser Maschinenbau-Anstalt und Eisengießerei A.-G. (D. R. P. Nr. 138759).

Um eine zwangläufige Schlußbewegung des Einlaßventils unabhängig von der Wirkung einer Belastungsfeder und dem etwaigen Einflusse der Stopfbüchsenreibung zu erzielen, ist, wie Fig. 252 (S. 324) erkennen läßt, der äußere Schenkel des Ventilhebels g mit zwei Kurvenbahnen versehen, die zwischen zwei an einem schwingenden Hebel z angeordneten Druckflächen liegen[2]). Die obere Druckfläche, die den Anhub bewirkt, ist als Rolle ausgebildet und die zugehörige Kurvenbahn so gestaltet, daß der Ventilhub bei kleiner wie bei großer Füllung innerhalb der gewünschten Grenzen bleibt. Als untere Druckfläche, die den zwangläufigen Schluß des Ventils herbeiführt, dient der entsprechend ausgebildete

[1]) Über den Müllerschen Achsenregler s. auch Z. d. V. d. I. 1910, S. 1335.

[2]) Ausführung an einer liegenden Dampfmaschine 300/550 ($n = 135$ Uml/min) für die Königl. höhere Maschinenbauschule zu Posen.

Kopf der Exzenterstange. Dieser läßt die untere Kurvenbahn des Hebels g erst frei, nachdem das Ventil auf seinen Sitz zurückgelangt ist. Der Ventilschluß ist also auf alle Fälle gesichert, gleichviel ob die Schlußfeder mit hilft oder nicht und ob die Stopfbüchsenreibung kleiner oder größer ist. Da der Hebel g bei weiterer Bewegung der Schwinge z ebenfalls wieder freigegeben wird, kann das Einlaßventil beim Stillstand der Maschine behufs Anwärmens des Zylinders oder dergl. von Hand angehoben werden.

Die Bewegung des Schwinghebels z erfolgt vom Endpunkte m der Exzenterstange aus. Je nach Stellung eines Federreglers beschreibt dieser Punkt eine gewisse Kurve, wodurch Größe und Dauer des Ventilhubes bestimmt sind. Zu dem Zwecke wird die Exzenterstange — ähnlich wie bei der Bromley-Steuerung (s. d.) — durch zwei Lenker s

Fig. 257 bis 259.

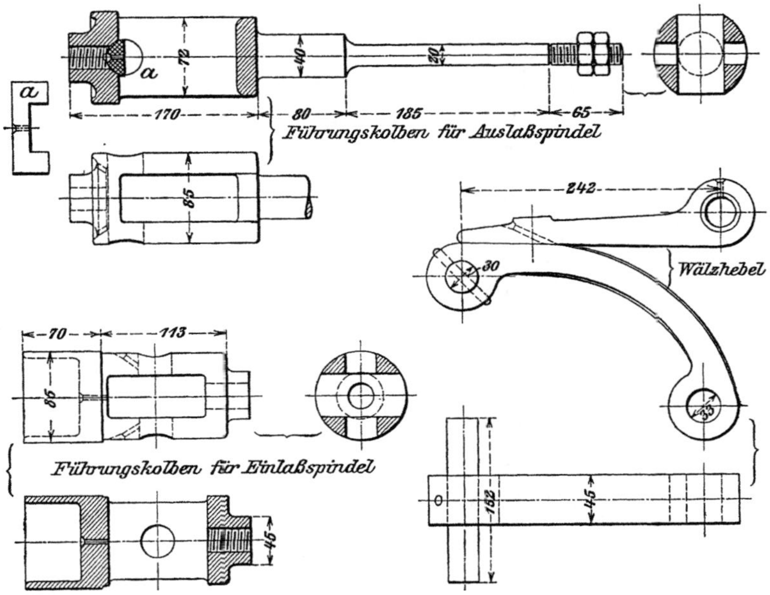

geführt, die ungefähr in ihrer Mitte r angreifen und anderseits durch einen gemeinsamen Bolzen t mit einem auf der Reglerwelle befestigten Hebel in Verbindung stehen.

Fig. 253 (S. 325) zeigt das Steuerschema der Maschine mit den Bahnen der Punkte r und m der Exzenterstange für Null-, 25 und 58 vH Füllung — vorn — bezw. von Null-, 25 und 60 vH Füllung — hinten.

Die Steuerung des Auslaßventils wird durch Wälzhebel bewirkt, die von einem besonderen Exzenter aus bewegt werden.

Die hauptsächlichsten Teile für Ein- und Auslaß einer Einzylindermaschine 550/1150 ($n = 100$ Uml/min) der obigen Firma (Tafel VII) sind in Fig. 254 bis 259 wiedergegeben.

12. Pfeiffer-Steuerung.

Die ohne Belastungsfeder arbeitende Pfeiffer-Steuerung ist in Fig. 260 (S. 328) für den Einlaß und Auslaß einer liegenden Dampfmaschine dargestellt[1]).

[1]) Maschinenfabrik und Eisengießerei Gebr. Pfeiffer, Kaiserslautern.

In beiden Fällen wird durch die Exzenterstange eine Schwinge angetrieben, die an ihrem freien Ende eine Rolle trägt. Diese kommt periodisch in den der beabsichtigten Ventilbewegung entsprechend ausgebildeten Schnabel des Ventilhebels zu liegen und indem sie abwechselnd beim Öffnen gegen die unt e r e, beim Schließen gegen die obere Lauffläche des Schnabelhebels drückt, wird in bekannter Weise das betreffende Ventil

Fig. 260.

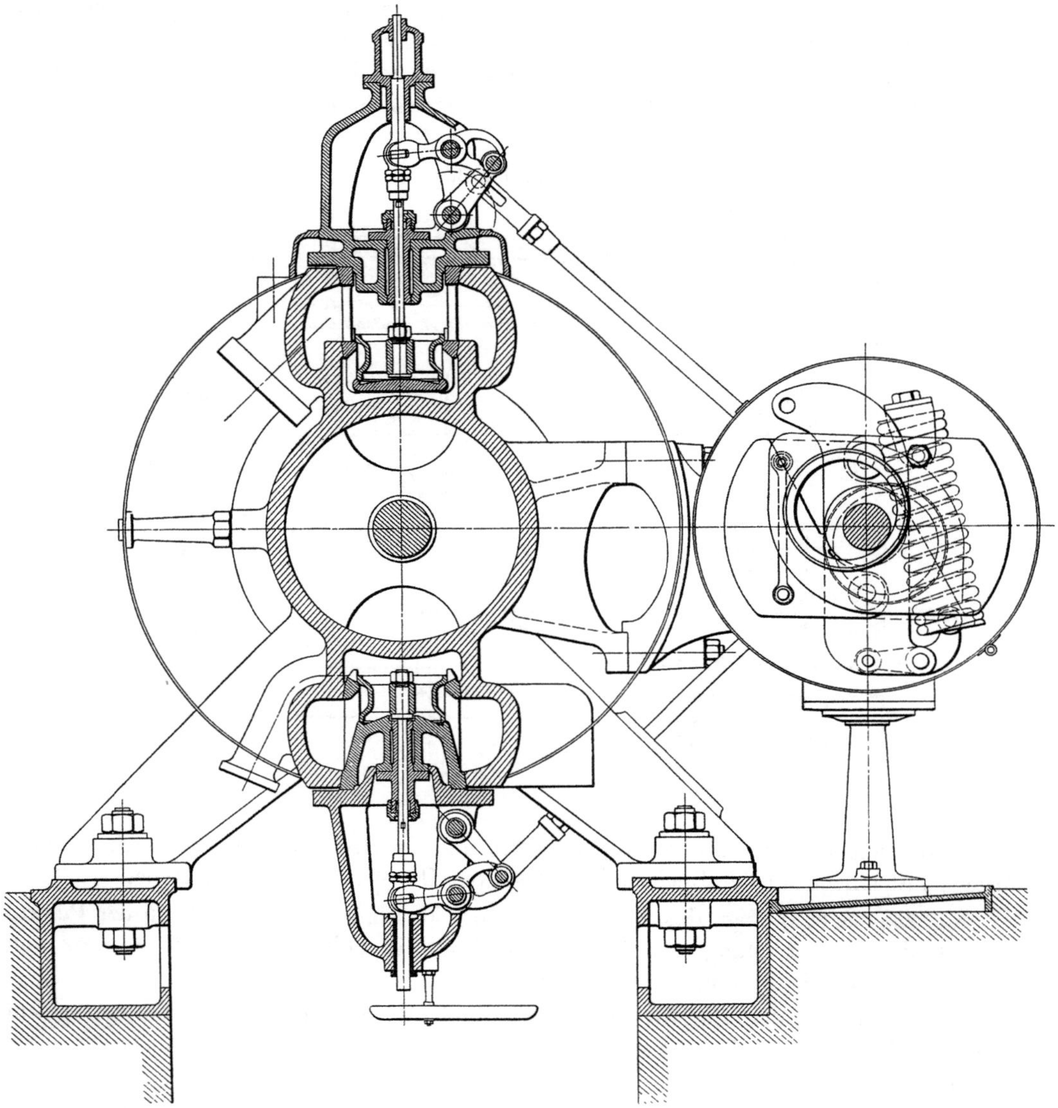

angehoben bezw. auf seinen Sitz zurückgeführt. Infolge der paarschlüssigen Ausbildung des Schnabelhebels kommt die zusätzliche Ventilbelastung durch eine Schlußfeder in Fortfall — es genügt ein geringer Druck mit der Hand gegen die Rolle, um die Ventile auf und nieder zu bewegen.

Das Einlaßventil wird von einem unter Wirkung eines Achsenreglers, System Pfeiffer (s. Fig. 143), stehenden Exzenter, das Auslaßventil von einem festen Exzenter der Steuerwelle aus angetrieben.

c. Steuerwellen, deren Führung und Antrieb.

Zur Führung der Steuerwelle einer Tandemmaschine 550 bezw. 900/800 dient der in Fig. 261 ersichtliche Lagerbock — ein Hohlgußkörper mit einem zum Tragen einer Öl-

Fig. 261.

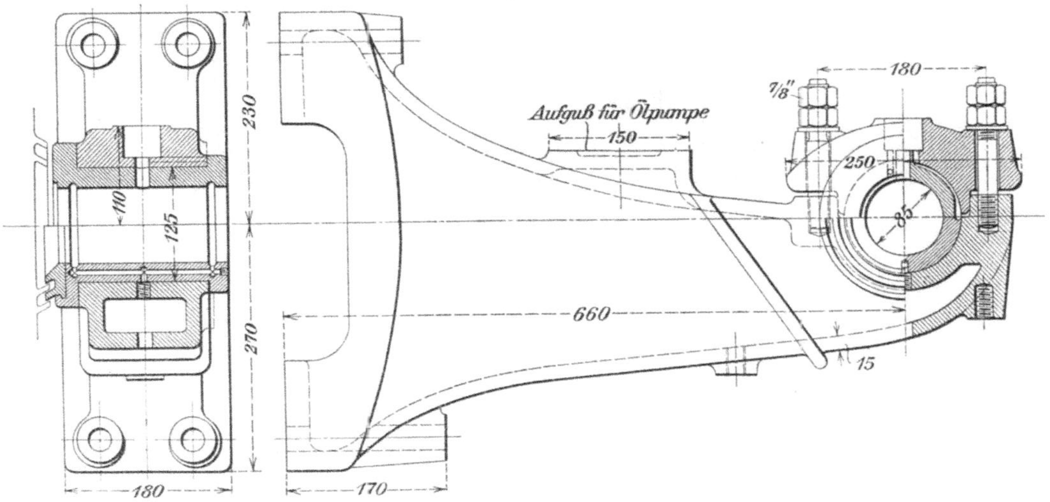

Fig. 262.

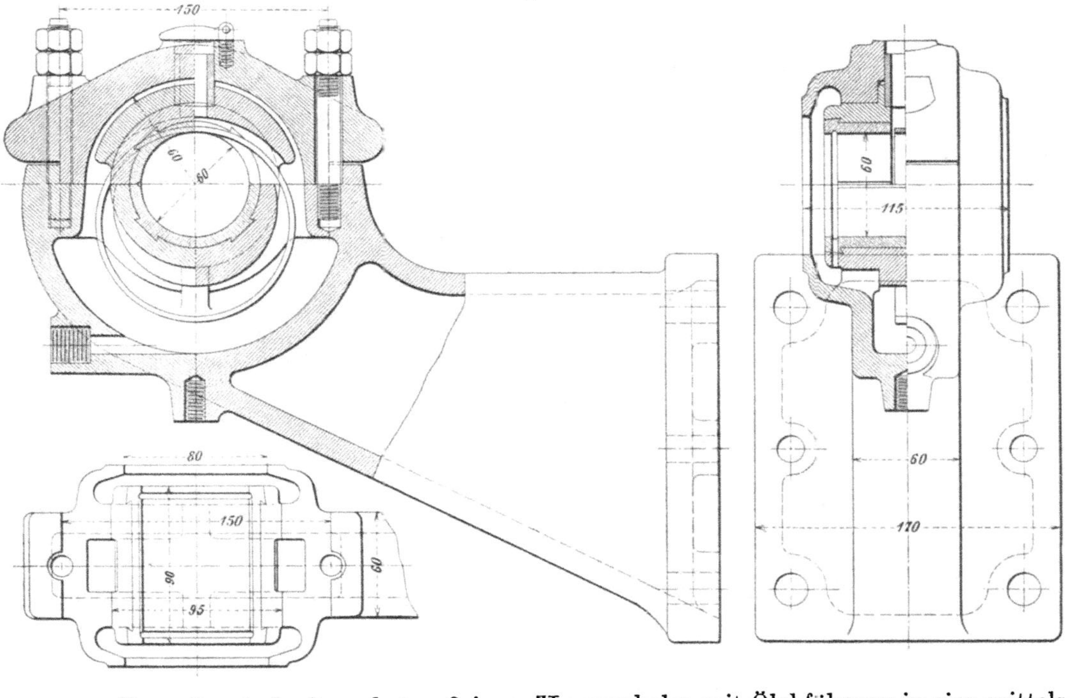

pumpe dienenden Aufguß; er hat gußeiserne Lagerschalen mit Ölabführung in eine mittels Bolzen an dem Lagerbock befestigte Fangschale bezw. in einen zwischen die Schalenhälften gelegten Tropfring[1]).

[1]) Maschinenfabrik Augsburg-Nürnberg, A.-G., Nürnberg.

Das mit Ringschmierung versehene Steuerwellenlager einer kleineren Ventilmaschine 350/600 ist in Fig. 262 (S. 329) dargestellt; die gußeisernen Lagerschalen sind hier — wie es meist geschieht — mit Weißmetall ausgegossen[1]).

Fig. 263.

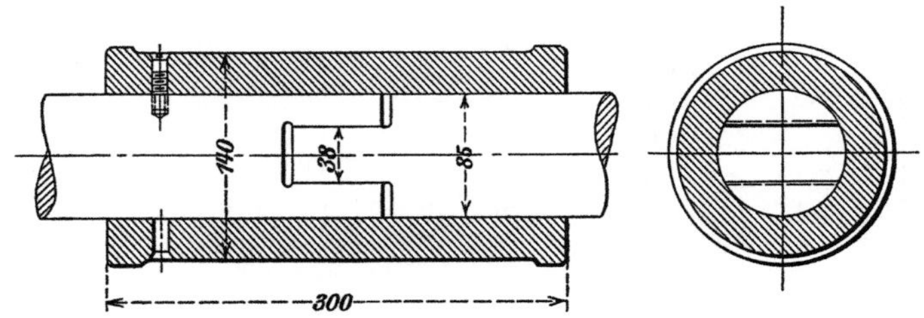

Fig. 264.

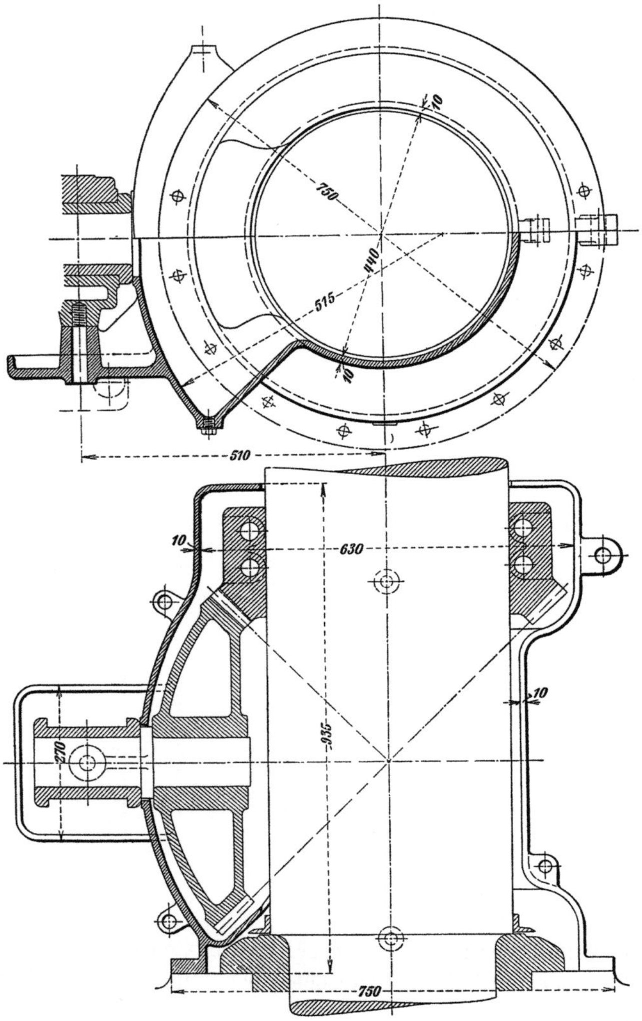

[1]) Maschinenfabrik Rich. Raupach, G. m. b. H., Görlitz.

Um Klemmungen der Steuerwelle infolge Zylinderdehnungen zu vermeiden, findet man bei Tandemmaschinen diese Welle häufig geteilt ausgeführt und ihre beiden Hälften durch eine in der Längsrichtung nachgiebige Kupplung miteinander verbunden.

Eine zu der vorgenannten Tandemmaschine gehörige Steuerwellenkupplung zeigt Fig. 263. Die gußeiserne Muffe derselben ist durch 4 Schlitzschrauben mit dem einen Wellenende verbunden.

Der Antrieb der Steuerwellen erfolgt durch konische Räder im Verhältnis 1: 1 von der Kurbelwelle aus; das auf dieser sitzende Rad ist meist zweiteilig.

Fig. 264 zeigt ein solches Räderpaar, sowie den zugehörigen, aus zwei Teilen zusammengesetzten gußeisernen Räder-Schutzkasten, der mittels Flansch am vorderen Kurbelwellenlager, außerdem seitlich an dem nebenliegenden Steuerwellenlager befestigt ist.

d. Die Einstellung der Ventilsteuerungen.

Die zum Antrieb der Ventile dienenden Exzenter (Daumenscheiben) sind auf der Steuerwelle derart aufzukeilen, daß die beiden Einlaß-, wie auch die beiden Auslaßventile jedes Zylinders sich stets in entgegengesetzter Bewegung zueinander befinden — sie sind um 180° versetzt auf der Steuerwelle zu befestigen.

Sofern durch Anordnung von 4 Exzentern — wie es häufig geschieht — sämtliche Ventile sich unabhängig voneinander bewegen können, ist durch eine geringe Abweichung von dieser Regel die durch die endliche Schubstangenlänge bedingte Verschiedenheit in der Dampfverteilung auf beiden Zylinderseiten in Wegfall zu bringen. Zu dem Zwecke sind die Exzenter zuweilen durch Zahnkeile (s. z. B. Fig. 242) auf der Steuerwelle befestigt, so daß jederzeit Voreilwinkel und Stangenlänge (s. unten) geändert werden können.

Nicht in demselben Maße ist eine zweckmäßige Einstellung der Exzenter möglich, wenn Einlaß- und Auslaßventil jeder Zylinderseite durch ein gemeinsames Exzenter gesteuert werden. Durch eine Aufkeilung beider Exzenter unter einem Winkel der kleiner als 180°, läßt sich zwar auch hier gleiche Vor-Einströmung auf beiden Zylinderseiten erreichen, doch werden die Ausströmverhältnisse dadurch verschlechtert, so daß auf die Erzielung gleicher Vor-Einströmung meist verzichtet wird.

Ein Füllungsausgleich läßt sich bei genau diametral entgegengesetzt aufgekeilten Exzentern aber durch Verlängerung der hinteren Ventilzugstange, die zu dem Zwecke meist mit einer Verschraubung an den Gelenken versehen ist (s. z. B. Fig. 256) erzielen.

Für die Einstellung der Kompression und der Vor-Ausströmung kann dieses Mittel ebenfalls angewendet werden; sonst lassen sich auch durch verschiedene Formgebung der in Betracht kommenden Wälzhebel, Ventilhebel, Schwingdaumen oder dergl. gleiche Füllungen auf beiden Zylinderseiten innerhalb gewisser Grenzen erreichen.

e. Ventilerhebungsdiagramme.

Um eine übersichtliche Darstellung der Eröffnungsverhältnisse eines Einlaß- oder Auslaßventils zu erhalten, trägt man — entsprechend der Schieberellipse (vergl. S. 232) — als Abszissen die Kolbenwege, als Ordinaten die aus dem Steuerschema zu entnehmenden zugehörigen Hübe des Ventils auf und zeichnet in das erhaltene Diagramm noch die Linie der Kolbengeschwindigkeiten mit einem solchen Maßstab ein, daß die größte Kolbengeschwindigkeit (c_{max}) gleich dem rechnungsmäßig erforderlichen Ventilhube h ist, der sich aus Gl. 86 (S. 277) ergibt.

Bezeichnet

F die wirksame Kolbenfläche in qm,

f den der jeweiligen Stellung des angehobenen Ventils entsprechenden Durchgangsquerschnitt in qm,

c die veränderliche Kolbengeschwindigkeit in m/sek,

w_{max} die zugrunde gelegte Dampfgeschwindigkeit in m/sek,

so muß

$$f = F\frac{c}{w_{max}} \quad \text{bezw.} \quad f_{max} = F\frac{c_{max}}{w_{max}}$$

oder — mit Benutzung der Gl. 86 und 59 — der zur Vermeidung von Drosselungsverlusten erforderliche Ventilhub mindestens

$$h = \frac{0{,}5\,F\,c}{w_{max}(d\,\pi - b)} = \frac{0{,}5\,F\,v\left(\sin\alpha \pm \frac{R}{2\,l}\sin 2\,\alpha\right)}{w_{max}\,(d\,\pi - b)}$$

sein (d = mittl. Ventildurchmesser, b = gesamte Breite der versperrenden Rippen in m).

Da die Ventilhübe den jeweiligen Durchgangsquerschnitten, diese aber den gleichzeitig vorliegenden Kolbengeschwindigkeiten proportional sind, stellen die Ordinaten der Geschwindigkeitskurve (Drosselungskurve) auch die jeweils erforderlichen Ventilhübe dar.

Behufs rechnischer Ermittlung derselben für beliebige Kolbenstellungen ist der unveränderliche Faktor

$$\frac{0{,}5\,F\,v}{w_{max}\,(d\,\pi - b)}$$

der vorstehenden Gleichung mit den in der Tabelle auf S. 116 angegebenen Werten $\sin\alpha \pm \frac{R}{2\,l}\sin 2\,\alpha$ $\left(\text{für } \frac{R}{2\,l} = 0{,}1\right)$ zu multiplizieren.

Die Eröffnungskurven eines Ventils sollen in ihrem ganzen Verlauf außerhalb der Kolbengeschwindigkeitskurve liegen; die Schnittpunkte der letzteren mit den Schlußkurven geben den Beginn der Drosselung des Ein- bezw. Ausströmdampfes an, die — je nach dem Verlauf der Schlußkurven — sich auf einen größeren oder kleineren Kolbenweg erstreckt.

Das Fig. 249 a ersichtliche Ventilerhebungsdiagramm einer Proell-Schwabe-Steuerung zeigt, daß bei 25 vH Füllung schon 84 vH des höchsten Ventilhubes erreicht werden. Günstige Eröffnungsverhältnisse läßt auch das zu einer stehenden Maschine mit Lentz-Steuerung gehörige Diagramm (Fig. 250 a) erkennen.

In Fig. 244a und 244b sind die Erhebungskurven des Einlaß- und Auslaßventils einer mit Wälzhebeln arbeitenden Radovanovic-Steuerung dargestellt, die beide ein erhebliches Überschreiten des erforderlichen Ventilhubes h zeigen. Die zum Einlaßventil gehörigen Kurven unterscheiden sich von denjenigen in Fig. 249a und 250a auch noch dadurch, daß die für große und kleine Füllungen erforderlichen Erhebungen ganz bedeutend voneinander abweichen. Dasselbe gilt für das in Fig. 235 a dargestellte Ventilerhebungsdiagramm einer Widnmann-Steuerung.

III. Drehschiebersteuerungen.

Bei diesen nach ihrem Erfinder — Corliß in Providence, N. A. — auch als Corliß-Steuerung benannten Antriebmechanismen erfolgt die Dampfverteilung durch hin und her schwingende Drehschieber (Hähne), die in den meisten Fällen als getrennte Schieber für Ein- und Auslaß und zwar bei liegenden Maschinen die Einlaßschieber oben und die Auslaßschieber unten, oder beide je mit einem gemeinsamen Steuerkanal unterhalb der Zylinderbohrung, zuweilen auch in den Deckeln angeordnet werden.

Bei stehenden Maschinen befinden sich meist die beiden Einlaßschieber auf der einen, die beiden Auslaßschieber auf der anderen Zylinderseite.

Kleinere schnellaufende Maschinen erhalten nach Doerfel-Proell einen einzigen, unterhalb des Zylinders in einem ausgebüchsten Gehäuse untergebrachten Drehschieber mit Trick-Kanal, der gewöhnlich von einem unter Wirkung eines Achsenreglers stehenden losen Exzenter aus hin- und herbewegt wird.

Sonst wird der Antrieb der Drehschieber entweder unter Vermittlung einer Schwingscheibe (Steuerscheibe) und durch Kniehebel von einem festen Exzenter der Kurbelwelle aus bewirkt, oder es werden Einlaß- und Auslaßschieber je durch ein besonderes Exzenter unmittelbar gesteuert, zuweilen auch nur die Einlaßschieber unter Zwischenschaltung einer

Fig. 265.

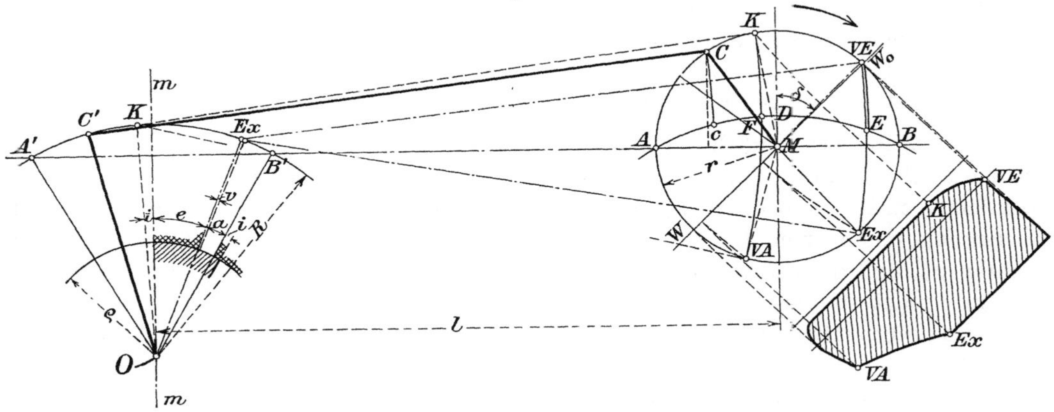

Schwingscheibe, die Auslaßschieber durch eine Exzenter- bezw. eine Kuppelstange unmittelbar angetrieben und umgekehrt. Statt einer Steuerscheibe wird häufig auch ein Stern oder eine sogenannte Spinne verwendet. Bei unmittelbarem Exzenterantrieb können für die Untersuchung zwangläufiger Drehschiebersteuerungen, wie sie in Deutschland wegen kleiner schädlicher Räume nur noch bei den Niederdruckzylindern der Verbundmaschinen anzutreffen sind, die Diagramme der einfachen Schiebersteuerung Verwendung finden.

Fig. 265 zeigt im Schema die Wirkungsweise einer solchen Steuerung und das zugehörige Dampfdiagramm [1]). Die Kurbel eilt hier dem Exzenter um $90^0 + \delta$ nach.

Bezeichnet

$MC = r$ die Exzentrizität,

$OC' = R$ die Länge des Schwinghebels,

l die Länge der Exzenterstange

und wird angenommen, daß die Verbindungslinie der beiden Totpunkte A' und B' des Schwinghebels durch den Wellenmittelpunkt M geht, so findet man die einer beliebigen

[1]) Einem von den Verfassern W. Pickersgill und F. Moser freundlichst zur Verfügung gestellten Aufsatz: „Schieberdiagramme für Corliß-Steuerungen“ in der „Zeitschrift für gewerblichen Unterricht“, XXII. Jahrgang, Nr. 22, entnommen.

Exzenterstellung entsprechende Lage des Schwinghebels $O\,C'$, wenn man um C mit l einen Kreisbogen beschreibt, der den Bogen $A'B'$ in C' schneidet.

Der Drehschieber vom Halbmesser ϱ wird im feststehenden Gehäuse mit dem Kanal von der Weite a durch die Schwinge hin und her bewegt. Die Überdeckungen e und i, sowie die Kanalweite a sind im Bogenmaß aufgetragen.

Die Mittellage des Schiebers ist durch die Gerade $m\,m$ festgelegt.

Schwingt der Schieber aus dieser Mittellage um die äußere Deckung nach rechts, dann beginnt die Einströmung; schwingt er um die innere Deckung nach links, dann beginnt die Ausströmung. Hierbei steht der Endpunkt der Schwinge auf dem Bogen $A'B'$ in Ex bezw. in K.

Beschreibt man um diese Punkte mit l Kreisbögen, so ergeben die Schnittpunkte derselben mit dem Exzenterkreis die den entscheidenden Schieberstellungen entsprechenden Punkte VE (Vor-Einströmung), Ex (Expansion), VA (Vor-Ausströmung) und K (Kompression). Nimmt man die Größe des äußeren linearen Voreilers v an, so ist damit der Voreilwinkel δ festgelegt. Das zugehörige Dampfdiagramm kann dann in bekannter Weise unter Berücksichtigung der endlichen Länge der Schubstange aufgezeichnet werden. Beim Entwurf einer solchen Steuerung geht man von diesem Diagramm aus und bestimmt zunächst — unter Annahme von r — den Voreilwinkel δ; werden dann ϱ, R und l gewählt, so lassen sich die Größen e, a und i unmittelbar ablesen.

Wird die erforderliche Kanalweite a nach Gl. 81 (S. 228) berechnet, so ergeben sich die Abmessungen für ϱ, e und i, wenn man die im Diagramm abgelesenen Werte derselben mit der nach Vergleich der Strecke a in dem Diagramm mit der durch Rechnung gefundenen Kanalweite a bestimmten Verhältniszahl multipliziert. Zu beachten ist, daß die gefundene Übereinstimmung der Diagramme von Muschel- und Drehschieber nicht so weit geht, daß die Größen a, e und i — gleichwie im Reuleaux-Müllerschen Diagramm — aus dem Exzenterkreis der Fig. 265 entnommen werden könnten.

Denkt man sich den Sektor $A'O\,B'$ nach rechts geschoben und Bogen $A'B'$ mit Bogen $A\,B$ zur Deckung gebracht, so fallen die Punkte K und Ex des ersten mit denjenigen F und E des zweiten Bogens zusammen; dem Punkte C' entspricht der Punkt c.

Damit ist der Zusammenhang zwischen der Kolben- und Schieberbewegung wie beim Muschelschieber gegeben, nur mit dem Unterschiede, daß der Weg des letzteren auf der Geraden AMB, derjenige des Drehschiebers auf dem Bogen ADB zu verfolgen ist.

Das Verhältnis der Bogenstrecken BE, ED und DF untereinander ist dasselbe wie zwischen a, e und i.

Erfolgt die Bewegungsübertragung vom Exzenter auf die Schwinghebel der Drehschieber nicht unmittelbar, sondern, wie Fig. 266[1]) erkennen läßt, unter Zwischenschaltung einer Steuerscheibe und Kniehebel, so sind für den vorläufigen Entwurf des Steuerschemas die Exzentrizität r, die Halbmesser R und R_0 der Steuerscheibe, sowie diejenigen ϱ_0 und ϱ der Schwinghebel bezw. der Drehschieber anzunehmen; es lassen sich dann die Totlagen A und C des Exzenterstangenendpunktes, ferner diejenigen J und H der Kniehebel unter Berücksichtigung der endlichen Stangenlängen leicht ermitteln.

[1]) Zum Niederdruckzylinder 1350/900 ($n = 110$ Uml/min) einer stehenden 1000 PS-Dreifach-Expansionsmaschine der G. m. b. H., G. Kuhn, Stuttgart.

Die zum Exzenterstangenendpunkt, zu den Kniehebeln und den Schwinghebeln gehörigen Mittelstellungen B, D, E, F und G bezw. D', E', F' und G' lassen sich ohne weiteres finden.

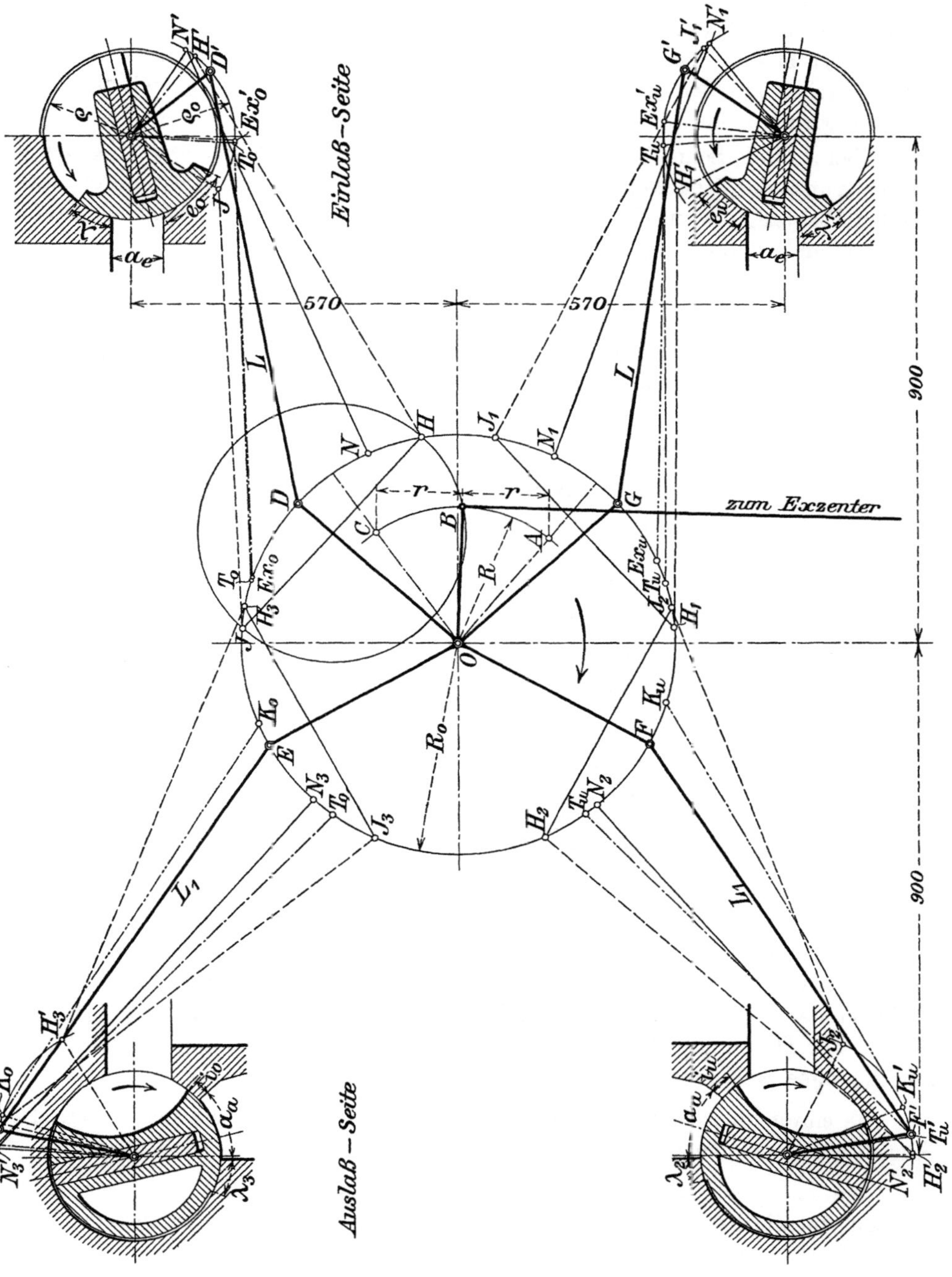

Fig. 266.

Die Punkte VE, Ex, VA und K können wie folgt festgelegt werden.

Man zeichnet über JH als Durchmesser einen Kreis — in Fig. 267 (S. 336) ist derselbe, der besseren Übersicht wegen, nochmals herausgezeichnet — und über denselben die der gewünschten Dampfverteilung entsprechenden Diagramme für die obere und untere Zylinderseite, deren charakteristische Punkte sodann — nach dem Reuleaux-Müllerschen Verfahren — in den Schieberkreis übertragen werden. (Die zur unteren Zylinderseite gehörigen Punkte sind in Fig. 267 eingeklammert). Dadurch erhält man zunächst die Größe des Voreilwinkels δ, der durch die Kniehebelübertragung nicht beeinflußt wird, demnach unverändert bleibt. Die Richtung der Sehne JH erhält man, wenn im Mittelpunkt des Schieberkreises auf der durch den Winkel δ gegebenen Schiebermittellinie eine Normale errichtet wird.

Über JH als Sehne läßt sich nun der Bogen mit dem Halbmesser R_o, den der Kniehebelendpunkt der Steuerscheibe beschreibt, einzeichnen. Die Schnittpunkte dieses Bogens mit den Diagrammlinien Ex—VE und K—VA geben dann die Kniehebelstellungen für die betreffenden Diagrammpunkte an.

Fig. 267.

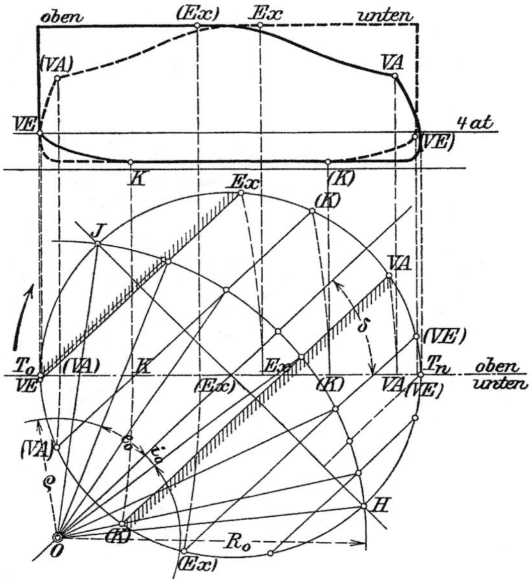

Zur bequemeren Übertragung dieser Punkte der Fig. 267 in das Steuerschema (Fig. 266) zeichnet man den Schieberkreis der Fig. 267 auf Pauspapier und bringt die Sehne JH nacheinander mit den entsprechenden Sehnen JH, J_1H_1, J_2H_2 und J_3H_3 im Steuerschema zur Deckung. Dadurch erhält man in dem letzteren die Punkte Ex_o, Ex_u, K_o und K_u ohne weiteres.

Es empfiehlt sich, in das Schieberdiagramm auch die obere und untere Totlage der Kurbel einzuzeichnen und in das Steuerschema zu übertragen.

Die entsprechenden Stellungen der Schwinghebel erhält man durch Schlagen von Kreisen um die betreffenden Punkte der Steuerscheibe mit den entsprechenden Stangenlängen L als Halbmesser.

Bei manchen Steuerungsausführungen — insbesondere bei großem Zylinderdurchmesser und verhältnismäßig kleinem Hub — ergibt sich zuweilen, daß die äußersten Stellungen des Kniehebelendpunktes der Steuerscheibe den gleichen Stellungen des Schwinghebels nicht entsprechen, so daß eine Verschränkung des letzteren stattfindet. In diesen Fällen ist — wie auch in Fig. 266 — die äußerste Stellung N' des Schwinghebels durch Probieren zu ermitteln und die zugehörige Lage N des Kniehebelendpunktes an der Steuerscheibe zu suchen.

Es sei noch angeführt, daß auch hier die Punkte Ex und VE, ferner K und VA durch je eine und dieselbe Kante am Drehschieber bestimmt sind und ferner die endlichen Stangenlängen in bekannter Weise berücksichtigt werden können. (In Fig. 267 ist die endliche Länge der Exzenterstange, die im Verhältnis zur Exzentrizität sehr groß ist, dagegen unberücksicht geblieben.) Die Abmessungen für e und i ergeben sich nunmehr auf folgende Weise.

Der Schwinghebelendpunkt des oberen Einlaßschiebers in Fig. 266 muß von seiner Mittelstellung D' bis zum Beginn der Expansion bezw. der Vor-Einströmung den Weg D'—Ex_o auf dem Bogen vom Halbmesser ϱ_o zurücklegen. Da der Schieber mit dem zugehörigen Schwinghebel starr verbunden ist, so muß auch ersterer den gleichen Drehwinkel ausführen.

Fig. 268.

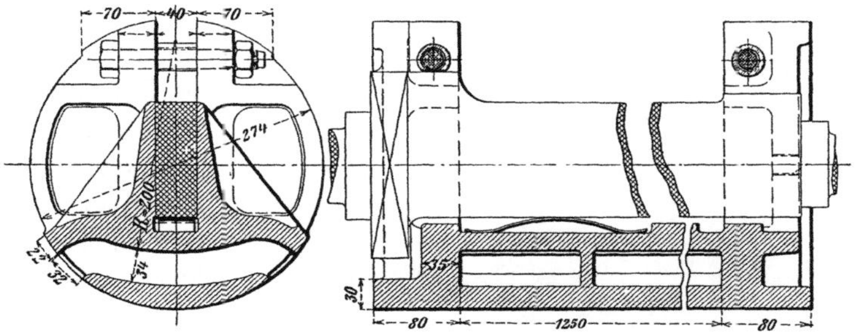

Fig. 268a.

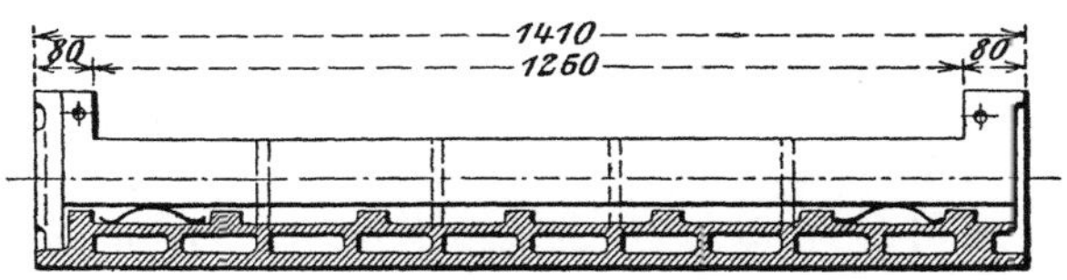

Der Bogen, den der Drehschieber beschreibt, ist vom Halbmesser ϱ, sein Weg im Bogenmaß somit im Verhältnis $\frac{\varrho}{\varrho_o}$ kleiner als Bogen D'—Ex_o.

Um die äußere Überdeckung oben — e_o — zu erhalten, hat man den Bogen D'—Ex_o vom Halbmesser ϱ_o auf den Bogen vom Halbmesser ϱ zu übertragen und dieses Maß von der Einlaßkante des Kanals a_e aus aufzutragen.

In gleicher Weise findet man die äußere Deckung unten — e_u — sowie die inneren Deckungen i_o und i_u. Die Kanalweiten a_e und a_a sind wieder mittels Gl. 81 (S. 228) zu berechnen.

Man hat dann noch zu untersuchen, ob der gezeichnete Schieber in seiner äußersten Stellung den Kanal auch vollständig öffnet. Ist dies nicht der Fall, so sind die Größen ϱ oder ϱ_o oder beide entsprechend zu ändern.

Schließlich hat man die Schieberlappenlänge λ (s. Fig. 266) so groß zu wählen, daß der Kanal bei der äußersten Stellung N' des Schiebers geschlossen bleibt bezw. daß hierbei noch eine genügende Sicherheitsdeckung vorhanden ist. Die Gesamtlänge des Schiebers, auf dem Bogen vom Halbmesser ϱ gemessen, muß dann

$$a_e + e_o + \lambda \quad \text{sein.}$$

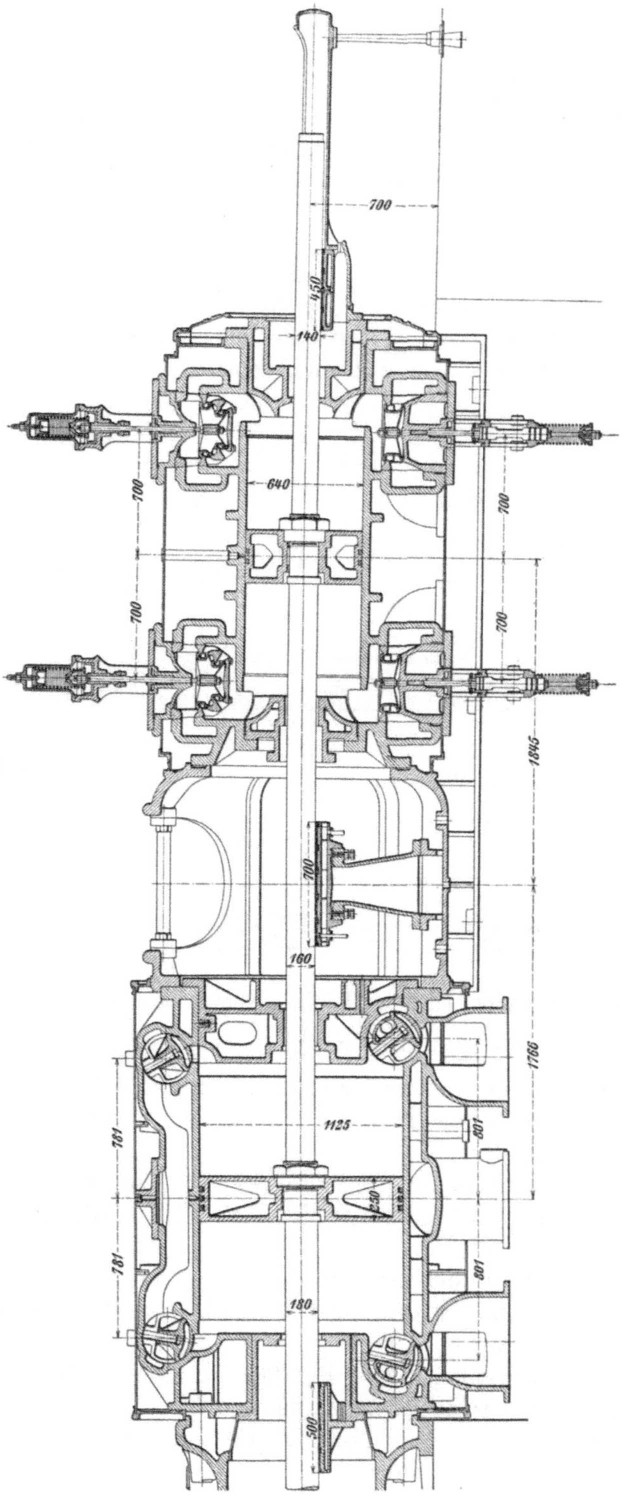

Fig. 269.

Das vorbesprochene Verfahren gilt nicht nur für zwangläufige Drehschiebersteuerungen, sondern auch für Ausklinksteuerungen bis zu dem Augenblicke, in welchem die Ausklinkung eintritt.

Gleichwie die geradlinig hin- und hergehenden Schieber werden die Drehschieber behufs Erzielung doppelter Einströmquerschnitte usw. häufig mit einem Trick-Kanal versehen.

Fig. 268 und 268a (S. 337) zeigen einen solchen Schieber als Einlaßorgan für den Niederdruckzylinder (Fig. 269) einer liegenden 2000 PS-Dreifach-Expansionsmaschine 640 bezw. 1000 bezw. 2 · 1125/1250 der Firma Escher Wyß & Cie., Zürich. Der durch Dampfdruck und Federn auf die Gleitfläche angedrückte Schieber wird mittels durchgehender Spindel, die mit ihrem hier rechteckigen Querschnitt in eine radiale Öffnung des Schiebers eingreift, bewegt; sonst erfolgt die Mitnahme auch durch einseitig am Schieber befestigte (Fig. 273) oder durch achsial in die dann geschlossenen Schieber eingebrachte Spindeln.

Die Abdichtung der letzteren wird durch Stopfbüchsen aus Bronze bewirkt; bei den in Fig. 269a ersichtlichen Schiebern ist noch eine zusätzliche Abdichtung durch je einen auf der Spindel sitzenden (zuweilen kugelförmig gestalteten) Bund, dessen Flächen mittels einer Feder zum Anliegen an die Ausbüchsung des Gehäusedeckels gebracht werden, ge-

Fig. 269a.

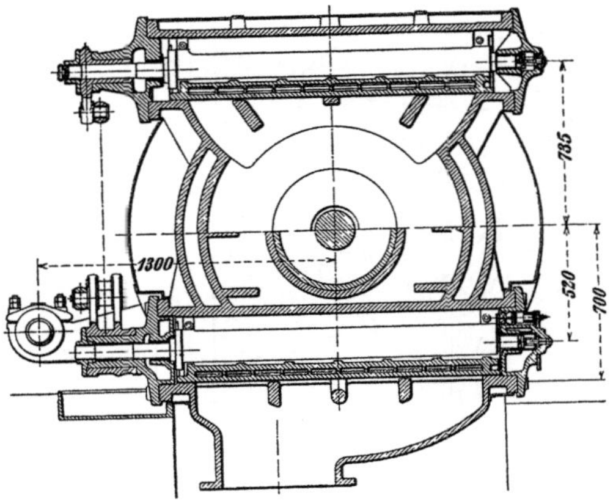

Fig. 269b.

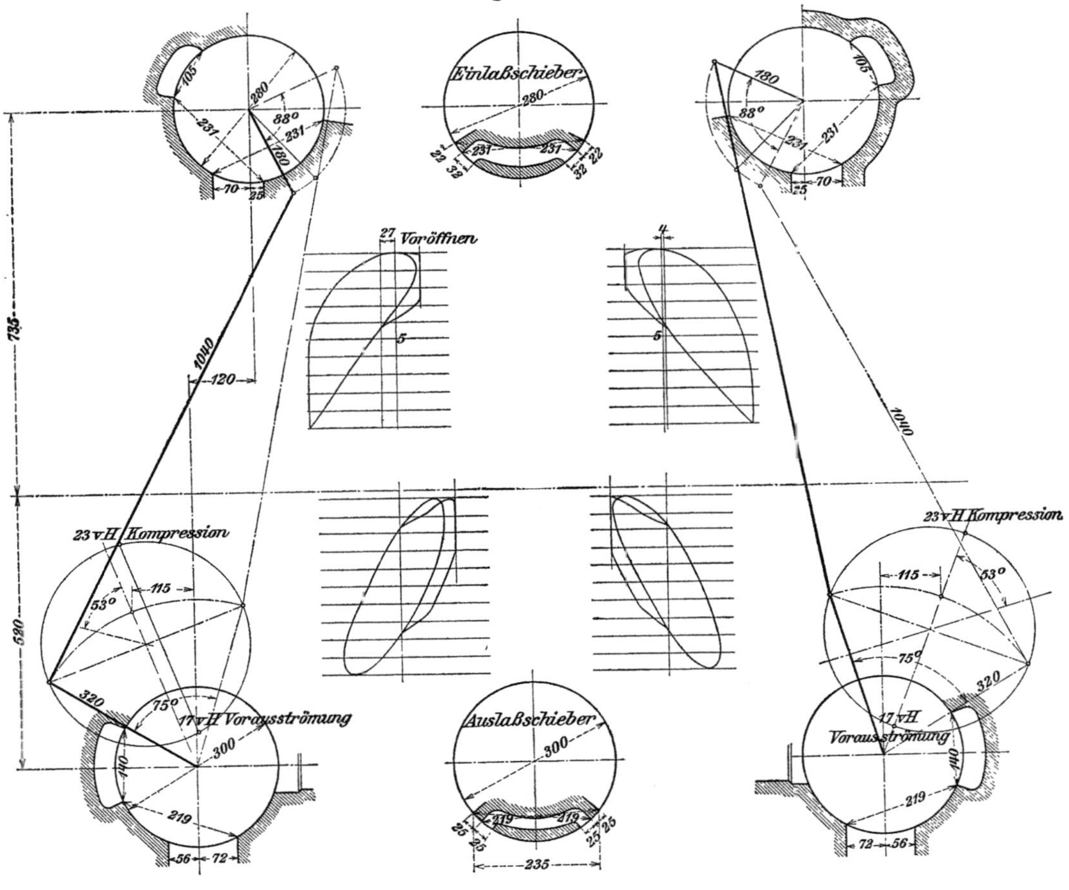

schaffen. Außen trägt die Spindel einen Hebel, an dem die äußere Steuerung angreift.

Die bei der Schieberbewegung auftretenden Reibungswiderstände sind bei den in Fig. 269 und 269a ersichtlichen Drehschiebern dadurch herabgemindert, daß ihr Durch-

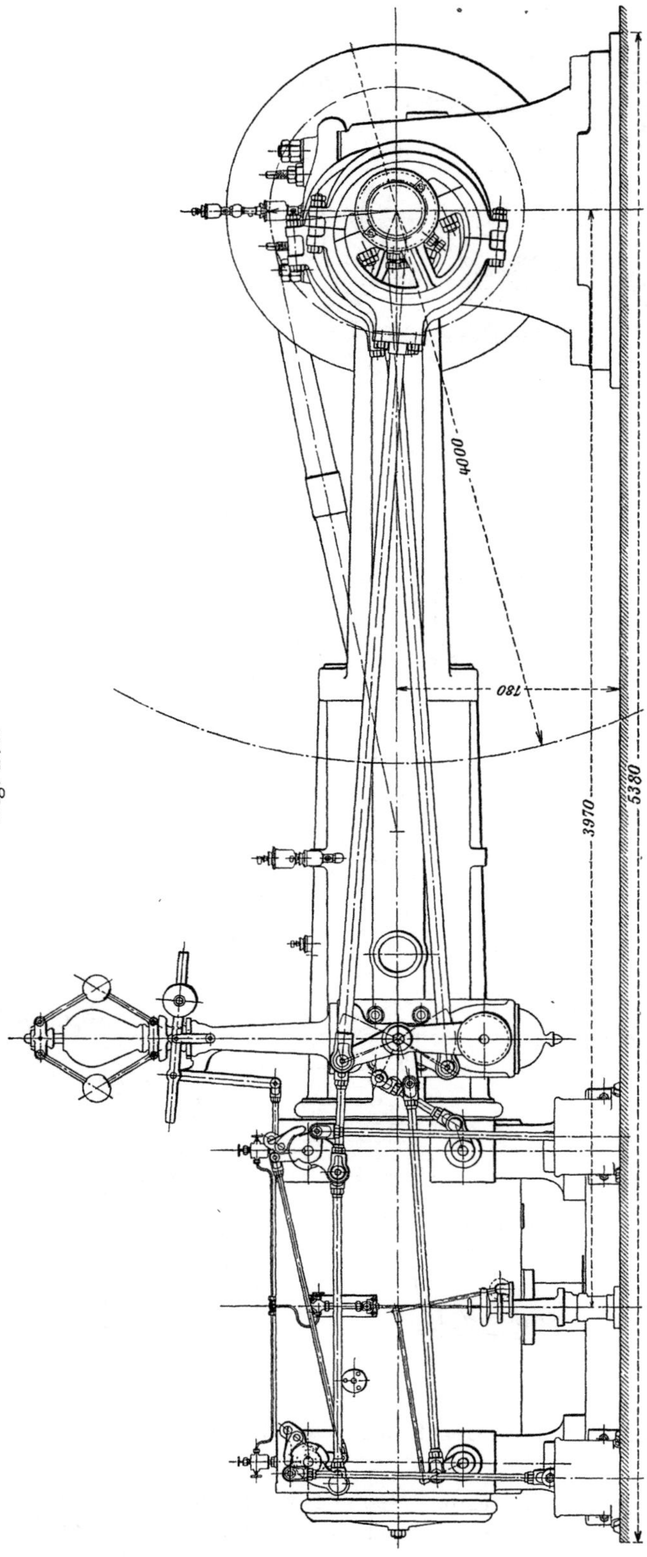

Fig. 270.

messer 0,2 mm kleiner als derjenige der zugehörigen Gehäuse, ferner die Berührungsfläche zwischen beiden nur so groß gehalten ist, wie es die Sicherheitsdeckungen bei den äußersten Lagen der Schieber bedingen; um ein Fressen der Schieber zu vermeiden, muß der Flächendruck innerhalb zulässiger Grenzen bleiben. Ausreichende Schmierung ist besonders bei den Einlaßschiebern zu empfehlen. Der Querschnitt der Steuerkanäle kann nach den Angaben auf S. 226 berechnet werden.

Der Durchmesser des Schiebers hängt von der Art des Antriebs und von der Größe der zu erzielenden Füllung ab; bei Anwendung von Steuerscheiben und Trick-Kanal beim Einlaßschieber kann der Durchmesser desselben — nach „Hütte," 20. Aufl., Abt. II, S. 218 — vorläufig etwa mit 3,2 bis 4 $\times$ Kanalweite a, bei unmittelbaren Exzenterantrieb mit 4 bis 5 $\times$ Kanalweite a, nach „Leist" das Verhältnis zwischen Schieber- und Zylinderdurchmesser zwischen den Grenzen 1 : 3 und 1 : 5,5 gewählt werden, wobei für Hochdruckzylinder im allgemeinen mehr eine Annäherung an die erstere, für Niederdruckzylinder an die letztere Zahl geboten erscheint. (Im vorliegenden Falle ist dieses Verhältnis 280 : 1125 oder $\sim$ 1 : 4).

Fig. 269 läßt den mit den vorbesprochenen Einlaßschiebern (Fig. 268) ausgerüsteten Niederdruckzylinder, samt Zwischenstück und anschließendem Hochdruckzylinder der bereits genannten Dreifach-Expansionsmaschine erkennen; diese beiden Zylinder bilden die eine Seite, der zweite Niederdruck- und anschließende Mitteldruckzylinder die andere Seite der Maschine. Hochdruck- und Mitteldruckzylinder haben Ventilsteuerung. (Über die viersitzigen Einlaßventile des Hochdruckzylinders s. S. 282.)

Die Drehschieber der beiden Niederdruckzylinder werden durch Kuppelstangen von Exzentern der Kurbelwelle aus unmittelbar angetrieben. Das zugehörige Steuerschema ist in Fig. 269 a, S. 339, gegeben.

Was noch das in Fig. 269 ersichtliche Zwischenstück betrifft, so ist dieses mit einem oberen Ausschnitt versehen, der durch einen abnehmbaren Bolzen versteift ist. Der in dasselbe eingebaute Ständer dient zur Stützung der Kolbenstange; seine mit Weißmetall ausgegossene Lagerschale ist mittels Kopfschrauben nachstellbar.

Unmittelbar vor dem Niederdruck- und hinter dem Hochdruck- bezw. Mitteldruckzylinder jeder Maschinenseite findet eine nochmalige Stützung der betreffenden Kolbenstange durch je eine mit Weißmetall ausgefütterte Lagerschale statt.

Fig. 270 zeigt die äußere Ansicht einer von der Firma Mollet-Fontaine & Cie., Lille (Frankreich), in Paris 1900 ausgestellten Einzylindermaschine 450/900 ($n = 90$ Uml/min) die mit einer auslösenden Drehschiebersteuerung arbeitet.

Fig. 271.

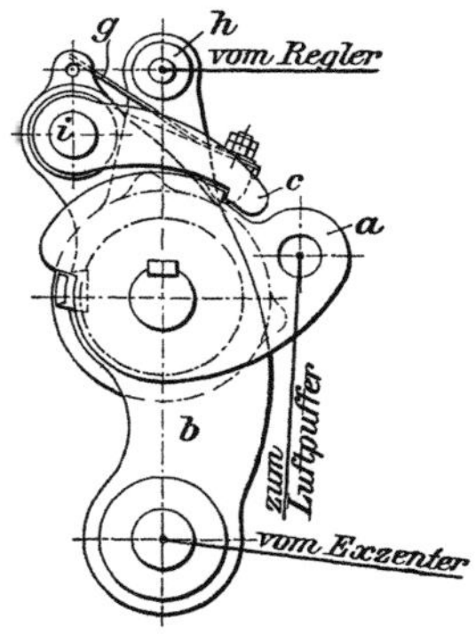

Ein- und Auslaßschieber werden unabhängig voneinander von zwei Exzentern der Schwungradwelle aus derart bewegt, daß veränderliche Füllungen — bis 65 vH des Kolbenhubes — bezw. veränderliche Vor-Ausströmung und Kompression erreicht werden kann.

Die schädlichen Räume betragen zufolge Anordnung der Schieber an den Enden des Zylinders nur 1,85 vH vom Volumen desselben. Durch zweckmäßige Wahl der Exzenterabmessungen, sowie entsprechende Stellungen der auf den Schieberspindeln sitzenden Hebel und ihrer Antriebstangen wird erreicht, daß die Einlaßschieber bei $^1/_{10}$, die Auslaßschieber bei $^1/_{16}$ des Kolbenhubes schon vollständig geöffnet sind. Die für jeden Einlaßschieber vorgesehene Außensteuerung besteht aus einem auf der Spindel des ersteren befestigten Hebel a (Fig. 271), der mittels Stange an einen den Schieberschluß bewirkenden Luftpuffer angeschlossen ist, während die vom Exzenter aus bewegte zweiarmige Schwinge b auf einer zur Lagerung der Schieberspindel dienenden Büchse frei dreht. Der eine Arm dieser Schwinge trägt die Klinke c (treibender Anschlag), die, sobald sie den (getriebenen) Anschlag des Hebels a erfaßt, diesen letzteren mitnimmt, und damit das Öffnen des Einlaßschiebers bewirkt. Dies dauert so lange, bis das entsprechend ausgebildete Ende einer zweiten, auf gemeinsamen Zapfen i mit der ersteren sitzenden, und durch die Feder g beständig nach abwärts gedrückten Klinke (in Fig. 271 punktiert angegeben) mit einem der auf der Nabe des vom Regler eingestellten Hebels h sitzenden Daumen zusammentrifft. Sollte aus irgend einem Grunde ein Reißen des zum Antrieb des Reglers von der Schwungradwelle aus dienenden Riemens eintreten, so bringt ein zweiter auf der Nabe des Hebels h sitzender Daumen die Klinke c in eine solche Lage, daß sie bei ihrer Drehbewegung mit dem Anschlag des Hebels a nicht mehr zusammentrifft. Die Einströmung des Frischdampfes ist dann abgeschnitten, und ein Durchgehen der Maschine kann nicht stattfinden.

Die Bauart und Wirkungsweise eines Luftpuffers, wie er bei den von der Firma H. Bollinckx, Brüssel, gebauten Dampfmaschinen mit auslösender Drehschiebersteuerung Verwendung findet, zeigt Fig. 272 auf der umstehenden Seite.

Zwei in einem Stück gegossene Kolben A und B von ungleichem Durchmesser bewegen sich in entsprechenden Bohrungen des zugehörigen Gehäuses; bei ihrer Aufwärtsbewegung entsteht unter dem Kolben B eine Luftleere, wodurch — nach erfolgter Auslösung der Steuerung — eine schnelle Abwärtsbewegung beider Kolben herbeigeführt wird. Damit hierbei keine Stöße eintreten, verdichtet der Kolben A die unter ihm befindliche Luft, so daß diese ein Polster bildet. Da aber auch etwas Luft unter den Kolben B tritt, ist am Boden des kleinen Zylinders ein mit aufgenieteter Kupferscheibe armiertes Ventil F angeordnet, das unter Wirkung einer mittels Schraube stellbaren Feder steht und, indem es sich bei der Abwärtsbewegung der Kolben öffnet, alle Luft entweichen läßt.

Bei der Aufwärtsbewegung der Kolben legt sich dieses Ventil dicht gegen die untere abgeschrägte Fläche des kleinen Zylinders und verhütet jegliches Eindringen von Luft in diesen. Der Lufthahn R dient dazu, die Abwärtsgeschwindigkeit der Kolben zu regeln.

Fig. 272.

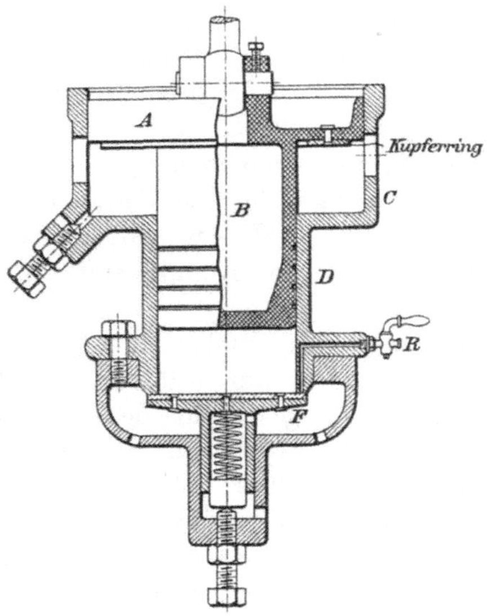

Bei der von J. Wheelock, Worcester (Massachusetts), erfundenen Steuerung sind die vier Drehschieber zu je zwei an den beiden unteren Enden des Zylinders und zwar diejenigen für den Auslaß außen, diejenigen für den Einlaß innen angeordnet.

Eine verbesserte Wheelock-Steuerung (D. R. P. Nr. 70572) am Hochdruckzylinder einer von der Chemnitzer Werkzeugmaschinenfabrik vorm. Joh. Zimmermann, Chemnitz, gebauten Verbundmaschine 500 bezw. 800/1000 ($n = 80$ Uml/min), die mit nur einem Exzenter Füllungen bis zu 75 vH des Kolbenhubes gestattet, zeigt Fig. 273.

Bei der Vorwärtsbewegung des Exzenters faßt die an einem Bolzen e des auf der Spindel jedes Auslaßschiebers befestigten Hebels d drehbar angeordnete Steuerklinke f mit ihrem Stahlplättchen g den durch die Stange h geführten, am Bolzen k des auf der Spindel jedes Einlaßschiebers befestigten Hebels l drehbaren Anschlag i so lange, bis die Steuerfläche $m\,n$ der Klinke f auf die Nase o des vom Regler eingestellten Winkelhebels r trifft, worauf der Einlaßschieber unter Wirkung eines Luftpuffers in die dem Dampfabschluß entsprechende Stellung zurückgelangt.

Die mittels der Fläche *m n* bewirkte Auslösung erfolgt bis zur Umkehr der Exzenterbewegung in der beschriebenen Weise. Ist sie infolge der Reglerstellung bis dahin noch nicht vor sich gegangen, so trifft beim Rückgange des Exzenters der Stahlbogen *s* am äußersten Ende der Steuerklinke *f* gegen eine an dem kurzen Schenkel des vom Regler eingestellten Knaggenhebels *r* drehbar befestigte federnde Hilfsklinke *p*, die dann die Auslösung

Fig. 273.

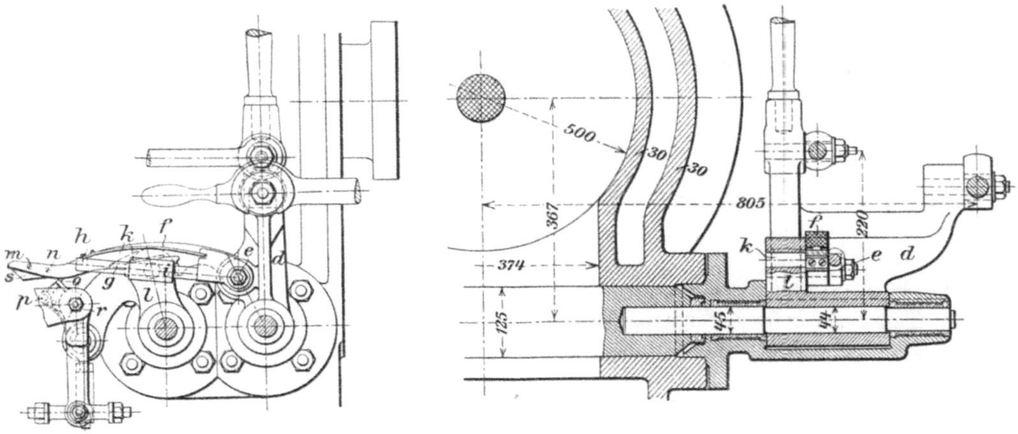

bewirkt. Damit die Hauptsteuerklinke *f* nach erfolgter Auslösung nicht auf der Nase *o* des Knaggenhebels schleift, ist die Rückenfläche des Anschlages *i* gekrümmt, und *f* legt sich nun mittels des Drehplättchens *g* derart auf *i*, daß, um Abnutzungen der betreffenden Steuerteile zu vermeiden, die Klinke stets in der durch den Anschlag- und den Klinkendrehpunkt gezogenen Mittellinie angreift. Da die Klinke nur im Augenblicke des Auslösens mit der vom Regler beeinflußten Nase *o* zusammentrifft, ist die Rückwirkung auf den Regler gering.

Elfter Abschnitt.

Dampfzylinder und zugehörige Teile (Zylinderdeckel, Kolben, Kolbenstangen, Stopfbüchsen).

I. Dampfzylinder (Zylinderdeckel).

A. Allgemeines.

Die Wandstärke s der Dampfzylinder ist mit Rücksicht auf Herstellung, Material, Temperatur des Einströmdampfes usw. zu wählen; sie kann für D cm lichten Durchmesser bei liegenden, mit gesättigtem Dampf arbeitenden Maschinen etwa genommen werden

$s = {}^1/_{50}\, D + 1{,}3$ cm für stehend gegossene Zylinder,
$s = {}^1/_{40}\, D + 1{,}5$ cm für liegend gegossene Zylinder.

Bei stehenden Maschinen, wie auch für Zylinder mit verhältnismäßig kurzem Hub kann s um 10 bis 20 vH schwächer sein.

Die Zylinder der Heißdampfmaschinen erhalten mit Rücksicht auf die infolge Längendehnung auftretende Zugbelastung etwas größere Wandstärken, als aus den obigen Gleichungen hervorgeht.

Die Stärke der angegossenen Flanschen kann 1,3 s bis 1,5 s betragen.

Um das Einbringen des Kolbens zu erleichtern, ist die Innenfläche der Zylinder an den Enden mit Abschrägungen versehen, die von den Kolbenringen um etwa 1 bis 2 mm überlaufen werden. Der zwischen Deckel bezw. Boden und Kolben nötige Spielraum soll, je nach Ausführung und Hublänge, 5 bis 10 mm betragen; stehende Maschinen erhalten häufig oben einen größeren Spielraum als unten.

Die in den Zylinder eingreifenden Deckel werden in Hohl- oder Rippenguß und zur Erhöhung ihrer Festigkeit auch zuweilen gewölbt hergestellt; ihre Innenflächen sind so auszubilden, daß der Dampf ungehindert in den Zylinder eintreten bezw. aus demselben ausströmen kann.

Die Anzahl der Deckelschrauben kann

$$i = {}^1/_8\, D + 4$$

gewählt werden; zur Erzielung eines gleichmäßigen Dichtungsdruckes soll jedoch die Schraubenentfernung höchstens 15 cm betragen und um so kleiner sein, je geringer die Flanschstärke ist. Die zulässige Zugspannung des Kernquerschnittes der Deckelschrauben darf 300 kg/qcm nicht überschreiten.

Über die Querschnitte der Einlaß- und Auslaßkanäle s. S. 228.

Bei Steuerungen mit Flachschiebern sind die Kanäle im allgemeinen möglichst breit auszuführen, damit die Kanalweite a, die für die Abmessungen der ganzen

Steuerung maßgebend ist, möglichst klein ausfällt; sie sollen — behufs Bearbeitung ihrer Steuerkanten — im Schieberspiegel (auf etwa 1 cm) senkrecht ausmünden und mit schlankem Verlauf in den Zylinder übertreten (s. auch S. 226).

Die lichte Weite der Einlaßstutzen kann für eine mittlere Dampfgeschwindigkeit $w \leqq 25$ m/sek, diejenige des Auslaßstutzens für eine solche von ∞ 15 m/sek berechnet werden.

Der Schieberkasten ist gewöhnlich mit dem Zylinder zusammengegossen; zuweilen bildet er ein besonderes, durch Verschraubung mit demselben verbundenes Gußstück.

Die Wandstärke s_o des Schieberkastens, wie auch diejenige des Schieberkastendeckels ist nach den von Bach hierüber aufgestellten Gleichungen zu berechnen.

Auf Grund angestellter Versuche kann eine rechteckige Platte, wenn sie von dem Dampfdruck gleichmäßig belastet wird, als ein nach der Diagonale eingespannter Stab betrachtet werden, der

Fig. 274.

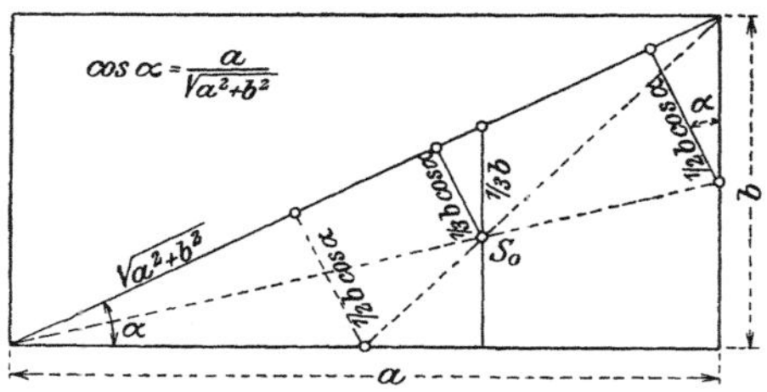

1. durch den auf der Innenfläche des Deckels von der Größe 0,5 ab (Fig. 274) wirkenden Überdruck p (in kg/qcm) des Dampfes,

2. durch die Widerstandskraft der Schrauben von der Größe 0,5 abp belastet wird[1]).

Vorausgesetzt ist hierbei, daß die Abdichtung sehr nahe an den Schrauben stattfindet.

Bedeutet noch

J das Trägheitsmoment des bezeichneten Querschnittes auf die Breite $\sqrt{a^2+b^2}$ in cm^4,

e den Abstand der am stärksten beanspruchten Faser des Querschnittes von der in Betracht kommenden Hauptachse des letzteren in cm,

k_b die zulässige Biegungsbeanspruchung des Materials in kg/qcm,

so findet sich das biegende Moment zu

$$M_b = \frac{1}{2}\, a\, b\, p\, \frac{b}{2}\, \frac{a}{\sqrt{a^2+b^2}} - \frac{1}{2}\, a\, b\, p\, \frac{1}{3}\, b\, \frac{a}{\sqrt{a^2+b^2}} = \frac{1}{12}\, \frac{a^2 b^2}{\sqrt{a^2+b^2}}\, p$$

und mit der durch Versuche ermittelten Berichtigungszahl φ die Biegungsgleichung

$$\frac{1}{12}\, \varphi\, \frac{a^2 b^2}{\sqrt{a^2+b^2}}\, p \leqq \frac{J}{e}\, k_b \leqq \frac{1}{6} \sqrt{a^2+b^2}\, s_0^2\, k_b\,,$$

woraus

$$s_o \geqq 0{,}5\, b \sqrt{\frac{2\,\varphi}{1+\left(\frac{b}{a}\right)^2} \cdot \frac{p}{k_b}}\,; \qquad \ldots\ldots\ldots\ldots \quad 88)$$

hierin ist $\varphi = 1$ bis $^9/_8$, $k_b = 200$ bis 250 kg/qcm einzusetzen.

---

[1]) C. Bach: „Elastizität und Festigkeit“, 5. Aufl., Berlin 1905, Julius Springer.

Rippen sind bei gußeisernen Deckeln nur wirksam, wenn sie innen angeordnet werden, so daß den gezogenen Fasern der kleinere und nicht der größere Schwerpunktsabstand zukommt. Im allgemeinen sind gewölbte Deckel vorteilhaft.

Außer der Gl. 88 ist bei zusammengesetzten Querschnitten eines Schieberkastendeckels auch der weiteren Forderung Genüge zu leisten, daß nicht ein einzelnes Wandstück desselben zum Bruche gelangt. So könnte z. B. bei dem in Fig. 275 ersichtlichen Deckel, falls Rippen nicht vorhanden wären, die Gefahr vorliegen, daß der mittlere ebene Teil desselben von der Länge a_1 und der Breite b_1 in der Mitte durchbricht.

Betrachtet man diesen mittleren Teil als eine am Umfange eingespannte Platte, so gilt für die Wandstärke s_1 desselben, wie oben,

$$s_1 = 0{,}5\, b_1 \sqrt{\frac{2\varphi}{1+\left(\frac{b_1}{a_1}\right)^2} \cdot \frac{p}{k_b}}.$$

Es ist $\varphi = {}^3/_4$ und (bei vorhandener Gußhaut) $k_b = 280$ bis höchstens 350 kg/qcm in vorstehende Gleichung einzusetzen.

Werden zur Versteifung noch Rippen angeordnet, so kann s_1 etwas kleiner gewählt werden.

Fig. 275.

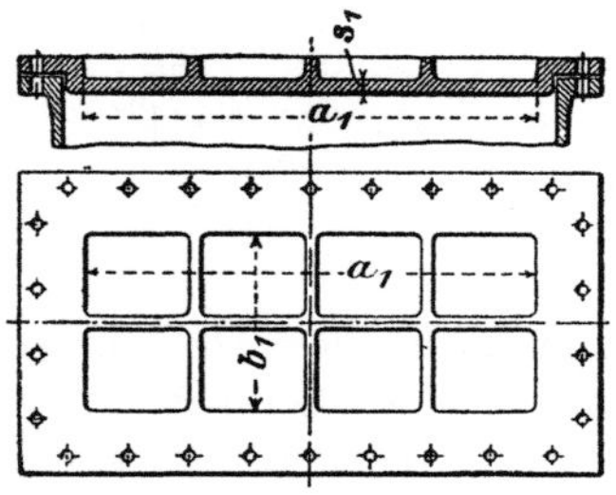

Für die zur Befestigung der Schieberkastendeckel dienenden Schrauben ist das auf S. 344 für Zylinderdeckel Bemerkte zu berücksichtigen.

Die Stützung der Zylinder liegender und stehender Dampfmaschinen ist aus den Abbildungen (Tafel III bis XV) zu entnehmen, die in solcher Ausführlichkeit gebracht sind, daß weitere Angaben hierüber unnötig erscheinen (s. auch unter „Rahmen“ — S. 134 u. ff.).

Um bei liegenden Maschinen ein Gleiten der Zylinder bei Erwärmung und zugleich eine genau achsiale Verschiebung derselben zu sichern, sind die Zylinderfüße zumeist auf gehobelten Arbeitsflächen der Fundamentplatten schlittenförmig geführt. Ein Klemmen oder Zwängen der Kolbenstangen kann dann nicht eintreten.

Für die zur Ausrüstung der Zylinder gehörigen Teile — Entwässerungshähne, Sicherheitsventile, Indikatoren, Schmierapparate u. dergl. — sind die erforderlichen Warzen am Zylinder anzubringen (s. z. B. Fig. 291).

Die Indikatorbohrungen sollen nicht unter 10 mm ausgeführt werden, das Gewinde der Indikatorhähne 1″ engl. betragen. Die Sicherheitsventile (s. z. B. Fig. 287a) erhalten lichte Weiten von je etwa bis ${}^1/_{10}$ des Zylinderdurchmessers.

Die Durchbildung der Dampfzylinder ist in erster Linie von der Art der Aufstellung — für liegende oder für stehende Maschinen — sodann von den zu ihrer Steuerung dienenden Organen — Schieber, Ventil oder Hahn — abhängig; sie werden ferner, je nachdem Heißdampf oder Sattdampf Verwendung findet, verschieden ausgeführt.

Während die Hochdruckzylinder für Sattdampf und die Niederdruckzylinder häufig von Dampfmänteln umgeben sind, werden die Heißdampfzylinder stets ohne solche Mäntel und ferner — gegenüber den ersteren — mit getrennten Dampfzuleitungs- und -ableitungsrohren für die Steuerorgane, häufig auch mit freistehenden Flanschen und Gehäusen für die letzteren ausgeführt. Hierdurch wird vermieden, daß die Zylinder infolge Einwirkung der hohen Temperatur des Heißdampfes sich verziehen, einreißen oder zu anderen Betriebsstörungen Veranlassung geben.

Behufs Mantelheizung werden die Zylinder entweder mit Einsätzen (Laufbüchsen) aus besonders hartem und dichtem Eisen versehen (s. z. B. Tafel VII), oder es erhalten die mit dem Heizmantel aus einem Stück gegossenen Dampfzylinder einen ringförmigen Zwischenraum — den eigentlichen Dampfmantel — von 30 bis 70 mm Höhe — je nach der Größe des Zylinders (s. z. B. Tafel V).

Fig. 276.

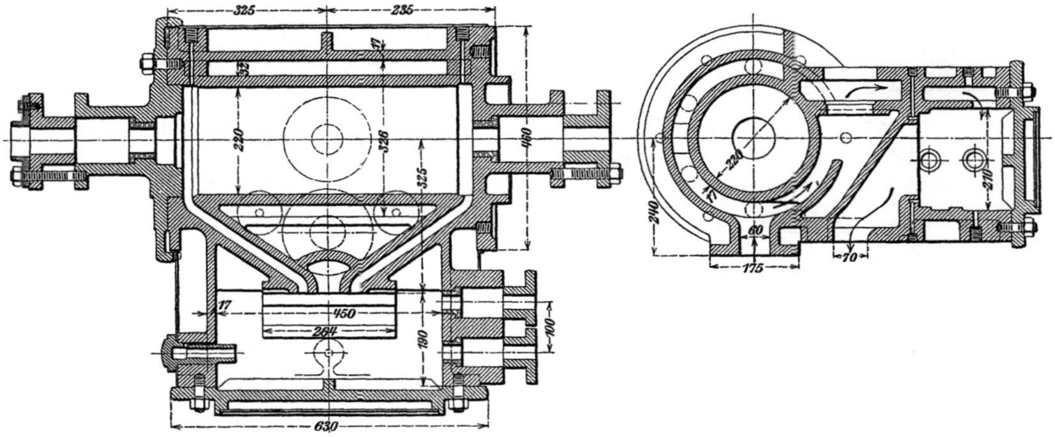

B. Ausführung der Dampfzylinder

(s. auch Tafel III bis XV).

a. Zylinder für liegende Dampfmaschinen (Zylinderdeckel).

In Fig. 276 ist der am Rahmen freischwebend befestigte Zylinder einer liegenden Dampfmaschine 220/440 dargestellt, die mit der Fig. 188 (S. 255) ersichtlichen Rider-Steuerung arbeitet[1]). Der Zylinder ist mit dem Dampfmantel aus einem Stück gegossen; seine durchgehende Kolbenstange führt sich in einer vorderen und hinteren Stopfbüchse des Zylinders bezw. des Zylinderdeckels.

Der Frischdampf strömt von unten in den Zylindermantel und in Richtung der angegebenen Pfeile in den Schieberkasten bezw. in den Zylinder; er entweicht aus diesem durch eine ebenfalls unterhalb liegende Öffnung in das anschließende Auspuffrohr.

Zu einer Maschine 325/600 gehört der Fig. 277 (S. 348) ersichtliche Zylinder mit Rider-Kolbenschieber-Steuerung (s. Fig. 190, S. 257[2]); er stützt sich mittels eines angegossenen Fußes auf das Fundament. Die Kolbenstange führt sich in einer Stopfbüchse des vorderen Zylinderdeckels; letzterer wird durch den darüber greifenden

---

[1]) Ausführung der Maschinenbau-Anstalt „Humboldt", Kalk bei Cöln a. Rh.

[2]) Ausführung der Maschinenfabrik R. Raupach, G. m. b. H., Görlitz.

Flansch des Rahmens in seiner Lage gehalten und, wie es Fig. 277 a in größerem Maßstabe erkennen läßt, durch einen Kupferring *d* abgedichtet. Die Zu- und Abführung des Dampfes u. a. ist aus den Abbildungen zu entnehmen.

Arbeitet die Maschine mit Kondensation, so erhält sie eine durchgehende Kolbenstange und der hintere Zylinderdeckel die in Fig. 277 b ersichtliche Gestalt.

Fig. 277.

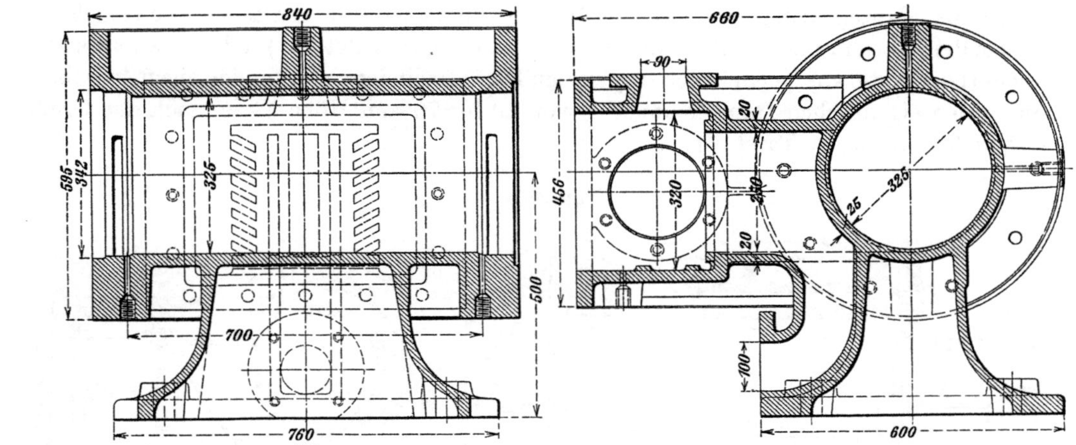

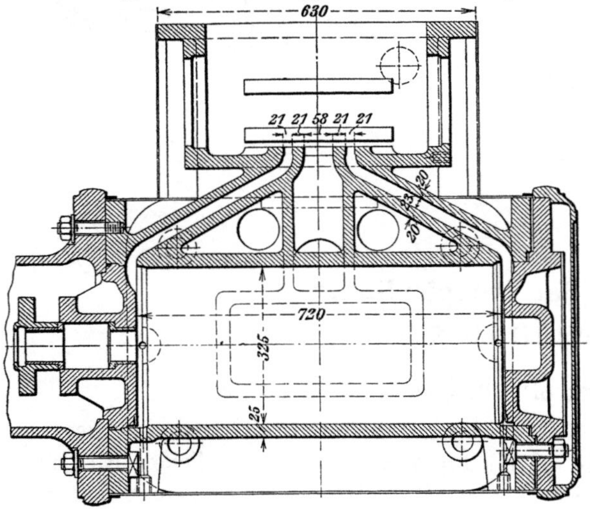

Fig. 277 a.

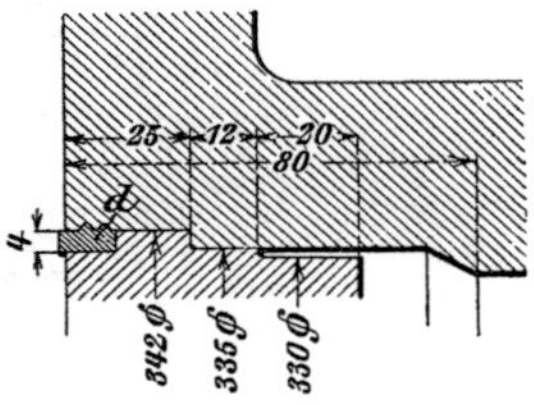

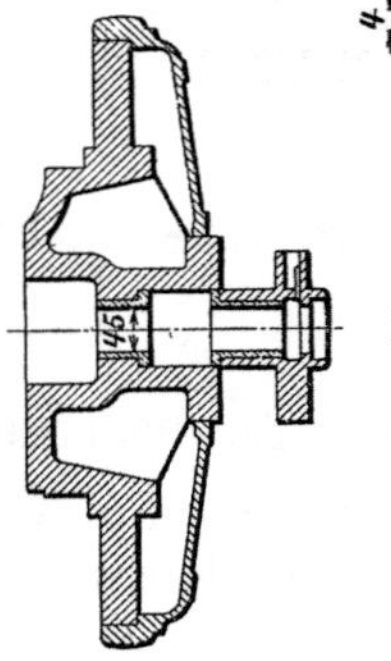

Fig. 277 b.

Der in Fig. 278 veranschaulichte Zylinder gehört zu einer Maschine 320/540 mit einer Zweikammersteuerung, wie sie in Fig. 193, S. 261 dargestellt ist[1]).

Der Frischdampf gelangt von oben durch eine Öffnung von 90 mm Durchmesser in die eine Kammer und strömt, nachdem er im Zylinder Arbeit verrichtet hat, durch eine mit der anderen Kammer in Verbindung stehende untere Öffnung von 110 mm Durchmesser ins Freie.

Der Schnitt *C—D* läßt die Verbindungskanäle der beiden Kammern erkennen.

Der Zylinderfuß ist mittels Kopfschrauben auf einem darunter liegenden Sockel befestigt.

[1]) Ausführung der Maschinenbau-Anstalt Gebr. Pfeiffer, Kaiserslautern.

Fig. 278.

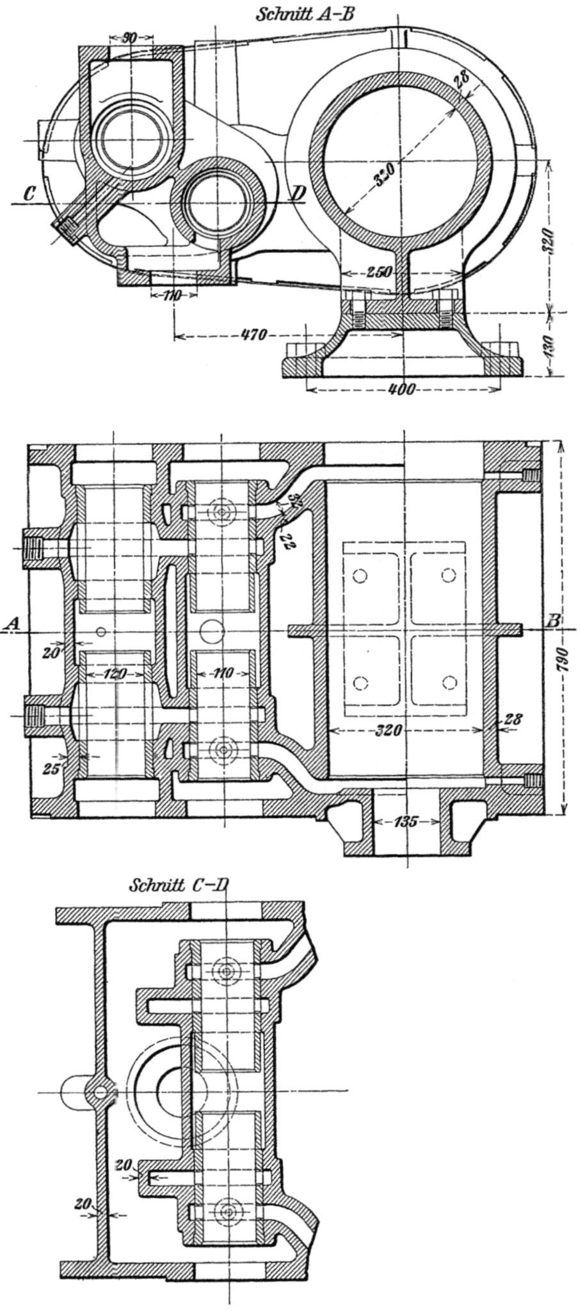

Den Hochdruckzylinder einer Verbundmaschine 800 bezw. 1250/1250 mit Ventilsteuerung zeigt Fig. 279[2]). Der Dampf strömt von unten durch einen seitlichen Stutzen in den durch eine eingezogene Laufbüchse gebildeten Zylindermantel in die Kammern der Einlaßventile und verläßt den Zylinder durch je einen mit dem betreffenden Auslaßventil in Verbindung stehenden Ablaßstutzen.

[2]) Ausführung der Maschinenbau-A.-G. Pokorny & Wittekind, Frankfurt a. M.

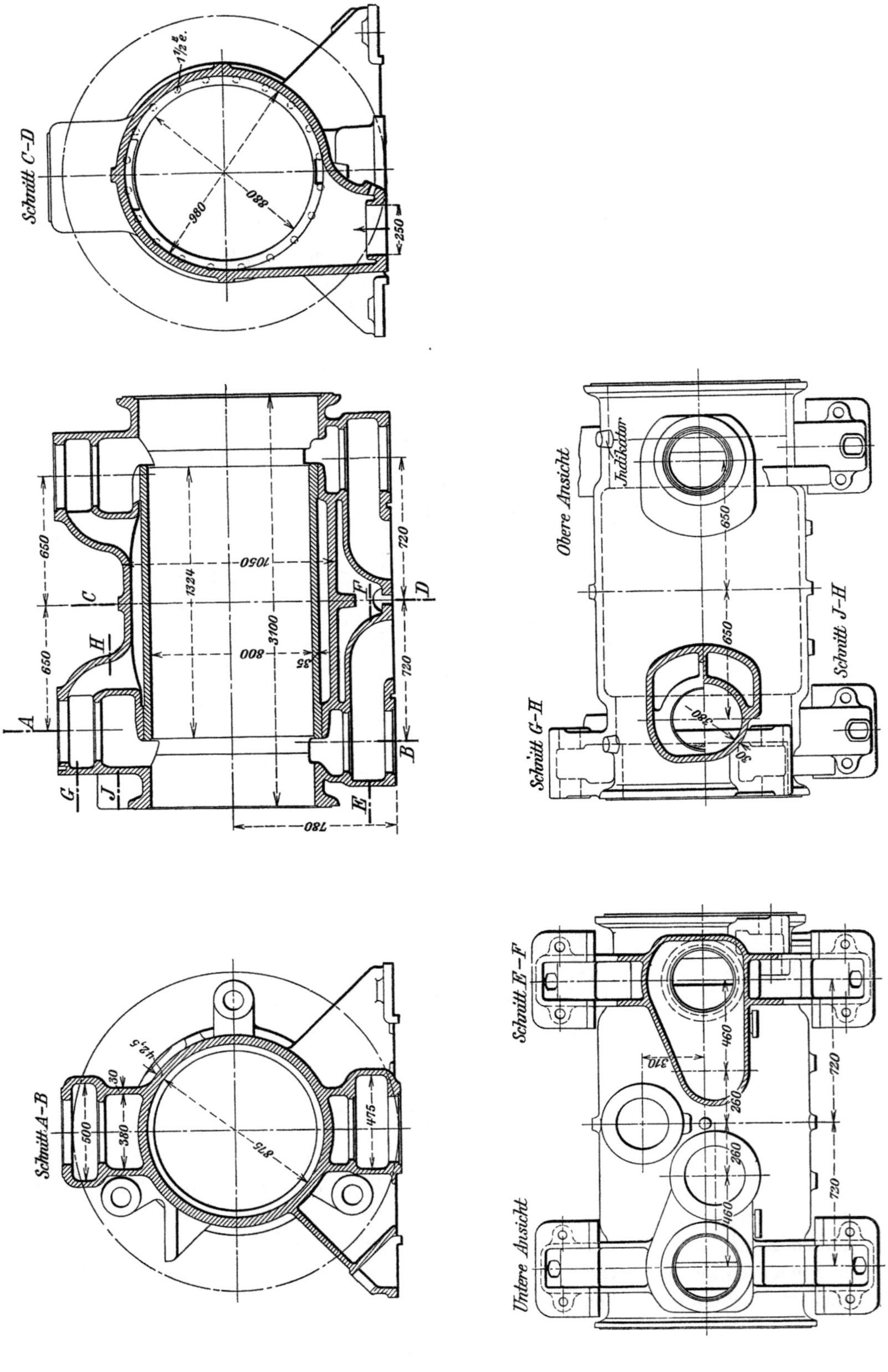
Schnitt C-D
980
880
250
Schnitt A-B
500
380
475
875
30
42,5
A
B
C
D
E
F
G
H
J
650
650
720
720
1324
1050
3100
800
35
780
Obere Ansicht
Indikator
Schnitt J-H
Schnitt G-H
Schnitt E-F
Untere Ansicht
310
460
260
260
460
720
720

Fig. 279.

Fig. 280 und 281 (S. 352) zeigen den zu diesem Zylinder gehörigen vorderen bezw. hinteren Deckel mit gußeisernen Blenden — ersteren mit Stopfbüchse für die durchtretende Kolbenstange und einer an der betreffenden Blende befestigten Ölfangschale mit Gasrohrverschraubung.

Die zu einer 2000 PS-Dreifach-Expansionsmaschine 640 bezw. 1000 bezw. 2·1125/1250 gehörigen Zylinder mit Deckeln, Kolben usw. sind in Fig. 282 bis 284 dargestellt[1]).

Hochdruck- und Mitteldruckzylinder (Fig. 282 und 283) haben Ventil-, die beiden Niederdruckzylinder (Fig. 284) Drehschiebersteuerung (Einlaß- und Auslaßventil des Hochdruck- und Einlaßschieber des Niederdruckzylinders s. Fig. 216 und 212 bezw. Fig. 268).

Fig. 280.

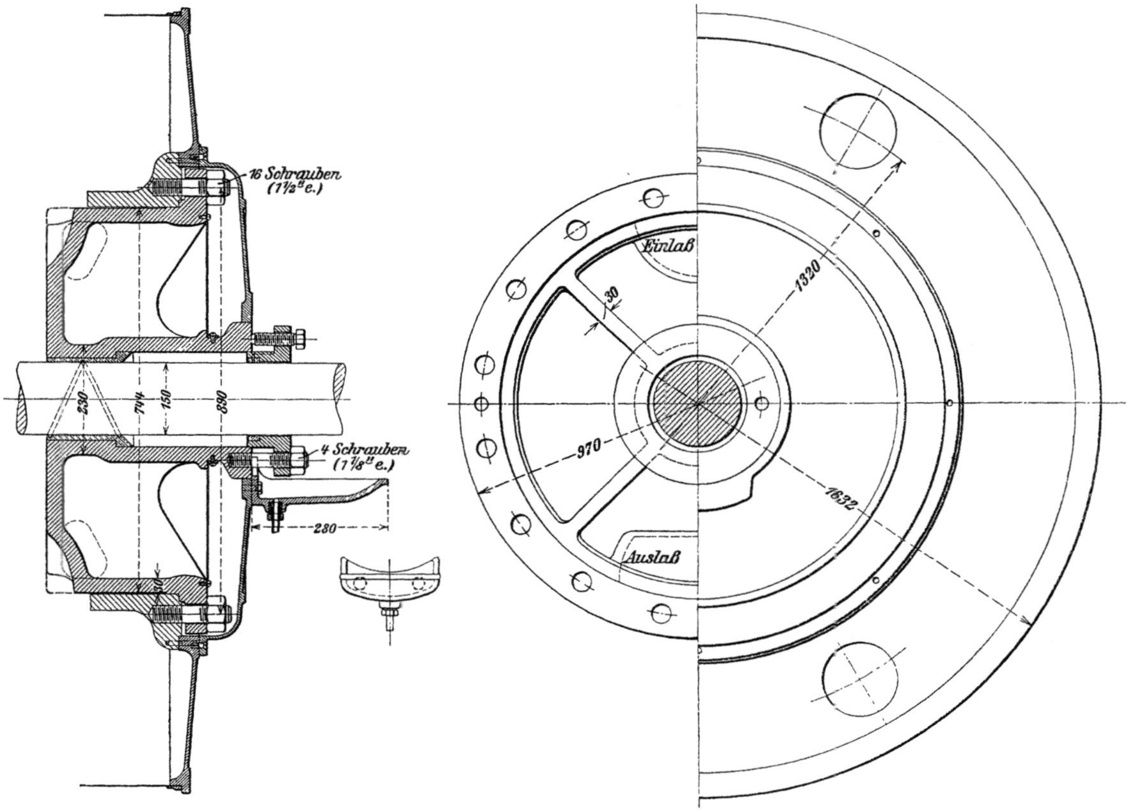

Bei dem für Heißdampfbetrieb gebauten Hochdruckzylinder (Fig. 282, S. 353) hat jede der vier Ventilkammern getrennte Stutzen zum Anschluß der Einström- und Ausströmrohre, die damit den Wärmedehnungen des Zylinders leicht folgen können; es sind ferner die Ventilkammern außerhalb der Lauffläche des Zylinders angeordnet, wodurch eine gleichmäßige Ausdehnung der den mittleren Ring des Ventilkorbes tragenden Wand (s. Fig. 216) erreicht wird. Zur Vermeidung zu großer Zylinderlänge liegen die Auslaßventile in gleicher Mittellinie wie die Einlaßventile.

Der vordere Zylinderdeckel ist von hinten in den Zylinder eingebracht.

[1]) Ausführung der Firma Escher, Wyß & Cie., Zürich.

Der Mitteldruckzylinder (Fig. 283, S. 354) zeigt die gewöhnliche Bauart der mit Sattdampf arbeitenden Ventilzylinder. Der Dampf strömt von unten in den Zylindermantel und durch Längskanäle nach den Kammern der Einlaßventile.

Bei dem Niederdruckzylinder (Fig. 284, S. 355) erfolgt die Dampfzufuhr in derselben Weise; es sind aber die beiden Auslaßschieber mit getrennten Stutzen für die anschließenden Abdampfrohre versehen.

Fig. 281.

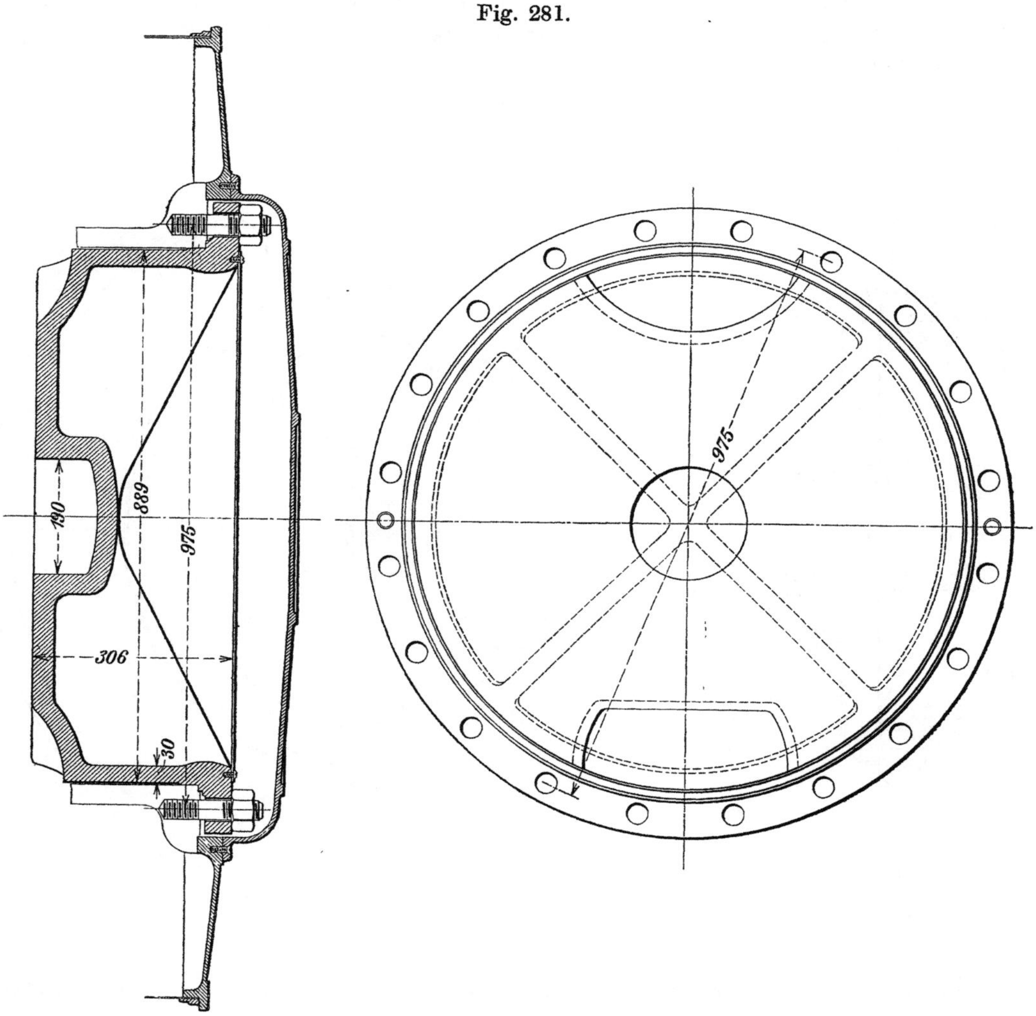

Sämtliche in Hohlguß ausgeführte Zylinderdeckel können geheizt werden.

Die eigenartige Bauart der bei den Maschinen mit Drehschiebersteuerung der Firma H. Bollinckx, Brüssel, zur Verwendung kommenden Zylinder zeigt Fig. 285, S. 356. Sie bestehen, abgesehen von den Deckeln, aus zwei Teilen: dem mit dem vorderen Schiebergehäuse aus einem Stück gegossenen Innenzylinder und dem Außenzylinder mit hinterem Schiebergehäuse. Die Verbindung ist an der Vorderseite mittels Flanschenverschraubung hergestellt, während an der Hinterseite der Innenzylinder nur mit einem sorgfältig

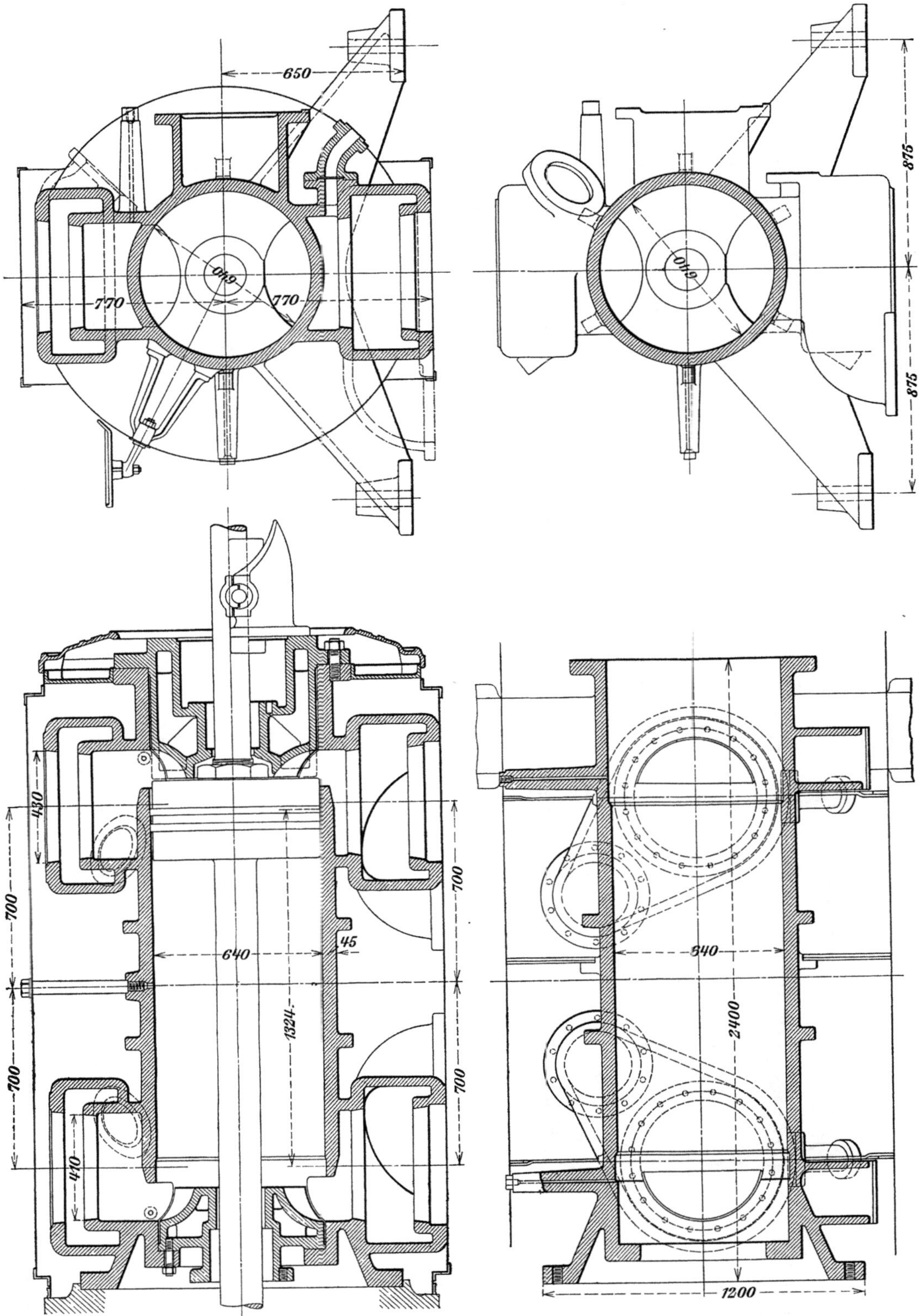
650
770
770
640
610
875
875
430
700
700
700
700
640
45
1324
410
840
2400
1200

Fig. 282.

zylindrisch abgedrehten Ende in die entsprechende Bohrung des Mantels eingelegt ist. Durch diese Verbindung soll etwaigen Ausdehnungen des Zylinders und seines Mantels

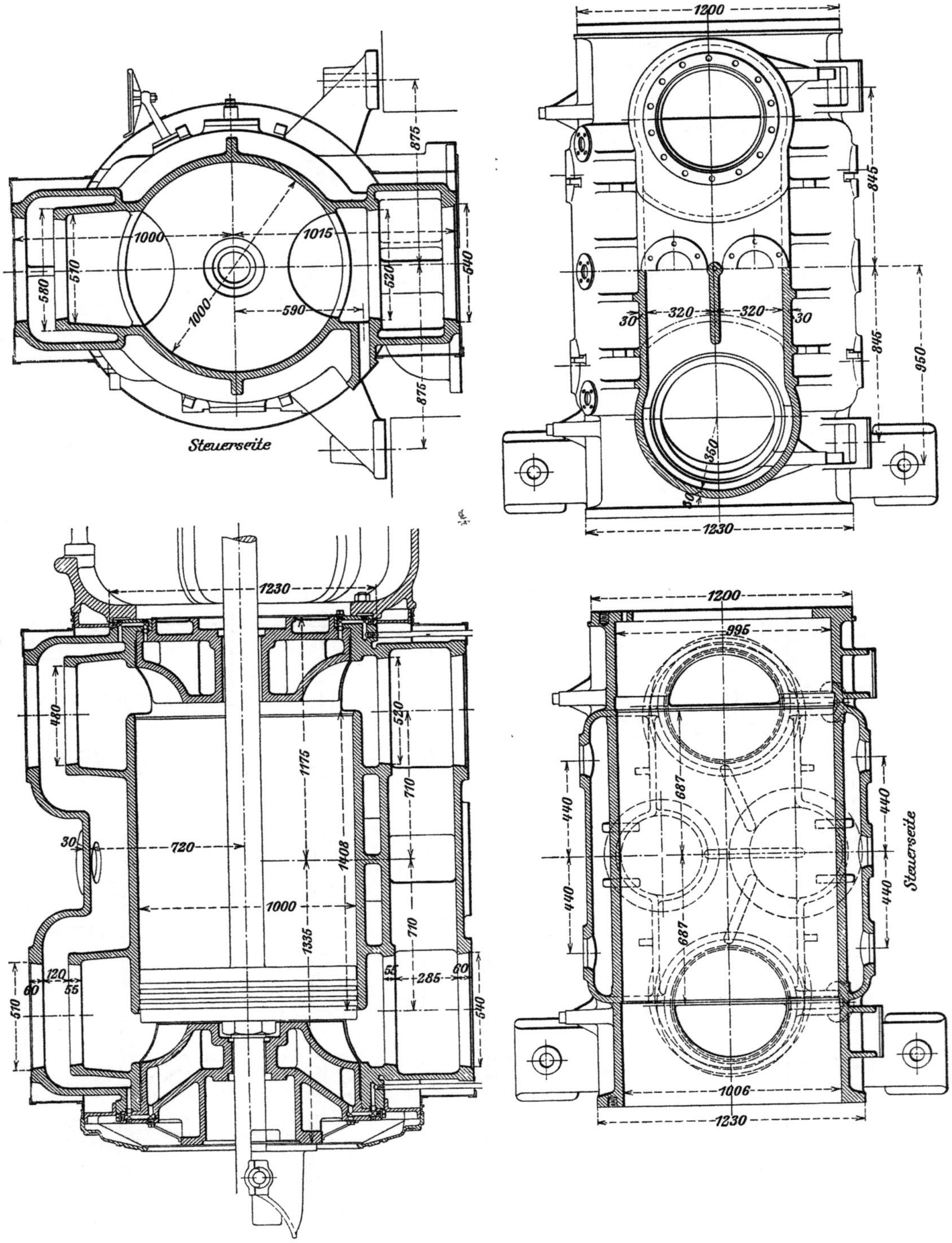

Fig. 283.

Rechnung getragen und jede schädliche Spannung vermieden werden. Am äußeren Umfange ist der Zylinder, um die Wärmeaufnahme zu erhöhen, mit umlaufenden Riffe-

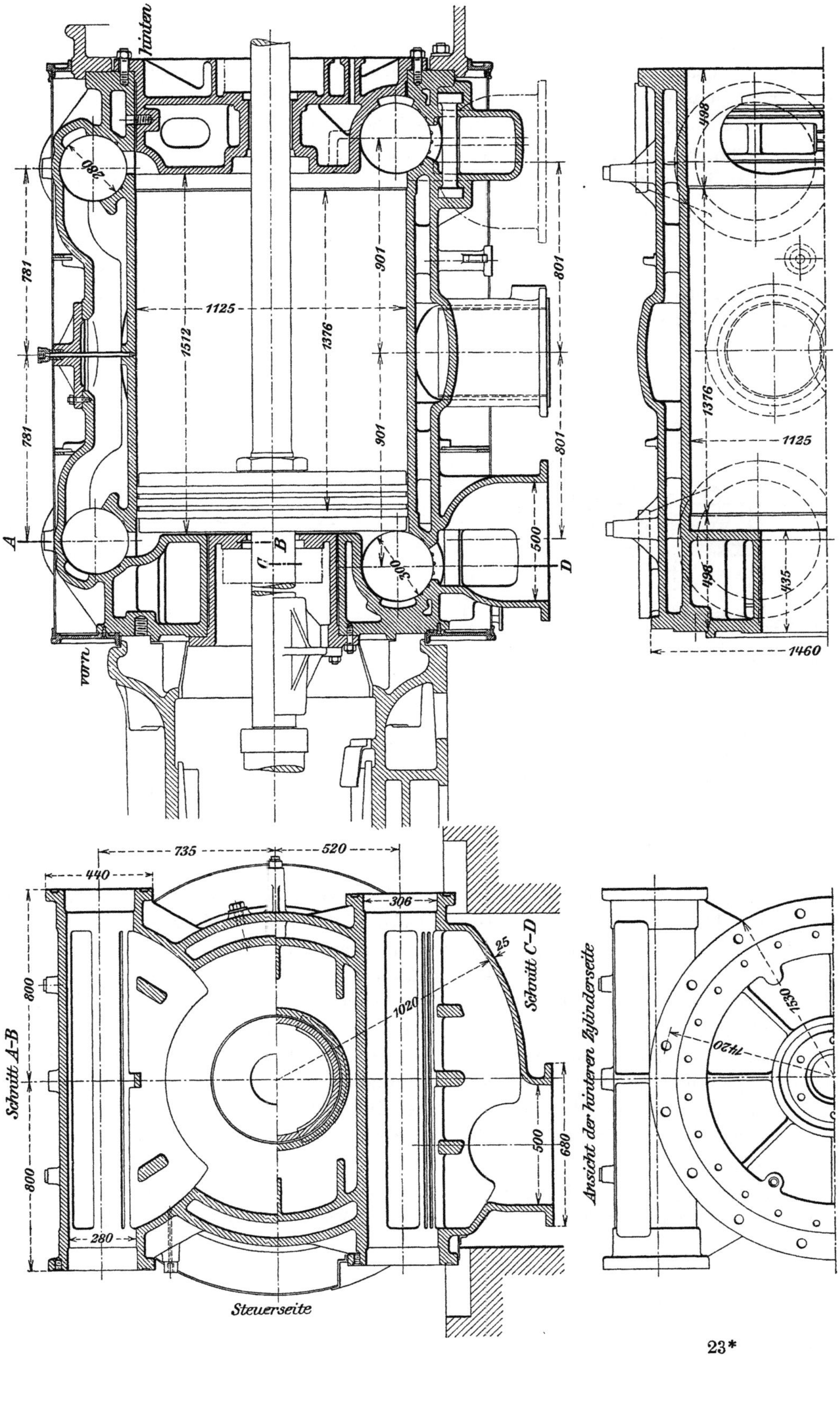
hinten
vorn
Schnitt A-B
Schnitt C-D
Ansicht der hinteren Zylinderseite
Steuerseite

Fig. 284.

lungen versehen. Der Dampf stößt, um vor seinem Eintritt in den Zylinder möglichst entwässert zu werden, beim Verlassen des Dampfrohres rechtwinklig gegen den Zylinder, an dem er scharf nach rechts oder links abgelenkt wird, um nach den Einlaßschiebern zu gelangen; das mitgerissene Wasser fließt samt dem im Mantel entstandenen Kondenswasser durch Röhrchen im unteren Teil des letzteren einem selbsttätigen Ableiter zu.

Zum Tragen des Zylinders dienen die Abdampfstutzen, die auf jeder Seite desselben durch breite Fußplatten mit dem Fundament verbunden sind, und unter demselben in ein wagerechtes Abdampfrohr münden.

Der in Fig. 286 ersichtliche, mit Dampfmantel umgebene Zylinder der von der Firma P. Farcot und A. Farcot, Saint-Ouen (Seine), gebauten Maschinen mit Drehschiebersteuerung ist mit ebenfalls von bewegtem Dampfe durchströmten, gleichzeitig die Schiebergehäuse bildenden Deckeln versehen. Der Frischdampf strömt durch ein Rohr

Fig. 285.

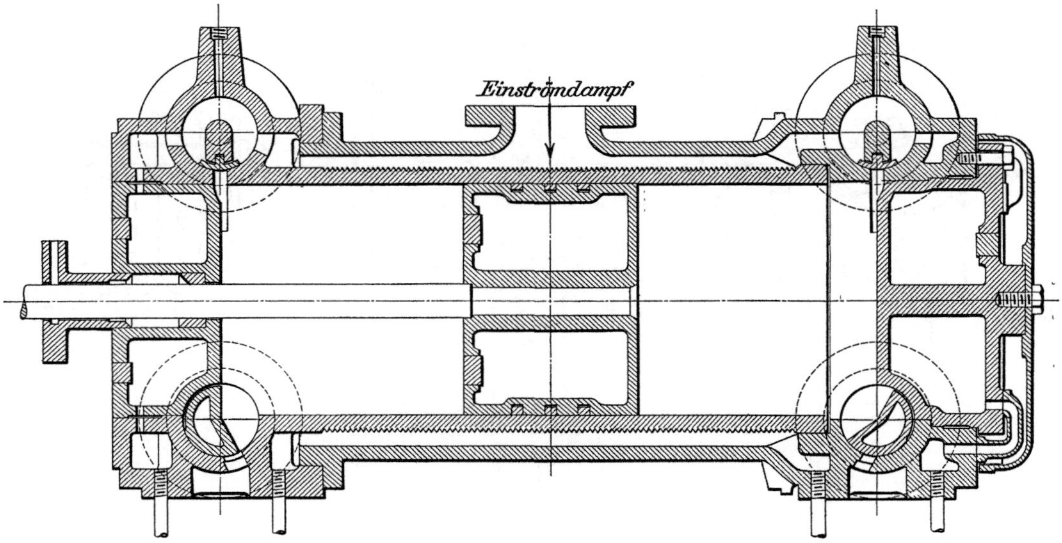

im unteren Teile des Zylinders in den Mantel desselben, aus diesem durch Knierohre in die oberen Hohlräume der beiderseitigen Deckel, in denen die Einlaßschieber liegen, und nachdem diese durch den äußeren Steuerungsmechanismus geöffnet sind, in den Zylinder. Da nach jedesmaligem Abschluß der Einlaßschieber frischer Dampf durch ein Rohr von bedeutendem Querschnitt zugeführt wird, der sich in Wirbelungen um den Zylinder bewegt und eine fortwährende Erneuerung der Wärmeabgabe bewirkt, ist — auch in Anbetracht der kleinen schädlichen Räume — der Dampfverbrauch der Maschine verhältnismäßig gering. Die in den unteren Hohlräumen des Zylinders liegenden Auslaßschieber treten bei geöffnetem Kanal in das Innere des Zylinders und entfernen sich beim Schließen der Ausströmöffnungen wieder, so daß der Kolben unbehindert das Ende seines Hubes erreichen kann.

Die Konstruktion des Doppelzylinders einer kurz gebauten Tandemmaschine 280 bezw. 455/400 mit Lentz-Ventilsteuerung zeigt Fig. 287, S. 358[1]).

[1]) Ausführung der „Schweizer Gesellschaft für Lentz-Ventilmaschinen", Giubiasko (Schweiz).

Durch den Zusammenbau von Hoch- und Niederdruckzylinder fällt die bei normalen Tandemmaschinen übliche Laterne als Verbindung zwischen den beiden Zylindern fort. Die Trennung derselben erfolgt durch einen Zwischendeckel, in den behufs Abdichtung der Kolbenstange die Metalldichtung, Patent Lentz (s. Fig. 307a), eingebaut ist.

Der durch diese Bauart erreichte geringe Raumbedarf und der weitere Vorteil, daß die geringe Hublänge der Tandemmaschinen verhältnismäßig hohe Umlaufzahlen gestattet, läßt sie zum unmittelbaren Antrieb von Dynamos und anderer schnellaufender Arbeitsmaschinen (Zentrifugalpumpen, Ventilatoren usw.) besonders geeignet erscheinen.

Da der größere Niederdruckzylinder hinten liegt, können Kolben und Zylinderdeckel ohne besondere Schwierigkeit nach hinten herausgezogen werden[1]).

Fig. 286.

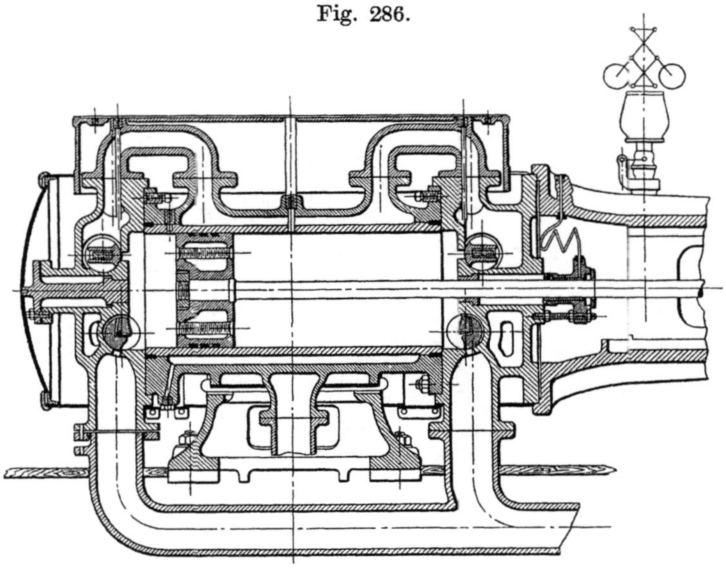

Neuerdings wird bei Tandemmaschinen der Niederdruckzylinder meist vorn und der Hochdruckzylinder hinten angeordnet. Die Entfernung des Niederdruckdeckels und des Niederdruckkolben erfolgt dann weniger bequem durch den Ausschnitt des Zwischenstückes, doch wird durch diese Anordnung, was namentlich für Heißdampfbetrieb von Wichtigkeit ist, eine schädliche Erwärmung der Geradführung und ein Verziehen derselben vermieden.

Bei dem Doppelzylinder (Fig. 287) tritt der Dampf von unten durch die beiden Einlaßventile in den Hochdruckzylinder und nach verrichteter Arbeit durch die oben sitzenden Auslaßventile in den über beiden Zylindern liegenden Kanal, der als Zwischenbehälter dient. Aus diesem strömt der Dampf in umgekehrter Richtung durch den Niederdruckzylinder und schließlich durch ein Wechselventil in den Kondensator oder ins Freie. Durch die kurzen, um die Zylinder gelegten Dampfkanäle wird zufolge geringer Abkühlungsverluste der Dampfverbrauch günstig beeinflußt.

Da die Ventile bei der Lentz-Steuerung sich öffnen, wenn innerhalb der Zylinder ein zu hoher Druck entsteht, können Wasserschläge nicht eintreten; trotzdem sind am

[1]) Die Zusammenstellung einer kurzgebauten Tandemmaschine der Firma Främbs & Freudenberg, Schweidnitz, ist auf Tafel XI ersichtlich.

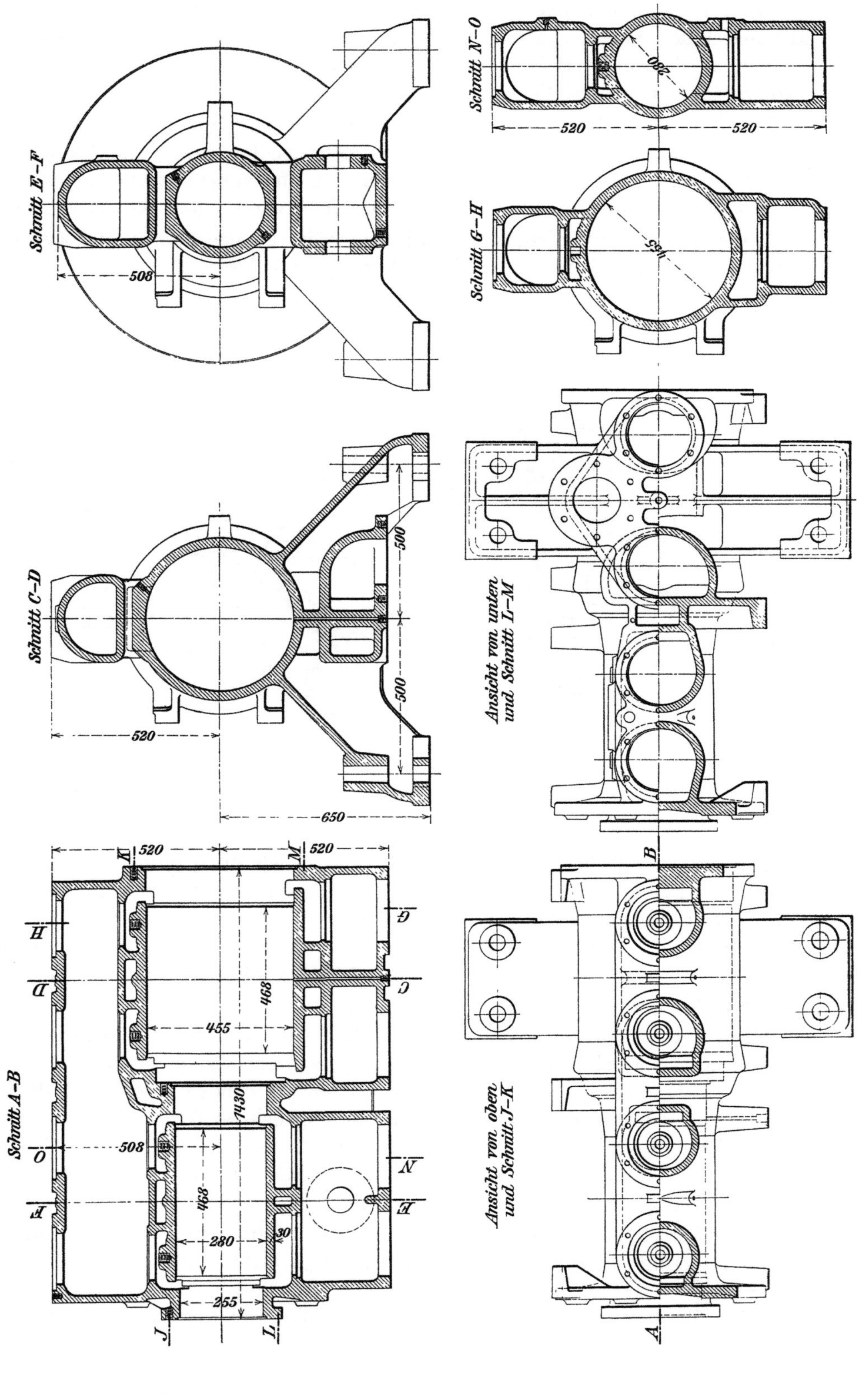
Schnitt E-F
508
Schnitt N-O
280
520
520
Schnitt G-H
455
Schnitt C-D
500
500
520
650
Ansicht von unten
und Schnitt L-M
Schnitt A-B
520
520
H
G
D
C
O
N
F
E
K
M
J
L
B
A
468
455
1430
508
458
280
30
255
Ansicht von oben
und Schnitt J-K

Fig. 287.

Doppelzylinder noch besondere Sicherheitsventile angebracht, die auch von Hand bedient werden können und somit an Stelle der Entwässerungshähne treten.

Fig. 287 a.

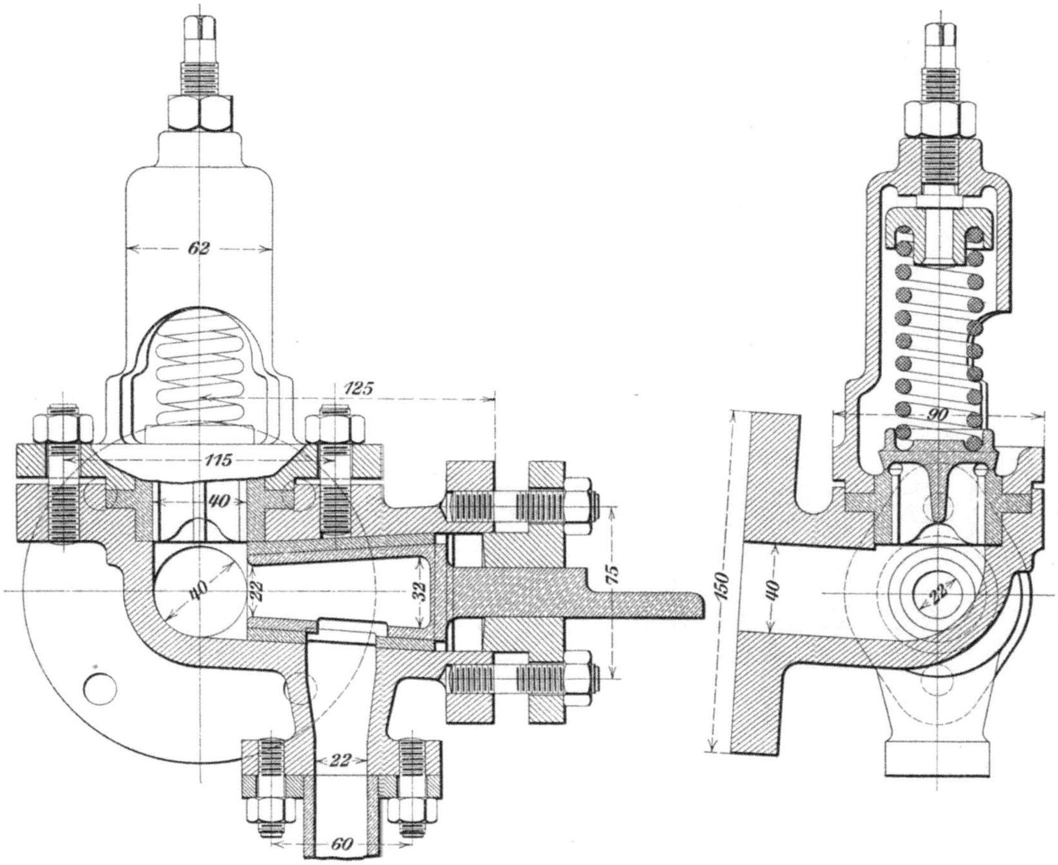

Fig. 288.

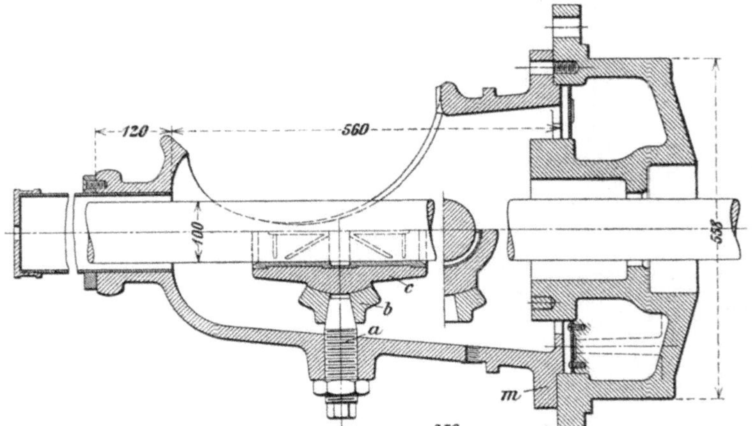

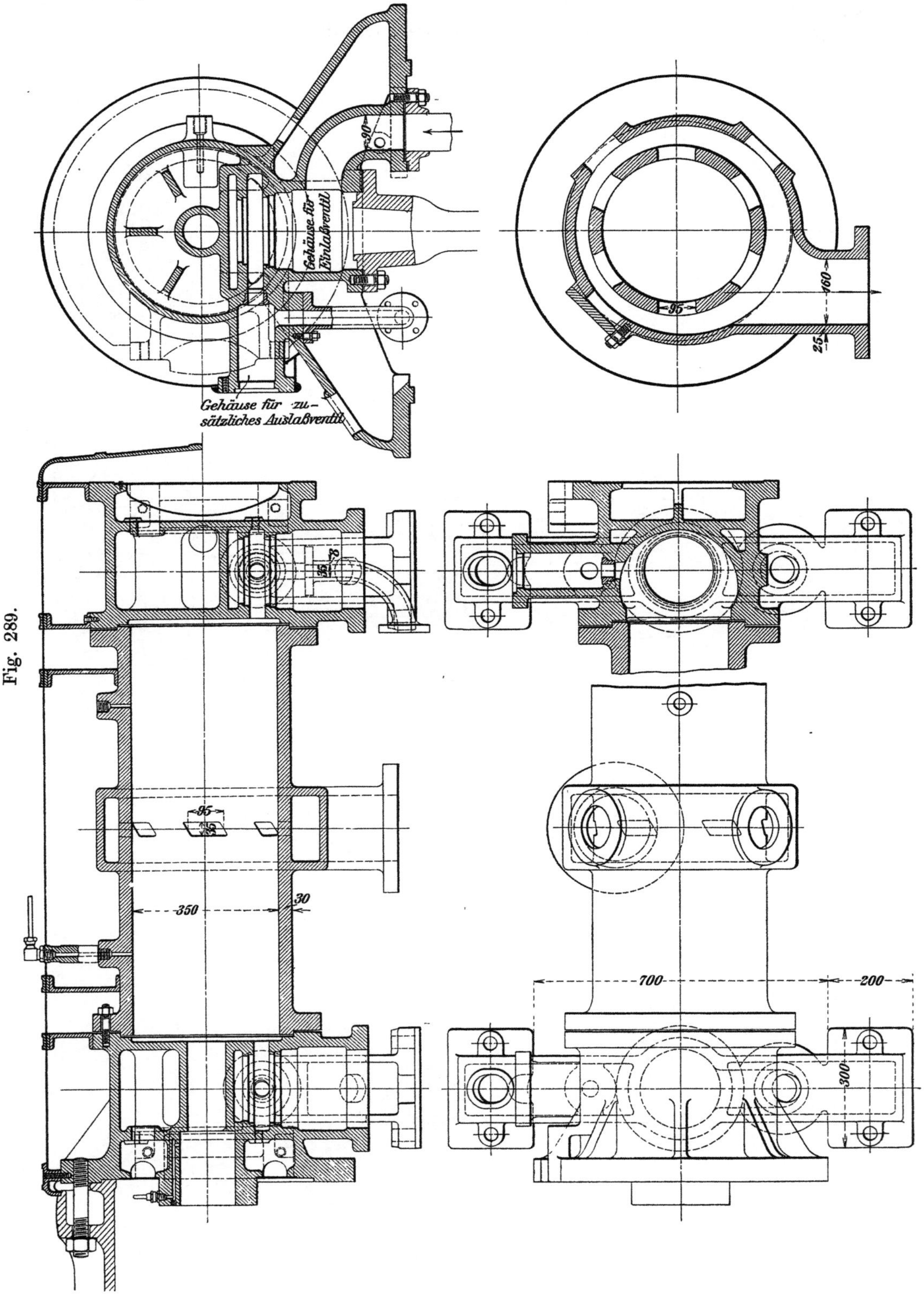
Gehäuse für Einlaßventil
Gehäuse für zusätzliches Auslaßventil
30
95
160
25
350
700
200
300

Fig. 289.

Fig. 287a (S. 359) zeigt ein solches Sicherheitsventil, wie es die Maschinenfabrik Herrmann Ulbricht, Chemnitz, an den Zylindern ihrer mit Proell-Schwabe-Steuerung arbeitenden Dampfmaschinen verwendet.

In Fig. 288 ist noch der hintere Deckel des Hochdruckzylinders einer Verbundmaschine 550 bezw. 900/800 mit anschließender Kolbenstangenführung dargestellt. Die am Deckel befestigte Führung m trägt eine Stellschraube a, auf deren konischen Endzapfen eine Pfanne b sitzt, die zum Tragen einer mit Weißmetall ausgegossenen Lagerschale c mit Kugelbewegung dient.

In das hintere Ende der Führung ist ein mittels Kappe geschlossenes Schutzrohr für die Kolbenstange gelegt[1]).

Den zu einer Gleichstromdampfmaschine 350/550 ($n = 165$ Uml/min) der Maschinenbau-A.-G. vorm. Ph. Swiderski, Leipzig-Plagwitz, gehörigen Zylinder zeigt Fig. 289.

Er besteht aus einem in der Mitte mit Auslaßschlitzen und einem diese umhüllenden Ringkanal versehenen zylindrischen Teil mit beiderseits angeschraubten Köpfen (Deckeln), in die die Einlaßventile und die mit ihnen durch je einen gemeinsamen Kanal mit dem Inneren des Zylinders in Verbindung stehenden zusätzlichen Auslaßventile eingebaut sind.

Um Wärmedehnungen frei folgen zu können, gleitet der mittels Zentrierflansches an der Geradführung befestigte Zylinder mit seinen beiden Füßen auf gehobelten Grundplatten.

Die Deckel werden vom durchströmenden Frischdampf geheizt.

b. Zylinder für stehende Dampfmaschinen (Zylinderdeckel).

Zu einer stehenden Kapselmaschine 375/320 ($n = 250$ Uml/min) mit Kolbenschiebersteuerung gehört der in Fig. 290 (S. 362) ersichtliche, mit dem Heizmantel aus einem Stück gegossene Zylinder[2]).

(Ständer und Grundplatte der Maschine sind in Fig. 69 abgebildet.)

Der Dampf strömt durch einen seitlichen Stutzen in den Heizmantel des Zylinders, von hier in einen ringförmigen Raum des Schieberkastens und aus diesem, je nach Stellung eines vom Regler beherrschten Ventlils mehr oder weniger gedrosselt in den Zylinder; nach vollbrachter Arbeit in diesem entweicht er durch einen die Enden des Schieberskastens miteinander verbindenden Kanal in das Abdampfrohr bezw. ins Freie.

Über andere zu Einfach-Expansionsmaschinen gehörige Zylinder s. Tafel IIIa und Tafel IV.

Nebeneinander stehende Zylinder von Verbundmaschinen werden unabhängig voneinander auf den zugehörigen Ständern befestigt (s. Fig. 291), häufig auch durch Flanschenverschraubung miteinander verbunden (s. Tafel V), oder — bei kleineren Ausführungen — als gemeinsames Gußstück ausgeführt (s. Tafel IIIb).

Die Zylinder einer geschlossenen schnellaufenden Verbundmaschine (Kapselmaschine) 500 bezw. 780/350 ($n = 250$ Uml/min) stehender Anordnung mit zugehörigen Deckeln sind in Fig. 291, S. 363[3]) dargestellt. Die Dampfverteilung des Hochdruckzylinders erfolgt durch einen mittels Achsenreglers beeinflußten, diejenige des Niederdruckzylinders durch

---

[1]) Ausführung der Maschinenfabrik Augsburg-Nürnberg A.-G., Nürnberg.

[2]) Ausführung der Maschinenbau-Anstalt „Humboldt“, Kalk bei Cöln a. Rh.

[3]) Ausführung der Firma Främbs & Freudenberg, Schweidnitz.

einen mittels festen Exzenters bewegten Kolbenschieber; beide Schieber arbeiten mit dreifacher innerer Einströmung des Arbeitsdampfes. Derselbe strömt durch einen am Hochdruckzylinder befestigten Stutzen in den mittleren Teil des zugehörigen Schiebergehäuses und nach vollbrachter Arbeit durch einen die Enden des letzteren verbindenden Stutzen und ein anschließendes Rohr in den Heizmantel des Niederdruckzylinders bezw.

Fig. 290.

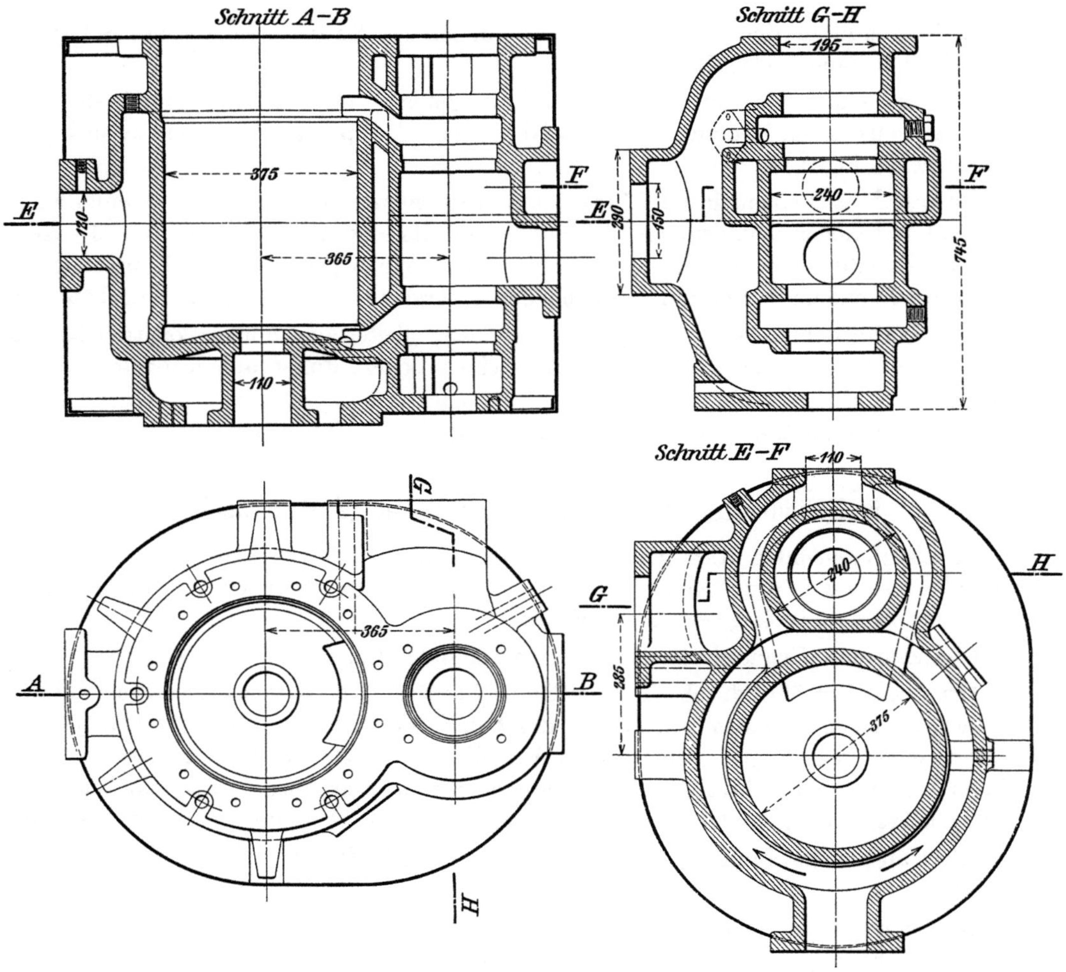

in dessen Schiebergehäuse, aus diesem durch oben und unten befestigte Krümmer und ein dieselben verbindendes Rohr ins Freie.

Behufs Einstellung der Steuerung sind drei durch Deckel geschlossene Schaulöcher am Schiebergehäuse jedes Zylinders angebracht.

Den Hochdruckzylinder einer mit Lentz-Ventilsteuerung arbeitenden Verbundmaschine 450 bezw. 750/350 ($n = 187$ Uml/min) zeigt Fig. 292, S. 364[1]).

[1]) Ausführung der Hannoverschen Maschinenbau-A.-G., vorm. G. Egestorff, Hannover.

Die Kammern b und b_1 der beiden rückwärts und übereinander liegenden Einlaßventile stehen durch die Kanäle v und w mit dem Einlaßkanal g, die zu den vorn und ebenfalls übereinander liegenden Auslaßventilen gehörigen Kammern c und c_1 durch die Kanäle h und i mit dem Überströmrohr k, sämtliche Kammern überdies noch durch die Dampfkanäle x und y mit dem Zylinder in Verbindung.

Fig. 291.

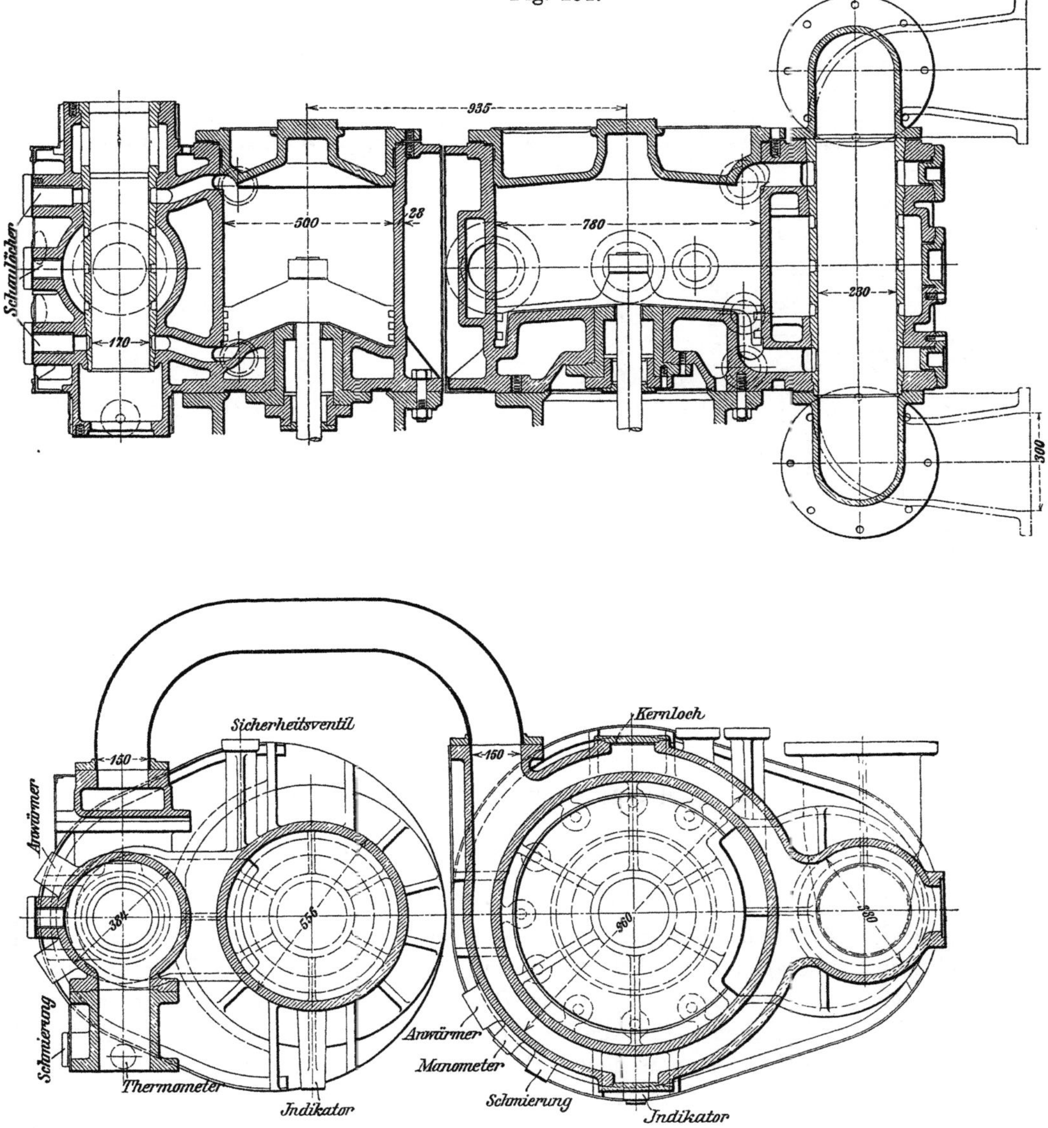

An den im Kasten e eingegossenen Arbeitsleisten u sind Lager befestigt, in denen sich an ihren Enden mit je einem Gleitschuh und einem mit der betreffenden Exzenterstange verbundenen Hebel versehene Wellen führen (vergl. Lentz-Steuerung — S. 320).

Die Zusammenstellung einer stehenden Verbundmaschine mit Lentz-Steuerung ist auf Tafel VI ersichtlich.

Fig. 292.

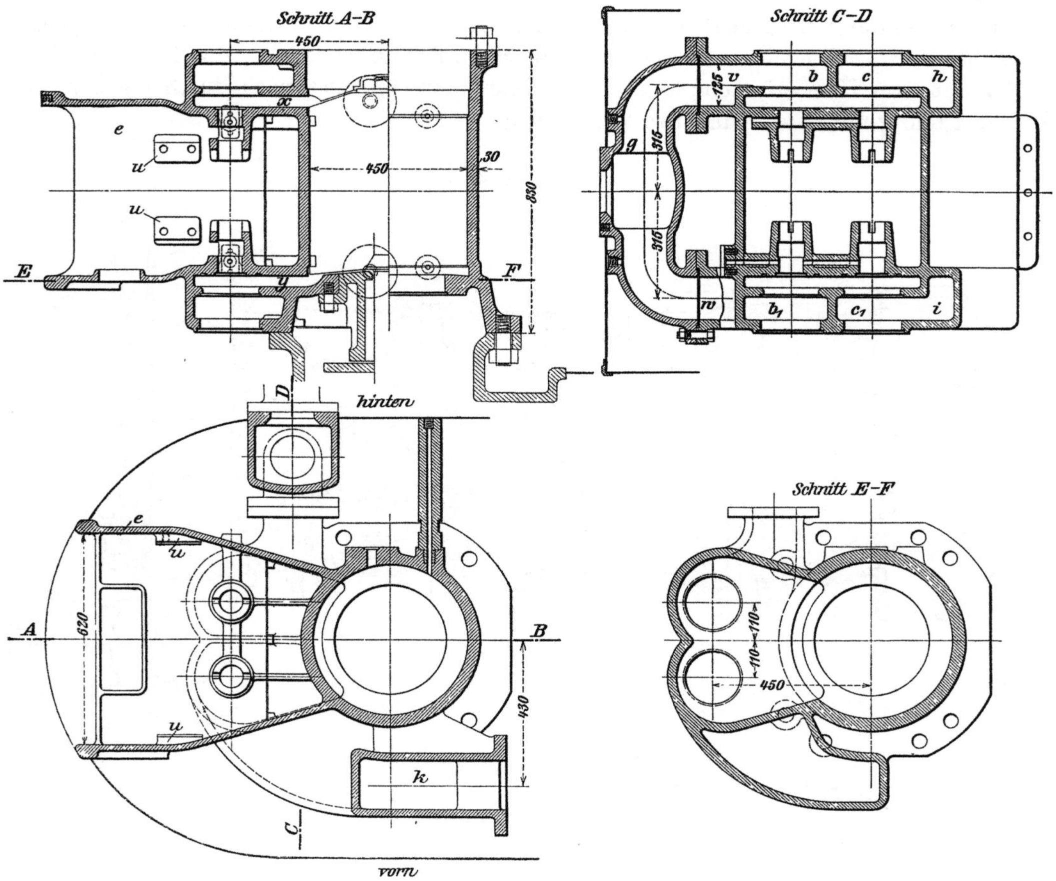

II. Kolben und Kolbenstangen.

A. Kolben (Kolbenringe).

a. Berechnung der Kolben.

Die bisher üblichen Verfahren der Berechnung der Kolben haben, da sie teils auf zu unsicheren Grundlagen entwickelt sind, teils zu umständliche Zahlenrechnungen erfordern, keine allgemeine Benutzung in der Praxis finden können. In neuerer Zeit hat C. Pfleiderer versucht, für die beiden wichtigsten Kolbenformen — den Stahlkolben und den mit Rippen versehenen Hohlkolben — Verfahren aufzustellen, welche Einfachheit mit möglichster Genauigkeit der Ableitung zu verbinden suchen[1]).

1. Stahlkolben (Fig. 293).

Da die meistbeanspruchte Stelle der Kolbenscheibe *mn* sich da befindet, wo sie in die Nabe übergeht, genügt es — nach Pfleiderer — die Beanspruchung derselben analog der einer beiderseits eingespannten kreisrunden ebenen Platte zu bestimmen.

[1]) Z. d. V. d. J. 1910, S. 317.

Man erhält sie als die Summe der Einzelbeanspruchungen die von dem auf der kreisrunden Platte wirkenden Flüssigkeitsdruck p (in kg/qcm) und dem auf den äußeren Hohlzylinder vom Querschnitt $\pi\ (R^2 - R_1^2)$ entfallenden Flüssigkeitsdruck

$$P = p\,\pi\,(R^2 - R_1^2),$$

der am Rande der Scheibe wirkend zu denken ist, herrühren. Auf Grund einer a. a. O. angestellten Untersuchung ergeben sich diese Einzelbeanspruchungen angenähert zu

Fig. 293.

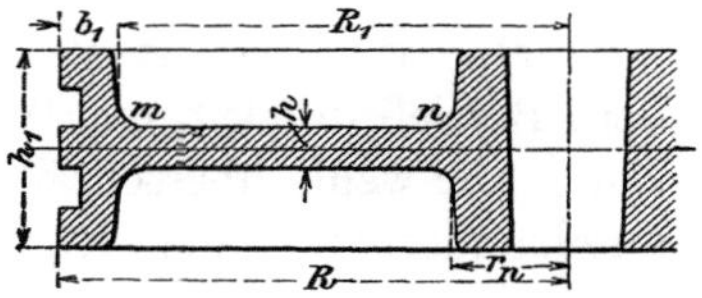

$$\sigma_b' = 11{,}5\,\frac{p}{h^2}\,\frac{R_1^2\,(R_1 - r_n)}{16\,r_n + 0{,}1\,\frac{R_1^2}{r_n}}$$

und

$$\sigma_b'' = 0{,}52\,\frac{p}{h^2}\left(R^2 - R_1^2\right)\frac{R_1 - r_n}{0{,}2\,R_1 + r_n},$$

so daß für die Gesamtbeanspruchung gilt

$$\sigma_b = \sigma_b' + \sigma_b''.$$

Bei Benutzung der vorstehenden Gleichungen soll der mittlere Durchmesser der Nabe nicht kleiner als das 1,6 fache der Bohrung und der durch die Kolbenringe nicht verschwächte Teil des äußeren Hohlzylinders nicht kleiner als das 0,8 fache der Dicke h der Kolbenscheibe sein.

2. Hohlkolben (Fig. 294).

Hierfür ermittelte Pfleiderer die Beanspruchung zu

Fig. 294.

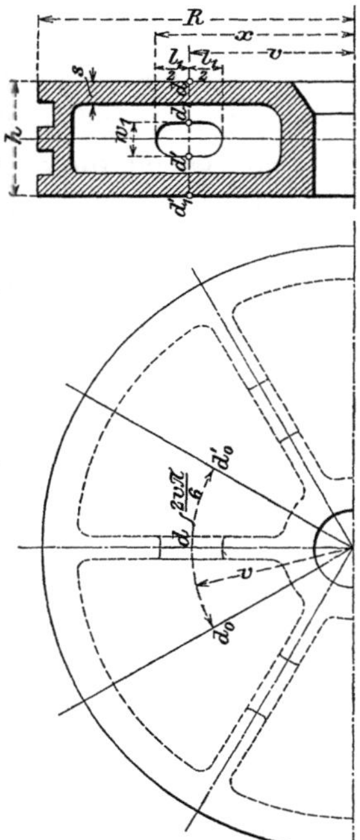

$$\sigma = \frac{h}{2}\,\frac{M_b}{J} + P_s\,\frac{l_1}{4}\left[\frac{1}{af} + \frac{a - \frac{w_1}{2}}{J_1}\right], \quad . \; . \; . \; \mathbf{89)}$$

worin bezeichnet:

h die Höhe des Kolbens,

J das Trägheitsmoment des durch die Lochmitte geführten Querschnittes $d\,d_1\,d'\,d'_1$ desjenigen Ausschnittes, dessen Seitenflächen den Winkel zwischen den Rippen halbieren,

J_1 das Trägheitsmoment der ⊥-förmigen Querschnitte $d\,d_1$ und $d'\,d'_1$, d. h. der oberhalb und unterhalb der Nullinie liegenden Teile des oben erwähnten Ausschnitt-Querschnittes,

$2a$ die Entfernung der Schwerpunkte dieser beiden Querschnitte,

f den Inhalt jedes dieser Querschnitte,

l_1 die Länge der Aussparung,

w_1 deren lichte Höhe,

P_s die Schubkraft in dem durch die Lochmitte gehenden Ausschnitt-Querschnitt

$$P_s = \frac{\pi}{n}(R^2 - v^2)\,p\,,$$

n die Anzahl der Rippen,

M_b das biegende Moment des Ausschnittes an der Stelle, wo das Loch beginnt

$$M_b = p\,\frac{\pi}{3\,n}(R - x)^2(2\,R + x)\,.$$

Man wird bei der Berechnung eines Kolbens sicher gehen, wenn sich aus Gl. 89 bei dem Betriebsdruck p ein Wert ergibt, der die zulässige Beanspruchung des Materials auf Zug nur wenig überschreitet. Es ist auch noch darauf zu achten, daß der zwischen zwei aufeinander folgenden Rippen liegende Teil der Kolbenscheibe genügend stark ist, um dem Flüssigkeitsdruck zu widerstehen. Dies wird bei mindestens 6 Rippen erreicht, wenn die Dicke s der Scheibe nicht kleiner ist als das 0,6 fache der Dicke der Rippen. Um ferner zu verhindern, daß die schwächste Stelle nach der Nabe verlegt wird, hat man ihren Durchmesser mindestens gleich dem 1,5 fachen der Bohrung zu machen.

b. Kolbenringe.

1. Allgemeines.

Kolbenringe, die durch ihre eigene Elastizität abdichten sollen — Federringe oder Selbstspanner — werden gewöhnlich so hergestellt, daß ein Hohlzylinder aus zähem Gußeisen mit einem Flansch oder mit Lappen zusammengegossen wird, mittels derer er auf der Planscheibe einer Drehbank befestigt werden kann. Dieser Zylinder wird zunächst innen und dann auf einen äußeren Durchmesser

$$D + \frac{a}{\pi} + y$$

abgedreht, worin D den Zylinderdurchmesser, a die Größe des später anzubringenden Ausschnittes ($a \backsim 0{,}1\,D$) und y eine Zugabe (etwa 4 bis 8 mm, je nach der Größe des Zylinderdurchmessers) bedeutet, die erforderlich wird, um ein nochmaliges Abdrehen des Ringes vornehmen zu können. Hierauf werden die einzelnen Ringe abgestochen, die Stirnflächen bearbeitet und die Ringe schräg oder stufenförmig um die Größe a ausgestoßen, sodann ihre Enden durch einen dünnen Stift in achsialer Richtung zusammengeheftet und schließlich werden sie durch nochmaliges Abdrehen auf den Durchmesser D fertiggestellt. Nach Entfernung des Heftstiftes werden die Stirnflächen der Ringe mit Schmirgel und Öl in die Ringnuten des Kolbenkörpers eingeschliffen.

Die Deckung des Spaltes geschieht durch Überblattung oder, wenn der Ring schräg aufgeschnitten wurde (s. z. B. Fig. 299), durch eine besondere Verschlußplatte (Zunge). Die Spalten mehrerer Ringe werden gegeneinander versetzt, die Ringe selbst durch im Kolbenkörper sitzende Stifte gegen Verdrehung gesichert.

Ringe, die über die Stirnflächen des Kolbens in die Nuten desselben gebracht werden, erhalten eine Wandstärke

$$s \lesseqgtr \frac{D}{30} \text{ für gleich starke Ringe,}$$

$$s \lesseqgtr \frac{D}{25} \text{ für ungleich starke Ringe,}$$

die an den freien Enden bis auf 0,7 s abnehmen.

Die Höhe der Ringe kann $h = 2\,s$, die Größe des Ausschnittes $f = 1{,}25\,h$ bis $1{,}5\,h$ oder — wie oben — $0{,}1\,D$ betragen.

Ringe, die nach Abnahme eines besonderen Deckels auf den Kolben geschoben werden, erhalten eine Wandstärke

$$s = \frac{D}{20}$$

abnehmend bis $0{,}7\,s$.

Die Höhe dieser Ringe kann $h = s$ bis $1{,}5\,s$ — die kleineren Werte für stehende, die größeren für liegende Maschinen — gewählt werden.

Zuweilen werden die Kolbenringe, um eine gleichmäßige und gleichbleibende Federung zu erhalten, unrund gegossen bezw. gedreht; sie nehmen dann nach erfolgtem Ausschneiden und Zusammenpassen eine kreisrunde Form an.

Fig. 295.

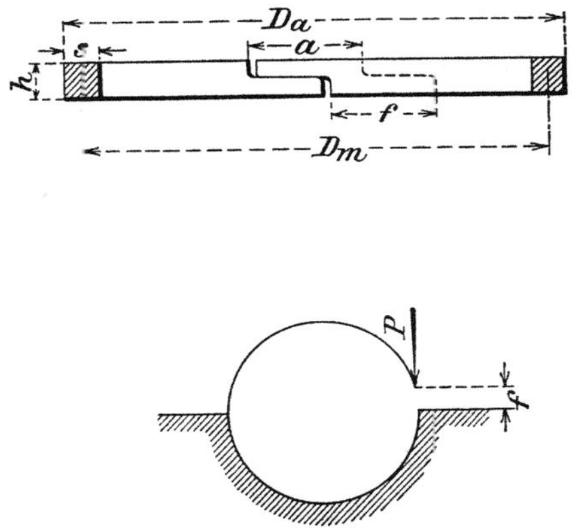

2. Berechnung der Kolbenringe[1]).

Bezeichnet — unter Bezugnahme auf Fig. 295 — f das Maß der Zusammenpressung (Federung) eines Kolbenringes — mit Rücksicht auf Wärmedehnung ist hierfür ein etwas kleinerer Wert als für den Ausschnitt a (s. vorstehend) zu nehmen — und ist ferner

$$D_m = D_a - s\,,$$

so folgt für die Hälfte eines Kolbenringes — als rechteckige Biegungsfeder gedacht — bei einer Durchbiegung f die Federkraft

$$P = \frac{E \cdot f \cdot h\, s^3}{12\, R_m^3\, \pi}\ \text{kg}\,,$$

worin

R_m den mittleren Halbmesser des Ringes in cm,
E den Elastizitätsmodul des Ringmaterials in kg/qcm

bedeutet.

Wird die Einzelkraft P durch die über den Umfang verteilte, radial wirkende Belastung p (in kg/qcm) ersetzt, demnach

$$P = R_m\, \pi\, h\, p$$

---

[1]) Nach H. Friedmann: „Zeitschrift des Österr. Ingenieur- und Architekten-Vereins" 1908, S. 632.

gesetzt, so erhält man die Pressung des Ringes am Umfang — den Dichtungsdruck — zu

$$p = \frac{P}{R_m \pi h} = \frac{E f \cdot s^3}{12 \pi^2 R_m^4}.$$

Diese Gleichung gestattet die Berechnung der Wandpressung aus den Ringabmessungen.

Reinhardt gibt als erfahrungsmäßig zulässigen Wert

$$p = 0{,}25 \text{ bis } 0{,}5 \text{ kg/qcm}$$

an[1]).

Für die eintretende Abnutzung ist die Reibungsarbeit maßgebend, die dem Produkte $p c_m$ proportional ist, wenn c_m die mittlere Kolbengeschwindigkeit (in m/sek) bedeutet.

Nach den Erfahrungen an Kreuzkopfführungen kann man mit dem Werte $p c_m$ bis auf 5 gehen, ohne merkliche Abnutzungen befürchten zu müssen. Mit Rücksicht auf die höhere Temperatur im Dampfzylinder — insbesondere bei Verwendung von Heißdampf — und die geringere Wärmeableitung dürfte bei Kolbenringen der Wert $p c_m = 1{,}5$ entsprechend sein; dies führt z. B. bei $c_m = 3$ m/sek auf $p = 0{,}5$ kg/qcm.

Mit der Festlegung des Wertes p können nun die Ringabmessungen bestimmt werden, wenn noch die Festigkeitsgleichung des um f zusammengezogenen Ringes zu Hilfe genommen wird.

Die hierbei in den äußersten Fasern des Ringes auftretende Biegungsbeanspruchung beträgt

$$k_b = \frac{E \cdot s \cdot f}{2 R_m R_a \pi} = \frac{E \cdot s \cdot f}{R_m D_a \pi}.$$

Man kann mit k_b bis 1200 kg/qcm gehen.

Hiernach lassen sich die Abmessungen der Ringe angenähert ermitteln.

Beim Überbringen des aufgeschnittenen Ringes über die Stirnwand des Kolbens können sehr hohe Beanspruchungen im Ringe auftreten, die für verschiedene Werte von $\frac{D_a}{f}$ einem von H. Friedmann nach den genaueren Formeln von Reinhardt[1]) berechneten Kurvenblatt zu entnehmen sind.

Die Anzahl z der Ringe eines Kolbens richtet sich nach der Größe des höchsten Betriebsdruckes p_i, gegen den sie abdichten sollen und der ein Vielfaches vom Anpressungsdruck p der Ringe ist.

Man kann — nach H. Friedmann — die Beziehung als giltig annehmen

$$p s z = K$$

und für Scheibenkolben, wie sie bei Dampfmaschinen Verwendung finden,

$$K = 0{,}08\, p_i \left(1 + \frac{2}{z}\right) \text{ bis } 0{,}12\, p_i \left(1 + \frac{2}{z}\right) \quad \ldots\ldots\ldots \quad 90)$$

setzen, worin K die Abdichtungskonstante — einen für die betreffende Maschinengattung giltigen Erfahrungswert — bedeutet.

Bei kleinem p_i — z. B. bei Niederdruckzylindern — sind mit Rücksicht auf brauchbare Abmessungen größere Werte für K zu nehmen, als aus Gl. 90 hervorgeht.

---

[1]) Z. d. V. d. J. 1901, S. 232.

c. Ausgeführte Kolben.

Man unterscheidet offene (sog. schwedische) Kolben — geschmiedet oder aus Stahlguß hergestellt (Fig. 296) — und geschlossene, gußeiserne Kolben; letztere werden als einziges, mit Kernöffnungen versehenes hohles Gußstück oder geteilt ausgeführt, wobei im letzteren Falle nach Entfernung einer mittels Schraubenbolzen am Kolbenkörper befestigten Deckelscheibe die Kolbenringe freigelegt werden können.

Je nachdem diese Ringe sich zufolge eigener Elastizität an die Zylinderwandungen anlegen oder durch untergelegte Federn oder Federringe an dieselben gedrückt werden, unterscheidet man Kolben mit selbstspannenden oder solche mit nachstellbaren Dichtungsringen.

Fig. 296.

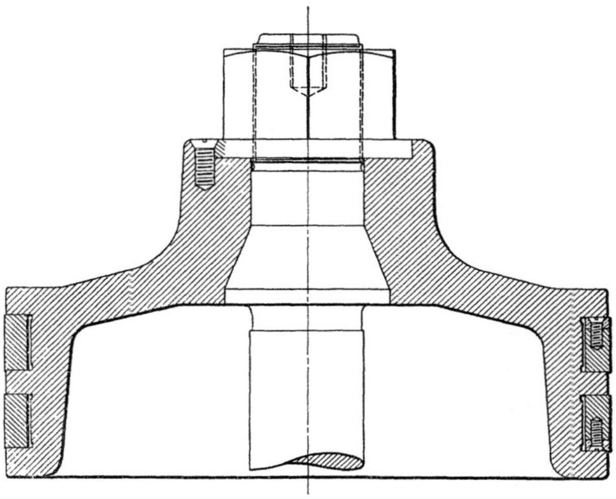

Fig. 297 (S. 370) zeigt einen geteilten Kolben mit zwei Dichtungsringen und dahinter liegendem Spannring, dessen Nachstellbarkeit durch Verschiebung eines aus Bronze gefertigten Keiles längs eines Druckstückes aus Stahl bewirkt wird.

Der ringförmige Deckel ist am Kolbenkörper mittels Schrauben befestigt, die gegen selbsttätiges Lösen durch einen über ihre Köpfe greifenden Blechring gesichert sind.

Die Verbindung mit der Kolbenstange erfolgt durch eine eingelassene, gegen Drehung gesicherte Bronzenmutter [1]).

Meist verzichtet man auf die Nachstellbarkeit der Kolbenringe und führt die geteilten Kolben mit selbstspannenden Ringen aus. Einen solchen Kolben zeigt Fig. 298.

Bei geteilten Kolben von 150 bis etwa 350 mm Durchmesser wird vielfach die Befestigungsschraube für die Kolbenstange auch gleichzeitig zur Verbindung der beiden ungefähr gleichgestalteten Kolbenhälften benutzt.

---

[1]) Zum Niederdruckzylinder einer Verbundmaschine 370 bezw. 600/740 ($n = 95$ Uml/min) der Sächsischen Maschinenfabrik A.-G., Chemnitz.

Am häufigsten kommen bei Dampfmaschinen Hohlkolben der Fig. 299 ersichtlichen Bauart mit selbstspannenden Dichtungsringen in Anwendung[1]). Um ein Durchtreten des Dampfes am Ringspalt der Dichtungsringe zu verhüten, sind aus Messing gefertigte Verschlußplatten g angebracht (s. auch Fig. 296).

Fig. 297.

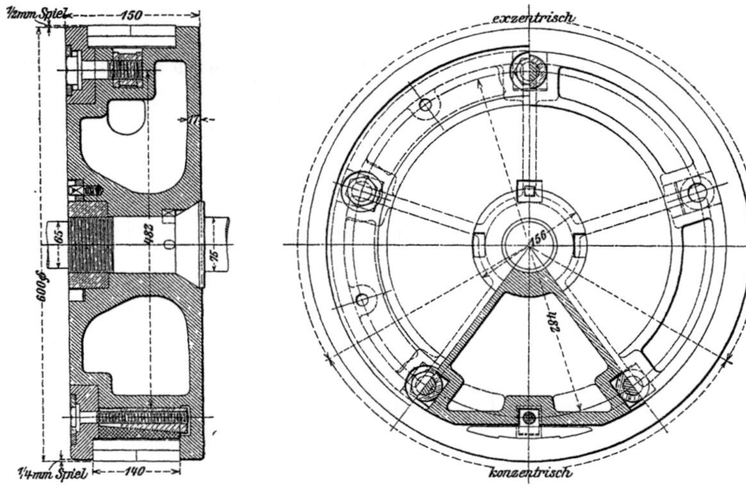

Fig. 298.

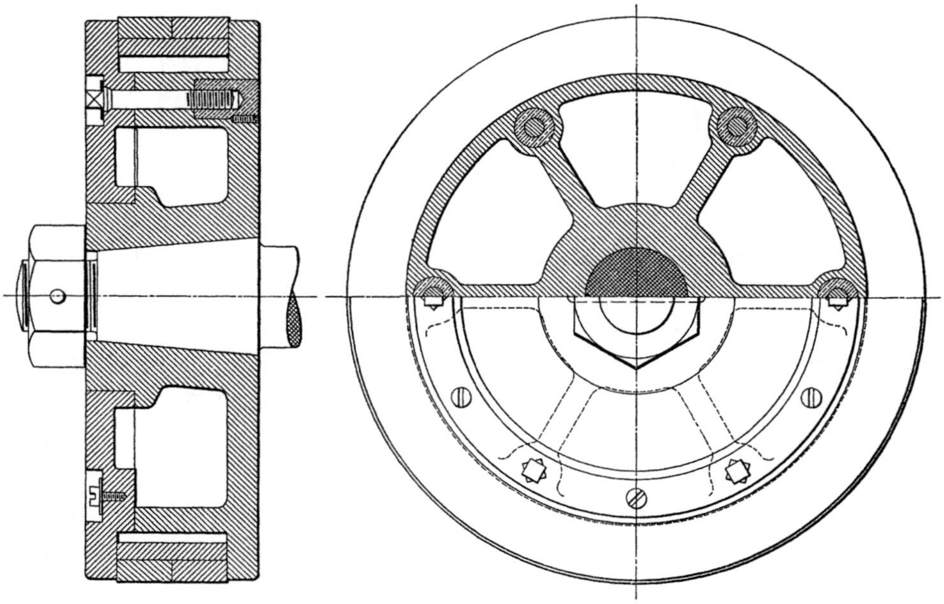

Ein größerer Hohlkolben — sog. getragener Kolben (vergl. S. 373) — ist in Fig. 300 abgebildet.

[1]) Zu einer liegenden Maschine 400/700 der Bernburger Maschinenfabrik A.-G., Bernburg.

Damit die Dichtungsringe ihre Lage beibehalten, ist das über den schrägen Schlitz eines jeden Ringes gelegte winkelförmige Schloß mit einem kleinen Zapfen versehen, der in eine Bohrung des an dieser Stelle verstärkten Kolbenkörpers greift.

Fig. 299.

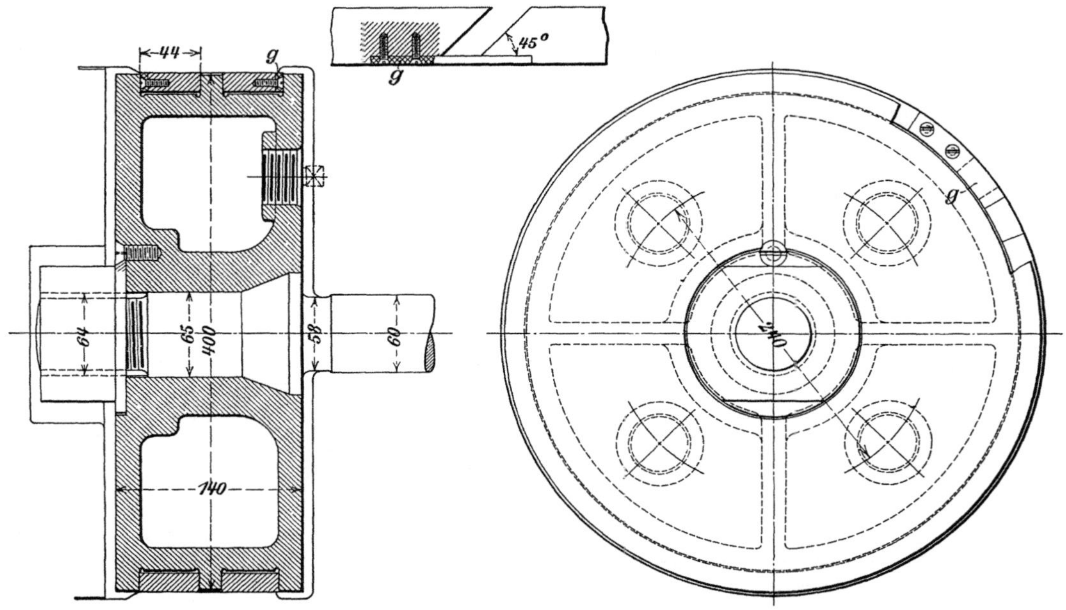

Fig. 300.

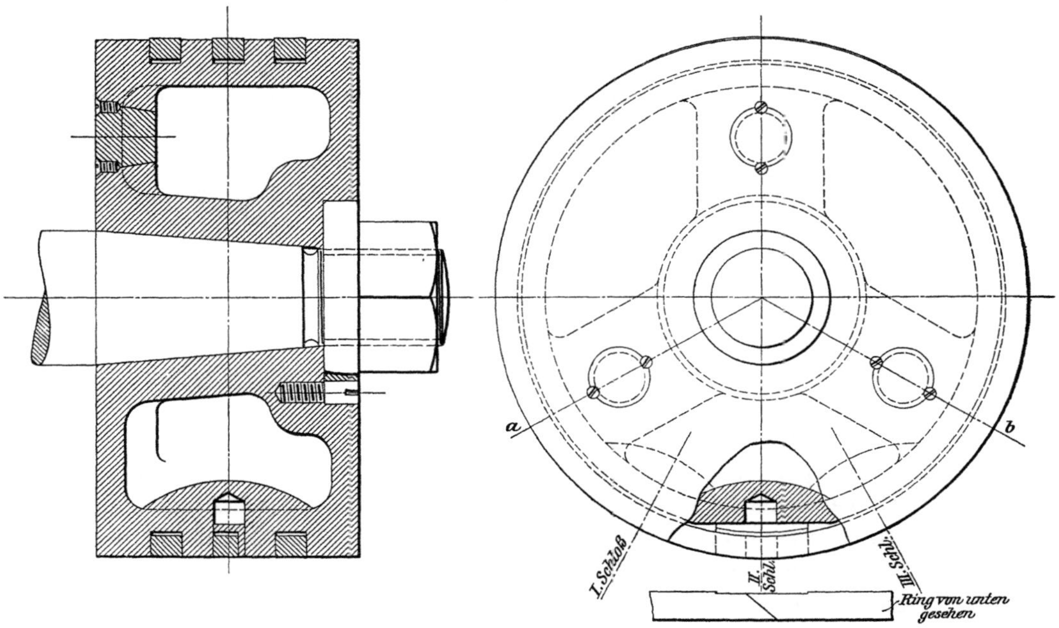

Dieser Kolben wird zunächst auf das Zylinderstichmaß abgedreht, darauf in der Richtung von unten nach oben um 0,5 mm aus dem Mittel verschoben und dann nochmals so abgedreht, daß oben 1 mm Span wegfällt, während der Kolben unten von *a* bis *b* unberührt bleibt, infolgedessen mit diesem Teile seines Umfanges vollkommen im Zylinder aufliegt.

Den zu einer Gleichstromdampfmaschine 350/550 ($n = 165$ Uml/min) der Maschinenbau-A.-G. vorm. Ph. Swiderski, Leipzig-Plagwitz, gehörigen Hohlkolben zeigt Fig. 301. Er liegt mit etwa $^1/_3$ seines Umfanges im Zylinder auf, so daß die zur Abdichtung der Kolbenstange dienende Stopfbüchse vollständig entlastet ist. Da bei der großen Länge des Kolbens der Flächendruck nur gering ist — etwa 2,5 kg/qcm — ist auch die Schmierung desselben leicht durchzuführen und der hierzu erforderliche Ölverbrauch gering.

Um Wärmedehnungen leichter folgen zu können, laufen die Rippen des Kolbenkörpers tangential an die die Kolbenstange umschließende Nabe an.

Fig. 301.

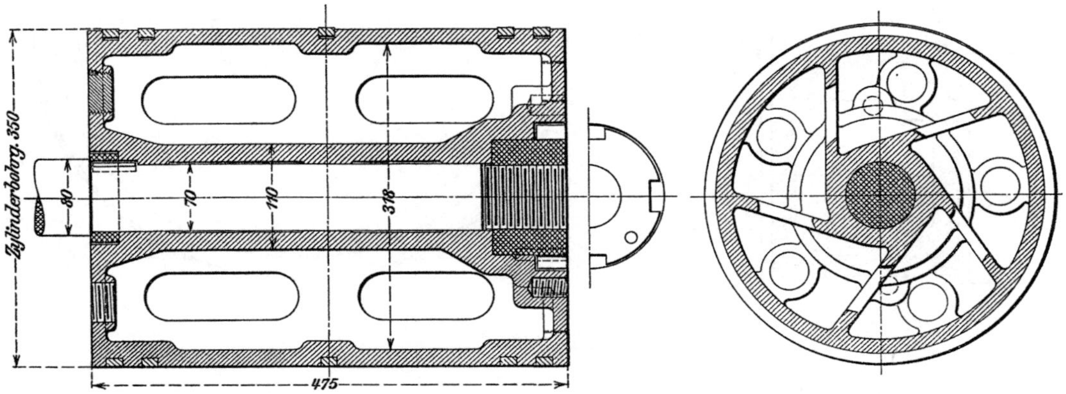

Die Verbindung des Kolbens mit seiner Stange geschieht meist durch Konus und eine gegen Drehung gesicherte Rotgußmutter. Die Sicherung wird durch eine unter die Mutter gelegte Kupferscheibe, deren umgebogene Enden sich gegen ebene Flächen der ersteren legen bezw. in eine Nut des Kolbenkörpers eingreifen, durch Umschlagen des entsprechend ausgebildeten Scheibenrandes der Kolbenmutter in eine am Kolbenkörper angebrachte Kerbe u. dergl. bewirkt. Zuweilen werden die Kolben auf die Stangen gepreßt und noch durch Vernietung mit denselben verbunden (s. auch nachstehend).

B. Kolbenstangen.

Die Befestigung der aus einem nicht zu weichen Stahl hergestellten Kolbenstange mit dem Kolbenkörper erfolgt am häufigsten (s. vorstehend) mittels kegelförmiger Flächen der ersteren (Kegelwinkel $> 8^0$), die auf entsprechende Flächen des letzteren aufgeschliffen und durch eine zumeist aus Rotguß gefertigte Mutter gegen diese gepreßt werden.

Der Flächendruck im Gewinde der Kolbenmutter kann etwa 150 kg/qcm betragen. Besser ist die Befestigung mit zylindrischem — zuweilen schwach konischem — eingeschliffenen Stück und Kegel mit starker Neigung (30 bis 45^0) — s. z. B. Fig. 297.

Die Kolbenstangen werden in der Regel auf Knickung beansprucht.

Hierfür gilt, wenn P, J, E und $\mathfrak{S}$ die Bedeutung auf S. 146 haben und außerdem l (in cm) die Stangenlänge, gemessen von der Mittelebene des Kolbens bis zur Achse des Kreuzkopfzapfens, bezeichnet

$$P = \frac{\pi^2}{\mathfrak{S}} \frac{J\,E}{l^2}.$$

Ist d der Durchmesser der vollen Stange in cm, so wird

$$P \sim \frac{E}{2\,\mathfrak{S}} \frac{d^4}{l^2}.$$

Für stehende Maschinen setzt man den Sicherheitsgrad $\mathfrak{S} = 8$ bis 11, wenn die Belastung zwischen P und Null schwankt, $\mathfrak{S} = 15$ bis 22, wenn die Belastung zwischen $+P$ und $-P$ schwankt. Ist der Kraftwechsel von Stößen begleitet, so sind für $\mathfrak{S}$ noch höhere Werte zu wählen.

Für liegende Maschinen tritt eine Biegungsbeanspruchung durch das Eigengewicht des Kolbens und der Stange hinzu.

Für kleine und mittlere Maschinen mit leichten Kolben ist durch die vorstehenden Formeln mit $\mathfrak{S} = 11$ bezw. 22 dieser Einfluß genügend berücksichtigt. Bei großen Maschinen und solchen mit schweren Kolben ist die beiderseits durchgehende Kolbenstange als Träger auf Biegung zu berechnen. Hierbei darf die Durchbiegung die für zulässig erachtete Größe (1 bis 2 mm) nicht überschreiten. (Der Durchmesser des Kolbenkörpers ist dann — nach „Hütte“, 20. Aufl. — mindestens um das 1,5- bis 2-fache der zugelassenen Durchbiegung kleiner zu wählen als der Durchmesser der Zylinderbohrung).

Bezeichnet

L die Länge der Stange zwischen der Achse des Kreuzkopfes und der des Tragschuhes (Schlitten) in cm,

G_k das in der Mitte der Stange wirkende Kolbengewicht in kg,

G_s das Stangengewicht in kg,

J das Trägheitsmoment des Stangenquerschnittes in cm^4 (bei Kreisquerschnitt $J = \frac{\pi}{64} d^4$),

so ist die Durchbiegung in der Mitte der Stange (in cm)

$$f = \frac{L}{48} \frac{G_k + {}^5/_8\, G_s}{E\,J}.$$

Dieser Wert wird durch den Einfluß des Knickdruckes P unter Umständen nicht unerheblich vergrößert.

Kolben aus geschmiedetem Stahl oder aus zähem Stahlguß und hohle Kolbenstangen tragen durch ihr geringes Eigengewicht und das reichliche J zur Verminderung von f bei.

Soll die Durchbiegung verhindert werden, so sind getragene Kolben anzuordnen (s. Fig. 300). Das Gewicht $G_k + {}^5/_8\, G_s$ wird dann von dem Kolbenkörper aufgenommen, wobei der Flächendruck

$$k = \frac{G_k + {}^5/_8\, G_s}{\text{Tragfläche im Zylinder}} < 3 \text{ kg/qcm}$$

sein soll.

Infolge der einseitigen Reibung der getragenen Kolben sind baldige Abnutzungen und Formänderungen der Stangen zu befürchten, weshalb reichlicher Querschnitt derselben zu empfehlen ist. Die von der Görlitzer Maschinenbau-Anstalt

A.-G., Görlitz, ausgeführten kolbentragenden Kolbenstangen werden von vornherein im unbelasteten Zustande derartig krumm hergestellt, daß sie bei Belastung durch das Kolbengewicht zu einer geraden Stange durchgebogen werden. Auf diese Weise wird das Eigengewicht von Kolben und Kolbenstange vollständig auf die Kreuzkopf- bezw. Tragschuhführungen übertragen — die Zylinderlauffläche wird entlastet und die Stopfbüchsen werden geschont.

III. Stopfbüchsen.

Die Bauart einer gewöhnlichen, aus dem Gehäuse mit Grundring g, dem Packungsmaterial (Hanf oder Baumwollenschnur) und der mittels Schrauben stellbaren Brille b bestehenden Stopfbüchse zeigt Fig. 302.

Fig. 302.

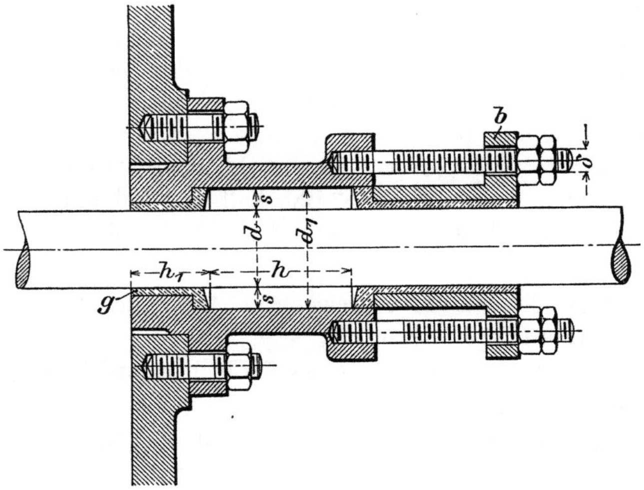

Mit Bezug auf diese Abbildung kann, wenn alle Maße in cm, nach Bach gewählt werden,

$$s = 0{,}65\sqrt{d} \quad \text{bis} \quad 0{,}8\sqrt{d}; \quad d_1 = d + 2s; \quad h \geqq d_1;$$

$h_1 \sim d$ bezw. $h_1 \sim 0{,}5\,d$, je nachdem es sich um die Abdichtung wagerechter oder senkrechter Stangen handelt.

Je höher die Packung, um so dauerhafter ist sie im Betrieb, und um so geringer ist die Reibungsarbeit.

Bezeichnet

i die Anzahl der Stopfbüchsenschrauben,

δ den äußeren Durchmesser derselben in cm,

p den Dampfüberdruck in kg/qcm,

so folgt i aus

$$\frac{\pi}{4}\left(d_1^2 - d^2\right) 3\,p = 120\,\delta^2 i \quad \text{bis} \quad 135\,\delta^2 i;$$

hierin ist p mindestens $= 3$ zu setzen und ferner $\delta \geqq 1{,}3$ cm anzunehmen.

In der Regel werden drei, bei kleinem Stangendurchmesser (z. B. bei den Stopfbüchsen der Schieberstangen) auch nur zwei Schrauben angewendet; im ersteren Falle wird der Brillenflansch — Stärke desselben etwa $^5/_4\,\delta$ — kreisförmig, im letzteren elliptisch gestaltet.

Ein gleichmäßiges Anziehen der Stopfbüchsenbrille wird am besten mittels Überwurfmutter (s. z. B. Tafel IV) erreicht — zuweilen auch dadurch, daß die Muttern der einzelnen Schrauben durch ein Rädergetriebe miteinander verbunden werden (s. z. B. Tafel XII).

Bei Dampfmaschinen, die mit hohem Druck oder mit überhitztem Dampf arbeiten, werden Stopfbüchsen mit Metallidérung verwendet, die häufig noch, um etwaigen Durchbiegungen oder seitlichen Abweichungen der Stange folgen zu können, innerhalb gewisser Grenzen beweglich sind.

In neuester Zeit werden packungslose Stopfbüchsen benutzt, die sich gut bewährt haben.

Fig. 303.

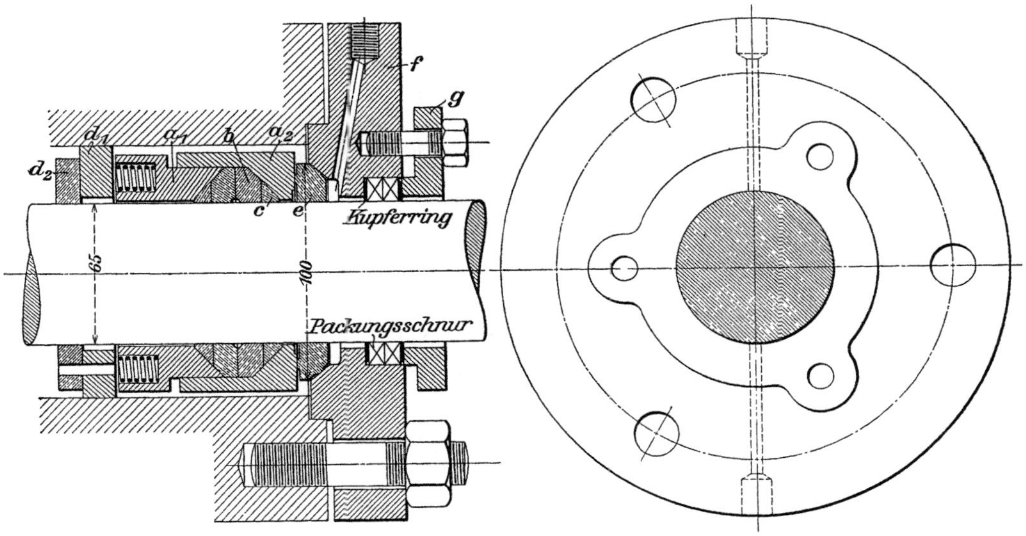

Eine bewegliche Stopfbüchse mit Metallpackung für 65 mm Stangendurchmesser — zu einem Niederdruckzylinder gehörig — zeigt Fig. 303[1]).

Sie besteht aus den zwischen Feder- und Dichtungshalter a_1 bezw. a_2 liegenden zweiteiligen Rotgußringen b und c. Die in Löchern des Halters a_1 untergebrachten Schraubenfedern von je 1,8 mm Drahtstärke, 10 mm mittl. Windungsdurchmesser und 8 Windungen wirken anderseits auf einen in das Stopfbüchsengehäuse eingelegten Zwischenring d_1, der sich gegen den aus Phosphorbronze bestehenden Grundring d_2 legt, während auf die äußere Stirnfläche des Halters a_2 ein Kugelring e dampfdicht aufgeschliffen ist, über den — ebenfalls dampfdicht — der Stopfbüchsendeckel f greift. An diesem ist mittels Schrauben die Brille g befestigt, durch deren Anzug die zwischen Kupferscheiben liegende, aus Tikondorschnur bestehende Packung zusammengedrückt wird.

Bei Verwendung der Stopfbüchse für Hochdruckzylinder greift über die Linsendichtung e ein Zwischenstück und über dieses erst der jetzt als Hohlzylinder ausgebildete Stopfbüchsendeckel, in den dann ein zweiter Satz Dichtungsringe mit zugehörigen Haltern und ein zweiter Kugelring eingebaut wird.

---

1) A. Borsig, Tegel bei Berlin.

Die Schwabe-Stopfbüchse (Fig. 304) besteht aus einer größeren Zahl dreiteiliger Ringe *d* aus Tiegelguß, von denen jeder in einen gußeisernen Kammerring *k* eingeschlossen ist. Die Dichtungsringe sind innen genau auf den Durchmesser der Kolbenstange ausgedreht, nach schrägen Fugen je in 3 Teile zersägt und außen mit einer Nut versehen, in der eine schlauchartige Schraubenfeder liegt, die in radialer Richtung einen sanften Druck auf die Ringsegmente ausübt. Infolge des Spieles der Dichtungsringe in den Kammerringen hat die Packung eine große Beweglichkeit senkrecht zur Stangenachse, so daß sie bei verbogenen oder infolge des Eigengewichtes sich durchbiegenden Kolbenstangen leicht nachgibt.

Eine noch in das Stopfbüchsengehäuse — bei *w* — einzubauende nachziehbare Weichpackung dient dazu, den während der Zeit des Einlaufens bei noch rauher Oberfläche der Kolbenstange etwa durchblasenden Dampf abzudichten; im regelrechten Betriebe ist dieselbe entbehrlich.

Fig. 304.

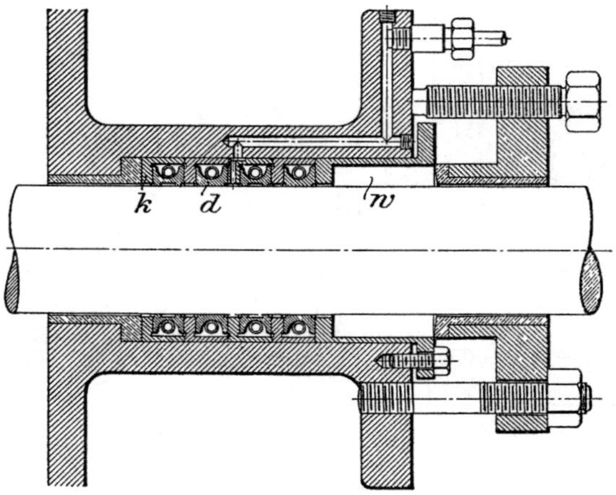

Bei der beweglichen Metallpackung, Patent Proell (Fig. 305), ist die Zusatzpackung in Wegfall gekommen; es befinden sich ferner in jeder Ringkammer zwei in je sechs Teile zerschnittene Dichtungsringe, die wieder durch umgelegte Schraubenfedern zusammengehalten und von diesen mit sanftem gleichmäßigen Druck gegen die Stange gepreßt werden. Je nach der Höhe des abzudichtenden Dampfdruckes ist die Zahl der erforderlichen Ringpaare verschieden. Bei zwei Ringpaaren (Fig. 305) ist der dem Dampfe zunächst gelegene Dichtungsring der ersten Kammer, bei drei Ringpaaren auch der entsprechende Ring der zweiten Kammer durch Bohrungen vom Dampfdruck entlastet, wodurch zugleich erzielt wird, daß sich das Druckgefälle gleichmäßig über die ganze Packung verteilt. Ausführungen mit vier Ringpaaren kommen verhältnismäßig selten vor.

Da die Teilfugen der Dichtungsringe gegeneinander versetzt sind, wird durch die Packung allseitiger Fugenschluß erreicht, der selbst dann noch gewahrt bleibt, wenn der Durchmesser der Kolbenstange nicht überall derselbe ist.

Zur Abdichtung des Vakuums an Niederdruckzylindern genügt bei Stangen von 100 mm Durchmesser ein einziges Ringpaar.

Zur Schmierung dient Tropf- oder Drucköl — letzteres zumeist für größere Stangen oder für hohe Temperaturen bezw. Spannungen des Dampfes.

Max Schmidt verwendet bei der ihm unter D. R. P. Nr. 208816 geschützten beweglichen Metallstopfbüchse für Heißdampfmaschinen Dichtungsringe aus schwer schmelzbarem Weißmetall, die zufolge der auf jedem Dichtungsring zweifach angeordneten, untereinander verbundenen Spannringe die Kolbenstange mit sanftem Druck umschließen und nur geringe Reibungsverluste hervorrufen.

Fig. 305.

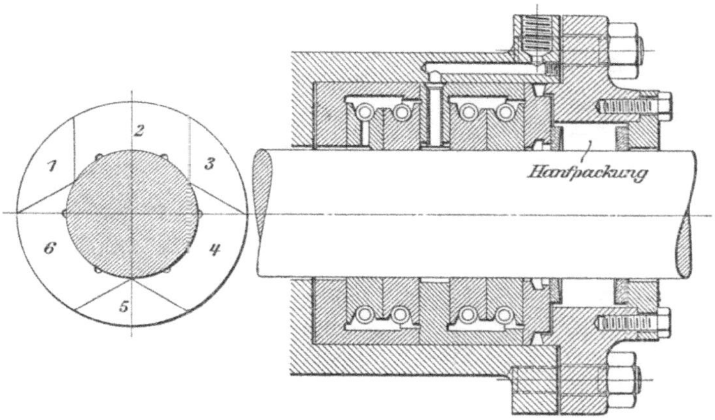

Fig. 306 zeigt diese Stopfbüchse für eine Kolbenstange von 125 mm Durchmesser.

Die beiden für jeden aufgeschnittenen Dichtungsring *f* vorgesehenen schmalen Spannringe *d* sind an einer Stelle — bei *g* — durch eine mittels Schlitzschräubchen befestigte schmiedeeiserne Platte *l* miteinander verbunden und zwar in solcher Lage, daß sie gegen-

Fig. 306.

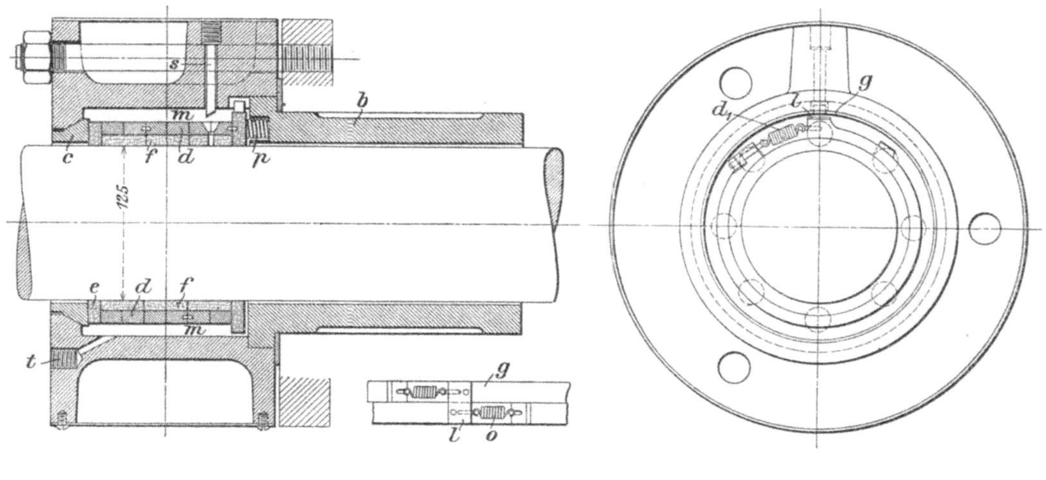

seitig ihre, die stellbaren Spannfedern *o* aufnehmenden Ausschnitte d_1, in der Achsenrichtung der Kolbenstange gesehen, abdecken. Auf diese Weise ist das Entstehen eines achsialen Durchganges infolge Verdrehung der Ringe gegeneinander ausgeschlossen und der Vorteil eines gleichmäßigen Andruckes des Dichtungsringes durch zwei vollständig unabhängig voneinander wirkende Ringe gewahrt. Ein Verdrehen der für die einzelnen Dichtungsringe angeordneten Spannringpaare wird durch Sicherungsstifte verhütet.

Spann- und Dichtungsringe liegen zwischen schwer schmelzbaren Bronzeringen *e* und diese zwischen einem gußeisernen Kugelring *c* bezw. den in Löchern des Füllstückes *b* untergebrachten Spiralfedern *p*, wodurch allseitige Beweglichkeit, daher sichere Wirkungs-

Fig. 307a.

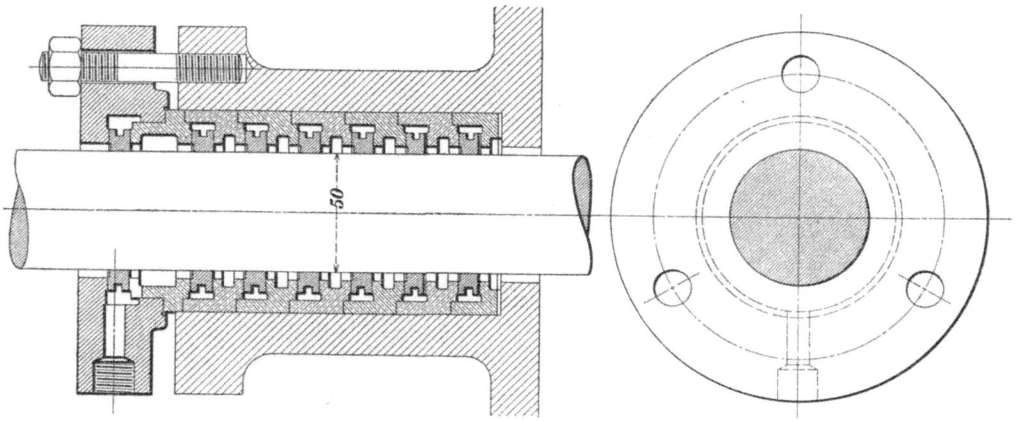

Fig. 307b.

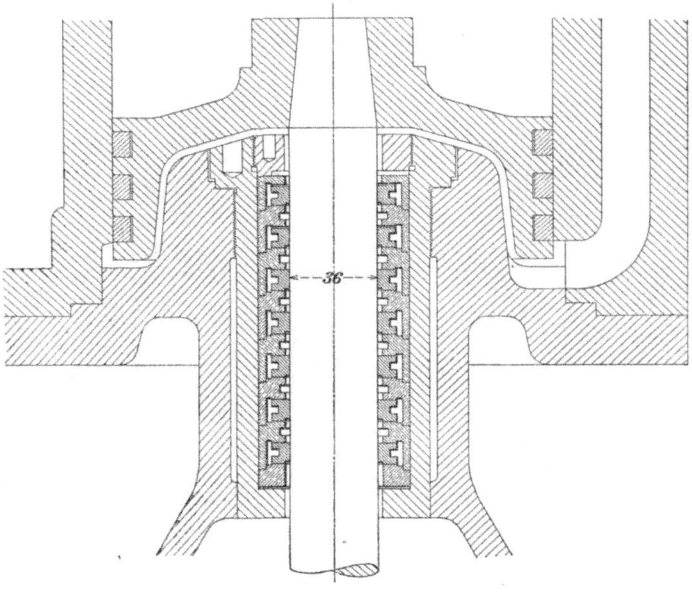

weise auch bei durchbiegenden oder gekrümmten Kolbenstangen erreicht wird. Die Weißmetallringe können — falls erforderlich — leicht ausgewechselt werden.

Um die Stopfbüchse auch in dem kurzen Zylinderzwischenstück von Tandemmaschinen kühl zu erhalten, werden die Spannringe vom Abdampf des Niederdruckzylinders umspült, der durch das Röhrchen *s* in die Kühlkammer *m* des Gehäuses eintritt und durch ein bei *t* anschließendes Rohr nach der Kondensation abgezogen wird.

Die normale „L e n t z - M e t a l l a b d i c h t u n g“ für Kolbenstangen liegender Dampfmaschinen zeigt Fig. 307a [1]). Sie besteht im vorliegenden Falle aus 7 auf der betreffenden Stange aufgeschliffenen Dichtungsringen, die mit leichtem Spiel in festsitzende, sog. Expansionskammern bildende Hohlringe eingepaßt sind und damit seitlichen Bewegungen der Kolbenstange ungehindert folgen können. Die beiden hinteren Dichtungsringe sind an der dem Zylinder zugekehrten Seite mit Schlitzen versehen. Der vordere Ring dient als Abstopfring für das Niederschlagwasser, das unten am Verschlußdeckel abgeführt wird.

Die Wirkungsweise der Vorrichtung beruht auf einem ähnlichen Expansionsvorgange des Dampfes in den Dichtungskammern, wie im Dampfzylinder, nur mit zeitlicher Phasenverschiebung, infolge der bestimmt bemessenen Querschnittsverhältnisse. Es findet daher während der Expansionsperiode im Zylinder ein Rückströmen des Dampfes aus den Dichtungsringen statt.

Sämtliche Teile der Vorrichtung, die gleich gut bei Sattdampf wie bei Heißdampf, bei stehenden wie bei liegenden Maschinen arbeitet, sind aus Gußeisen hergestellt.

Eine „L e n t z - M e t a l l a b d i c h t u n g für die Z w i s c h e n d e c k e l einer stehenden Dreifach-Expansionsmaschine mit vier Zylindern zeigt Fig. 307b [1]).

---

[1]) Ausführung der M a s c h i n e n b a u a n s t a l t „L e n t z“, Metallabdichtung G. m. b. H., Weißensee bei Berlin.

Zwölfter Abschnitt.

Kondensation.[1])

Allgemeines.

Wenn gesättigtem Dampf von einer bestimmten Temperatur durch Abkühlung Wärme entzogen wird, so schlägt sich von demselben so viel in flüssiger Form nieder, daß die Spannung auf diejenige des gesättigten Dampfes von der niedrigeren Temperatur herabsinkt. Hiervon macht man bei Dampfmaschinen mit Kondensation Gebrauch, indem man den Auspuffdampf durch kaltes Wasser abkühlt, um seine Spannung und damit den Gegendruck auf den Kolben zu verringern.

Bezeichnet λ_k die Wärmemenge, die 1 kg Dampf der Kondensation zuführt, so wird gewöhnlich — mit Rücksicht auf Dampfnässe und Abkühlung in der von der Maschine zum Kondensator führenden Leitung — als Mittelwert $\lambda_k \sim 600\ WE$ angenommen, welcher Wert sich bei sehr langen Leitungen noch weiter vermindern kann.

Je nachdem der Auspuffdampf mit dem Kühlwasser unmittelbar in Berührung kommt oder aber durch Metallwände von ihm getrennt bleibt, unterscheidet man Mischkondensation und Oberflächenkondensation und je nachdem hierbei die Kondensationsprodukte — Wasser und Luft — getrennt oder zusammen aus dem Kondensationsraum fortgeschafft werden, Kondensatoren mit trockener oder nasser Luftpumpe.

Bewegen sich Kühlwasser und Dampf in gleicher Richtung, so erfolgt die Kondensation nach dem Gleichstrom-, im anderen Falle nach dem Gegenstromprinzip.

Bei Anlagen, die eine größere Anzahl zerstreut liegender Dampfmaschinen haben, wendet man häufig an Stelle einzelner durch jede Maschine betriebener Kondensatoren eine sogenannte Zentralkondensation an, die durch eine besondere Dampfmaschine betrieben wird und fast immer mit einer Rückkühlanlage (Gradierwerk, Kaminkühler oder Ventilatorkühler) in Verbindung steht.

I. Mischkondensation.

A. Gleichstromprinzip.

Das Kühlwasser wird in der Regel durch den im Kondensator herrschenden Unterdruck bis auf 7 m Höhe — bei 1 bis 2 m/sek Geschwindigkeit im Rohr — angesaugt und durch geeignete Vorrichtungen möglichst gut im Kondensatorraume verteilt. Die Mischungstemperatur t_k in diesem beträgt gewöhnlich nicht unter 30°, häufig — um wärmeres Speise-

[1]) Vergl. F. J. Weiß: „Die Kondensation", 2. Aufl., Berlin 1910, Julius Springer.

wasser zu erhalten — 35 bis 40°. Bezeichnet m die für 1 kg Dampf erforderliche Kühlwassermenge (in kg) von der Temperatur t_w, so muß

$$\lambda_k + m\,t_w = (1 + m)\,t_k$$

sein; hieraus folgt das Kühlwasserverhältnis

$$m = \frac{\lambda_k - t_k}{t_k - t_w},$$

oder mit $\lambda_k = 600$ (s. vorstehend) und $t_k = 30^0$

$$m = \frac{570}{t_k - t_w} \quad \ldots\ldots\ldots\ldots\ldots\ldots \quad 91)$$

und — bei gegebenem Kühlwasserverhältnis m — für die Mischungstemperatur

$$t_k = \frac{570}{m} + t_w.$$

Die Temperatur t_w des Kühlwassers beträgt bei Entnahme aus Brunnen etwa bis 10°, bei Entnahme aus Flüssen und Teichen, je nach Lage und Jahreszeit, bis über 25°, bei Rückkühlung 30° bis über 40°.

Für mittlere Verhältnisse ist $m = 25$ bis 30.

Die Kondensatorspannung p_k setzt sich zusammen aus der der Mischungstemperatur t_k entsprechenden Dampfspannung p_d und aus der Spannung p_l der im Kondensator befindlichen verdünnten Luft, d. h. es ist — nach dem Daltonschen Gesetz (S. 40) —

$$p_k = p_d + p_l; \quad \ldots\ldots\ldots\ldots\ldots\ldots \quad 92)$$

p_l kann unter günstigen Verhältnissen 2 bis 3 cm QS genommen werden.

Die Verteilung (Zerstäubung) des Kühlwassers im Kondensatorraum erfolgt durch ein Sieb (Brause) oder ein Kegelventil, die Regelung der Menge desselben durch einen Hahn bezw. durch das Verteilungsventil selbst.

Die Geschwindigkeit des für eine um 25 vH größere Menge als erforderlich anzunehmenden Einspritzwassers soll im Rohre 1 bis 2 m/sek, im Ventil 4 bis 5 m/sek betragen.

Der Rauminhalt der Kondensatoren kann bei Einzelkondensationen von Dampfmaschinen gleich dem 0,5 fachen Volumen Fs des zugehörigen Niederdruckzylinders oder mehr, oder gleich der 5 bis 10 fachen Verdrängung der doppelt wirkenden Luftpumpe oder 15 bis 20 mal dem Volumen der sekundlichen Einspritzwassermenge genommen werden.

Bei dem von A. Morton im Jahre 1867 erfundenen Strahlkondensator wird das aus Luft, Kühlwasser und verdichtetem Dampf bestehende Gemisch durch die Strömungsenergie des Abdampfes selbst fortgeschafft. Je nachdem das Kühlwasser mit Gefälle zugeführt oder angesaugt wird, unterscheidet man Gefälle- und Unterwasserkondensatoren. Sollen letztere dem Dampfverbrauch einer veränderlich belasteten Dampfmaschine angepaßt werden, so sind sie mit regelbaren Düsenöffnungen für den zutretenden Abdampf zu versehen. Dies wird bei dem in Fig. 308 (S. 382) ersichtlichen Universal-Strahlkondensator von Gebr. Körting, A.-G. durch die mittels eines vom Regler aus eingestellten Hebels b bewirkte Verschiebung der

Aufnehmerdüse m im Führungsrohr t erreicht. Zum Anlassen ist eine besondere Düse d für Frischdampf vorgesehen, die nach erfolgtem Wasserzulauf abgestellt wird.

Behufs Erzielung einer guten Luftleere hat die Verschiebung der Aufnehmerdüse derart zu erfolgen, daß bei großem Dampfverbrauch möglichst wenig, bei kleinem Dampfverbrauch möglichst viel Düsenöffnungen verdeckt liegen.

In der Fig. 308 ersichtlichen Lage des Hebels b bezw. der Aufnehmerdüse m ist die Hälfte der Düsenöffnungen geschlossen, die andere Hälfte für den zutretenden Abdampf freigelegt. Die Saughöhe darf bei diesem Kondensator 3 m nicht übersteigen, auch muß das abschließende Wasser mindestens bis auf die Höhe des Unterwassers zurückgeführt werden [1]).

Fig. 308.

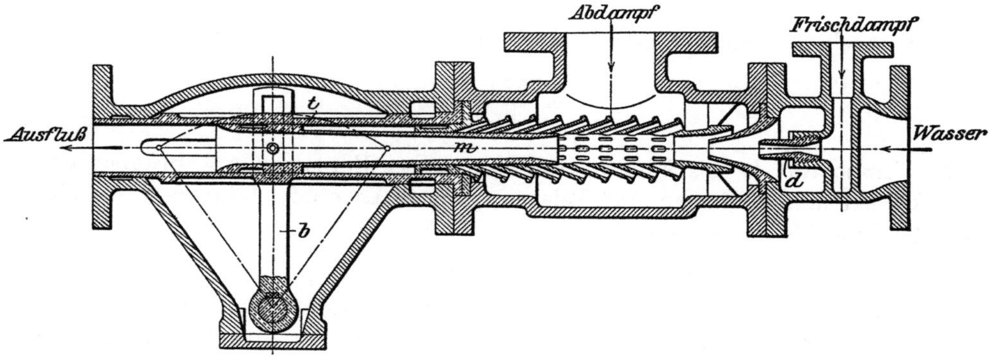

B. Gegenstromprinzip.

Hierbei bewegen sich Kühlwasser und Dampf im Kondensator entgegengesetzt zueinander und es werden Wasser und Luft getrennt abgeführt. Bei dem in Fig. 309 dargestellten Weiß schen Gegenstromkondensator tritt der Abdampf durch das abwärts gekrümmte Einhängerohr A in den unteren Teil des Kondensators ein, während das Kühlwasser durch eine Pumpe und die Saugkraft des im Kondensator herrschenden Unterdruckes durch den Stutzen B in den oberen Teil desselben gehoben wird. Eine Luftpumpe saugt durch das Rohr C und den am Wasserscheider F sitzenden Stutzen D die Luft aus dem oberen Teil des Kondensators ab. Die Luftgeschwindigkeit in der Leitung kann, je nach der Größe der Ausführung, 10 bis 15 m/sek und mehr genommen werden. In den Kondensator ist ein System von Überfällen und kegelförmigen Wänden eingebaut, über die das bis zum Spiegel $w\,w$ gehobene Wasser herabstürzt, und indem es hierbei zerstäubt, jedem Dampfteilchen Gelegenheit gibt mit Wasser in Berührung zu kommen. Der unterste, eimerartige Überfall hat in seinem unteren Teil zwei Reihen Spritzlöcher, durch welche Wasserstrahlen treten, die mit der über den obersten Rand dieses Überfalls herabfallenden Wasserglocke zusammenprallen, so daß eine wirksame Kondensation, demnach auch lebhafte Wärmeaufnahme des Wassers an dieser Stelle stattfindet.

Die im unteren Kondensatorteil noch nicht verdichteten Dämpfe finden, angesaugt durch die Luftpumpe, auf ihrem Wege nach dem oberen Teil des Kondensators an den immer kühler werdenden Wasserüberfällen Gelegenheit sich vollständig abzukühlen. Infolgedessen wird die Dampfspannung im oberen Kondensatorteil nahezu der Temperatur t_w des hier eintretenden Kühlwassers entsprechen. Anderseits ist an der Stelle, wo der

[1]) Über die Wirkungsweise usw. des Körtingschen Universal-Strahlkondensators s. R. Knoke: Dinglers polytechn. Journal", Band 287.

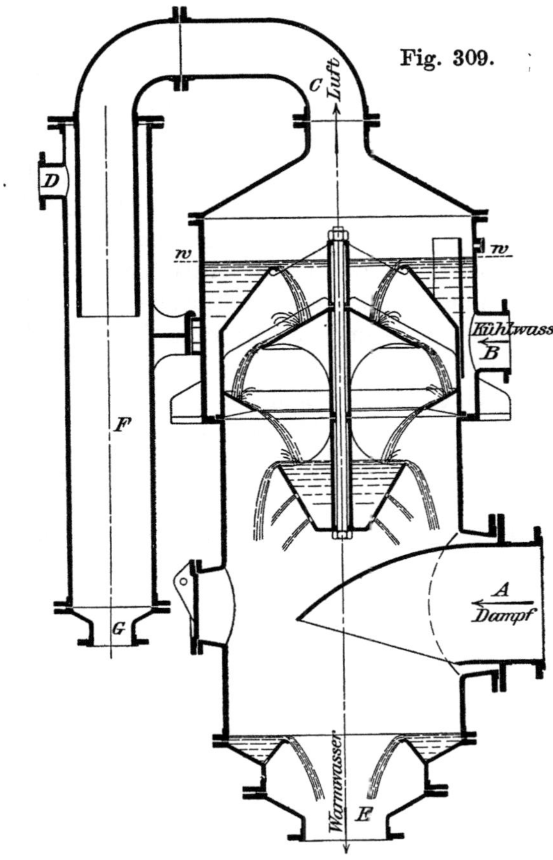

Fig. 309.

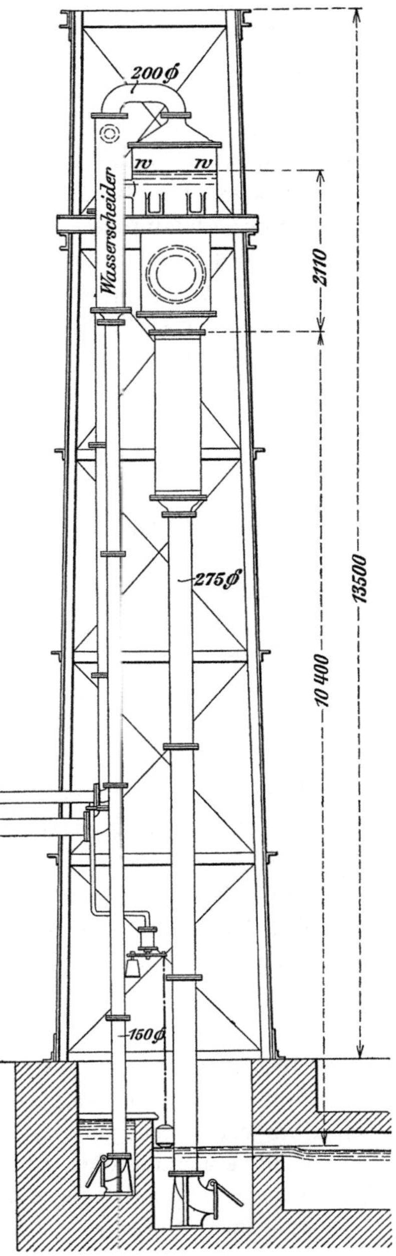
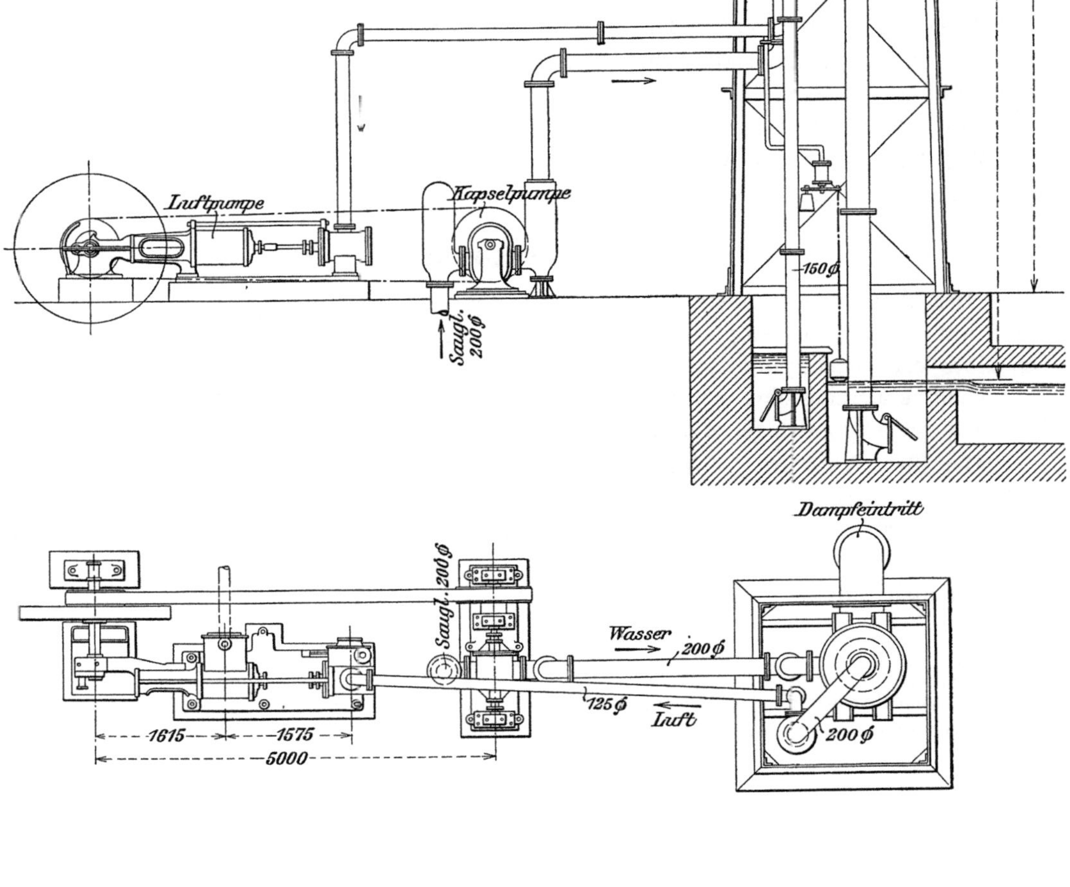

Fig. 310.

Dampf ein- und das erwärmte Wasser austritt, zwar die Dampfspannung größer, zugleich aber, da die Summe von Luft- und Dampfdruck im Kondensator überall die gleiche — es ist stets $p_k = p_l + p_d$ (Gl. 92) — der Luftdruck entsprechend geringer als oben.

Ein Gegenstromkondensator trennt gewissermaßen die Luft vom Wasserdampf, drängt die erstere nach oben, so daß unten nur Wasserdampf bleibt. Hierdurch wird erreicht, daß die oben angreifende trockene Luftpumpe nur Luft absaugt und daher nur wenig Arbeit zu ihrem Betreiben erfordert, ferner, da die Wärmeaufnahme-Fähigkeit des Kühlwassers vollständig ausgenutzt wird, nur kleine Kühlwassermengen zur Verdichtung des Abdampfes nötig sind. Die Saugkraft des Kondensators kann dabei für die Förderung des Wassers vollständig ausgenutzt werden.

Um das Wasser im Kondensator gleichmäßig zu verteilen, und um zu erreichen, daß die Strahldicken aller Überfälle gleich bleiben, ist am obersten, glockenförmigen Überfall, gegenüber dem Kühlwasser-Eintrittsstutzen *B*, ein Blech befestigt, welches das ungleichmäßige Überreißen von Wasser verhindert.

Das warme Wasser fällt durch ein am Stutzen *E* des Kondensators anschließendes barometrisches Abfallrohr ($h \sim 12\ m$) selbsttätig in einen unter dem Kondensator aufgestellten Behälter.

Ein zweites, kleineres Abfallrohr ist am Stutzen *G* des Wasserscheiders *F* angeschlossen; dasselbe ermöglicht, falls aus irgend einem Grunde größere Wassermengen aus dem Kondensator durch das Rohr *C* in den Wasserabscheider stürzen sollten, den unmittelbaren Ablauf desselben und verhindert damit den Übertritt dieses Wassers in das am Stutzen *D* anschließende Luftpumpensaugrohr.

Beide Abfallrohre sind je mit einer Rückschlagklappe an ihrer stets unter Wasserverschluß stehenden Mündung versehen (s. Fig. 310).

Die Gesamtanlage einer Weißschen Gegenstrom-Kondensation für eine Höchstleistung von 7500 kg/std Dampf ist in Fig. 310 ersichtlich.

Zum Absaugen der Luft dient eine Schieberluftpumpe mit Druckausgleich der schädlichen Räume, System Weiß, als Kühlwasserpumpe ist eine mittels Riemen betriebene Kapselpumpe angeordnet.

Zur Aufstellung des Kondensators ist ein schmiedeeisernes, fachwerkartiges Gerüst oder dergl. erforderlich.

II. Oberflächenkondensation.

Hierbei läuft das mittels Kreiselpumpe zugeführte Kühlwasser meist im Gegenstrom durch ein vom Dampfe umspültes Rohrsystem des in der Regel geschlossenen Kondensators von meist zylindrischer Gestalt. Zwischen den ebenen Rohrböden desselben sind dünnwandige Messingrohre von 20 bis 25 mm Durchmesser und 30 bis 35 mm Abstand der Mitten durch Gummiringe oder dergl. abgedichtet.

Die für 1 kg Dampf erforderliche Kühlwassermenge — das Kühlwasserverhältnis — berechnet sich für derartige Oberflächenkondensatoren ebenfalls nach Gl. 91 (S. 381), doch ist zu berücksichtigen, daß die Abflußtemperatur des Kühlwassers hier um etwa 10^0 niedriger als die im Kondensator herrschende Temperatur angenommen werden muß, so daß

$$m = \frac{570}{(t_k - 10^0) - t_w}.$$

[1]) Ausführung der Sangerhäuser Aktien-Maschinenfabrik und Eisengießerei vorm. Hornung & Rabe, Sangerhausen.

Für mittlere Verhältnisse ist $m = 40$ bis 50.

Um die Wärmedurchgangszahl k, d. h. die Wärmemenge in WE festzustellen, die durch 1 qm Kühlfläche des Kondensators für 1^0 Temperaturunterschied auf beiden Seiten der Wandung derselben stündlich übertragen wird, hat Josse an einem Oberflächenkondensator eingehende Versuche angestellt[1]).

Die Größe dieser Durchgangszahl hängt ab

1. von dem Widerstand beim Übergang zwischen Dampf und Wandung;
2. von dem Widerstand beim Durchleiten von der einen auf die andere Seite der Wandung;
3. von dem Widerstand beim Übergang von der Wandung an das Kühlwasser.

Bezeichnet

α_1 die Wärmedurchgangszahl bei Übertragung der Dampfwärme auf die Wandung und

α_2 die Wärmedurchgangszahl bei Übertragung von der Wandung auf das Kühlwasser — beide Zahlen in WE für 1 qm Kühlfläche, 1^0 Temperaturunterschied und 1 Stunde —

ferner

l die Wärmeleitzahl des Metalls in WE für 1 qm Durchgangsquerschnitt, 1 mm Wandstärke und 1^0 Temperaturunterschied,

δ die Wandstärke der Rohre in mm,

so ist

$$\frac{1}{k} = \frac{1}{\alpha_1} + \frac{\delta}{l} + \frac{1}{\alpha_2} \quad \ldots \ldots \ldots \ldots \quad 93)$$

Die Wärmeleitzahl l kann bei der bei Kondensatoren üblichen Wandstärke der Messingrohre von 1 mm zu 90000 WE angenommen werden.

Die Wärmedurchgangszahl α_2 ermittelte der Franzose Ser zu

$$\alpha_2 = 4500 \sqrt{v},$$

worin v die Geschwindigkeit (in m/sek) bedeutet, mit der sich das Wasser in den Rohren bewegt, ferner ermittelte der Genannte für die Wärmedurchgangszahl α_1 den Wert

$$\alpha_1 = 19\,000.$$

Bei $v = 0{,}5$ m/sek und $\delta = 1$ mm folgt aus Gl. 93

$$\frac{1}{k} = \frac{1}{19000} + \frac{1}{90000} + \frac{1}{3180},$$

somit

$$k = 2640.$$

Man sieht, daß die Wärmedurchgangszahl hauptsächlich von α_2, d. h. von der Größe der Kühlwassergeschwindigkeit in den Rohren abhängen würde, sofern der Kondensator nur die Aufgabe hätte, Wasserdampf niederzuschlagen. Nun gelangt aber stets mit dem Dampf auch Luft in diesen, die ebenfalls gekühlt werden muß und damit ändert sich, da der Wärmeübergang der letzteren an die Wandung gegenüber demjenigen des Dampfes verschwindend klein ist — somit verhältnismäßig große Oberflächen des Kondensators

---

[1]) Z. d. V. d. J. 1909, S. 322.

hierfür herangezogen werden müssen — die Wärmedurchgangszahl ganz erheblich. Man wird sich, da überdies bei Dampfmaschinen die in den Kondensator eintretende Luftmenge nur geschätzt werden kann, bei Bestimmung der Kühlfläche desselben an im praktischen Betrieb gewonnene Erfahrungszahlen halten müssen, die mittleren Verhältnissen Rechnung tragen.

Im allgemeinen sind 0,02 bis 0,03 qm Kühlfläche für 1 kg Dampf in der Stunde erforderlich; bei Rückkühlung ist die Kühlfläche entsprechend reichlicher zu bemessen.

Eine erhebliche Erhöhung des Wärmedurchganges läßt sich durch ineinander gesteckte Messingrohre — der Dampf strömt durch die inneren und umspült die äußeren Rohre, während das Kühlwasser im Gegenstrom den ringförmigen Zwischenraum der Rohre durchfließt — durch in die Rohre eingelegte „Wirbelstreifen" und dergl. erreichen.

Fig. 311.

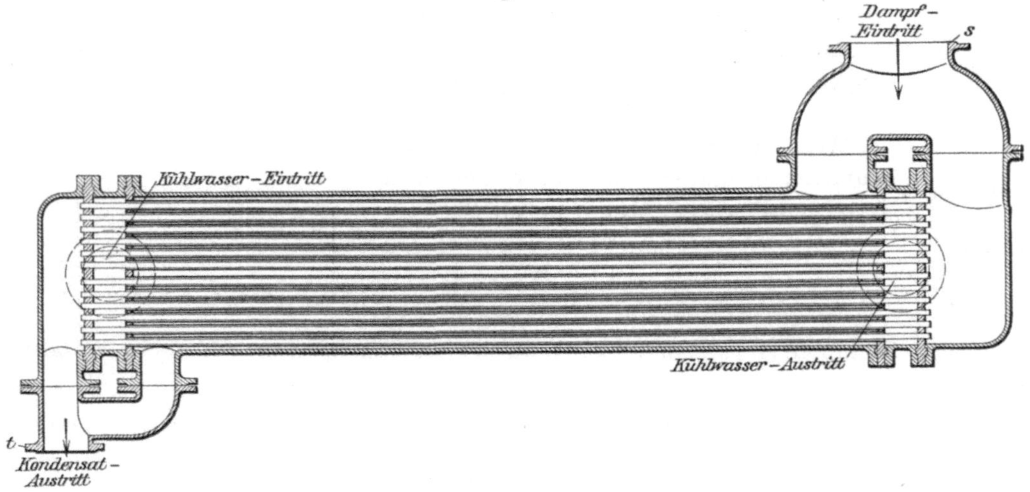

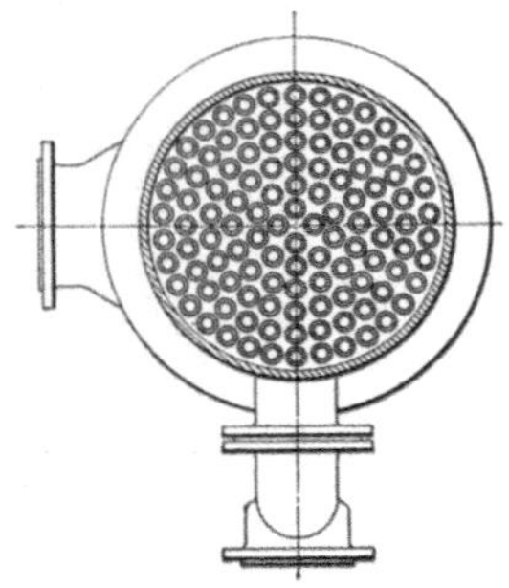

Fig. 311 zeigt einen Doppelrohr-Oberflächen-Kondensator der G. m. b. H. H. Schaffstädt, Gießen, von etwa 15 qm — genau 14,9608 qm — Kühlfläche, wie er für größere Dampfmengen zur Verwendung kommt.

Der Abdampf strömt in den oberen weiteren Stutzen *s* ein und entweicht nach erfolgter Verdichtung durch den unteren Stutzen *t*.

Der zufolge der Rohranordnung erzielte höhere Wärmedurchgang — nach angestellten Versuchen, die an diesem Kondensator im mechanischen Laboratorium der technischen Hochschule Charlottenburg angestellt wurden, bis 79 000 *WE*/std für 1 qm Kühlfläche — dürfte auch auf die große Geschwindigkeit, mit der das Kühlwasser die ringförmigen Rohrquerschnitte durchströmt, zurückzuführen sein.

Bei dem erwähnten Versuch strömten stündlich 27 000 kg Kühlwasser mit 10° Eintritts- und 49,7° Austrittstemperatur, ferner 1890 kg Abdampf mit 62,4° Eintritts- und 48,8° Austrittstemperatur im Gegenstrom durch den Kondensator, in welchem ein Vakuum von 79,2 vH — entsprechend 60,2 cm *QS* — herrschte.

An Kühlwasser war hiernach etwa das 14,3 fache des Dampfgewichtes erforderlich und es wurden auf 1 qm Kühlfläche des Kondensators 126,1 kg/std Dampf verdichtet, bezw. waren nur 0,008 qm Kühlfläche für 1 kg/std Dampf erforderlich.

Die Entfernung des Kondensats und der Luft wird bei Oberflächenkondensatoren gemeinsam durch eine nasse Luftpumpe oder durch zwei getrennte Pumpen bewirkt.

Die lichte Weite d_o (in m) der von der Maschine zum Kondensator führenden Abdampfleitung von der Länge l (in m) kann — nach Weiß — für eine Dampfmenge D (in kg/min)

$$\text{für kurze Leitungen } (l \text{ bis } \sim 30 \text{ m}) \quad d_o = \frac{D^{0,4}}{15},$$

$$\text{für lange Leitungen } d_{o(l)} = \left(1 + \frac{l}{600}\right) d_o$$

genommen werden.

Die zum Abführen des Kondensats und des erwärmten Kühlwassers aus dem Kondensator dienende Abflußleitung ist unter Zugrundelegung einer Geschwindigkeit der durchströmenden Flüssigkeit von 0,75 bis 1,2 m/sek — je nach der Größe der Anlage — zu berechnen.

Über die Größe der Kühlwasserleitung bei Mischkondensation s. S. 381, über diejenige der Luftleitung bei Gegenstromkondensation S. 382.

Kondensatoren — gleichgültig ob nach dem Gleichstrom- oder Gegenstromprinzip arbeitend — für Dampfmaschinen, die, wie z. B. Fördermaschinen, Walzwerksmaschinen usw., mit kurzen Betriebspausen laufen bezw. einen stark wechselnden Dampfverbrauch besitzen, werden zuweilen noch mit einem Gefäß — dem sogenannten Kühlwasser-Akkumulator — in Verbindung gebracht, der zur vorübergehenden Aufnahme der aus dem betreffenden Kondensator abströmenden, einem mittleren Dampfverbrauch solcher Maschinen etwa entsprechenden Kühlwassermenge dient. Diese stets gleichbleibende Wassermenge wird in Zeiten höchsten Dampfverbrauchs heißer, in solchen geringen Dampfverbrauchs kühler aus dem Kondensator treten, somit im Akkumulator eine nur wenig auf und nieder schwankende mittlere Temperatur annehmen, mit der sie zufolge eigenen Gefälles dann nochmals in den unteren Teil des Kondensators zurückgeleitet wird, um hierauf erst durch ein Fallrohr abzufließen.

Dadurch werden in Zeiten hohen Dampfverbrauchs Temperatur und Vakuum im Kondensator niedriger, in solchen geringen Dampfverbrauchs höher ausfallen, als wenn der Abdampf nur am oben frisch in den Kondensator eintretenden Kühlwasser kondensiert.

In Zeiten hohen Dampfverbrauchs ein möglichst hohes Vakuum zu erhalten, ist aber für die Wirtschaftlichkeit des Betriebes einer solchen Anlage besonders wertvoll. (Über die wissenschaftliche Behandlung des Gegenstandes s. Z. d. V. d. J. 1902).

III. Luftpumpen.

A. Berechnung der Hauptabmessungen.

Die nasse Luftpumpe hat außer dem Kühlwasser und dem Kondensat noch die in dem ersteren absorbiert gewesene, ferner die durch Undichtheiten der Rohrleitung zur Kondensation, der Stopfbüchsen u. dergl. in den Kondensator gelangte Luft fortzuschaffen.

Mit Benutzung der Gl. 91 (S. 381) ergibt sich, wenn noch

W die Kühlwassermenge in kg/min,

D die zu kondensierende Dampfmenge in kg/min

bezeichnet

$$W = m D = \frac{570}{t_k - t_w} D,$$

worin wieder t_k die Kondensatortemperatur, t_w die der Flüssigkeitswärme des Kühlwassers entsprechende Temperatur bezeichnet.

Wird angenommen, daß — nach Bunsen — 1 l Kühlwasser bei atmosphärischem Druck und 15° Temperatur im Mittel 0,02 l Luft absorbiert und diese im Kondensator vollständig frei wird, ferner die durch Undichtheiten in denselben eindringende Luft μD beträgt, worin μ eine Undichtheitszahl bezeichnet, so ergibt sich bei W kg/min Kühlwasser die gesamte in den Kondensator tretende Luftmenge — bezogen auf atmosphärischen Druck — in cbm/min

$$V_o = \frac{0{,}02\, W + \mu D}{1000} = \left(0{,}02 + \frac{\mu}{m}\right) \frac{W}{1000} \text{ cbm/min.}^{1)}$$

Die Undichtheitszahl kann — nach Weiß — genommen werden:

für grobe Betriebe (Hüttenwerke u. dergl.) $\mu = 1{,}8 + 0{,}01\, z$,

für feinere Betriebe (Elektrizitätswerke u. dergl.) $\mu = 1{,}08 + 0{,}006\, z$, wenn z die Länge (in m) der von der Maschine nach dem Kondensator führenden Rohrleitung bezeichnet.

Bei Maschinen mit Einzelkondensation ist $z = 0$.

Bezeichnet

V_l die auf die Spannung p_l im Kondensator bezogene Luftmenge V_o, so ist nach dem Mariotteschen Gesetz

$$V_l p_l = V_o 1 = V_o,$$

demnach

$$V_l = \frac{V_o}{p_l} \text{ cbm/min} \quad \ldots\ldots \quad 94)$$

Bei Gleichstrom ist die Kondensatorspannung

$$p_k = p_d + p_l,$$

worin (s. vordem) p_d die der Mischungstemperatur t_k entsprechende Dampfspannung, p_l die Spannung der im Kondensator befindlichen verdünnten Luft bezeichnet; es ist demnach

$$p_l = p_k - p_d.$$

Die Abmessungen einer nassen Luftpumpe folgen dann aus

$$V_l + \frac{W + D}{1000} = i \lambda \frac{d^2 \pi}{4} s n \quad \ldots\ldots \quad 95)$$

---

[1]) Hierbei ist angenommen, daß diese Luftmenge die Temperatur t_k des Kondensators hat, bezw. die Korrektur $\frac{273 + t_k}{273 + 15}$ überflüssig erscheint.

worin

$i = 1$ oder 2, je nachdem die Pumpe einfach- oder doppeltwirkend ist,

λ den Lieferungsgrad ($\lambda \sim 0{,}80$),

d den Durchmesser und s den Hub (in m),

n die minutliche Umlaufzahl

der Pumpe bezeichnet.

Bei Dampfmaschinen mit eigener nasser Luftpumpe bemißt man die letztere für den Dampfverbrauch D (in kg/min) der normalen Vollbelastung der Maschine so, daß die Wasserförderung bei einem Kühlwasserverhältnis $m = 29$, also $m + 1 = 30$, mit $^1/_4$ Füllung der Pumpe bewältigt wird. Hieraus ergibt sich die für gewöhnliche Verhältnisse und gut gehaltene Stopfbüchsen vollkommen genügende Beziehung — nach Popper —

$$\frac{d^2 \pi}{4} s = 0{,}06 \frac{D}{n} \text{ für doppeltwirkende, } 0{,}12 \frac{D}{n} \text{ für einfach wirkende Luftpumpen.}$$

Während bei Gleichstrom der Kondensatordruck

$$p_k = p_d + p_l \text{ (Gl. 92)}$$

beträgt, ist bei Gegenstrom — nach Weiß — die Temperatur an der Ansaugestelle um einen Zuschlag α höher zu nehmen, als die Kühlwassertemperatur t_w, nämlich $\alpha = 4^0 + 0{,}1\,(t_k - t_w)$ und die Dampfspannung dieser Temperatur $t_w + \alpha$ entsprechend zu wählen, so daß die Gesamtspannung

$$p_k = p_d\,(t_w + \alpha) + p_l$$

beträgt und

$$p_l = p_k - p_d\,(t_w + \alpha)$$

in die für die Abmessungen einer trockenen Luftpumpe in Betracht kommende Gl. 94 (S. 388) einzusetzen ist.

Unter Zugrundelegung eines Lieferungsgrades $\lambda \sim 0{,}90$ bis $0{,}95$ ergibt sich der Durchmesser d derselben bei dem Hube s (beide in m) und bei der minutlichen Umlaufzahl n der Pumpe aus

$$V_l = i \lambda \frac{d^2 \pi}{4} s\, n \quad (i = 1 \text{ oder } 2, \text{ wie oben})$$[1].

Für die mittlere Kolbengeschwindigkeit c kann bei liegenden, doppeltwirkenden Luftpumpen (für die also $n s = 30\, c$) etwa 2 bis 3 m/sek gesetzt werden; sie erhalten ein Verhältnis $\frac{d}{s} = 0{,}6$ bis 1, da reichlicher Klappenquerschnitt (Durchgangsgeschwindigkeit ≤ 2 m/sek) möglich ist.

Stehende einfachwirkende Luftpumpen mit Kolbenventilen erhalten $c = 0{,}5$ m/sek — entsprechend einer sog. mittleren Durchgangsgeschwindigkeit im Kolben von ~ 2 m/sek. (Die wirkliche Durchgangsgeschwindigkeit bei $^1/_4$ Wasserfüllung beträgt mit Berücksichtigung der Stangenlänge ~ 3 m/sek.)

---

[1]) Nach Hausbrand (Verdampfen, Kondensieren und Kühlen, 4. Aufl., Berlin 1909) kann das Luftpumpenvolumen für Oberflächenkondensation 0,6 mal so groß wie das für Mischkondensation mit Gegenstrom genommen werden.

Der Kraftbedarf der Kondensation, der wesentlich von den mechanischen Widerständen der Pumpen, von der Art ihres Antriebes u. dergl. abhängig ist, kann rechnerisch nicht ohne weiteres ermittelt werden.

Über die Berechnung der Hauptabmessungen der mit Saugschlitzen arbeitenden Luftpumpen s. S. 395.

B. Ausgeführte Luftpumpen (Kondensatoranlagen).

Die allgemeine Einrichtung einer unter Maschinenflur stehenden Einspritz-Kondensatoranlage zeigt Fig. 312 [1]).

Fig. 312.

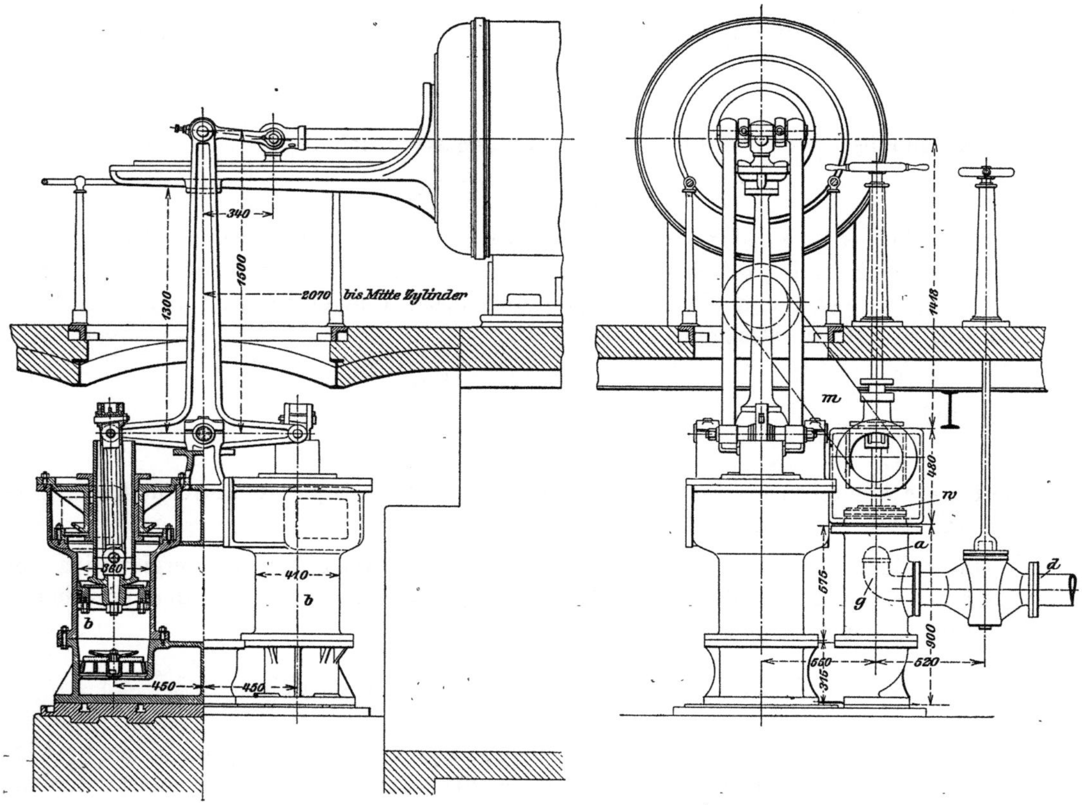

Der Abdampf der Maschine tritt durch die Rohrleitung m und je nach Stellung des aus einer gußeisernen Scheibe mit Gummiringen auf beiden Seiten bestehenden Wechselventils w ins Freie oder in den eigentlichen Kondensator a und wird hier durch Berührung mit dem im Rohre d zufließenden, aus der Brause g in dünnen Strahlen austretenden Kühlwasser verdichtet; letzteres nimmt die Dampfwärme auf und wird mitsamt der frei gewordenen Luft, sowie dem Dampfkondensat durch zwei von der durchgehenden Kolbenstange des betreffenden Zylinders mittels Schubstangen und dreiarmigen Schwinghebels

[1]) Zu einer Verbundmaschine 500 bezw. 800/1000 ($n = 80$ Uml/min) der Chemnitzer Werkzeugmaschinenfabrik, vorm. Joh. Zimmermann, Chemnitz.

betriebene, einfach wirkende Luftpumpe *b* fortgeschafft. (In Fig. 312 liegt das Wechselventil *w* auf seiner unteren Sitzfläche, so daß der Abdampf ins Freie entweichen kann.)

Die mit Gummiklappen versehenen Ventilkolben beider Pumpen erhalten von dem dreiarmigen Schwinghebel eine solche Bewegung, daß ein beständiger Wasserausguß stattfindet.

Außer dem unteren Saugventil und dem Kolbenventil besitzt jede Pumpe noch ein drittes Ventil — ein Hubventil — oberhalb des Kolbens. Dasselbe schließt sich, wie auch das Kolbenventil, wenn der Kolben seine höchste Lage erreicht hat, bezw. seine Bewegung

Fig. 313.

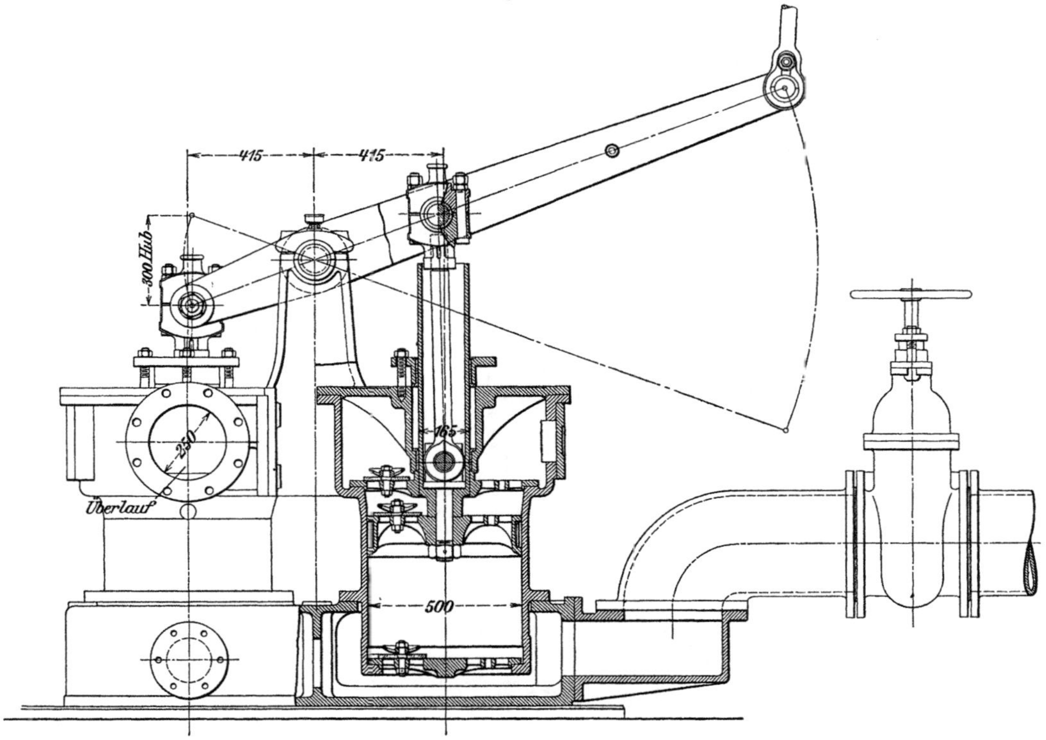

umkehrt, durch das Gewicht des darüber befindlichen Wassers und den Druck der Atmosphäre. Das Kolbenventil wird sich aber erst öffnen können, nachdem die unter ihm befindliche Luft so weit verdichtet ist, daß sie den über dem Kolben herrschenden Druck übersteigt. Es stellt sich daher unter dem Kolben zunächst ein Luftüberdruck, oberhalb desselben ein Luftunterdruck ein, wodurch ein verhältnismäßig schnelles Öffnen des Kolbenventils herbeigeführt wird, während dies beim Fehlen des oberen Hubventils viel später erfolgen würde. Auch das Saugventil kann nicht entbehrt werden, da sonst die unter dem niedergehenden Kolben stattfindende Verdichtung sich in den Kondensator fortpflanzen und damit der Gegendruck auf den Kolben erhöht würde.

Ein schnelles und sanftes Schließen der Ventilklappen, bessere Zugänglichkeit derselben u. dergl. wird erreicht, wenn das Saugventil nicht, wie im vorliegenden Falle, aus einer einzigen größeren Gummischeibe besteht, sondern sich aus einer Anzahl kleinerer Klappenventile mit verhältnismäßig geringem Hub zusammensetzt. Fig. 313 zeigt diese Anordnung an den zu einer liegenden Verbundmaschine 575 bezw. 980/1150 ($n = 85$ Uml/min) gehörigen, einfachwirkenden Luftpumpen, die mittels Lenkstange und einarmigen Schwinghebels vom Kurbelzapfen der Niederdruckseite dieser Maschine aus betrieben werden. Auch die Kolben- und Hubventile sind hier in der besprochenen Weise ausgebildet[1]).

Andere einfachwirkende Luftpumpen sind auf Tafel IIIb und Tafel VI ersichtlich; ihr Antrieb erfolgt mittels Schwinghebels und Lenkstangen von dem Kreuzkopf des Hochdruckzylinders (Tafel IIIb) bezw. von einem Exzenter der Kurbelwelle aus (Tafel VI) in der dort erkennbaren Weise.

Fig. 314.

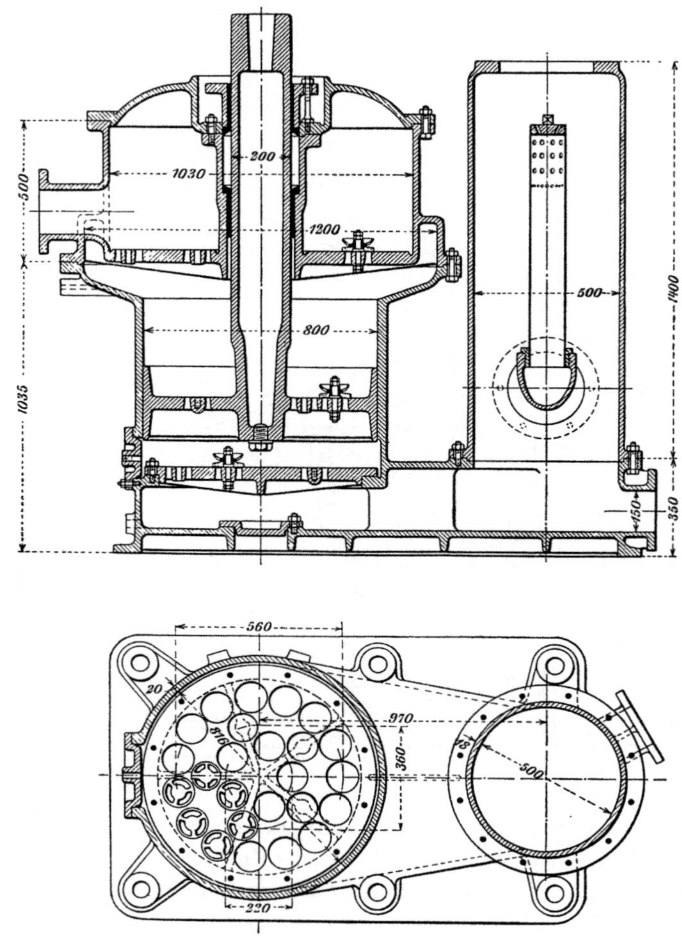

Eine stehende einfachwirkende Luftpumpe, System Doerfel, ist in Fig. 314 nach Ausführung der Firma F. Ringhoffer in Smichow bei Prag abgebildet; sie kennzeichnet sich dadurch, daß sie mit Verbundwirkung arbeitet, indem durch einen künstlichen Luftsack, der mit dem oberen Zylinderraum in Verbindung steht, der Saugdruck dieses Raumes auf etwa 0,5 at gebracht und damit der beim Öffnen der Rückschlagklappen — beim Kolbenaufgang — eintretende Stoß gemildert wird. Auch bei schnellem Gang werden Stöße und Druckwechsel im Pumpengestänge hierdurch vermieden.

[1]) Ausführung der Cottbuser Maschinenbau-Anstalt und Eisengießerei A.-G., Cottbus.

Um die Wirkungen des schädlichen Raumes bei nassen Luftpumpen der Oberflächenkondensatoren zu umgehen und damit eine hohe Luftleere zu erreichen, sind bei der in Fig. 315 ersichtlichen, raschlaufenden Naßluftpumpe, System Josse, Vorkehrungen getroffen, durch die der gesamte schädliche Raum durch das mit der Luft gemeinsam geförderte Kondensat ausgefüllt wird [1]).

Luft und Kondensat werden durch einen gemeinschaftlichen Stutzen in einen Ringraum geführt. Das Kondensat und ein Teil der Luft gelangen durch Schlitze bei der oberen Kolbenstellung auf die untere Zylinderseite und werden beim Abwärtsgang des Kolbens durch Druckventile hinausgedrückt. Kurz vor der unteren Totlage gibt der Kolben einen

Fig. 315.

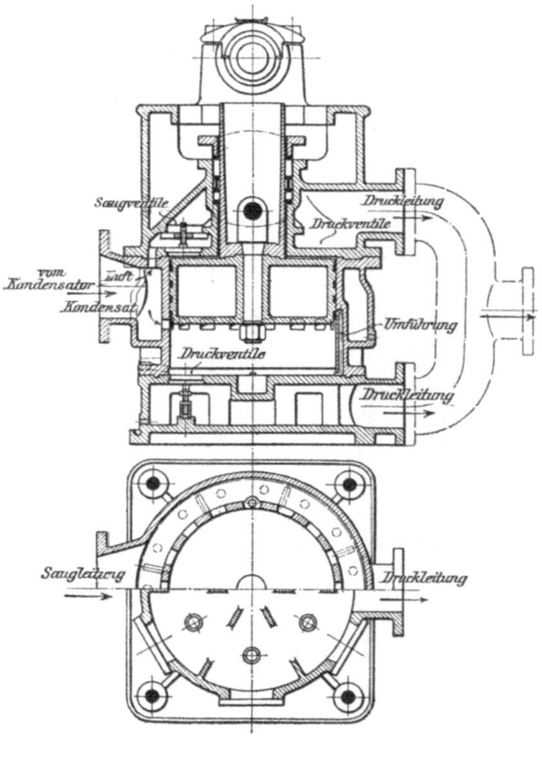

Umführungskanal frei, durch den ein Teil des auf der unteren Kolbenseite befindlichen Wassers nach der oberen Kolbenseite, auf der der übrige Teil der Luft durch Saug- und Druckventile gelangt, hinüber gespritzt wird. Diese Überführung des Wassers und Kondensats dient dazu, die obere Seite, die sich durch die Luftverdichtung erwärmt, kühl zu halten und den schädlichen Raum durch Wasser auszufüllen.

Eine derartige, mit einem Elektromotor unmittelbar gekuppelte Luftpumpe für 10000 kg/std Dampf lief mit 250 Uml/min vollständig geräuschlos; sie gehört zu einer Oberflächenkondensation, bei der mit rückgekühltem Wasser 93 vH Luftleere erzeugt wurde [2]).

Mit einigen geringen Abänderungen kann die Pumpe auch für Einspritzkondensatoren zur Fortschaffung von Luft und Einspritzwasser verwendet werden.

---

[1]) Z. d. V. d. J. 1906, S. 1498.

[2]) Z. d. V. d. J. 1909, S. 377/378.

Die in Fig. 316 dargestellte Einspritzkondensatoranlage gehört zu einer mit Heißdampf betriebenen liegenden Tandem-Verbundmaschine 350 bezw. 600/700 ($n = 105$ Uml/min) der Maschinenfabrik Gritzner, A.-G., Durlach. Die Luftpumpe arbeitet ohne Saugventile in der Weise, daß rechteckige Schlitze m in der

Fig. 316.

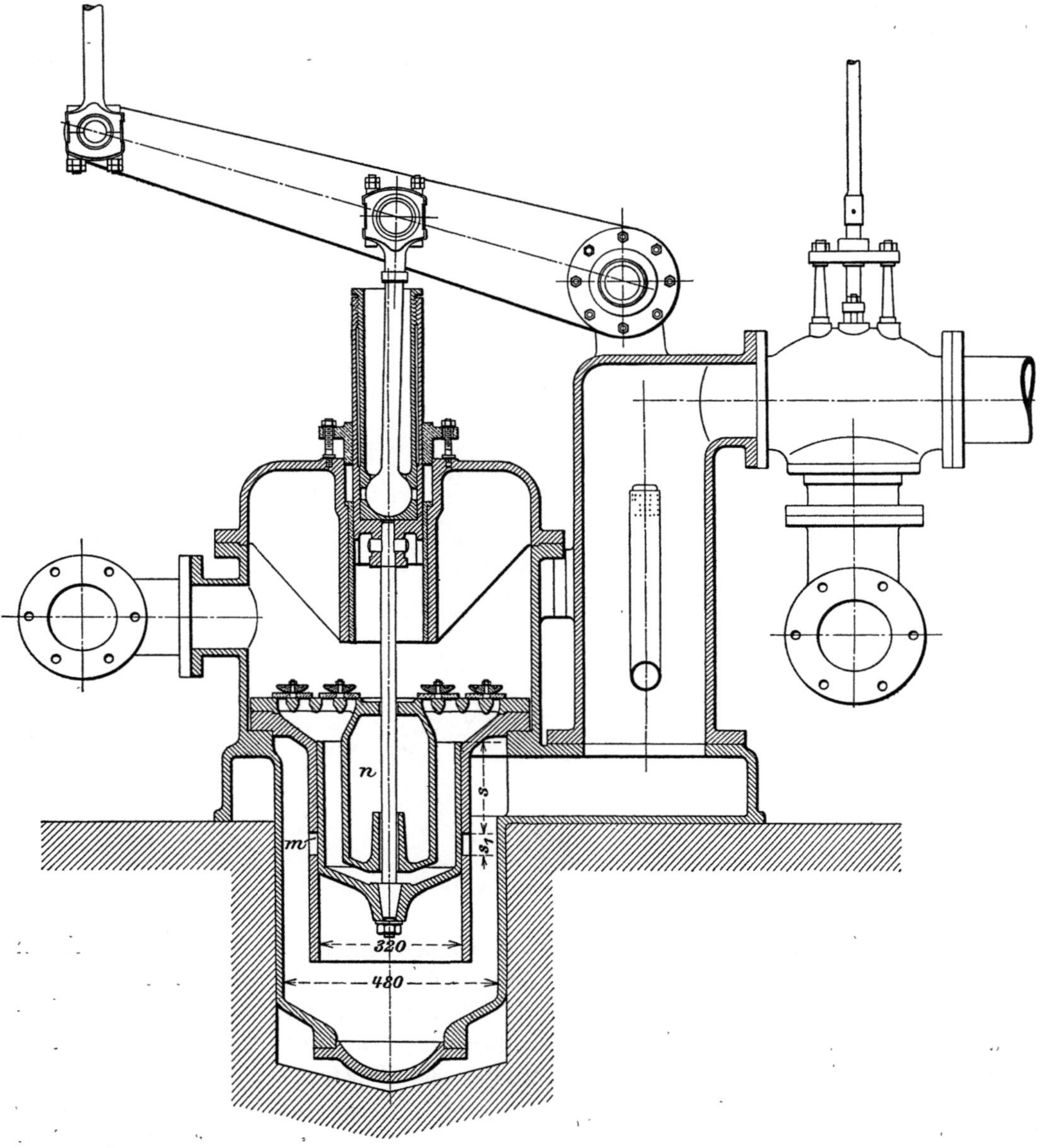

Lauffläche des Pumpenzylinders bei der Abwärtsbewegung des unten kegelförmig gestalteten Plungerkolbens freigelegt werden und damit dem Dampf- und Luftgemisch und dem Wasser den Zutritt in den Pumpenraum gestatten.

Sobald beim Aufgange des Kolbens die Saugschlitze m geschlossen sind, wird bei der Weiterbewegung desselben durch den Verdränger n zuerst die verdichtete Luft und darauf ein Teil des eingeschlossenen Wassers durch die mit Kautschukklappen arbeitenden Druckventile gefördert.

Als Hauptvorteile dieser weitverbreiteten Brown-Kuhnschen Pumpe sind, außer der billigen Herstellung, die Abwesenheit der Saugventile, der geringere Druck im Kondensatorraume und der zwangläufige Schluß der Saugöffnungen durch die Kolbenoberkante zu betrachten. Allerdings sind damit — gegenüber anderen einfachwirkenden Luftpumpen mit Saugventilen — die Nachteile verbunden, daß für die Förderung vom Gesamthube $S = s + s_1$ nur ein Teil desselben s wirksam ist (s. nachstehende Berechnung) — die Kolbengeschwindigkeit daher unter sonst gleichen Umständen im Verhältnis $S:s$ größer sein muß, ferner der Verdränger n bezw. die Relativbewegung des Wassers im hohlen

Fig. 317.

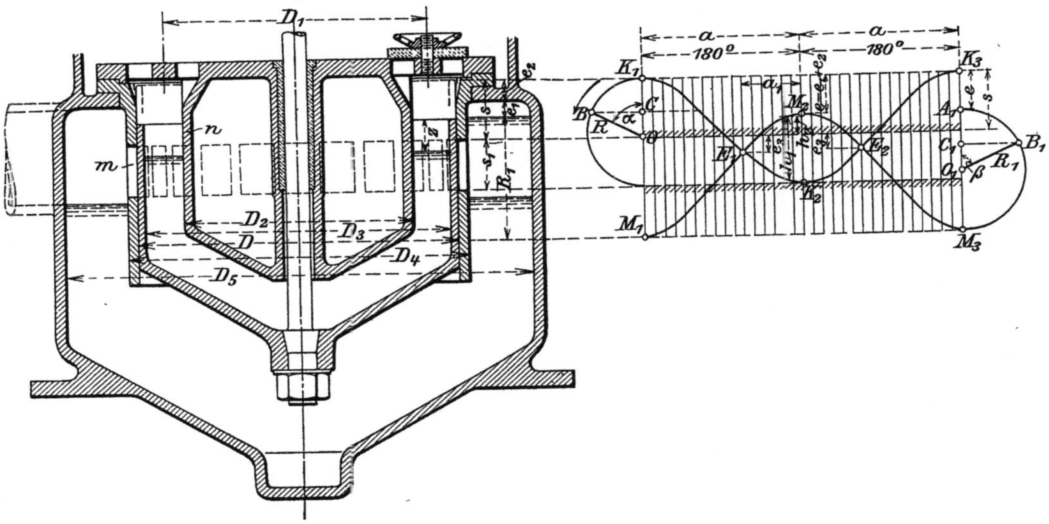

Kolbenkörper eine hohe Geschwindigkeit desselben im Zylinder und in den Druckventilen bedingt.

Für die Berechnung[1]) der Hauptabmessungen dieser Pumpe sei — unter Bezugnahme auf Fig. 317 —

W die während einer Umdrehung zu fördernde Wassermenge in cbm,

L die in derselben Zeit zu fördernde Luft- und Dampfmenge in cbm;

dann ergibt sich der freie Durchgangsquerschnitt f eines Ventilsitzes unter der Annahme, daß die Wassermenge W in der Zeit von $^1/_8$ Umdrehung mit der mittleren Geschwindigkeit c_m ($\sim$ 1,5 bis 2,0 m/sek) hindurchfließt, aus

$$W = i \cdot f \cdot c_m \frac{t}{8}$$

zu

$$f = \frac{8\,W}{i\,c_m\,t},$$

[1]) Nach H. Berg: Z. d. V. d. J. 1899, S. 92 u. ff.

worin noch

i die Anzahl der Ventile,

t die Zeit einer Umdrehung

bedeutet.

Die Anordnung von i-Ventilen mit dem nötigen gegenseitigen Abstande ergibt den Durchmesser D_1 (Fig. 317) — eventl. ist die Unterbringung der Ventile in zwei oder mehreren konzentrischen Reihen vorzunehmen (s. z. B. Fig. 316). Die größte Wassergeschwindigkeit in den Ventilsitzen soll 4 m/sek nicht übersteigen.

Bezeichnet

s die Entfernung der oberen Schlitzkanten von der höchsten Stellung des Kolbenrandes — den wirksamen Hub — in m,

F den Querschnitt des Kolbens vom Durchmesser D in qm,

so gilt, wie bei allen einfachwirkenden Pumpen,

$$F s = W + L$$

und

$$s = \frac{W + L}{F}.$$

Der Querschnitt F_2 des Verdrängers n vom Durchmesser D_2 folgt aus der Erwägung, daß beim Kolbenaufgange ein Zurückströmen des Wassers aus dem Pumpenraum nach dem Gehäuse vermieden wird; sobald der Kolben die oberen Schlitzkanten erreicht hat, muß der Wasserspiegel noch um einen gewissen Betrag z unterhalb derselben stehen.

Bezeichnet

V den Luftinhalt des Pumpenraumes (in cbm), der verbleibt, wenn man sich den Kolben in seiner Höchstlage mit Wasser angefüllt denkt, so besteht die Beziehung

$$F s = W + V + (F_3 - F_2) z + (F - F_2) s,$$

— F_3 ist der zum Durchmesser D_3 gehörige Querschnitt — und es folgt

$$F_2 = D_2^2 \frac{\pi}{4} = \frac{W + V + F_3 z}{z + s}.$$

Nach Berechnung von V aus dem Entwurf und nach Annahme von F_3 (bezw. D_3) läßt sich mittels dieser Gleichung F_2 (bezw. D_2) bestimmen.

Wird die Schlitzhöhe mit s_1 bezeichnet, so folgt für den ganzen Kolbenhub

$$S = s + s_1.$$

Mit diesem Wert läßt sich die Bewegungslinie $K_1 K_2 K_3$ (Fig. 317) des oberen Kolbenrandes aufzeichnen unter der Annahme, daß der Kolben von einer sich mit gleichmäßiger Winkelgeschwindigkeit ω drehenden Kurbel vom Halbmesser $R = 0{,}5\,S$ angetrieben wird.

(Ist, wie in Fig. 316, die Bewegung des Kolbens vom Kreuzkopf der Dampfmaschine mittels Hebelgestänges abgeleitet, so erfolgt sie ebenso, als wenn der Kolben durch eine Kurbel vom Halbmesser $R = 0{,}5\,S$ unmittelbar angetrieben wäre).

Dreht sich die Kurbel aus ihrer höchsten Stellung OK_1 (Fig. 317) um den Winkel α abwärts nach OB, so ergibt sich der entsprechende Kolbenweg — bei Annahme unendlicher Schubstangenlänge — zu

$$x = R\,(1 - \cos\alpha) \text{ — Gl. 58 —}$$

Trägt man die einer Umdrehung der Kurbel entsprechenden Drehwinkel α auf, so ergibt sich die Kolbenweglinie $K_1 K_2 K_3$.

Die Kolbengeschwindigkeit beträgt — nach Gl. 59 —

$$c = R\,\omega \sin\alpha = v \sin\alpha\,,$$

wenn v die unveränderliche Geschwindigkeit des Kurbelzapfens bedeutet.

Um festzustellen, ob stets diejenige Wassermenge W in den Pumpenraum abfließen kann, die vom Kondensator dem Gehäuse vom Ringquerschnitt $\left(D_5^2 - D_4^2\right)\frac{\pi}{4}$ zugeführt wird, ermittelt Berg die Bewegungslinie des äußeren Wasserspiegels in diesem Gehäuse ebenfalls auf graphischem Wege, indem er sich dieselbe durch eine Kurbel vom Halbmesser

$$R_1 = \frac{F}{F_5 - F_4} R \quad \text{. . . . . 96)}$$

dargestellt denkt.

Wenn der äußere Wasserspiegel in seiner höchsten Stellung um e_1 (Fig. 317) von der Gehäusedecke absteht, so befindet er sich im tiefsten Stande um $R_1 + e_1$ unterhalb derselben. Hiermit erhält man die Lage der Punkte M_1 und M_3 der zweiten Weglinie $M_1 M_2 M_3$.

Der höchste Punkt M_2 dieser Linie ist so zu wählen, daß er um $e = e_1 + e_2$ tiefer liegt, als die höchste Stellung des Kolbenrandes oder als die Wagerechte $K_1 K_3$. Die Größe e_2 — Abstand der Höchstlage des Kolbenrandes von der Gehäusedecke — ergibt sich aus dem Konstruktionsentwurf der Pumpe, die Größe e_1 — Abstand des äußeren Wasserspiegels in seiner Höchstlage von der Gehäusedecke — ist, wie schon bemerkt, anzunehmen.

In den Schnittpunkten E_1 und E_2 der Kurven $K_1 K_2 K_3$ und $M_1 M_2 M_3$ stehen äußerer Wasserspiegel und Kolbenrand auf gleicher Höhe. Bei E_1 beginnt das Einströmen, bei E_2 hört es wieder auf; die zwischen den beiden Kurven von E_1 bis E_2 gelegenen Ordinatenstrecken geben den Höhenunterschied zwischen äußerem Wasserspiegel und Kolbenrand, d. h. die Druckhöhe an, unter der das Einströmen erfolgt.

Damit vor und nach der Einströmung Luft aus dem Gehäuse in den Pumpenraum übertreten kann, müssen ferner die Schnittpunkte E_1 und E_2 der beiden Kurven um einen gewissen Betrag e_3 tiefer liegen als die Oberkanten der Schlitze.

Es handelt sich dann noch darum, den Halbmesser R_1 so zu bestimmen, daß die mit ihm verzeichnete Kurve durch die Punkte M_2, E_1 und E_2 geht.

Nach Fig. 317 ist

$$O_1 C_1 = O_1 A_1 - C_1 A_1$$

oder

$$R_1 \cos\beta = R_1 - (e_3 + s - e)\,,$$

somit

$$R_1 = \frac{e_3 + s - e}{1 - \cos\beta}.$$

Der Winkel β entspricht dem Kurvenstück $E_1 M_2$ oder $E_1 K_2$ und ist in Fig. 317 durch die Strecke a_1 dargestellt.

Es ist

$$\frac{\beta}{180} = \frac{a_1}{a},$$

demnach

$$\beta = \frac{a_1}{a} 180^0.$$

Fig. 318.

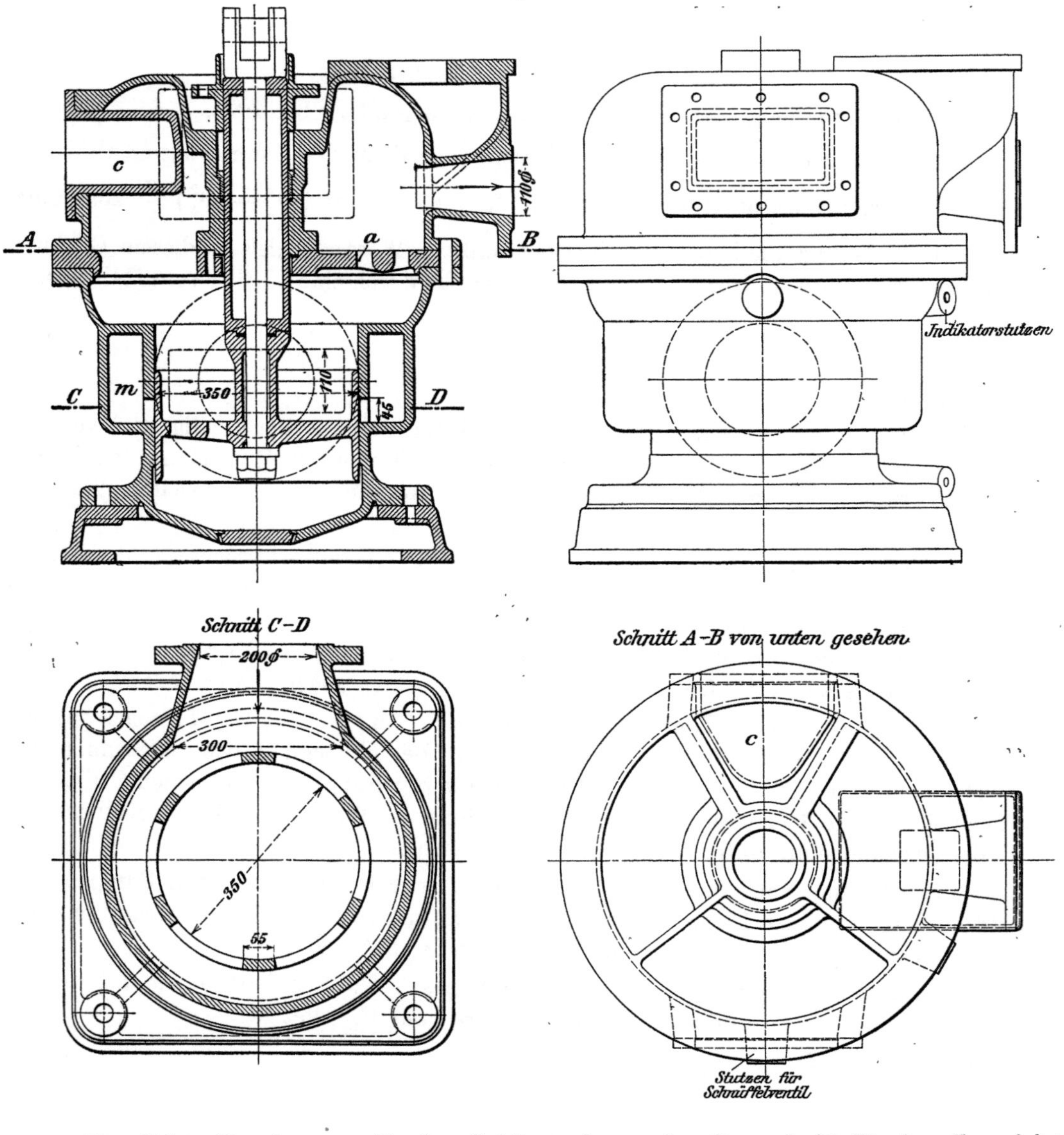

Der lichte Durchmesser D_5 des Gehäuses bezw. der Querschnitt F_5 desselben folgt aus Gl. 96 zu

$$F_5 = F \frac{R}{R_1} + F_4.$$

Hiermit sind die Hauptabmessungen der Pumpe bestimmt.

Es ist noch nachzusehen, ob die Pumpe die erforderliche Wassermenge W aufnimmt.

Zu dem Zwecke teilt man die Dauer der Einströmung von E_1 bis E_2 durch Ordinaten in kleine Zeitabschnitte, während welcher die Druckhöhen als unveränderlich angesehen werden. Entspricht der Abstand zweier Ordinaten der Zeit t, so ergibt sich die während dieser Zeit einströmende Wassermenge aus

$$q = {}^2/_3 \mu \sqrt{2g} \left(h_1^{\frac{3}{2}} - h_2^{\frac{3}{2}}\right) b\,t,$$

wobei die Ausflußzahl $\mu = 0{,}60$ gesetzt werden kann, ferner b die Breite sämtlicher Schlitze, h_1 und h_2 die aus der Zeichnung zu entnehmenden mittleren Druckhöhen bedeuten. Führt man die Rechnung für sämtliche Zeitabschnitte der Einströmdauer aus, so ergibt sich die von der Pumpe aufgenommene Wassermenge aus

$$W = \Sigma q.$$

Fig. 318a.

Schnitt A-B von oben gesehen

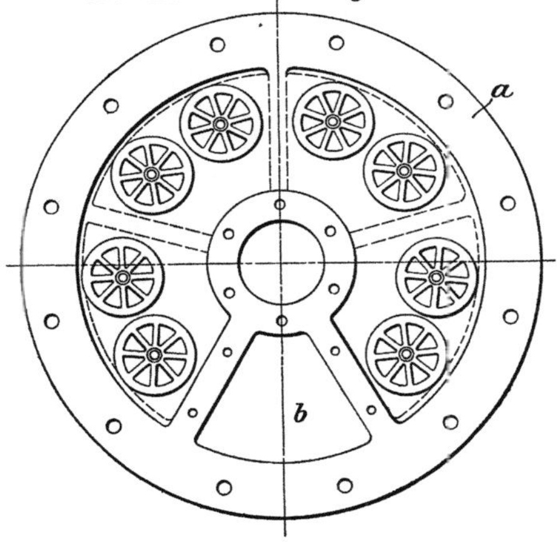

Fig. 318b.

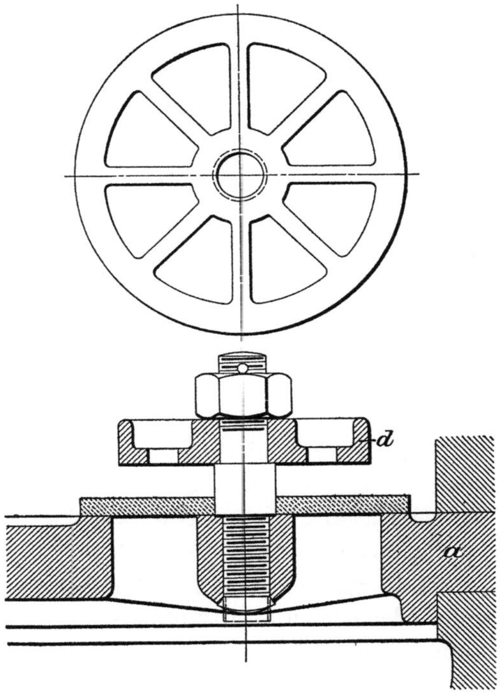

Weicht dieser Wert von dem erforderlichen ab, so ist er durch Änderung der Schlitzbreite und der Schlitzhöhe zu berichtigen und hierauf eine neue Bestimmung der Kurven vorzunehmen.

Fig. 318 (S. 398) zeigt eine Luftpumpe mit Saugschlitzen, wie sie von der Maschinenfabrik Rich. Raupach, G. m. b. H., Görlitz gebaut wird.

Die obere Ventilplatte a ist mit einem dreieckigen Ausschnitt b (Fig. 318a) versehen, auf den sich ein durch zwei Wände vom Druckraum der Pumpe abgeschlossener Teil aufsetzt. Der so gebildete, nach außen durch einen Deckel c abgeschlossene Luftraum dient als Windkessel, um, insbesondere bei hohen Umlaufzahlen eintretende Stöße zu mildern. Nach Entfernung des Deckels c und Hochziehen des Kolbens sind die Klappenventile desselben leicht zugänglich.

Da, zufolge des verhältnismäßig großen Windkesselinhaltes, noch immer Stoßwirkungen auftraten, wurde der Deckel c als ein größerer Hohlkörper ausgebildet.

In Fig. 318b ist ein zur Pumpe gehöriges Klappenventil mit Hubfänger *d* dargestellt.

Eine Luftpumpe mit Saugschlitzen ist ferner auf Tafel XIV ersichtlich.

Über liegende Pumpen mit Saugschlitzen s. K. Schmidt: „Die Kondensation der Dampfmaschinen und Dampfturbinen", Berlin 1910, Julius Springer.

Fig. 319.

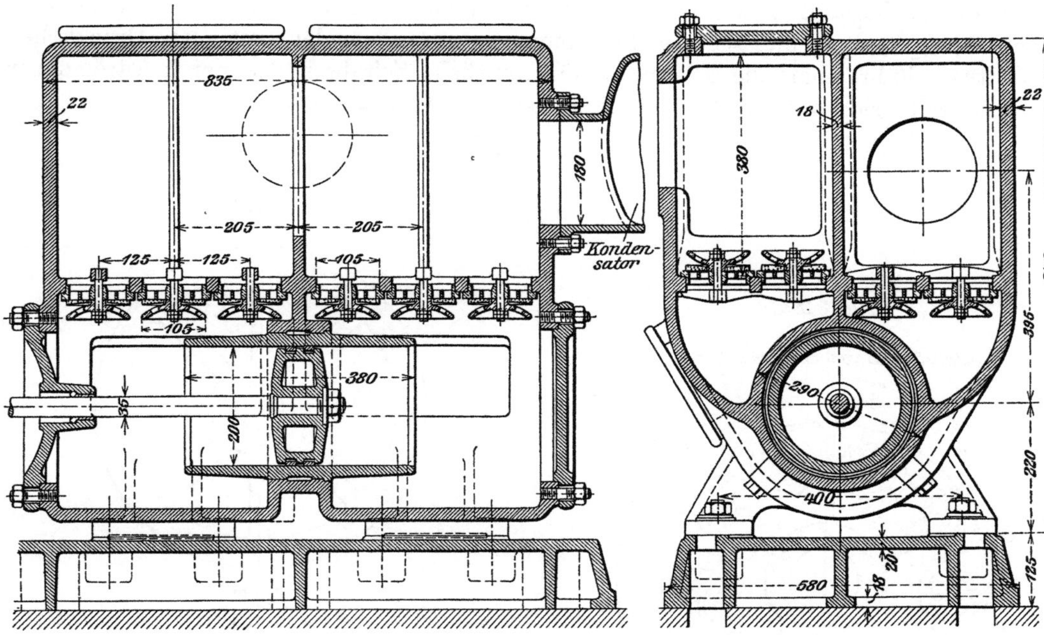

Eine liegende doppeltwirkende Luftpumpe[1]), die, zu einer Verbundmaschine gehörig, vom Kurbelzapfen der Niederdruckseite derselben aus mittels Lenkstange und Winkelhebel angetrieben wird, zeigt Fig. 319; sie hat 12 hängende Saugventile und 12 Druckventile, deren Sitze je mittels einer eingelegten Gummischnur abgedichtet sind.

Das aus dem Kondensator — einem wagerecht liegenden Behälter mit konzentrisch einmündendem Einspritzrohr — kommende Wasser usw. sammelt sich über den Saugklappen an; infolge des hierdurch geschaffenen Überdruckes ist der Eröffnungswiderstand dieser Klappen gering. Der Querschnitt des Saugschlitzes und die Zeitdauer der Eröffnung — mit Rücksicht auf Umlaufzahl — müssen jedoch so gewählt werden, daß das Wasser rechtzeitig eintreten und auch noch Luft abgesaugt werden kann; andernfalls ist eine besondere Luftzuführungsleitung erforderlich (s. auch Tafel XIII).

Häufiger arbeiten doppeltwirkende Luftpumpen mit Tauchkolben, wie es z. B. die auf Tafel X ersichtliche, zu einer Tandem-Verbundmaschine der Firma Främbs & Freudenberg, Schweidnitz, gehörige Luftpumpe erkennen läßt.

[1]) Ausführung der Erfurter Maschinenfabrik Franz Beyer & Co., Erfurt.

Sachverzeichnis.

Die Ziffern bedeuten die Seitenzahlen.

Stehen

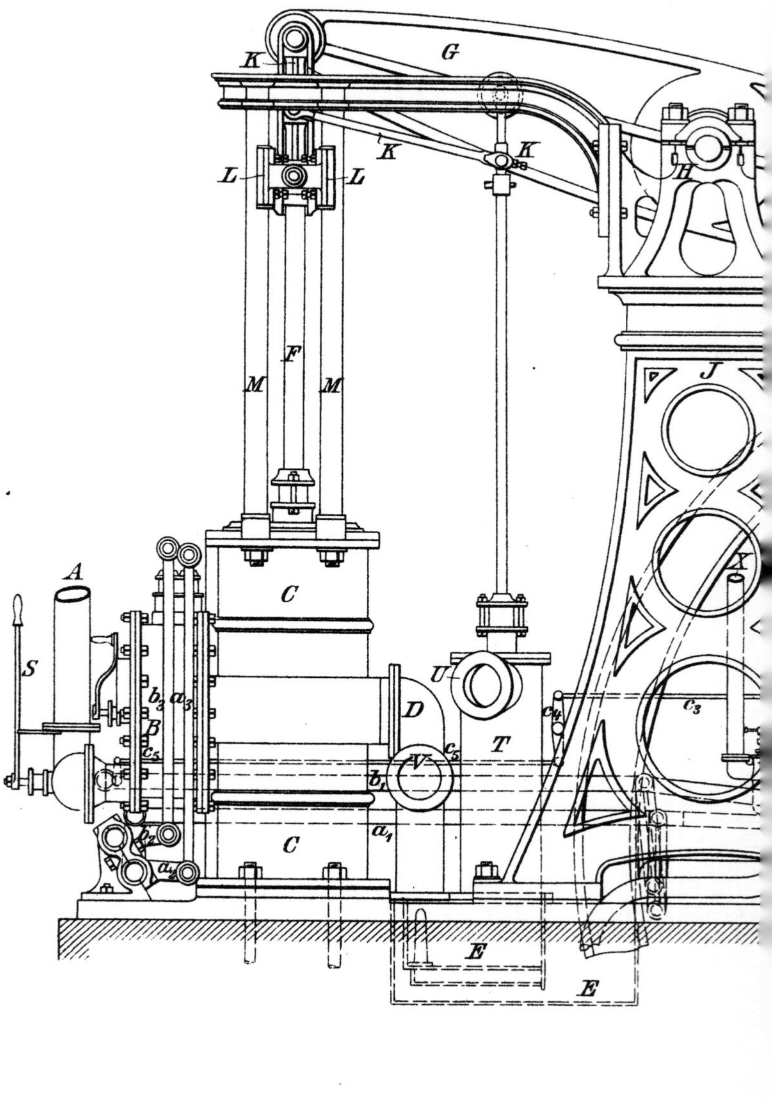

ıaschine

ı.

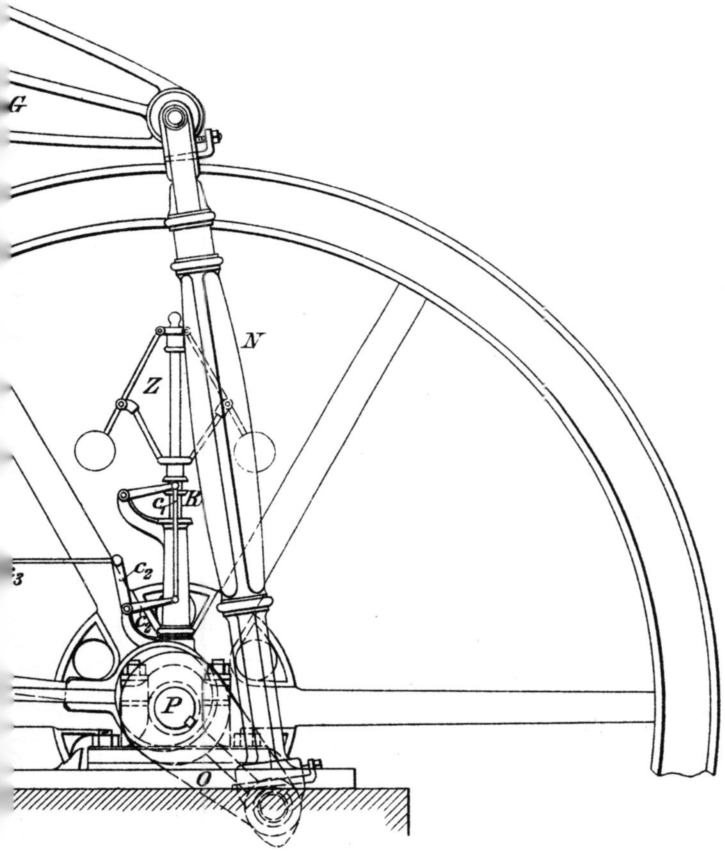

Techn.-art. Anstalt von Alfred Müller in Leipzig.

Liegende Einzylinder-Auspuffm
älterer Bauart.

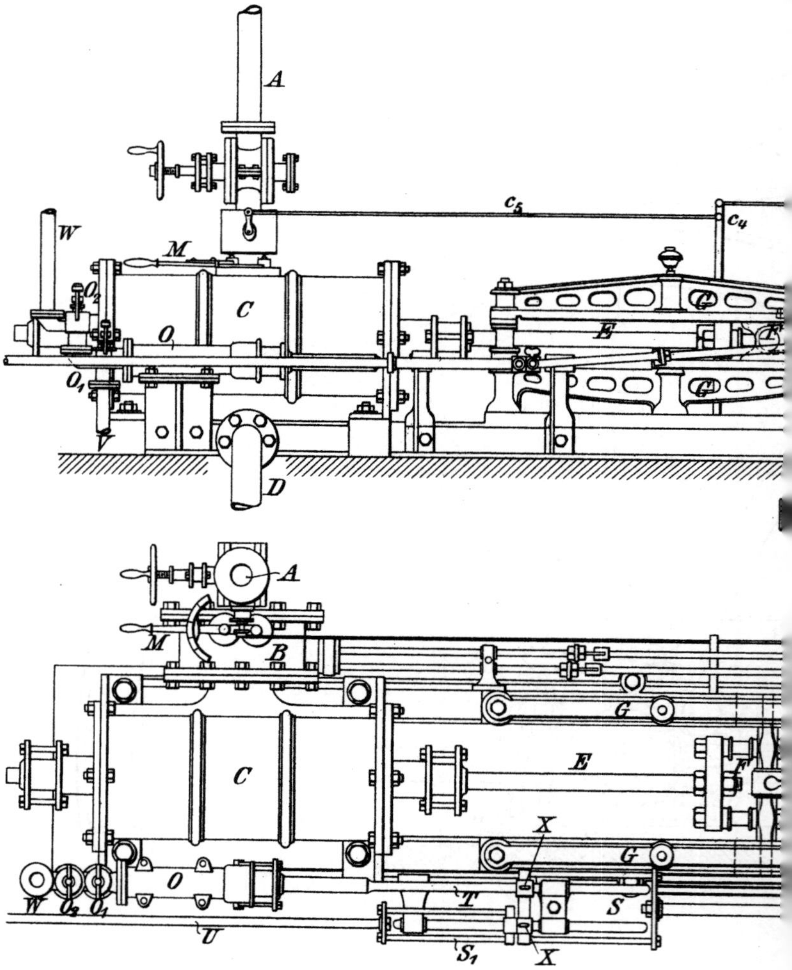

Alfred Kröner Verlag, Leipzig.

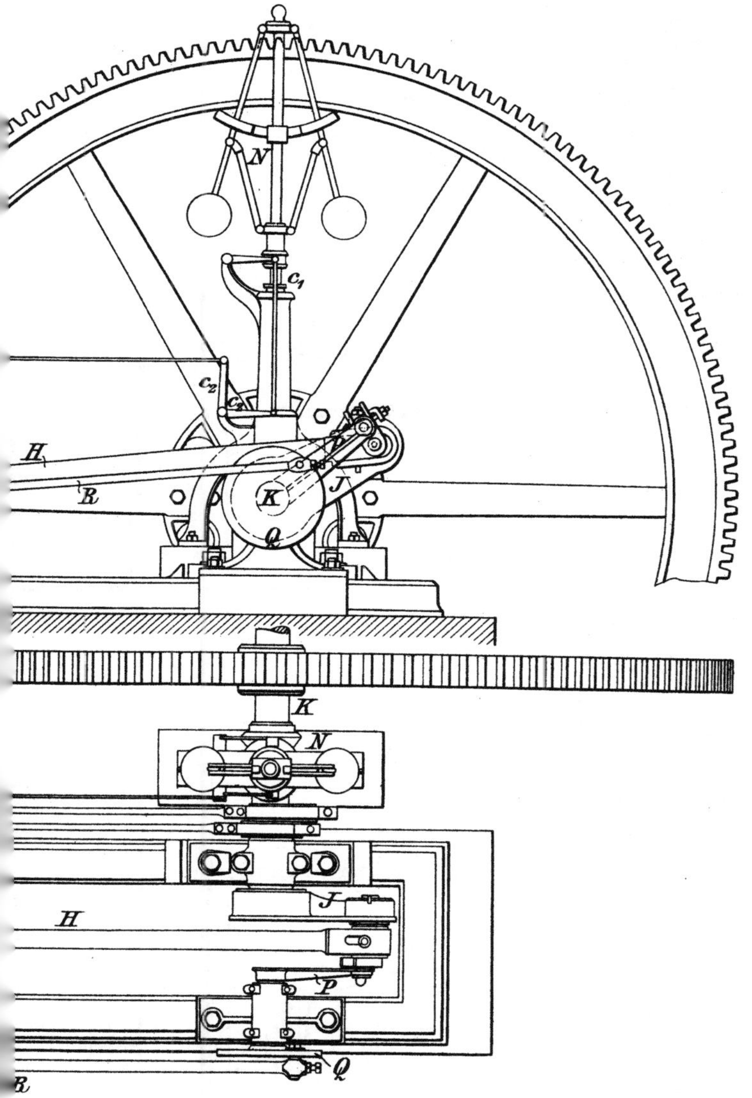

Techn.-art. Anstalt von Alfred Müller in Leipzig.

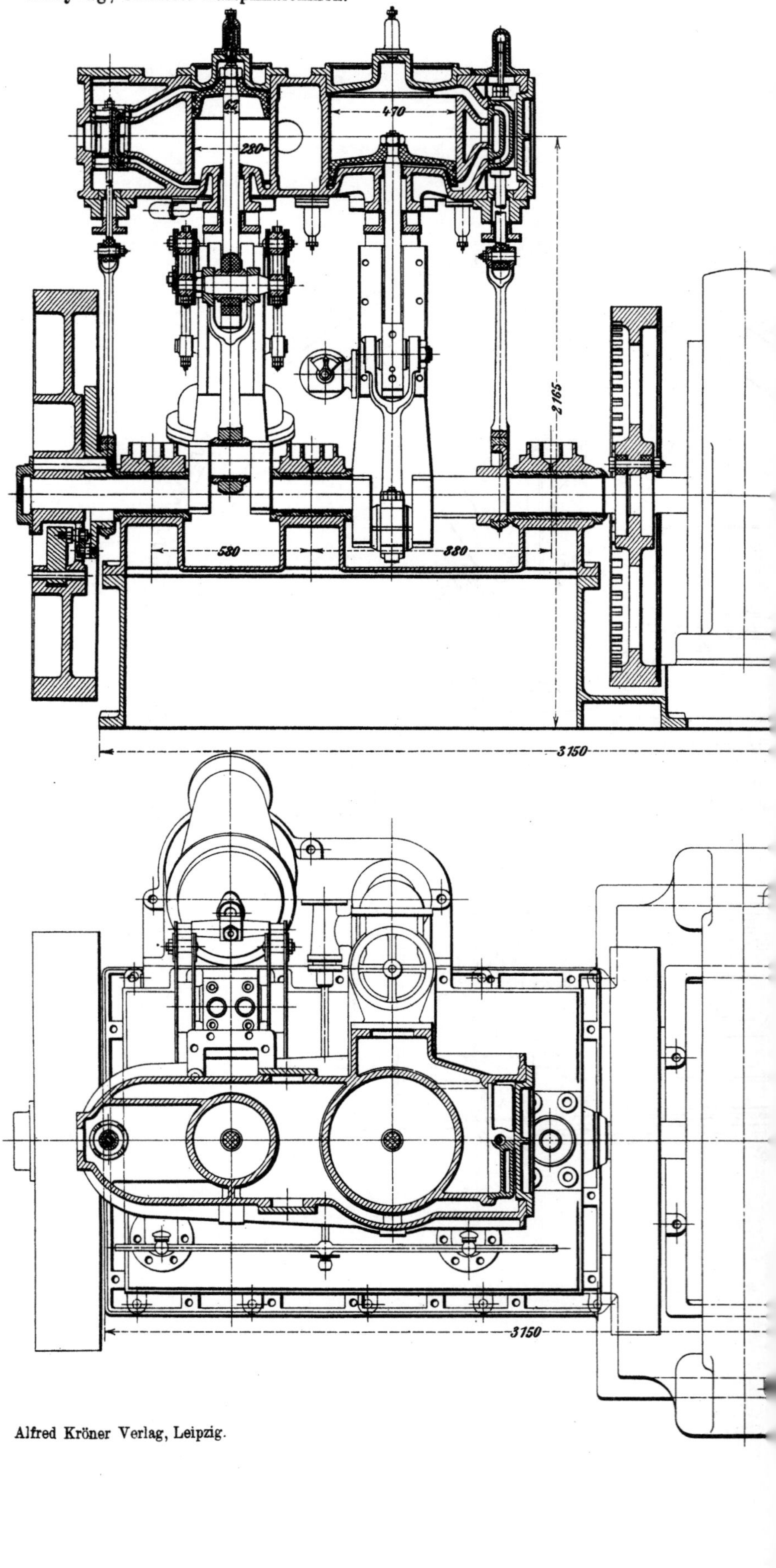
62
470
280
2165
530
880
3150
3150

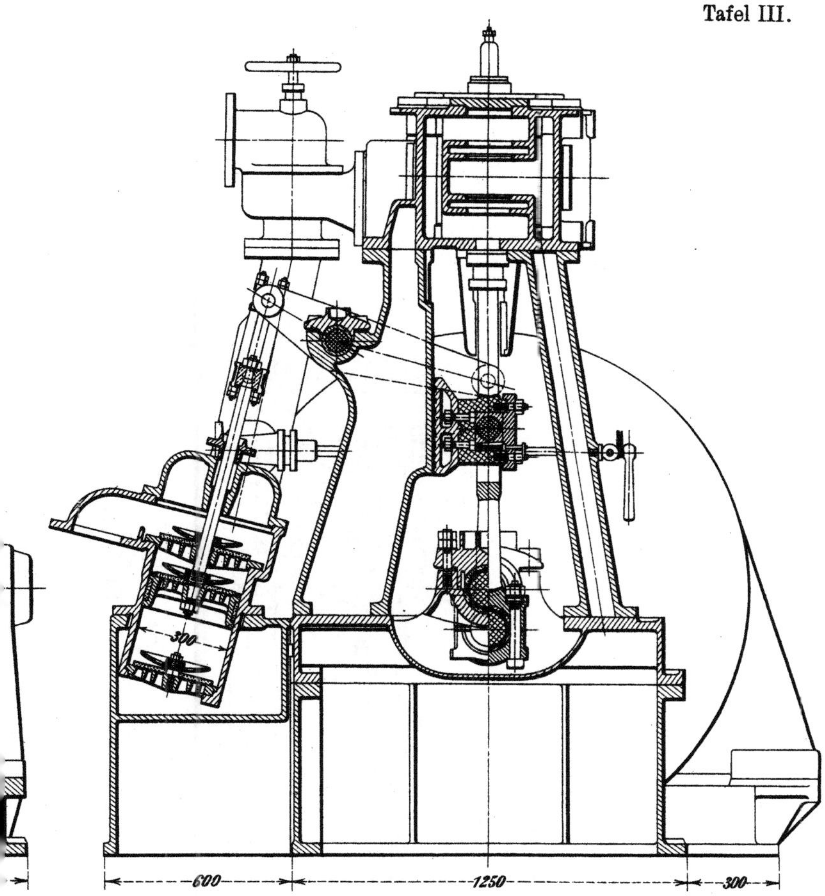

Schnellaufende Kondensations-
Verbundmaschine
mit unmittelbar gekuppelter Dynamo.
Kieler Maschinenbau-A.-G. vorm. C. Dävel, Kiel.

Techn.-art. Anstalt von Alfred Müller in Leipzig.

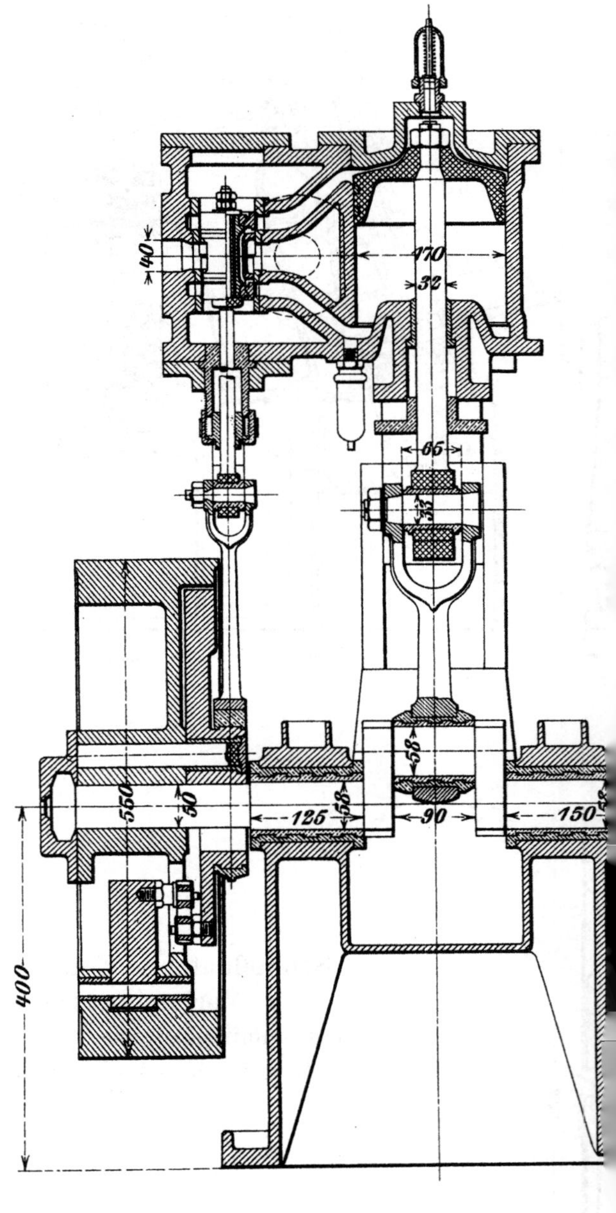

Alfred Kröner Verlag, Leipzig.

llaufende Einzylindermaschine
unmittelbar gekuppelter Dynamo.
aschinenbau-A.-G. vorm. C. Dävel, Kiel.

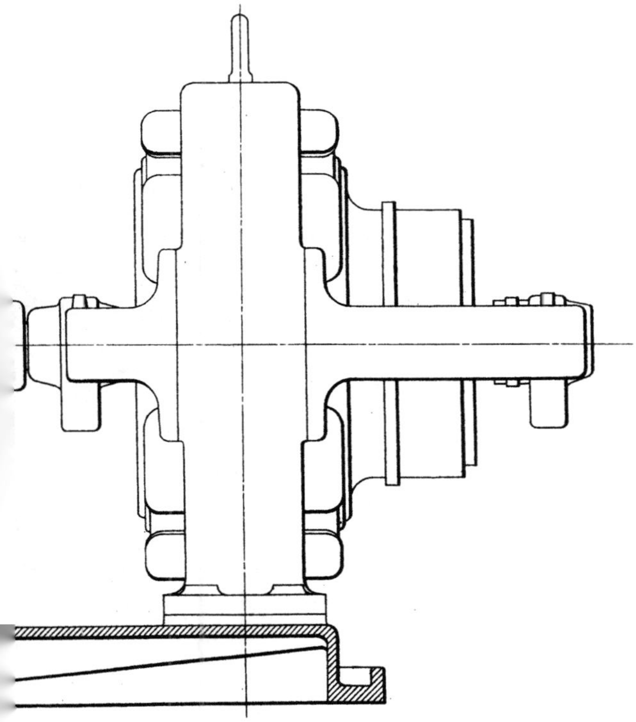

Techn.-art. Anstalt von Alfred Müller in Leipzig.

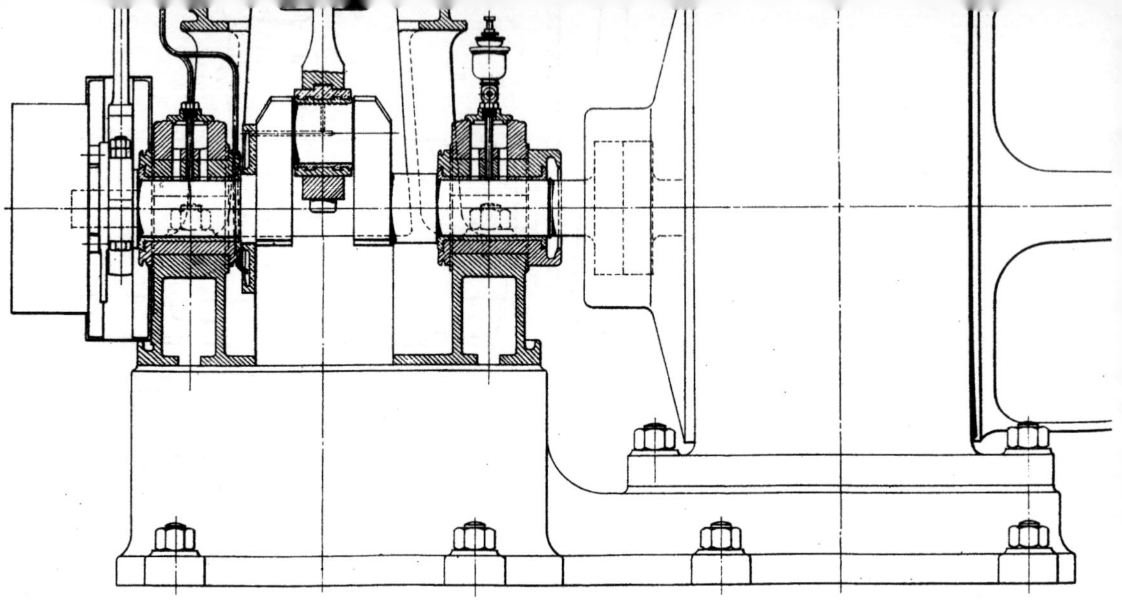

Alfred Kröner Verlag, Leipzig.

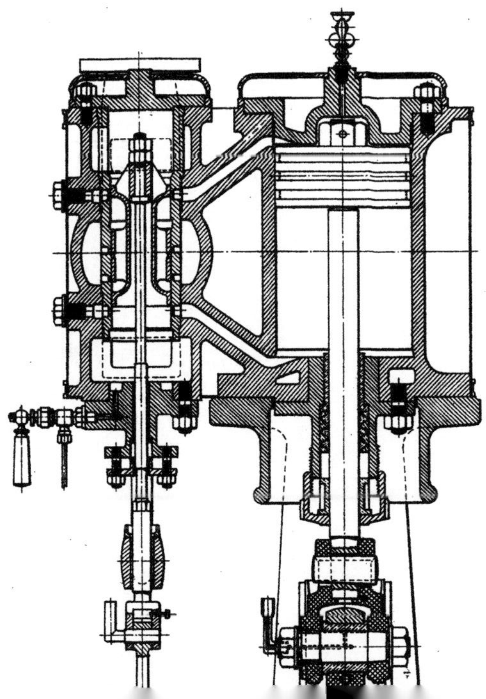

Schnellaufende Einzylin
mit unmittelbar gekuppelt
Främbs & Freudenberg, Sc

Maßstab 1:12,5.

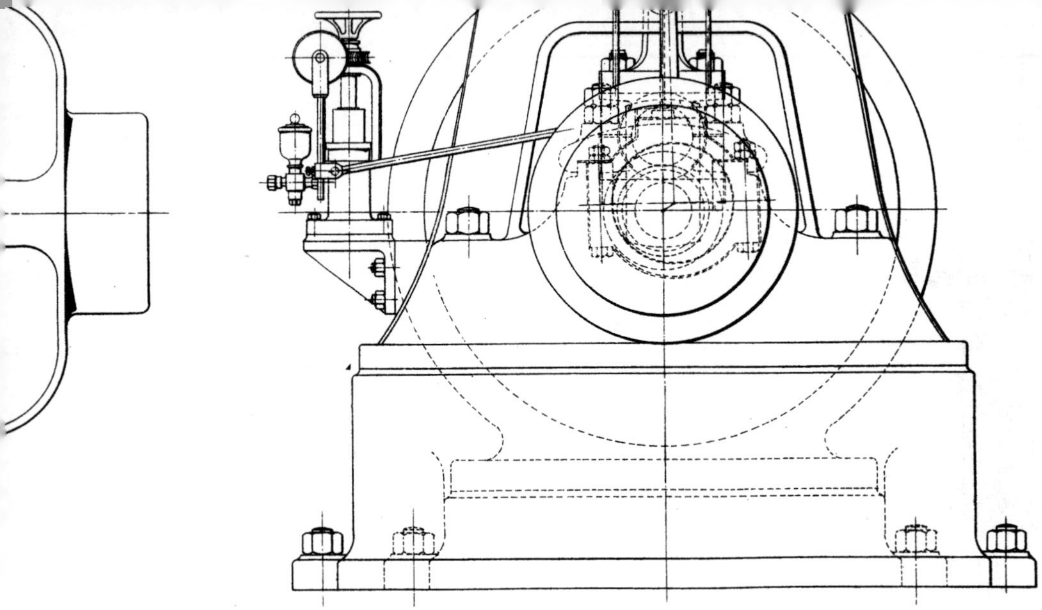

Techn.-art. Anstalt von Alfred Müller in Leipzig.

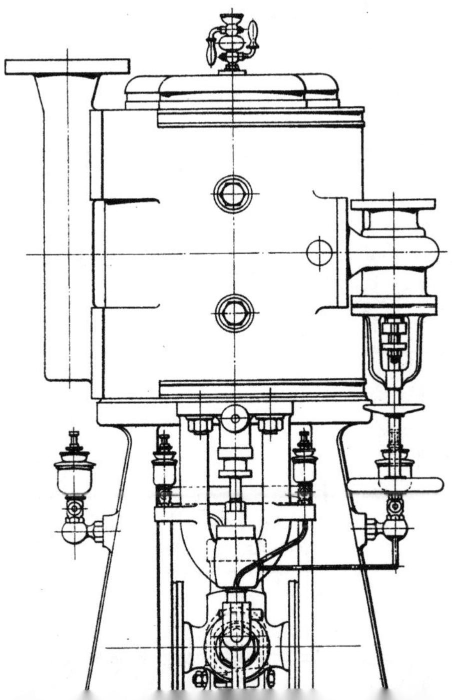

rmaschine
Dynamo.
eidnitz.

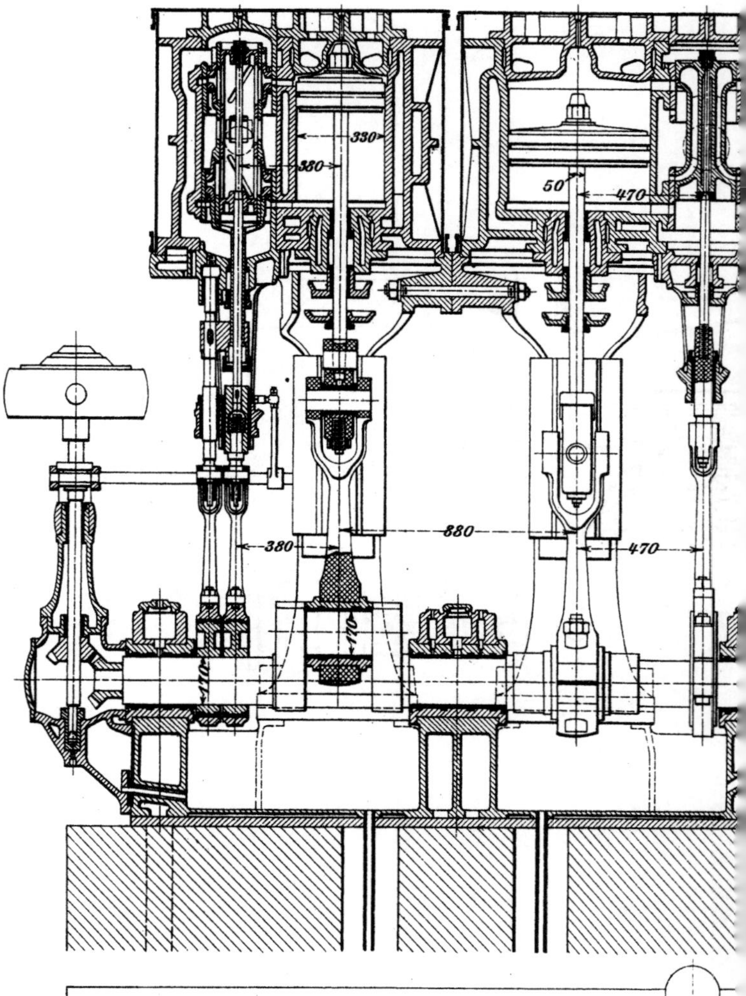
330
380
50
470
380
880
470
110
170
2500
175
160
1900

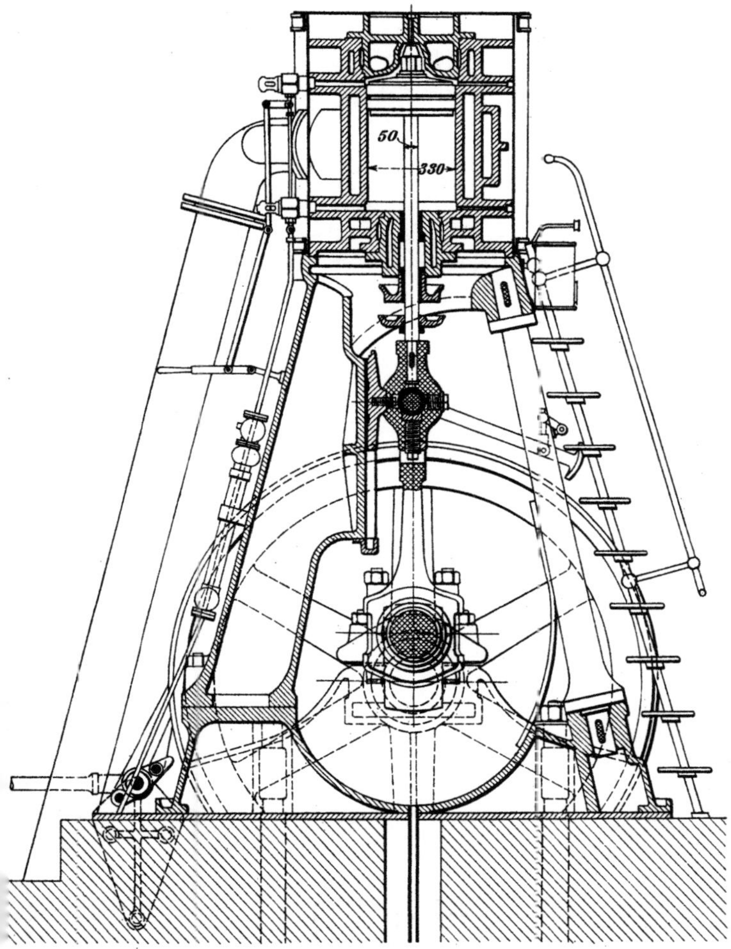

Stehende Auspuff-Verbundmaschine.
Maschinenfabrik Augsburg-Nürnberg A.-G.

Techn.-art. Anstalt von Alfred Müller in Leipzig.

Tafel VI.

ndmaschine mit Kondensation.

ɔau-A.-G. vorm. Ph. Swiderski,

Leipzig-Plagwitz.

Maßstab 1:30.

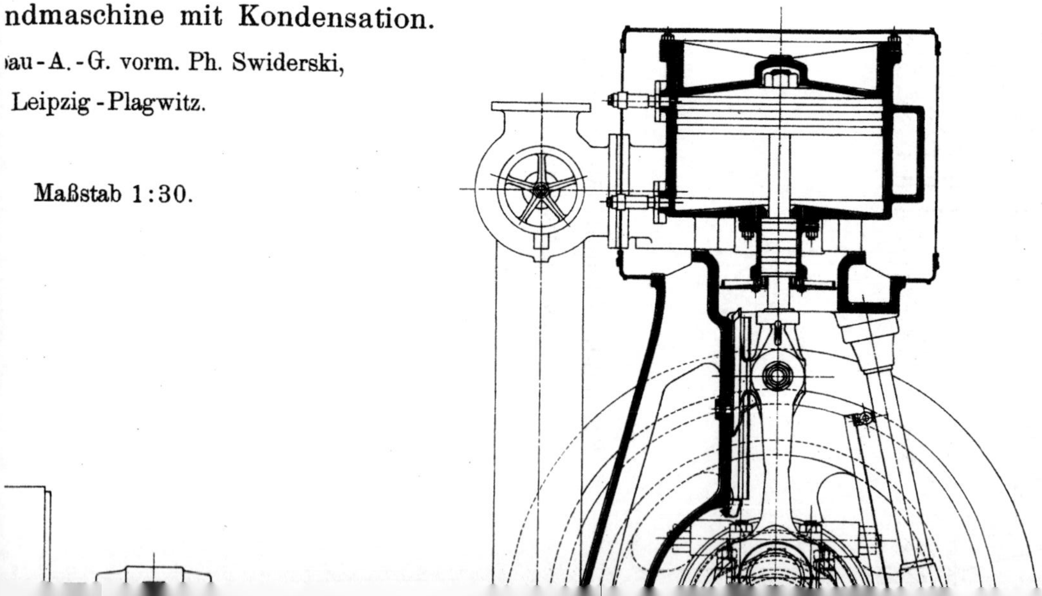

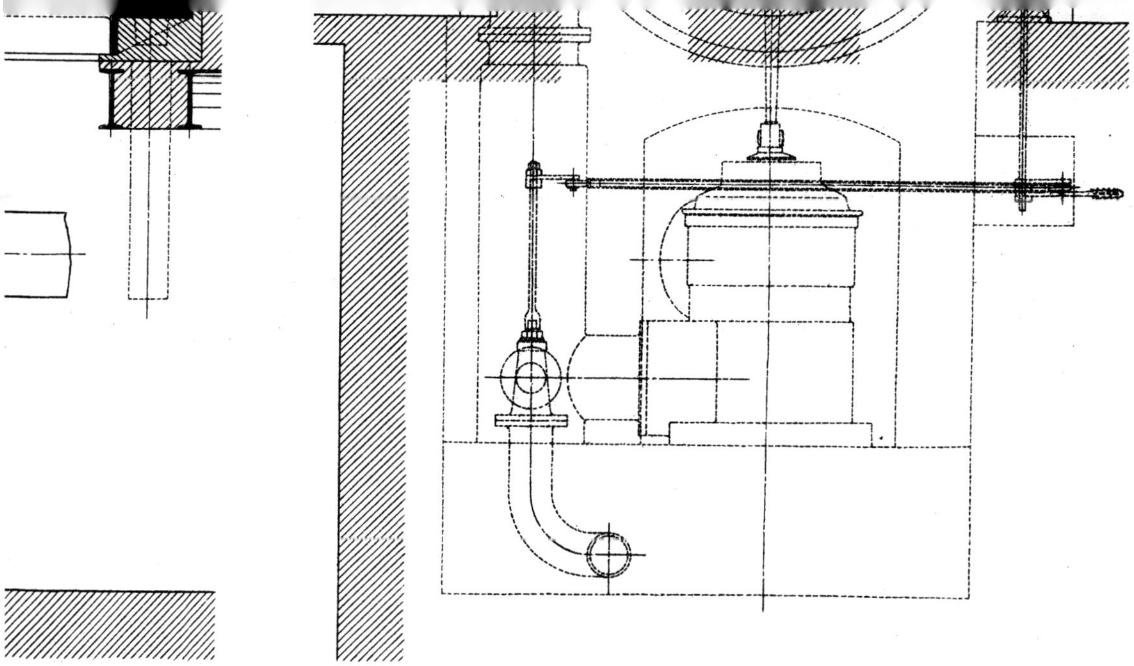

Techn.-art. Anstalt von Alfred Müller in Leipzig.

Stehende Verb

Maschine

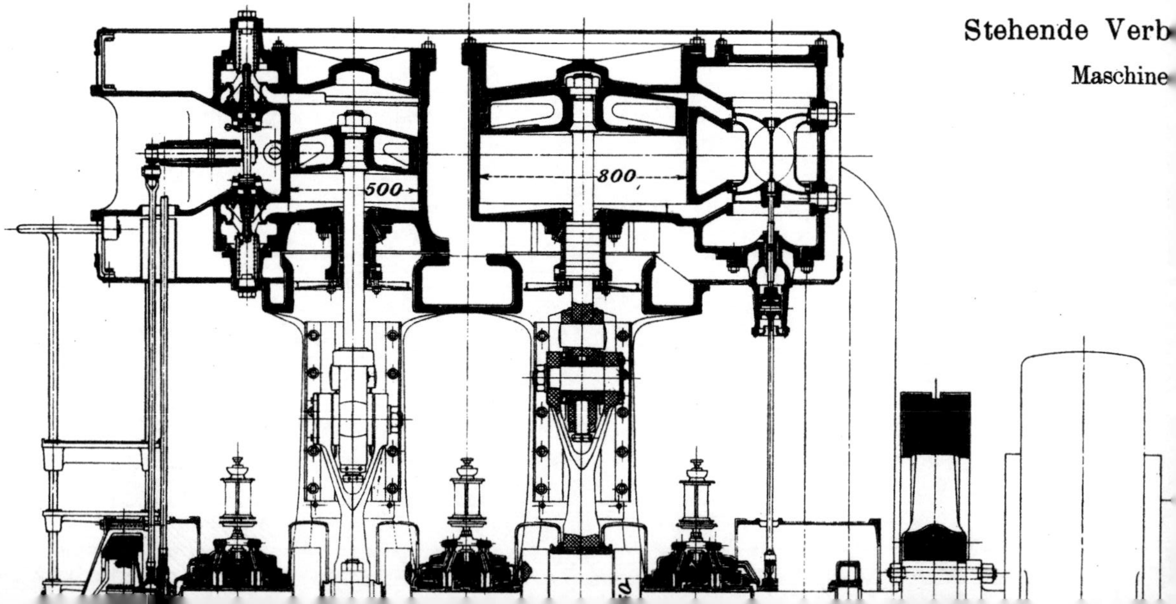

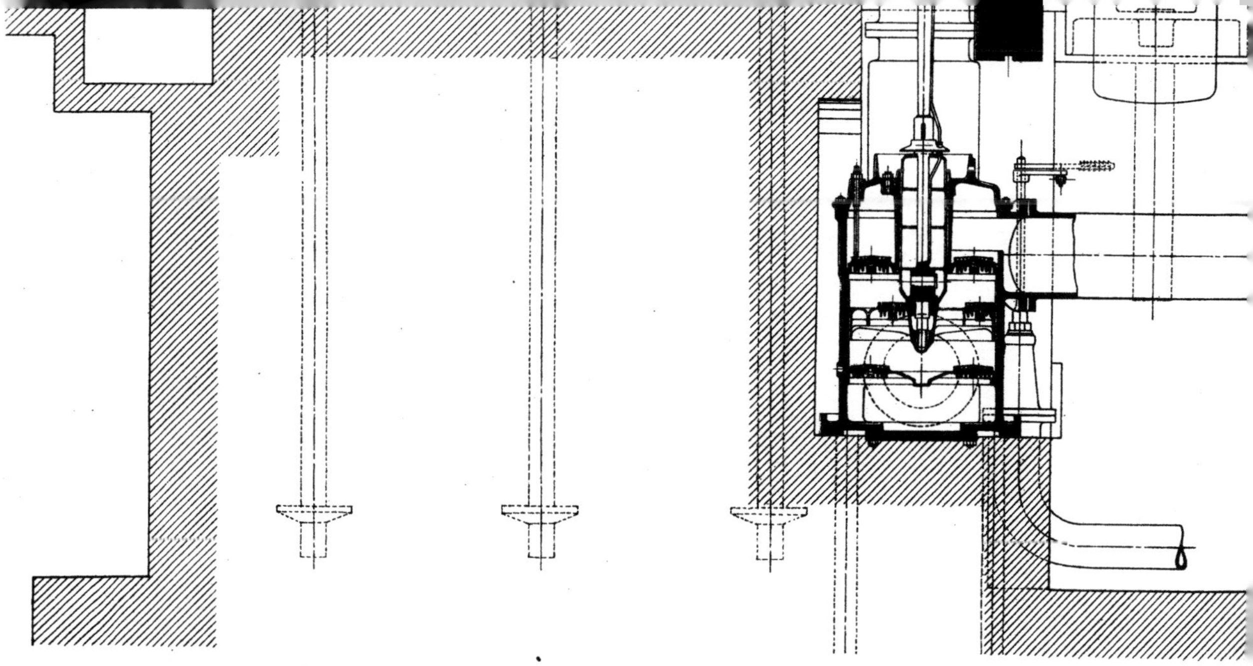

Alfred Kröner Verlag, Leipzig.

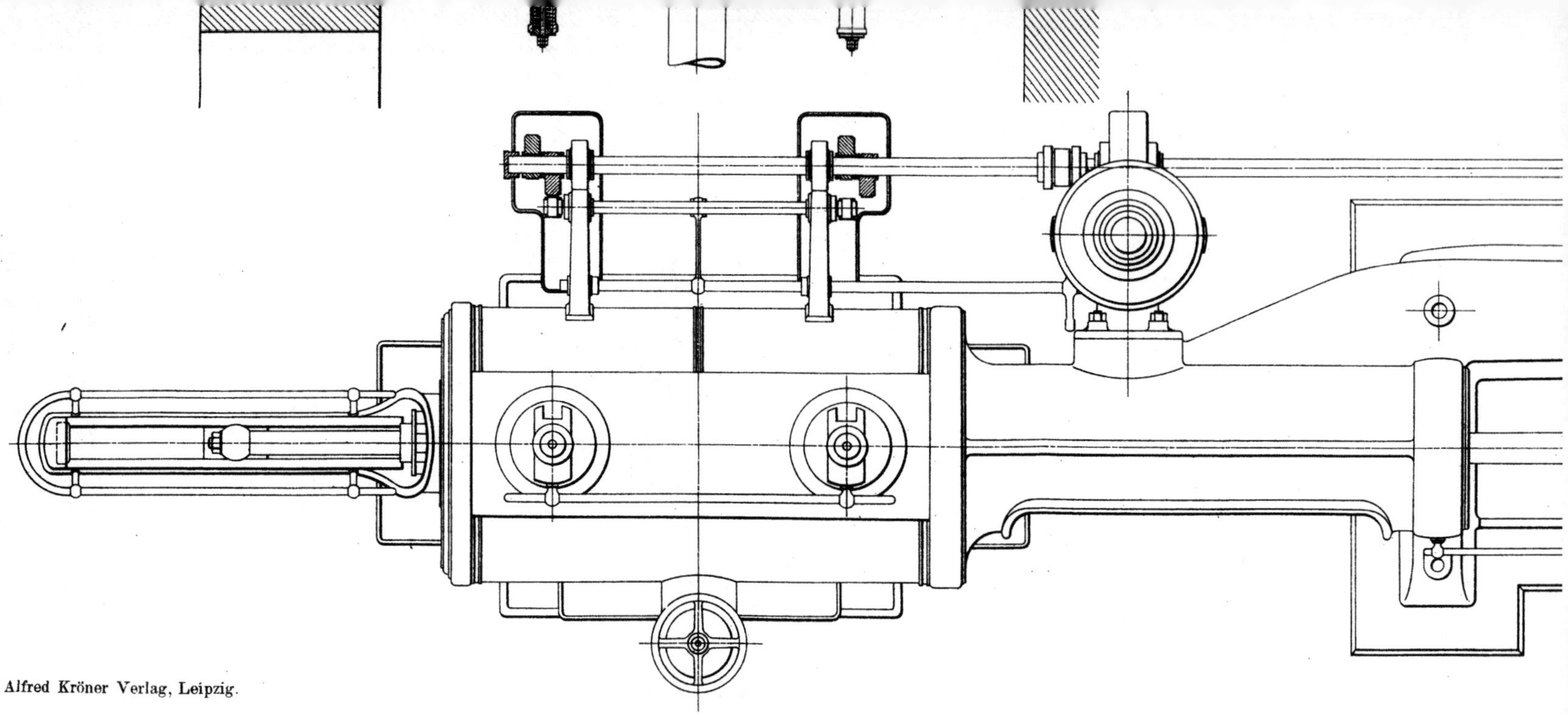

Alfred Kröner Verlag, Leipzig.

Liegende Einzylinder-Ventilmaschine.

Cottbuser Maschinenbau-Anstalt und Eisengießerei, A.-G., Cottbus.

Maßstab 1:30.

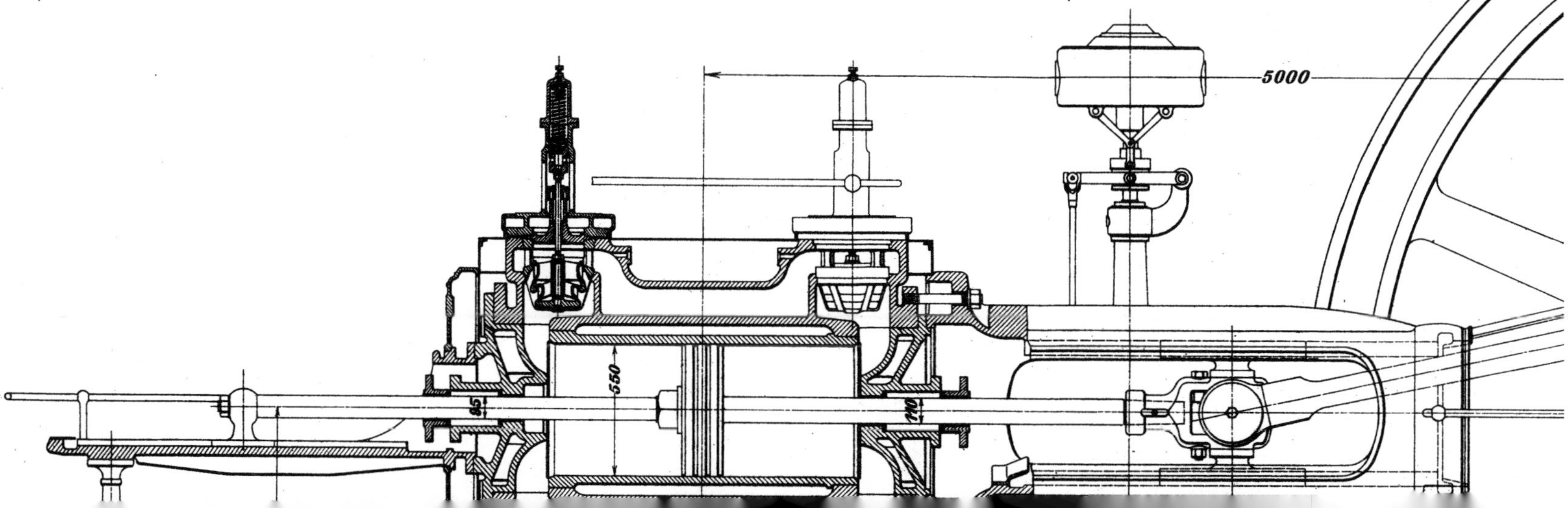

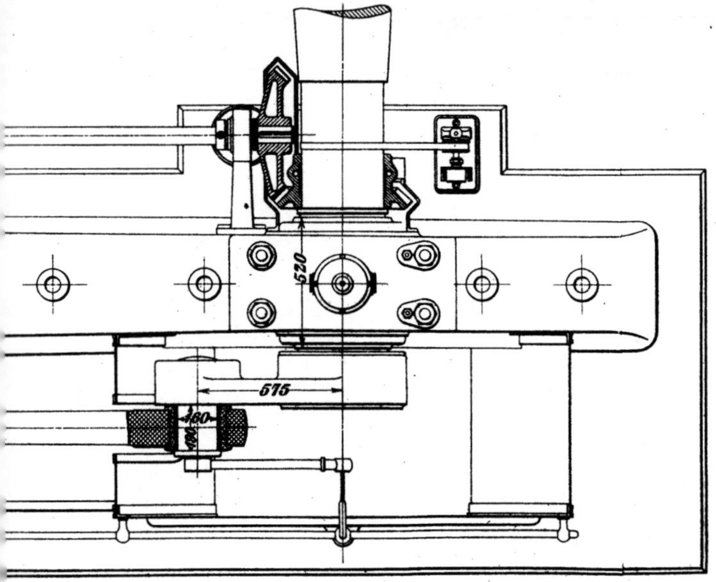

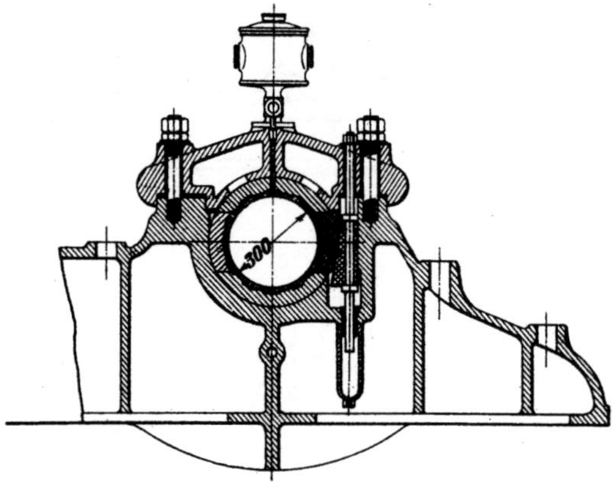

Techn.-art. Anstalt von Alfred Müller in Leipzig.

Tafel VII.

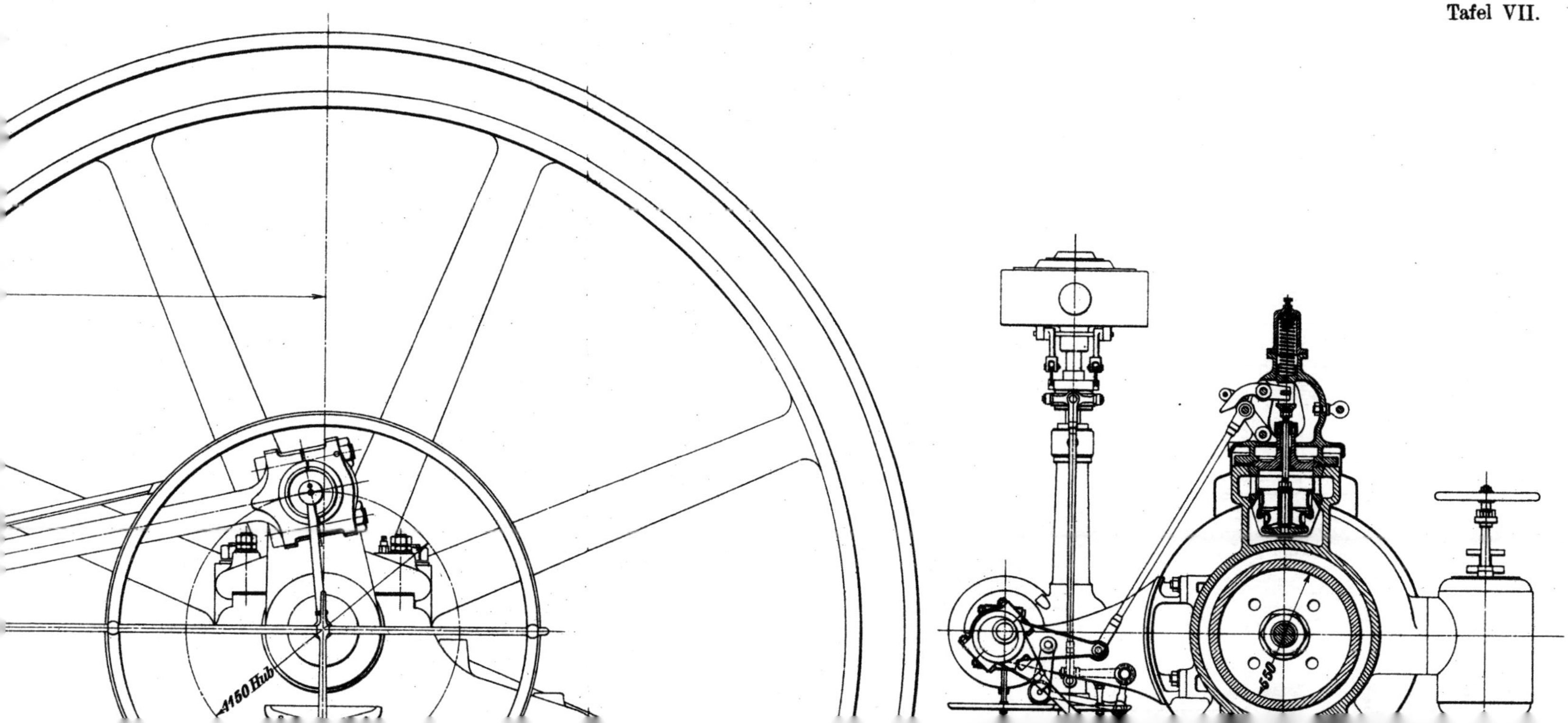

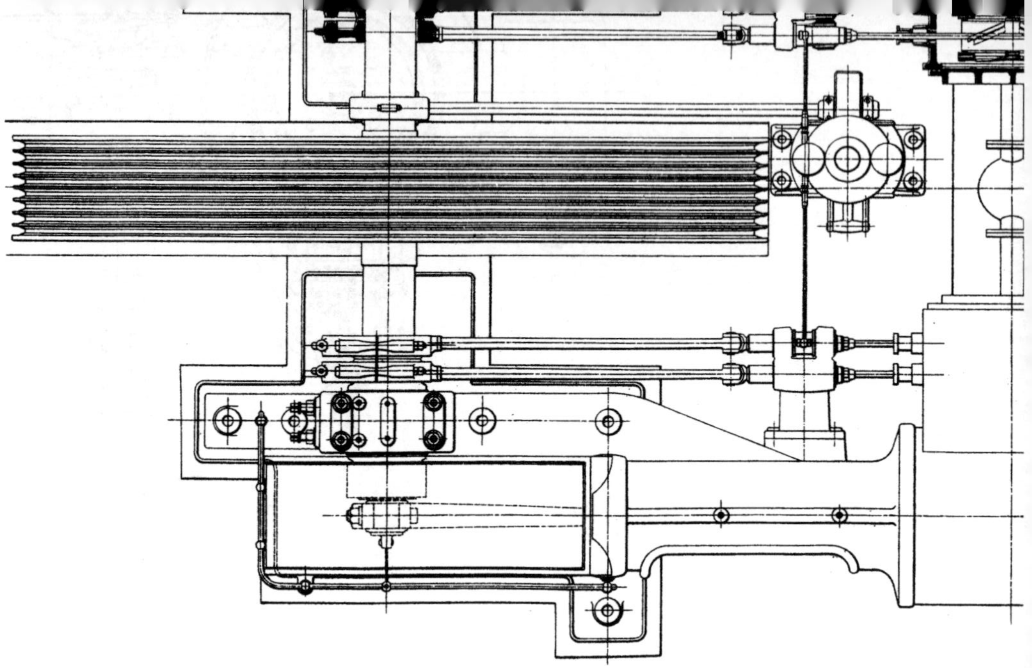

Alfred Kröner Verlag, Leipzig.

Freytag, Ortsfeste Dampfmaschinen.

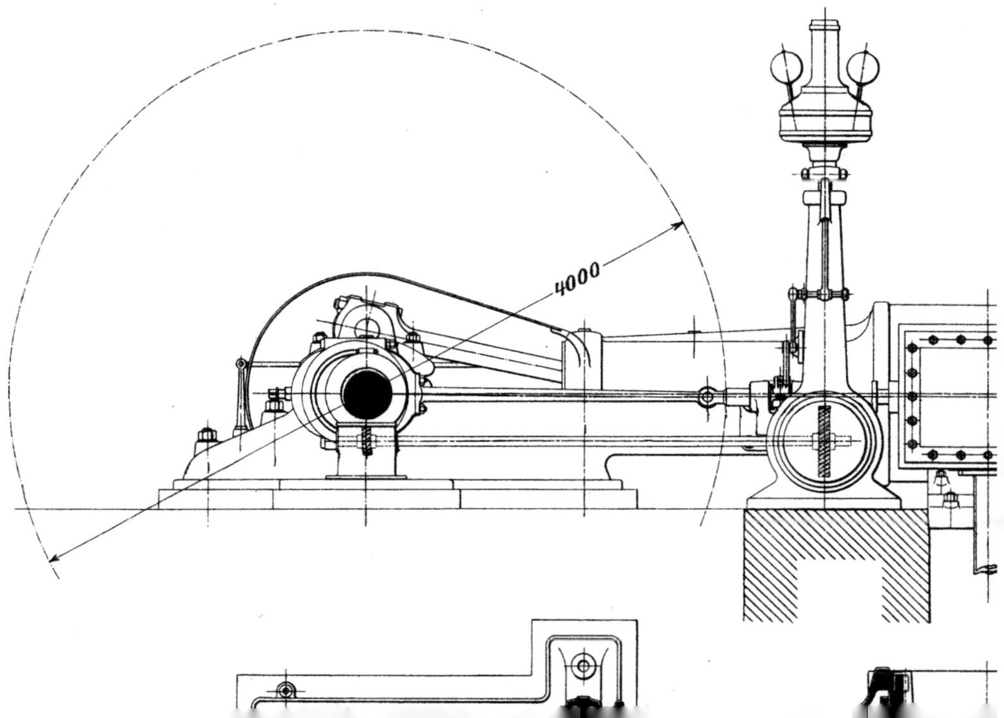

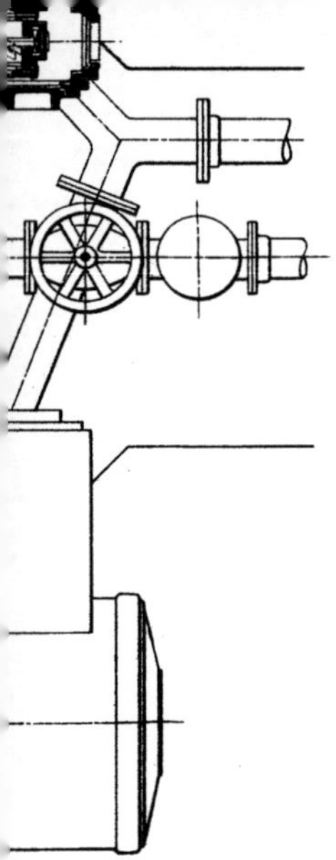

Liegende Zwillingsmaschine mit Rider-Steuerung.

Maschinenbau-A.-G. vorm. Ph. Swiderski,
Leipzig-Plagwitz.

Maßstab 1:40.

Techn.-art. Anstalt von Alfred Müller in Leipzig.

Tafel VIII.

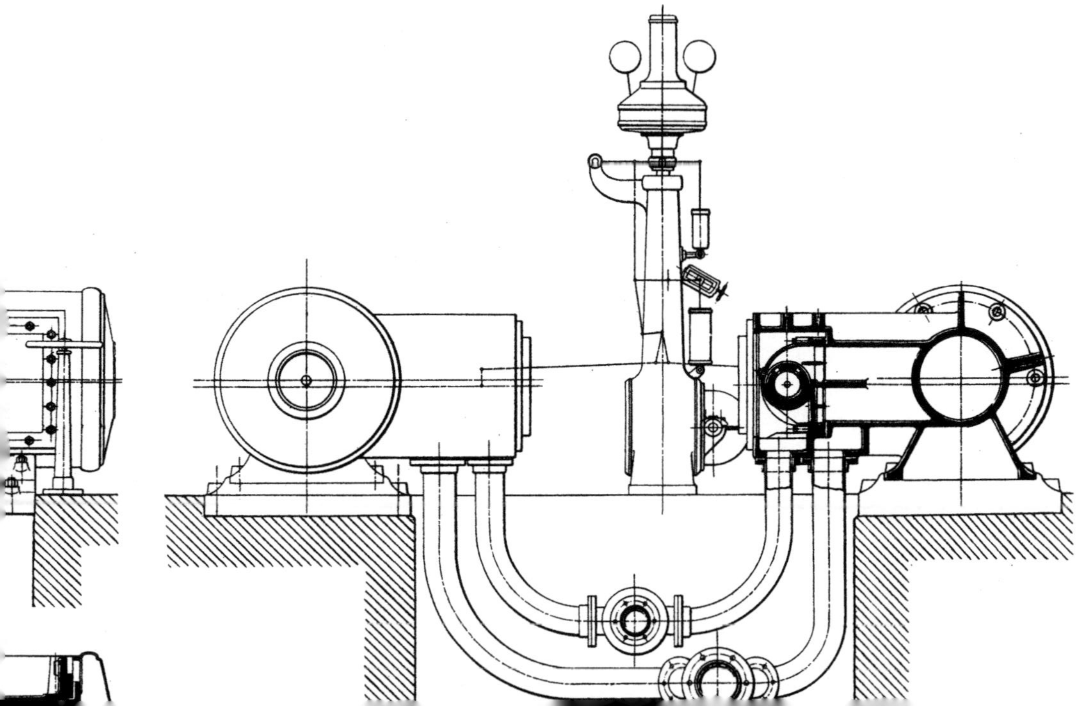

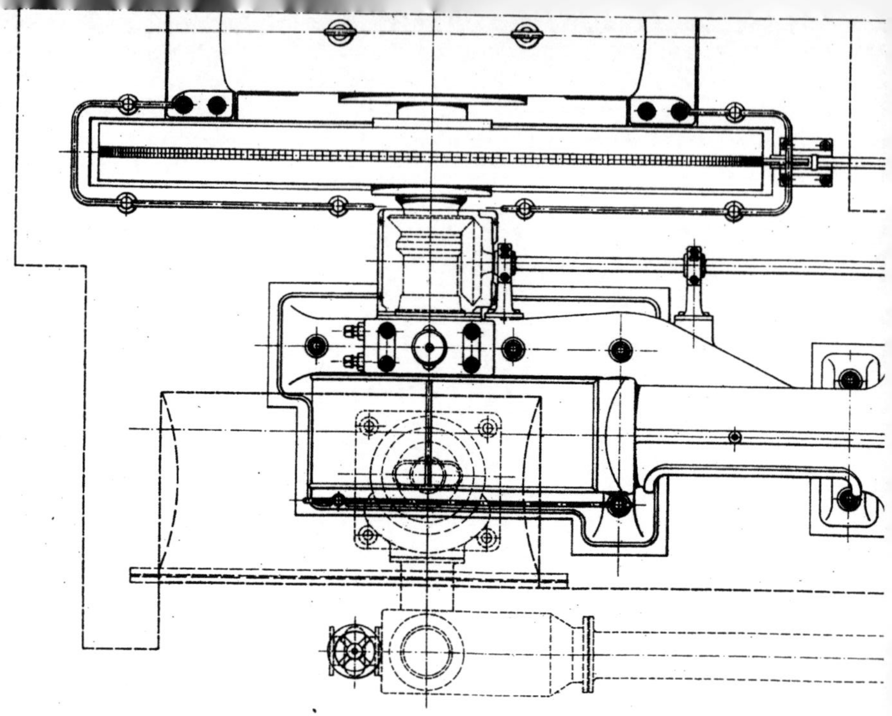

Alfred Kröner Verlag, Leipzig.

Freytag, Ortsfeste Dampfmaschinen.

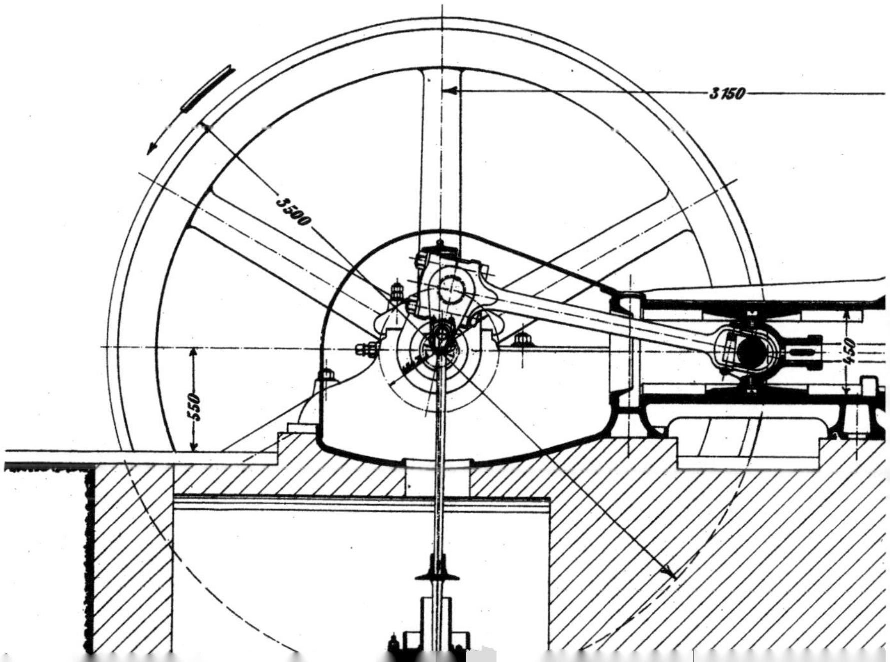

Liegende Tandem-Verbundmaschine
mit Kondensation und zwangläufiger Ventilsteuerung,
System Lentz.
Maschinenbau-A.-G. vorm. Ph. Swiderski, Leipzig-Plagwitz.

Maßstab 1:40.

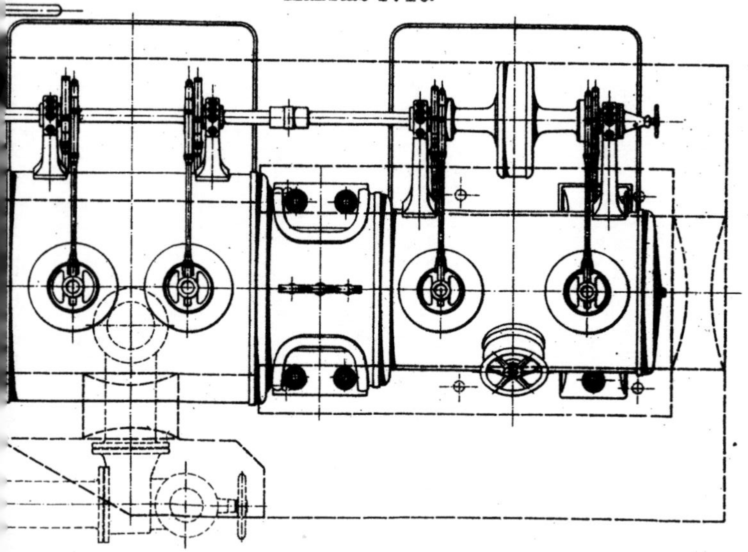

Techn.-art. Anstalt von Alfred Müller in Leipzig.

Tafel IX.

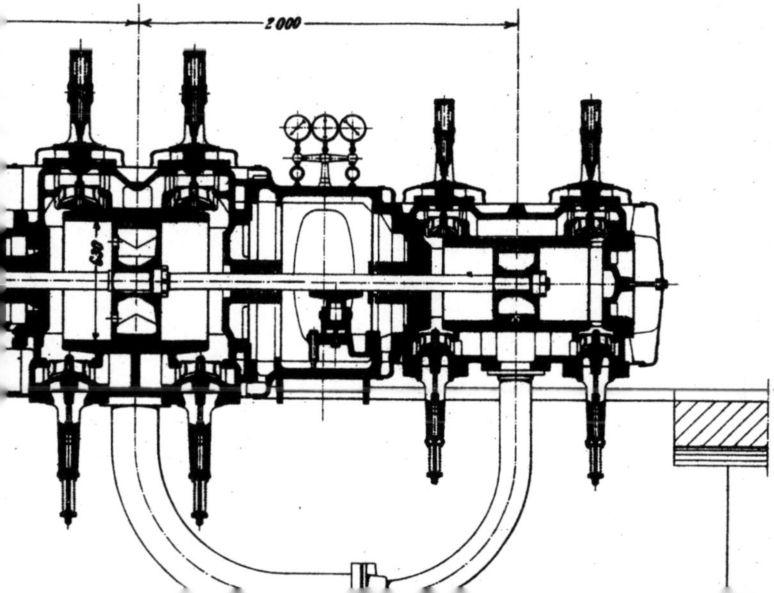

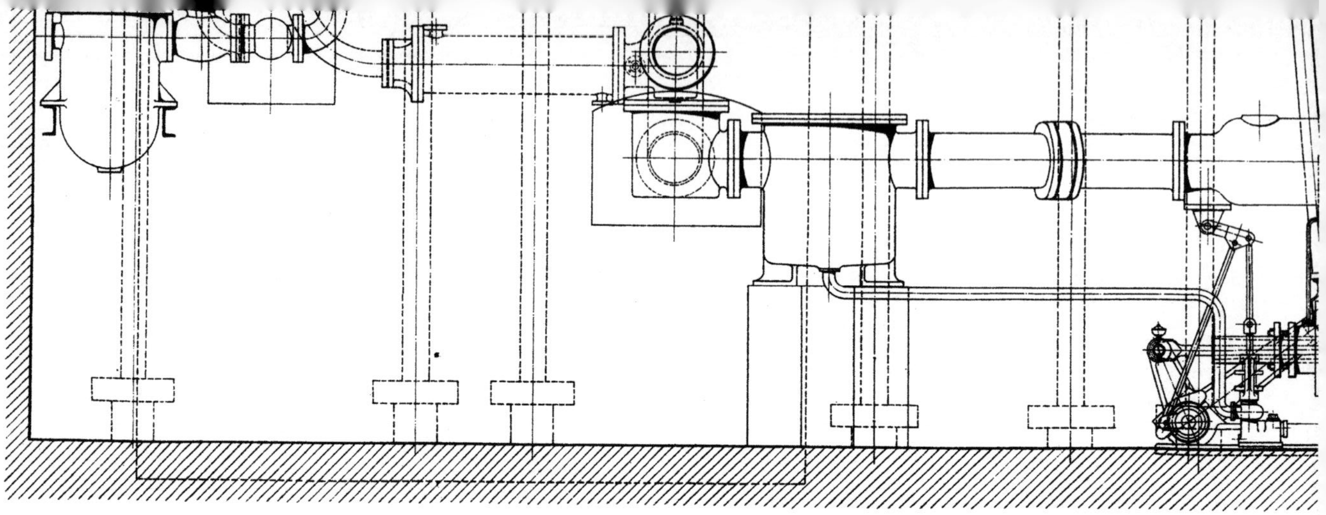

Alfred Kröner Verlag, Leipzig.

Liegende Tandem-Verbund

Främbs & Freuden

Maßstab

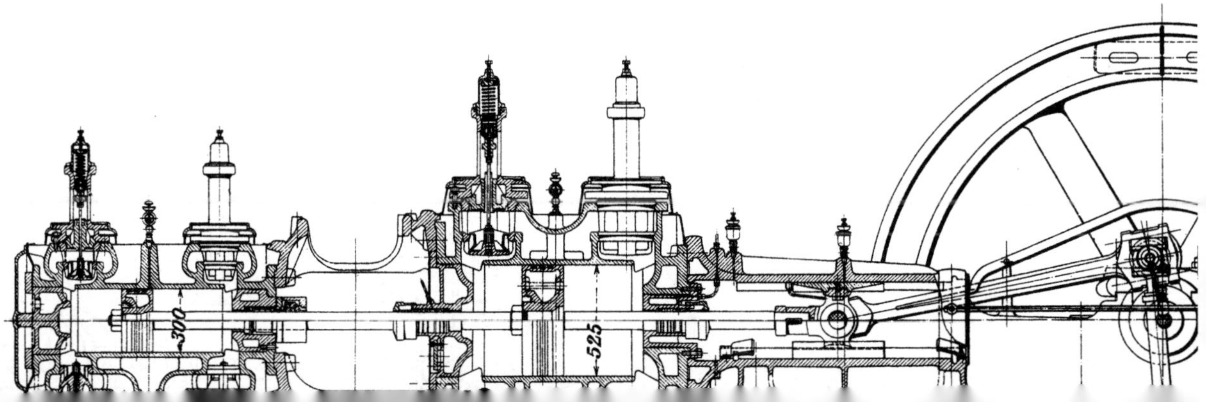

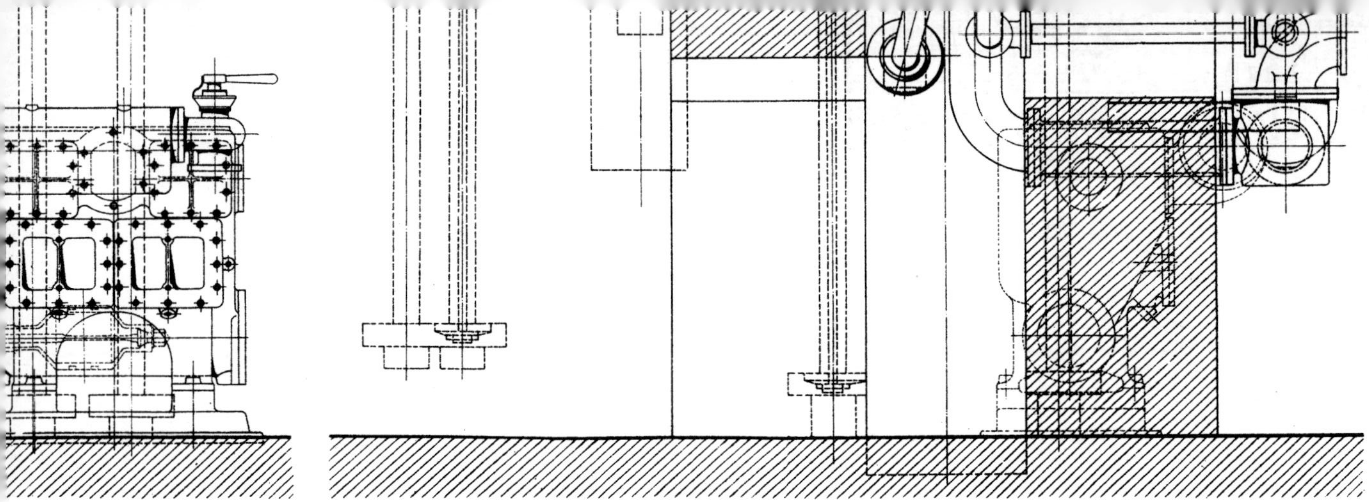

Techn.-art. Anstalt von Alfred Müller in Leipzig.

Tafel X.

aschine mit Kondensation.

rg, Schweidnitz.

:37,5.

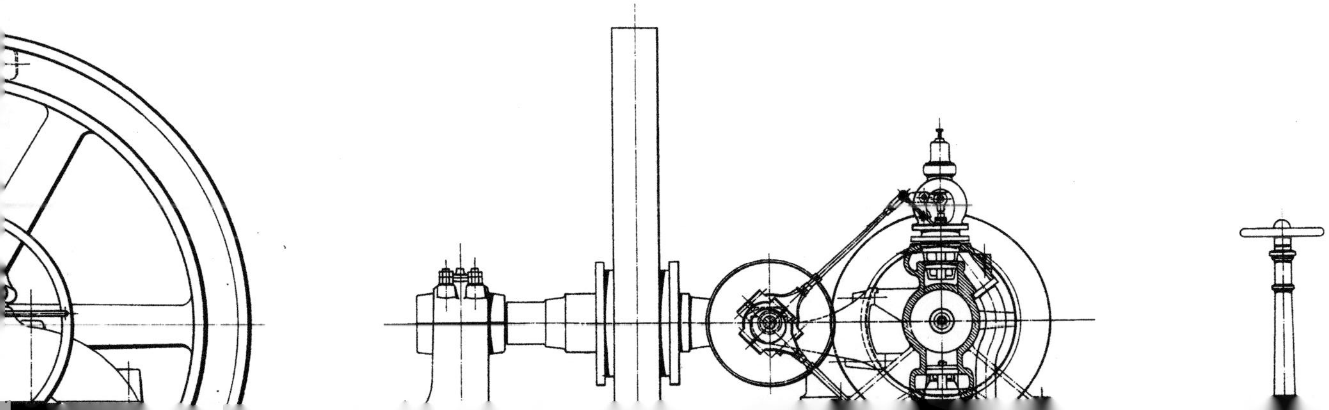

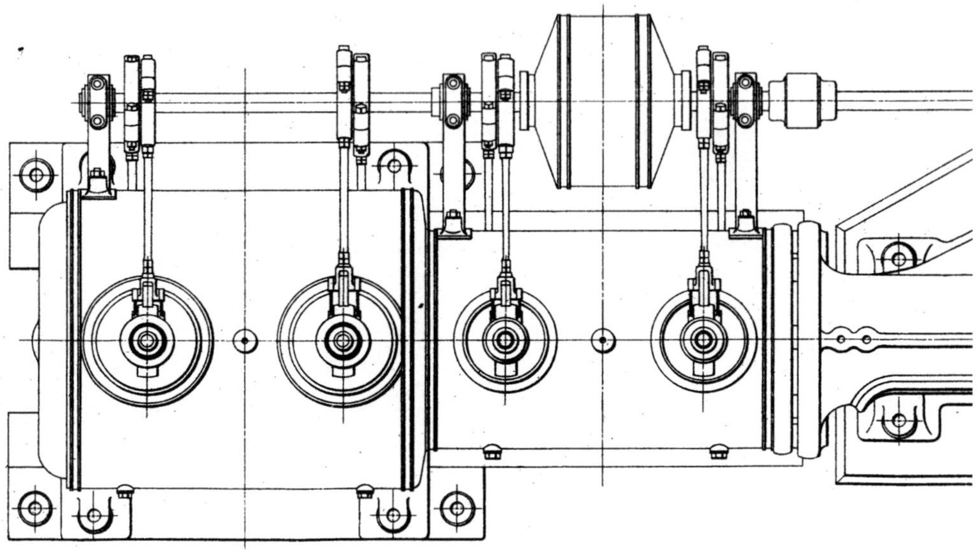

Alfred Kröner Verlag, Leipzig.

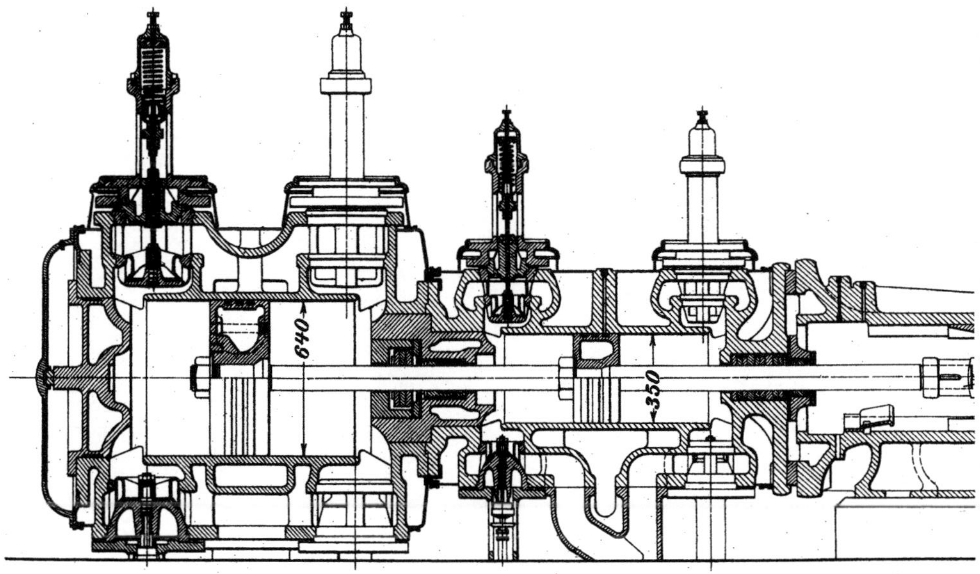
640
350

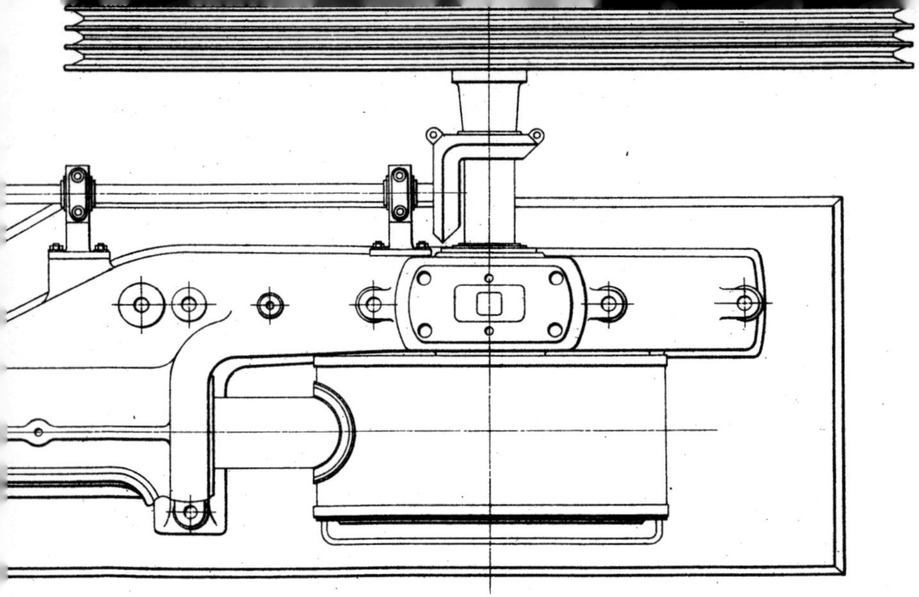

Techn.-art. Anstalt von Alfred Müller in Leipzig.

Tafel XI.

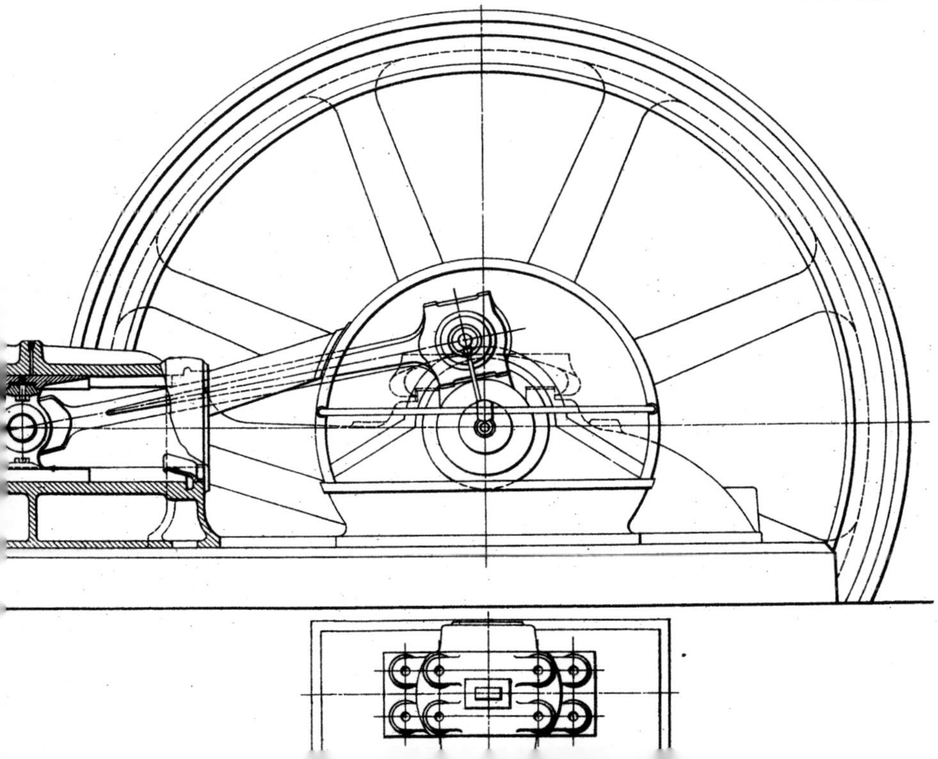

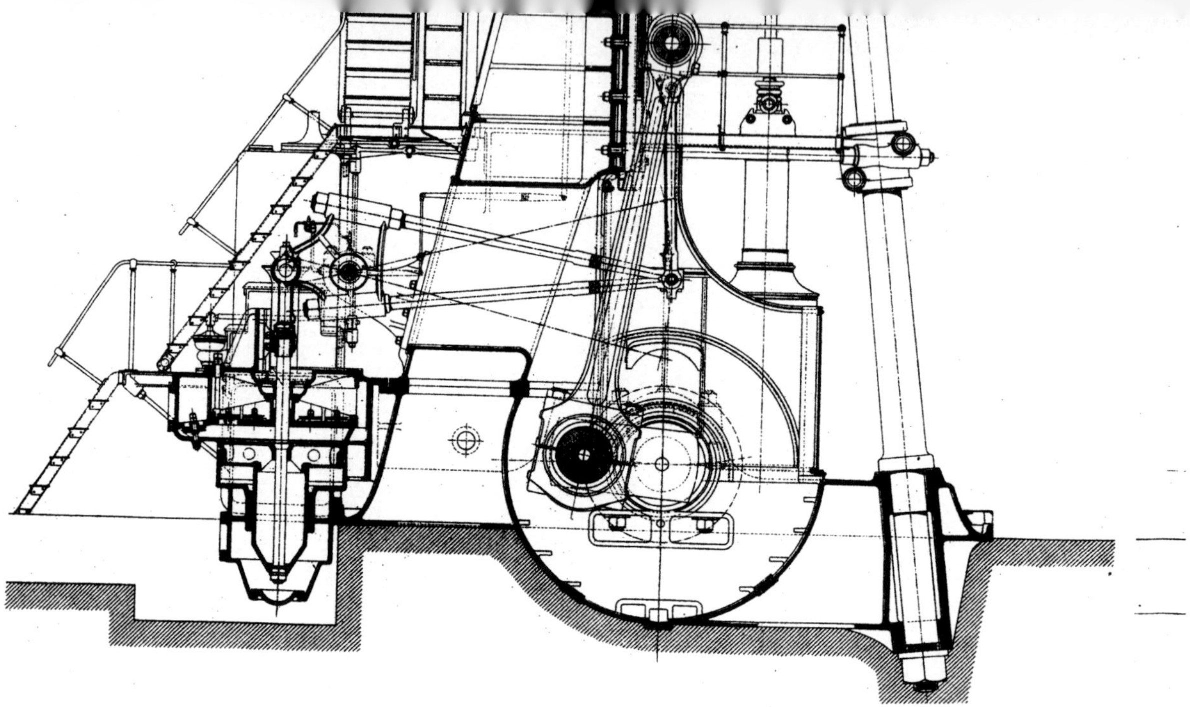

Alfred Kröner Verlag, Leipzig.

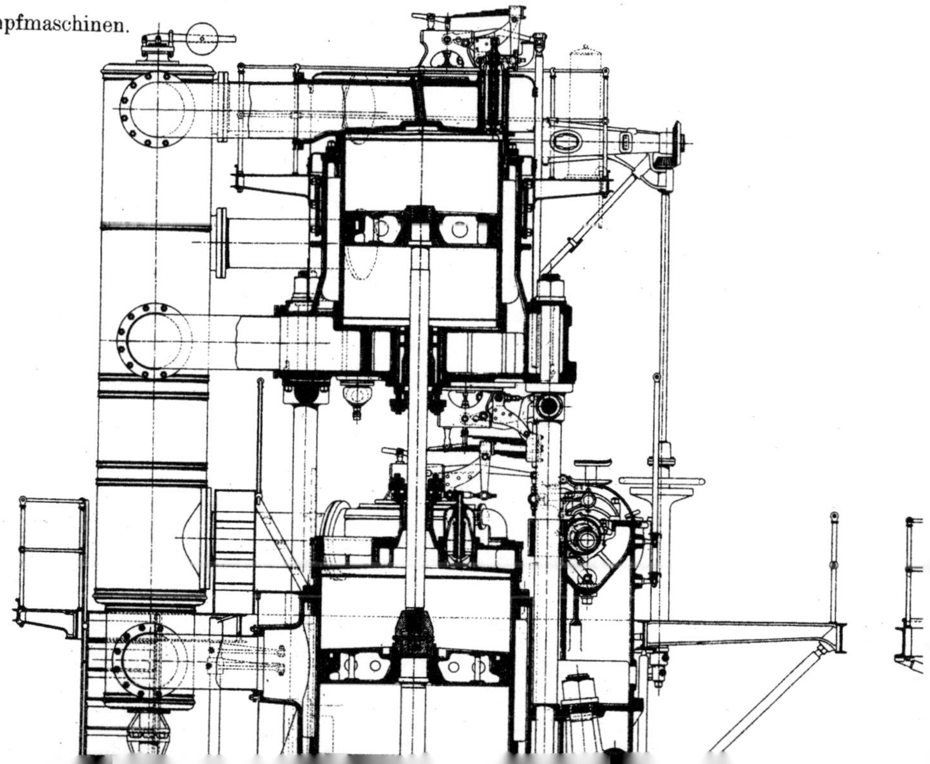

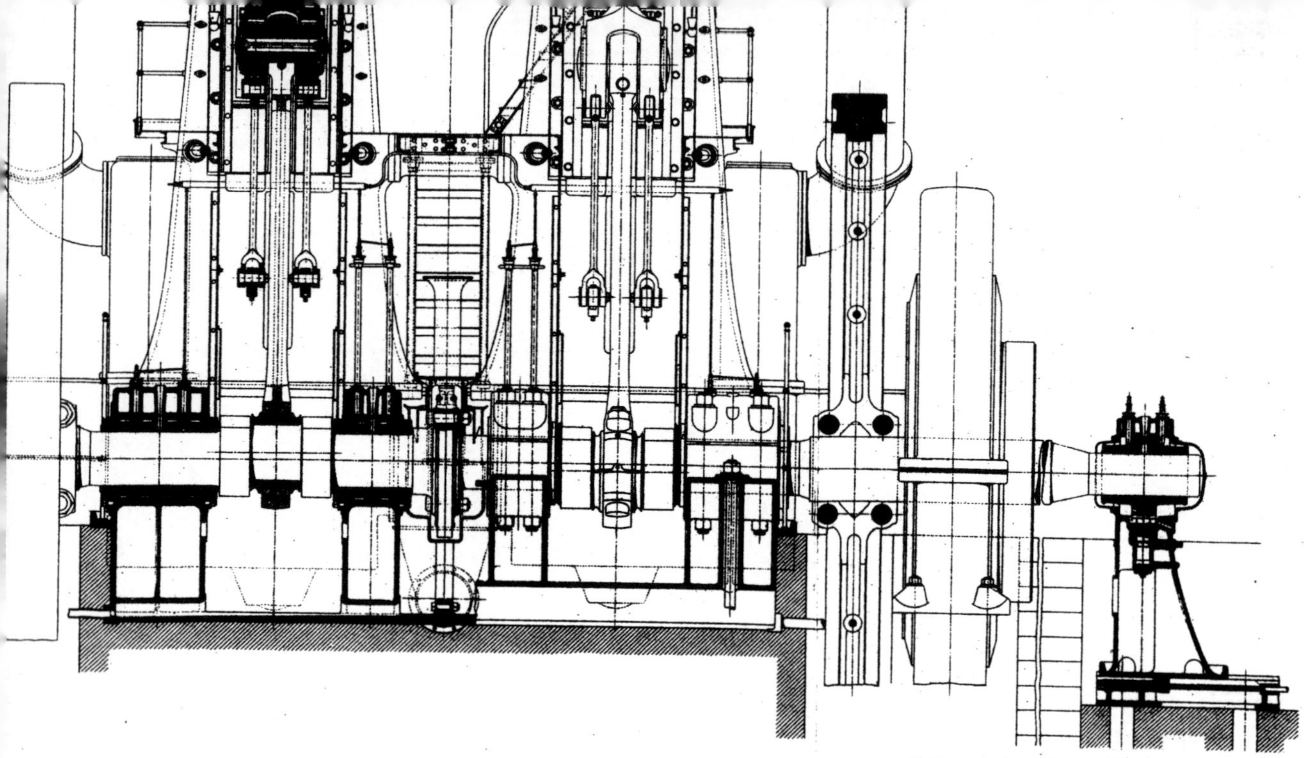

Techn.-art. Anstalt von Alfred Müller in Leipzig.

Tafel XII.

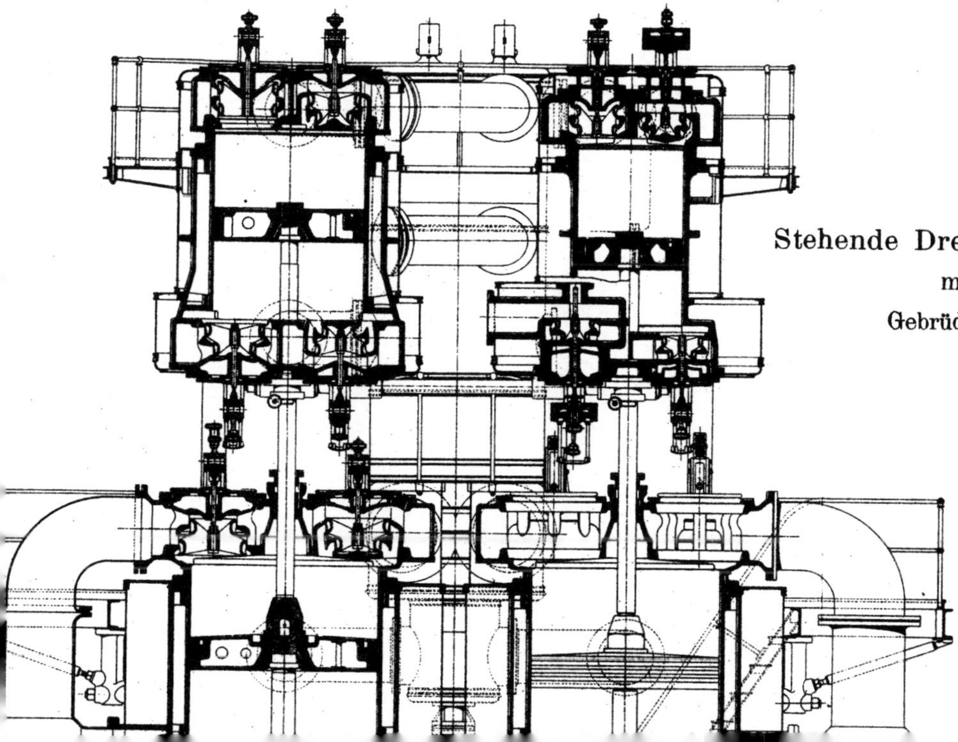

Stehende Dreifach-Expansionsmaschine
mit Kondensation.
Gebrüder Sulzer, Winterthur.

Maßstab 1:60.

Tafel XIII.

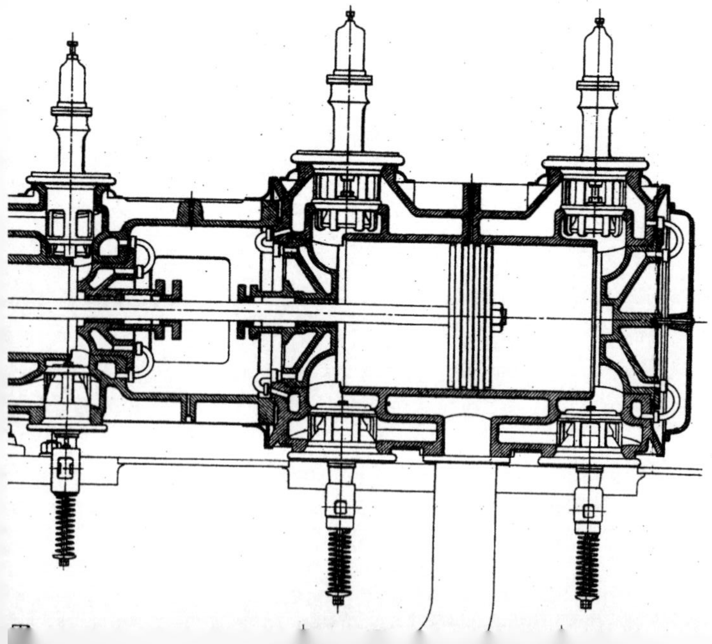

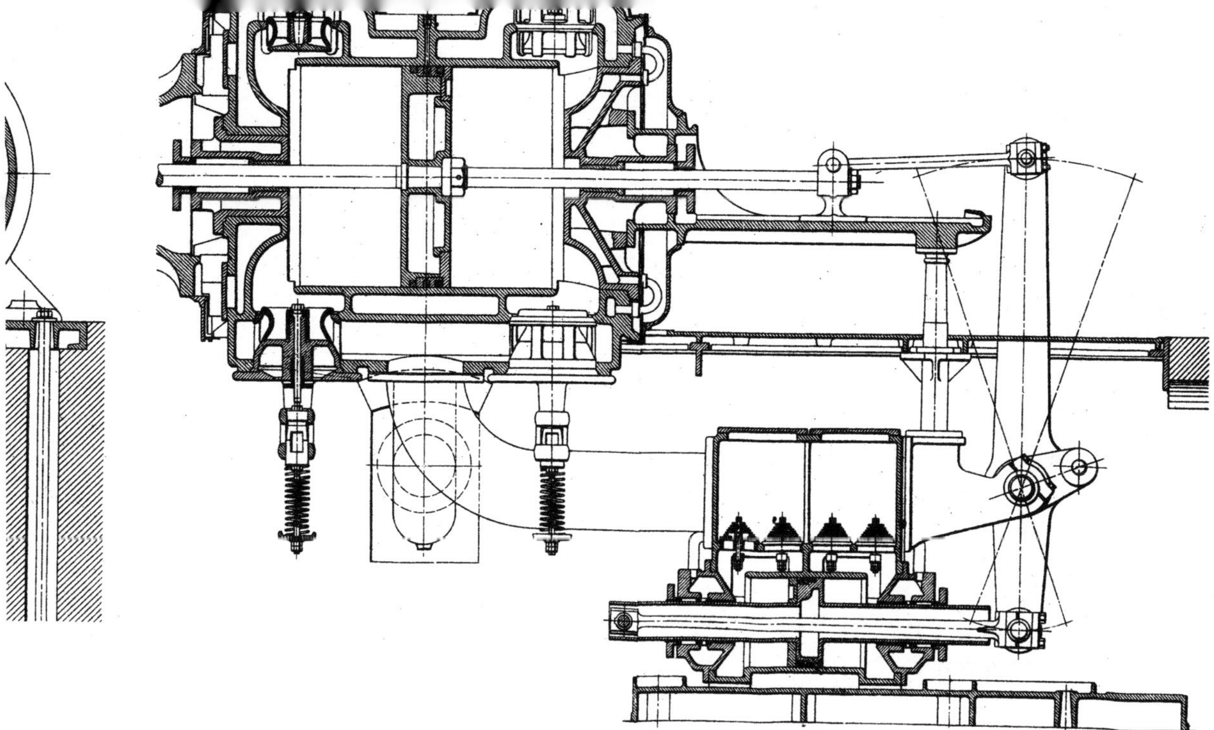

Techn.-art. Anstalt von Alfred Müller in Leipzig.

Liegende Dreifach-Expansionsmaschine
mit Kondensation von 300 PS.
Gebrüder Bromley & Co., Moskau.

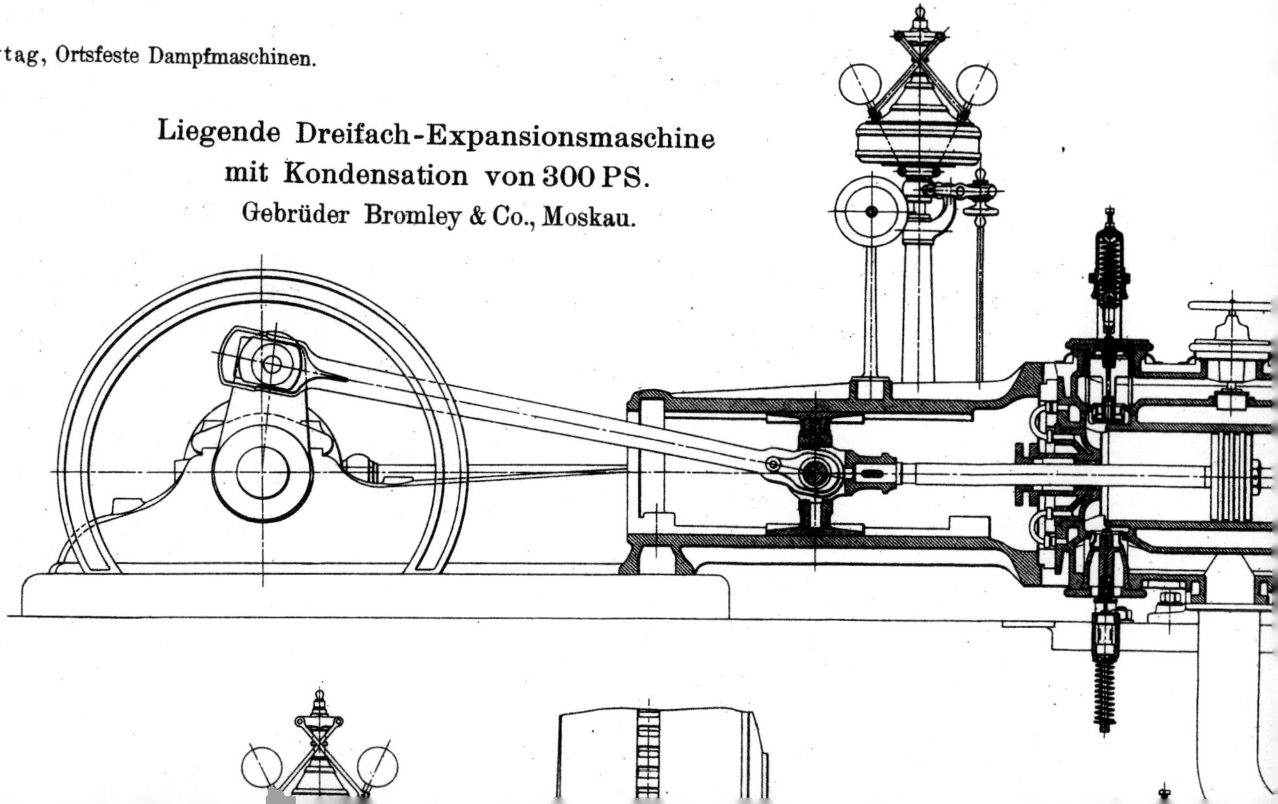

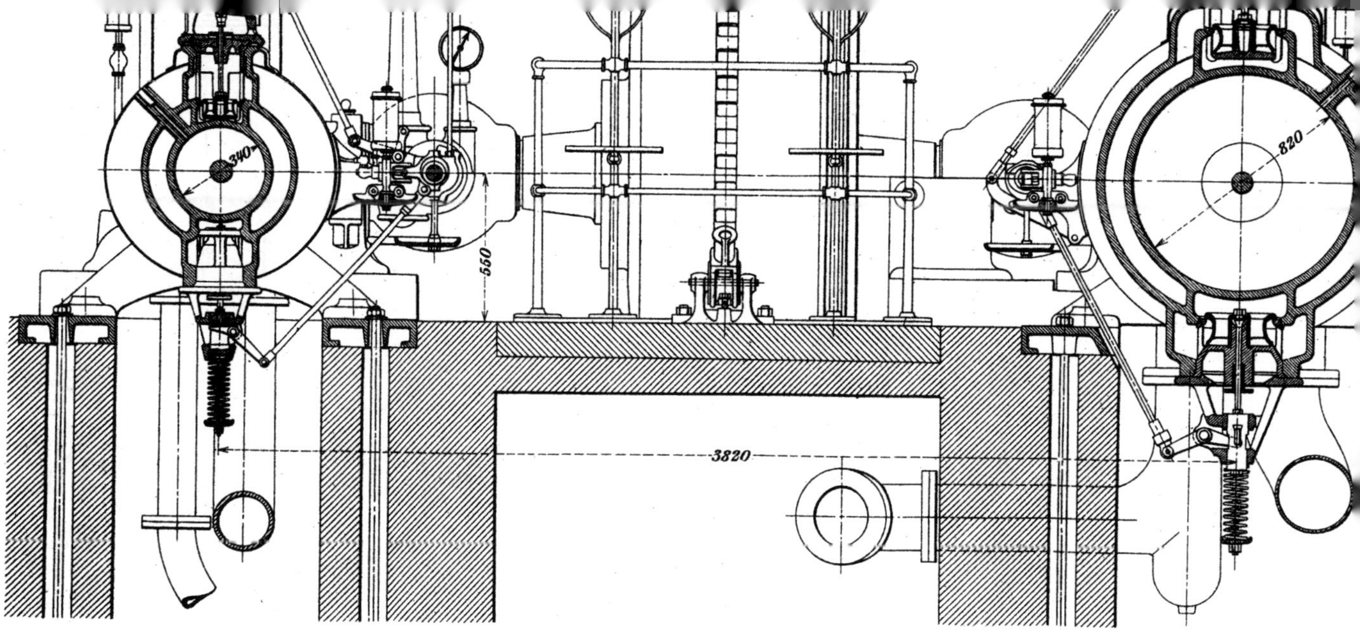

Alfred Kröner Verlag, Leipzig.

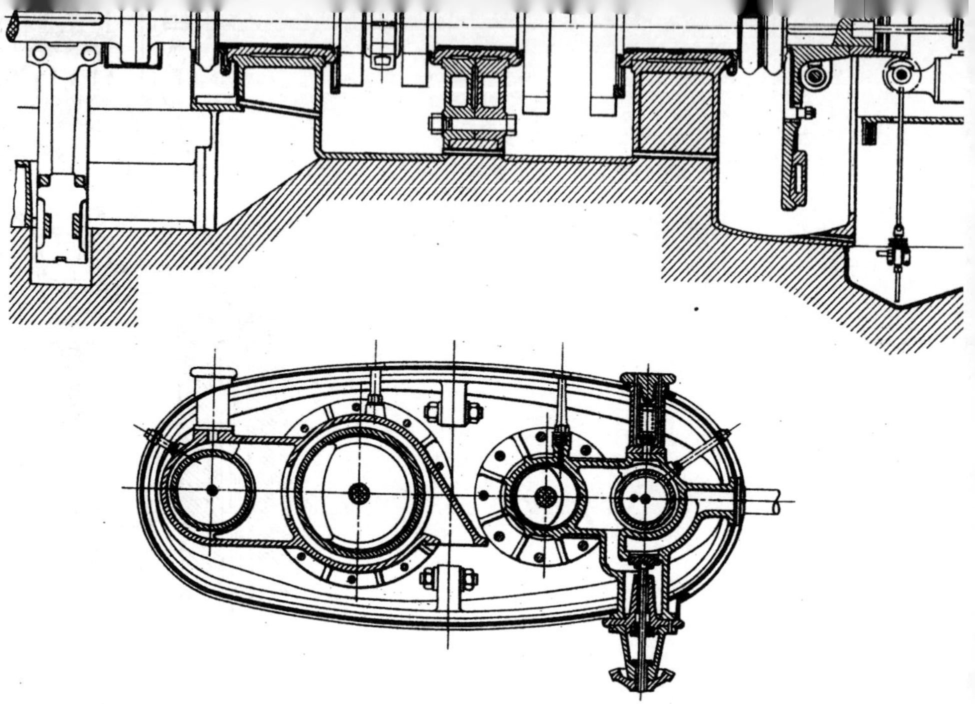

Alfred Kröner Verlag, Leipzig.

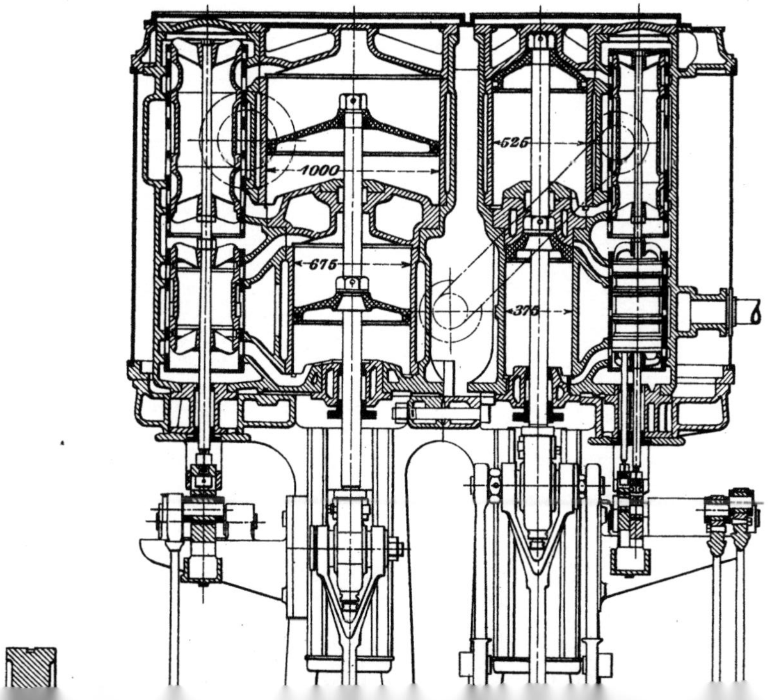
1000
675
526
376

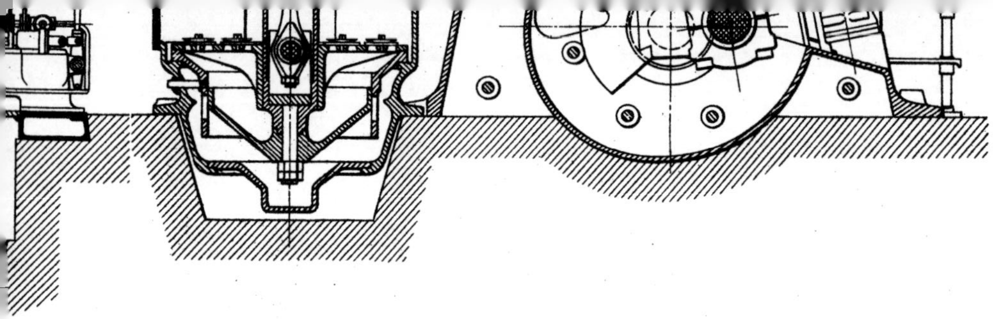

Stehende Vierfach-Expansionsmaschine
mit Kondensation.
Franco Tosi, Legnano, Italien.

Techn.-art. Anstalt von Alfred Müller in Leipzig.

Tafel XIV.

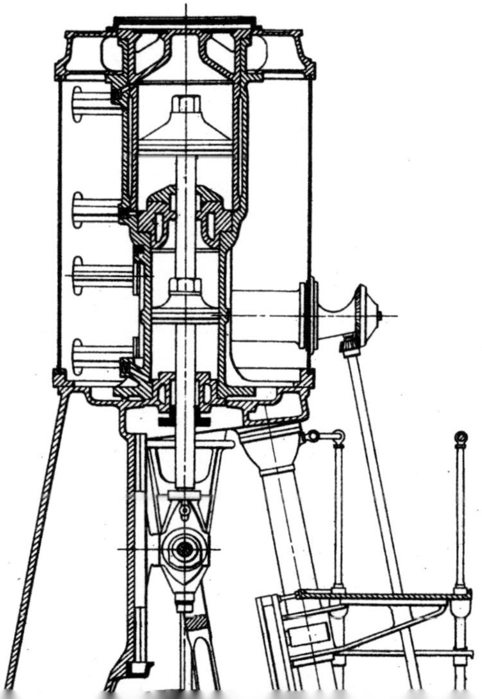

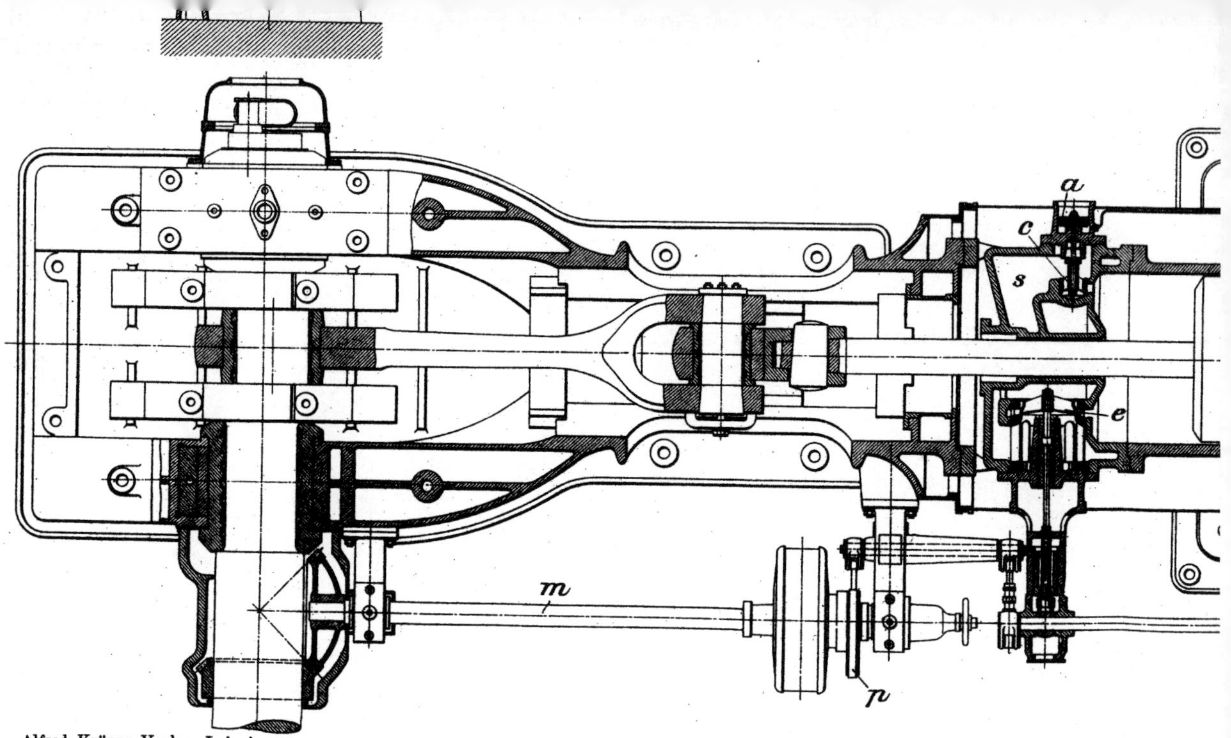

Alfred Kröner Verlag, Leipzig.

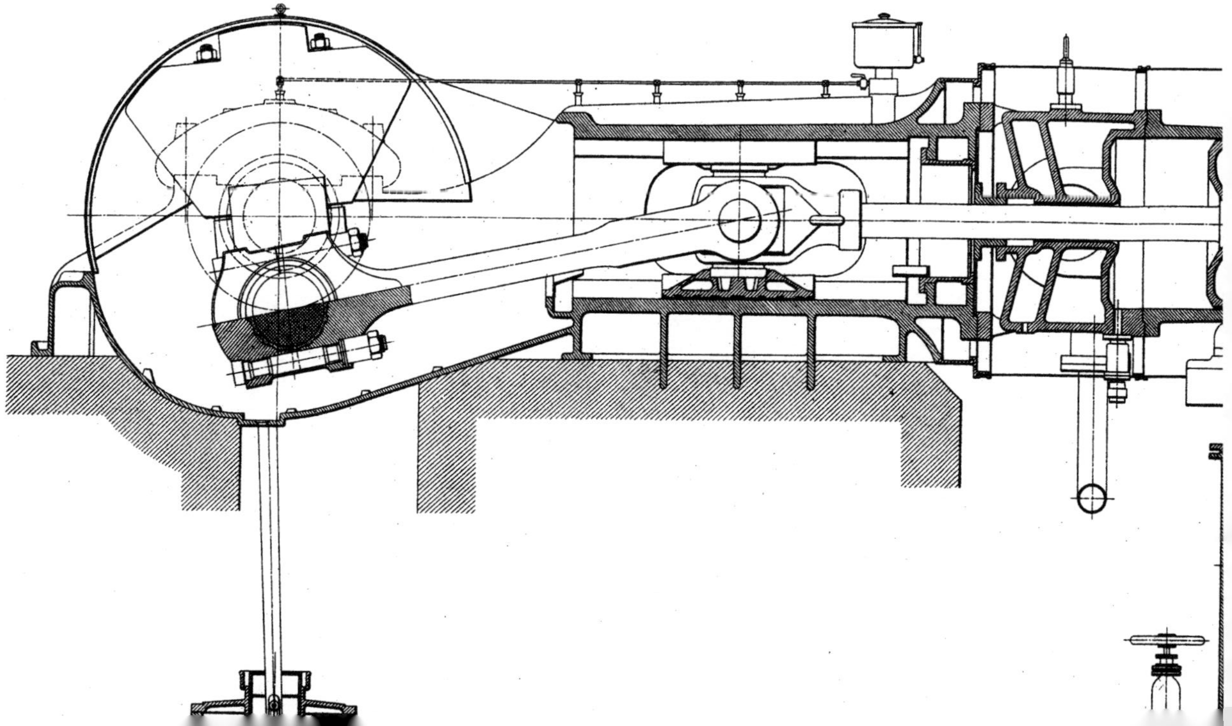

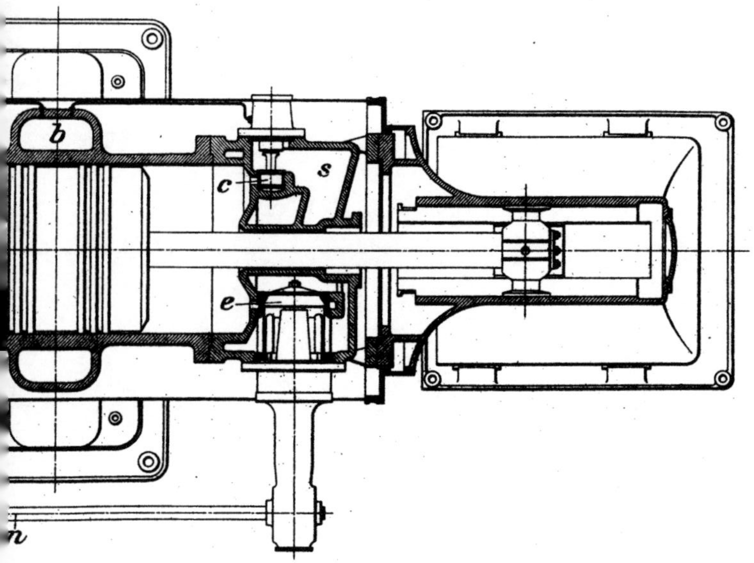

Techn.-art. Anstalt von Alfred Müller in Leipzig.

Tafel XV.

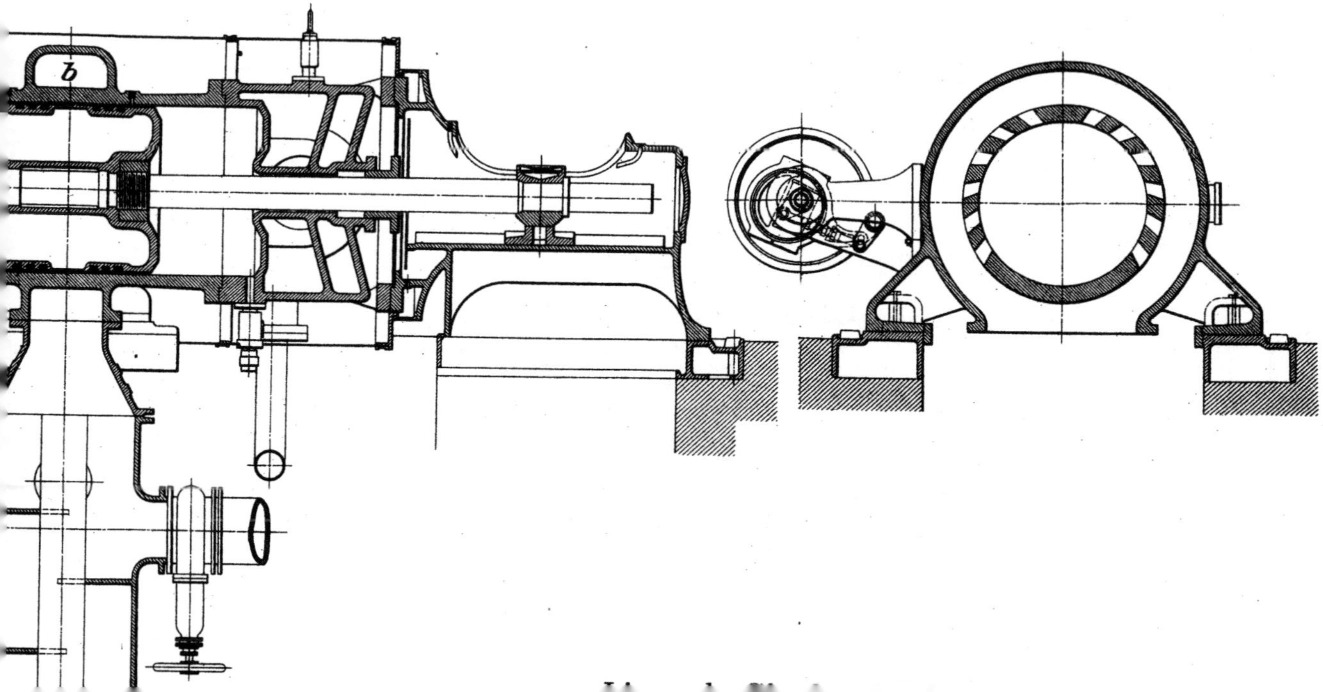

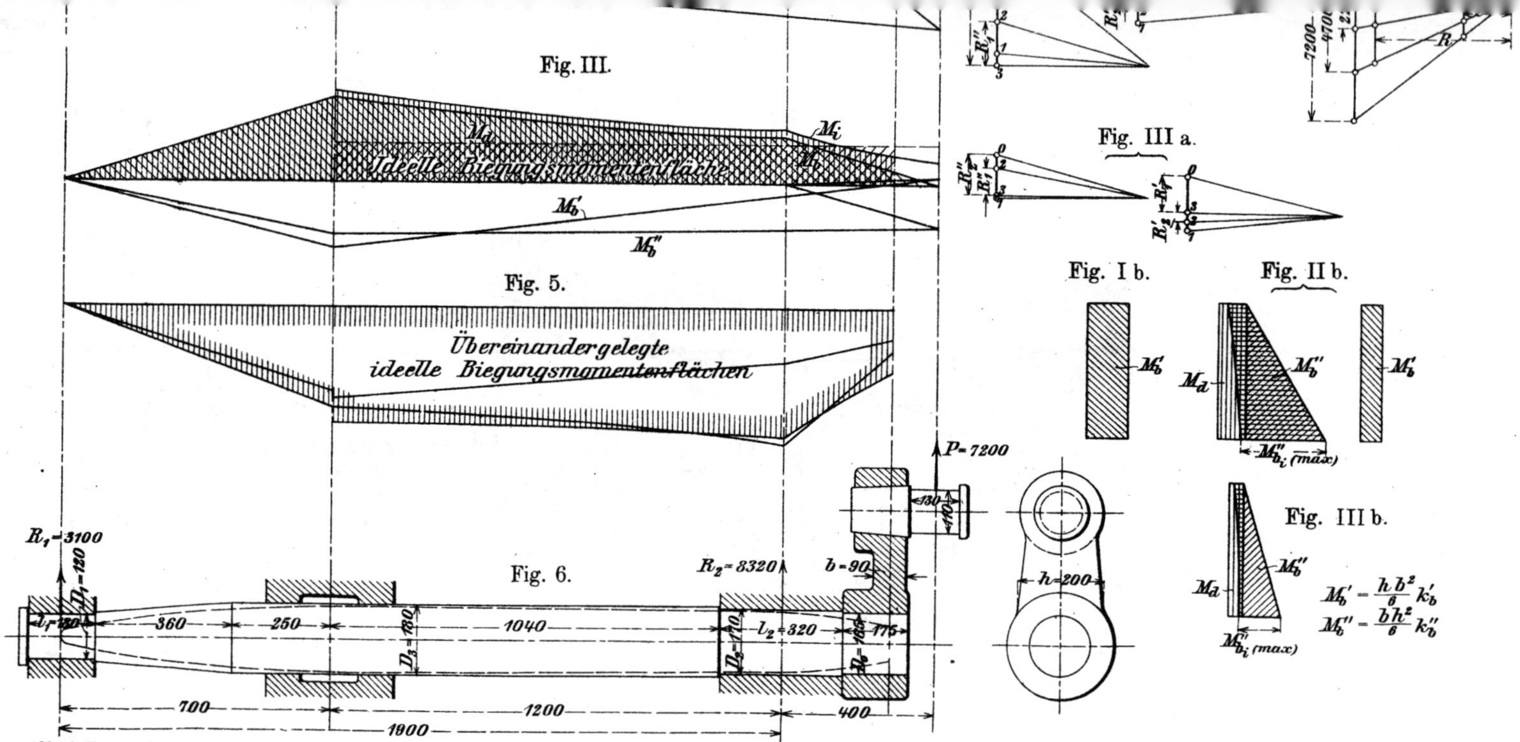

Alfred Kröner Verlag, Leipzig.

Techn.-art. Anstalt von Alfred Müller in Leipzig.

Zeichnerische Ermittelung der Abmessungen der Kurbelwelle zur liegenden Einzylinder-Kondensationsmaschine 400/700 (n = 75 Uml/min).

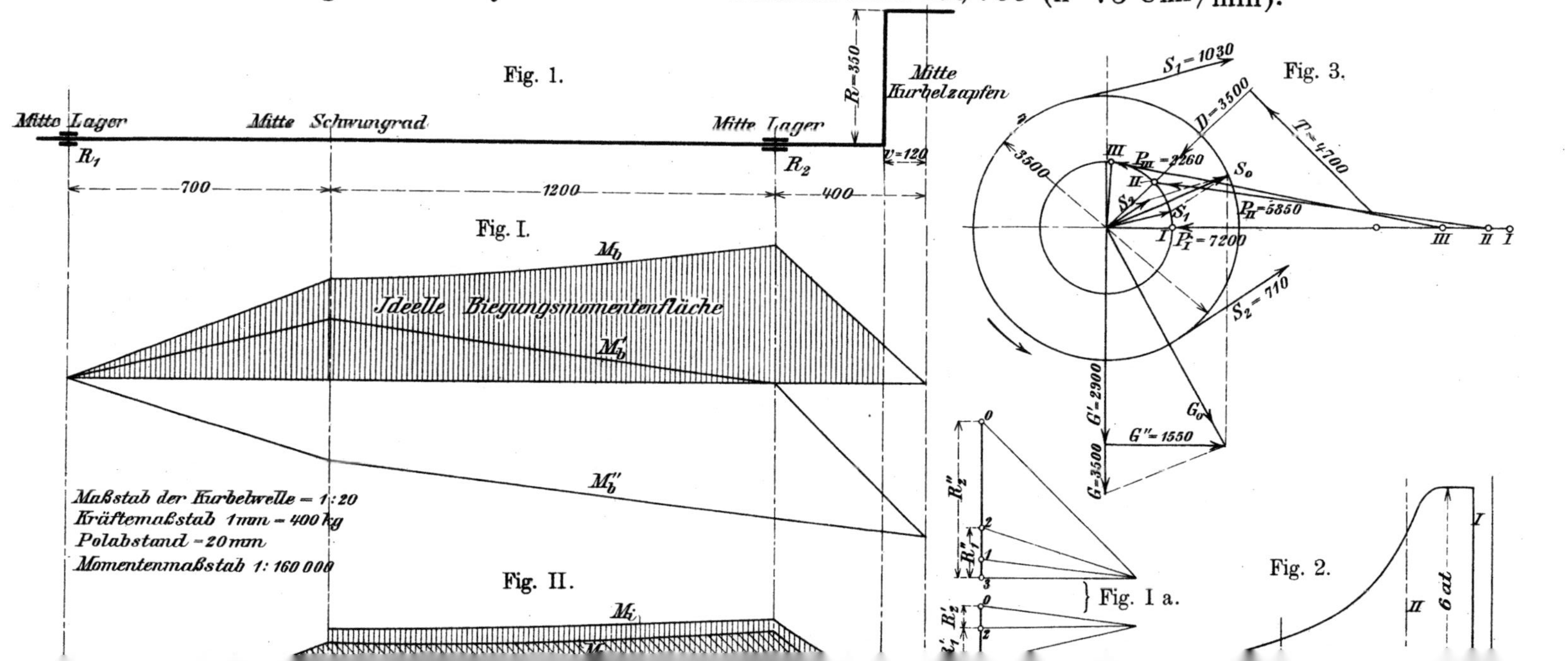

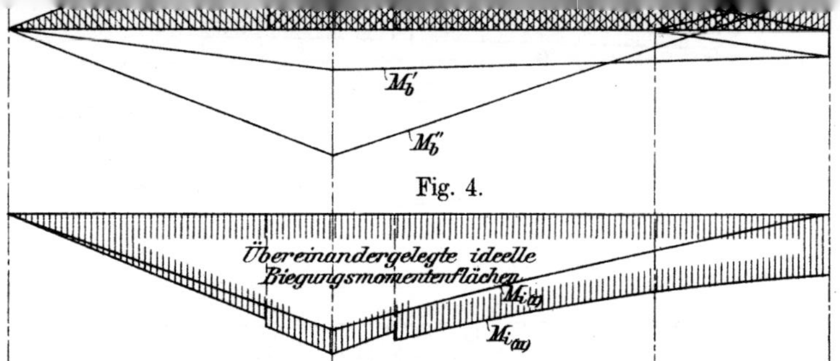

Fig. 4.

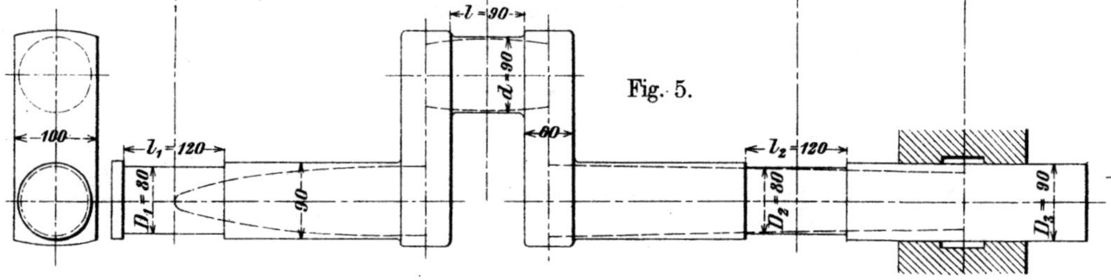

Fig. 5.

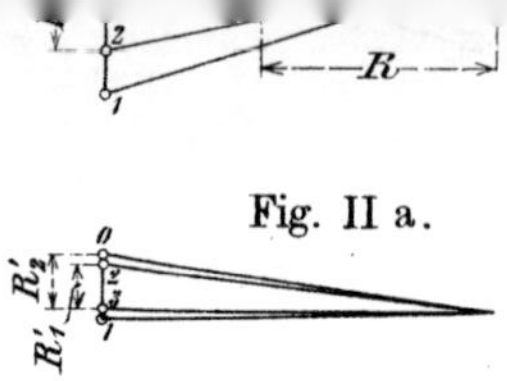

Fig. II a.

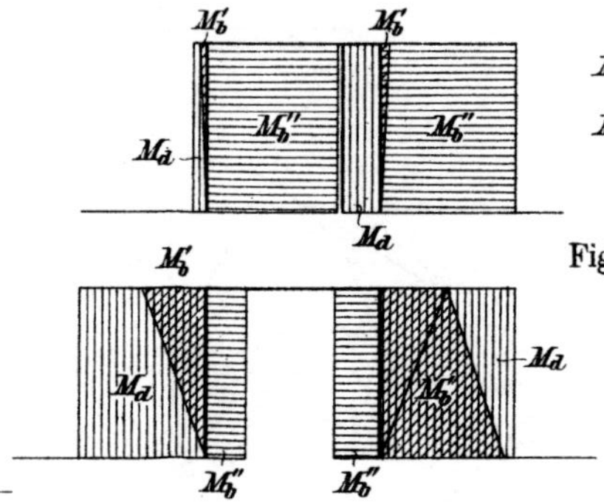

$$M_b'' = \frac{h\,b^2}{6}\,k_b''$$

$$M_b' = \frac{b\,h^2}{6}\,k_b'$$

Fig. I b und II b.

Alfred Kröner Verlag, Leipzig.

Techn.-art. Anstalt von Alfred Müller in Leipzig.

Zeichnerische Ermittelung der Abmessungen der gekröpften Kurbelwelle zur liegenden Auspuffmaschine 200/300 (n=150 Uml/min).

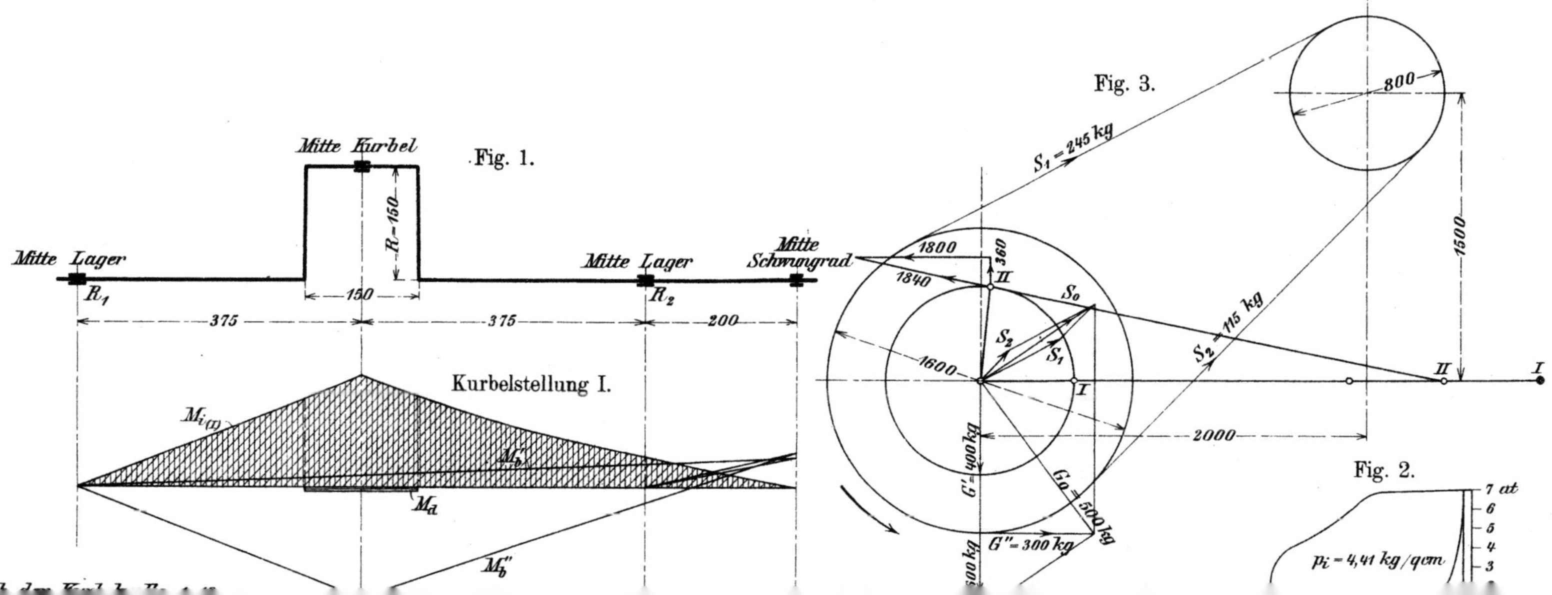

Zeichnerische Ermittelung d

Kurbelwelle zur

320 bezw. 5

Alfred Kröner Verlag, Leipzig.

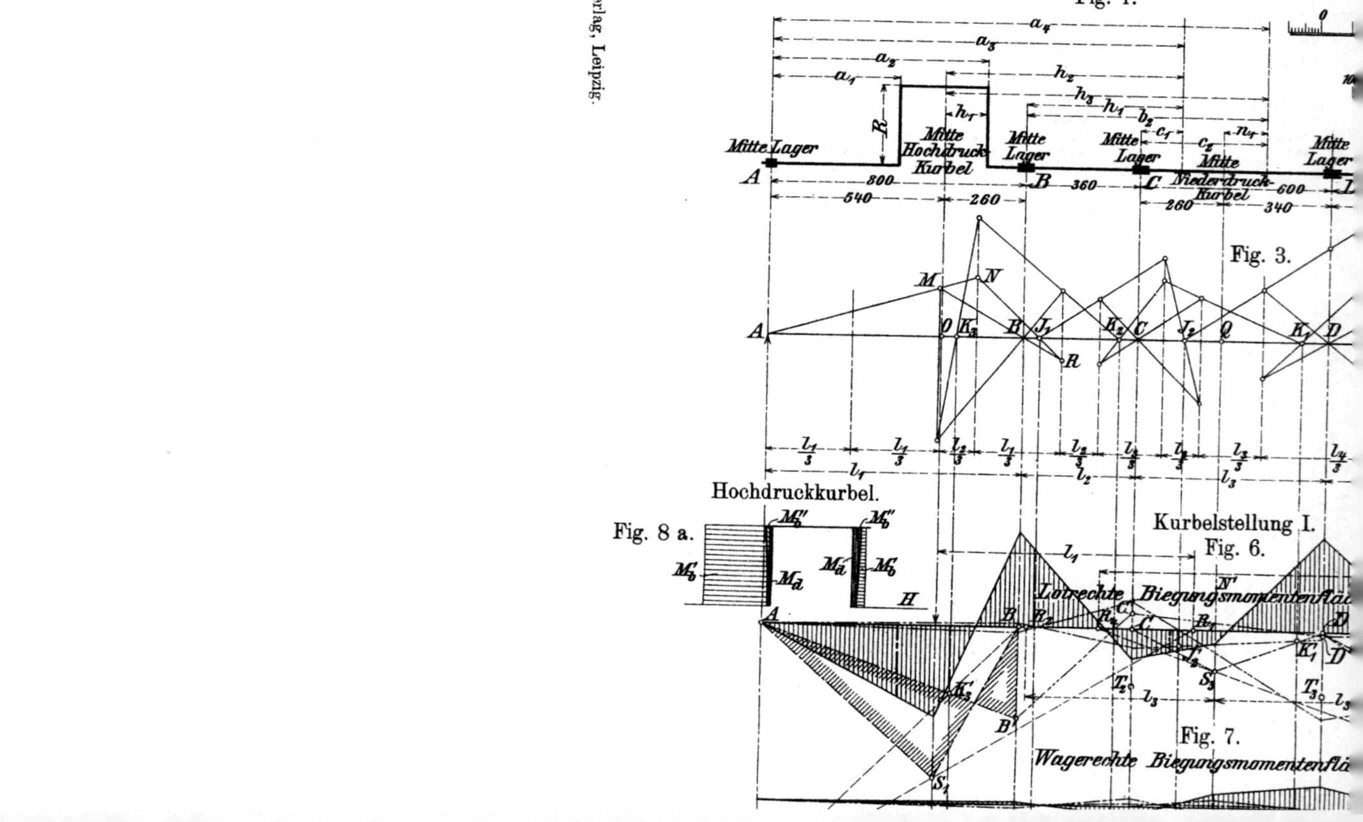

en der doppelt gekröpften
rbundmaschine
0 Uml/min).

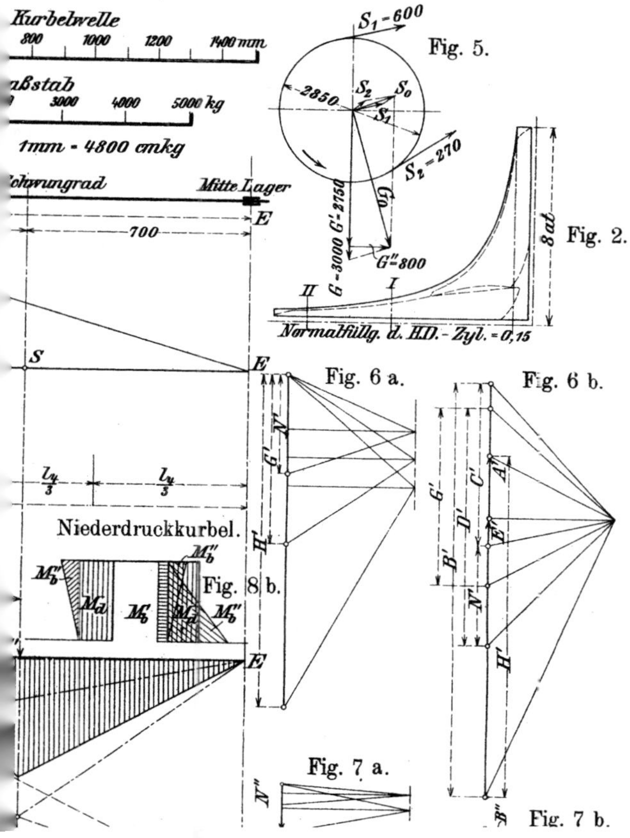

Freytag, Ortsfeste Dampfmaschinen.

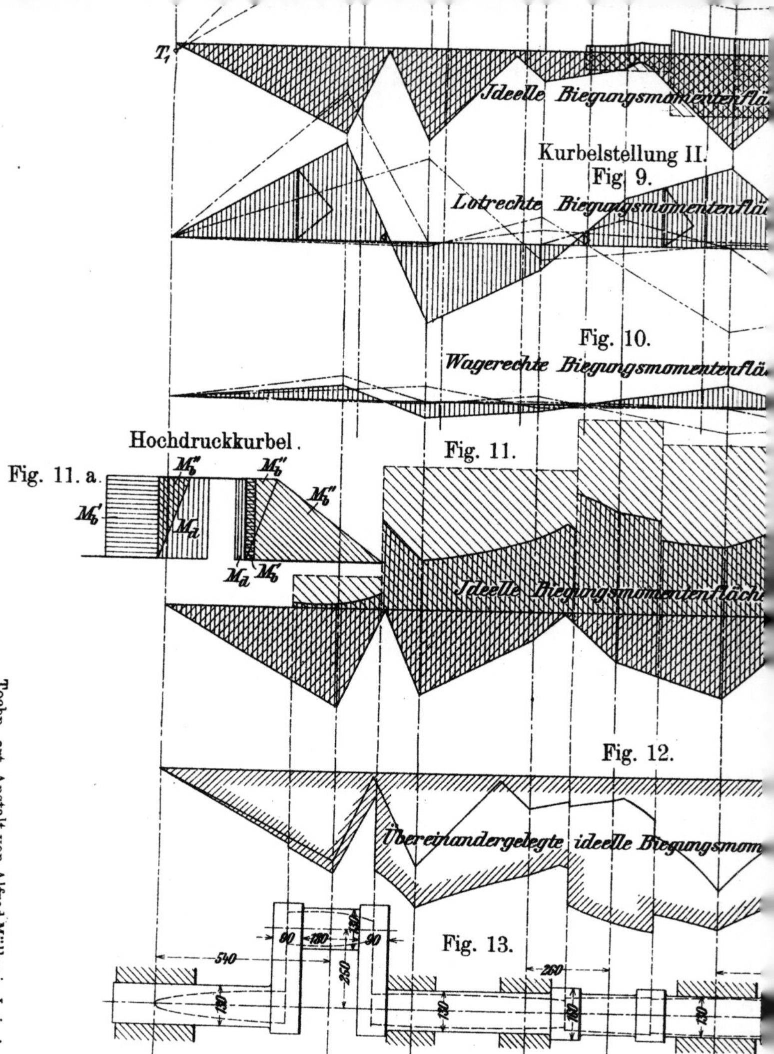

Techn.-art. Anstalt von Alfred Müller in Leipzig.

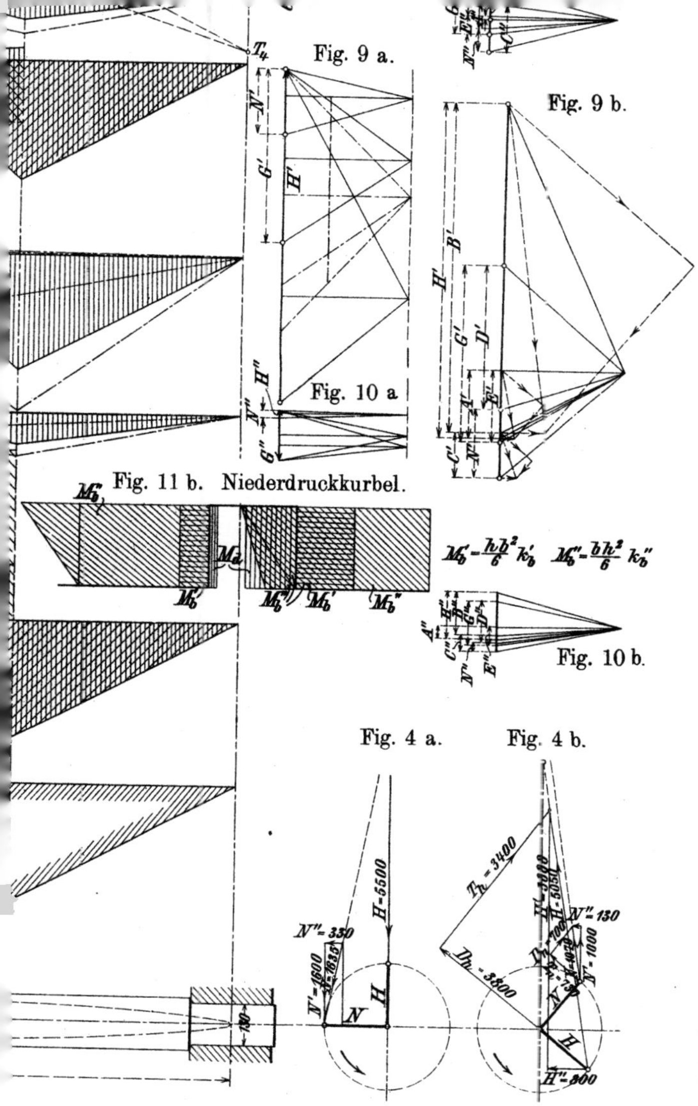

Fig. 9 a.

Fig. 9 b.

Fig. 10 a

Fig. 10 b.

Fig. 11 b. Niederdruckkurbel.

Fig. 4 a.

Fig. 4 b.

Tafel XVIII.

GPSR Compliance

The European Union's (EU) General Product Safety Regulation (GPSR) is a set of rules that requires consumer products to be safe and our obligations to ensure this.

If you have any concerns about our products, you can contact us on ProductSafety@springernature.com

In case Publisher is established outside the EU, the EU authorized representative is:

Springer Nature Customer Service Center GmbH
Europaplatz 3
69115 Heidelberg, Germany

Batch number: 10684806

Printed by Printforce, the Netherlands